少年读处事智慧

少年读围炉夜话

宋立涛　主编

民主与建设出版社
·北京·

图书在版编目（CIP）数据

少年读围炉夜话/宋立涛主编.－－北京：民主与
建设出版社，2020.7
（少年读处事智慧；3）
ISBN 978-7-5139-3078-9

Ⅰ.①少… Ⅱ.①宋… Ⅲ.①个人－修养－中国－清
代－少年读物Ⅳ.① B825-49

中国版本图书馆 CIP 数据核字（2020）第 103005 号

少年读围炉夜话
SHAONIAN DU WEILU YEHUA

主　　编	宋立涛	
责任编辑	刘树民	
总 策 划	李建华	
封面设计	黄　辉	
出版发行	民主与建设出版社有限责任公司	
电　　话	（010）59417747　59419778	
社　　址	北京市海淀区西三环中路 10 号望海楼 E 座 7 层	
邮　　编	100142	
印　　刷	三河市燕春印务有限公司	
版　　次	2020 年 8 月第 1 版	
印　　次	2020 年 8 月第 1 次印刷	
开　　本	850mm×1168mm　1/32	
印　　张	5 印张	
字　　数	111 千字	
书　　号	ISBN 978-7-5139-3078-9	
定　　价	198.00 元（全六册）	

注：如有印、装质量问题，请与出版社联系。

　　《围炉夜话》是清代文人王永彬的家庭谈话记录，其以处世做人为中心，分别从"修身、处世、谋略"等方面，阐释"立德、立功、立言、立业"的要义，揭示人生价值的深刻内涵，号称"东方人智慧珍品"。

　　本书中虽然都是三言两语，但可谓"立片言而居要"，内涵是很深刻的，贯穿首尾的思想，多为正宗的儒家学说，不失催人奋进的教育意义。此次整理对原文配以译文、点评，译文采用意译直译相结合的形式，严谨与灵活兼顾，点评深入浅出，淡泊宁静，与原文珠联璧合。当然，由于该书成书时间久远，其中难免出现一些不合时宜的句子，相信读者自会辩明是非，拾取真经。

目录

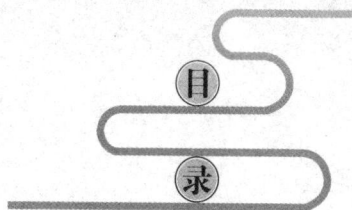

生命有穷期　学问无定数

原文

天地无穷期，生命则有穷期，去一日，便少一日；富贵有定数，学问则无定数，求一分，便得一分。

译文

宇宙间天地万物永恒存在，没有结束的时候，而人的生命却是有始有终十分短暂的，时间消逝一天，生命就减少一天；荣华富贵是命中注定的，而学问却并非命中注定，认真地钻研学问，多下一点功夫，就多一点收获。

评析

生命有限，而学海无涯，所以要将有限的生命投入到无限的求学中去。孔子说："时不我待。"时间是无情的，过一日，生命就少去一天，永远不会复返。所以青春年少的学子，要抓住

宝贵的时间学习；而进入暮年的老者，也要抓住稍纵即逝的光阴，求学不怠。幼而求学，如日出之光；老而求学，则如秉烛夜行。富贵是有限的，而知识是无止境的。

善恶有分别　人心无阻隔

原文

作善降祥，不善降殃，可见尘世之间，已分天堂地狱；人同此心，心同此理，可知庸愚之辈，不隔圣域贤关。

译文

行善事会降下福分，做恶事会招来祸患，由此可见，在人世间已经能看到天堂地狱的分别；人的心是相同的，心中的道理也是相同的，由此可知，愚笨平庸的人，并不被拒绝在圣贤的境界之外。

评析

有一种说法认为时时行善的人死后会升入天堂享受福分，恶行太多的人死后会下地狱受煎熬，这是宣传惩恶扬善的劝世说教。佛家认为，"一念善即天堂，一念恶即地狱"，天堂和地狱完全系于人心的善恶之念。因为行善的人，身心愉悦，受人爱戴，内心祥和，何异于一片天堂；行恶的人，心神不宁，人们避之唯恐不及，灵魂早已入地狱了。

圣贤和愚笨之间并没有绝对的区别，人心是相通的，对于真理的追求也是一样的，愚笨的人通过努力，就可达到圣贤的境界，如果终其一生碌碌无为，不求突破，那么也就永远是庸愚之辈了。

天地正气所锺　古今命脉所系

孝子忠臣，是天地正气所锺，鬼神亦为之呵护；圣经贤传，乃古今命脉所系，人物悉赖以裁成。

忠臣孝子，是天地间浩然正气培养凝聚而成的，所以连鬼神都会保护他们；圣经贤传，为古今维系社会命脉的灵魂，伟人也要在它们的指导下才能成长。

天地之间自有正道，孝子忠臣循正道而行，正气在他们身上聚集，若天地之间真有鬼神，不保佑他们，又该保佑谁？古人说："天道无常，常与善人。"然而历史上，却多有好人不得好报的例子，所以司马迁在《伯夷列传》中对此表示怀疑说，伯夷、叔齐可以算善人了，却饿死在首阳；盗跖杀人无数，竟得以善终。最后发出"天问"："余甚惑焉，傥所谓天道，是邪非邪？"儒家把圣人的著作称为"经"，把后代贤人的解释称作"传"，经传之中，凝结着古人的智慧，传达了圣贤的教诲，所以不能不小心保存，细心体会。但若什么事都根据经传来衡量解决，那就未免有点迂腐，流于教条了。

理得数难违　守常变能御

数虽有定，而君子但求其理，理既得，数亦难违；变固宜防，而君子但守其常，常无失，变亦能御。

译文

运数虽有限定，但君子做事只要求合乎事理，如果与事理相符合，运数也不会违背理数；对于事物的变化固然应该有预防的对策，但君子只要能持守常道，常道不失去，什么样的变化都能应付。

评析

命运虽然是定数，然而也是合乎事理的，通达的人以自己的才能见识掌握事物的规律，依理行事，只要不悖于常理，就不会因运数的限定而无所作为，也不担心命运的好坏，这样运数也不会违背理数。

事物变化多端应该及时预防，然而万变不离其宗，只要把握变化的规律，谨守常道，就能以不变应万变，立于不败之地。

异端背乎经常　邪说涉于虚诞

原文

人知佛老为异端，不知凡背乎经常者，皆异端也；人知杨墨为邪说，不知凡涉于虚诞者，皆邪说也。

译文

有人认为佛教和老子的学说是异端，但不知道只要是与经典和常理相背离的都是异端思想；有人认为杨子和墨家的学说是邪说，却不知道只要宣扬荒诞虚妄学说的都可以称为邪说。

评析

儒学和老子的学说在汉代前是并存的思想学派，佛学则在西汉哀帝元寿元年（公元前2年）开始传入我国内地，从西汉以后，儒学逐渐成为我国封建社会的统治学派，其他学说都被视为异端。

墨家是战国时由墨翟创建的学派，主张"兼爱"，提倡"取实予名"，带有朴素的唯物思想。杨朱则晚于墨翟，其学说重在爱己，不拔一毛以利天下。墨家和杨朱学派都被儒家视为异端。

勿与人争　惟求己知

原文

不与人争得失，惟求己有知能。

译文

不和他人去争名利上的得失，只求自己能够不断增长智慧与能力。

评析

"莫求己之所不及，但责己之所不能"。名利的得失只是暂时的、眼前的身外之物，而且刻意去求名求利的人也许永远不能实现自己的愿望；而智慧和能力则是属于自己的，可以去自由地充分发挥，创造出无尽的价值。真正聪明的人专心致力于自己能力的提高，置名利于度外，这样必会有远大的前途。

苟且不能振　庸俗不可医

原文

人犯一苟字，便不能振；人犯一俗字，便不可医。

　　一个人有了随便的毛病，便无法振作了。一个人只要趋于流俗，就不可救药了。

　　苟且是一种怠惰的心，这和生命到了一种境界，对某些无意义的事情不去计较是不一样的。它是一种生命的浪费，而不计较无意义的事则是生命的精进，是不同日而语的。苟且又是一种生命的低能，因为他活在生命的最差的糟粕之中，而不知改进。在苟且当中，我们可以断定一个人生命境界的低落与生命价值的丧失。

　　所谓俗，指一个人精神的境界不高，甚至无精神生活可言。人活在世上，除了物质的生活，还有精神生活，然而许多人却活了一半。只活一半的人，共精神生活是空调的，这不是别人，或是用医药可以治的，必须由他自己的内心去觉醒，去发出要求。物质生活是人类与动物所共有的，惟有精神生活是动物缺乏的，然而许多人却只知追求物质生活而舍弃精神生活，活得像动物而不像人。

道本足于身　境难足于心

　　道本足于身，切实求来，则常若不足矣；境难足于心，尽行放下，则未有不足矣。

　　真理本来就存在于我们自身的本性之中，如果能不断脚踏实地地去追求，那么常常会感到不足；外在的事物很难使心中的欲念满足，倒不如全然放下，那么就不会有不满足的感觉。

评析

佛家认为人的本性之中充满了良知，后天的追求实际是让天性中的良知显露出来，而后天的努力及修行，容易让人产生错觉，好像是本来不足，才有所追求。实际上，良知犹如本来就埋藏在地下的矿藏，人们只有不断去探测、发掘，才能认识到它的丰富和可贵。

外界的环境，总是难与人的内心协调一致，社会发展了，人的内心也有了更高的追求，这种追求可以说是促使社会发展的一种动力。然而，事皆有度，如果追求总不知足，也会使心境难平，所以在适当的条件下，不妨扪心自省，与其让外界适应内心而又难以满足，不妨让心境适应外界而使心境尽快平静。

得意何可自矜 为善须当自信

原文

德泽太薄，家有好事，未必是好事，得意者何可自矜；天道最公，人能苦心，断不负苦心，为善者须当自信。

译文

如果品德和恩泽太浅薄，即使家中有好事降临，也未必是真正的好事，所以一时春风得意的人哪里可以自高自大；上天是最公平的，一个人能够下苦功夫，那么这片苦心一定不会白白付出，做善事的人要充满自信。

好事降临，还要有承受的福分，德行太浅薄的人之所以不能承受福分，是因为得意时易忘形，享受福分太过，致使福分酿成祸端，不知福中潜藏有祸事的根苗。真正品德高尚者面对福分泰然处之，并且经常反省能否承受这份福分，防患未然，故福分能够长久。

天道是很公平的，"有志者，事竟成""只要功夫深，铁杵磨成针"。吴越争雄时，越国勾践败于吴王夫差后，采纳范蠡之计策，卧薪尝胆，终于在数年后一举击败吴国，成为东南霸主，印证了"功夫不负有心人"的明训。

良心不可丧　正路不可舍

原文

天地生人，都有一个良心；苟丧此良心，则其去禽兽不远矣。圣贤教人，总是一条正路；若舍此正路，则常行荆棘之中矣。

译文

人生活在天地之间，都要有一颗良心，如果丧失了这颗良心，那么就离禽兽不远了。圣贤教导世人，总是劝人走一条光明大道，如果离开这条正道，那么就如同行走在荆棘之中。

评析

良心是内心所固有的判断是非善恶的标准，是人类特有的思想感情，因为有良心，才会行善事，乐于助人；因为有良心，才会知恩必报，修德修行；因为有良心才会嫉恶如仇，从善如流。良心也是人类与禽兽的分界线，动物既没有思维，更无良心。

圣贤通晓古今人类成败兴衰的道理，所以指导人们走正路，正路是达到目标的唯一正确的捷径。如果离开了正路，走入旁门左道，也许路途上充满了荆棘，也许事倍功半，更严重的会南辕北辙，走向事物的反面。

求死天难救　悔祸须造福

原文

天虽好生，亦难救求死之人；人能造福，即可邀悔祸之天。

译文

上天虽然希望让万物充满生机，但是难以拯救那些一心求死的人；人如果能够创造幸福，就可以避免灾祸发生，就像得到了上天的赦免一般。

评析

天地间万物生生不息，故求生是人的本能。但是如果有人心灰意冷，一心求死，轻易放弃自己的生命，那么上天纵想救助他也无能为力。所以关键是自己要认识生命的价值，不可将生命寄托于外在之物上，要在内心世界树立对生活的信心。

人类是最高等的灵长动物，在认识世界的同时也能改造世界，从高度发达的科技水平到温暖舒适的衣食住行，人类总在为自己创造幸福。但高科技的文明也带来对大自然残酷的破坏，人类必须不断地总结经验教训，才能在创造幸福的同时让灾祸远离人类。

虞廷立五伦　紫阳集四书

自虞廷立五伦为教，然后天下有大经；自紫阳集四子成书，然后天下有正学。

译 文

自从虞舜创立五伦之教，天下才有不可变易的人伦大道；自从朱熹集《论语》《孟子》《大学》《中庸》为四书，天下才确立了将一切学问奉为准则的中正之学。

评 析

虞指虞舜，五伦指君臣、父子、兄弟、夫妇、朋友之间的人伦关系。相传虞舜是上古部落的首领，他主持制定了这五种人伦关系，人类因此具有了不可变易的人伦大道。

紫阳是指宋代理学大家朱熹，他晚年主持建立了紫阳书院，故别称紫阳。他一生勤于思考，精于钻研，并集《论语》《孟子》《大学》《中庸》四书作注，宣扬其理学思想，成为一代理学宗师。后来历代统治者以此作为禁锢人们思想的学说。

穷理篇

心于百体为君　面合五官成苦

人心统耳目官骸，而于百体为君，必随处见神明之宰；人面合眉眼鼻口，以成一字曰苦（两眉为草，眼横鼻直而下承口，乃苦字也），知终身无安逸之时。

人的心统治着五官和身体，并且是各种器官的主宰，一定要保持清醒的头脑才使用言行不致出差错；人的面部包括眉、眼、鼻、口等部分，组成一个苦字（两眉如草头，两眼组成一横，鼻为直，再加上下面的口，正是一个苦字），因此知道终身没有安逸的时候。

古人认为心是思维的器官，所以说心是身体的主宰，心为君，五官四肢为臣，耳闻目见，鼻嗅口言都发之于心。故心无主宰，静也不是功夫，动也不是功夫。静动无主，不是空了天性，便是昏了天性，那么心则不立。所以保持心地纯正，才能使自己的言行合乎自然的法则，如有神明之助一样不会出现差错。

人生追求安乐，推动了社会的发展，但是安乐不是从天而降，甘甜要从苦中来。能够忍受得了苦中苦，才能享受到甜中甜，否则一味地安乐则会使人丧失进取精神，故"宴安如鸩毒"。人生伴随着困苦，切不可贪图安乐而自毁。

即物穷理 因名思义

原 文

古人比父子为桥梓，比兄弟为花萼，比朋友为芝兰，敦伦者，当即物穷理也；今人称诸生曰秀才，称贡生曰明经，称举人曰孝廉，为士者，当顾名思义也。

译 文

古时候的人，把"父子"比喻为乔木和梓木，把"兄弟"比为花与萼，将"朋友"比为芝兰与香草，因此，讲求人伦关系的人，应当就万物事理推及到人伦关系。现在的人称读书人为秀才，称被举荐入太学的生员为明经，又称举人为孝廉，因此读书人可以从这些名称中，明白一些道理。

评 析

古人善于运用比喻的形式。乔木高大挺拔，梓木在乔木面前则显得低俯，所以古人以乔梓来比喻父子之间教育与服从的人伦关系。花与萼都是同根而生，因而比喻兄弟之间的互敬互爱。芝草和兰花都是很珍贵的草，比喻朋友志向高洁，互相帮助。

秀才、明经、孝廉是对取得不同功名的读书人的不同称呼。秀才意为优秀的人才，明经意为通晓经典学说，孝廉意为有孝顺廉洁之德，这些既是对读书人的褒奖之词，也是对他们寄予的期望。

吉凶可鉴　细微宜防

原　文

不镜于水，而镜于人，则吉凶可鉴也；不蹶于山，而蹶于垤，则细微宜防也。

译　文

如果不仅仅是以水为镜，也以人的得失成败作为借鉴，那么就可以从中明白吉凶祸福的规律；在山丘间没有跌倒，但是却在平地上的小土堆前摔倒，这说明从细微之处加以预防是十分重要的。

评　析

历史往往是一面镜子，他人的成败得失也往往可以成为自己立身处世的借鉴。唐太宗就善于以史为鉴，以人为鉴，从中总结历代王朝兴衰得失的教训，避免重蹈覆辙，他因此而成为一代明君，他说："以古为鉴，可以知兴替；以铜为鉴，可以正衣冠；以人为鉴，可以知得失。"

有句谚语说："马儿不会在悬崖旁摔倒，却容易在平地上失蹄。"这是说人们在险要处能格外小心，防止失足，而在平凡细微之处却容易掉以轻心，丧失警惕。所谓"千里之堤，溃于蚁穴"也是这个道理，因此古人十分注意从细微之处着眼，防微杜渐，避免于不经意处跌倒。

常存仁孝心　不起邪淫念

原文

常存仁孝心，则天下凡不可为者，皆不忍为，所以孝居百行之先；一起邪淫念，则生平极不欲为者，皆不难为，所以淫是万恶之首。

译文

如果心中总存有仁爱孝顺之心意，那么只要是世界上不能够做的事，自己便都不忍心去做，因此说孝行是一切行为中首先应该做到的；如果心中一存有淫恶的念头，那么平常极不愿意去做的事，都可能会做起来，没有什么顾虑，所以说淫邪之心是各种坏行为的开始。

评析

有孝顺之心的人，从孝顺自己的父母开始，推己及人，在做任何事情时会想到怎样做不会使父母蒙羞，怎样做才能为自己的父母争得光彩，不辜负父母的期望。一方面断绝了恶行之源，另一方面开启了善行之端，孝行自然是一切行为的根本。

"色"字头上一把刀。一个人如果放纵自己的私欲，生出淫邪之念，就什么事情都能干得出来。色欲是一个人欲望中最强烈的，只可节制它，不可放纵它。

亡羊尚可补牢　羡鱼何如结网

原文

图功未晚，亡羊尚可补牢；浮慕无成，羡鱼何如结网。

译文

　　谋求功业什么时候开始都不算晚，因为即使羊跑掉了再来补羊圈还来得及；只是心存幻想羡慕别人是不会有什么结果的，就像站在水边希望得到水中的鱼，不如赶快回家织渔网。

评析

　　任何事只要诚心去做，什么时候开始都可以，没有先后之说，只看是否肯吃苦。能及时醒悟的人，哪怕很晚入道，也能通过脚踏实地的努力，使事情得到弥补。

　　要想结出丰硕的果实，关键是要拿出实际行动，看到别人取得成功，自己羡慕不已，也是徒然，没有谁会同情你。有的人虽然常立志，立长志，但是从来不见诸行动，这样永远不会有什么收获。要想得到水中的鱼，就赶快回家结网，要想有所收获，就赶快去耕耘。

闭目可以养神　闭口可以防祸

原文

　　神传于目，而目则有胞，闭之可以养神也；祸出于口，而口则有唇，阖之可以防祸也。

译文

　　人的精神通过眼睛来传达，而眼睛有上下眼皮，闭合眼皮可以养精神；祸从口出，而嘴巴则有上下嘴唇，闭起嘴巴可以防止因说话而惹祸。

作者在这里建议，面对有些事情，当自己无力改变的时候，不妨来点消极的方法，"睁只眼，闭只眼"或"眼不见，心不烦"，这样或许可以暂时地逃避。但是正直的人，往往不愿意屈服于压力，他们即使"有心杀贼，无力回天"，也会以死抗争，为正义和理想而殉节。

常言说"祸从口出"，所以人们都相信沉默是金。语言是心灵的窗口，一言一行，都反映人的修养学识，所以孔子说："君子言行应慎重缓慢。"但是需要主持公道，坚持正义时，也不应吝啬自己的言语，应该有挺身而出、为民请命的勇气。

为善不因噎　有过不讳疾

原 文

偶缘为善受累，遂无意为善，是因噎废食也；明识有过当规，却讳言有过，是讳疾忌医也。

译 文

偶尔因为做好事受到连累，就再不愿意做好事，这是因噎废食的做法；心中知道有了过错应当改正，却不愿意提及过错，这是讳疾忌医的行为。

评 析

世风日下，为善亦难。有报道说，一位善良的人将被撞伤的老人送到医院抢救治疗，反被老人的家属诬陷为肇事者，结果惹得一场官司，最后在众多热心证人的帮助下虽然洗清了不白之冤，却身心俱损，会发出了做好人难的感慨。面对这种情况，我们说，小人不可不提防，但小人毕竟是少数，乐于助人我则自问心无愧，社会也会给予极大的支持。

小病不治，终将酿成大患。当别人指出自己的过错时，错误或许刚刚出现，及时纠正，避免损失也许还不太难。如果拼命将疮口捂住，不及时治疗，只怕疮口化脓腐烂后，以后所受的痛苦会更大，治疗的代价也更高，弄不好还会丢了性命。

种田要言 读书真诀

原 文

地无余利，人无余力，是种田两句要言；心不外驰，气不外浮，是读书两句真诀。

译 文

土地要充分发挥其地力，不要浪费，人要竭尽全力，不要懒惰，这是种田人要注意的两句很紧要的话；心思要集中不要浮华不实，心气要专注不要分散，这是读书人要注意的两个要诀。

评 析

崇尚读书是中国的传统美德，而中国古代是以农耕为主的社会，故耕读不可分离，读书也像种地一样，需要打好基础，施好肥料，辛勤耕耘，这样才会有收获。

耕读都不能心驰气浮，"人荒地一季，地荒人一年"。《孟子》中记述了奕秋的故事：有两个人同时向奕秋学棋，其中一人专心致志求学，棋艺日进；另一人在学棋时，总想到天空中有大雁飞来，如何用弓去将雁射下，故学棋无成。同是学棋，一人有成，一人无成，区别就在于用心专一与否。

桃积善有余庆　栗多藏必厚亡

原　文

桃实之肉暴于外，不自吝惜，人得取而食之；食之而种其核，犹饶生气焉，此可见积善者有余庆也。栗实之肉秘于内，深自防护，人乃剖而食之；食之而弃其壳，绝无生理矣，此可知多藏者必厚亡也。

译　文

桃子的果肉露在外面，毫不吝惜，人们都可以取来食用；食用后将其果核种植在地下，还能再发芽而生生不息，由此可以想见做善事的人，必定有遗泽留给后代。栗子的果肉藏在壳内，保护得好像很好，而人们只好剖开食用它，食用时将其果壳丢弃，绝对再没有发芽生根的可能了，由此可以想见愈是深藏吝惜者，愈是容易自取灭亡。

评　析

桃树和栗树的种子是桃子和栗子，它们的形态不同只是自然规律，桃子不因为果肉包在果核外而容易繁殖，栗子也不因为果壳包住了果肉而濒于绝种。但是劝善抑恶是中国传统的道德规范，人们借助于桃子和栗子的露和藏，要说明"积善有余庆，深藏必厚亡"的道理，也许比喻很蹩脚，但道理却是非常正确的。

治术必本儒术　今人不及古人

原文

治术必本儒术者，念念皆仁厚也；今人不及古人者，事事皆虚浮也。

译文

治理的方法一定要按照儒家的思想去做，是因为儒家的治国之道都出于仁爱宽厚之心；现代人之所以不如古代人，是因为现代人所做的事都虚浮不实在的缘故。

评析

儒家在战国时代与法家、墨家等一样，只是一种学说流派，到汉代以后，由于统治者认为儒家的思想更有益于统治的稳固，所以采纳"罢黜百家，独尊儒术"的建议，使儒家思想逐渐成为正统思想。儒家的基本思想是仁义之道，"仁者爱人"，就是要使每一个人都幸福，提出要使老有所终，幼有所爱，鳏寡孤独皆有所养，从而进入一个路不拾遗、夜不闭户的大同社会，所以历代统治者都奉行儒学。

今人与古人相比，更容易被名利所诱，多了一些虚浮之心，少了一些扎实之功，所以人们常有今不如昔的感叹。不过社会是在不断向前进步的，生产力的不断提高使社会多了一些竞争机制，思想守旧的人难以适应不断变动的社会关系，所以也会有些怀旧情绪，这样盲目地厚古薄今是会被社会淘汰的。

钱能福人　亦能祸人

原文

钱能福人，亦能祸人，有钱者不可不知；药能生人，亦能杀人，用药者不可不慎。

译文

钱财能够为人带来福分，也能造成祸患，有钱的人不能不明白这个道理；药物能够救活人，也能够毒死人，用药的人不能不谨慎。

评析

古人对"钱"有深入的研究，戏称钱能通神，可以不翼而飞，不胫而走，既能出入侯门，也能进入寻常百姓家。然而钱是双刃剑，用得好可以造福，用之不当便是恶，所以知道钱的特点，就要善用钱，纵使不能用钱造福，也不能用钱遗祸。钱财万贯者，一定要谨慎。

药本来是用来治病救人的，然而药首先要对症，如果药力用反，不但不能去病，反而还会加重病情，甚至使人毙命。而且凡药三分毒，用药过度，也会造成人体机能的损害，同样可以杀人，所以用药的人一定要谨慎从事。

事但观其已然 人必尽其当然

事但观其已然，便可知其未然；人必尽其当然，乃可听其自然。

只要观察已经发生之事的情形，就可以预知将要发生的情况；一个人一定要尽其本分，然后才能听任其自然发展。

事物都有其自身发展变化的规律，通过已经发生的事情，可以判断它未来的结果，正如一条河流，只要看它的流向，便可推知其归宿；抬头看看天上的云彩，就可以判断天气的变化情况；观察一个人的气色，可以察知其身体状况。

虽然有人说"人算不如天算"，但是天上决不会掉下个大馅饼。如果上天能够提供良好的自然条件，加上自身十分的努力，就会功成名就，这就是顺其自然；否则，即使客观条件再好，如果不尽心尽力，自然也不会有收获。

人皆欲富贵 然如何布置

人皆欲贵也，请问一官到手，怎样施行？人皆欲富也，且问万贯缠腰，如何布置？

译文

　　人人都希望自己地位显贵，但是请问一下官位到手后，你将怎样去施行政务？人人希望富有，请问那些腰缠万贯的富翁们，如何使用这些钱财？

评析

　　盼望大富大贵是人的共同愿望，可是富贵之后如何使用手中的权力，如何使用手中的钱财，却有着各不相同的方式。

　　官位到手之后，如想在官场中保持地位不倒，小心谨慎十分重要。古人认为："圣贤成大事业者，从战战兢兢之小心来。"无论君侯还是各级官吏，只要能"临事而栗"，便能成功，便能避免灾祸。相反，居官不慎，则是取败之道。

　　古人说："由俭入奢易，由奢入俭难。"俭是开启幸福的源头，而奢则是造成贫困的兆头。腰缠万贯，挥霍无度，失去钱财的同时也会失去德行。乐善好施，拯救他人也是拯救自己。

贫乃顺境　俭即丰年

原文

　　清贫乃读书人顺境，节俭即种田人丰年。

译文

　　对于读书人来说，清贫的生活就是顺遂的境界；对于种田人来说，节俭过日子也是丰收之年。

评析

家贫易立志。古之读书人专心向学，并不以清贫作为不读书的借口，反而会更加发愤学习，一举成名。晋代葛洪家中很穷，门口的篱笆栅栏也不修整，出门进门都要排开杂草才能行走，可是他背着书箱四处借书抄读，一张纸要使用多次，后来终成大器。顾欢家贫，他没有钱上学，就天天到学塾墙后去旁听，到夜间则点松明读书或烧米糠照明。至于囊萤映雪、凿壁偷光、悬梁刺股等故事都是不畏家贫而努力读书的例子。

中国古代是以农耕生产为主的社会，生产力不是很发达，基本是靠天吃饭，剩余产品也不是很丰足，所以节俭度日成为生存的需要。节俭是高尚的美德，如果平常节约，有粮常思无粮时，那么在荒年也会衣食无忧。

为学篇

才蕴而日彰　为学而日进

原 文

有才必韬藏，如浑金璞玉，暗然而日章也；为学无间断，如流水行云，日进而不已也。

译 文

有才能的人一定精于韬藏之略，就如未经琢磨的玉，未经冶炼的金一样，虽不炫人耳目，但日久便逐渐显示其光彩。做学问一定不可间断，要像不息的流水和飘浮的行云那样，每日不停地前进。

评 析

真人不露相，露相不真人。真正有才的人不必炫耀，其价值自然会逐日显现。正像荆山上的和氏璧，虽然楚文王、武王认为是一块石头，而砍去了和氏的双足，而后却经识才的玉工琢磨成绝世美玉。

学海无涯苦作舟，只有不间断地耕耘才会有收获，想一口吃个大胖子是不可能的。《荀子·劝学篇》云："积土成山，风雨兴焉；

积水成渊，蛟龙生焉；积善成德，而神明自得，圣心备焉。故不积跬步，无以至千里；不积小流，无以成江河。骐骥一跃，不能十步；驽马十驾，功在不舍。锲而舍之，朽木不折；锲而不舍，金石可镂。"故只要具有锲而不舍的精神，学问自会日益长进。

读书无论资性　立身不嫌家贫

原文

读书无论资性高低，但能勤学好问，凡事思一个所以然，自有义理贯通之日；立身不嫌家世贫贱，但能忠厚老成，所行无一毫苟且处，便为乡党仰望之人。

译文

读书不论资质秉性是高是低，只要能够勤奋学习，肯向人请教，任何事都问一个为什么，自然有通晓道理的一天；立身于社会，不怕自己出身低微，只要做到忠诚厚道老实，所做的事没有一点随意之处，就会成为乡邻们所敬仰的人。

评析

人的天性虽然有高低之分，但治学的关键却在刻苦用功。学问学问，就在于勤学好问。古往今来的学问家，无不是从勤学苦练处走向成功的。即使是天赋不好的人，也可以采取笨鸟先飞的办法，用适当的方法来获得真功夫。宋代人陈烈为自己的记忆力差而苦恼，一天读《孟子》，读到其中的"求其放心"这句话时，说："我没有将散放在外的心收拢回来，怎么能在读书的时候牢记住有关内容呢？"于是把自己单独关在一间屋室中，安静地坐下来读书，这样坚持了一个多月，从此之后，只要读过的书就不会再遗忘了。

可见，只要功夫深，铁杵磨成针。相反，纵使天资很好，如果不下苦功夫，也不会取得真学问，正如孟子所言："虽有天下易生之物也，一日暴之，十日寒之，未有能生者也。"

知读书之乐　存为善之心

原文

习读书之业，便当知读书之乐；存为善之心，不必邀为善之名。

译文

将读书作为自己的事业，就应当知道读书的乐趣；心中存有行善的心意，就不必去获取行善的名声。

评析

爱好读书是中国的传统美德之一，而读书的目的不止是追求知识，同时也为了更好地修身养性，即立身以求学为先，求学以读书为本。要将所读之书，句句体现到自己的行动中，便是做人之法，如此方能成为读书人，从中懂得读书的乐趣。

中国的读书人更讲究与人为善，

默默奉献，"君子莫大乎与人为善""行善积德，神名自得"，行善时并不贪图名利，而是助人为乐。

板凳要坐十年冷　光阴切莫轻易过

原文

矮板凳，且坐着；好光阴，莫错过。

译文

要有耐心坐在小小的板凳上，切莫错过这大好的时光。

评析

板凳要坐十年冷，一举成名天下闻。读书是件苦差事，特别是成名前的艰辛与寂寞，需要超人的毅力去忍受。但是真正下得苦功夫的人，一定会有意外的收获与回报。《开元天宝遗事》中记载了这样一个故事：苏颋年少时喜欢学习，手不释卷，每次想读书，又没有照明之物，因而经常在马厩内的砖灶中一遍一遍地吹亮火光来照着读书，因为他勤奋刻苦，后来一举成名，官至宰相。

为学要静敬　教人去骄惰

原文

为学不外静敬二字，教人先去骄惰二字。

译文

做学问不外乎"静"和"敬"两个字，教导他人先要去掉"骄"

"惰"两个毛病。

评 析

"静"者,是指做学问必须要有坐得下来,钻得进去的功夫,不可受外界的诱惑;"敬"者,是指要有严谨的治学态度和谦虚好学的刻苦精神。能"静"能"敬",做学问才会有收获,所以《大学》中云:"知止而后有定,定而后能静,静而后能安,安而后能虑,虑而后能得。"

"骄"者,是指无谦虚好学的态度,满足于一得之见而常有自满自大的心思;"惰"者,是指不勤奋努力,不刻苦钻研,懒惰怠慢。不去掉"骄""惰"这两个毛病,就难以有真学问,学到真本事。

知往日之非 见世人可取

原 文

知往日所行之非,则学日进矣;见世人可取者多,则德日进矣。

译 文

能够认识到自己过去所作所为的错误,那么学问就在不断进步;能够看得到他人行为中值得学习的地方,那么品德就会不断进步。

评 析

"严以律己,宽以待人"是良好的美德。

经常反躬自问,检查有哪些地方做得不对,哪些地方还需要不

少年读围炉夜话

断改进，这样，就能总结经验，吸取教训，避免犯同样的错误。常有这种谦虚自省的胸襟，那么学问就会不断长进。这里的学问，不仅指书本上的学问，也包括怎样做人、怎样待人接物等学问。

对他人要多看到长处，充分肯定其优点，即使是千尺之朽木，也必有尺寸可用之良材，何况绝大多数人是正直向上、追求进步的呢？能看到他人的长处，才能容人，自己心胸也会更开阔，品德也就可以日益增进。

生资而加学力　大德而矜细行

原　文

有生资，不加学力，气质究难化也；慎大德，不矜细行，形迹终可疑也。

译　文

天资很好，但后天不努力学习，其性格情操终究难以得到感化；在大的德行上比较谨慎，但不注意细枝末节，其言行终究不能让人充分信任。

评　析

外因是变化的根据，内因是变化的条件。一个人天生的资质很重要，但后天的努力更不可缺少。如果有一个聪明的大脑，健全的体魄，但不刻苦地学习，或不将才能用于正途，终究难成有用之才。反之，如果天生的资质并不是很好，却能够通过刻苦的努力去弥补，也会成为有用的栋梁。

古语说："大行不顾细谨，大礼不辞小让。"意思是说讲究大的礼仪的人不必拘泥于小的行为，这应该是一种托辞。犹如一滴水可以折射出太阳的光辉，人的一言一行都反映出其学识修养，真正修大德的人一定要从生活的细节入手。

谋道莫有止心　穷理须有真见

原 文

川学海而至海，故谋道者不可有止心；莠非苗而似苗，故穷理者不可无真见。

译 文

河流学习大海的兼容并包，在接纳涓涓细流的同时，最后也流向大海，所以追求学问修养的人不能够有停滞不前的疏懒之心；野草不是禾苗却长得与禾苗相似，所以探究事理的人不能没有真知灼见。

评 析

百川向东流，终究归大海；河海不弃细流，故能成其大。学问也如河海一样，永无止境，古人说："生也无涯，学也无涯。"现代人则说："活到老，学到老。"其义理是一样的。故真心向学的人，永远不能有停止之心，生命不息，追求不止。

正像田里的野草与禾苗常常真假难辨一样，真理与谬误往往只一步之遥，所以穷究事理的人不能没有洞察力。清人纪昀在《阅微草堂笔记》中说："亦如人类之内，良莠不齐。"如果一时省察不到，那么就会行事失宜而后悔莫及。

显荣自苦功来　福庆从好处邀

原　文

读书不下苦功，妄想显荣，岂有此理？为人全无好处，欲邀福庆，从何得来？

译　文

不下苦功夫读书，却妄想通过读书取得富贵功名，世上怎么会有这样的道理呢？做人完全不做对社会有益的事，想得到福分希望喜事降临，那么这些福分从哪里得来呢？

评　析

春播秋收，没有播种，哪来收获。

自古以来读书有成的人，都是肯下苦功夫的。战国时的苏秦，刻苦学习，为了避免学习时打瞌睡，就将头发系在屋梁上，困了就用铁锥刺自己的大腿提精神，后来佩上六国相印。晋代车胤，勤奋好学，家贫买不起灯油，到了夏天，他就捉了几十只萤火虫，装进白绸布袋中，用来照明，夜以继日地学习，终成大器。

求富求福，也需要通过勤奋刻苦的努力和百折不挠的奋斗。致富一定要选做对社会有益的事情，对人有益，才能实现自己的价值。

放眼读书　立跟做人

原　文

看书须放开眼孔，做人要立定脚跟。

读书必须放开眼界胸怀宽广；做人要站稳立场，把握住正确的原则。

评析

世上书很多，而善于读书的人要有开阔的眼界，能够从形形色色的书中作出正确的判断，故古谚云："读书切戒在慌忙，涵咏工夫兴味长。未晓莫妨权放过，切身须要急思量。"

而做人则要坚定自己的信念和立场，在大是大非问题上不可含糊，基本的道德准则不能违背，这样才能成为一个受人敬重的人。而那种毫无原则可言者，就像"墙上芦苇，头重脚轻根底浅；山间竹笋，嘴尖皮厚腹中空"，这种毫无主见的人，往往受人鄙弃。

知足常乐　学海无涯

原文

身不饥寒，天未尝负我；学无长进，我何以对天。

译文

身体不遭受饥寒，就是上天没有亏待我；学问没有长进，我有什么脸面去面对苍天。

评析

知足者常感觉满足，故而一辈子也不会因追求非分之想而招致侮辱；知止者能适可而止急流勇退，那么一辈子也不会因不知进退而蒙受羞耻。知足常乐，处于满足的精神状态下，身心便会轻松愉悦。

学无止境，所以做学问的人一辈子都不会停止努力。人只有好学不厌，才能成为大学问家。读书人脚踏实地，到死才会停止学习。

诗书立业　孝悌做人

原　文

士必以诗书为性命，人须从孝悌立根基。

译　文

读书人将诗书看作自己立身处世的根本，做人必须以孝顺友爱作为基础。

评　析

经典的诗书是中国传统文化宝库中的明珠，其中既有知识的积累，又有生活的情趣，饱读诗书并用之于实践，自然可以安身立命。

孝是顺事父母，悌是友爱兄弟。能够顺事父母的人，必能推己及人，不致违法犯罪，重恩而不背信弃义；能够友爱兄弟的人，必善与人相处，重义不忘本。所以从最基本的孝悌做起，自然能打下坚实的道德基础。

修身篇

贫惟求俭　拙只要勤

贫无可奈惟求俭，拙亦何妨只要勤。

贫穷得毫无办法的时候，只有节俭以渡过难关；天性愚笨只要更加勤奋学习，还是可以弥补不足的。

人生不是一帆风顺的，难免有贫穷潦倒的时候，面对贫穷不应该丧失志气。要想办法改变贫穷的面貌，无非有两点，一是开源，二是节流。开源的途径尚未找到时，节流也是控制用度的有效方法；当收入一定时，节俭就是相对增加收入的方法。

天才在于勤奋，知识在于积累，天性固然重要，但后天的努力

34

才是最关键的。笨鸟先飞的故事就说明，通过勤奋可以弥补天资的不足，懒惰、荒废，即使是天才也会自我扼杀。

听平常话　做本分人

原文

稳当话，却是平常话，所以听稳当话者不多；本分人，即是快活人，无奈做本分人者甚少。

译文

安稳妥当的言语，却是既不吸引人也不令人惊奇的很平常的话，所以喜欢听这种话的人并不多；安守本分，没有奢求的人，便是最愉快的人了，只可惜能够安分守己不妄求的人，也是很少的。

评析

信言不美，美言不信；善者不辩，辩者不善。经过刻意修饰的话，虽然悦耳动听，可是却如同空中楼阁，未必可靠，而朴实无华的言语虽然很质朴，却最实在。所以与其听虚假的华丽辞藻，不如听真实的平常语言更可靠。

求得人生快活是人的本能，然而快活的标准却无定则，快活的方式也各有千秋。有的人认为应当及时行乐，"今朝有酒今朝醉，明日愁来明日愁"；有的人认为"比上不足，比下有余"，知足常乐；有的人认为，应该以有限的生命去追逐无涯的事业，"其乐无穷"。毫无疑问，后一种方式有益于社会，有益于自己，应该是最佳选择。

心能辨事非　人不忘廉耻

原 文

　　心能辨是非，处事方能决断；人不忘廉耻，立身自不卑污。

译 文

　　心中能够辨别什么事情是不正确的，处理事情就能做出决断；人能不忘廉耻之心，为人处事就不会做出品行低下的事。

评 析

　　人有正确的判断力，就会有果敢的决断力。正确的判断力，来自于对是非的正确把握。凡与事物的发展规律相一致，符合社会发展要求的就是真理，就应坚持，凡逆历史潮流而动的就是是非，就应摒弃，有了大是大非标准，立身处世就不会迷失方向。生活中琐碎小事可以不计较，但遇到大是大非不能马虎，凡能如此者，必会千古留名，为人称许，故有诗赞曰："诸葛一生唯谨慎，吕端大事不糊涂。"

　　廉是清正廉洁，不贪污受贿，不入于浊流；耻就是知耻，知道哪些是不能做的，做了就是可耻的。古代将忠、孝、节、义、礼、仪、廉、耻作为基本的道德准则，可见知廉耻才能行正道。

富贵不着意　忠孝不离心

原 文

　　自家富贵，不着意里，人家富贵，不着眼里，此是何等胸襟；古人忠孝，不离心头，今人忠孝，不离口头，此是何等志量。

译 文

自己富贵了，不放在心里并不加以炫耀，别人富贵了，不看在眼里生出嫉妒之心，这是多么宽阔的胸襟；古代的人讲究忠孝之义，总是将忠孝放在心头，今天的人讲忠孝，也时常对忠孝行为赞不绝口，这是何等高尚的气量。

评 析

自己得到富贵，不因此而去炫耀，对他人的成功，也不存嫉妒之心，因为心中追求的是得到一分宁静与安逸，而不是外表上的虚浮，所以能将富贵与名利看得轻淡。

忠是忠君，孝是敬老。忠君固然是一种浓厚的封建意识，但孝顺却是自古不变的准则。真正的忠孝要表现在实际行动中，不是表面上的唯唯诺诺。

未必有琴书乐　不可无经济才

原 文

存科名之心者，未必有琴书之乐；讲性命之学者，不可无经济之才。

译 文

心中追求功名利禄的人，不一定能体会到琴棋书画的乐趣；讲求生命形而上境界的学者，不能没有经世济民的才学。

评 析

中国古代读书人，并不是只会读书的书呆子，他们在饱读诗书的同时还注重琴棋书画四艺的陶冶，有着非常丰富的情感世界，也产生了千古留名的风流才子。但是那些抱有争名逐利之心，全身心地追求蝇蝇利禄的人，自然没有闲适的心情去享受其他的乐趣，即使操练琴棋书画，也只是作为追求利禄的手段，哪里能体会到其中的情趣呢？

人类社会的发展，离不开每个人的奋斗和努力，空谈、逃避是不现实的，即使研究性理生命之学的人，并不是脱离实际去研究虚幻的世界，他们研究的目的还是为了安邦济世，指导人们去认识世界和改造世界。

志不可不高　心不可太大

原文

志不可不高，志不高，则同流合污，无足有为矣；心不可太大，心太大，则舍近图远，难期有成矣。

译文

志向不能够不高远，志向不高远，那么就会受不良环境的影响，与庸俗低级之流浑然一体而不能有所作为；心气不能太大，心气太大，不立足于眼前而好高骛远，就难有希望取得成功。

评析

志当存高远，有坚强的意志，才能建立功业。如果胸无大志，那么就与庸俗的小人没有什么区别了。

远大的志向，必须通过艰苦的努力才能实现；奋斗的目标必须与实际的能力相适应。不切实际地追求过高过远的目标，也会是竹篮打水一场空。所以圣人说："病学者厌卑近而骛高远，卒无成焉。"

不可有势利气　不可有粗浮心

原　文

　　无论作何等人，总不可有势利气；无论习何等业，总不可有粗浮心。

译　文

　　无论做哪一种人，都不能够欺下媚上；无论你从事哪一种行业，都不能够轻浮急躁。

评　析

　　常言道，人不可貌相，然而以貌取人，却从来都是人类的痼疾。人总是势利的，即使不看重他人的身份财产，也会看重他人的谈吐举止，哪怕是看重别人的学问，又何尝不是势利的一种表现？多多少少，每个人都会有些势利之心。人或许不能完全没有势利心，但是，却绝不可以有势利气。有势利气者，不以势利为耻，反以势利为荣，趋炎附势，欺压弱小，那就是十足的小人了。

　　不管做什么事情，都不能心浮气躁，粗心大意，一粗心则容易忽略关键，忽略了关键就可以导致失败，而失败的后果，却总是得由自己来承担。粗心是人的大敌，由于粗心而导致的损失，是最最不值得的，因为不是你做不到或做不好，而只是你没有好好做。

知过能改　抑恶扬善

原　文

　　知过能改，便是圣人之徒；恶恶太严，终为君子之病。

译文

知道过错便能改正，就可以说是圣人的弟子；攻击恶人太过严厉，终究会成为君子的过失。

评析

人非圣贤，孰能无过？知过能改，则难能可贵。《战国策·楚策》中说："如果羊圈中丢失了羊，马上就去修补好羊圈，那还不算太晚。"所以能够及时改过的人，必定有谦虚的品德，能及时接受正确的意见。

对于别人的过失，要本着"惩前毖后，治病救人"的态度予以指正，不能一棍子打死，使人没有改过的机会，所以说："攻人之恶，毋太严，要思其堪受；教人之善，毋过高，当使其可以。"

意趣清高　志量远大

原文

意趣清高，利禄不能动也；志量远大，富贵不能淫也。

译文

志趣清正高雅，就不会为钱财官位所打动；志向远大，身在富贵中也不会放纵迷乱。

评析

志趣高雅的人，他的心中所爱的不是功名利禄，而是崇尚自由清雅的人生情趣。晋代的陶渊明作彭泽县令时，不愿向来视察的督邮取媚讨好，感叹地说："岂能为了五斗米而折腰。"于是弃官而去，过着"采菊东篱下，悠然见南山"的隐居生活。

孟子说："贫贱不能移，威武不能屈，富贵不能淫，是为大丈夫。"大丈夫者，即顶天立地的男子汉，胸怀鸿鹄之志，意在驰骋千里，其最终目的是救国救民，富贵荣华不是他追求的人生目的，又怎么会沉醉于富贵之中而迷乱心志呢？

有自知之明　虑他日下场

原文

知道自家是何等身份，则不敢虚骄矣；想到他日是那样下场，则可以发愤矣。

译文

对自己能力的大小和内涵虚实认识得比较清楚，就不敢虚浮骄傲；想一想虚度年华到将来会落得一个老大徒伤悲的悲哀下场，那么就应该从此发奋努力了。

评析

山外有山，楼外有楼。人贵有自知之明，了解自己的长处，同时也知道自己的不足，才不至于夜郎自大，狂妄骄横。实际上，喜欢夸耀自己优点的人，其实不了解自己，而了解自己短处的人，正是其长处所在。

古人有"少壮不努力，老大徒伤悲"的名训，在青春年少时浪费了自己的大好年华，想追回也不可能了，与其老来后悔，不如及时总结经验教训，振作起精神，立刻发奋，从而成就一番事业。

矜伐可为大戒　仁义不必远求

伐字从戈，矜字从矛，自伐自矜者，可为大戒；仁字从人，义字从我，讲人讲义者，不必远求。

伐字的右边是"戈"，矜字的左边是"矛"，"伐"和"矜"都有夸耀的意思，而戈、矛为古之兵器，有杀伤之意，所以自夸自大的人要引以为戒；仁字的偏旁是人，义字的下部是"我"，所以讲求仁义的人不必舍近求远，从自己做起即可。

中国的传统思想一直倡导谦虚为本，戒骄戒躁，所以古语云："谦受益，满招损。"现代人也说："骄傲使人落后，虚心使人进步。""伐"和"矜"都指自我夸耀，但自夸自大从来都是很危险的，所以老子说："……自伐者无功，自矜者不长。"司马迁云："既已存亡生死矣，而不矜其能，羞伐其德，盖亦有足多者矣。"

仁和义是儒家思想的精髓。"仁者爱人"，即对人广泛地施予仁爱之心，故仁字从人；义即道义，当生和义发生冲突时，舍生取义则是儒家的价值尺度，义的繁体字写作"義"，下部是"我"字，所以讲道义要从我做起。

王永彬先生从造字的方法和文字源流的角度阐述自大自夸的危害及行仁义的必要，是颇有道理的。

常怀振卓心　多说切直话

原　文

一室闲居，必常怀振卓心，才有生气；同人聚处，须多说切直话，方见古风。

译　文

即使一个人清闲地独处时，也要常常怀有振作奋进的心志，才会有蓬勃向上的生机；与人相处，一定要多说恳切正直的话，这才能体现古之圣贤淳朴忠厚的风范。

评　析

人生在世，总要有所作为，因此一定要树立雄心壮志，常怀振作之心，激励自己不断追求，这样才会有朝气蓬勃的气象和光明的前途。

与朋友打交道，要从善良的愿望出发，多鼓舞士气，切实地说些肺腑之言，这样彼此才会有长进。古人交游，讲究"以文会友，以友辅仁"，这样既促进相互交流，也培养了良好的品德，所以孔子说，同正直的人交朋友，同实实在在的人交朋友，同见闻广博的人交朋友，就会受益。

不忮不求　勿忘勿助

原　文

不忮不求，可想见光明境界；勿忘勿助，是形容涵养功夫。

译 文

不因贪婪而嫉妒，不因索取而奢求，可以看出一个人内心光明博大的境界；在涵养的功夫上，既不要忘记逐渐聚集道义的力量以培养浩然正气，也不要因为一时正气不足，就恨不得借助外力马上充盈。

评 析

孔子的弟子子路不因自己穿着寒酸而在富人面前感到自卑，因为他有学识而心地光明，所以孔子在《论语·子罕》篇引《诗经·邶风·雄雉》的"不忮不求"来赞扬他的心胸坦荡。孟子在谈论人的修养时，曾借《揠苗助长》的寓言故事讲述了人的修养是一个渐进的过程，"勿忘"同时亦要"勿助"，关键是要培养自己的涵养功夫，做大量有益的事，而恶事做得太多则会损坏自己的修养功夫。品德不好的人认为一般的好事对自己没有好处而不去做，认为一般的坏事对自己没有多大损害而去做它，坏事做多了就无法逃避罪责，罪恶大了也就无法得到宽恕。

须谋吃饭本领　早定成器日期

原 文

人生境遇无常，须自谋一吃饭本领；人生光阴易逝，要早定一成器日期。

译 文

人一生的环境和遭遇变化难料，自己必须要具备一技之长作为谋生的本领，才能少受环境困扰；人一生的寿命很短暂，时光容易消逝，必须尽早给自己定下成就事业的期限。

评析

"人生不如意事常八九"，逆境与顺境常常不能由自己把握，能够勇于藐视困难，克服困难，才能显出真正的英雄本色；而要在逆境顺境中都能自立，就必须有一技之长。俗语说"荒年饿不死手艺人"，就是这个道理。

光阴易逝，日月如梭，人当早立志，早成器。唐代诗人岑参认为："丈夫三十未富贵，安能终日守笔砚。"张九龄则说："如果人到五十岁还没有一点成就，那就是很大的过失了。"今天的好男儿不能不引以为训。

守身必谨严　养心须淡泊

原文

守身必谨严，凡足以戕吾身者宜戒之；养心须淡泊，凡足以累吾心者勿为也。

译文

保持自身的节操必须谨慎严格，凡是能够损害自己操守的行为，都应该戒除。要以宁静淡泊涵养自己的心胸，凡是会使我们心灵疲累不堪的事，都不要去做。

评析

洁身自好的人，要时时注意自己的品德修养。贪财爱利、损人利己、骄奢淫逸、嗜酒好色、赌博斗狠，这些都是损害操守的行为，要注意戒掉。

"宁静以致远，淡泊以明志"，古人追求恬淡宁静的生活方式，将世俗的名利看作过眼浮云，不追求过分的享乐与利益，得亦不喜，失亦不悲，故能拿得起，放得下，想得开，不使身心受累。

君子有过则改　小人肆行无忌

原文

才觉已有不是，便决意改图，此立志为君子也；明知人议其非，偏肆行无忌，此甘心为小人也。

译文

一发觉自己有做得不对的地方，便马上下决心改正，这便是要立志成为一个正人君子的人的做法；明知有人在议论自己做得不对，却偏要一意孤行毫无顾忌，这是自甘堕落的小人。

评析

《左传》上记载，晋灵公违反了为君之道，士会上前劝阻，灵公说："吾知所过矣，将改之。"士会于是赞同地说："人孰能无过？过而能改，善莫大焉。"意思是说人食五谷杂粮，谁能没有过错，有了过错能够改正，没有比这再好的事情了。知错能改，才是君子风度。

如果明明知道自己错了，却固执己见，一意孤行，这样的人既无君子的气度，也不能及时从错误中总结经验教训，小错不改，以后必然会重蹈覆辙，甚至酿成更大的错误，走上犯罪的道路，此时想改也已经晚了。

看高不能长进　看低不能振兴

原　文

把自己太看高了，便不能长进；把自己太看低了，便不能振兴。

译　文

把自己看得太高了，就无法再求得进步；把自己看得太低了，便失去振作的信心。

评　析

人贵有自知之明。

既要知道自己的长处，充分发挥自己的能力，朝适合于自己的方向去努力，但也不能抬头看天，目空一切，以为老子天下第一，他人都比不上自己，失去了前进的动力，即使本来能力超群，也会因自大而落伍。

人能了解自己的短处，是一件好事情，可以做到扬长避短，奋发有为，但如果妄自菲薄，将自己太看低，就会自暴自弃，永远难以振作了。

向善必笃　进德可期

原　文

遇老成人，便肯殷殷求教，则向善必笃也；听切实话，觉得津津有味，则进德可期也。

译 文

遇到年老有德的人，便肯虚心求教，那么求善之心必定十分诚恳；听到切直实在的话，便觉得津津有味，那么德业的长进就有望了。

评 析

虚心使人进步。年老德高之人，有十分丰富的成功经验与人生教训，能够多听从他们的教诲，自然就可以少走弯路，避免误入歧途。愿意求教于人者，便很不错了，如果求教还能做到"殷殷"者，必定是求教若渴，从善如流之辈。

但凡切实话，多是质朴平实之言，既非奉承，更非谄媚，有时听来还十分"逆耳"，所以很多人一听到切实话，就心中不悦，甚至变颜震怒，哪里还会去品味其中的道理呢？如果听得进切实话，还能品味出其中的滋味，那么此人的德量与修养一定不俗。其德业的进步自然是指日可待了。

求备以修身　知足以处境

原 文

求备之心，可用之以修身，不可用之以接物；知足之心，可用之以处境，不可用之以读书。

译 文

追求完美的想法，可以用于自我修身养性，却不可用在待人接物上；易满足的心理，可以用在对环境的适应上，却不可以用在读书求知上。

评　析

古语云:"律己以严,待人以宽。"修身是为了律己,应该尽量全面要求,于微细处体现出涵养与气度;接物是为了待人,应该多看到他人的长处,容忍他人的短处,不可求全责备。

人可以通过不断的努力奋斗来改善自己的境遇,但是有时自身的处境是由多种因素所决定的,往往非人力所能改变,这就要有知足常乐的心境,虽然往前看比上不足,但也许左右看,比下还有余,不妨先放宽心境自得其乐一番,何须苦苦执迷不能自拔呢?而学习则不同,学海无涯苦作舟,学问愈是长进,愈觉自己的无知。一日不学,则一日退步;一时满足,则时时无知,所以说"逆水行舟用力撑,一篙松劲退千寻,古云此日足可惜,吾辈更应惜光阴"。

切问近思　智深勇沉

原　文

博学笃志,切问近思,此八字是收放心的工夫;神闲气静,智深勇沉,此八字是干大事的本领。

译　文

广泛地涉猎知识,志向坚定,切实地向人请教,并仔细思考,这是研习学问的重要功夫;心神安详,无浮躁之气,拥有深刻的智慧和沉毅的勇气,这是做大事所须具备的主要能力。

评　析

"博学笃志,切问近思",原是亚圣孟子所言,将这八个字作为收心向学的要诀是很有道理的,学必专心,要做到"发愤忘食,乐以忘忧，不知老之将至"；同时学亦有道，不能学无选择，学无思索，故"学而不思则罔，思而不学则殆"，思其始而成其终，就是说思考就会有所得，不思考就没有收获。唐代文学大师韩愈的名言："行成于思毁于随，业精于勤荒于嬉。"也是说的这个道理。

而做大事则要具备神静气闲，智勇沉着的气质。历史上足智多谋的诸葛亮就是靠沉着镇定"演出"了一场名传千古的空城计。相传当时司马懿率领数十万大军向荆州城压过来，而守城的只有少数羸弱之兵，向外调援军已来不及，诸葛亮于是命令大开城门，让几个老卒洒扫，他自己带一琴童在城上弹琴，其仪态悠闲沉着，司马懿见此，恐城中埋伏而退兵。

贫贱不能移　富贵要济世

原文

贫贱非辱，贫贱而谄求于人者为辱；富贵非荣，富贵而利济于世者为荣。讲大经纶，只是实实落落；有真学问，决不怪怪奇奇。

译文

贫穷与地位卑微不是什么耻辱的事，但因为贫穷和地位卑微去向人献媚，求取非分的利益，这样就很可耻了；获得巨大财富和很高的地位，也不一定是什么荣耀的事，但是有了财富和地位后乐于以此帮助他人，却是很光荣的事。讲求大的学问和道理，应该能落到实处；真正有学问的人，绝不会故弄玄虚。

评析

地位低下并不能泯灭一个人的才智，贫穷潦倒并不妨碍一个人立志干大事，所以能做到穷且益坚，不坠青云之志，那么必定能够激励自己发愤去成就一番事业。富贵之后，如果能做到乐于助人，施行仁义，则是富者的光荣，所以古人说："获取富贵是次要的事情，而施行仁义，是贤达之士经常做的行为。"

最深奥的往往也是最通俗的，所以做大学问的人，讲究平实可行，切中时弊，有实事求是之意，无哗众取宠之心。而沽名钓誉之徒，却贪求华丽的外衣，忽视内在的实质，言之虽美，却空洞无物，巧思虽多，但不切实际。

守口如瓶　持身若璧

原　文

一言足以召大祸，故古人守口如瓶，惟恐其覆坠也；一行足以玷终身，故古人饬躬若璧，惟恐有瑕疵也。

译　文

一句话不慎就有可能招来大祸，所以古人讲话十分谨慎，唯恐如瓶子落地会破碎一样招来杀身之祸；一件事行为不谨慎足以使自己的一生清白受到玷污，所以古人行事十分谨慎小心，以保持身体如白璧般洁白，唯恐做错事使自己留下终身遗憾。

评　析

俗语说："病从口入，祸从口出。"一言不慎，足以惹来大祸，所以善于立事保身的人，每日"三省吾身"，每事三思而行，每言三缄其口。故曰"沉默是金"。

一个人要树立好名声很不容易，往往需要一辈子的努力，而要损坏自己的形象却很简单，一件小事足矣。就像一块璧玉，上面如果有一块小斑点，整个璧玉的价值就层受损，一个人如果言行不谨慎，那么其人格也会受到玷污，所以古人说："勿以善小而不为，勿以恶小而为之。"

淡中交耐久　静里寿延长

原文

淡中交耐久，静里寿延长。

译文

在平淡中结交的朋友能经受时间的考验而使友谊地久天长，在平静中生活能够修养心性使寿命延长。

评析

君子之间的交往，像水一样晶莹清澈；小人之间的交往，表面上像蜜一样甘美。君子之间的友谊虽然表面平淡，但内心十分接近；小人之间的关系虽然表面热情，却很快就会决裂。那些小人是没有思想基础而纠结在一起，这种关系会无缘无故地断决。而在平淡之中交的朋友，是经过冷静观察和判断后，逐渐建立起来的友谊，摆脱了任何功利目的，故能久长。

中国养生之道讲究心平气和，务求安宁愉快，自得悠闲，这样就可以养心养身，而达到益寿延年的目的。《至言总养生篇》上说："静者可以长寿，浮躁者早夭；静而不能养，减寿；躁而能养，延年。"

性情篇

俯仰间皆文章　游览处皆师友

原文

观朱霞，悟其明丽；观白云，悟其卷舒；观山岳，悟得灵奇；观河海，悟其浩瀚，则俯仰间皆文章也。对绿竹得其虚心；对黄华得其晚节；对松柏得其本性；对芝兰得其幽芳，则游览处皆师友也。

译文

观赏美丽灿烂的彩霞时，可以领悟到它光芒四射的艳丽；观赏天空飘浮的白云时，可以领悟到它舒卷自如烂漫多姿的妙态；观赏高山雄峰时，可以领悟到它灵秀挺拔的气概；观赏一望无垠的大海时，可以领悟到它博大宽广的胸怀，在这些天地山河中，都可以体会到美妙的景致，到处都是好文章。面对翠绿的竹子时，可以品味到它的虚心有礼；面对飘香的菊花，可以品味到它的高风亮节；面对苍松翠柏时，

可以品味到它傲然不屈的性格；面对兰花香草时，可以品味它幽然醉人的芳香，从这里可以看出，在游览观赏中，时时处处都有供我们学习借鉴的地方。

评析

人类与大自然是相通的，大自然给人以无尽的乐趣，也激起人们无限的情感。早晨的太阳光芒四射，人们从灿烂的朝霞中感受到青春的勃勃生机；天上的白云舒卷，又使人感受到奇妙云海的变化莫测……人们从自然中得到启示，懂得了许多人生哲理，学到了许多为人处世的方法，也将美好的愿望寄托在无尽的景致中。

俭可养廉　静能生悟

原文

俭可养廉，觉茅舍竹篱，自饶逛清趣；静能生悟，即鸟啼花落，都是化机。一生快活皆庸福，万种艰辛出伟人。

译文

俭朴可以培养一个人廉洁的品性，即使是住在茅棚竹屋中，自己也觉得很有情趣；安宁平静的环境可以使人领悟人生的真谛，即使是鸟儿鸣叫，花开花落，也都是天地造化之生机。一生轻松快乐只是平凡的福分，能够经历千辛万苦而建立功勋的人才是杰出的人物。

评析

生活俭朴能使人具有顽强的意志，经受艰苦的磨炼，胸怀开阔。过惯了俭朴的生活就不会贪恋物质的享受，自然不易为物质而改变廉洁的心志。而且俭朴的人，习惯于竹篱茅舍的自然气息，对纸醉金迷的优越生活反而难以适应。

心灵澄静就是指志向高远而不受世俗名利的干扰，耳闻目见的是鸟啼花落的美景，心中充满高尚的情怀。所以说"宁静以致远，淡泊以明志"。

能够体会到俭朴生活之快乐和宁静生活之情趣的人，都具有超凡脱俗的非凡见识，他们历尽艰辛，是真正的英雄伟人。

满抱春风和气　此心白日青天

原　文

愁烦中具潇洒襟怀，满抱皆春风和气；暗昧处见光明世界，此心即白日青天。

译　文

在忧愁和烦闷的困境中能具备潇洒大度的胸怀和气魄，那么心里就会充满春风和畅之感，驱散愁云；在昏暗不明的境遇中如能有开朗博大的胸襟，那么内心就如在阳光普照的天地间那样明亮。

评　析

面对逆境，不应当屈服，要看到光明的前途。不因为处于逆境而不去实现自己的理想，不因为处境安逸而产生别的想法，从而改变自己的志向。所以在花繁柳密处，拨得开方见手段，在风狂雨骤时，立得定才有脚跟。一般而言，事情总有极困难的时候，能够咬紧牙关，战胜困难的就是好汉。

心静则明　品超斯远

原　文

心静则明，水止乃能照物；品超斯远，云飞而不碍空。

译　文

心中平静就自然明澈，如同平静的水面能够映照出事物一样；品格高超便能远离物累，就像无云的天空能一览无余一般。

评　析

自己内心澄澈，不执着于一物，才能做到动静如一。传说佛家禅宗五祖选继承人，大弟子神秀说："身是菩提树，心如明镜台。时时勤拂拭，不使惹尘埃。"慧能说："菩提本无树，明镜亦非台。本来无一物，何处惹尘埃。"五祖于是将衣钵交给慧能继承，慧能成为六祖。

品格高超的人，由于内心不受情欲爱恋的牵累，行事自由自在没有阻碍，又如云在天，不受人间牵绊，又不为天空羁留。故云"其所以神化而超出众表者，殆犹天马行空而步骤不凡"。

入幕皆肝胆士　登座无焦烂人

原　文

宾入幕中，皆沥胆披肝之士；客登座上，无焦头烂额之人。

译　文

凡是可以信任而延揽入府中商量事情的人，一定是能对自己竭

智尽忠的人。凡是能够作为宾客引为上座的人，一定不是品行有缺
失的人。

评析

朋友之间，贵在坦诚相待，能够请到府中商量事情，说明是志
同道合的知己，是能为朋友出谋献策，参与大事的人，岂有不赤胆
忠心，肝胆相照之理。

焦头烂额，意指其人形容猥琐，不大度无器量，这样的人不会
受人欢迎。能做座上之客者，一定是雅量大度，在主人心目中有一
定份量的人，也必定是没有不良品行或难以见人的尊容。

问心无愧　收之桑榆

原文

夙夜所为，得毋抱惭于衾影；光阴已逝，尚期收效于桑榆。

译文

每天早晚的所作所为，一定要无愧于心；光阴已经消逝，还希
望在晚年有所成就。

评析

人的一生怎样度过，是在浑浑噩噩中一无所成，还是在踏踏
实实的奋斗中不断收获，不同的人生态度有不同的回答。前一种人
生态度，是蹉跎人生，游戏人生，自然无所收获，只能是老大徒伤
悲，而后一种人生态度则十分可贵，体现着积极进取的精神，当然
会一分耕耘一分收获了。有时候，虽然努力去做，却难以一下子见
到成效，但只要尽心尽力了，便也无愧于心。

于世有济 此生不虚

原 文

但作里中不可少之人，便为于世有济；必使身后有可传之事，方为此生不虚。

译 文

只要能够作一个乡里中不可缺少的人，就是对于世人有所帮助了；一定要使死后有可以流传的事业，才是不虚度这一生。

评 析

古人有浓厚的乡里情结，希望自己的能力得到社会的认可，更希望能在本乡本土有很高的威信，所以说："富贵不归故里，如衣锦夜行。"如果将眼界放宽，不仅做本乡本土不可缺少之人，而且要成为更大范围内不可缺少的人，那么对社会的贡献就会更大。

人生不过百年，有的人活一辈子，碌碌无为，死后不留一点痕迹，而有的人在活着的时候或著书立说，或发明创造，或建功立业，为社会留下大量财富，这样的人死后也能名传千古。

多文非时文 称名非科名

原 文

儒者多文为富，其文非时文也；君子疾名不称，其名非科名也。

译 文

读书的人把文章多当作财富，这些文章并不是应时之作；正直的君子担心名声不好，不能为人称道，这个名声指的不是科举之名。

评析

人各有追求，读书人能够写出大量的好文章，便是实现了自己的价值，所以说以文章多为财富，这些文章当然是能够藏之名山，给后世以启迪的珠玉之作，如司马迁之《史记》、屈原之《九歌》即是。一般的应景之作，不切实际，空洞无物，今天写出，明天便弃，当然不在此列了。

德行高尚的君子追求的是建立道德和功业，活着的时候能有好的德行，死后能为人所称道。虽然也有人拼命去追求那些虚名，为了权势地位削尖脑袋钻营，但这种虚名是为真正的君子所不齿的。

气性乖张短命　言语尖刻薄福

原文

气性乖张，多是夭亡之子；语言尖刻，终为薄福之人。

译文

脾气性格偏执怪异的人，一定是早夭的人；言语刻薄尖酸的人，肯定是福分很少的人。

评析

俗语说："心平气和。"脾气谦和，与人为善的人，必定有良好的气度与修养，心宽则体健，自然能延年益寿；相反脾气古怪执拗，怪僻暴躁的人，必定心胸不够开阔，气量过于窄小，其人难得天地平和之气，自然寿命不长。

言为心声，有则故事说，苏轼与佛印戏谈，佛印说，你看我像什么？苏轼说，我看你像一堆牛屎。佛印说，我看你像个菩萨。苏轼自以为得计，回家向苏小妹炫耀，苏小妹说，你看人家像堆牛屎，正说明你的心灵十分阴暗，而人家看你像个菩萨，是他的内心充满了光明。这个故事正说明语言是心灵的折射，尖酸刻薄的人，其心灵也必定阴暗，那么要得到更多的福分也是不可能的了。

要有真涵养　要写大文章

原文

有真性情，须有真涵养；有大识见，乃有大文章。

译文

要有至真无妄的性情，必须先要有真正的涵养；要有大的见识，才能写出不朽的文章。

评析

何为真涵养，心平气和也。怎样做到心平气和，工夫只在于"定火"。古人说："定火工夫，不外以理制欲，理胜则气自平。"存心养性，须要耐烦、耐苦、耐惊、耐怕，涵养方得纯熟，涵养修炼到家，"真性情"自现。

有大文章，必先有大见识；有大见识，必先有真涵养。能称大文章者，必须足以指点人类发展的迷津，促进历史发展的进程，给人类带来智慧、文明、道德之光，这样的伟人才是人类前进的灯塔，这样的伟人基于对生命和对人类的大认知，才留下了传世百代的大文章。

交友篇

学朋友好处　行圣贤言语

与朋友交游，须将他好处留心学来，方能受益；对圣贤言语，必要我平时照样行去，才算读书。

译　文

与朋友交往，必须留心观察朋友的长处，将他的优点都学习借鉴来，才能得到益处；对于古圣先贤所说的话，一定要在日常生活中遵循去做，才算是真正地读书。

评　析

人生不能无友，交友的目的在于互相学习，互相提高。孔子说："无友不如己者。"明代王肯堂说："交友之旨无他，彼有擅长于我，则我效之；我有擅长于彼，则我教之。是学即教，教即学，互相资矣。"所以与朋友相交，时时留心对方的长处，以朋友的智慧启迪自己的蒙昧，以朋友的宽厚来改变自己的褊狭，得到正直朋友的帮助，那么过失就会一天天减少。

读书的人，应将圣贤之语用来照亮自己的人生道路。自己的一言一行都按圣贤之语行事，非礼勿闻，非礼勿言，非礼勿视，这样才是读书穷理，学以致用，"多识而力行之，皆可据之以为德"，否则学而不能行，不仅肤浅，而且无用。

交朋友益身心　教子弟立品行

原　文

交朋友增体面，不如交朋友益身心；教子弟求显荣，不如教子弟立品行。

译　文

如果交朋友是为了增加自己的面子，那不如去交一些对自己身心有益的朋友。教自己的孩子去追求显耀的荣华，还不如教诲他们修身立德树立良好的品行。

评　析

交朋友应当慎重，同正直的人交朋友，同诚实的人交朋友，同见闻广博的人交朋友，这样会有益于自己。而同谄媚的人交朋友，同当面奉承背后诽谤的人交朋友，同惯于花言巧语的人交朋友，则是有害的。而交朋友的目的也要明确，不要借朋友来炫耀自己的能力和增加自己的体面，交朋友为的是互相促进，共同提高。

品行是成就事业的基础，如果放弃对子弟品行的教育而教他们采取不正当的手段去追求荣华富贵，就像建立空中楼阁一样不可靠。子弟们有良好的品德修养作基础，必定会取得事业的成功。

交直道朋友　近耆德老成

原文

能结交直道朋友，其人必有令名；肯亲近耆德老成，其家必多善事。

译文

能够结交走正道的人做朋友，这样的人也一定有好的名声；愿意与年高德劭老实诚实的人亲近者，这样的人家一定常做善事。

评析

与正直的人交朋友，自己的心灵也能得到净化，朋友之间一言一行相互影响，品质也会随之高尚起来；与奸邪的人交朋友，必定会追风逐臭，同流合污，遭到人们的鄙弃。所以古语说："近朱者赤，近墨者黑。"

德高望重的老人，生活经验很丰富，人生的教训也很多，经常向他们求教可以避免自己走弯路，及时得到点拨提携，在他们的教诲之下，当然会家兴业旺，好事不断了。

对知己无惭　求读书有用

原文

人得一知己，须对知己而无惭；士既多读书，必求读书而有用。

译文

人生能够得到一位知己，一定要做到面对知己不惭愧；士人既然多读诗书，必须做到读书而能致用。

评析

传说春秋时代伯牙弹琴，钟子期善于聆听音乐，伯牙弹奏描写高山的曲调时，钟子期说："峨峨兮如泰山！"弹到描写流水的曲子时，钟子期说："洋洋乎若江河！"因此高山流水成为知音的代名词。后来钟子期去世，伯牙就将琴弦弄断了，再也不弹奏了。人生难得一知已，故曰得一知已足矣。知己者彼此间心灵相通，追求一致，互为慰藉，这样才彼此心心相印。

读书人广泛求学，但读书贵在有用，如果满腹诗书却不能用之于世，无异于立地书橱，好看而无益，故为学当能致用。

益友规我之过　小人徇己之私

原文

何者为益友？凡事肯规我之过者是也；何者为小人？凡事必徇己之私者是也。

译文

什么样的人可以称为益友？那些愿意规劝我改正过错的人就是益友；什么样的人是小人？任何事情，都从自己私利出发，一意孤行的人就是小人。

评析

一个篱笆三个桩，一个好汉三个帮。真正的朋友，建立在情义相通的基础之上，对于彼此的长处，能够互相学习，对于彼此的缺点，能够及时提醒，这样才能称之为益友。

而损友则是建立在利益关系之上的，只要对自己有利，明明知道是对方的过失，也不指出，甚至一味偏袒，希望牟取更大的利益。而当与己无关时，也采取事不关己，高高挂起的态度，去保全个人之间的感情。这样的朋友，就是小人。

守拙可取　交友宜慎

原文

误用聪明，何若一生守拙；滥交朋友，不如终日读书。

译文

将聪明用错了地方，还不如笨拙一辈子，至少不会有"聪明反被聪明误"的懊悔；随便交朋友，倒不如整天闭门读书，总会有所收获。

评析

一个人聪明是好事，如果用于正途，做一个有益于人民，有益于社会的人，那是莫大的光荣，可是有的人却误用自己的聪明，将才智用在违法害人上，甚至走上犯罪的道路，这样的人再聪明又有什么用呢？还不如一生愚笨好了。

交朋友，要选择那些志趣高雅者，朋友之间互相激励，自然超凡脱俗。如果交的都是人品卑下的酒肉朋友，那还不如关起门来读书有收获。

齐家篇

谋生不必富家　处事不必利己

善谋生者，但令长幼内外，勤修恒业，而不必富其家；善处事者，但就是非可否，审定章程，而不必利于己。

善于安排生活的人，总是使家中全体成员不分年纪大小，家内家外，都能勤奋地做好自己从事的事业，而不必去刻意追求富贵，也会使家道安乐；长于处理世事的人，只是就事情对与不对作出判断，事情可行不可行作出决定，然后订立制度和程序，并不一定是事情对自己有利才去做。

古代有一富家子弟分家，老二贪图富贵，占尽家中所有金银财富，而老大稳重善良，只将家中田地划归己有，结果数年之后，老二将巨额家财用尽，而老大却在土地上勤恳耕作，生活和睦美满。可见暴富导致挥霍，未必是好事，所以有远见的人并不刻意去追求如何大富大贵，而是教导子孙有稳定的职业和收入，使家庭用度如细水长流。

66

善于处理事体的人，总是本着公正的态度，判断事情是否合乎情理，而不是从自己的私利出发，这样自然能得人心，受到大家的尊敬。

积善有余庆　积财害无穷

原文

积善之家，必有余庆；积不善之家，必有余殃。可知积善以遗子孙，其谋甚远也。贤而多财，则损其志；愚而多财，则益其过。可知积财以遗子孙，其害无穷也。

译文

凡是多做好事的人家，必然遗留给子孙许多的恩泽；而多行不善的人家，遗留给子孙的只是祸害。由此可知多做好事，能为子孙留些后福，这样才是为子孙做深远的打算。贤能而有许多钱财，就会损害他的志向；愚笨而有许多金钱，就会增加他的过失。因此可知留给子孙钱财，害处很大。

评析

古人在创造财富的同时，对财富带来的负面影响也有充分的认识，所以在家训中总是教导子孙要散财行善，不要爱财害人。《颜氏家训》中说："钱是由一个'金'两个'戈'组成的，大概是说钱的好处少而坏处多，随之而来的必然是劫夺之灾。"财富的积聚，未必都是以正当的方式取得，而且大多又是以不正当的方式失去，不仅祸害自己而且殃及子孙。贤能的人，因为财富太多，往往会失去奋斗的锐气；愚笨而无德的人，如果财富太多，则更有助于做恶事。所以过多的财富，对子孙来讲并不是好事。

精明者败家　朴实者培元

原文

打算精明，自谓得计，然败祖父之家声者，必此人也；朴实浑厚，初无甚奇，然培子孙之元气者，必此人也。

译文

凡事过于计较、毫不吃亏的人，自以为得计，但是败坏祖宗名声的，必定是这种人；朴实忠厚待人的人，刚开始虽然不见他有什么突出的表现，然而使子孙能够有一种淳厚之气的，就是这种人。

评析

有一种人凡事精于为自己考虑，对金钱毫厘不让，锱铢必较，待人处事丝毫吃不得亏，这样貌似精明，实际上鸡肠寸肚，眼光短浅，遇到大事必然糊涂，难以成器。而心地宽宏敦厚的人，不计较于一时一事的得失，将心事用到对大事的把握上，可以说是大智若愚、大巧若拙，这样反而能把握住机会从而走向成功。所以古语说："忠厚传家久，诗书继世长"，未听说过精明传家久，小气继世长的道理。

泼妇静而镇之　谗人淡而置之

原文

泼妇之啼哭怒骂，伎俩要亦无多，唯静而镇之，则自止矣。谗人之拨弄挑唆，情形虽若甚迫，苟淡而置之，是自消矣。

译文

蛮横而不讲理的妇人，大哭大闹恶语骂人，也只是那些手段，只要镇定自若，不去理会，她自觉没趣，自然会终止吵闹。好说人短长、好进谗言的人，不断搬弄是非地挑起纷争，其情形似乎令人很窘迫，如果能采取淡然处之的态度，对造谣诽谤的言辞置之不理，那些言辞自然会消失。

评析

妇人的眼泪，常常使人感到不好对付。王永彬先生教的办法倒值得一试，任凭她如何生出新花样，我自镇静自若，不为所动，蛮横者手段用尽，自然会无趣而止。那些挑是拨非、诬陷告状的人，其手段并不比无理取闹的妇人高明多少，不妨静观其变，使谗言自止。

父兄以身率子　君子平气待人

原文

父兄有善行，子弟学之或不肖；父兄有恶行，子弟学之则无不肖；可知父兄教子弟，必正其身以率之，无庸徒事言词也。君子有过行，小人嫉之不能容；君子无过行，小人嫉之亦不能容；可知君子处小人，必平其气以之人，不可稍形激切也。

译文

　　父亲或兄长们有好的行为，那些做子弟的后辈们也许想学习这些好行为，但却学不像；而父亲或兄长们一旦有不好的行为，那些子弟们会如法炮制而且没有不像的；由此可知，做父辈或兄长的人教诲子弟后辈，一定要先使自己行为正直，为他们做好表率，不能仅仅只是说空话。有道德的正人君子，如果行为有过失，小人肯定会因为嫉妒而以此作为攻击的借口；有道德的正人君子，如果行为完美，没有过失，小人也会因嫉妒之心更不能容忍。由此可见，君子和小人相处，一定要有高姿态，平心静气地对待小人，不能够在行为上有任何急躁的举动。

评析

　　上行则下效，学坏容易学好难。做父母兄长的，一定要为子女兄弟作出表率，好的行为需要长期的培养，而父母兄长不良的行为，很容易给子弟们带来不良影响。

　　卑鄙的小人对君子存有嫉妒之心，时时想惹是生非，诬陷君子。君子言行没有过错，他们都会编出谣言，倘若君子偶有过失，他们更会抓住不放。所以君子与小人相处，一定要洁身自好，遇到问题尤其要保持冷静，不可激切而中小人的诡计。

富贵而须收敛　困穷有志振兴

原文

　　莲朝开而暮合，至不能合，则将落矣，富贵而无收敛意者，尚其鉴之。草春荣而冬枯，至于极枯，则又生矣，困穷而有振兴志者，亦如是也。

译文

莲花在早晨开放而在傍晚闭合，到了不能闭合时，那就是要凋落了，富贵而不知道自我约束的人，还要以此为鉴戒。野草春天繁盛到冬天枯萎，等到极枯时，就是又要发芽的时候，处于困境贫穷中而有振兴志向的人，也要以此来自我激励。

评析

物极必反，否极泰来。事物发展到了顶峰就会开始走下坡路，历史上朝代的更替，家族的兴衰，无不印证了这个规律。没有一个家族能做到长盛不衰，大富大贵之后的下一代，很少能有上辈的显赫声势，而多成为碌碌无为之辈。这是因为不注意自我约束的缘故。

暂时处于低谷的人，如果经过刻苦的努力，终有翻身之日，正如春荣冬枯的小草，经过与严寒的抗争，必定会发出新芽一样。所以古人有诗曰："离离原上草，一岁一枯荣，野火烧不尽，春风吹又生。"

须留读书种子　莫忘稼穑艰辛

原文

家纵贫寒，也须留读书种子；人虽富贵，不可忘稼穑艰辛。

译文

即使家境很贫寒，也要让子孙读书；虽然已经是大富大贵的人，也不可忘记耕种收获的艰辛。

评析

在古代，贫穷之人的唯一出路是通过科举考试而步入仕途，进入上流社会，所以为了将来能出人头地，孩子从小就被灌输以"万般皆下品，唯有读书高"的思想，即使是极为贫困的人家，也要尽力让孩子有接受教育的机会。以今天的眼光来看，做官并不是唯一的出路，但在高科技时代，如果没有知识，确实也难以胜任很多工作，故刻苦读书仍是一种必然要求。

节俭是载福的车，奢侈是造成祸患的根源。富贵的人，如果不知生活的艰辛，未必是福。有一首古诗时时提醒人们不要忘记稼穑的艰难："锄禾日当午，汗滴禾下土。谁知盘中餐，粒粒皆辛苦。"

人生不可安闲　日用必须简省

原文

人生不可安闲，有恒业，才足收放心；日用必须简省，杜奢端，即以昭俭德。

译文

人活在世上不能够只满足于安逸闲淡，有了长久经营的事业，才能够将放失的本心收回。平常花费必须简单节省，杜绝奢侈的习性，就可以显示出勤俭的美德。

评　析

读书人必须要有追求学问道德的恒心，将读书作为一心一意的事业。没有恒心，则一事无成。荀子《劝学》中说："锲而不舍，金石可镂；锲而舍之，朽木不折。"所谓恒心，就是将安逸放纵的本心收回，放在学业上，孟子说的"学问之道无他，求其放心而已矣"，就是这个意思。

日常的生活不必过于讲究，孔子曾用"一箪食，一瓢饮"称赞颜回安贫守俭，又曾说："饭疏食饮水，曲肱而枕之，乐亦在其中矣；不义而富且贵，于我如浮云。"衣服佩饰超过了一个人应该享有的，就一定不会有好结果，所以《左传》上说："服美不称，必以恶终。"

处变熟思审处　家衅忍让曲全

原　文

凡遇事物突来，必熟思审处，恐贻后悔；不幸家庭衅起，须忍让曲全，勿失旧欢。

译　文

凡是遇到突如其来的情况，一定要深思熟虑后再慎重处理，以免处理过后又后悔；如果家庭中不幸发生纠纷，一定要以忍让之心委曲求全，不要因此失去过去的和睦欢乐。

评 析

对突然发生的事件，一般都没有思想准备，处事经验不够丰富的人，往往临事慌张，匆忙做出处理，可是事后又生出后悔之心，觉得处置得不是十分恰当。因此愈是情况紧急，愈要沉得住气，愈是突发事件，愈要深思熟虑，将事情的前因后果分析仔细，在权衡利害得失的基础上，做出最佳选择。

家庭中既有父母兄弟姐妹这样的血缘关系，也有翁婿、婆媳、妯娌等非血缘关系，各人的性格脾气爱好不同，经历背景不同，对事物的看法也不一样，自然免不了会产生矛盾，而且这种家庭矛盾很难用"是"与"非"来作出判断，只能通过互相理解、宽容来化解，以保持家庭的和睦与安宁。

念祖考创家基　为子孙计长久

原 文

念祖考创家基，不知栉风沐雨，受多少苦辛，才能足食足衣，以贻后世；为子孙计长久，除却读书耕田，恐别无生活，总期克勤克俭，毋负先人。

译 文

祖先创立家业，不知道经过多少风风雨雨，受了多少艰难困苦，才能做到丰衣足食，以将家业传给后世；为子孙的将来长远地着想，除了读书和种田，恐怕再没有别的生活，总希望能够保持勤俭，不要辜负了祖先。

评析

自古以来，当各方英雄并起时，只有经过激烈的斗争与生死的较量才能建立帝王之业，而家业的兴起也同样是通过祖祖辈辈几代人的努力，才能有一个丰衣足食的生活环境，所以要饮水思源，时时牢记创业的艰辛，守好祖宗留下的基业。

读书可以明理，耕种可以养身。为子孙的长远计，应该让子孙读书学好知识，并掌握劳动的技能，这样才能够继承家业，不辜负先辈的期望。

齐家先修身　读书在明理

原文

齐家先修身，言行不可不慎；读书在明理，识见不可不高。

译文

治理家事先要修身养性，一言一行不能够不谨慎；读书的目的在于通达事理，认识和见解不能不高深一些。

评析

"古之欲明德于天下者，先治其国；欲治其国者，先齐其家；欲齐其家者，先修其身……身修而后家齐，家齐而后国治，国治而后天下平。自天子以至于庶人，是皆以修身为本。其本乱而未治者，否矣。"古人以修身齐家治国平天下作为人生追求的目标，而将修身作为最重要的修养基础，故己身不修，何论齐家，更谈不上治国平天下的大业。修身首要就在于自身言行谨慎从而能成为人们的楷模。

读书要懂得其中的义理才有意味，不然就是读尽天下的书，也没有什么益处。要明白其中的义理，就必须专心致志，如果读书时心有旁骛，必定不能理解其中的精微之处。

谨守规模　但足衣食

原文

凡事谨守规模，必不大错；一生但足衣食，便称小康。

译文

凡事只要谨慎地遵守一定的规则与模式，一定不会出现什么大的差错；一辈子只要丰衣足食，就可以称得上是比较安逸的小康家境。

评析

人们在多次重复的工作中总结经验教训而形成的规则和模式，凝结了大量的智慧和人生哲理，今人的工作都是在往昔人们工作的基础上进行的，依照这些已经形成的规则办事，只要不是极特别的情况，一般不会出现大的错误。所以改变规则必须在极有把握的情况下才能进行。

小康即小安。中国传统的思想提倡小安则可，认为丰衣足食就应该满足，这样知足常乐，可以使社会比较安定。但是从现代社会发展的需要来看，如果忽略了人们要吃好、穿好、住好、用好的要求，忽略了人们基本需要满足后会产生更高的要求，就是忽视了人性中的另一面，社会的发展也失去了应有的动力。

教子篇

教小儿宜严　待小人宜敬

原　文

教小儿宜严，严气足以平躁气；待小人宜敬，敬心可以化邪心。

译　文

教导小孩子应当严格，因为严格的态度可以消除孩子心中存在的浮躁心气；对待邪恶阴险的人应当采取尊重的态度，因为尊重的态度可以化解那些小人的邪恶之心。

评　析

将小人与小儿并举，并提出不同的对待方法，确实是王永彬先生之睿见。小儿好奇心强，注意力难以集中，心神不安，这就是躁气，要通过严格的教育培养其良好的习惯，为将来成才打下基础。而小人则心思邪僻，挖空心思来害人，对这样的人，不能采取严厉的手段，而要采取感化的方法，用"敬"字诀，通过敬，唤醒对方的良知，使之改恶从善，即使达不到感化的目的，以敬待人，至少也不会受到小人的迫害。

教子弟于幼时　检身心于平日

原　文

教子弟于幼时，便当有正大光明气象；检身心于平日，不可无忧勤惕厉工夫。

译　文

在子弟幼年时就开始教导，培养他们正直、宽广、光明磊落的气概；在日常生活中要时时反省自己的行为，不能没有忧患意识和自我督促、砥砺的修养功夫。

评　析

"好雨知时节，当春乃发生。随风潜入夜，润物细无声。"孩子幼小时，一尘不染，像一团白色的海绵，既容易吸收水分，着色力又很强，若染上了污垢，改变就比较困难了。所以对孩子的教育要从早抓起，从小事抓起，在孩子幼小的心灵中建立良好的思想品德基础，培养其正直向上的性格，使孩子在起跑线上就开始健康成长。

孔子说："吾日三省吾身。"有德行的君子，要时时关注自己的言行，不能有丝毫的懈怠，天天察验自己的言行，反躬自问，才会充满智慧，并且也不会在行动中犯错误。

德足以感人　财足以累己

原　文

每见待子弟严厉者，易至成德；姑息者，多有败行，则父兄之教育所系也。又见有子弟聪颖者，忽入下流；庸愚者，转为上达，则父兄之培植所关也。人品之不高，总为一利字看不破；学业之不进，总为一懒字丢不开。德足以感人，而以有德当大权，其感尤速；财足以累己，而以有财处乱世，其累尤深。

译文

经常见到对待子孙十分严格的人，容易使子孙养成好的品德；对待子孙姑息迁就的，子孙大多有道德败坏的行为。又看见聪明的子孙，忽然成为品性低下的人；天资愚笨的，反而具有良好的品德，这些都与父兄的教导培养有关。人的品德不高，都是因为看不透一个利字；学问没有长进，总是因为不能抛开一个懒字。品德足以感化他人，而品德高尚又有很高的威望，那么这种感化尤其迅速；钱财富足可牵累人，而有很多钱财又处在混乱的社会中，这种牵累尤其严重。

评析

人生的道路，并不是先天定下的，而在于后天的培养教育和自身的努力。天资愚笨的人，经过努力，可以进入上流社会，天资聪明的人误入歧途也会走上犯罪的道路。所以当人生面临生与死、苦与乐、义与利、荣与辱、善与恶的选择时，不能不作出正确的判断，一旦失误，将悔之晚矣。人生的道路很长，但关键处只有一两步，不能不慎重对待。

偷安不可纵容　谋利哪能专教

原文

纵容子孙偷安，其后必至耽酒色而败门庭；专教子孙谋利，其后必至争赀财而伤骨肉。

译文

放纵容忍子孙沉溺于眼前的安乐，子孙以后一定会沉迷于酒色而败坏门庭；一心只教导子孙去谋取钱财，子孙以后一定会因争夺财产而伤害骨肉亲情。

评析

教子应该严格，子女在青少年时代不宜生活在事事顺心、志得意满的环境之中。少年的顺境容易使人骄傲，得意忘形从而招致失败；少年时期生活环境优越容易使人脆弱，难以经受生活的考验。那些败坏门风的酒色之徒多是在少年时代缺乏管教的人。

教子要有方，应该教导子女刻苦学习，通过读书考取功名；加强修养，通晓经文，知道礼义廉耻。这样子女们才不至于走到不孝小人的圈子里面去。而专门教子女谋求利益，子女就会失去做人的基本道德，放弃读书的乐趣而成为财富的奴隶。所以，古人所说的"留给子孙黄金满筐不如一经"，是非常有道理的。

醇潜子弟　悠久人家

原文

谨守父兄教条，沉实谦恭，便是醇潜子弟；不改祖宗成法，忠厚勤俭，定为悠久人家。

译文

谨慎地遵守父亲兄长的教导，沉稳诚实、谦逊恭敬，就是忠厚的好子弟；不随意改变祖宗传下来治家的好方法，忠诚厚道勤奋

俭朴，一定能使家道延续、长久
不衰。

评析

传统的治家思想，要求子弟
遵守父兄的教诲，父兄为子弟做
出榜样，这样要求，一是父兄为
一家之长，能起督促带动作用，
二是长辈的阅历经验比较丰富，
能够避免子弟的莽撞。

诚实谦恭、忠厚勤俭与儒家思想中的温、良、恭、俭、让和
仁、义、礼、智、信的道德要求相适应，是历代治家经验的积累，
所以成为家庭成为员遵守的基本的道德准则。

有才何可自矜　为学岂容自足

原文

观周公之不骄不吝，有才何可自矜；观颜子之若无若虚，为学
岂容自足。门户之衰，总由于子孙之骄惰；风俗之坏，多起于富贵
之奢淫。

译文

古代圣贤周公不因为自己才德过人而有骄傲和鄙吝的心，所以有
才能的人怎么能骄傲自大呢？孔子的弟子颜渊永葆若无若虚的境界，
所以做学问怎么能自我满足呢？一个家族的衰败，都是由于子孙的骄
傲懒惰；而社会风俗的败坏，多是因为奢侈浮华之习气造成的。

周公协助周武王制订了周朝的礼乐制度，以德才之美而名扬后世，受人敬佩，但是他并不以此自骄自矜，因为才智是服务于社会的，如果空有其才却自高自大，不能为社会所用，那么才华再高又有何益呢？所以孔子说，如果有周公这样的才德，但是既骄傲且鄙吝的话，也就一无可取之处了。

颜渊是孔子的得意门生，其德行十分高尚，孔子经常赞扬他，但他学习更加谦虚，为人更加谨慎。正如一个圆越大，那么圆弧也越长一样，愈是学问高深的人，愈会感到自己的不足。

而骄惰和富贵则是败坏门庭、导致奢淫的温床。一个家族如果养出骄惰的子孙，那么败坏门庭的必定就是此人了；一个社会如果出现奢侈浮华之习，那么伤风败俗就从此开始了。

令乡党无怨言　教子孙习恒业

原 文

与其使乡党有誉言，不如令乡党无怨言；与其为子孙谋产业，不如教子孙习恒业。

译 文

与其刻意去追求乡邻们的赞扬，不如谨守自己的行为，让乡邻们对自己毫无抱怨；与其为子孙去谋求田产和财富，不如教育子孙学习，让他们有可以恒久谋生的能力。

评 析

人要想做一两件好事是很容易的，做了好事也自然会赢得称赞。但人无完人，金无足赤，要一辈子做好事，不做坏事，永远不让人抱怨却很难，所以善修身者，要时时反省自己，处处严格要求，争取少犯错误，多做好事。

"人往高处走，水往低处流"，为子孙谋取产业也是人之常情，但如果子孙无能，再多的财富也会坐吃山空，所以培养子孙谋生的本领比给其财富更重要。俗话说："若是子孙不如我，留下财富做什么？若是子孙胜过我，留下财富又做什么？"这句话是很有哲理的。

读书便是享福 创家不如教子

原文

何谓享福之人，能读书者便是；何谓创家之人，能教子者便是。

译文

什么样的人可以称作享福的人，能够读书并能从读书中得到快乐的人就是；什么样的人可以称作能创立家业的人，有能力教导子孙并善于教导子孙的人就是。

评析

古代有很多以读书为乐的例子。茅鹿门就曾买了几千卷书放在家中，并将祖先留下的几百亩田的收成作为接待宾客的费用，和诸多弟子们以讲书读书为乐趣。所以有人评价说："美宅良田，人尽不少，置书乐客，吾未一见矣。"又传说杨博在狱中关了十年，长年累月由家里人送饭，常常断粮，生死未卜，但他却刻苦读书不间断，同牢的人说："事情已经这样了，还读书干什么？"杨博说：

"早上读通书中的道理，就是夜晚死了也算不了什么。"可见以读书为乐的人确实很多。

真正善于建立家业的人，就是善于教育子孙的人，能够教育好子弟，比留下万贯家财有益得多。汉代疏广辞官回老家后，将皇帝所赐的万贯钱财都用来宴请乡人、故旧，有人劝他留一些给子孙，疏广说，如果子孙勤奋，自然能够创造财富，我何必留给他们财富呢？如果子孙不肖，再多的钱财也会被他挥霍，我又留财产给他们干什么呢？

教易入则劳之　教难行则养之

原　文

子弟天性未漓，教易入也，则体孔子之言以劳之"爱之能勿劳乎"，勿溺爱以长其自肆之心。子弟习气已坏，教难行也，则守孟子之言以养之"中也养不中，才也养不才"，勿轻弃以绝其自新之路。

译　文

当子弟的天性还未受到污染时，教导他比较容易，那么应该按照孔子所说的"爱之能勿劳乎"去教导他，不要过分宠爱他，滋长他放纵不受约束的习性；当子弟已经养成了坏习气，教导他很难奏效了，那么应该遵循孟子所说的"中也养不中，才也养不才"去教养他，不能轻易放弃，使他失去改过自新的机会。

评　析

孔子说，年少时养成的习惯，就像本来如此；长期养成的习惯，就像本来如此。而俗语说："教育媳妇要从刚过门开始，教育子女要从婴儿时期开始。"对孩子的教育，一开始就不能溺爱，否则等到骄横傲慢的习惯已经养成，再来制止，即使施加再大的压力，也不容易纠正。

而孩子的坏习惯一旦养成，也不能抛下不管，宋代诗人陆游曾说，子孙后代中变坏的人，父母不要轻视他们，要加以管束，让他们熟读经书和诸子百家的言论。对他们进行教育必须宽容、厚道、恭敬、谨慎，不要让他们与轻浮浅薄的人结交来往。像这样坚持十多年，那么他们就会自然养成好的志向和情趣。

富贵难教子　贫穷要读书

原文

富家惯习骄奢，最难教子；寒士欲谋生活，还是读书。

译文

富贵人家习惯于奢侈豪华，最难教育子弟；贫寒的人要谋得生路，还是应该走读书这条途径。

评析

富有之家的子女，从小就生活在甜蜜缸中，不知道创业的艰难，容易养成骄奢的生活习惯，意志脆弱，不思学习，而他们的父母如果只沉醉于牟利赚钱，放纵孩子的不良习气，则子女很难成为栋梁之材。

贫穷的人，经历种种的磨难，知道生活的艰难，往往会立志读书。穷则思变，而读书是穷人改变命运的唯一出路。

知人篇

敦古朴之君子　讲名节之大人

风俗日趋于奢淫，靡所底止，安得有敦古朴之君子，力挽江河；人心日丧其廉耻，渐至消亡，安得有讲名节之大人，光争日月。

社会之风气日渐追求奢侈放纵，没有停止的时候，怎样才能出现一位有古代质朴风范的君子，振臂一呼，改变江河日下的局面；世人清廉知耻之心已快完全沦丧，怎样才能出现一位讲名节的伟大人物，唤醒世人的廉耻之心，其德行能与日月争辉。

面对社会风气的腐朽，大

多数人随俗沉浮不自知，而有志向和德行的君子痛感世风日下，会大声疾呼全社会重视道德建设，力挽狂澜，改变社会风气。知廉就是不取非分之物，知耻就是问心无愧，在世人都为名利而奔忙的时候，应该有谦谦君子出现，提倡崇尚气节、重视廉耻的道德观念，这些人是社会的脊梁，其德行可与日月争辉。

常人可再兴　大家难复振

原文

常人突遭祸患，可决其再兴，心动于警励也。大家渐及消亡，难期其复振，势成于因循也。

译文

一个平常的人，突然遭遇到灾难或祸患的打击，可以立志奋发努力战胜灾难忧患，以图东山再起，这是因为他的心中不断地提醒和激励自己不要丧失信心。但是当大家都丧失了斗志，一个个逐渐意志消沉，逐渐走向灭亡的时候，是很难再期望这些人重新振作了，因为他们已形成相互因循走向失败的势头，难以改变了。

评析

一个人的力量有限，但集体的力量就十分强大，集体的智慧形成合力比这个集体中每个个体的智慧也许会大几倍、几十倍甚至上百倍。同样，个体受到挫折，也许很容易就能振作起来，而社会秩序混乱之后再恢复，就需要长期的过程。特别是当社会结构已经腐败时，希望在腐朽的基础上恢复活力已经是不可能的了，只有打破旧的制度，建立新的制度。这个道理说明社会是由个人所组成，但并不是简单的组合，对个体与社会之间的关系判断不能用简单的算术法则。

义士能舍得钱　忠臣能舍得命

读《论语》公子荆一章，富者可以为法；读《论语》齐景公一章，贫者可以自兴；舍不得钱，不能为义士；舍不得命，不能为忠臣。

读《论语·子路篇》公子荆那章，觉得富有的人可以效法；读《论语·季氏篇》有关齐景公那一章，觉得贫穷的人可为之而奋发。如果舍不得金钱，就不可能成为侠义之士；舍不得性命，就不可能成为一名忠心耿耿的臣子。

公子荆对财富有正确的态度，既知足常乐，又善于理财，贫不丧志，富不骄人，能够保持心境的平和。当初他并没有什么财富，却说："还够用。"稍有财富时，他说："可以算是很完备了。"到富有时，他说："已经完美无缺了。"

齐景公养马千匹，却没有什么美德值得百姓称道，而伯夷叔齐不愿意食用周粟，饿死在首阳山上。如果伯夷叔齐爱财，就会接受周朝的俸禄，如果伯夷叔齐惜命，也就不肯饿死在首阳山。

以名教为乐　以悲悯为心

　　君子以名教为乐，岂如嵇阮之逾闲；圣人以悲悯为心，不取沮溺之忘世。

　　正直的人应该以研究圣贤之教为乐事，哪能像嵇康、阮籍等人不守规范崇尚清谈；圣贤的人抱有悲天悯人的胸怀，不能效法长沮、桀溺逃避尘世。

　　嵇康、阮籍是晋代名士，他们愤世嫉俗，形骸放浪，都是竹林七贤之一。嵇康性懒散，说："每要小便，忍而不起，令胞中略转乃起耳。"而当山涛推举嵇康担任曹郎，嵇康说自己有七不堪任。又传说嵇康看见一个鬼进来，就将烛吹灭，说："我耻与鬼争光。"《晋书·阮籍传》："籍又能为青白眼。见礼俗之士，以白眼对之。及嵇喜来吊，籍作白眼，喜不怿而退。喜弟康，闻之乃赍酒携琴造焉，籍大悦，乃见青眼。由是礼法之士疾之若仇。"他们的行为虽然怪僻，但摆脱世俗的节操十分高尚，这也是他们在特定政治环境下的斗争手段。如果现代有人不加分析，一味地模仿，故作风流，那只是东施效颦而已。

　　长沮、桀溺是春秋时代的两位隐士，孔子叫子路问路，曾遇见他们。他们主张逃避现实，这对于以拯救社会为己任的志士来说，是不可取的。

饱暖岂足有为　饥寒乃能任事

　　饱暖人所共羡，然使享一生饱暖，而气昏志惰，岂足有为？饥寒人所不甘，然必带几分饥寒，则神紧骨坚，乃能任事。

　　人们都希望能过一种吃得饱穿得暖的生活，然而一生都生活在温饱之中不经受饥寒的人，其精神志气会松懈懒惰，这样怎么能有所作为呢？人们都不甘心过着饥饿和寒冷的生活，然而只有感受过寒冷和饥饿的人，才会精神抖擞，骨气坚强，承担重任。

　　饱暖思淫欲。过于享受的人，吃的是美味佳肴，听的是靡靡之音，视的是美景女色，必然是贪图于享受而忘记了勤勉，沉迷于声色而忘记清廉，放松了品德的修养，要他有所作为怎么可能呢？

　　清苦劳累，对人的身心是一个考验。只有经过饥寒的人，才会更加发奋努力，成就一番事业。所以孟子说："天将降大任于斯人也，必先苦其心志，劳其筋骨，饿其体肤，空乏其身，行拂乱其所为。所以动心忍性，曾益其所不能。"如此方能成就大事。

势利百般皆假　虚浮一事无成

原文

势利人装腔作调，都只在体面上铺张，可知其百为皆假；虚浮人指东画西，全不向身心内打算，定卜其一事无成。

译文

看重财产地位的人装腔作势，都只是做的表面文章，其所作所为都是虚假的；轻率浮躁的人忽而东忽而西，内心中没有既定的目标，可以预料这样的人做什么事都无法成功。

评析

势利的人爱财富与地位，削尖脑袋钻营，他们有了钱就恃财放荡，自我炫耀，显露出装腔作势的丑态，而待人则极为虚伪，遇到有权有势的人就趋炎附势，卑躬屈膝，面对平民百姓则盛气凌人，不可一世。其一言一行都表现出虚假做作的本性。

浮浅的人毫无真才实学，胸无点墨，却喜欢夸夸其谈，指东画西，说三道四。讲起话来天南海北，似乎什么都懂。什么都比别人强，可是动起手来，却一事无成。如此终受人鄙弃。

一望而可知　不必推五行

原文

和为祥气，骄为衰气，相人者不难以一望而知；善是吉星，恶是凶星，推命者岂必因五行而定。

译文

平和就是一种祥瑞之气，骄傲则是一种衰败之气，所以看相的人很容易一眼就看得出来；善良就是吉星，恶毒就是凶星，算命的人根本不必按照什么阴阳五行也能推断出吉凶。

评析

平和首先符合养生的要求，平易而清静无为，忧患就不能进入胸中，邪气也不能侵袭，精神不致亏损，寿命也可延长；平和也是处世之道，待人和气，容易与人接近，行事也会顺利而不受阻滞。所以平和是一种祥瑞之气。骄横者目空一切，狂妄自大，与人难以相容，精神也不能集中，因此导致失败。

为善的人，看上去也显得慈眉善目，为恶的人看起来也会像凶神恶煞，善于观察的人，不必去通过什么阴阳五行推测就可以一眼看出。

仗秤心斗胆　有铁面铜头

原文

成大事功，全仗着秤心斗胆；有真气节，才算得铁面铜头。

译文

能够成就大事业的人，完全是凭着坚定的信念和卓越的胆识；有真正高尚的志气和节操的人，才能做到铁面无私，坚忍不拔。

评析

志不立，天下无可成之事，历史上能成就大业的人，不仅要有杰出的才能，还必须有坚忍不拔的意志。王安石曾说："世之奇伟瑰怪非常之观，常在于险远，而人之所罕至焉，故非有志者不能至也。"圣贤豪杰不是天生的，只要我们确定目标去奋斗，每个人都能成功。

大丈夫为人处世，少不了的就是正直的节操，孟子说："富贵不能淫，贫贱不能移，威武不能屈。"意思是说，高官厚禄收买不了，贫穷困苦折磨不垮，强暴武力威胁不了，这种不被任何压力所改变的坚贞，就是真正的气节。

须无执滞心　要做本色人

原　文

无执滞心，才是通方士；有做作气，便非本色人。

译　文

没有执着滞碍的心，才是通达事理的人；有矫揉造作的习气，便无法做朴实无华的人。

评　析

执滞，就是固执而不能通达。《韩非子·五蠹》中载：宋国有一个农夫，他的田中有一棵树，一只奔跑的兔子撞树而死，农夫就放下锄头守在树旁，希望能再次捡到撞死的兔子。实际上兔子是不可能再得到的，而农夫的行为却被人们当作笑话。这个农夫就是有执滞之心。其人偏执不化，自然难以对事物有正确全面的认识。而学问广博、心地宽广的读书人，不为一时一事所拘泥，心中无执滞，故能通达事理。

生性坦荡的人，为自己而活，充分体现出潇洒自由的本性，不必了改变别人对自己的看法去改变自己的性情，失去自身的价值。蓄意矫揉造作者，则是为别人而活，整天罩着假面孔，还有什么自我价值可言。

有德足传　不在能言

原文

人之足传，在有德，不在有位；世所相信，在能行，不在能言。

译文

人的名声足以被人流传赞美，在于有良好的品德，不在于有多高的权位；世人相信一个人，主要看他的行动如何，并不看他是否会说。

评析

德行高尚才能美名流传于后世，能做实事才能服人。自古以来的帝王可谓权高位显，但是值得后世称道的却不多，而圣人孔子、亚圣孟子却都以高深的学问修养为世人所尊敬。

一个人能否被人相信，不在于嘴上讲得如何，而在于实际做得如何，所以俗语说"听其言，观其行"。有的人光说不做，立志不少，成绩全无；有的人嘴上滔滔不绝，实际工作却大打折扣。因此要相信一个人，一定要看他是否有实际成果，成果才是真正判断人的标准。

精勤可企而及　镇定非学而能

原文

陶侃运甓官斋，其精勤可企而及也；谢安围棋别墅，其镇定非

94

学而能也。

译文

晋代的陶侃闲居广州时，每天要搬砖入室，借此磨炼意志，这种勤勉的态度令人尊敬，易于效法；当喜讯传来时晋代的谢安依然能与朋友从容下棋，这种镇定的态度，就不是随便学得来的。

评析

没有顽强的意志，做不了艰巨的大事。陶侃为了收复中原，每天搬砖磨炼自己的意志，这种精神值得我们每一个人学习。东晋还有一个著名的人物祖逖，他年轻时和中山人刘琨都心怀报国之志，经常谈到很晚，夜里睡在一张床上。有一天清晨，祖逖醒来听到远远的鸡叫声，于是就把刘琨踢醒，对他说："这不是坏声音啊！"于是两人一起起来，到庭院中去练习剑术。这就是著名成语"闻鸡起舞"的故事，也是一个磨炼自我意志的好例子。

无才尚可立功　无识必至偾事

原文

忠实而无才，尚可立功，心志专一也；忠实而无识，必至偾事，意见多偏也。

译文

忠厚诚实的人虽然才能一般，但还有可能建立功业，这是因为用心专一的缘故；忠厚诚实但没有胆识，必然会导致失败，这是因为其想法和见解都偏离正确方向的缘故。

即使才力稍弱些，但只要踏实努力专心致志地追求，也可以成就事业。《荀子·劝学篇》中说，蚯蚓既没有尖利的爪子和牙齿，也没有强壮的筋骨，但却能上以尘土为食，下饮黄泉之水，这就是它用心专一的缘故。人如果能有锲而不舍的精神，也能做出成绩。

相反，如果缺乏见识，没有正确的方向，即使再努力，也可能会将事情弄糟。正像要到南方去，却驾着车向北方行，走得越快，却离目的地越远，岂不成了受人嘲笑的南辕北辙之误了？

迂拙不失正直　虚浮难为高华

原 文

正而过则迂，直而过则拙，故迂拙之人，犹不失为正直。高或入于虚，华或入于浮，而虚浮之士，究难指为高华。

译 文

做人过于刚正就会显得有些迂腐不通世故，过于直率就会显得有些笨拙，所以迂腐和笨拙的人还未失去正直的本心；理想太高或许会陷入空想，太奢华或许会陷入浮躁，而空想与浮躁的人，终究不能被看作是高明有才华。

评 析

正直的人，坚持真理不回头，所以往往被人认为是迂腐，但他们表现出来的是昂扬向上的正气。当然如果能讲究方法策略，做到智圆行方则是再好不过的了。

而虚浮之士夸夸其谈，以华丽的外表掩盖内心的空虚，虽然能蒙蔽一些人，但终究是一股虚妄不实的邪气，无根之木是难以结出硕果的。

循矩度须精神　守章程知权变

为人循矩度，而不见精神，则登场之傀儡也；做事守章程，而不知权变，则依样之葫芦也。

译文

如果为人只是机械地按规矩做事，却体现不出规矩的本质所在，那么只是像戏台上受人控制的傀儡一样；如果做事情只是按章程做，却不知道灵活变化，那就像依样画葫芦，只会模仿罢了。

评析

没有规矩，不成方圆。然而规矩是人制定的，制定规矩的本意是为了更好地达到目的，如果拘泥于规矩，不知定规矩的目的，就是失去了其本意。正如戏台上的傀儡，只是机械地受人制约，毫无一丝一毫生机，死守规矩不见精神的人与傀儡又有什么两样。

按章程办事，当然是很应该的，但面对新情况、新问题，应该善于随机应变，如果墨守成规，将大量的精力用来去研究如何符合章程，而不是灵活地运用章程来解决碰到的新问题，那就如同画地为牢，不知随机变通的人一样，永远只会依样画葫芦而已。

在细微处留心　从德义中立脚

原　文

　　郭林宗为人伦之鉴，多在细微处留心；王彦方化乡里之风，是从德义中立脚。

译　文

　　郭林宗察知人伦之间的道理，往往在细微之处留意自己的言行；王彦方教化乡里的风气，是以道德和正义作为根本的。

评　析

　　汉代人郭林宗以善察伦理之道而闻名，他生平好品评人物，却不危言骇论，故党锢之祸得以独免。所以范滂称他"隐不违亲，贞不绝俗；天子不得臣，诸侯不得友"。郭林宗对学生首先教育以伦理道德，魏德公子向他求学，他命魏德公子做粥，郭林宗将粥倒在地上，说有沙，不能吃。这样倒了三次，魏德公子毫无怨言，郭林宗说，今天才看见你的真心。于是将绝学传授给他。因为郭林宗名望很高，士人争相结交，郭林宗每次出门，都装满一车求见的名刺回来。

　　汉代人王烈，字彦方，平时居住以德行感化乡里，凡是有争议的事，人们都前来向他请教。他曾对盗牛的人施以教化后将他放走，后来有人丢失了剑，有一个人在路上等候失主，这个人就是先前的盗牛者。他已浪子回头，改变了操守。

有不可及之志　无不忍言之心

原文

有不可及之志，必有不可及之功；有不忍言之心，必有不忍言之祸。

译文

有不能轻易达到的志向，一定会建立不同凡响的功业；有不忍心指出别人错误的想法，一定会因不忍心批评别人而造成祸患。

评析

立大志者则能成大业，志向有多高，事业也会有多大。如果志向只是末等的，你只向那个末等的目标努力，实现之后也因此沾沾自喜；如果志向是中等的，你只向那个中等目标迈进，并去实现它；如果志向高远，那么你就会加倍地努力，用你全部潜力为之奋斗。这是因为你树立什么样的志向，你的潜意识中就会做出什么样的努力，你得到的结果也与志向的高低一样。

对于身上长的疮，最好是让它破头而出，然后愈合。如果想捂住疮痛，只会越捂越大，将小疮捂成大痛。对于错误，最好的办法是揭开盖子，纠正它，一时不愿意纠正，最后酿成大祸，悔之莫及。

无财非贫　无德乃孤

原文

无财非贫，无学乃为贫；无位非贱，无耻乃为贱；无年非夭，

99

无述乃为夭；无子非孤，无德乃为孤。

译文

没有财富不能算是贫穷，没有学问才是真正的贫穷；没有地位不能说是卑贱，没有廉耻心才是真正的卑贱；年岁不长久不能说是短命，一生中没有值得称道的事才是真正的短命；没有子女不能说是孤独，没有品德才是真正的孤独。

评析

自古以来，人们就将道德学问作为评价一个人的真正标准，对于"贫""贱""夭""孤"都有相应的价值尺度。一个内心充实、心灵美好的人，才是人格完善的人，而钱财、地位都不能作为评价的标准，所以说一个人没有财富不能说他贫穷，不学无术、胸无点墨才是真正的贫穷；没有地位不能说是卑贱，毫无廉耻之心才是真正的卑贱。年岁的长短并不重要，主要是看其对社会的贡献如何，贡献很大，即使英年早逝，人们也会很敬重他；行尸走肉，纵使活一百年，又对社会有什么益处呢？至于人内心的充实与孤独，也不是看他子嗣如何，关键是看其品德如何，有德之人受人敬爱，他得到人们的爱戴，怎么会感到孤独呢？

有为不轻为　好事非晓事

原文

古今有为之士，皆不轻为之士；乡党好事之人，必非晓事之人。

译文

古往今来有作为的人，都不会轻率地行事；乡里中的好事之徒，一定不是什么事情都通晓的人。

评析

不打无把握之仗，不打无准备之仗。"不轻为"就是在没有把握之前不贸然行事，"不轻为"故能有为。做一件事情，必须经过细致的观察和周到的准备，才可能取得成功。轻率妄为者，难以成就大业。

好事之徒，喜欢夸夸其谈，搬弄是非，说起来天南海北，无所不知，无所不能，做起来眼高手低，事事不能，这样的人，并非有什么真才实学，只是一些轻浮之徒而已。

执拗不可谋事　机趣始可言文

原文

性情执拗之人，不可与谋事也；机趣流通之士，始可与言文也。

译文

性情固执偏激的人，往往不能和他共同谋划大事；天性充满情趣而活泼的人，才能够和他谈论文学中的奥妙。

评析

只依着自己的性子去做事而不理智的人，外不能看到事情的变化，内不能看到自己的偏执和缺失，和这种人一起做事，不但于事无益，而且处处碍事，使事情不能得到完满的结果。

酒逢知己千杯少，话不投机半句多。文章是性情的流露，志趣是感情的媒介。在有共同爱好、兴趣的基础上，活泼、机灵的人，适应性强，聪明有灵气，这样就易于疏通感情，领悟文学的韵味。

有守有猷有为　立言立功立德

原文

有守虽无所展布，而其节不挠，故与有猷有为而并重；立言即未经起行，而于人有益，故与立功立德而并传。

译文

有良好的操守即使难以推广，然而志节不屈，所以和有道义、有作为是同等重要的；创立学说虽然并未以行动来加以表现，但是对他人有益，因此与建立事业和建立圣德是同样值得传颂的。

评析

有守、有猷、有为，即有操守、有道义、有作为，这三者都是对人的基本要求，但是如果客观环境不具备使我们有所作为的条件，退而求其次来说，能够有良好的操守，坚持志节不屈不挠，也是与有道义有作为同样重要。

立言、立功、立德，即建立学说、建立事业、建立圣德，这是建立不朽功业的三个层次。虽然古人认为"大上有立德，其次有立功，再次有立言，虽久不废，此之谓不朽"，但是同时做到三不朽者毕竟有限，能够做到立言传之久远，也可以说是与立功、立德同样重要了。

知人者智　自知者明

原　文

　　自己所行之是非，尚不能知，安望知人？古人已往之得失，且不必论，但须论己。

译　文

　　自己所做的事是对还是错，自己都不知道，那么怎么希望能够了解别人？古人过去的得与失，暂且不去评论，只是先要对自己的行为做出正确的判断。

评　析

　　人贵有自知之明，一个人对自己的错误都不知道，很难想象出他能了解别人或正确地对他人作出判断。因为这些人自高自大，我行我素，凭着自己的个性、爱好，喜欢干什么就干什么。他们往往不能反省自己，一见到别人的错误和缺点就大嚷大叫，不能原谅。这样的人己身不正，何以正人？宋代诗人杨万里说："见人之过，得己之过；闻人之过，得己之过。"便是建议人们常反躬自省。

长者存心方便　能人虑事精详

原　文

　　济世虽乏赀财，而存心方便，即称长者；生资虽少智慧，而虑事精详，即是能人。

译 文

虽然没有足够的钱财去帮助他人，但只要存有与人方便的心意，就算得上是受人敬重的长者；天性虽然不是特别聪明，但只要考虑事情周到细致，也可以成为能力很强的人。

评 析

长者乐善好施，愿意济世救人。济人之难，救人之急是一种良好的美德，但助人不一定非用金钱不可，关键要有助人之心。

有的人谋略多一些，善于应对之策；有的人决断力强一些，善于作出正确的判断；有的小机巧一些，能够胜任十分细致具体的工作，人各有所长，人的智慧才能会有不同表现。人的天资也许不一样，但只要在某一方面有突出的才能，也可以称得上是能人。

君子尚义　小人趋利

原 文

义之中有利，而尚义之君子，初非计及于利也；利之中有害，而趋利之小人，并不愿其为害也。

译 文

道义中也包含有利益，而崇尚义行的君子，最初并没有考虑到是否有利可图；利益中也包含有祸害的因素，而那些追逐利益的小人，并不希望祸害的因素变为现实。

评 析

施义行的人，当初的目的是做善事，并没有考虑获取，但行善在利人的同时，也会得到社会的回报，获得意外的收获，这种收获不是孜孜以求就能得到的。

追求利益的小人，没有想到过度的贪求也会带来祸害，虽然他并不希望这种祸害出现，但是贪求过度是难免其害的。所以古人说，"钱"字由一金二戈组成，是说它利少而害多，旁边会出现劫夺之祸，钱财未必都是以正当之手段获得的，所以聚集过多而不普济众生，必引起众怨，最终会损失更大。

忍让非懦弱　自大终糊涂

原文

甘受人欺，定非懦弱；自谓予智，终是糊涂。

译文

甘愿受人欺侮的人，一定不是懦弱之辈；自认为有智慧者，终究是个糊涂的人。

评析

唐代娄师德的弟弟被任命为刺史，临行前说，今后为了免祸，如果有人唾我的脸，我自个儿揩干，决不让哥哥担忧。娄师德说，这恰恰是我忧虑的呀。人家唾你的脸，就是恼恨你；你揩了，这是顶撞他的意思，只会加重他的怒气。唾沫，不揩也会干的，你应该笑着接受才是。可见甘愿受辱，是故作糊涂罢了，正是一种为人处世的方法，未必就是软弱的表示。

相反，那些自以为聪明的人，往往看不到自己的糊涂之处，因为他太过于自信；自认为糊涂的人，往往比那些自称聪明的人，要聪明得多，因为他们能看到自己的不足。

论世篇

会说可杀身　财多能丧命

原文

人皆欲会说话，苏秦乃因会说而杀身；人皆欲多积财，石崇乃因多积财而丧命。

译文

人人都希望自己能说会道，但是战国时代的苏秦就是因为口才太好，才引来杀身之祸；人人都希望自己能多积累财富，然而晋代的石崇就是因为财富积聚得太多，而丢掉了性命。

评析

苏秦是战国时人，自幼刻苦好学，之后凭着三寸不烂之舌，游说各国，曾挂上六国相印，然而却在政治斗争的漩涡中被刺而亡。石崇是西晋大臣，以不法手段积累了大量财富，并纵情挥霍，他曾与王恺斗富，王恺以麦糖洗锅，石崇就以白蜡作柴，王恺用紫色丝绸作锦步障四十里，石崇就用织锦作步障六十里，最后石崇在暴乱中被杀而亡。

人有才能，但不善于把握自己，也容易惹祸。有句话说"摔死的是会上树的，淹死的是会游水的"，是否也是同样的道理呢？

权势作威福　奸邪起风波

原文

权势之徒，虽至亲亦作威福，岂知烟云过眼，已立见其消亡；奸邪之辈，即平地亦起风波，岂知神鬼有灵，不肯听其颠倒。

译文

玩弄权术的人，即使是对极为亲近的人也依恃权势作威作福，哪里知道权势就像风吹云散一样，马上就可以见其消失；奸邪的人，就是无事也会惹出是非，哪里知道鬼神都能明鉴，不会听任他颠倒黑白。

评析

玩弄权术的人，违背了上天授予其权柄的初衷，必定为天理所不容，所以不能长久，这就叫有福分降临却无福分消受。唐代的宰相杨国忠玩弄权术于股掌之间，当时识时务的人看出他不久必定会垮台，称他为"冰相"，意思是说像冰一样的宰相，见不得阳光，在光天化日之下就会消融。后来杨国忠果然很快倒台。

心地邪恶的人，常常无事生非，平地上也要生出波澜，但是损人利己，作恶多端的人，不但国法不容，天地也不会任凭他颠倒黑白，扰乱生灵，所以其恶行往往难以得逞。

人心足恃　天道好还

原　文

　　伍子胥报父兄之仇，而郢都灭，申包胥救君上之难，而楚国存，可知人心足恃也；秦始皇灭东周之岁，而刘季生，梁武帝灭南齐之年，而侯景降，可知天道好还也。

译　文

　　伍子胥为了报父兄之仇，终于攻破了楚国之都城郢，申包胥则发誓救楚国的危难，终于保全了楚国不致灭亡。由此可见，人只要下决心去做事情，一定能办得到。秦始皇灭东周那一年，刘邦也出生了，梁武帝灭南齐那一年，侯景前来归降，可知确实存在循环往复的规律。

评　析

　　伍子胥是春秋时楚国人，其父兄为楚平王所杀，于是投奔吴国，发誓灭楚。申包胥是楚国大夫，与伍子胥是好友，回答伍子胥说："我一定要保全楚国。"后来伍子胥带吴兵伐楚，攻破楚国都城郢，鞭平王尸复仇，申包胥到秦国哭求救兵，哭了七天后，秦国出兵援楚，楚国得以保全。这个故事说明，人只要有决心，就一定能够实现自己的愿望，因此事在人为，关键在于有没有高远的志向。

　　古人将朝代的更迭都归结于天道循环因果报应，秦始皇灭周那一年，灭秦立汉的刘邦出生了；梁武帝灭南齐的那一年，归降梁武帝的侯景后来也反叛了梁朝。因此认为这是一种天理循环、因果报应的现象。

忠孝有愚　仁义藏奸

忠有愚忠，孝有愚孝，可知忠孝二字，不是怜俐人做得来；仁有假仁，义有假义，可知仁义两途，不无奸恶人藏其内。

在忠诚之心中，有一种忠就是被视作愚行的愚忠；在各种孝行中，有一种孝就是被视为愚行的愚孝，由此可见，所谓忠心和孝行，不是那些所谓聪明的人所做得来的；同样地，仁和义的行为中，也有假仁和假义，由此可以知道在如何做到"仁"、如何做到"义"上有两种不同的答案，那些所谓"仁义"之士中未必没有暗藏奸恶的小人。

仁义与忠孝均是高尚的情操，忠孝是为了实现家庭成员之间的和睦，而仁义是为了实现社会上人际关系的友好。忠孝出于本心至情的某些行为，也许被人认为是愚昧不化，然而情之为物，本不可以理喻，依靠耍小聪明来博取忠孝之名是不可能的。历史上也有人贪图美名，以假仁假义骗取他人的信任和尊敬，这正如江河之流，泥沙俱下一样，尽管他们的阴谋一时可以得逞，但终究不能成为情操高尚的人。

财不患不得　禄不患不来

财不患其不得，患财得，而不能善用其财；禄不患其不来，患禄来，而不能无愧其禄。

钱财不担心得不到，担心的是得到钱财后不能好好地使用；官禄、福分不担心不降临，担心的是有了官禄和福分却不能无愧于心地去面对。

评析

人类生活首先是衣食住行等基本的物质需要，然后才是其他，所以人生离不开对财富的需求。如果为了积累财富而刻意去追求，就会成为财富的奴隶。可见财富是个双刃剑，运用得好会让财富为社会、为人类的生存发展服务；运用失当，反而会因财而丧命。

财富是百姓辛勤创造的，俸禄是老百姓的血汗钱，所以做官就要为民做主谋福，如果做官后不理民事，甚至碌碌无为，做个昏官，那就愧对了那份俸禄，所以有句俗话说："当官不为民做主，不如回家卖红薯。"

君子乐得君子　小人枉为小人

原文

君子存心，但凭忠信，而妇孺皆敬之如神，所以君子乐得为君子；小人处世，尽设机关，而乡党皆避之若鬼，所以小人枉做了小人。

译文

君子为人处世的出发点，是忠诚守信，所以妇人、小孩都对他极为尊重，视若神明，因此君子愿意被称为君子；小人为人处世，用尽心机，使乡邻亲友都极为鄙视，像逃避鬼魂一样逃避他，所以小人费尽心机也只是枉然，仍然受不到敬重，白白做个小人。

评析

君子坚持正道，信守诚实，坦诚待人，走的是一条光明大道，所以处处受人尊敬；小人走的是歪门邪道，用尽心机，暗中害人，走的是一条阴暗狭窄之道，所以受到人们的鄙弃。一个光明，一个阴暗，这也是神与鬼的根本区别。

庸愚足以覆事　精明亦足以覆事

原文

奢侈足以败家；悭吝亦足以败家。奢侈之败家，犹出常情；而悭吝之败家，必遭奇祸。庸愚之覆事，犹为小咎；而精明之覆事，必见大凶。

译文

奢侈挥霍的行为能够败坏家业，吝啬小气的行为也能够败坏家业。奢侈挥霍败坏家业，还符合一般的常情；而吝啬小气的行为败坏家业，一定是因吝啬而遭受意外之祸。由于愚笨而造成事情失败，还只是小的过失；而因为精明而坏事，一定会出现大的祸患。

评　析

成由俭朴败由奢，这是人所常知的道理，但俭朴不等于吝啬。俭朴者用度有节，不该浪费的地方一定不浪费；吝啬是该花的钱也不花，类似于守财奴。

为人处世该当精明的时候要精明，需要糊涂的时候也要不计较小的得失。所谓大巧若拙，大智若愚是也。太过精明如过于吝啬一样也会败事。

春秋时齐国范蠡的二儿子在楚国犯罪，范蠡准备派小儿子带重金前去拯救，但大儿子认为自己是长子，有责任救兄弟，坚决要求前往，范蠡只好答应。大儿子一走，范蠡说："我的二儿子活不成了。"后来果然大儿子因为吝啬钱财没有将二儿子救回。为什么呢？范蠡说："不是大儿子不爱他的弟弟，是因为大儿子跟随我一起创业，知道赚钱的艰辛，所以会吝啬钱财；而小儿子生长在富贵中，对钱财看得轻一些，所以开始准备派小儿子去。"

安分守己　各司其业

原　文

种田人，改习尘市生涯，定为败路；读书人，干与衙门词讼，便入下流。

译　文

种田的人，改学做生意，就是选择了一条走向失败的路；读书人，参与包揽诉讼的事情，品格便日趋卑下。

评　析

此段话说的是种田、读书各有专攻，忽然改习他业，不易成功，甚至会误入歧途。

虽然说隔行如隔山，但种田人做生意未必就会失败。种田人如果骤然改行学经商，也许会困难一些，但世上无难事，只要肯登攀，特别是现代社会，搞自给自足的自然经济离社会大潮太远，而农民经商带动农业的全面发展已经有成功的例子可循，农民不妨也学学经商。

中国传统的思想认为打官司是很低级的事情，这是封建时代的司法制度及官场的黑暗造成的恶劣影响。现代社会中，诉讼是伸张正义、解决纠纷、争取权利的重要手段，而民事案件的大多数诉讼双方都是平等的人，不存在高尚下流之分，读书人在广泛涉猎各方面知识的同时，法律知识也是必修课，社会需要能够依靠法律知识为民伸张正义、排忧解难的优秀人才。

富贵易生祸端　衣禄原有定数

原　文

富贵易生祸端，必忠厚谦恭，才无大患；衣禄原有定数，必切俭简省，乃可久延。

译　文

大富大贵容易产生灾祸之源，一定要忠诚厚道谦逊恭敬，才会避免大的祸患；衣食福禄本来都有一定的限度，一定要俭朴节省，才能使福禄延续得长久。

评 析

富人及显贵的人物，易遭人嫉妒，"美服患人指，高明逼神恶"；财富又易使人滋长贪心和傲气，如为富不仁或仗势欺人等。所以富贵者一定要宽厚仁义、谦虚恭敬地处世，富而仁厚，贵而谦逊，才能得到人们的敬重，不招人嫉妒而无大患。

人的衣食用度都有一定的限度，不必过于奢侈。力行俭朴节省，是陶冶自己情操的根本，而奢侈放纵，是败坏德行的根源。夏桀耗费了整个国家的财富还不够用，而商汤用七十里地的财富却有剩余，这就在于节俭与浪费，而他们一个亡国，一个兴邦，也缘于此。

忠厚颠扑不破　冷淡趣味弥长

原 文

世风之狡诈多端，到底忠厚人颠扑不破；末俗以繁华相尚，终觉冷淡处趣味弥长。

译 文

人世存在各种各样的狡诈行为，但为人忠诚厚道者，总会受到世人的尊敬；虽然近世的习俗崇尚繁华奢侈，但还是觉得平淡宁静的日子更加意味深长。

评 析

狡诈的人，不管伎俩多么高明，最终会被人识破，世上的人都不是傻子，怎么会一再上当受骗呢？忠诚老实的人，稳重质朴，受到世人的尊敬，能够千古留名。

荣华富贵是为很多人所美慕的，但追求荣华富贵的过程是劳作、艰辛，或许还得昧着良知，或许还要出卖灵魂；而想永葆荣华富贵更是难上加难，试想，往日声势显赫的大家族今都何在？一切荣华富贵只是过眼云烟，声色的刺激也是短暂而易于消失的，倒是在窗明几净的环境中，临窗而坐。摒除声色金钱的烦恼，留一方宁静的天地在心，感受平静而安详的心境，充满人生平和的喜悦感，何乐而不为呢？

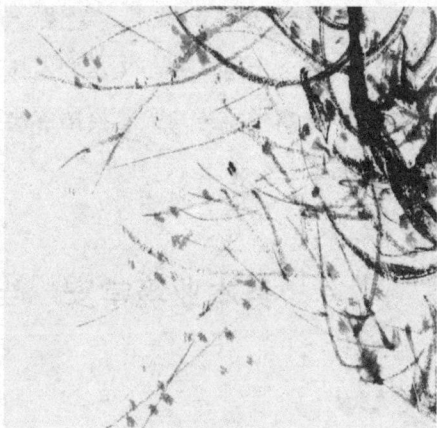

要可传诸后世　不能瞒过史官

原文

漫夸富贵显荣，功德文章，要可传诸后世；任教声名煊赫，人品心术，不能瞒过史官。

译文

不要只是一味地夸耀财富和地位，显示自己的虚荣，而应该有能流传后世的功德和文章；任凭一个人声名如何显赫，他的为人处世之方法和品格性情也是无法欺骗记载历史的史官的。

评析

一个人，要抛开一己之私欲和享受与欲求，有为社会为人类谋福祉的雄心壮志。荣华富贵，仅及于身，而功德文章，则可流传后世。

历史是最公正的裁判。夏桀、殷纣，实行"炮烙之刑"，搞"酒池肉林"，贪图享受而又压制人民，可是其昏庸暴虐岂可逃过史官之笔？赵高指鹿为马，秦桧陷害忠良，纵然能嚣张一时，却终难逃万世骂名。

务本业境常安　当大任心良苦

原文

世之言乐者，但曰读书乐，田家乐。可知务本业者，其境常安。古之言忧者，必曰天下忧，廊庙忧。可知当大任者，其心良苦。

译文

世人谈起快乐的事，都说读书有乐趣，种田有乐趣，可见专心从事本业的人，常处于快乐安宁的境地。古代的人谈起忧愁的事，一定强调要为天下百姓担忧，为朝廷政事担忧，由此可知担当大事的人，他们用心良苦。

评析

以读书和田园生活为乐，是古人追求的一种宁静和平的境界，有一副对联可以反映这种追求，上下联是"读书传家久，诗书继世长"，横批是"耕读人家"。安于读书和田园生活，免于世俗的干扰，故能乐在其中。但中国的传统文人，也不赞成一味地逃避世事，而是以拯救天下为己任，明代东林书院的一批文人就宣称："风声、雨声、读书声，声声入耳；家事、国事、天下事，事事关心。"他们关心天下兴亡，关心人间苦乐，先天下之忧而忧，后天下之乐而乐，成为一批推动社会发展的精英。

事业之高卑　门祚之久暂

原　文

观规模之大小，可以知事业之高卑；察德泽之浅深，可以知门祚之久暂。

译　文

看规模法式的大小，便可以知道这项事业本身是宏大还是浅陋；观察品德与恩泽的深浅，便可以知道家运是绵延长久还是昙花一现。

评　析

看一件事的起点如何，就知道将来的发展，所以俗语说："好的起点是成功的一半。"正如要建立高层建筑，首先得打下坚实的基础，深挖地基，这样建立的楼宇才坚固长久；如果基础薄弱，肯定只能建筑低矮的房屋，纵使在上面建立了高楼，也必定不会稳固。立国也是如此，从国家建立何种典章制度，可以知道国运是否长久。

一个家族的盛衰也是这样，"忠厚传家久，诗书继世长"。祖上有德泽之风范，根植于子孙心中，子孙能奉行不衰，那么家运就能够长久。

畅则无咎　亢则有悔

原　文

小心谨慎者，必善其后，畅则无咎也；高自位置者，难保其终，亢则有悔也。

译文

　　小心谨慎的人，处理事情必定会善始善终，保持谨慎、通达事理就不会犯下过错；不以才干处于高位的人，难以保持此地位的长久，才干不足而处于过高的地位终会有后悔的时候。

评析

　　"慎其初，念其终"，意思是说对一件事情要做到开始时就谨慎，并且时刻想到它可能造成的种种后果。周穆王告诫大臣说，管理国家大事的人一言一行关系重大，必须有踩着老虎尾巴和走在春天即将融化的冰河上般的危机感。有了危机感，才会行事谨慎，常常思考怎样才能减少过失，这样行事自然会顺畅。

　　爬得越高，跌得越惨。身居高位的人，要居安思危，在顶峰之处，一着不慎，就会跌入深渊，所以到达极点未必是福，如临深渊，如履薄冰，高处不胜寒的滋味并不好受。

耕读之本原　衣食之实用

原文

　　耕所以养生，读所以明道，此耕读之本原也，而后世乃假以谋富贵矣。衣取其蔽体，食取其充饥，此衣食之实用也，而时人乃藉以逞豪奢矣。

译文

　　种田是为了满足生存的需要，读书是为了明白道理，这就是种田和读书的本意，而后世之人却借耕田读书谋取富贵。衣服是为了遮羞和御寒，食物是为了充饥，这些就是衣服和食物的实用价值，而现在的人却以此作为夸示奢侈的手段。

评析

耕种是为了满足生存的需要，读书是为了充实头脑，养身养心，才能健康发展。然而由于名利的诱惑，人们耕读已经偏离了本来的目的，变成纯粹的谋利行为，这是社会发展的异化行为。

衣可蔽体，食可果腹，衣食不过是为了满足人类基本的生存和审美需要，然而有些人却将衣食作为炫耀财富的手段，显示自己的能力和地位，君不见很多暴富的大款们一桌饭花费上万甚至数十万元，并互相攀比着一掷千金，这样的人自以为很有气派，实际上是精神无所寄托，空虚无聊到作践财富的表现。

气性乖张无足取　言语矫饰属可疑

原文

气性不和平，则文章事功，俱无足取；语言多矫饰，则人品心术，尽属可疑。

译文

如果一个人待人处事心气不平和，那么无论是做学问还是立功业，都不会有什么值得他人效法的地方；如果一个人言语故意做作虚伪不实，那么这个人的品德及心性都令人怀疑。

评析

为人处世，讲究中正和平，心平气和则事业顺利，表达在文章上也会思路开阔，文笔畅达。如果心性乖僻，为人处世蛮横暴躁、粗俗下流，那么在事业上也难以成功，表现在文章上自然也是满

纸荒唐言，无片言只字可以留给后世。古人说"文如其人"，正是说的这种情况。

道德修养高深的人，在言谈举止之间也会有春风化雨的感染力，这就是表里如一的体现。而自以为聪明，擅长以虚假伪饰的语言来掩饰自己的人，虽然外表上是一副正人君子的模样，但其内心却是满怀诡计、邪恶的。越是极力掩饰，越令人怀疑。

不必事事能　与古人心相印

原文

不必于世事件件皆能，惟求与古人心心相印。

译文

不一定要对世上的事样样知道，关键是要对古人的心意心领神会。

评析

世事繁杂，学问广博，要想事事通透，样样都精，是不现实的，所以古人说："闻道有先后，术业有专攻。弟子不必不如师，师不必贤于弟子。"现代社会分工更加细密，行业越来越多，而人的生命有限，精力有限，如果每个人能在自己的本行中有所成就也算是有益于社会了。

待人篇

信是立身之本 恕为接物之要

原 文

一信字是立身之本，所以人不可无也；一恕字是接物之要，所以终身可行也。

译 文

一个信字是在世上立身的根本，所以人不可以没有信用；一个恕字是待人接物最重要的品德，所以人应该终生奉行。

评 析

信就是诚实、实现诺言，"言必信，行必果"是做人的基本要求。《说文》解释"信"字条云："人言也，人言则无不信者，故从言从人。"可见是人讲的话才被称为"信"，否则就不是人说的话了。人失去了信用，任何人都不会接受他。

恕就是宽容，推己及人，不做出对不起他人的事。待人接物都要做到"己所不欲，勿施于人"，只有设身处地为他人着想，才能比较客观地对待各种情况，避免和减少不必要的人际纠纷，所以说恕是待人接物之要。

乡愿假面孔　鄙夫俗心肠

原文

孔子何以恶乡愿，只为他似忠似廉，无非假面孔；孔子何以弃鄙夫，只因他患得患失，尽是俗心肠。

译文

孔子为什么厌恶乡愿呢？只因为他看上去像是忠厚廉洁，实际是伪装的假面孔；孔子为什么厌弃鄙夫呢？只因为他凡事得失心太重，是个斤斤计较的鄙俗之人。

评析

乡愿就是指伪君子，他们外表忠厚老实，内心狡诈奸邪；鄙夫就是人格卑下丑陋的人。孔子为什么厌恶乡愿呢？因为乡愿内怀奸邪狡诈之心，外表却伪装得十分忠厚老实，容易骗取人们的信任，比那种明目张胆为非作歹的恶人更难以识别，所以孔子说："乡愿，德之贼也。"

鄙夫则不明礼仪，不识大义，处处为自己的利益算计，忘记了集体与社会的利益，其得失心太重，毫无高雅的人生境界。这样的人为社会所鄙弃，自然更为孔子所不耻。

物命可惜　有过令改

原文

王者不令人放生，而无故却不杀生，则物命可惜也；圣人不责人无过，唯多方诱之改过，庶人心可回也。

译文

君王虽然不命令人去放生，但也不会无故地滥杀生灵，这样便表示生命值得爱惜；圣贤之人不要求他人不犯错误，但会用各种方法引导人们改正错误，那么人心差不多可以由恶转善。

评析

佛家认为众生都经过千百万年的轮回，任何一种生物，都有可能是过去父母亲友所投胎的，所以佛家严禁杀生。君王身为万民之主，虽然不能强令人民去放生，但如果以自己爱惜生灵的言行作百姓的表率，也会给生灵以福泽。

"人非圣贤，孰能无过？知过能改，善莫大焉。"圣人并不求全责备，要求人们做一个不犯错误的完人，但是却能诱导众人及时改过，少犯错误。能够及时改过的人，也是品德高尚的人。

救人坑坎中　脱身牢笼处

原文

肯救人坑坎中，便是活菩萨；能脱身牢笼处，便是大英雄。

译文

肯去救助陷入艰难困苦中的人，便如同菩萨再世；能够摆脱世俗人情的束缚，超然于俗务之外的人，便可以称为杰出的人。

评析

菩萨是佛教中指有自觉本性，又能普渡众生的人。现实中有许多愿意救人危难的人，他们以拯救天下为己任，全心全意为人民服务，知人所难，助众人之所苦，特别在困难之际能够挺身而出，甚至不惜献出生命，这样的人既救人外在之困乏，又解人内心之困苦，就是在世的活菩萨。

无论是社会还是个人，只有冲破牢笼，才能健康地发展。"结庐在人境，而无车马喧。问君何能尔，心远地自偏。"摆脱世俗的束缚，抵御名利的诱惑，需要超人的勇气和胆识。

长者待人之道　君子修己之功

原文

见人善行，多方赞成；见人过举，多方提醒，此长者待人之道也。闻人誉言，加意奋勉；闻人谤语，加意警惕，此君子修己之功也。

译文

看到他人好的行为，就千方百计地称赞与帮助；看到他人行为失当，则用多种方法加以提醒，这是受到尊敬的长者对待他人的方法。听到他人称赞自己的话，就更加努力奋进，听到他人批评自己的话，就更加留意自己的行为，加以警惕，这就是正人君子修身的功夫。

评析

能够为别人的善行而高兴，毫不吝惜地加以赞扬，能够因别人的过失而担心，毫不犹豫地加以提醒，为他人着想，与人为善，这就是长者风范。所谓"长"不光指年纪大，而且也指姿态高，有长者风范就能时时处处想着赞美人、帮助人，成为后辈进步的人梯，也自然会受到人们的敬重。

对待别人的议论要有博大的胸怀和宽容的气度。有人说好话，要想到也许是谄媚之词，不能沾沾自喜，即使真是自己有了进步，也要将赞美作为继续前进的动力。对于批评的意见，要勇于接受，及时从自身加以改正，有"闻过则喜"的作风，即使批评的意见不正确，也应采取"有则改之，无则加勉"的态度，让别人有说话的机会，让自己通过自省受益，这样才能提高自己的修养。

远怨之道　取败之由

原　文

但责己，不责人，此远怨之道也；但信己，不信人，此取败之由也。

译　文

只对自己严格要求，而又不苛求于他人，这是远离怨恨的处事方法；只相信自己，不相信他人，这是导致失败的处事方法。

评　析

人的出发点不一样，观点也各不相同，一味地指责别人，不一定能让人接受，只会导致别人的怨恨，与其让别人适应自己，不如自己主动去适应别人，多反省自己，少指责别人，故古人说："责人之心责己，恕己之心恕人。"这才是远离怨恨的办法。

只信任自己，不相信别人的人，也许别人并无失信之念，而自己先有失信之意。别人不一定都是虚伪狡诈的，但常怀疑别人的人至少自己已经做了欺诈之人。不与人为善，自然难与人合作，孤芳自赏者必然寡助，也许失败就由此而始。

化人之事　劝善之方

原文

　　为乡邻解纷争，使得和好如初，即化人之事也；为世俗谈因果，使知报应不爽，亦劝善之方也。

译文

　　为乡邻们排解纠纷和争执，使他们像当初一样和睦友好，这也是感化他人的善事；向世人宣传因果报应的道理，使他们知道善有善报、恶有恶报的因果关系丝毫不差，这也是劝人向善的方法。

评析

　　教化风俗可以从具体细微的小事中体现。为乡邻排忧解难，化解纠纷，增加乡邻们的和睦气氛，这是一种有效的教化之道。向人们讲解"善有善报，恶有恶报"的道理，劝勉人们多做善事，这也是一种行善的方法。

和气待人　藏器待时

原文

　　和气迎人，平情应物。抗心希古，藏器待时。

译文

　　心平气和地与人交往，以平常的心情去处理事情。以古人的高尚心志相期许，守住自己的才能得以等待时机。

评析

待人不可不和气。和气是自身修养和博大气度的体现，不能设想，一个心胸狭窄、气度狭小的人能够和气待人。与人交往，保持和气，可以避免许多不愉快的事情发生。心情平和，不论言语和行为，都不会有过分之处，给人以亲切的感觉，自己办事也会顺利。而且和气还有利于身心之健康。

古代的哲人，在自己身处逆境时，能够以平和的心情对待，不因没有被人认识而气馁，仍然默默地以自己的方式为社会、为国家贡献自己的才智。他们相信是块宝玉，必定会有识才的玉匠；是金子总会闪光的。

粗粝能甘　纷华不染

原文

粗粝能甘，必是有为之士；纷华不染，方称杰出之人。

译文

能够甘愿于粗糙的饭食，一定是有作为的人；能够不受声色荣华引诱的人，才能算是杰出的人。

评析

能够艰苦朴素的人，必定大有作为。《论语》上说，士人尽管希望追求真理，如果他以粗陋的衣服、饮食为耻辱，那就不值得和他讨论真理之类的问题了。因为士人如果立志有作为，但在衣服饮食方面却讲究华美，那就是志向不坚定，所以不能指望他会有什么成就。

杰出而优秀的人，必须善于控制自己，不受环境的影响，如果与俗人同流合污，那么就只是一般品质而已，故能够"犹如莲华不着水，亦如日月不信空"，才称得上是杰出的人才。

患我不肯济人　使人不忍欺我

原　文

但患我不肯济人，休患我不能济人；须使人不忍欺我，勿使人不敢欺我。

译　文

只担心自己不愿意去帮助接济他人，不怕自己没有能力帮助人；应该使他人不忍心欺侮我，而不要让人不敢欺侮我。

评　析

看一个人的品行，不只是要看结果，重要的还要看其内心。因为人的能力有大小，但是助人的方法却很多，既可以以财物助人，也可以用知识去帮助人，还可以用我们的善良去帮助人，关键在于是否有助人之心。古语所说"百行孝为先，论心不论迹，论迹天下少完人"，说的也是同样的道理。

以自己的威势去震慑别人，并不是真的让人服气，只是让人惧怕自己而已。要让人不忍欺负我，就必须施行仁义，厚以待人，这样以德待人，别人又怎么忍心欺负我呢？当然最重要的是全社会的人都没有欺人之心，这样需要以美德来感化全社会的人，让大家心中都充满真诚友爱之心，我们的社会就会更加祥和。

待人不可薄　势力不可恃

原文

　　薄族者，必无好儿孙；薄师者，必无佳子弟，君所见亦多矣。恃力者，忽逢真敌手；恃势者，忽逢大对头，人所料不及也。

译文

　　对亲族之人冷淡者，也一定不会有好品行的儿孙；对待老师不敬重者，一定不会教出好的学生。这样的情形见得很多了。依靠力量欺人的人，也会忽然遇到真正可以与他抗衡的对手；依靠权势作恶的人，也会忽然遇到势力更大的对头。这些都是人们所始料不及的。

评析

　　亲族之人与自己有血缘关系，于己有爱；老师授予自己知识学问，于己有恩。如果对亲戚、师长都不尊重，那么这样的人一定是心胸狭窄、忘恩负义的人，这样的人教育出的子弟也不会成什么大器。

　　依恃力气与权势作恶行凶的人，必定会受到惩罚。一是因为强中更有强中手，遇到更有力气与权势的人，必然会败北；二是社会也不容仗势作恶，在强大的国家强制力面前，再蛮横的人也不能为所欲为。

以直道教人　以诚心待人

原文

　　以直道教人，人即不从，而自反无愧，切勿曲以求容也；以诚心待人，人或不谅，而历久自明，不必急于求白也。

以正直的道理教导他人，即使他人不会听从，而自我反省时也会问心无愧，因此不应该改变心志去求得他人理解；以诚恳的心意对待他人，他人或许不会接受，而时间久了自然会明白，不必急着去表白自己。

评 析

人最宝贵的在于处身正直，俗话说"身正不怕影子斜"。对于有错误的人，要及时用正确的道理去提醒教导，有时候也许他人不能理解，也不能曲意迁就他，放弃原则，这样自己才会问心无愧。

如果以诚心待人，反被对方误会，也不要急着去辩白清楚，因为情急之中，也许越辩越激化矛盾。真情待人，时间长了，自己的一片真心自然会被人理解。古语"路遥知马力，日久见人心"说的就是这个道理。

让字为善　敬字立身

原 文

为善之端无尽，只讲一让字，便人人可行；立身之道何穷，只得一敬字，便事事皆整。

译 文

做善事的方法是没有止境的，只要能做到一个让字，那么人人都可以行善；立身处世的方法也有很多，只要做到一个敬字，那么就能事事理顺。

评析

让就是与世无争，并能主动地舍弃。此乃进一步万丈深渊，退一步海阔天空。传说有某邻居二人为争房地基而发生诉讼，其中一人向在京城为官的兄长告状，请求支持，该京官回信云："千里修书为一墙，让他三尺又何妨；万里长城今犹在，不见当年秦始皇。"此人收到回信后主动退让，平息了这场纷争。可见一个"让"字，真正是行善的入口。

敬就是敬人，人必自敬，然后人敬之。敬人者，要做到仪态严肃庄重，意气安定，面色温和文雅，气色平易近人，言语简明实在，内心安宁慈善，意志果断机敏，这样才会受人尊重。如果人不自己尊重自己，就会招致别人的欺凌，如果自己不努力、不争气，就会招致别人的侮辱。

体长幼之情 益他人衣食

原文

家之长幼，皆倚赖于我，我亦尝体其情否也？士之衣食，皆取资于人，人亦曾受其益否也？

译文

家中的老小都依靠我生活，我是否也体会得到他们的心情与需要呢？读书人的衣食完全凭着他人的生产来维持，他人是否也曾从他那里得到些益处呢？

评析

作为家长，长幼大小都靠自己来安排，所以一定要谨守礼法，

少年读围炉夜话

作出楷模，以一言一行来带动大家，同时，还要避免家长作风，充分考虑大家的需要，使家庭成员之间互相帮助，融为一体。

由于社会分工的原因，每个人在为别人服务的同时，也享受他人为自己的服务。社会分工越细密，这种联系就越紧密。读书人钻研学问的目的，仍然是为了经世致用，服务于社会大众，同时社会又为读书人创造做学问的良好条件，在人人为我，我为人人的环境中，共同促进社会的发展。

不幸势家翁姑　难处富儿师友

原　文

最不幸者，为势家女作翁姑；最难处者，为富家儿作师友。

译　文

最不幸的是给有权有势人家的女儿做公婆；最难办的是给富家子弟做老师和朋友。

评　析

有财有势人家的女儿，过着养尊处优的生活，如果下嫁贫家，即使是有良好的教养，也会因为生活背景不同而产生家庭矛盾，如果是教养稍差，那么更会生出一双势利眼，在夫家颐指气使，不将公婆放在眼里，要指望其相夫教子就更难了。所以古代婚姻讲究门当户对也许就是基于这种考虑。

富家子弟往往骄横，以为金钱足以换来一切，也难以忍受做学问的艰辛，给他们做老师，不要说仅有的一点师道尊严都难以保持，甚至难免受其侮辱。即使是做朋友，富家子弟也常以金钱相夸耀，居高临下，目中无人。

待人宜宽　行礼宜厚

原文

待人宜宽，惟待子孙不可宽；行礼宜厚，惟行嫁娶不必厚。

译文

对待他人应该宽容，但是对待子孙千万不能宽容；礼尚往来要周到厚重，但是办婚事时不宜太铺张。

评析

没有规矩不成方圆，教育子女要严格，否则难以成正果。养育子女，做父母的不教导，是最大的过错；教育不严格，就没有尽到做父母的责任。

中国是一个礼仪之邦，讲究礼尚往来，所以有"礼多人不怪"之说。但是中国也是讲究节俭的民族，并不主张在嫁娶时铺张浪费。嫁娶之时，大肆铺张，摆排场，讲阔气，会让子女养成奢华浪费的不良习气，并成为腐蚀剂，使人萎靡不振，所以为子女计当节俭办婚事。

律己宽人

原文

求个良心管我，留些余地处人。

译文

要求自己有一颗良善的心，时时严格要求自己不违背它；给别人留一些余地，让别人也有容身之处。

天地之大，立身不易，但人只要有一颗"良心"，时时管住自己，任凭外界如何诱惑，我自岿然不动。而对他人，则要大度宽容，常将此心作彼心，常将他情比此情，为他人留得一步退路，也为自己增加几许胸襟。严于律己，则无事不可成功；宽于待人，则无人不可相处。

敬人者人恒敬之　靠人者莫若靠己

原文

敬他人，即是敬自己；靠自己，胜于靠他人。

译文

尊敬他人，就是尊敬自己；依靠自己，胜过依靠他人。

评析

敬人者，人恒敬之。能够设身处地为他人着想，敬重他人的人格，敬重他人的劳动，这样的人，本身具有良好的道德修养，自然也能赢得他人的敬重。反之，如果自高自大，目中无人，只会暴露出自己学识的浅薄与无知，也会失礼于人，自然会受到人们的鄙弃。

内因是变化的决定因素，外因是变化的根据。一个人只要自身立得起，无论外界因素有何变化，都能依靠自己的能力自立于世。依靠他人，可以混过一时，难以混过一世。所以有谚语说："流自己的汗，吃自己的饭。不想出力和流汗，肯定是个大混蛋。"

处世篇

名利不宜滥得　困穷耐者回甘

原　文

名利之不宜得者竟得之，福终为祸；困穷之最难耐者能耐之，苦定回甘。生资之高在忠信，非关机巧；学业之美在德行，不仅文章。

译　文

得到不该得的名声和利益，福分终究会成为灾祸；最难以忍耐的贫穷和困厄能够忍耐过去，困苦一定会转变为甘甜。人的资质高低，在于是否忠厚守信，并不在于善耍手段；学业精深的人，不仅在于文章美妙，而主要在于他的道德高尚，品行美好。

评　析

虽然名利之心，人皆有之，但"君子爱财，取之有道"，人只能得到自己应得的那一份，如果贪求不义之财，获取非己之名，表面上看是暂时得到福分，但最后终会被人识破，财去名空，还落得个骗子之罪名。

天分的高低，主要是看其人是否忠诚实在守信用，如果要小聪明，设机关要手段，一定不会对社会有什么益处。做学问也是如此，学业的精深，是为了用之于社会，造福于人民，如果用自己所学的知识来做危害社会的事，那么文章做得再妙，也是一个无德之人。

处事论是非　立言贵平正

原　文

大丈夫处事，论是非，不论祸福；士君子立言，贵平正，尤贵精详。

译　文

大丈夫处理事情时，只问做得对还是不对，并不考虑这样做给自己带来的是祸还是福；读书人在写文章或是著书立说的时候，最可贵的是要有公平正直之心，如果能更为精当详尽，就尤其可贵了。

评　析

出于公正之心，才能有正确的是非标准。如果从一己私利出发，只依据对自己有利还是有害来处理事情，就会带入自己的主观偏见，对的事情会违心地说错，错误的事情会昧着良心说对，如此就是一个极端自私自利的小人，与大丈夫的气度相去甚远。

君子立论一定要公平正直，如果能有精当翔实的材料加以说明，则更能增加说服力和感染力，言重千钧。所以黄庭坚说："古之能为文章者，真能陶冶万物，虽取古人之言入于翰墨，如灵丹一粒，点铁成金。"

守身不敢妄为　创业还须深虑

原　文

守身不敢妄为，恐贻羞于父母；创业还须深虑，恐贻害于子孙。

译　文

一个人谨守自己的行为而不敢胡作非为，是怕自己的行为不谨慎，会使父母蒙羞；在创立事业之前，要认真权衡考虑，以免因为自己在事业上做出错误的选择，而使子孙后代受到影响。

评　析

洁身自好是做人的一种道德要求，是自我完善的价值尺度，同时也是社会对个人的期望。特别是生养自己的父母，对自己的成长倾注了无限的爱心，寄予很高的希望，注重品德修养的人，常常考虑到自己的言行对父母的影响，决不随心妄为；而品行不端的人，在为非作歹的时候是根本不会顾及他们的父母的。

一个人在创业之前，一定要仔细选择自己所从事的事业，唯恐从事的事业不好会危害自己的子孙。因为环境对孩子的成长有很大的影响，良好的环境会陶冶孩子高尚的情操，污浊的环境会使孩子受到不良的影响。

处事但求心安　立业总要能干

处事有何定凭，但求此心过得去；立业无论大小，总要此身做得来。

为人处事，以什么作为判断是非的标准呢？只要做到问心无愧就行了；创业不一定要说什么大小，一定要根据自己的能力来选择，只要适合自己就行。

事物都在不断地变化和发展，处理事情的方法也没有固定的标准，但是有一点却是不变的，那就是凡事要符合正道，出于良心，这样才能服人。

建立功业不论大小，都要从自己的兴趣、爱好、能力出发，符合自身的条件，如果自己的能力差得太远，经过努力也不能做到，那就难以取得成功；如果目标太低，很容易实现，也不能使自己的能力充分发挥。

持身贵严　处世贵谦

严近乎矜，然严是正气，矜是乖气；故持身贵严，而不可矜。谦似乎谄，然谦是虚心，谄是媚心；故处世贵谦，而不可谄。

译 文

严肃看起来近似傲慢，但严肃是正直之气，傲慢却是乖僻的不良习气，所以修身律己能够严肃庄重是很可贵的，但不能够傲慢。谦虚看起来像是谄媚，然而谦虚是心中充实但不自满，谄媚是有意迎合讨好，所以为人处世能够谦虚是很可贵的，但不能够谄媚。

评 析

庄重严肃的人为人处世十分谨慎，不轻易发言，不随意与人交往，严格按照自己的价值标准去做事：考虑不成熟的事不轻易发表意见；判断不准的事不轻易去做；不利于大多数人的事不做。由于行事谨慎，容易给人以高傲的印象，但庄重严肃与傲慢是有本质区别的，庄重严肃是一种正直的气度，而傲慢则是目中无人，自高自大，是一种邪僻之气。

谦虚是美好的品德，处于高位而不骄傲，处于下位而不忧愁，这样在高位不会有危险，在下位不会颓废。谦虚是内心充实但不自满，是智者的品德。谦虚不是谄媚，谄媚是为了取宠讨好而故作卑下，是有所求而降低人格的卑劣行为。

所以为人贵庄重而弃傲慢，贵谦虚而弃谄媚。

处横逆之方　守贫穷之法

原 文

颜子之不较，孟子之自反，是贤人处横逆之方；子贡之无谄，原思之坐弦，是贤人守贫穷之法。

遇到蛮横无理的人冒犯时，颜渊不与人计较，孟子则常常反省自己是否有过失，这是君子在遇到有人蛮横不讲理时的自处之道。面对贫穷困境，子贡不向富人献谄取媚，子思则安贫乐道，以弹琴自得其乐，这些都是贤良的人对待贫困的方法。

评 析

知书识礼的人，既不无端指责别人，也不因别人的挑衅而雷霆万钧。保持高姿态不与人计较，这样流言自会消失。如果因此生些闲气，就正中了造谣者的诡计，那等于是用别人的错误来惩罚自己。

虽然物质上是贫穷的，但在精神上是乐观的，在生活上是充满自信的，这样安贫乐道、谨慎修身的生活观，为古人所赞赏。况且贫穷或富有都不是固定不变的，通过自身的努力，可以在为社会做出贡献的同时使自己不再贫穷。

要行善济人　勿逞奸谋事

原 文

行善济人，人遂得以安全，即在我亦为快意；逞奸谋事，事难必其稳便，可惜他徒自坏心。

译 文

做善事接济帮助他人，别人因此得到平安、得以保全，那么自己也会感到愉快满意；通过奸邪的手段去行事，不一定能顺利得逞，而且可惜的是白白损坏了自己的心性。

乐于助人，在帮助别人渡过困境的同时，自己也获得道德的完善，心中充满快意，故古人云："与人为善，不亦乐乎？"

心中充满奸邪，阴谋害人的人，最终害了自己，聪明往往反被聪明误。其阴谋未必就一定能得逞，但其人本性已坏却是昭然若揭。

知足于命运　自惭于学问

原文

常思某人境界不及我，某人命运不及我，则可以知足矣；常思某人德业胜于我，某人学问胜于我，则可以自惭矣。

译文

常常想想某人的处境还不如我，某人的命运还没有我好，那么就能够感到满足而知足常乐；常常想想某人的品行超过我，某人的学问比我渊博，那么就会自我羞愧而奋发努力。

评析

对于物质的追求，可以采取"比上不足，比下有余"的态度，它虽然表现了一种安于现状的心态，但其中却蕴藏着特定的生活哲理，在实际生活中具有多重效应，它既可作为人们安于现状，不思进取的心理依据，又可以作为承认现实，平衡自我，保持乐观生活态度的心理调适手段。

在品德与学业上，则要向更高的人看齐，不能有浅尝辄止、沾沾自喜的心态。荀子《劝学》上说，学习的起点在哪里？学习的终点在哪里？回答是：它的课程从诵经开始，到读礼结束；它的原则从读书开始，最终成为圣人。真正地踏实学习，持之以恒地不懈努力，学到老死才能停止。

全靠心作主人　留个名称后世

原文

耳目口鼻，皆无知识之辈，全靠者心作主人；身体发肤，总有毁坏之时，要留个名称后世。

译文

耳朵、眼睛、嘴巴和鼻子，都是不能思维的器官，都依靠人们的内心来指挥它们；身躯、四肢、头发和皮肤，随着人的死亡就会腐朽，但一定要有一个好名声千古流传。

评析

眼是视觉器官，耳是听觉器官，鼻是嗅觉器官，口是味觉器官和语言器官，但是眼耳口鼻都是依靠大脑作主宰，听从大脑的指挥。大脑失去正确的主张，就会目光短浅，看不到真相；耳朵不辨真假，偏听偏信；管不住自己的嘴巴，胡言乱语。所以圣人说："非礼勿视，非礼勿听，非礼勿言"，就是提醒人们用心来管住自己的各个表达器官。

雁过留声，人过留名。人活一世，都逃脱不了死亡的自然规律，但是有的人虽然死了，可他还活着，有的人虽然活着，可人们认为他已经死了，这就看他是否能对社会有益。有益于社会的人，身体虽消逝，可是英名长存；无益于社会的人，身体发肤消逝时生命也就杳无形迹了。

发达靠下功夫　福寿要积阴德

原文

发达虽命定，亦由肯做工夫；福寿虽天生，还是多积阴德。

译文

人的一生能够飞黄腾达虽然是命运中已经注定的，但还是由于这个人能够下苦功夫，不断努力；福分和寿命虽然是上天安排的，但还是要多做善事，积下阴德。

评析

人生有很多成功是由机遇和幸运所造成的，如果说这是命运所定也未尝不可，但是机遇和幸运从来只给那些不断去追求的人。对于疏于努力，消极地等待命运的人来说，永远不会有幸运送上门来，即使有机会闪过，他也抓不住；而勤奋努力、不断探求的人，因为具备了良好的素质，敏锐的眼光，能够及时发现机会，把握机会，从而取得成功。

人的平均寿命是一样的，但如果有人偏偏不爱惜自己的身体，过度吸烟喝酒，五毒俱全，那么自然难以善终。上天给人以福分和寿命，但是人还要多行善事，多修养德行，才能消受得了。如果作恶多端，自然"多行不义必自毙"，再多的福分也无缘享受。

自奉减几分　处世退一步

原　文

自奉必减几分方好，处世能退一步为高。

译　文

给自己定生活标准一定要减去几分才适宜，为人处世能够退一步着想才算高明。

评　析

宋代颜延之的儿子官高权重，但颜延之照样穿布衣，住茅屋，乘破车。当他的儿子要建高楼时，颜延之说："你从粪土中爬出来，飞腾到云彩上面，顷刻间就这么骄傲起来，这还能维持长久吗？"因为勤俭自持是传统美德，对物质要求太高，只会受人诟病，结果会跌得更惨。

与人相处时，能够以退为进则是极高明的手段，《尚书》上说："一定要有含忍的功夫，才能有益于所从事的事情，获得成功。"退让一步，自己并不会有什么损失，但与人却能和睦相处，古语说："一辈子给别人让路，加起来不会多走一百步冤枉路；一辈子给别人让田界，加起来也不会损失一块地。然而谦让的美德却对人对己都是福分。"

莫之大祸　起于不忍

原文

莫之大祸，起于须臾之不忍，不可不谨。

译文

无论多大的灾祸，都是由于一时不能忍耐而造成的，所以行事不能不谨慎。

评析

忍就是自控。食人间烟火，必有七情六欲，但情绪的宣泄也要讲究一定的场合。为人处事，最主要的是不能情绪激动，激动则会失去对事物的正确判断，也不能拿出正确的应对方法，不能成事，只会误事。因须臾之不忍而酿成大祸的事例屡见不鲜，故学会忍让是必要的，忍则谨慎，忍则冷静，忍得一时之气，免去百日之忧。

守分何等清闲　盈泰总须忍让

原文

守分安贫，何等清闲，而好事者，偏自寻烦恼；持盈保泰，总须忍让，而恃强者，乃自取灭亡。

译文

如果能够安然地对待贫困的处境，那是多么清闲自在，而有些好生事端的人，偏要刻意追求富贵而自寻烦恼；当事业发达时要保持平和的心态，凡事应该注意忍让，如果自恃强大为所欲为，实际上就是走向自我灭亡。

评 析

古人云：熙熙攘攘，皆为利来；熙熙攘攘，皆为利往。若在熙熙攘攘的人群中拉住一个问：没有这些利，你就不能活了么？他多半会说否。但他又会说，没有了这些利，就住不得豪宅，吃不得珍馐了。所以可见，那些整日为利奔忙的，主要还是因为耐不得一个"贫"字，如能安分守贫，就不必如此奔忙，而可以享得半世清闲了。事物盈则易亏，要想持盈保泰，就不可过于张扬，而应尽量收敛，该忍让时就忍让，忍一时风平浪静。道家讲究以柔弱处世，老子说："天下莫柔弱于水，而攻坚强者莫之能先也，以其无以易之也。"便包含了强不可恃，必须忍让的道理。

多记先圣格言　闲看他人行事

原 文

多记先圣格言，胸中方有主宰；闲看他人行事，眼前即是规箴。

译 文

多多记住前代圣贤们所说的警世之言，胸中才会有主见；旁观他人做事的得失，眼前发生的这些事也可作为借鉴。

评 析

格者，法也。可以作为行事做人准则的言辞，就是格言。格言由于内涵广，容量大，言简意赅，便于记诵，其影响也广泛深远，所以多学习熟记古代圣贤们的格言，就能增加自己明辨是非的能力，确定正确的取舍原则。

人生经验，既来自直接经验，即自己的亲身经历，更来自间接经验，即学习书本知识，观察他人行事。间接经验的积累往往也十分重要，因为人不可能事事都亲身经历，不可能每一种经验都亲自得来，古人云："前车之覆，后车之鉴。"我们要善于从他人的成败中得到启示。

不忘艰难之境　不存侥幸之心

原　文

人虽无艰难之时，却不可忘艰难之境；世虽有侥幸之事，断不可存侥幸之心。

译　文

人生即使还没有遇到艰难困苦，但却不能忘记人生之路并非一帆风顺，也会遇到逆境；世界上虽然有侥幸取得成功的事情，但是一定不要希望通过侥幸取得成功。

评　析

逆境和顺境是相对的，如果没有逆境的磨炼，就培养不出好的品行；没有经受挫折，就做不成一番事业。所以厄运困境，是锻炼豪杰的熔炉，能受其锻炼则身心受益，不受其锻炼，则身心受损。如果处在顺境中，常思逆境的艰辛，就会更加小心谨慎，避免因一帆风顺而得意忘形。

人们认识世界的目的，在于通过偶然现象来把握事物发展的必然规律，从而改造世界，然而要取得成功必定要花费不少功夫和心力，心存侥幸是很愚蠢的。君不见寓言《守株待兔》中的农夫因偶然在树下捡到一只死兔子，而终日守在树下，结果一无所获，只落得天下笑话？

聪明勿使外散　耕读何妨兼营

原 文

聪明勿使外散，古人有纩以塞耳，旒以蔽目者矣；耕读何妨兼营，古人有出而负耒，入而横经者矣。

译 文

聪明的人不要过于外露，古代有用丝棉堵塞耳朵，用帽饰遮住眼睛来掩饰聪明的人；耕田和读书不妨兼顾，古代有人白天扛着农具出去耕种，夜晚则回家捧着经书阅读。

评 析

聪明不在表面，口若悬河、高谈阔论的人并非聪明的人，况且有才能的人往往遭人忌妒，所以善于全身的人从不锋芒毕露，而表现出大智若愚、大巧若拙的风度，以免遭人暗算。

且耕且读，既有劳力可养体，又有劳心可舒心，是古代读书人憧憬的生活方式，边劳动边读书既不相互妨碍，又能相得益彰，何乐而不为呢？

不可妄行欺诈　何能独享安闲

原文

天下无蠢人，岂可妄行欺诈；世上皆苦人，何能独享安闲。

译文

天下没有一个真正愚蠢的人，怎么能恣意妄为地去做欺侮诈骗他人的事呢？世界上大多数人都在吃苦，怎么能独自去享受安逸闲适的生活呢？

评析

有人自以为聪明，常怀骗人之心，结果是"机关算尽太聪明，反误了卿卿性命"，这就是聪明反被聪明误的结果。实际上，天下没有谁是真正的笨人，再刁钻的诡计，也躲不过雪亮的眼睛。所以为人处世之道，第一要义是谦和诚实，不怕吃亏，同做事勿避劳苦，同饮食勿贪甘美，同行走勿贪好路，宁让人而勿使人让我，这样与人相交日密，终不会与人结怨。

凡耕耘者，皆历经稼穑之艰辛，其他有所成就者，也概莫如是。故人生在世必须奋斗，奋斗就意味着有苦痛。想偷享几分清闲，又怎么可能呢？

退一步容易处　松一着不能成

原文

事当难处之时，只让退一步，便容易处矣；功到将成之候，若放松一着，便不能成矣。

译文

事情在难以处理的时候，只要能退一步着想，就容易处理了；事业在将要成功的时候，如果一着不慎，就会以失败而告终。

评析

对于难处之事，退一步处理是妙着。在思路上退一步，可避免钻进牛角尖中；在时间上退一步，可以多一些考虑，避免仓促作出决定；在态度上退一步，也许可以使胶着的事态缓和。所以古人说："进一步万丈深渊，退一步海阔天空。"行千里者半九。在走向成功的途中，有着无数的艰辛，特别是看得见胜利曙光的时候，往往也是最困难的关头，此时最需要有坚强的毅力和勇气，咬紧牙关，坚持到最后。稍一松劲，就会造成"为山九仞，功亏一篑"的悔事。

富且读书　事长亲贤

原文

富不肯读书，贵不肯积德，错过可惜也；少不肯事长，愚不肯亲贤，不祥莫大焉！

译文

致富之后不愿意读书，地位高了不愿意积德，错过这些读书和积德的机会十分令人惋惜；年少不愿意尊敬长者，愚昧又不愿意接近贤能的人，没有比这更大的不吉之兆了。

评析

读书是一生的事，富贵有时候更有条件读书，也更需要读书。富贵不读书，正如富贵时不积德一样，错过机会再想读书、积德已来不及了。相传三国时任城人曹彰，从军征战，意气昂扬，曹操曾经告诫他说："汝不念读书慕圣道，而好乘汗马击剑，此一夫之用，何贵也！"意思是说，你如果不想读书，不向往圣人之道，却喜欢骑马射剑，这只能起到一个人的作用，有什么值得稀罕的！曹彰于是在曹操的指点下开始读《诗经》《尚书》。

除了向书本求得知识外，向贤良的人学习也是一个重要的途径，特别是自己有明显不足的人，更要及时向贤人请教，如果不虚心学习，又故步自封，那么就不会有好结果。

身体力行　集思广益

原文

凡事勿徒委于人，必身体力行，方能有济；凡事不可执于己，必集思广益，乃罔后艰。

译文

不要任何事情都交给别人去办，一定要身体力行，才能对自己有所帮助；不要任何事情都固执己见，一定要集思广益，才会避免将来遇到困难。

评析

宋代大诗人陆游诗云："古人学问无遗力，少壮工夫老始成。纸上得来终觉浅，绝知此事要躬行。"这是因为从书本上学来的知识，终究比较空洞肤浅；而透彻理解后再身体力行，形成习惯，才会持久难忘。

俗话说："三个臭皮匠，顶个诸葛亮。"善于听取不同意见，集中大家的智慧，便于对事情作出正确的判断。如果固执己见，独断专行，就会像盲人骑瞎马一样，造成意想不到的恶果。

无荒乃成业　有玷未见荣

原文

耕读固是良谋，必工课无荒，乃能成其业；仕宦虽称贵显，若官箴有玷，亦未见其荣。

译文

耕种和读书固然是好的谋生之道，但一定要耕种和学习都不荒废，才能成就功业。入仕为官固然声名显赫，为官的准则受到玷污，那么做官也不见得是什么荣耀的事。

评析

耕是养体，读是养心，要想取得成效，都要下苦功夫。谚语云："一分耕耘一分收获。"用到读书上又何尝不是如此呢？所以春种秋收，春华秋实，只有在春天精心播种，才会在秋天结出好果实。

做官的人，要以为民谋利为宗旨，安于职守，不应以官职高卑为荣辱。即使是担任守门打更这样的小吏，也要时刻记住自己的职责，恪尽职守，纵然没有伟大的功劳，也可以做到不辜负国家，问心无愧；如果对工作敷衍了事，那么就会为人所不耻。

处事为人作想　读书须自己用功

原文

处事要代人作想，读书须切己用功。

译文

处理事情要多站在他人立场上，为人着想；读书却必须自己实实在在地用功。

评析

一个人了解别人比较容易，了解自己却比较困难。这是因为人很难不带主观色彩地剖析自己，而看别人的缺点却清清楚楚，所以善于自察的人，注重严于律己，宽以待人，在立身行事时常将彼心作此心，常将此情思彼情，这样与人方便，亦与己方便。

书山有路勤为径。读书是为了增长自己的学问，非自己身体力行不能有所收获。孟子说，君子依照正确的方法来得到高深的造诣，是想使自己心有所得，牢固地掌握它而不动摇，这样才能积累很深。积累很深，便能取之不尽，左右逢源，所以君子要自觉地有所得。南宋理学家程颐也说："学莫贵乎自得，非在外也，故曰自得……不深思则不能造于道，不深思而行者，其得易失。"

和平处事　正直居心

原文

和平处事，勿矫俗以为高；正直居心，勿设机以为智。

译文

以和气平易的心情为人处世，不要显得与世俗格格不入，自视清高；以公正平直作为心中的标准，不要靠耍手段来显示自己的聪明。

评析

俗话说："入境随俗。"有了共同的兴趣和爱好，才能打成一片；处理事情只有合乎常理，才不会令人侧目。一般来说，为大众所认可的风俗不会因少数人的个人意愿而改变，有的人自命清高，故意表现得鹤立鸡群，结果只会事与愿违，得不偿失。

处理事情应该讲究一定的策略，但不能玩弄手腕。公平正直处事，才会使人心服口服，如果心存机关，妄图耍小聪明愚弄人，必定会被人所识破。

少年读处事智慧

少年读菜根谭

宋立涛　主编

民主与建设出版社
·北京·

图书在版编目（CIP）数据

少年读菜根谭/宋立涛主编 . ‒‒ 北京：民主与建
设出版社，2020.7

（少年读处事智慧；4）

ISBN 978‒7‒5139‒3078‒9

Ⅰ . ①少… Ⅱ . ①宋… Ⅲ . ①个人‒修养‒中国‒明
代②《菜根谭》‒少年读物 Ⅳ . ① B825‒49

中国版本图书馆 CIP 数据核字（2020）第 102722 号

少年读菜根谭

SHAONIAN DU CAIGENTAN

主　　编	宋立涛	
责任编辑	刘树民	
总 策 划	李建华	
封面设计	黄　辉	
出版发行	民主与建设出版社有限责任公司	
电　　话	（010）59417747　59419778	
社　　址	北京市海淀区西三环中路 10 号望海楼 E 座 7 层	
邮　　编	100142	
印　　刷	三河市燕春印务有限公司	
版　　次	2020 年 8 月第 1 版	
印　　次	2020 年 8 月第 1 次印刷	
开　　本	850mm×1168mm　1/32	
印　　张	5 印张	
字　　数	138 千字	
书　　号	ISBN 978‒7‒5139‒3078‒9	
定　　价	198.00 元（全六册）	

注：如有印、装质量问题，请与出版社联系。

俗话说："咬得菜根，百事可做"，明代奇人洪应明取其义而创作《菜根谭》，该书通过360则格言警句，糅合了儒、道、佛三家思想以及作者本人的生活体验，形成了一套为人处世的法则和方式，目的在于教育世人如何处世。成书以来，受到历代读者喜爱，并于当今风靡一时，其影响广达于社会生活的方方面面。

《菜根谭》以追求高尚纯洁为宗旨，深者见深，浅者见浅，人生百味，蕴藉其中。特别是教人如何为人处世，这给当今生活节奏紧张的都市人以诸多启发，在商海中鏖战的人们更应细品此书，一则重温人间那种已被淡忘了的真趣，二来清醒一下被金钱烧灼得晕头转向的头脑，寻找到修身养性的途径、待人处事的准则，学会高瞻远瞩，学会达观人生。

《菜根谭》博大精深，妙处难以言传，须有心人在工作之余，沏上一杯香茶，静静地品味，菜根会越来越香，心智会越来越高。此次整理对每条都加上了概括全条内容的醒目标题，同时对每条原文做了流畅的翻译、精短的评论，力求使读者从中撷取到丰富的人生智慧，培养出美好的道德情操，树立起乐观向上的人生态度，使读者轻松获取知识的同时，为其提供更广泛的文化视野、审美感受、想象空间和愉快体验。

目　录

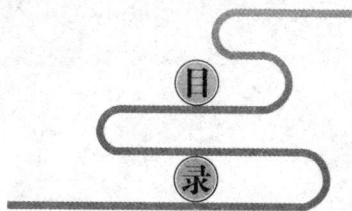

谈道篇

虚静闲淡　观心证道

静中念虑澄澈，见心之真体；闲中气象从容，识心之真机；淡中意趣冲夷，得心之真味。观心证道，无如此三者。

人处在宁静中心绪才会像秋水一般清澈，这时才能发现心性的真正本源；人在安详中气概才会像晴空白云一般舒畅悠闲，这时才能发现心性的真正灵魂；人在淡泊中内心才会像平静无波的湖水一般谦冲和蔼，这时才能获得人生的真正乐趣。大凡要想观察人生的真正道理，再也没有比这三种方式更好的了。

诸葛亮用"宁静以致远，淡泊以明志"两句话来作为他的座右铭，借以磨炼他淡泊明志的心胸和恢弘辽阔的气度。从古至今，许多有志之士修身养性同样尊奉这两句名言。这里包含的方式，和本篇讲的悟道是相通的，即在宁静、闲适、淡泊中来悟出本性。一个人的心静如止水，就不会有一点邪念袭来，因为这时的心有如一尘不染的明镜，最能反映出一个人的本然之性，也就是能反映出作者所说的"真体"和"真机"；当一个人内心非常安闲时，就能出现从容不迫的神态，这时考虑任何事情，就容易发现事理的奥妙，也就是最能找出作者所说内心的真机；当一个人的心处于淡泊状态，他的情趣就会悠然自得，没有任何东西可以掩蔽他内心的真趣。

静中寓动　忙里偷闲

原文

天地寂然不动，而气机无息稍停；日月昼夜奔驰，而贞明万古不易。故君子闲时要有吃紧的心思，忙处要有悠闲的趣味。

译文

我们每天看到天地好像无声无息静止不动，其实大自然的活动时刻未停。早晨旭日东升，夜晚明月西沉，日月昼夜旋转，而日月的光明却永恒不变。所以君子应效法大自然的变化，闲暇时要有紧迫感，作一番打算，忙碌时要做到忙里偷闲，享受一点生活中悠闲的乐趣。

评析

宇宙间静中有动，动中有静，动静相间，运动不停，如此才能完成宇宙的旋转，这是宇宙变幻无穷的根本法则。作者通过辩证地看待宇宙的变化规律来认识人生的处事法则。即一个人要在闲暇无事时存有应变之心，忙碌紧张中要忙里偷闲多争取日常生活中的雅趣。闲时吃紧，居安思危，未雨绸缪。做事要有长远考虑，欲速则不达；人应珍惜自己的生命，不浪费自己的时间，自己的人生之路靠自己去不停息地奋斗。故这里的闲是相对的，不表明自己为理想而拼搏的思想停下来。而遇到事情头绪多，不应当盲人摸象一样分不清层次，不考虑效果，要在忙中静下来深思自己的路子对不对；学会调理自己的情绪不至于盲目，通过生活的乐趣来平衡自己的身心。总而言之，要保持"吃紧时忙里偷闲，悠闲时居安思危"的境界，并使其成为处理事物的一个基本方式。

得荣思辱　居安思危

原文

天之机缄不测，抑而伸，伸而抑，皆是播弄英雄、颠倒豪杰处。君子只是逆来顺受，居安思危，天亦无所用其伎俩矣。

译文

上天的奥秘变幻莫测，对人的命运的支配难以逆料。时而使人陷于窘境，时而让人春风得意，有时让人得意之后又使人遭受挫折，这都是上天有意捉弄英雄豪杰。因此，一个君子不如意时要适应环境，遇到磨难应能忍耐，平安无事时要想到危难的来临，这样就连上天也无法施展他的伎俩了。

评析

世事变化难以逆料，天机奥妙不可思议，不要说未来的事难以推测，目前的事也很难判断，就连古圣先贤也无可奈何。所以孔子对于处事有"尽人事以听天命"之叹，即对天命而言只好逆来顺受了。因为人的所知是有限的，对智力所不及的事情，很难违背自然法则。但这不意味着听天由命，人对自然的探求已历几千年，对人生的思考也可以说是与生俱来，所以人们对世界、对宇宙的认识与日俱增。以前认为是天命的东西以后完全可以科学解决，以前不可抗拒的东西现在以人之力也做到了。唐太宗要发动政变夺取政权时，如果以占卜吉凶来定行止，很可能就没有以后的"贞观之治"。唐玄宗登基后，蝗虫肆虐成灾，玄宗如果信天命不敢灭蝗，可能就没有以后的"开元盛世"了。一个人不应忽视自己的主观能动性，而应居安思危，就是要遵循自然法则不断探求思考，不断提高认识，防患于未然，天命其奈我何？

盈满知足　危急知险

原　文

　　居盈满者，如水之将溢未溢，切忌再加一滴；处危急者，如木之将折未折，切忌再加一搦。

译　文

　　生活于幸福的美满环境中，像是装满的水缸将要溢出，千万不能再增加一点点，以免流出来；生活在危险急迫的环境中，就像快要折断的树木，千万不能再施加一点压力，以免折断。

评　析

　　人们讨厌贪得无厌的人，一个对个人物欲情欲无休止追求的人谈不上有什么好品德，谈不上会对人们有什么贡献。对于贪图者而言，所谓"人心不足蛇吞象"，由于个人欲望永不知足也就永远生活在痛苦中，终会水满由溢，物极必反，否极泰来。凡事总是"身后有余忘缩手，眼前无路想回头"，可人们很难明白这个盈亏循环的道理。不过学业上就不能浅尝辄止，还真要有点贪图精神，要虚怀若谷，越是渴求越说明求知心切。和生活上的贪求正好相对。学业上不要担心过满，生活上应当防止溢出，这个人才可能在事业上有所作为。

勘破虚妄　识得本真

原　文

　　以幻境言，无论功名富贵，即肢体亦属委形；以真境言，无论父母兄弟，即万物皆吾一体。人能看得破，认得真，才可以任天下之负担，亦可脱世间之缰锁。

译文

世事变幻无常，不管是功名富贵，即是自己的四肢躯体也是上天赐给的；我们超越一切物象来看客观世界，不论是父母兄弟，甚至连天地间的万物也都和我属于一体。一个人能洞察物质世界的虚伪变幻，又能认得清精神世界的永恒价值，才可能担负起救世济民的重任，也只有这样才能摆脱人间一切困扰你的枷锁。

评析

人必须不为外物所累才能保持心灵的安宁、淡泊，但在商品经济的社会中，追求金钱，讲求致富是一种普遍的社会风尚。当人的心灵被金钱所锈蚀，那么人已经不再是自己精神的主宰者，而完全成为物质文明的支配者。有的大款曾感叹自己是除了钱以外什么都没有，越是富有，贪图物质生活享受越多，精神越是空虚。假如过分强调返璞归真、操守清廉是不现实的，但一个人不讲道德情操，一个社会不讲精神追求，以至学子放下学业、先生丢下教鞭下海追求金钱致富，那么这种富是畸形的。对一个有作为的人来讲，不摆脱物累而加入世俗的争逐就不会有为有成。

当以我转物　莫以物役我

原文

以我转物者，得固不喜，失亦不忧，天地尽属逍遥；以物役我者，逆固生憎，顺亦生爱，一毫便生缠缚。

译文

能以我为中心来操纵一切事物的人，成功了固然不觉得高兴，失败了也不至于忧愁，因为广阔无边的天地到处都可悠游自在；以物为中心而受物欲所奴役的人，遭遇逆境时心中固然产生怨恨，处于顺境时却又产生不舍之心，些许小事便使身心受到困扰。

评析

在一定条件下，以我为中心，由我的精神力量主宰一定的时间、空间是完全可能的。这样万物为我所用，失去了一物可另取一物，失败了一事可另创一事，海阔天空无忧无虑。反之，以物为中心的人就易患得患失，对任何事胸襟都不够开朗，结果弄得事事局促，处处龌龊，守财奴就是典型。比如写字、作画、习文、著书，这些精神领域的活动都需要以我为主宰的精神来把握，才能得心应手，下笔如有神。

心体如天　道法自然

原文

心体便是天体。一念之喜，景星庆云；一念之怒，震雷暴雨；一念之慈，和风甘露；一念之严，烈日秋霜。何者少得。只要随起随灭，廓然无碍，便与太虚同体。

译文

人的心体就是天体，人的灵性跟大自然现象是一致的。人在一念之间的喜悦，就如同自然界有景星庆云的祥瑞之气；人在一念之间的愤怒，就如同自然界有雷电风雨的暴戾之气；人在一念之间的慈悲，就如同自然界有和风甘霖的生生之气；人在一念之间的冷酷，就如同自然界有烈日秋霜的肃杀之气。人有喜怒哀乐的情绪，天有风霜雨露的变化，有哪些又能少了呢？随大自然的变化随起随灭，对于生生不息的广大宇宙毫无阻碍。人的修养假如也能达到这种境界，就可以和天地同心同体了。

评析

古人主张天人合一，以为大自然变化和人体内部变化是相对应的。我们可以视为一种比喻。人的生活离不开自然万物，大自然的变化对人本身的影响是不言而喻的。道家主张"人法自然"，这样才能胸襟开阔；儒家主张仁民爱物，这样才有爱人的精神。不管怎么说，天地的风霜雨雪无私地养育了人类万物，人的友爱精神、人法自然也应该与上天一样无所不容，造福同类。

真空不空　在世出世

原文

真空不空，执相非真，破相亦非真，问世尊如何发付？在世出世，徇欲是苦，绝欲亦是苦，听吾侪善自修持！

译文

不受任何事物的迷惑保留一片纯真，心中却无法排除所有物象；执拗于某种形象虽然不能得到真理，但是破除所有形象仍然不能得到真理。请问佛如何解释？置身于世又想超脱世俗，拼命追求物欲是痛苦，断绝一切欲望也是痛苦，如何应付痛苦只凭自己的修行了。

评析

这里包含了一个很明显的辩证道理，"色即是空，空即是色"，什么事都不是绝对如此而不存在变化。放纵人欲固然是一种大苦恼，不过灭绝人欲也未曾不是苦恼。置身火焰之中就会被烧死，但是如果完全跟火焰隔绝就会被冻死，所以对火最好是不即不离善加运用。同理，假如从人欲陷入真相，那弃绝人欲就会堕入破相，两方都不免于苦恼，所以最好是不陷不弃，不着不破，努力修持，由浅入深。这里不去考究深奥的佛理，仅从做人待世的角度来看，出世和入世之间存在着必然联系，不应绝对化，行事不宜走极端。

勘破生死　超然物外

原文

试思未生之前，有何象貌？又思即死之后，作何景色？则万念灰冷，一性寂然，自可超物外，游象先。

译文

想想看，人在没出生之前又有什么形体相貌呢？再想想，死了以后又是一番什么景象呢？一想到这些不免万念俱灰。不过精神是永恒的，保持了纯真本性，自然能超脱物外遨游于天地之间。

评析

孔子说："未能事人焉能事鬼？未知生焉知死？"人在降生之前是否有前世？死后是否有来世，佛教等各种宗教都认为人有来世，所以才创造出天堂地狱及生死轮回等各种教义。关于人的生死问题，从古至今人们苦心探讨。有人因生的短暂而花天酒地，有人因死的恐惧而忧心忡忡。对一个有修养的人来讲，生不足喜，死不足忧，看破生死，杂念顿消，才能摆脱世俗的纠缠，做到超然物外。

肃杀之气　生意存焉

原文

草木才零落，便露萌颖于根底；时序虽凝寒，终回阳气于飞灰。肃杀之中，生生之意常为之主，即是可以见天地之心。

译文

花草树木刚刚凋谢，下一代新芽已经从根部长出，节气刚演变成寒冬季节，温暖的阳春就行将到来。当万物到了飘零枯萎季节，暗中却隐藏着绵延不绝的蓬勃生机。在这种生生不息之中，可以看出天地的好生之德。

评析

常言道"有生必有死，有死必有生。"天地万物就是如此生生不息。生死循环，相替而出。万物还没有诞生，生机已经孕育其内了。明白这样一个循环的规律，就足以知晓行事的法则。万物在凋落枯萎之中尚存有生生不息之机，我们对事物就不该徒重外表形式，做事更不应以一时的成败定结局。事物总在变化之中，一个人要善于思考与研究事物的变化，善于抓住和把握变化的机遇，而不必因一时一事的失误止步不前。

乐天知命　随遇而安

原文

释氏随缘，吾儒素位，四字是渡海的浮囊。盖世路茫茫，一念求全人则万绪纷起，随遇而安则无入不得矣。

译文

佛家主张凡事都要顺其自然发展，一切不可勉强；儒家主张凡事都要按照本分去做，不可妄贪身外之事。这"随缘素位"四个字是为人处事的秘诀，就像是渡过大海的浮囊。因为人生的路途是那么遥远渺茫，假如任何事情都要求尽善尽美，必然会引起很多忧愁烦恼；反之，假如凡事都能安于现实环境，也会处处悠然自得。

评析

佛家主张凡事都要随缘，人必须随着天定的因缘来处理事情。反之，任凭自己的主观努力一意孤行，不论怎样也无法达成自己的意愿。儒家所主张"素位"，就是君子坚守本位而不妄贪其他权势，要满足自己所处的现实环境，这和佛家所说"万事皆缘，随遇而安"是相通的。一个安于现实的人，能快乐度过一生；反之一个不满于现实环境的人，整天牢骚满腹愤世嫉俗，只会害己而害人。这里万事随缘，随遇而安，应从积极意义来理解。从处事角度来看，凡事不可强求，有些事在现有条件下行不通，就有等待时机的必要，就需要安于现状而不是心慌意乱。凡事强求而不遵循事物的基本规律就难行得通。

穷愁寥落　乐在其中

原文

贫家净扫地，贫女净梳头，景色虽不艳丽，气度自是风雅。士君子一当穷愁寥落，奈何辄自废弛哉！

译文

一个贫穷的家庭要经常把地打扫得干干净净，贫家的女子经常把头梳得干干净净，摆设和穿着虽然算不上豪华艳丽，但是却能保持一种高雅脱俗的气度。因此君子一旦际遇不佳而处于穷困潦倒的时候，为什么要萎靡不振自暴自弃呢！

评析

贫与富是身外物，家贫家富都应保持精神上的超越，人的气质品性不完全是外界物质所能决定的。贫穷人家虽然身居茅屋草舍，但是假如能把屋里屋外打扫得干干净净，也会使精神愉快培养出清雅气象。一个人生长在贫穷人家，所穿的虽然都是粗布衣裳，但是如果衣冠整洁仪态大方，精神充实，举止有度，自然也能增加高雅气质。可是却有一些修养不够的书生，稍不如意就怨天尤人，遇到挫折就垂头丧气萎靡不振。如此怨天尤人牢骚满腹，失去风雅，终将一事无成。

摆脱俗情　便超圣境

原文

做人无甚高远事业，摆脱得俗情，便入名流；为学无甚增益功夫，减除得物累，便超圣境。

译文

做人并不是非要懂得多少高深的大道理，一定要做大事业才行，只要能摆脱世俗就可跻身名流；要想求到很高深的学问，并不需要特别的秘诀，只要能排除外界干扰保持宁静心情，也就可以超凡入圣。

评析

摆脱物欲世俗的困扰，追求一种自我心理平衡，是孔子推崇颜回道德的地方，孔子说："贤哉，回也！一箪食，一瓢饮，在陋巷，人不堪其忧，回也不改其乐。贤哉，回也！"所谓"一箪食，一瓢饮"，就是过日常粗茶淡饭的清苦生活，颜回虽然过着低水准的生活，但是自得其乐，丝毫不受外界物欲的困扰。反之，人们为了追求生活享受，忽视精神价值，就会变成一个俗不可耐的物欲奴隶。人不要变成物欲的奴隶，虽说不能像古人说的那样成圣，但必须有一个明确的精神追求和向上的思想境界。颜回自得其乐不只在于超凡脱俗，更在于他有自己的志向，有坚强的意志，使他的精神总是充实的。

为学之心　并归一路

原文

学者要收拾精神，并归一路。如修德而留意于事功名誉，必无实诣；读书而寄兴于吟咏风雅，定不深心。

译文

求取学问一定要集中精神，专心致志于研究，如果立志修德却又留意功名利禄，必然不会取得真实的造诣；如果读书不重视学术上的讨论，只把兴致寄托在吟咏诗词等风雅事上，那一定不会深入进去取得心得。

评析

历来做学问讲究个勤字，勤中苦，苦中乐，本来就没捷径可寻，所谓"读书之乐无穷门，不在聪明只在勤"，有一分耕耘才能有一分收获。课堂上所学只是师傅领进了门，要想有高深造诣全靠自己下苦功。读书只知道吟风弄月讲求风雅，寻章摘句不务实学，不求甚解，也不深思，这种人永远不可能求到真才实学。修德是为了提高自己的素质，学习不是为了装点门面，附庸风雅。不明白这个道理，就不能真正进步。

心地清净　方可学古

原文

心地干净，方可读书学古，不然，见一善行，窃以济私，闻一善言，假以覆短，是又藉寇兵而赍盗粮矣。

译文

只有心地纯洁的人，才可以读圣贤书，学古人的道德文章，否则，看到善行好事就用来满足自己的私欲，听到名言佳句就拿来掩饰自己的缺点，这就等于资助武器给贼子，接济粮食给强盗。

评析

现在讲求的德才兼备和这个道理恐怕有相通的地方。一个心地纯洁，品德高尚的人有了学问，可以用来修身、齐家、治国、平天下，对社会人类有所贡献。一个心术不正的人有了学问，却好比如虎添翼，他会利用学问去做各种危害人的事，例如现代人所说的"经济犯罪"和"智慧犯罪"，就属于这种心术不正之人的具体表现。因为这些小人会以自己的学问作为武器，在社会上无恶不作。有的以君子的姿态好话说尽却坏事做绝，有的甚至为了一己私利而做出祸国殃民的勾当。所以做学问不能以一个"勤"字了得，还必须立身正才行。现在一些人花着国家紧张的外汇出洋留学，可一旦学业有成，便黄鹤不返；更不要说一些人会以所学来害人了。故，古人讲立身修性在今天仍有实际意义，用现在的话讲，做学问的同时，还须培养良好的思想品德才行；有学问的人未必就是利于社会、益于大众的人，要看学问在什么人的手里，要看其品德如何。

扫除外物　直觅本心

原文

人心有一部真文章，都被残篇断简封锢了；有一部真鼓吹，都被妖歌艳舞湮没了。学者须扫除外物，直觅本来，才有个真受用。

译文

人们心中本有一部真正的好文章，可惜被内容不健全的杂乱文章给封闭了；心灵深处本有最美妙的乐曲，可惜却被一些妖歌艳舞给迷惑了。所以一个有学问的人，必须排除一切外来物欲的引诱，直接用自己的智慧寻求本性，才能求得受用不尽的真学问。

评析

对事物要学会透过现象看本质，读书也是这样。孔子说："学而不思则罔，思而不学则殆。"可见学习与思考必须两相兼顾，只想不学终究一无所得，只学不想则会糊里糊涂。学习的内容有书本知识，也有社会知识，不管是哪一类知识，如果一个人对什么都不求甚解，那么不可能有所成就；一个人只知道读书，而不是用心去读，那么正如孟子说："尽信书不如无书。"也就是，读书必须用智慧来分辨书中所讲道理的是非，要从书中找出一个自我。要直接向自己心灵深处寻找属于本然之性的良知。书读多了，想深了，见广了，便会离开书本，逐步形成自己的思想和认识，成为自己精神世界的组成部分。书读到这一步才算是有用了。

体味真意　不误正道

原文

读书不见圣贤，如铅椠佣；居官不爱子民，如衣冠盗。讲学不尚躬行，为口头禅；立业不思种德，为眼前花。

译文

读书不去研究古圣先贤思想的精髓，最多只能成为一个写字匠；做官如果不爱护人民，只知道领取国家俸禄，那就像一个穿着官服戴着官帽的强盗。只知研究学问却不注重身体力行，那就像一个不懂佛理只会诵经的和尚；事业成功后不想为后人积一些阴德，那就像一朵眼下很艳丽却很快就凋谢的花儿。

评析

古人于读书治学之道有很多精辟的论述，就识文断句而言，应首先懂得文章，在此基础上要明白文之精髓所在。最主要的是自己能躬行实践所学得的学问，这就是通常所说的学以致用，用自己之所学贡献于国家社会。假如学问跟实践不能相辅相成，那就变成了徒具形式的口头禅。古人读书讲究的是圣贤之书，要从中明理，从中自省。读书而不知探求真理，不从中吸取精华，只能是个书匠、书虫，或者是附庸风雅之流；而所学只为了读书，为学而学，不能以所学指导言行，指导实践，用于社会，其所学于世何用？同样，居官、立业不能益于社会，不能益于子孙后代，那么业不会牢靠，官不会居久，史不会留名。

有世百年　名副其实

原文

春至时和，花尚铺一段好色，鸟且啭几句好音。士君子幸列头角，复遇温饱，不思立好言，行好事，虽是在世百年，恰似未生一日。

译文

当春天到来时阳光和暖，就连花草树木也争妍斗奇，在大地铺上一层美景，甚至连飞鸟也懂得在这春光明媚的大自然里婉转且动听地鸣叫。士君子假如能侥幸出人头地列入杰出人物行列，同时每天又能酒足饭饱过上好生活，却不想为后世写下几部有益的书，做一些有益于世人的事，那他即使活到一百岁的高寿也如同一天都没活过。

评析

从古到今，身前重名，身后重誉是一个传统。尤其是对当权者，他的声誉取决于他的政绩如何，所谓"得时当为天下语"，一定要为天下苍生和后世子孙多做一些好事，假如不能这样，也应退而求其次完成几部不朽名著。因此，宋儒张载才发出"为天下立心，为生民立命，为往圣继绝学，为万世开太平"的呼声。既"幸列头角"，就应当有所作为，能为平民百姓请命是为清官，能为国家兴利除弊是为贤达，能为后人著书立说是为贤哲。人生在世如果有了有所作为的条件，理应为自己的抱负，为国家的兴旺去拼搏一番。

兢业心思　潇洒趣味

原文

学者有段兢业的心思，又要有段潇洒的趣味。若一味敛束清苦，是有秋杀无春生，何以发育万物？

译文

一个做学问的人，既要有缜密思考、刻苦敬业的精神，又要有潇洒脱俗的胸怀，这样才能保持生活的情趣。假如只知一味克制和压抑自己，使自己过极端清苦的生活，就只会感到生活如秋天的肃杀而无生机，这又怎能培育万物的成长而至开花结果呢？

评析

古人讲究学以致用。一个读书人为了求得高深的学问，每天都兢兢业业地苦读，这种奋发上进的精神固然很好，但是也不可以忽略了读书之外的"潇洒趣味"，用现代话来说就是不要忽略正当的"消闲"，也就是要德、智、体、美并重。否则，就会变成一个"只知读书不会做事"的书呆子。尤其是在现代社会，生活就等于是一种竞争，如果不多懂得社会，了解社会，何以生存？如果不保留一点生活情趣，纯粹像个不食人间烟火的天外来客，所学何以致用？读书人要会读书，还要会生活。

勿昧所有　毋夸所有

原文

前人云："抛却自家无尽藏，沿门持钵效贫儿。"又云："暴富贫儿休说梦，谁家灶里火无烟？"一箴自昧所有，一箴自夸所有，可为学问切戒。

译文

前人说："放弃自己家中的大量财富，却模仿穷人持钵乞讨。"又说："暴富的人，不要老向人家夸耀财富，其实哪家的炉灶不冒烟呢？"上面这两句谚语，一句是说自己看不见自己所有的人，一句是说那些夸耀自己暴富的人，这些都是做学问的人必须彻底戒除的事。

评 析

《佛学入门》说："佛在灵山莫远求，灵山只在汝心头，人人有座灵山塔，好在灵山塔下修。"心就是佛，每个人都具有佛性，应求诸内心而勿求诸外物。做人也是这样，人人都有自己的良知，而古圣先贤只在自己内心求道，使修身养性的能力超人。可惜很多人不自知、不自修，抛却自家无尽藏。做事做学问的人更要以不自夸不自满为戒，不能只追求形式上的完美而忽视实质上的成效；不能妄想走捷径搞短平快，而忽视扎实刻苦的基础；不能总想着外力作用，而忘却自身努力的重要性。

修身篇

生于忧患　死于安乐

耳中常闻逆耳之言，心中常有拂心之事，才是进德修行的砥石。若言言悦耳，事事快心，便把此身埋在鸩毒中矣。

耳中假如能经常听些不爱听的话，心里经常想些不如意的事，这些都像是敦品励德有益身心的磨刀石一样。反之，假如每句话都很好听，每件事都很称心，那就等于把自己的一生葬送在毒药中了。

《孔子家语》中有"良药苦口而利于病，忠言逆耳而利于行"，这句话人们常说，道理也是显而易见的。忠言往往就是逆耳的语言，最有价值。假如一个人听忠实良言感到厌倦逆耳，不仅完全辜负了人家劝诫的美意，关键是难以反省自己言行的缺点，进而敦品励行改邪归正；就难以督促自己保持良好品德。听见逆耳的忠言绝对不可气恼，如果人家一夸奖就得意洋洋，那你的生活就显得轻浮，在无形中会削弱自己发奋上进的精神，最容易沉湎在自我陶醉的深渊中。如此就等于自浸于毒酒中而毁掉自己的前程，即使活着也等于丧失了生存的意义。人生不如意事常八九，这就是说人生在世要经常接受各种横逆和痛苦的考验，必须经过几番艰苦的奋斗才能走上康庄大道。一生都想称心如意根本是不可能的事。可惜的是一些肤浅之辈，一听逆耳忠言就拂袖而去，一遇不顺利就怨天尤人。孟子说"天将降大任于斯人"必然会有各种困难来磨砺自己的品格。忠言逆耳、良药苦口这么个道理说明一个人要有所作为必须先要敢于磨炼自己的品格，善于听取不同意见，勇于克服种种困难才行。

淡泊明志　肥甘丧节

原文

藜口苋肠者，多冰清玉洁；衮衣玉食者，甘卑膝奴颜。盖志以澹泊明，而节从肥甘丧也。

译文

能过吃粗茶淡饭生活的人，他们的操守多半像冰玉般纯洁；而讲求华美饮食奢侈的人，多半甘愿做出卑躬屈膝的奴才面孔。因为一个人的志向要在清心寡欲的状态下才能表现出来，而一个人的节操都从贪图物质享受中丧失殆尽。

评析

贪图物质享受的人，生活容易陷于糜烂，精神生活空虚，也难有高尚的品德，因此他们为了能得到更高一层的享受，不惜用任何手段去钻营，甚至于卑躬屈膝，人格丧失殆尽。结合我们现实社会上那些贪赃枉法、以权谋私、腐化堕落的人，他们的犯罪动机大多是为了满足物质需求，追求奢华而致。人人都有追求较好物质生活的权利，较好的物质生活是追求较高精神需求的基础，但"君子爱财取之有道"，

只有通过劳动致富才是光荣的。从另一个角度来讲，只讲物欲要求的生活是不完全的，层次较低；没有充实精神生活的物欲要求是空虚的。雷锋曾说过：生活上向低标准看齐，工作上向高标准看齐。说明人要有理想，有追求；不能以贪图享受，满足物欲作为最大需求，不能玩物丧志，成为社会的寄生虫。

消杀妄念　真心即现

原　文

矜高倨傲，无非客气，降服得客气下，而后正气伸；情欲意识，尽属妄心，消杀得妄心尽，而后真心现。

译　文

一个人之所以会骄矜高傲，无非是由于受外来而非出自至诚的血气的影响，只要能消除客气，光明正大刚直无邪的正气才会出现。一个人的所有欲望和想象，是由于虚幻无常的妄心而致，只要能铲除这种虚幻无常的妄心，善良的本性就会显现出来。

评　析

人都要有正气为主心骨，因为正气乃天地之气，也就是孟子所说的浩然之气。我们的身体如同小宇宙和小天地，在我们身体中支配我们的主人就是正气，这种正气光明正大，绝不为利所迷失。所谓"情欲意识尽属妄心"乃是指各种情欲，而判断是非得失的智能乃属意识，但是不论情欲或意识都属妄心，不消除这种妄想，真心就不会出现。人如果真能不受客气驱使，同时不但不为妄心所左右，而且又能加以制服消灭，那正气和真心自然会出现。这里所说的正气和客气，以及所谓的妄心和真心，就是让人们把世俗的各种欲念，以及虚伪的种种造作去掉，而显出本性，显出一个本我。

不为小恶　不弃小善

原文

欲路上事，毋乐其便而姑为染指，一染指便深入万仞；理路上事，毋惮其难而稍为退步，一退步便远隔千里。

译文

关于欲念方面的事，绝对不要因贪图便宜，而就不正当地占为己有，一旦贪图非分的享乐就会坠入万丈深渊；关于真理方面的事，绝对不要由于畏惧困难，而生退缩的念头，因为一旦退缩就会和真理正义有千山万水之隔而失之交臂。

评析

人的欲望是一个客观存在，刻意去压抑是和社会进步不相符的，但是过分去放纵情欲物欲、就容易迷失本性，不加断限，会贪图非分享乐，坠入欲念深渊。处在享乐中的人们很难克制欲望，这就需要修身养性。但是，追求理性是很枯燥的，佛家所说"一寸道九寸魔"和"道高一尺魔高一丈"，都证明了修炼品德是一件很艰苦的事，就像登山一样得奋力前进，否则蹉跎一生将会落得一事无成的后果，所谓"莫待老来方学道，孤坟尽是少年人"。人不能纵欲胡来，而应从小刻苦磨练，不惧艰难，从而逐步建立起一个高尚的精神世界。

立身需高　处世勿争

原文

立身不高一步立，如尘里振衣，泥中濯足，如何超达？处世不退一步处，如飞蛾投烛，羝羊触藩，如何安乐？

译文

立身处世假如不能站得高看得远一些，就好像在飞尘里打扫衣服，在泥水里洗濯双脚，又如何能超凡绝俗出人头地呢？处理事物假如不做留一些余地的打算，就好比飞蛾扑火，公羊去顶撞篱笆被卡住角，哪里能够使自己的身心摆脱困境而感到愉快呢？

评析

谦让品德的建立不是以无原则的容忍退让为前提的，而是以立大志、高起点处世为前提的。一个人生活在世界上，本身立志要高，心地要宽，不可有一般无知无识之辈的俗见，也就是要认识真理，修身养性，否则就如同凡夫俗子一般，终身在尘埃泥淖中打滚，难以超凡绝俗，有所成就。尤其待人接物应以谦让为高，退一步，等于进两步。因此，我们为达成目的，绝不可以盲目努力，一定要听其自然，谦虚谨慎。做事要看清客观环境，一味鲁莽，不知变化，不看全局，必然遭受他人的排斥而归于失败。

人定胜天　志一动气

原文

彼富我仁，彼爵我义，君子固不为君相所牢笼。人定胜天，志一动气，君子亦不受造化之陶铸。

译文

别人有财富我坚守仁德，别人有爵禄我坚守正义，所以君子绝对不会被君相的高官厚禄所束缚或收买。人的智慧一定能战胜大自然，思想意志可以转变自己的感情气质，所以君子绝对不受命运摆布。

评析

一个活得洒脱的人，不应为身外物所累，诗曰：我行我素。孟子说："居天下之广居，立天下之正位，行天下之大道，得志与民由之，不得志独行其道；富贵不能淫，贫贱不能移，威武不能屈。"不受富贵名利的诱惑，具有高风亮节的君子，胜过争名夺利的小人的一个重要因素，在于君子保持自我的人格和远大的理想，超然物外，不为任何权势所左右，甚至连造物主也无法约束他。所以佛家才有"一切唯心造，自力创造非他力"一语。遵从大义，相信自我，一个有为的人理应锻炼自己的意志，开阔自己的心胸，铸造自己的人格，不为眼前的名利所累，把眼光放得长远。具有了人定胜天的气概，广阔天地任我驰骋。

宁默毋躁　宁拙毋巧

原文

十语九中，未必称奇；一语不中，则愆尤骈集。十谋九成，未必归功，一谋不成，则訾议丛兴，君子所以宁默毋躁，宁拙无巧。

译文

即使十句话能说对九句也未必有人称赞你，但是假如你说错了一句话就会接连受人指责；即使十次计谋你有九次成功也未必归功于你，可是其中只要有一次失败，埋怨和责难之声就会纷纷到来。所以君子宁肯保持沉默寡言的态度，绝不冲动急躁，做事宁可显得笨拙，绝对不能自作聪明显得高人一等。

评析

现实生活中，往往有一种奇怪的现象，干的不如不干的，说的不如不说的，因为你做了，你的不足就显出了；你说了，你的思想就暴露了；你做得多了业绩广了，你便成了矛头的目标，因为你的成功妨碍了别人，而有些人专喜欢说别人的坏话。这种心态有幸灾乐祸，有好奇心也有权威感，总觉得自己能传播一句揭发他人隐私的消息，才足以显示自己是消息灵通人士，借以满足自己的权威欲望，所以俗语才有"好事不出门，坏事传千里"。好事所以出不了门，那是因为人们有嫉妒心，看到你有光彩的事就矢口不提，结果就使这种好事遭受尘封和冷冻，以致永远无法让世人知道。反之，一旦做了一件坏事，在人们幸灾乐祸心理驱使下，立刻一传十十传百，很快就能让所有人知道。所以作者才发出了"十语九中未必称奇，一语不中则愆尤骈集；十谋九成未必归功，一谋不成则訾议丛兴"的慨叹。这里"谨言慎行"固然是明哲保身的一种方式，但也表明另一种方式，即遇事宜在深思熟虑后一语中的。

无私无贪　度越一世

原文

人只一念贪私，便销刚为柔，塞智为昏，变恩为惨，染洁为污，坏了一生人品。故古人以不贪为宝，所以度越一世。

译文

一个人只要心中刹那间引出贪婪或偏私的念头，那他就容易把原本刚直的性格变得很懦弱，聪明被蒙蔽得很昏庸，慈悲的心肠就会变得很残酷。原本纯洁的人格就会很污浊，结果是毁灭了一辈子的品德。所以古圣先贤认为，做人要以"不贪"二字为修身之宝，这样，才能超越他人战胜物欲度过一生。

评析

品行的修养是一生一世的事，艰苦而又有些残酷，尤其古人对品行有污染者很不愿意原谅。王阳明的理学主张"致良知"，他说："良知无待他求，尽人皆有，只有被物欲汩没了他。"要求为人绝对不可动贪心，贪心一动良知就自然泯灭，良知泯灭就丧失了正邪观念，正气一失，其他就随意而变了。刚毅之气也就顿时化为乌有，而聪颖智慧也就变成了糊涂昏聩，仁慈之心也就变成了残酷刻薄，高尚品德也就染满了污点，只此一念之差就使一生的人格破产。俗话说，吃人家的嘴软，拿人家的手短。生活中一些人抵不住"贪"字，灵智为之蒙蔽，刚正之气由此消除。在商品社会，许多人经不住贪私之诱，以身试法。一些人大半生清白可鉴，却晚节不保，诚可惜哉。"不贪"真应如利剑高悬才对，警世而又可以救人。

画蛇添足　过犹不及

原　文

气象要高旷，而不可疏狂；心思要缜密，而不可琐屑；趣味要冲淡，而不可偏枯；操守要严明，而不可激烈。

译　文

一个人的气度要高旷，却不可流于粗野狂放；心思要周详，却不可繁杂纷乱；生活情趣要清淡，却不可过于枯燥单调；言行志节要光明磊落，却不可偏激刚烈。

评　析

什么事都不能过分，品德和气质的修养也是这样，如果把一种好的品德视为教条而走向极端，那这种品德反而有害于人。一个人要想做到不偏颇，恰到好处，言行以至思想境界需要进行一个很长的磨练过程。因为人们做事做人总是向好的方面追求却难以适度，看到好的一面却忽视随之而来的不足，那么一不小心便会失之偏颇，得到相反的结果。

甜淡适中　刚柔相济

原　文

清能有容，仁能善断，明不伤察，直不过矫。是谓蜜饯不甜，海味不咸，才是懿德。

译文

清廉而有容忍的雅量，仁慈而又能当机立断，精明而不妨害细察，刚正而又不至执拗，这种道理就像蜜饯虽然浸在糖里却不过分的甜，海产的鱼虾虽然腌在缸里却不过分的咸，一个人要能把持住不偏不倚的尺度才算是处事做人的美德。

评析

严于品德修养是好的，但严的结果应该是符合中庸之道，这样行事才可能不偏颇。不能认为因为自己品格优良或做好事就自然正确，往往正确过头却适得其反。一个清廉自守的人固然值得尊敬，可是他们往往矫枉过正，把自己的格调提升得很高，对于社会上的万事万物容不得一点沙子，嫉恶如仇，结果就变成毫无容忍雅量的偏激。这样行事其主观努力和客观效果很可能相反。反之一个宽宏大量而又居心仁厚的人固然受人爱戴，这种人可能又往往缺乏果断力。这样可以成为一个老好人，却办不得大事。一个聪明人如果没有高尚的品德修养，不能在处事中掌握好分寸，聪明会对他造成妨害，就是通常所说的"聪明反被聪明误"。一个人很精明，可精明到至清便可能一事无成。可见做事要保证主观努力和客观效果一致，一方面要求品德端正，另一方面得把好做事的尺度，有一个合适的方法才行。

持身不可轻　用意无须重

原文

士君子持身不可轻，轻则物能挠我，而无悠闲镇定之趣；用意不可重，重则我为物泥，而无潇洒活泼之机。

译文

作为士大夫在立身处世时不能有轻浮的举动，如果轻浮就会受外界因素的干扰，从而失去从容闲雅的情趣；对任何事物也不能看得太重，这样就会被束缚而心力劳瘁，缺少洒脱活泼的生气。

评 析

为人处事谨记二字：用心。用心才会认真对待问题，尽力寻找解决途径，如同下棋，一招轻率则全盘皆失。尤其对于小事掉以轻心是人的通病，也许因太过自负，或者将问题想得太简单，其实世间万物千变万化，看起来大体相似的问题总有细微的差别，而这细微的差别很可能是决定性的。若不用心分析，就可能错误估测对象，接踵而来的即是错误的判断与错误的方法，结果可想而知，在此过程中人也会处于极其被动的地位。"执著"一词原为佛教用语，指对某一事物坚持不放，不能超脱，后来泛指固执或拘泥。对待事物太过执著，就失去了超越的可能，结果人为物役，人为形役，除了让自己的身心皆疲惫不堪，丝毫不能体会到生活的喜悦。

以屈为伸　涉世一壶

原 文

藏巧于拙，用晦而明，寓清于浊，以屈为伸。真涉世之一壶，藏身之三窟也。

译 文

做人要把智巧隐藏在笨拙中，不可显得太聪明，收敛锋芒，才是明智之举。宁可随和一点也不可太自命清高，要学以退缩求前进的方法。这才是立身处世最有用的救命法宝，明哲保身是最有用的狡兔三窟。

评 析

说一个人不要锋芒太露，不是教人伪装自己，而是办事要分清主次，讲究方法。常言道"大智若愚"，是说一个人平时不咄咄逼人，到紧要关头自然会发生功效，这就是"中流失舟，一壶千金"的含义吧。一个人一生要做的事很多，不可能件件都要劳心伤神，只有碌碌无为的人才会整天为

琐事缠身，在世俗面前夸耀自己的才华。一个人要想拥有足以藏身的三窟以求平安，第一宜藏巧于拙锋芒不露，第二要有韬光养晦不使人知道自己才华的修养功夫，而且办什么事都应当留有余地才是。最关键的是在污浊的环境中保持自身的纯洁。不露锋芒，韬光善晦并不影响洁身自好，相反，洁身自好是前二者的基础。

胜私制欲　识力两全

原文

胜私制欲之功，有曰识不早力不易者，有曰识得破忍不过者，盖识是一颗照魔的明珠，力是一把斩魔的慧剑，两不可少也。

译文

战胜私情克制物欲的功夫，有人说是由于没及时发现私欲的害处而又没坚定的意志去控制，有人说虽然能看清物欲的害处却又忍受不了物欲的吸引，所以一个人的智慧是认识魔鬼的法宝，而意志等于是一把消灭魔鬼的利剑，法宝和利剑是战胜情欲不可缺少的。

评析

每个人都知道自私自利是一种不好的行为，可是每个人都很难做到控制私心私欲，甚至还有一句"人不为己，天诛地灭"的谚语为自私自利的人作辩解。人们之所以难以控制私心杂念，除意志、理性等修为外，还在于所受教育、社会环境等因素。在私欲问题上东西方文化有本质的差异，东方文化是比较强调集体主义克制私欲的，过于自私的人要受到社会的谴责。一个社会都那么自私而冷漠是不可想象的。在人与人的交往中，只有你献出一份爱去关心别人，别人同样来关心你，社会才会和谐，才有温暖。一个太自私或物欲太强的人，多半都会遭受别人的排斥。那么，一个想在事业上有所成就的人战胜不了自己的私欲，也团结不了人，何谈事业的成功？所以自私会成为自己前途事业的一大障碍，可能到最后由于自私自利还会自毁前程。所以，归根结底，消除私欲首先要加强修养来战胜自己。

动心忍性　穷且益坚

原　文

横逆困穷，是锻炼豪杰的一副炉锤。能受其锻炼，则身心交益；不受其锻炼，则身心交损。

译　文

横逆困难是锤炼英雄豪杰心性的洪炉，接受这种锻炼对形体与精神均有益处，反之，如果承受不了这种恶劣环境的煎熬，那么将来他的肉体和精神都会受到损伤。

评　析

孟子有段名言："天将降大任于斯人也，必先苦其心志，劳其筋骨，饿其体肤，空乏其身，行拂乱其所为，所以动心忍性，增益其所不能。"一个人处世没有经过一番忧患并不是好事；尤其是青年人刚刚进入社会，对未来充满美好的憧憬，雄心万丈，壮志凌云，可人生的路往往是多起多伏的，不如意事常八九，是靠自己的意志克服困难，还是像以往那样去寻找父母的庇护，或者一蹶不振，真可谓是人生的三岔口。如果不经过一番艰苦磨练，将来不但很难给自己创造光明前途，也很难为国家社会肩负起艰巨任务，所谓"忧危启圣智，厄穷见人杰"，温室的花是经不起风雨的。

不论是惊天动地的大事业，还是谋生求艺的小手艺，固然是条条大道通罗马，但每条路都是坎坷不平的，都是要在刻苦的磨练中战胜外来的艰难险阻，克服内心的消沉意志才可能成功。一个能在横逆中挺起胸膛的人才算英雄好汉，一个在困苦中倒下去的人就是凡夫俗子。身心的锻炼是要有不屈的追求，坚强的意志为前提的。

不疑不信　不逆不诈

原文

害人之心不可有，防人之心不可无，此戒疏于虑也；宁受人之欺，毋逆人之诈，此儆于察也；二语并存，精明而浑厚矣。

译文

"害人之心不可有，防人之心不可无"这是用来劝诫在与人交往时警觉性不够，思考不细的人；宁可忍受他人的欺骗，却不事先拆穿人家的骗局，这是用来劝诫那些警觉性过高想得太细的人。一个人在和人相处时能把上面两句话并存警诫，才算是警觉性高又不失淳朴宽厚的为人之道。

评析

古人总结人生体验有很多耐人寻味的话。如"害人之心不可有，防人之心不可无"这句话出处的《增广贤文》堪称大全了。作者在这里提出了不同看法。人之所以不能有害人之心，是因害人人家也会害你，"以其人之道，还治其人之身"；还有一种人由于心地非常坦荡，总觉得自己所言所行没有什么不可告人的，于是，不分轻重，不看对象，结果为此反而授人以把柄，这种人就犯了太相信人的不足。但防人是有前提的，对坏人、小人、俗人，是非防不可。如果人人防，事事防，人便成为"套中人"了。同样，忍让也是有前提的忍让，小事忍，自己利益忍，绝非事事处处忍。防之太甚不好，没有人生经验同样不适于社会。

德随量进　量由识长

原　文

德随量进，量由识长。故欲厚其德，不可不弘其量；欲弘其量，不可不大其识。

译　文

人的品德会随着气度的宽大而增进，气度会由于人生经验的丰富而更为宽宏。因此，想要深厚自己的品德就不能不使自己的气度宽宏，宽宏自己的气度，就不能不增长自己的生活历练，丰富人生知识。

评　析

常言"德高望重""量宽福厚"，德跟量是互为因果的。只有品德高尚才会度量宽宏，其结果是在社会上受到人们尊敬，取得应有地位。而要有高尚的品德就必须先有高深的学问，有了高深的学问待人接物才会有远大眼光，眼光远大做事就不易发生谬误，处世也少有过与不及的缺憾，无往而不利。学问又分作书本知识和人生经验两大类，一个是死的，注重思考探求；一个是活的，要求实践总结。二者的目的都在于增强观察力和判断力，分辨是非曲直，分出善恶邪正，能知善恶邪正才可行善去恶从正僻邪。增加学问是德、量的一个重要基础，是增量进德的一个有效方式，而量弘德进又是做学问和做人的基础。

无事寂寂　有事惺惺

原　文

无事时心易昏冥，宜寂寂而照以惺惺；有事时心易奔逸，宜惺惺而主以寂寂。

译文

当清闲无事时思想容易松散，这时应该在闲逸的状态下保持一份清醒；当事务繁忙时思想容易分心，这时应该在用心专一的状态下保持一份从容。

评析

人处于安逸的状态，就容易神思涣散心念迷乱，如果一味沉溺于闲散安逸，就容易松懈斗志丧失警惕，一旦发生意外，只能措手不及。所以在闲散的时候也应保持一点警惕，出现任何问题都能应对，繁忙的时候一直保持紧张的状态，精神容易疲劳，也容易亢奋，都不利于合理地处理事务，这种时候要保留些雍容的心态，"泰山崩于前而面不改色"，这才是做大事的气魄。故君子要有自控能力，不沉溺于安逸，亦不为外物所左右；任何时候都能把握住自己。

庸德庸行　混沌和平

原文

阴谋怪习，异行奇能，俱是涉世祸胎，杀身的利器。只一个庸德庸行，便可以完混沌而召和平。

译文

阴谋诡计，怪异的言行，奇怪的技能，都是招致灾乱的根源，杀身的利器。只有那种平凡的德行和寻常的言行，才可以保持自然带来和平。

评析

人类是在探求未知中向前发展的，所谓学问需要求疑，科技需要假设，社会的发展需要人们敢于创建。现在世界各国竞相发展科技，莫不以繁荣经济为基础，求新求变求奇，"异行奇能"就是发明新科技的原动力。现代科技的发展是日新月异的，许多奇异设想不断变成现实，尽管现代文明中有许多意想不到的问题难以解决，但再回到农业社会时代"狗吠深巷中，鸡鸣桑树颠"那种原始的和平安定幸福中去，满足人们一种理想的憧憬与美化中的回忆是不可能的。只是在现实生活中，那种无谓的奇谈怪论，阴谋怪习是不足取的，惹人讨厌的，不如保持一种常人的心态，安然地生活。

纳得辱秽　容得贤愚

原文

持身不可太皎洁，一切污辱垢秽要茹纳得；与人不可太分明，一切善恶贤愚要包容得。

译文

立身处世不可自命清高，对于一切羞辱、脏污要适应并能容忍妒忌；与人相处不可善恶分得过清，不管是好人、坏人都要习惯以至包容。

评析

人不是生活在真空里，必然要和各种各样的人打交道，必然不能事事按自己的意愿来办，这就必须学会适应社会和人生。李斯曾说"泰山不让土壤，故能成其大；河海不择细流，故能就其深；王者不却众庶，故能明其德。"这是一种王者气象。其实生活中也需要这样，所谓"人至察则无友，水至清则无鱼"，何况每个人有缺点也有优点，每个人看问题都有片面性，有的东西以为是对的，却偏偏是错；有的事以为别人错了，实际上因为自己认识上的不足而是自己错了。孔子对此的态度是明确的："三人行必有我师焉，择其善者而从之，其不善者而改之。"即就是错的、污的、恶的，能容纳的本身便是把它作为向上向善的借鉴。

知足常乐　不懈奋进

原文

事稍拂逆，便思不如我的人，则尤怨自消；心稍怠荒，便思胜似我的人，则精神自奋。

译文

事业稍不如意而处于逆境时，就应想想那些不如自己的人，这样怨天尤人的情绪会自然消失；事业顺心而精神出现松懈时，要想想比我更强的人，那你的精神就自然会振奋起来。

评析

做事业没有总是一帆风顺的，虽然一帆风顺是人们的愿望，却不符合事物的发展规律。事业上选一个参照物是决定进退的重要因素。遇到挫折就怨天尤人，绝难成事，这时应调整一下心态，观察一下得失，可能会发现有很多人的景况还远远不如我，前人骑马我骑驴，利于恢复信心而不颓唐。而成功时容易自满以致腐化堕落，这时应当记住"逆水行舟，不进则退""心如平原纵马，易放难收"的道理。不自满不自堕而向上看齐。事业上没有向上之心难以向上，生活上却不能如此，因为更多地向上看齐便容易走向庸俗而无事业心可言。

谨言慎行　执着不弃

原文

不可乘喜而轻诺，不可因醉而生嗔，不可乘快而多事，不可因倦而鲜终。

译文

不要乘着高兴对人随便许下诺言，不要在醉酒时不加控制乱发脾气，不要乘着一时称心如意不加检点惹是生非，不要因为疲劳疏懒而有始无终半途而废。

评析

人有很多毛病往往是不自觉的。高兴时有求必应，轻诺寡信，于是奸小之辈往往投其所好察其所喜，并有意制造一个让人高兴的环境，通过各种手段来等待"轻诺"。借酒发疯，是一种失控的表现，是有德之人所不为的。由于失控，就必然失言，以至酒后无德。人在权势头上在富贵乡中往往说话口无遮拦，财大气粗，摆不正自己的位子，忘记应尊重理解别人，忘记应收敛检点自己。炙手可热，得意忘形，实际上是做人不成熟的表现。更有的人做事有始无终，畏难而退，虎头蛇尾，终究将一事无成。待人行事宜言而有信，恒心如一。

澄吾静体　养吾圆机

原文

把握未定，宜绝迹尘嚣，使此心不见可欲而不乱，以澄吾静体；操持即坚，又当混迹风尘，使此心见可欲而亦不乱，以养吾圆机。

译文

当意志还没有控制把握之时，就应远离物欲环境的诱惑，让自己看不见物欲就不会心神迷乱，才能领悟到清明纯净的本色；等到意志坚定可以自我控制时，就要让自己多跟各种环境接触，即使看到物质的诱惑也不会心神迷乱，借以培养自己成熟质朴的灵性。

评析

修养自身品德，要有一个良好的外部环境。教育与环境之间、自己的品德修养与环境之间的关系非常重要。尤其是思想没有定型品性还不成熟的青少年，最容易误入歧途而堕落，所以这时肩负教导责任的师长，必须对他们严加管教，尤其是能为他们创造一个利于品性自我修养的好环境，制造一个道德自律的氛围。而对一个品性已定思想成熟的人来讲，必须学会适应各种环境，以磨练自己。所谓江山易改，禀性难移，一个品德高尚、意志坚定的人，做人有自己的准则，就难以迷失方向。

齐家篇

日用有真道　家和万事兴

原　文

　　家庭有个真佛，日用有种真道，人能诚心和气，愉色婉言，使父母兄弟间形骸两释，意气交流，胜于调息观心万倍矣！

译　文

　　家庭中应该有一种真诚的信仰，日常生活遵循正确原则而领悟了道行的人，能保持纯真的心性，言谈举止温和愉快，跟父母兄弟相处得很融洽，这比用静坐省察还要好上千万倍。

评　析

　　这是治家的经验之谈。和为贵，和气生财是古训。怎样和气呢？孔子曾说为政之道应遵循"君君臣臣，父父子子"，这是说在政治上和家庭中都应建立起一个良好的秩序，秩序有度，才可能各尽责任；秩序的建立需要每个成员"诚心""愉色"，保持一致心意上的沟通才有"和气"可言。反之，如果没有一定的秩序，不能心意相通，就会处于一片混乱。父慈子孝，兄友弟恭，这就是中国传统的伦理纲常，即《大学》中所说的齐家之道。假如连家都治不好，还谈什么治国之道？

树人终生计　严谨身边友

原文

教弟子，如养闺女，最要严出入，谨交游。若一接近匪人，是清净田种下一不净的种子，便终身难植嘉禾矣！

译文

教导子弟，要像养育一个女孩子那样谨慎才对，最关键的是要严格管束出入和注意交往的朋友。万一不小心结交了行为不正的人，就等于是在良田种下了坏种子，很可能一辈子也难以长成有用之才。

评析

养不教，父之过，中国人历来重视子弟教育。除书本知识外，尤其重视环境的选择。孟母为择邻而三迁其家，是因为孟母明白耳濡目染、潜移默化的教育作用。因此教养子弟不得采取放任主义。青少年血气方刚，由于社会经验不足，容易误入歧途，碰到良师益友可帮助其走向成功之路，而酒肉之交却能使其堕落庸俗；交上坏朋友很可能还会葬送自己的前程。所谓"近朱者赤，近墨者黑"，所谓"与善人交，如入芝兰之室；与恶人交，如入鲍鱼之肆"。良好的环境是教育成功的基础因素之一。

子孙若如我　留钱做什么

原文

问祖宗之德泽，吾身所享者是，当念其积累之难；问子孙之福祉，吾身所贻者是，要思其倾覆之易。

译文

假如要问祖先是否给我们留有恩德，我们现在生活所能享受到的东西就是祖先所累积下的恩德，我们就要感念祖先当年留下这些德泽的不易；假如我们要问子孙将来是否能生活幸福，必须先看看自己给子孙留下的德泽究竟有多少，留下的很少就要想到子孙势必无法守成而使家业衰败。

评 析

不论是家业或国土，都是祖先遗留给我们的恩泽，假如不好好维护利用，就有倾家荡产、亡国灭种的危险。俗话说，创业难，守业更难。一个家由贫而富是靠勤俭，靠积累而致。后代子孙的确要"恒念物力维艰"，保持勤俭之风，保持创业时团结向上之风。国家大业同样如此。

春风解冻　和气消冰

原 文

家人有过，不宜暴怒，不宜轻弃。此事难言，借他事隐讽之；今日不悟，俟来日再警之。如春风解冻，如和气消冰，才是家庭的典范。

译 文

如果家里的人犯了什么过错，不可以随便大发脾气乱骂，更不可以用冷漠的态度进行冷战而不管他；如果不好直接批评可以借他事暗示他改正；如果没办法立刻使他悔悟，就要拿出耐心等待来日再提醒劝告。要循循善诱，要像春天的和风解除冰天雪地似的冬寒一样慢慢来，要像温暖的气流消融冰雪一样，在不知不觉间进行，这样充满一团和气的家庭才算是模范家庭。

评 析

怎样治家，古人有许多专门的论述。现代社会里，家庭问题引起了方方面面的关注。尤其是子女教育问题，每个家庭方法不一。有的家庭望子成龙心切，家长对子女的管教特别严格，每当子女犯了过错，就立刻暴跳如雷非打即骂；有的家长对子女的学业和事业漠不关心，放任不管。这种粗暴和冷漠的教育方式都会对子女的人格发展产生不良影响。处理家庭关系同样要讲究方式，那种家长式的作风早已成为过去，许多家庭矛盾往往要假以时日消除或者婉转一下才能沟通。家庭和社会不一样，家人总是朝夕相处，因此和睦的家庭，融洽的气氛就成了事业成功的基础。

从容处父兄　剀切待朋友

原文

处父兄骨肉之变，宜从容不宜激烈；遇朋友交游之失，宜剀切不宜优游。

译文

遇到父母兄弟或骨肉至亲之间发生纠纷或人伦惨变，应该持沉着、从容态度，绝不可感情用事，采取激烈言行而把事情弄得更坏；跟知心好友交往，遇到朋友有过失，应该诚恳地直言规劝，绝对不可以由于怕得罪人而模棱两可，眼看着他继续错下去。

评析

人生在世，亲朋好友不可或缺，所谓"在家靠父母，出门靠朋友"。但人与人在一起怎样相处，怎样处理不可避免的矛盾，却大有学问。俗话说一家一本难念的经，一个家庭里为些很小的事就会产生这样那样的矛盾。矛盾出来了，激化了，不可能视而不见，如果是以快刀斩乱麻的方式或者压制一方的激烈的方式来解决问题，是很难平衡的。因为家庭矛盾和社会矛盾不一样，家人天天在一

起，以激烈的方式解决矛盾连个缓冲的余地都没有，很可能激化出更大的矛盾。做人要持正直的原则，对于朋友也宜如此。假如说你的一个知心好友，为了某些事而跟人发生纠纷时，你最好一旁剀切规劝，而不是火上浇油一味袒护，否则必然会因此而激怒对方，激化矛盾。如果形成不良后果则是害友。这是对朋友的交游之失，就是发现其他朋友的其他不是也应直陈。交友应交心，而不是做酒肉朋友。

眷眷亲情　舐犊情深

原文

父慈子孝，兄友弟恭，纵做到极处，俱是合当如此，着不得一毫感激的念头。如施者任德，受者怀恩，便是路人，便成市道矣。

译文

父母慈祥，子女孝顺，兄姐对弟妹友爱，弟妹对兄姐尊敬，即使到最完美境界，也都是骨肉至亲之间所应当做的，因为这完全是出于人类与生俱来的爱，彼此之间绝对不可以存有一点感激的想法。假如施行的人以为是一种德，接受的人怀有感恩图报的心理，那就等于把骨肉至亲变成了路上的陌生人，而且把真诚的骨肉之情变成了一种市井交易的法则。

评析

中国古代有一整套伦理道德体系，这套体系随着社会的发展固然有其落伍处，但许多方式方法在日益重视金钱的现在，仍不失其现实作用。不论是敬老尊贤的公德意识，还是养儿防老的反哺思想，对稳定社会都有着积极意义。人生在世，对朋友有友爱之情；在家里，安享天伦之乐，正表现出人的一种善良美好的本性。正是这种家族人伦之爱，维系着中国社会几千年的传统。这种爱是自然的，是金钱权力所不能交易到的，是不存在德行与恩惠观念的，是感情生活中的一块净土。

根深则叶茂　始严才成器

　　子弟者，大人之胚胎，秀才者，士大夫之胚胎。此时若火力不到，陶铸不纯，他日涉世立朝，终难成个令器。

译　文

　　小孩是大人的前身，学生是官吏的前身，假如在这个阶段学习不多，磨练不够，将来踏入社会，很难成为一个有用之才。

评　析

　　古代对蒙训幼教是很重视的，所谓"幼而学，壮而行""玉不琢不成器，人不学不知义""少年不努力，老大徒悲伤"，都说明了这个道理。千里之行始于足下，一个人的学习锻炼是从年少时开始的。国家社会的未来在下一代人身上，教育学习，培养品德，锻炼意志，下一代人将来才会有所作为，成为有用之才。这里关键是需要磨练，即所谓"陶铸"。青少年在娇生惯养的环境里是不会得到锻炼也难以长成有出息的人，只注重书本学习，只重视考分，很难培养出有用于社会之才，必须德、智、体全面发展，面向社会未来，才是教育之良方。

待人篇

寸云蔽日　隙风侵肌

原　文

谗夫毁士，如寸云蔽日，不久自明；媚子阿人，似隙风侵肌，不觉其损。

译　文

小人用恶言毁谤或诬陷他人，就像点点浮云遮住了太阳一般，只要风吹云散太阳自然重现光明；甜言蜜语，阿谀奉承的小人，就像从门缝中吹进的邪风侵害肌肤，使人们在不知不觉中受到伤害。

评　析

用奉承的手段迎合别人的意图，靠阿谀媚人取悦于人，尽管人们厌其品行，可在阿谀逢迎中飘飘然的人却是大有人在。靠谣言、谗言打击别人来抬高自己的人并不少见，因为有的人需要谗言和谣言当石子来打击别人而达到自己的目的。如果人人都有一个良好的品德，有一坚定的做人原则，谣言、媚语、谗言又何以生存？所谓"谣言止于智者"，可见谗言只有遇到昏庸者才会发生作用，苏洵在《辨奸论》中说："容貌言论，固有以欺世盗名者，然不忮，不求，与物浮沉。使晋无惠帝，仅得中主，虽衍百千，何从而乱天下乎？卢杞之奸，固足以败国，然而不学无文，容貌不足以动人，言语不足以眩世。非德宗之鄙暗，亦何从而用之？"没有生存的环境，听信的对象，小人就缺了活动的场所，谗谄就没了生存的空间。

曲为弥缝　善为化诲

原　文

人之短处，要曲为弥缝，如暴而扬之，是以短攻短；人有顽固，要善为化诲，如忿而疾之，是以顽济顽。

译　文

别人有缺点或过失，要婉转地为他掩饰或规劝他，假如去揭发传扬，是在证明自己的无知和缺德，是用自己的短处来攻击别人的短处；发现某人个性比较愚蠢固执时，就要很有耐心地诱导启发，假如生气厌恶，不仅无法改变他的固执，同时也证明了自己的愚蠢固执，就像是用愚蠢救助愚蠢。

评　析

人进入社会以后，最烦恼的莫过于被闲言碎语、是是非非所缠绕。常言道："来说是非者，便是是非人。"看到长舌妇搬弄是非、挑拨离间很让人讨厌。但关键还在于自己的修养，自己对是非抱什么态度，是不是自己也卷了进去还不自觉呢？万一有人向我们打听某人的作为，我们应本着"隐恶扬善"的态度相告，因为一个喜欢揭发人家短处的人，就证明他自己的为人一定也有问题，所以在旁人看来也只不过是"以五十步笑百步"而已。况且"己所不欲，勿施于人"，既然不喜欢人家说你的坏话，那你又为什么要在他人面前搬弄别人的是非呢？每个人都有自己的一些习惯，有些习惯不一定为别人所接受，一个善于处世的人，应该本着尊重别人个性习惯的原则去适应化解，而不是讨厌；不能接受别人的人说明自己也有许多不好的习惯，应学会由人及己的方法。

人心叵测　谨慎防口

遇沉沉不语之士，且莫输心；见悻悻自好之人，应须防口。

假如你遇到一个表情阴沉，默默寡言的人，千万不要一下就推心置腹表示真情；假如你遇到一个自以为了不起又固执己见的人，你就要小心谨慎尽量少说话。

人的表情往往是内心世界的反映，每个人有每个人的习惯、个性，表现出来的方式也不一样。一个人生存在社会上，必须处处多加提防，当然不要察言观色，阿谀奉承，但把各种表情习惯分分类，以在接人待物时有把合适的尺子。不然一旦遇到心地险恶的歹徒，就会深受其害，所以观察人是非常重要的。一般来说一个年纪比较大的人，见多识广，饱经风霜，对于观人之行都有几分心得。由于人际的复杂，人在处世时，学学观人本领是很必要的。俗话说："逢人只说三分话，莫要全抛一片心。"不经过一段时间的观察，是看不出一个人品性好坏的，也就很难决定交往的程度，说话的深浅。没有心理评判，只凭观察外表是不够的。

善人未急亲　恶人勿轻去

善人未能急亲，不宜预扬，恐来谗谮之奸；恶人未能轻去，不宜先发，恐遭媒孽之祸。

要想结交一个有修养的人不必急着跟他亲近，也不必事先来宣扬他，避免引起坏人的嫉妒而在背后诬蔑诽谤；假如一个心地险恶的坏人不易摆脱，绝对不可以草率行事随便把他打发走，尤其不可以打草惊蛇，以免遭受报复陷害等灾祸。

评 析

君子之交是道义之交，君子之交淡如水，靠爱好、情趣、学识为纽带来建立感情这个过程，是个渐进的相互观察了解的过程。和善人交，与君子游是人所愿也。但道不同不相为谋，小人与善人，奸猾之辈与君子从各个方面都格格不入。显出想与君子善人急于交往而过分亲密，小人很可能因为被冷落而嫉恨从而生出破坏的念头。与君子交，做君子难，远小人不易。人们讨厌小人，但小人由于擅长逢迎，往往可以得到有权势者的赏识而很有市场；如果当权者是奸邪之辈，得罪了就更加困难，想送瘟神非得等待时机。如果你是个企业家，手下有小人之辈要解雇，同样要周详考虑其生存的市场，要一举中的才不会有后遗症。不论是亲贤亲善远小远奸，首先是自己须光明磊落，大公无私，这样才不惧奸诈小人的恶意报复。这是交友做事的基础。

心底无私　陶冶众生

原 文

遇欺诈之人，以诚心感动之；遇暴戾之人，以和气熏蒸之；遇倾邪私曲之人，以名义气节激励之。天下之人，无不入我陶冶中矣。

译 文

遇到狡猾诈欺的人，要用赤诚之心来感动他；遇到性情狂暴乖戾的人，要用温和态度来感化他；遇到行为不正自私自利的人，要用大义气节来激励他。假如能做到这几点，那天下的人都会受到我的美德感化了。

评析

世上的人千人千面，千变万化，每个人都面临适应人生、适应社会的问题。所谓以不变应万变，面对大千世界，抱定以诚待人、以德服人的态度来适应人们个性的不同。即是对冥顽不化的人，也要以诚相待使他受到感化，所谓"精诚所至，金石为开"。以我之德化，来启人之良知，历史上这样的例子很多，即使是冥顽之人朝闻道而夕死的事也不少，这也算是临终而悟，而达到德化的目的；何况对于一般人，坚持我之美德与之相处，终可德化落后之人，保持真诚平和的人际交往。

用人勿刻　交友毋滥

原文

用人不宜刻，刻则思效者去；交友不宜滥，滥则贡谀者来。

译文

用人要宽厚而不可太刻薄，太刻薄就会使想为你效力的人离去；交友不可太多太浮，如果这样，那些善于逢迎献媚的人就会设法接近你，来到你的身边。

评析

孔子把朋友分成两大类，一种是益友，一种是损友。孔子说："益者三友，损者三友，友直，友谅，友多闻，益矣；友便辟，友善柔，友便佞，损矣。"交友宜益人，恶人岂能称友？高山流水，难得知音，以至知音成为后人择友时的一个向往。许多人一诺之功，一酒之饮，一事之助

便以为友至矣，这样是没有真朋友的。故俗语有"酒肉朋友不可交"的说法。交友不可滥，待人用人不能刻薄。尤其一些有点权力的人，往往既出于公心，又刻薄待人。办事往往以为只自己正确，待人总是按我之要求，还偏生说是为公，实际上是不懂得尊重人，不知道怎样用人。这样做会成事不足败事有余，哪里还谈得上以为公？

中才之人　事事难与

原文

至人何思何虑，愚人不识不知。可与论学，亦可与建功。唯中才之人，多一番思虑知识，便多一番臆度猜疑，事事难与下手。

译文

智慧道德都超越凡人的人，他们心胸开朗对任何事物都无忧无虑；天赋愚鲁的人，想得少知道得不多，脑中一片空白，遇事也就不懂得勾心斗角。这两种人既可以和他们讲学问也可以和他们共建功业。唯独那些天赋中等的人，智慧虽然不高却什么都懂一点，这种人遇事考虑最多，猜疑心也极重，所以什么事都难以和他们合作完成。

评析

从选择合作伙伴的角度来看，这段话很有道理。人的智力有高下，每个人学有所专，事有所长，除了自暴自弃的人难以改变外，只要愿意努力做事，人人都可以使用，都可以用其所长。但对于那种什么都知道一点又不求甚解，什么事都只想自己不想别人的人确难合作。这种人对什么事都好猜疑，无远见卓识。与其如此，倒不如选择有专长的专门之才，或者是选择从头学起易于接受新事物的人合作，以保证合作的可能，事业的成功。

寂寞生前事　万古身后名

原文

栖守道德者，寂寞一时；依阿权势者，凄凉万古。达人观物外之物，思身后之身，宁受一时之寂寞，毋取万古之凄凉。

译文

恪守道德节操的人，只不过会遭受一时的冷落；而那些依附权势的人，却会遭受千年万载的凄凉。胸襟开阔且通达事理的人，能重视物质以外的精神价值，顾及死后的名誉。所以他们宁愿承受一时的寂寞，也不愿遭受永久的凄凉。

评析

宁愿栖守道德而寂寞一时，宁愿遵从大义而舍生一死，从古至今的例子很多，如文天祥就称得上是代表。《十八史略》载：张弘范让文天祥写信招降张世杰，否则只有一死，文天祥书《过零丁洋诗》与之，其末句就是现在人们经常引用的千古名言："人生自古谁无死，留取丹心照汗青。"这就是"宁受一时之寂寞，毋取万古之凄凉"的具体表现。达人所以能"观物外之物，思身后之身"，完全在于"仁义"二字，因此文天祥在他的"衣带赞"中又说："孔曰成仁，孟曰取义；惟其义尽，所以仁至。读圣贤书，所学何事？而今而后，庶几无愧！"这是古代的舍生取义。有了这样的追求，生活上也就甘于淡泊了。孔子说："不义而富且贵，于我如浮云。"反之，如魏忠贤、严嵩、和珅等人，几乎个个都是依仗权势的佞幸奸臣，他们最后都落得身首异处、凄凉万古的悲惨下场，为人处世不慎可乎！用这个道理来考察我们的现代生活，同样具有深刻的教育意义。当年，李大钊、瞿秋白等一代先烈为了伟大的理想，为了美好的追求，舍生成仁，英勇牺牲。对照我们今天的一些人在商品大潮中丢掉原则，丧失理想，而贪污腐化，能不引人深思吗？

快意早回头　拂心莫放手

原文

恩里由来生害，故快意时须早回首；败后或反成功，故拂心处莫便放手。

译文

身处顺境被主人恩宠，往往会招来祸患，所以一个人志得意满时应该见好就收，尽早觉悟；遭受挫败后有时反而会使一个人走向成功之路，因此不如意时，千万不可就此罢休，放弃追求。

评析

得意时早回头，失败时别灰心，这是人们根据长期生活积累而得到的经验之谈。尤其是第一句话，其政治含义很深。在封建社会，有"功成身退"的说法，因为"功高震主者身危，名满天下者不赏"，"弓满则折，月满则缺"，"凡名利之地退一步便安稳，只管向前便危险"。都说明了"知足常足，终身不辱，知止常止，终身不耻"。张良、范蠡等人功成身退，急流勇退，常让后人感叹称赏。而李斯为秦国建大功却身亡，发出"出上蔡东门逐狡兔岂可得出"的哀鸣，正说明俗语说："爬得越高，摔得越重"的道理，因为权力最能腐化人心，而人们由于贪恋名利，往往会招致身败名裂的悲剧下场，西汉时吴王刘濞等所发动的"七国之乱"，就是由于妄贪更大的权位和名利，才使七国之王个个惨遭灭门之祸。而从做人角度看，得意时更要谨慎，不骄不躁。至于后一句话其生活意义更明显，所谓失败乃成功之母，一个人不受挫折是不可能的，关键是受了挫折不会气馁。

劳谦虚己　韬光养德

原文

完名美节，不宜独任，分些与人可以远害全身；辱行污名，不宜全推，引些归己可以韬光养德。

译文

完美的名誉和节操，不要一个人独占，必须分一些给旁人，才不会惹发他人嫉恨招来祸害而保全生命；耻辱的行为和名声，不可以完全推到他人身上，要自己承揽几分，才能掩藏自己的才能而促进品德修养。

评析

做人不能只享美名，害怕责任，应当敢于担责任、担义务。从历史上看，一个人拥有伟大的政绩和赫赫的武功，常常会遭受他人的嫉妒和猜疑，历代君主多半会杀戮开国功臣，因此才有"功高震主者身危"的名言出现，只有像张良那样功成身退善于明哲保身的人才能防患于未然。所以君子都宜明了居功之害。遇到好事，总要分一些给其他人，绝不自己独享，否则易招致他人怨恨，甚至杀身之祸。完美名节的反面就是败德乱行，人都喜欢美誉而讨厌污名。污名固然能毁坏一个人的名誉，然而一旦不幸遇到污名降身，也不可以全部推给别人，一定要自己面对现实承担一部分，使自己的胸怀显得磊落。只有具备这样涵养德行的人，才算是最完美而又清高脱俗的人。让名可以远害，引咎便于韬光，这本身就是处世的一种良策。

事无圆满　处处留余

原文

事事留个有余不尽的意思，便造物不能忌我，鬼神不能损我。若业必求满，功必求盈者，不生内变，必召外忧。

译文

做任何事都要留余地，不要把事情做得太绝，这样即使是造物主也不会嫉妒我，鬼神也不会伤害我。假如一切事物都要求尽善尽美，一切功劳都希望登峰造极，即使不为此而发生内患，也必然为此而招致外忧。

评析

从做人、做事业角度来看，"满招损，谦受益""天道忌盈，卦终未济"，这些道家思想对中国人生活方式影响很大。道家是以虚无为本，认为天地之间都是空虚状态，但是这种空虚却是无穷无尽的，万物就是从这种空虚中产生。例如老子在《道德经》中说："持而盈之，不如其已。揣而锐之，不可长保。"而"知进而不知退，善争而不善让"就会招致灾祸，所以历史上司马光在《资治通鉴》中发出"汉三杰而已，萧何系狱，韩信诛夷，子房托于神仙"的慨叹。人们凡事都求全求美，绞尽脑汁企图来达到这个目标。其实不论何事都不应妄想登峰造极，因为有上坡就必然有下坡，也就是有上台必然有下台的一天，事情到了一定的限度必然发生质的变化。一件事成功了如果不及时总结，保持清醒头脑反而骄傲自满，沉溺在过去的成功之中，那么就可能使事情走向它的反面。从另一个意义来讲，功业不求满盈，留有余地，也是一种处世方法，比如对于置钱财家业，求多求尽；对于功名地位，求高求上，不知急流勇退，不知保持人的本性而成为守财奴，不知预先留几分余地才会安全，那么正应了古圣先贤的至理名言，历史教训就会再现。

居高怀山林　处远思廊庙

居轩冕之中，不可无山林的气味；处林泉之下，须要怀廊庙的经纶。

身居显位高官的人，不可以不保持一种隐居山林淡泊名利的情趣；隐居在田园山林之中，必须要有胸怀天下治理国家的壮志和才能。

中国古代知识分子受儒、道思想影响极大，表现在对待人生的问题上，一方面是积极入世，实现理想抱负；一方面真心出世，品味林泉真趣。两相矛盾的东西统一为一个整体。这样，在权势头上可以保持几分山林雅趣，缓和过分热衷名利的紧张。这里的出世又分为真出世和假出世，假出世是以出世作为入世的手段，作为当官的资本；真出世是退隐，不屑于争权夺利、尔虞我诈。一个人只要能做到隐居山林间隐士们的高风亮节，就能体会出孔子所说的"富贵于我如浮云"，这时才能领悟到生活在林泉之下的哲理。不过，不管是真退隐还是假出世都存在不在其位而谋其政，都关心国家大事这样的问题。尽管你可以过闲云野鹤般自由自在的生活，但不可以完全忘记国家兴亡大事。在现代，人们参政议政的意识更强烈，表现人们意愿的方式也更多，即社会的透明度越来越大，所以个人的生活方式可以自己选择。但是"志在林泉，胸怀廊庙"的传统依然影响着人们，社会的发展不容许人把自己封闭于社会之外，锁在个人的小天地里。

无过便是功　无怨即是德

原文

处世不必邀功，无过便是功；与人不求感德，无怨便是德。

译文

人生在世不必想方设法去强取功劳，其实只要没有过错就算是功劳；救助人不必希望对方感恩戴德，只要对方不怨恨自己就算恩德。

评析

"无过便是功，无怨便是德"，在这里并非指俗话所说"多做多错，少做少错，不做不错"的消极思想，而是一种舍己为人的精神。真正的给予，绝不是施小惠，完全是一种自我牺牲。假如施恩图报，那就等于贪婪而不是给予。真正的给予应该是牺牲自己照亮别人。用现在的话讲就是多贡献，少索取，对不属于自己的东西不强求，应该听其自然，强求反而会适得其反。从这个意义上讲，不邀功就可以保持自我而不被功利所迷惑，才会把奉献、给予当成一种崇高的境界来追求。

居高思危　当局莫迷

原文

居卑而后知登高之为危，处晦而后知向明之太露；守静而后知好动之过劳，养默而后知多言之为躁。

译文

站在低处然后才知道攀登高处的危险，在暗处然后才知道置身光亮的地方会刺眼睛；保持宁静心情然后才知道喜欢活动的人太辛苦，保持沉默心性然后才知道话说多了很烦躁。

评析

　　这是卑尊、晦明、静动、默躁的对比，强调的是人有所作为时应学会多向思维，也就是善于站在其相反一面来观察人生，对人生的体验应是多层次、多角度的。身居高位的人往往得意忘形，被物欲、权欲迷惑而不自觉，一旦从高处跌下之后，才明白身居高位的危险。人的体验往往是在对比之中才更加深刻。因此人们立身社会，在得意之时往往把一切都忘得一干二净，可是一旦走出社会归隐家园之后，才思考奔波劳碌一生所得的究竟是什么呢，很多事是不能造作和强求的，因为体验太少，思路不清。这也就是所谓"当局者迷，旁观者清"。可见只有站在不同角度才能看清庐山真面目。所以思考时要作面面观，要想做一番事业，必须有一个健全的思维，有丰富的体验，思考问题能够由此及彼，由近思远。而从做人来看，不可因一时的荣辱明暗而自我封闭，过分地自卑或自傲。

不行处退一步　　功成时让三分

原文

　　人情反覆，世路崎岖。行不去处，须知退一步之法；行得去处，务加让三分之功。

译文

　　人世冷暖变化无常，人生道路崎岖不平。当你遇到困难走不通时，要明白退一步的方法；当你事业一帆风顺，一定要有谦让三分的胸襟和美德。

评析

　　为人处世必须学会谦让，不能处处争强好胜，不能事事出头露尖，难行的地方退一步或许会海阔天空。人生得意的时候也应把功劳让与别人一些，不要居功自傲，不能得意忘形。人类的感情复杂无比，人心的变化也是层出不穷。今天认为是美的东西明天就有可能认为是丑，今天认为是可爱的东西，明天就有可能认为是可恨。所谓"人情冷暖，世态炎凉"，也就是"人情反覆，世路崎岖"的道理。当年韩信微贱时就曾深深体会到此中的辛酸。尤其世路多险阻，人生到处都有陷阱。这就要培养高度的谦让美德，遇到行不通的事不要勉强去做。换句话说，人生之路有高低、有曲折、有平坦，当你遇到挫折时必须鼓足勇气继续奋斗，当你事业飞黄腾达时，不要忘记救助那些穷苦的人，因为这样可以为你自己消除很多祸患于未然。这样，知退一步之法，明让三分之功，不仅是一种谦让美德，而且也是一种安身立命的方法。

君子之道　能屈能伸

原文

处治世宜方，处乱世宜圆，处叔季之世当方圆并用；待善人宜宽，待恶人宜严，待庸众之人当宽严互存。

译文

生活在政治清明天下太平时，待人接物应严正刚直爱憎分明；处在政治黑暗天下纷争的乱世，待人接物应圆滑老练随机应变；当国家行将衰亡的末世，待人接物就要刚直与圆滑并用。对待善良的君子要宽厚，对待邪恶的小人要严厉，对待一般平民大众要宽严互用。

评析

这是古代知识分子待人处世的一种典型方式，和他们的从政观有关。太平盛世有明君贤相为政，能采纳善言表彰善行，所实行的是大公无私的善政，所以一个人的言行即使刚直严正，也不会受到任何政治迫害。反之，假如是处于昏君奸臣当政的乱世，言行就必须尽量圆滑，否则就有招致杀身之祸的危险。从政如此，待人同样。这种待人处世的方式有一定的借鉴意义。一个人不能抱着满腔热情、怀着赤子之心却不顾实际环境，不看周围大众的水平而自顾自地施展抱负，在待人处事的方式上一成不变，这样的结果将撞一鼻子灰而于事无补。

小人之心　君子之腹

原文

澹泊之士，必为浓艳者所疑；检饬之人，多为放肆者所忌。君子处此，故不可稍变其操履，亦不可露其锋芒！

译文

志远而淡泊的人，一定会遭受热衷名利之流的怀疑；言慎而检的真君子，往往会遭受那些邪恶放纵之辈的嫉恨。所以君子如果处在这种既被猜疑而又遭嫉恨的环境中，固然不可改变自己的操守和志向，也绝对不可锋芒尽出过分表现自己的才华。

评析

俗话说"防人之心不可无"，又说"人怕出名猪怕壮"，说明了一个有修养的人往往善待人生，往往注重自我修省，以为修省并不干他人之事，却不想正是由于自己品德高尚就衬出了小人的心性，而必然遇到嫉恨和攻击。所以一个深才高德的人，处在这种招忌的恶劣环境中，最聪明的办法就是不要锋芒太露。可是很多人不明白这种道理，尤其是奋发向上的年轻人，往往会由于表现得太好，而遭受嫉恨，被造谣中伤。所以一个有为的人其处世节操不可变，待人方法须讲究。

爱重反为仇　薄极反成喜

原文

千金难结一时之欢，一饭竟致终身之感。盖爱重反为仇，薄极反成喜也。

译文

价值千金的重赏或恩惠，有时难以换得一时的欢娱，一顿粗茶淡饭的小小帮助，可能使人一生不忘此事，永远心存感激、回报之心。这或许就是当一个人爱一个人爱到极点时很可能会翻脸成仇；对平常不重视或者淡泊至极的一些人，给予一点惠助，就可能转而对你表示好感，成为好事。

评析

人的感情不是用钱可以买到的，助人要在人最需要人助的时候。像韩信"一饭之恩终身不忘"，在帮刘邦打下天下后，也始终记住刘邦的过去而不背叛汉王。在我们的生活中，爱恨之事也是常有的，有句俗话叫"身在福中不知福"，往往被爱包围着的人却不自知，而一点不如意便会反目成仇的例子却很多，爱与恨的反反复复交织在人生的全过程。

韬光养晦　功成身退

原文

爵位不宜太盛，太盛则危；能事不宜尽毕，尽毕则衰；行谊不宜过高，过高则谤兴而毁来。

译文

官位不宜太高权势不应太盛，如果太高就会使自己陷于危险状态；一个人才干所及的事不应一下子都发挥出来，如果都发挥出来就会处于衰落状态；一个人的品德行为不可以标榜过高，如果太高就会惹来毁谤和中伤。

评析

任何事都有个度，所谓"官大担险，树大招风""否极泰来""物极必反"，都说明了这个道理。一个人的爵禄官位到了一定程度就必须急流勇退，古代开国功臣大多被杀的一个很重要的原因在于不能急流勇退。可惜很多人不懂这个道理。最典型的例子是汉初三杰，帮刘邦打下天下后，结局都不相同，因此司马光才很感慨地说："萧何系狱，韩信诛夷，子房托于神仙。"其实，何止在做官上应知进退，其他事同样应知进退深浅。人和人只要在一起就会产生矛盾，因利益之争、因嫉妒之心、因地位之悬、因才能之较，都可能结仇生怨，故做人处事最重要的是把握好尺度。

醒人痴迷　救人急难

原文

士君子贫不能济物者，遇人痴迷处，出一言提醒之；遇人急难处，出一言解救之，亦是无量功德。

译文

明理达义的人，虽说家贫不能用财物来救助他人，可是，当遇到有人感到迷惑而不知如何解决时，能从旁边指点一番使他有所领悟，或者遇到急难事故能从旁边说几句公道话来解救他的危难，也算是一种很大的善行。

评析

人们有一种传统的习惯，仿佛救助别人要么做事、要么助钱、要么出力，很重视有形的东西。对于出个点子，指点迷津，用道理劝诫一番等无形的东西往往忽视。仿佛只在读书层中才重视学识广、境界高的人出的点子和讲的道理的价值。古代社会，文武重臣往往有自己的幕僚等为自己出谋划策。随着社会的发展，给人帮助的形式多种多样，尤其是无形的东西如知识、智慧和经验日益受到重视，出点子服务逐步走向一般民众，走向有序、有偿、有效的轨道。知识和经济挂钩，可以按照时间计量，如请律师为你分析一个案情，让能者为自己的公司出一个促销策略。尤其在商品经济下市场竞争中，更需要的是人的智慧，有用的点子，即人才被越来越重视。

真恳作人　圆活涉世

　　作人无点真恳念头，便成个花子，事事皆虚；涉世无段圆活机趣，便是个木人，处处有碍。

　　做人没有一点真情实意，就会变成一个一无所有的花子，不论做任何事情都不踏实；一个人生活在世界上如果不懂得一点灵活应变的情趣，就像是一个没有生命的木头人，不论做任何事都会到处碰壁。

　　华而不实的人可能会给人一种生动的印象，但决不会长久；心地诚善的人或许不会给人以深刻的印象，但随着时间的推移，人们的信任感在诚善之中就越来越强。做事如果不诚恳，对方总认为你滑头滑脑，就不敢跟你一起做出任何重大决断，这样你就什么事也无法进行，当然也就谈不到创任何大事业，到头来必将一事无成。就是在相互倾轧的生意场中也讨厌一锤子买卖的人。"诚信"是个首要原则。当然，诚而善只是基础，办事还须灵活，尤其是具体事物应有变通之法。待人就要有人

情味和幽默感，往往很严肃很尴尬的事，由于当事人富有幽默感，说上几句很逗趣的话，大家哈哈一笑，事情也就办通了。有的事这样办不行换个方式就行，此时不行换个时间就成。尤其是现代社会，既要讲做人原则，也要求办事效率。

急流勇退　独善其身

原文

谢事当谢于正盛之时，居身宜居于独后之地。

译文

退隐家园，不问世事应当是在事业巅峰时做出决断，急流勇退；而平时居家、养生度日最好选择一个与世无争的安宁之地居住，以便清修。

评析

急流勇退是功德圆满的一种方式，知道这个道理的人不少，自觉做到这一点的人却不多。史载汉武帝最宠幸李夫人，她在病重弥留之际坚决不肯再见武帝，理由是"以色事人者，色衰而爱弛"，她要把最美好的形象而不是病后的憔悴面孔留给汉武帝，使汉武帝不致因色衰而产生爱弛的心理，能够继续恩待她父兄家人。从这一史实就说明急流勇退的道理，虽然李夫人不是自觉而退。一个大人物要想使自己的英名永垂不朽，必须在自己事业的巅峰阶段勇于退下来。做事业需要意志，退下来同样需要意志。任何事都存在物极必反的道理，随着事业环境的变化，以及人自身能力的限制，自身作用的发挥必须随之而变。江山代有才人出，并不是官越大，能力越强；权越大，功绩越丰。不论大人物、小人物，作用发挥到一定程度就要知进退。退不表明失败，主动退正是人能自控、善于调整自己的明智之举。

不近恶事　不立善名

原　文

标节义者，必以节义受谤；榜道学者，常因道学招尤。故君子不近恶事，亦不立善名，只浑然和气，才是居身之珍。

译　文

标榜节义的人，到头来必然因为节义受到批评和诋毁；标榜道学的人，经常由于道学而招致人们的抨击。因此，一个君子平日既不接近坏人做坏事，也不标新立异建立声誉，只有一股纯厚、和蔼的气象，才是立身处世的无价之宝。

评　析

人们讨厌假道学、伪君子，因为做人要平实无欺，不可自我标榜吹嘘。真理不是巧言，仁义更非口说。换言之，学问道德并非吹嘘而来，是从艰苦修养中累积而成。有的人好虚名，披上道德外衣，实质上是在骗取人们信任，满足自己的私欲需求，与为非作歹固然有别但却具有更大的欺骗性。一个人居身立世确立正确的原则，不是为了给别人看，而是为磨练自己的心性，使自己有一个健全的心态，完美的人格。

高绝褊急　君子谨戒

原　文

山之高峻处无木，而溪谷回环则草木丛生；水之湍急处无鱼，而渊潭停蓄则鱼鳖聚集。此高绝之行，褊急之衷，君子重有戒焉。

译　文

高耸云霄的山峰地带不长树木，只有溪谷环绕的地方才有各种花草树木的生长；水流特别湍急的地方无鱼虾栖息，只有水深而且宁静的湖泊鱼鳖才能大量繁殖。这是地势过于高绝，水流太过湍急的缘故；这都不是容纳万物生命的地方，君子处人待世必须戒除这种心理。

评析

伟大寓于平凡，在平凡中见伟大的人才是真伟人。有德之人见于细小，从点滴做起，只有这样在大是大非面前才会显出品德的高尚。自命清高、孤芳自赏、标奇立异的人，属于"高绝之行，褊急之衷"之辈，是君子所不足取的。虽然有德之人、建功立业的伟人是不怕孤独的，因为真理往往在少数人的手里，像污泥中的莲花格外醒目，耐得寂寞。但这不是说人要把自己放到空中楼阁之中，让思绪永远停留在理想世界，因为人不可能离开现实世界生活下去。

退后自宽平　清淡自悠长

原文

争先的径路窄，退后一步，自宽平一步；浓艳的滋味短，清淡一分，自悠长一分。

译文

争强好胜，道路就觉得很窄，假如能退后一步，自然觉得路面宽平很多；太过浓艳的味道是短暂的，假如能清淡一分会觉得滋味历久弥香。

评析

假如世人都能抱有这种"退步宽平，清淡悠久"的人生观，人与人之间就不会有这么多纠纷了。但事实上很难，因为好胜之心人皆有之。这就存在一个适时的问题，即在什么样的条件下应该争胜，什么样的情况下应该退让。做人贵在自然，做事不可强求，在大是大非面前，在天下兴亡的大义面前，不争何待？在名利场中，在富贵乡中，在人际是非面前，退一步、让一下有何不好？

一念慈祥　寸心洁白

原文

一念慈祥，可以酝酿两间和气；寸心洁白，可以昭垂百代清芬。

译文

心中存有慈祥的念头，可以创造人际的和平之气；心地纯洁清白，可以使美名千古流传。

评析

元代诗人王冕题《墨梅》的诗句曾写道："不要人夸好颜色，只留清气满乾坤。"从古至今，这样咏怀言志的诗文触目皆是，这正如俗谚"豹死留皮，人死留名"，说明人要爱惜自己的名誉。历史上最有名的例子，如东汉曾有昌邑令夜间怀巨金贿赂杨震说："暮夜无知者。"杨震回答说："天知、地知、我知、子知，何谓无知？"结果杨断然拒绝贿金维护了自己的清白人格，因此才有"震畏四知"一语出现。拒贿是为官清廉的一种表现。日常生活同样要检点自己，从待人到律己都应注意维护声誉，保持心灵的完美，所谓与人为善，处事勿贪。修身养性须从一点一滴做起，以便保持寸心洁白而留清名。

世法不染　其臭如兰

原文

山肴不经世久灌溉，野禽不受世久豢养，其味皆香而且冽，吾人能不为世法所点染，其臭味不迥然别乎！

译文

生长在山间的蔬菜不必人们去灌溉施肥，生长在野外的动物不必人们饲养照顾，可是这些野菜和野禽吃起来味道却特别甘美可口。同理，假如我们人不受功名利禄所污染，品德心性自然显得分外纯真，跟那些充满铜臭味的人会有明显区别。

评析

野味在大自然中生长，一切顺乎自然无须人工，其味美而珍。此理来喻人，从某种意义上来讲是对的，即一个不受世俗点染的人总得有不与世俗相处的条件才可能，不受世俗点染便少有世俗的许多欲念而淳朴真厚。但是，并不能因此说凡于野山林生长因其与世隔绝就好；也不能因为少有而肯定；不能因为要不受世俗感染便否认后天教育的职能。这里作者仅做个比喻，强调人贵自然，本性纯朴，心地纯真，和世俗人相比他们厚重可亲。

操履严明　心气和易

原文

士君子处权门要路，操履要严明，心气要和易，毋少随而近腥膻之党，亦毋过激而犯蜂虿之毒。

译文

君子身居政要地位，必须操守严谨，行为磊落，心境平和，气度宽宏，绝对不可接近或附和营私舞弊的奸邪之辈，也不要因偏激而激化矛盾，触怒那些阴险狠毒的宵小之徒。

评析

正与不正是对立的，清廉与腐化、真诚与奸邪是难以相容的，士君子以其高雅的风范、严正的操守自不屑于奸邪小人，也为此辈所不容。但仕途是人际倾轧最厉害的地方。鱼龙混杂，清浊同在，往往泾渭难以分清。尤其是为官之道，需要一套高超的为人处世的方法。政治本身是一种艺术，不会平衡协调矛盾，不能容忍难忍之事就不可能办好事情。权门要路当然不能让小人奸党占据而祸国殃民。而做官本身是需要消磨自己个性的，这当然不是说应当八面玲珑成为政治舞台上的不倒翁，这种五朝元老的政客在君子却不屑一为。但做事不讲究方式方法，只知意气用事，这样往往会形成主观本意与客观效果难相一致的局面，有的时候不仅办不成事还要坏事，引起与主观想法不一致的结果。

以退为进　利人利己

原　文

处世让一步为高，退步即进步的张本；待人宽一分是福，利人实利己的根基。

译　文

为人处世遇事都要有退让一步的态度才算高明，因为让一步就等于是为日后进一步做好准备；而待人接物以抱宽厚态度为最快乐，因为给人家方便实际上是日后给自己留下方便的基础。

评　析

为人处世宜宽厚，虽然有时退让和宽容是建立在自己苦忧的基础上，也应把快乐让给别人。宋代范仲淹所说的"先天下之忧而忧，后天下之乐而乐"这种做人态度，才应是修养品德和心性的方向。乐的结果可能转化为苦，苦的结果可能转化为乐，苦乐相循是自然法则，其理恰如日月星辰的旋转。一个不能吃苦的人万事难以功成，苦尽甘来乃是不变的真理。名利地位固然能鼓励人的奋发向上，但是过分重视名利，有时也会给人带来无限苦恼。通常所说的"知足者常乐，"就某种意义来说显得有些消极，但是对于那些为追逐名利而贪赃枉法的人，这句话仍不失为至理名言。因为"让一步、宽一分"的待人处世是把苦留给自己，把功把名给别人，这种牺牲精神可以求得自我的精神慰藉，也足以赢得世人的敬重，反过来这种敬重也算是自己的得吧。

至人无己　圣人无名

原文

市私恩，不如扶公议；结新知，不如敦旧好；立荣名，不如种隐德；尚奇节，不如谨庸行。

译文

施恩惠给别人收买人心，还不如以光明磊落的态度去争取社会大众的舆论；一个人与其结交很多不能劝善规过的新朋友，倒不如重修一下跟老朋友之间的情谊；一个人与其想法子提高知名度，倒不如在暗中积一些阴德；一个人与其标新立异去显示名节，倒不如平日谨言慎行多做一些好事。

评析

一个想从政济世的人以什么态度立身是决定他能否有功于国的基础。是怀着天下为公的抱负还是只为追求功名，是实事求是还是标新立异只为一己之私誉，这和个人的品德修养紧紧相联。没有一个高尚的品德而从政，没有悬壶济世的本领却硬要悬壶，结果就变成了名副其实的"悬壶欺世"，最后总是找出一些看似合理实际根本不合理的理由搪塞民众。这种不知积德的伪君子比之小人更可恨，他们手里有权，便可以任意胡来，劳民伤财。所以选择德与才兼备的人是政治清廉的首要条件，而从政者自身不加强修养，是谈不上建立真正功业的。

体物篇

夜深观心　真意自现

原　文

夜深人静独坐观心，始觉妄穷而真独露，每于此中，得大机趣。既觉真现而妄难逃，又于此中得大惭忸。

译　文

夜深人静，万籁俱寂时，独坐省察内心，你发现自己的妄念全消而真心流露，当此真心流露之际，皓月当空，精神舒畅，感觉体会到了毫无杂念的细微境界。然而已经感到真心偏偏难以全消妄念，于是心灵上会感觉不安，在此中感到悔悟的意念。

评　析

古人讲求宁静致远，淡泊明志，这里讲真心、妄心，那么，妄心和真心是何所指呢？所谓真心，就如同空中明月，光辉皎洁，没一点乌云遮掩。所谓妄心，就如同遮掩明月的乌云。然而妄心和真心的关系并不是像乌云和明月的关系，因为真妄一体，互不分离，譬如深渊之水澄清如镜，包罗万象无不印映，这就是真心出现之时。反之大海中掀起的汹涛骇浪，可翻覆巨大的船舶，这就是妄心出现之时。以此比喻圣人之心经常静如止水，凡夫之心对外界事物易起妄念，以致丧失纯洁之心。离开真心就无妄心，这恰如离开水就无波浪可言。现实生活中，还是多些心静，少些欲念，多些禅意，少些喧嚣争斗好，这样利于自我反省，修身养性。所谓

"静中观心，真妄毕见"的现实意义即此。

居安虑患　处变坚忍

原文

衰飒的景象，就在盛满中；发生的机缄，即在零落内。故君子居安宜操一心以虑患，处变当坚百忍以图成。

译文

衰败的种种迹象，在发达时就有所表现；事情发展的苗头，孕育于事物衰败时。所以君子身居安逸时要做可能发生灾难的准备，风云变幻时要坚忍以取得成功。

评析

万物都包含着对立的因素，有促进其发展的一方，就有遏制其进步的一方。当事物发展到顶峰的时候，也就是它开始转向衰败的时候。俗话说："泳者易溺；康者易疾。"就是因为善于游泳的人十分相信自己的技术，身体健康的人自持百病不侵，所产生的优越感使他们失去了应有的警惕。一个有智慧的人首先是个清醒的人，不会被成功的喜悦冲昏了头脑，得意之时也要考虑到将来的隐患。《左传·襄公十一年》载："居安思危，思则有备，有备无患。"如果能够未雨绸缪，即使发生变动也不会乱了阵脚。沧海横流，方显出英雄本色。能够经得起大风浪的考验，一定能看见风雨后的彩虹。

过而不留　空而不著

原文

耳根似飙谷投音，过而不留，则是非俱谢；心境如月池浸色，空而不著，则物我两忘。

译文

耳根假如像大风吹过山谷一般，经一阵呼啸之后什么也不留，这样所有流言蜚语就都不起作用；心灵假如能像水中的月亮一般，月亮既不在水中，水中也不留月亮，那么心中自然也就一片空明而无物我之分。

评析

佛教所说的六根清净，不单是指耳不听恶声，也包括心不想恶事在内，眼、耳、鼻、舌、身、意六者都要不留任何印象才行。而物我两忘是使物我相对关系不复存在，这时绝对境界就自然可以出现。可见想要提高人生境界必须除去感官的诱惑，六根清净，四大皆空。按现代人的看法，绝对的境界即人的感官不可能一点不受外物的感染，否则何以判断是否反映外物了呢？但要提高自身的修养，加强意志锻炼，控制住自己的种种欲望，排除私心杂念，建立高尚的精神境界却是完全可能的。

热恼须除　穷愁要遣

原文

热不必除，而除此热恼，身常在清凉台上；穷不可遣，而遣此穷愁，心常居安乐窝中。

译文

夏天的暑热根本不必用特殊方式消除，只要消除烦躁不安的情绪，身体就宛如坐在凉台上一般凉爽；消除贫穷也不必用特殊方法，只要能排除因贫穷而生的愁绪，心境就宛如生活在快乐世界一般幸福。

评析

人们有"心静自然凉"的经验。夏季炎热是自然现象，人通过心理调节，可以从心理上去热。这也是佛家所提倡的修行工夫，因为一个道行达到炉火纯青的出家人，六根清净，四大皆空，对寒暑冷热也毫无感觉，佛家才又有一句"安禅何必须山水，减去心头火亦凉"的名句。至于说到穷不穷不完全是观念问题。孔子称赞颜回不忧愁居陋食箪，而以心乐，安贫乐道的操守志向。生活中的贫穷之别是不可否认的事实，但一个修养好、志向高的人却能正视现实，甘于清贫，沉浸于自己追求的乐趣中。情趣不因物困而低下，精神高尚才能使身心愉悦。

心无可清　乐不必寻

原　文

水不波则自定，鉴不翳则自明。故心无可清，去其混之者而清自现；乐不必寻，去其苦之者而乐自存。

译　文

没有被风吹起波浪的水面自然是平静的，没有被尘土掩盖的镜子自然是明亮的。所以人类的心灵根本无须去刻意清洗，只要除去心中的邪念，那平静明亮的心灵自然会出现；日常生活的乐趣也根本不必刻意追求，只要排除内心烦恼，那么快乐幸福自然会呈现。

评　析

儒家思想认为"人之初，性本善"，王阳明说"良知"，"大学"一书中说"明德"。只要排除善良本性中的杂念和邪恶思想，人的心地就会大放光明普照世间，只要这种善良的本性不受杂念困扰，人的日常生活自然就会快乐，根本不必主动去追求。主张人类的一切痛苦烦恼都是出自邪恶的杂念，而这种邪恶杂念多半出自庸人自扰，"天下本无事，庸人自扰之"。人当然不能脱离现实世界而生存，保持内心绝对纯洁。但如何对待外界的干扰，怎样认识客观世界的变化，是与主观认识水平的高低和自己的修养学识相联系的。排除了私心杂念，以便保持一种高尚的追求，人在事业中就可以保持一种愉快的心情，精神状态也会饱满。

为鼠常留饭　怜蛾不点灯

原文

为鼠常留饭，怜蛾不点灯，古人此等念头，是吾人一点生生之机。无此，便所谓土木形骸而已。

译文

为了不让老鼠饿死，经常留一点剩饭给他们吃；可怜飞蛾被烧死，夜里只好不点灯火。古人这种慈悲心肠，就是我们人类繁衍不息的生机，假如人类没有这一点点相生不绝的生机，那人就变成一具没有灵魂的躯壳，如此也不过和泥土树木相同罢了。

评析

古人所说："为鼠常留饭"也未必真的是让人给老鼠留饭而是劝人为人处世要有同情弱者的胸怀。佛教的中心思想之一就是主张不杀生（戒杀），因此先贤才有"为鼠常留饭，怜蛾不点灯"的名谚。这和现代人倡导保护野生动物运动有点相似，但现代人则是基于维护人类良好的生存环境。人性有恶善，待人也应以慈悲为怀，不能以算计人、利用人为出发点。正因为慈悲心肠的人多了，人世间便自有一片温情。

烈士暮年　壮心不已

原文

日既暮而犹烟霞绚烂，岁将晚而更橙橘芳馨，故末路晚年，君子更宜精神百倍。

译文

夕阳西下时，在天空所出现的晚霞是那么灿烂夺目，深秋季节金黄色的柑橘正在吐露扑鼻的芳香，所以到了晚年君子更应振作精神奋发有为。

评析

人的一生习惯于分年龄段计算其作用，而现代社会更重视年轻人的闯劲，发挥其创造力，使老人问题成为社会问题。以至有人慨叹"人到中年万事休"。否认年龄差异，不讲生理机能之别不切实际，硬要说"人生七十才开始"的话，只能是从精神而言。每个年龄段都具有特定的作用。四五十岁的中年正是一个人奋发有为创造事业的黄金时代，六七十岁的人可以其丰富的人生阅历，深厚的生活经验指导后来居上的人少走些弯路，避免不必要的挫折。"岁寒而后知松柏之苍劲"人到晚年固然有夕阳黄昏之叹，但"老当益壮""老骥伏枥"之雄心更显得辉煌。人的一生，没有精神追求，即使是正当少年，但颓靡自堕，又有何用？有精神追求和理想抱负，即使在老年却生机勃勃，又何来"徒伤悲"之叹呢？

聪明不露　才华不逞

原文

鹰立如睡，虎行似病，正是它攫鸟噬人手段处。故君子要聪明不露，才华不逞，才有肩鸿任钜的力量。

译文

老鹰站在那像睡着了，老虎走路时像有病的样子，但这正是它们准备捉人吃人前的手段。所以，君子要做到不炫耀聪明，不显露才华，如此才能培养出肩负重大使命的毅力。

评析

老子说："大智若愚"，是说有大志向、大智慧的人无暇去忙世俗之事，表面看起来就是一副忠厚而愚的样子。常言道"一瓶不满，半瓶子醋晃荡"，一个有真才实学的人绝不会自我夸耀，因为他清楚学无止境；一个具有才华的人，最好是能保持深藏不露的态度，否则容易招致周围人们的忌恨。成大事者先得会保护自己，因此先人才有"良贾深藏若虚，君子盛德容貌若愚"的名言。何况，人的精力是有限的，忙于小便忽于大，贪得多便难以专，正因为如此，不露才华不显聪明，才能为以后的大业积攒力量。

浓夭淡久 大器晚成

原 文

桃李虽艳，何如松苍柏翠之坚贞？梨杏虽甘，何如橙黄橘绿之馨冽？信乎！浓夭不及淡久，早秀不如晚成也。

译 文

桃树和李树的花朵虽然艳丽夺目，但是怎比得上一年四季永远苍翠的松树柏树那样坚贞呢？梨和杏的滋味虽然香甜甘美，但是怎比得上橘子和橙子经常飘散着清淡芬芳呢？的确不错，容易消逝的美色远不如清淡的芬芳，早有才名，不如大器晚成。

评 析

任何东西的所长都是相对的，桃李梨杏，为天地美景增色，争奇斗艳于一时，时一过便花谢果落，完成了自己的使命。而苍松翠柏以其不败之绿、耐寒之性赢得人们的敬重。昙花以其短而为人稀，人参以其久而为人重。以之喻人，有的人以桃李艳于一时的才华而作为于一时，有的人以松柏般厚实而大器晚成于长久，二者都是可取的。至于人参、昙花即以其天性取胜，犹如天才为常人不及。但因为少年得志便骄狂而导致失败，得之何益；天才少年以其天才而不学却自我吹嘘自甘沉沦，天才何益？"大器晚成"的人，由于饱经忧患沧桑，才能体会出创业的艰苦而安于守成，也由于积累时间长久，便有了更多的阅历把事办好。

乾坤之幻境　天地之真吾

原文

莺花茂而山浓谷艳，总是乾坤之幻境；水木落而石瘦崖枯，才见天地之真吾。

译文

春天一到百花盛开百鸟齐鸣，为山谷平添了无限迷人景色，然而这种鸟语花香的艳丽风光，只不过像是乾坤的一种幻象；秋天一到泉水干涸树叶凋落，涧中的石头呈现干枯状态，然而这种山川的一片荒凉，才正好能看出天地的本来面貌。

评析

从古至今，感叹韶光易逝，富贵烟云的诗文数不胜数，佛家则从大自然景象中悟出"富贵功名转头空"。金圣叹在《临江仙》中也说明了这个道理："滚滚长江东逝水，浪花淘尽英雄，是非成败转头空，青山依旧在，几度夕阳红，白发渔樵江渚上，惯看秋月春风，一壶浊酒喜相逢，古今多少事，都付笑谈中"。有形的东西往往会随时间流逝，只有道德文章，只有崇高的精神才是不朽的。人生在世，春之艳美，富贵功名之幻境转眼即逝，只有崇高的精神在幻象去后依然存在，做人应首先充分认识自己的本性。

智者自闲　劳者自冗

原文

岁月本长，而忙者自促；天地本宽，而鄙者自隘；风花雪月本闲，而扰攘者自冗。

译 文

岁月本来很长，可是那些奔波劳碌的人自己觉得时间很短促；天地本来很辽阔，可是那些心胸狭窄的人却把自己局限在小圈子里；春花秋月本来是供人欣赏调剂身心的，可是那些奔波辛劳的人却认为这是一种多余无益的东西。

评 析

佛家有一首偈颂说："高坡平顶上，尽是采樵翁；人人尽怀刀斧意，不见山花映水红。"意思是指樵夫既是以采樵为生的，当然心中充满了利欲观念，即使面前有美好的自然景观，也都被他的刀斧私心蒙蔽了。生活中的环境要善于自我调节。天下兴亡事固然匹夫有责，但也不可天下本无事，庸人自扰之。个人的时光本来是有限的，放眼历史长河弹指一挥间，那些琐事扰心事有什么放不下的呢？万里江山，辽阔天地，与之相比身边的是是非非又有什么值得自封自固呢？人不能被身前身后事所扰而不见本性，不能为私欲所固，而不知解脱，人生路的广与狭，与自己的心性有很大关系。超脱于凡俗才能心胸开阔，才能优雅从事。

雪上加霜　虽败犹荣

原 文

寒灯无焰，敝裘无温，总是播弄光景；身如槁木，心似死灰，不免堕在顽空。

译 文

微弱的灯光燃不起火焰，破旧的大衣不产生温暖，这都是造化玩弄人的景象；肉身像是干枯的树木，心灵犹如燃尽的死灰，这种人等于是一具僵尸必然会陷入冥顽空虚中。

评 析

佛家说"色即是空，空即是色"，但是空并非指任何东西都没有的顽空。虽然断绝了固执和物欲，实际上只是不自我作恶罢了。如果不进一步济世渡人就毫无善果可言，如此活着也就等于死亡，一无可取之处。用这段话来谈人生也有同样的道理。一个人身如槁木，心似死灰，如寒灯无焰，似敝裘无温，于外界无知无觉，于内心空虚至极，与活死人何异？以此待人，只是别人为他服务，他却无益于别人，这种极端的安寂是不足取的。

当断不断　反受其乱

原　文

〖JP3〗人肯当下休，便当下了。若要寻个歇处，则婚嫁虽完，事亦不少。僧道虽好，心亦不了。前人云："如今休去便休去，若觅了时无了时。"见之卓矣。〖JP〗

译　文

人做事，应罢手时就要下定决心结束，假如犹豫不决想找个好时机，那就像男女结婚，虽然完成了终身大事，以后家务和夫妻儿女之间的问题还很多。人们别以为和尚道士好当，其实他们的七情六欲也未必全除。古人说得好："现在能罢休就赶紧罢休，如果说找个机会罢休，恐怕就没了罢休的机会。"这真是一句极高明的见解。

评　析

当断则断，丈夫所为，犹豫不决，儿女情长，又哪是成事气象？做事如此，名利头上急流勇退更难，又有多少人能像陶渊明那样不恋功名而毅然回归田园？例如他在《归去来辞》说："归去来兮，田园将芜，胡不归？既自以心为形役，奚惆怅而独悲！悟已往之不谏，知来者之可追。实迷途其未远，觉今是而昨非。"张良以勇退而全身，韩信因恋功而被杀。后人很钦佩陶渊明不为五斗米折腰的精神，很欣赏张良看得破眼前而退隐山野的选择，但轮到自己又当何如？得休便休，当机立断；犹豫留恋，了时无了。

由冷视热　从冗入闲

原文

从冷视热，然后知热处之奔驰无益；从冗入闲，然后觉闲中之滋味最长。

译文

当人失意后，再冷眼去看那些热衷某事者的奔忙，就会觉得他们并不会得到什么好处；当人休息后，再去回想高度紧张的生活节奏，就会感受到悠闲自在生活的乐趣。

评析

俗话说："当局者迷，旁观者清。"当你位高权重的时候，无数人迎合奉承，许多人就此飘飘然，忘乎所以。一旦失势或者退休，立刻就"人走茶凉"，往日踏破门槛的人再也不见上门，就算路上碰到都可能装作没看见你，这时候回想自己被人们逢迎的时候，才能明白什么叫世态炎凉。事过境迁再回头打量，每个人都能成为哲人，都能明白当时不自知的真理。这是因为你已超越了当时的状态。超越了功名利禄就会觉得追名逐利的可笑，超越了盲目才能明白悠然的乐趣。

不栖岩穴　有心即可

原文

有浮云富贵之风，而不必岩栖穴处；无膏肓泉石之癖，而常自醉酒耽诗。

译文

一个能把荣华富贵看成是浮云的人，根本就不必住到深山幽谷去修养心性；一个对山水风景没有兴趣的人，经常喝酒吟诗也自有一番乐趣。

评　析

无富贵而安贫，有财富而不居，没有达人胸怀、英雄气概是做不到的。所谓"黄金若粪土，富贵如浮云"，一般庸俗之辈哪能有这种胸襟？常见书云"仗义疏财之举赢得人钦敬"，平凡之人何得如此？不义而富且贵，于我如浮云。由此观之，人做事应该求实不求形，不必为某种形式而自误。一说隐世便膏肓泉石，一说清雅便丢弃钱财。关键是看心性，看作为如何，醉酒耽诗可为一乐，富贵浮云也为一德。

有意者反远　无心者自近

原　文

禅宗曰："饥来吃饭倦来眠。"诗旨曰："眼前景致口头语。"盖极高寓于极平，至难出于至易。有意者反远，无心者自近也。

译　文

禅宗有一句名言："饿了就吃饭，困了就睡觉。"而做诗的秘诀是："多多运用眼前景致和口头语。"因为世间极高深的哲理，往往是产生于极平凡的事物中；极美的诗是出于无心的真情流露。可见有意者远于理，而无心者近于真。

评　析

这里不讲参禅悟道的深奥，单以作文咏诗的方法而言，这段话是很启发人的。凡事不可强求，同样文贵自然，诗咏情怀。"眼前景致口头语"，就是吟诗填词根本，不必靠辞藻和典故的堆砌，例如陶渊明的《寒山诗》中就无一句难解的词。苏东坡更有"到得归来无别事，庐山烟雨浙江潮"，这些都是在无心中所写出的纯真自然名句。关键是要真挚动人才会有神韵。禅宗受信教者的欢迎绝不是靠故作艰深的来吸引人，作文写诗也是如此。平凡中寓深义，大道理见于小道理之中。强求的事难做，无心插柳柳或许还会成荫。

身放闲处　心在静中

此身常放在闲处，荣辱得失谁能差遣我？此心常安在静中，是非利害谁能瞒昧我？

只要经常把自己的身心放在安闲的环境中，世间所有荣华富贵与成败得失都无法左右我；只要经常把自己的身心放在静寂的环境中，人间的功名利禄与是是非非就不能欺蒙我。

老子主张"无知无欲""为无为，则无不治"，否定一切圣贤愚智。世人常把"无为"挂在嘴边，实际上是做不到的。但一个人处在忙碌之时，置身功名富贵之中，的确需要静下心来修省一番，闲下身子安逸一下。这时如果能达到佛家所谓"六根清净，四大皆空"的境界，就会把人间的荣辱得失、是非利害视同乌有。这利于帮助自我调节，防止陷入功名富贵的迷潭，难以自拔。

幻形凋谢　本性真如

发落齿疏，任幻形之凋谢；鸟吟花开，识自性之真如。

老年人头发掉落牙齿稀疏是生理上的自然现象，大可任其自然退化而不必悲伤；从小鸟唱歌鲜花盛开中，我们认识了人类本性永恒不变的真理。

评析

生老病死是人生的自然规律，小鸟要歌唱，花儿要开放，人也要从新生走向衰老而至死亡。但是，一个人的真正衰老，并非单纯生理上的衰老，心理上的衰老最为严重，所以庄子才说"哀莫大于心死"。一个人到四五十岁只能算中年人，而中年才开始创造事业的人比比皆是。中年可说是人生的顶峰时代，已经有事业基础的正是发挥潜力的阶段，没有事业基础的也可创造。保持旺盛的生命力的关键是保持精神上的不断追求。即使到了老年只要精神不死又何妨追求？像书画家、作家、医生，越老经验越多，越老精神越弥健，一个人活到老学到老，以至童心不泯，青春常在，而不知老之将至。忘却生理的衰弱，就会心宽地阔，永远年轻。

扰中者不见寂　虚中者不知喧

原文

扰其中者，波沸寒潭，山林不见其寂；虚其中者，凉生酷暑，朝市不知其喧。

译文

内心充满欲望，能使平静心湖掀起汹涌波涛，即使住在深山古刹也无法平息；内心毫无欲望，即使在盛夏季节也会感到浑身凉爽，甚至住在闹市也不会察觉喧嚣。

评析

人的精神往往会产生出难以想像的作用，克服难以忍受的困难。精神上能把握定、静、安、虑、得的修养工夫，即使身临大难也不会苟且偷生，一切艰难困苦都不会使他们屈服，故佛教有"行人修德，虽火坑亦是

"青莲"的说法。有道高僧如法显、玄奘、鉴真，为了信仰，为了传教，克服了无数常人难以忍受之难，最终达到目的。他们这种坚韧不拔的精神来自他们内心的纯静和信念的执著，故不远万里去追求他们向往的目标。这种精神用之于常人，可钦佩的例子也是举不胜举。如变法英雄谭嗣同在危难之时决不苟且，镇定自若，临终还留下千古绝唱。人虽逝矣，精神不死。正由于有崇高的信念支撑着他，才使他面对生死同样心静如止。

知身不是我　烦恼更何侵

原　文

世人只缘认得我字太真，故多种种嗜好，种种烦恼。前人云："不复知有我，安知物为贵？"又云："知身不是我，烦恼更何侵？"真破的之言也。

译　文

只因世人把自我看得太重，所以才会产生种种嗜好种种烦恼。古人说："假如已经不再知道有我的存在，又如何能知道物的可贵呢？"又说"能明白连身体也在幻化中，一切都不是我所能掌握所能拥有，那世间还有什么烦恼能侵害我呢？"这真是至理名言。

评　析

古人的处世哲学，强调无我、无为的多，突出自我、自私的少。所谓耻于言利而突出义，就在于应当灭私欲而存大义。现代文明的发展，有人说人不自私天诛地灭，说明了自私乃人类天性之一。战国时杨朱提倡为我"拔一毛而利天下不为！"杨朱所以倡导极端自私主义，是因为战国时代的一些野心政客，经常以"国家人民"为借口，发动战争来满足更大的私欲，因此他才认为："假如人人都为我而不为他，那岂不是天下太平了吗？"可见杨朱的自私和此处所说的自私，两者的含义似是却又不同。不管怎么说，极端的自私自利不足取，不能取，为人处世，太过自私难有朋友，难寻合作者，也因为个人私欲太强，便会带来物欲的不满，带来无穷的烦恼。现代社会强调自我，是人格气质的自我，而非物欲、情欲的自我。

自老视少　在瘁视荣

原文

自老视少，可以消奔驰角逐之心；自瘁视荣，可以绝纷华靡丽之念。

译文

从老年回过头来看少年时代的往事，就可以消除很多争强斗胜的心理；能从没落后再回头去看荣华富贵，就可以消除奢侈豪华的念头。

评析

世事经历多了后，往往更能悟出其中的道理，大有曾经沧海难为水之叹。不管是道家奉劝世人消除欲望，还是儒家提倡贫贱不移的修养工夫，或者佛家清心寡欲的出世思想，都在告诉世人，不要在富贵与奢侈、高官与权势中去争强斗胜，浪费心机。人尤其在得意时，要多想想失意时的心情，以失意的念头控制自己的欲望。

不知今日我　又属后来谁

原文

人情世态，倏忽万端，不宜认得太真。尧夫云："昔日所云我，而今却是伊，不知今日我，又属后来谁？"人常作是观，便可解却胸中罥矣。

译文

人情冷暖世态炎凉，错综复杂瞬息万变，所以对任何事都不要太认真。宋儒邵雍说："以前所说的我，如今却变成了他；不知道今天的我，到头来又变成什么人？"一个人假如能经常抱这种看法就可解除心中的一切烦恼。

评析

沧桑变幻，世事无常，人情冷暖依旧。从古至今嫌贫爱富的故事太多，趋炎附势的例子无数。"世态有冷暖，人面逐高低"，宇宙是永恒的，但是世间万物却是变化的，所以唐代诗人崔岳写道"去年今日此门中，人面桃花相映红；人面不知何处去，桃花依旧笑春风"。在世事的变化无常面前，人更应保持纯真无瑕的心性，抛弃追名逐利的杂念，以真待人，以情暖人，使人间弃满欢乐与美好。

热闹中着冷眼　冷落处存热心

原文

热闹中著一冷眼，便省许多苦心思；冷落处存一热心，便得许多真趣味。

译文

在熙熙攘攘的人群之中，假如能冷静观察事物的变化，就可以减少很多不必要的心思；一个人穷困潦倒不得意时，仍能保持一股向上的精神，就可以获得很多真正的生活乐趣。

评析

事物总是辩证的。释伽的出世，老庄的无为，固然是为了寻求一种心理的安宁、气质的超脱，但如果到了与世隔绝不食人间烟火的地步，自己未必快乐，别人却视为怪物。所以人对世事不可太激进走极端，否则会为自己带来痛苦，也会为众人造成灾害，也就是儒家所说的过犹不及。"闹中取静，冷处热心"，就是成功时要想到失败，失败时要保留奋争精神，这实际上是一种明智的进取。

盛衰何常　强弱安在

原文

狐眠败砌，兔走荒台，尽是当年歌舞之地；露冷黄花，烟迷衰草，悉属旧时争战之场。盛衰何常？强弱安在？念此令人心灰！

译文

狐狸作窝的残壁，野兔奔跑的荒台，都是当年美人歌舞的胜地；菊花在寒风中抖擞，枯草在烟雾中摇曳，都是以前英雄争霸的战场。兴衰成败如此无情，而富贵强弱又在何方呢？想到这些，就会使人产生无限感伤而心灰意懒。

评析

胜迹怀古，各有情怀。世事沧桑，情随境迁，李白在乐游原上唱出"年年柳色，灞陵伤别。西风残照，汉家陵阙"。东坡临赤壁而咏成千古佳句："江山如画，一时多少豪杰。"刘禹锡的名篇《乌衣巷》和本段的意境不谋而合："朱雀桥边野草花，乌衣巷口夕阳斜；旧时王谢堂前燕，飞入寻常百姓家。"人生无常，盛衰何足恃？历史似乎总是循环的，但千万不可持"好了伤疤忘了疼""人生有酒须当醉，一滴何曾到九泉"的态度，这种态度太过悲观。但去争杀，在名与利中争来夺去又有什么价值呢？所以，人要修身养性，免蹈覆辙。

胸中无物欲　眼里自空明

原文

胸中即无半点物欲，已如雪消炉焰冰消日；眼前自有一段空明，时见月在青天影在波。

一个人心中假如没有丝毫物质欲望，就像炉火化雪太阳化冰一般快速而安然；眼前自会呈现一片空明开朗景象，宛如看见皓月当空月光倒映在水中一般宁静。

评 析

欲望太过强烈，心神就会受物欲蒙蔽，以致头脑昏聩而不明事理。这不是要绝欲望，而在于说明欲望淡泊便能使心情轻松，心情轻松就好像"月在青天影在波"，这样既能明心见性又能通达事理。宋儒周敦颐说："无欲则静，静则明。"心底清静，本性自现，本性现就会愉快，就会神清目朗，而见山水明而日月新。但无半点物欲不是一无追求，不是弃除物欲。什么事一走极端就会走向其反面，好事也会变成坏事。例如饮酒是乐事，也可成雅事，但如市井之徒光着脊梁吆三喝四狂喝滥饮，其喧嚣是噪音，其形象绝非豪爽本性而是粗俗，至于过度饮酒则伤身心。诗是雅事，是情与怀的抒发，但为诗而诗，无病呻吟，以诗为玩物岂非亵渎？事过头就会变质。

念净境空　虑忘形释

原 文

人心有个真境，非丝非竹而自恬愉，不烟不茗而自清芬。须念净境空，虑忘形释，才得以游衍其中。

译 文

人只要在内心维持一种真实的境界，没有音乐来调剂生活也会感到舒适愉快，无需焚香烹茶就会感到满室清香。只要能使思想纯洁意境空灵，就会忘却一切烦恼，超脱形骸困扰，如此才能使自己优游在生活的乐趣中。

评 析

丝竹赏心，品名气雅，但只要人的心性人的内在气质本身纯正清净，没有外物的赏心悦目，同样会显出一种雅致。佛家说"万物均有佛性"，意思就是万物之性与天性合一。人心都有一个真境，这一真境是从清静芬芳中自然产生。我们假如想要优游于这种境界中，就要先使内心清净。老庄说的清净无为，古人讲放浪形骸之外，就是要绝对断绝名利和物欲，使心境恬淡，绝虑忘忧，而优游于生活的乐趣之中。

妍丑何存　雌雄安在

原文

优伶傅粉调朱，效妍丑于毫端，俄而歌残场罢，妍丑何存？奕者争先竞后，较雌雄于着子，俄而局尽子收，雌雄安在？

译文

伶人在脸上搽胭脂涂口红，把一切美丑都决定在化妆笔的笔尖上，转眼之间歌舞完毕曲终人散，方才的美丑又到哪里去了呢？下棋在棋盘上激烈竞争，把一切胜负都决定在棋子上，转眼之间棋局完了子收人散，方才的胜败又到哪里去了呢？

评析

宋儒邵尧夫咏下："尧舜指让三杯酒，汤武争逐一局棋。"的名句，因为，在他看来，善善者只不过是三杯酒的事，恶恶者只不过是一局棋而已。人生不过数十寒暑而已，一切是非成败在历史长河中都是短暂的，万般事物在弹指之间就消失得无影无踪。掌上千秋史，一册在手，跨越千年，风云人物，尽收眼底，那时的人生也如眼前的人生。好比演戏粉墨登场，喜怒哀乐悲欢离合，尔虞我诈你争我夺。可是刹那之间舞台上又会换上一批新角色。封建时代有其特定的环境，但都离不开为了利益之争而征战厮杀，如棋局上的子儿，各布奇谋，实际上在让生灵涂炭。由此而知人，人生那么短暂，转眼即逝，又何苦费尽心机，谋富觅贵而不择手段呢？

一念之差　咫尺千里

原文

人人有个大慈悲，维摩屠刽无二心也；处处有种真趣味，金屋茅舍非两地也。只是欲闭情封，当面错过，便咫尺千里矣。

译文

每个人都有仁慈之心，维摩诘和屠夫是刽子手的本性是相同的；世间到处都有合乎自然的真正的生活情趣，这一点富丽堂皇的高楼大厦和简陋的茅草屋也没什么差别。可惜人心经常为情欲所封闭，因而使真正的生活情趣错过，不能排除物外杂念，虽然只在咫尺之间，实际上已相去千里了。

评析

在古人的人性观中，孟荀二人最有代表性，荀子主张性恶，孟子主张性善，孟子认为"人皆有恻隐之心，是非之心，辞让之心，羞恶之心"。不管怎么说，人性的善恶并不因为外部世界的财富差异有区别。天地间充满了真善美，这种天然情趣也存在于寒门蔽户中，跟富贵人家的高楼大厦毫无不同。从精神享受而言，人生是否能有真快乐只是存乎一念之间，假如贪得无厌作恶多端，即使住金屋也空虚难耐，假如乐天知命或毫无邪念，即使住茅屋也会感到愉悦充实。这里的存乎一念，主要指修养的程度，没有追求这一念的精神，人的本性就会在客观世界的影响中发生质变。

诗家真趣　禅教玄机

原文

一字不识而有诗意者，得诗家真趣；一偈不参而有禅味者，悟禅教玄机。

译文

一个目不识丁的人说起话来却充满诗意，这种人才算得到诗人真情趣；一个一偈也不研究的人说起话来却充满禅机，这种人才算真正领悟了禅宗高深佛理。

评析

这可不是说不要学习就会了一切。有的人天资好，悟性高，虽然可能没有学习书本知识，却能浸于大自然之中陶冶自己。古人说"酒有别肠，诗有别才"。禅宗更有所谓"不立文字"的教条，所以很多禅学都在教外别传，一切教法都不拘泥于文字。禅宗六祖惠能是新州的一名樵夫，某日在街上听人诵《金刚经》而有所了悟，于是就专程到黄梅山大满禅师那里当捣米和尚。有一天大满禅师在700多禅师面前，要考验一下神秀上座悟解禅机的程度，结果目不识丁的惠能却远超过神秀，立即咏出"菩提本无树，明镜亦非台，本来无一物，何处惹尘埃"一偈。一个天资好的人，肯下功夫在自己力所能及的领域磨练自己，再经过一定的教育培养是可以出成绩的，反之有些有天赋的人，少年成名，像宋朝王安石记述的方仲永，由于后天不再努力学习，终为庸人。天资再好的人后天也要努力学习，不然再高的天资不经修磨便会渐渐平庸如常人。

人心不同　各如其面

原文

　　吉人无论作用安详，即梦寐神魂，无非和气；凶人无论行事狠戾，即声音笑语，浑是杀机。

译文

　　一个心地善良的人，言行举止总是镇定安详，即使在睡梦中的神情也都洋溢着一团祥和之气；一个性情凶暴的人，不论做什么事都手段残忍，甚至在谈笑之间也充满了让人恐怖的杀气。

评析

　　俗话说，江山易改，秉性难移，一个人的个性可以表现在他生活的各个方面，想伪装是很难的，是不会长久的。大凡一个遵守礼法的人，由于他的内心毫无邪念，所以言行显得善良，每个人都觉得他和蔼可亲。由于心地善良，不论处在任何时候，都能散发出一种安详之气；反之一个生性残暴的人，不论处于何时，总会令人感到一种恐怖之气。因为这种人时时想着算计别人，占有其他。可见一个人是善是恶，能从他的言谈举止中察觉，即使在梦中也显出各自的心性。路遥知马力，日久见人心，我们在为人处世中，在工作中必须善于识人才对。

少事即是福　多心才是祸

原文

　　福莫福于少事，祸莫祸于多心。唯苦事者，方知少事之为福；唯平心者，始知多心之为祸。

译文

　　一个人最大的幸福莫过于无扰心的琐事可牵挂，一个人的灾祸没有比疑神疑鬼更可怕的了。只有那些整天奔波劳碌琐事缠身的人，才知道无事一身轻是最大的幸福；只有那些经常心如止水宁静安详的人，才知道猜疑是最大的灾祸。

评 析

　　一个有为的人应当具备"大智若愚，大巧似拙"的境界，这样就不会被琐事缠身，不会为闲言困扰。而一个平常人的生活，也应该是以一生平安无事没有任何祸端为幸福的。所有祸端多半是由多事而招来，多事又源于多心，多心是招致灾祸的最大根源。所谓"疑心生暗鬼"，很多人由于疑心而把事情弄坏，其道理就在于此。所谓"君子坦荡荡，小人长戚戚"，一个心地光明的人自然俯仰无愧，根本不用怀疑别人对我有过什么不利的言行。只有庸人、小人、闲人才整天为闲事、琐事忙碌，为依附权势争夺名利奔波，为人言碎语费尽心神地猜疑，可见他们的思想境界很低，难以意识到自己的可笑、可悲。

有心求不得　无意功在手

原 文

　　施恩者，内不见己，外不见人，则斗粟可当万钟之惠；利物者，计己之施，责人之报，虽百镒难成一文之功。

译 文

　　施恩惠给别人的人，不可老把恩惠记在心头；不应有让别人赞美的念头；这样即使是一斗米也可收到万钟的回报；用财物帮助别人的人，如果计较自己对人的施舍，而且要求人家的报答，这样即使是付出一百镒，也难收到一文钱的功效。

评 析

　　人应有助人为乐的精神，助人并以之为乐就上升为一种高尚的道德情操。施恩惠于人而不求回报，是"为善不欲人知"，是一种发自内心的真诚。所谓"有心为善虽善不赏，无心为恶虽恶不罚"，假如抱着沽名钓誉的心态来行善，即使已经行了善也不会得到任何回报，出于至诚的同情心付出的可能不多，受者却足可感到人间真情。所以，施之无所求，有所求反而会没有功效。

贫而有余　拙而全真

原　文

奢者富而不足，何如俭者贫而有余；能者劳而府怨，何如拙者逸而全真。

译　文

奢侈无度的人财富再多也感到不够用，这怎么比得上虽然贫穷却生活节俭而感到满足的人呢；有才干的人假如由于心力交瘁而招致大众怨恨，哪里比得上笨拙的人由于安闲无事而能保全纯真本性。

评　析

任何事都是相对的，不以相对的观点看待事物往往会走向绝对，而把事物固定化，一成不变。像钱财于现代生活，不可或缺但以之为生活的全部就走向了极端。生活奢侈的人，无论有多少财产，到头来也都挥霍精光，表面看来他好像很快乐，其实他内心常感不满足，因为他的财产越多欲望越强，可见人的欲望有如永远填不满的沟壑。反之一个生活节俭的人，他们平日能量入为出，虽然并非富有，但是在金钱上从来没有感到不足，因此在欲望上也就没有非分之想，平平安安过个极快乐的日子。生活上要有知足感，工作中要讲究方法。不能因为自己有多方面的才能便事必亲躬，处处辛劳，结果可能会招致怨恨还办不好事情。对于一般人而言，能而劳，可能就压抑了别人的才能，使别人无从表现；如果是当权者，其能不应表现在自己如何亲为上，而在于怎样组织、管理，使每个人都可显其所能。而且，任何矛盾的出现是因为事做了，局面活了，矛盾便开始出现了；一潭死水时人们心意相对稳定。那么谁做就成了矛盾中心，不集怨而何？闲者置身局外当然会有时间去评头论足了。所以能应是相对的，个人的能不可能包容大家的能。做事前理应先看看想想。

贪者图名　拙者用术

原文

真廉无廉名，立名者正所以为贪；大巧无巧术，用术者乃所以为拙。

译文

一个真正廉洁的人不与人争名，不一定有很响亮的名声，那些到处树立名誉的人，正是为了贪图虚名才这样做。一个真正聪明的人不炫耀自己的才华，那些卖弄自己聪明智慧的人，实际上是为了掩饰自己的愚蠢才这样做。

评析

生活中，人们对喜欢耍小聪明的人很讨厌，对欺世盗名之辈更是深恶痛绝。因为好名声必须凭真本领，如果为了博取人们的歌功颂德而不择手段，虽然可以名噪一时，却欺骗不了历史。所以一个真正廉洁的人，由于他廉洁的动机不在于让人歌功颂德，自然也就不会廉名远播；一个有大智慧的人决不会靠卖弄小聪明，炫耀才华来提高身价。想做点事业的人，应该认清真廉之名，大巧之人，以防被伪君子和耍小聪明的人所迷惑。

拔除名根　消融客气

原文

名根未拔者，纵轻千乘甘一瓢，总堕尘情；客气未融者，虽泽四海利万世，终为剩技。

译文

名利思想没有彻底拔除的人，即使他能轻视富贵荣华而甘愿过清苦的生活，最后仍然无法逃避名利世俗的诱惑；一个受外力影响而不能在内心加以化解的人，即使他的恩泽能广被四海以至遗留万世，其结果仍然算是一种多余的伎俩。

评析

争名夺利之累人所共知，而名利之诱惑确也太大。一个人不铲除名利观念，随时都会有追逐名利的念头产生，不论他如何标榜清高声称退隐林泉，都不过是以退为进的托词。尤其在唐朝，退隐成了争名的一种必然方式，即所谓"终南捷径"。许多人不如意时便高歌隐退，一有时机，便马上出世。唐代的卢藏用本来功名心很强，可是他却善于造作而隐居京师附近的终南山，当他由于清高之名而很快获得朝廷征用时，他竟毫不隐讳的指着终南山说："此中大有佳趣！"只有正气一身，道德纯真的人才可能淡泊名利。其实一个人隐世出世是次要的，关键是要看他的修养，是正气居多还是私心杂念满身，要看他的行为是不是利国利民。

洁出自污　明蕴于晦

原文

粪虫至秽，变为蝉而饮露于秋风；腐草无光，化为萤而耀采于夏月。固知洁常自污出，明每从晦生也。

译文

粪土里所生的虫是最脏的虫，可是一旦蜕化成蝉，却只喝秋天洁净的露水；腐败的野草本来毫无光华，可是一旦孕育成萤火虫，却能在夏天的夜空中闪闪发光。由此可知，洁净的东西常常是从污秽中得到，光明常常在黑暗中产生。

评析

对一个有所作为的人来讲，应具备这样一种认识：出身微贱不是有作为的决定条件，不能因此自艾自怨而自卑，而要想方设法去改变命运的安排。生活在恶劣的环境里，如果是自然环境，需要自己勇于克服困难、战胜环境的艰险；如果是生活环境，不能因此而同流合污而堕落。有的时候，先天的环境可能难以改变，但自我形象却可以通过后天的努力而变化。古语说，"将相本无种，男儿当自强"。可见一个人不必为了环境不好而苦恼，关键是要自强、自尊、自爱、自律才有可能实现自我。不但如此，有时往往物极必反，生活环境越好越使人容易腐化堕落。人性也跟物性相同，越是温暖或暑热的地方，东西越容易腐臭，寒冷的地方却能使东西保持常久新鲜。人在清苦的环境中，最容易激发斗志，古今中外很多伟人，都是从他们青少年时代的艰苦环境中奋斗成功的。由此观之，环境的清洁与污秽是相对的，清洁中未必没有腐物，污秽中未必不出有益的东西。所处环境对人的成长的制约也是相对的。

功名利禄　终是了了

原文

人知名位为乐，不知无名无位之乐为最真；人知饥寒为虑，不知不饥不寒之虑为更甚。

译文

人们都知道求得名誉和官职是人生一大乐事，却不知道没有名声没有官职的人生乐趣是最实在的；人们只知道饥饿寒冷是最痛苦最是值得忧虑的事，却不知道在更不愁衣食后，由于种种欲望，而患得患失的精神折磨才更加痛苦。

评析

按现代心理学的说法，人的需求是有层次的，当生活温饱解决之后，在精神上就产生了不同的层次需求。安贫乐道，消极等待是不对的，因为人们追求财富显贵而使生活过得更好些是很现实的，但并不能因此而忘却自身的修养。何况人们在没有达到一定需求层次时想像中的美好往往占满脑海，就像古时的农人只知皇帝生活好，但好到什么程度就没法想像了，更不知道每个层次都有不同的烦恼。例如曹雪芹的《红楼梦》中写了一首"好了歌"说明了世俗心理："世人都晓神仙好，惟有功名忘不了！古今将相在何方？荒冢一堆草没了！世人都晓神仙好，只有金银忘不了！终朝只恨聚无多，及到多时眼闭了。"陶渊明不为五斗米折腰，挂冠而归田园，因为他讨厌官场倾轧，权势灼人，成为千古美谈。从这种寻求内心平衡和道德完善的角度来讲，生活清贫而不受精神之苦，行为相对自由洒脱而不受倾轧逢迎之累是可羡慕的，安贫乐道未尝不好。

恶中犹有善　善处却见恶

原　文

为恶而畏人知，恶中尤有善路；为善而急人知，善处即是恶根。

译　文

一个人做了坏事而怕别人知道，这种人还保留了一些羞耻之心，也就是在恶性之中还保留一点改过向善的良知；一个人做了一点善事就急着让人知道，证明他行善只是为了贪图虚名和赞誉，这种有目的才做善事的人，在他做善事时已经种下了恶根。

评　析

道德修养是心灵的磨练，而沽名钓誉之辈常以善举来装点自己的形象。每个人都有良知，作恶而知可耻，唯恐被人知道，还有羞耻之心，就证明他还不为大恶，因为无耻之耻才是真正耻辱，即所谓恬不知耻。孟子说"羞恶之心人皆有之"，有这种羞恶之心乃是维持人性不堕落的基石。但是世俗的急功近利，往往为伪君子提供了生存的空间；人际的尔虞我诈则为作恶者铺平了繁衍的温床。一个正直的人在生活中必须以自己的正气来识别和战胜这些丑恶。

福不可邀　祸不可避

原　文

福不可徼，养喜神，以为召福之本而已；祸不可避，去杀机，以为远祸之方而已。

译　文

幸福不可强求，只要能经常保持愉快的心情，就算是追求人生幸福的基础；人间的灾祸难以避免，首先应当能消除怨恨他人的念头，才算是远离灾祸的良策。

评　析

追求幸福算得上是社会发展的动力之一，对个人来讲，幸福固然不可强求，但是谁也不会无缘无故地把幸福赏赐给你。一个人要想追求幸福还须靠自己奋斗。虽然每个人的幸福观不一样，但追求的期望太高失望就会更大，只有在奋斗时抱着只问耕耘不问收获的达观态度才能保持一种乐观。这样即使不是刻意追求幸福，幸福也会因你的努力而到来。世人对幸福总是争先恐后，一遇灾祸却都想逃避，可逃避不是解决问题的办法，只有心存忠厚，多反省自己，少怨恨别人，才可能远离灾祸。这样虽然不一定有福降临，但也绝不至于招来祸患。

天理路甚宽　人欲道也窄

原　文

天理路上甚宽，稍游心，胸中便觉广大宏朗；人欲路上甚窄，才寄迹，眼前俱是荆棘泥涂。

译 文

天道就像一条宽敞的大路，只要人们稍一用心探讨，心灵深处就会觉得豁然开朗；人世间欲望就好像一条狭窄的小径，刚把脚踏上就觉得眼前全是一片荆棘泥泞，稍不小心就会陷进泥淖寸步难行。

评 析

人生在世是及时行乐还是追求理性，存在两种不同的生活方式。凡是能合乎天理的大道，随时随地都摆在人们的面前供人行走，这条路不能满足人的种种世俗的欲望，而且走起来枯燥寂寞，假如世人能顺着这条坦途前进，会越走越见光明，胸襟自然恢弘开朗，会觉前途远大。反之世人的内心总充满欲望，而欲望的道路却是非常狭隘的，虽然可以满足一时的虚荣、杂念，可走到这条路上理智就遭受蒙蔽，于是一切言行都受物欲的驱使，前途事业根本不必多谈，就连四周环境也布满了荆棘，久而久之自然会使人坠入痛苦深渊。追求物质需求和情感要求是必要的、合理的，但如果因此而沉溺就不是明智之举；从长远看，人生应该有高层次的追求才对。

惺惺不昧　独坐中堂

原 文

耳目见闻为外贼，情欲意识为内贼，只是主人翁惺惺不昧，独坐中堂，贼便化为家人矣！

译 文

耳闻目见的现象好比是外来的盗贼；发自内心的意念好比是家贼。只要头脑清楚，那就好比明察秋毫的主人坐在中堂，而"家贼"、"外贼"就都会化为宝贵的财富。

评 析

　　现代生活灯红酒绿纸醉金迷，物质的诱惑前所未有，不是为了生存发展，而是为了满足无度膨胀的欲望。外界的诱惑与内心的欲望两者交替爬升，最终膨胀到人为物役，那与行尸走肉有何区别？人在世界上生存，总会有各种各样的欲望，合理的当然应该满足，过分的就要压制排除，否则终会沦落到贪婪无度，而又不能物尽其用，这可谓是双重的浪费。要能克制无度的欲望，需要对生活与自我清醒地认识。要驾驭自己的欲望而不是盲目地为欲望所驱使，这才是人与动物的区别，是人之为人的凭借。

人生一世　善始善终

原 文

　　声妓晚景从良，一世之烟花无碍；贞妇白头失守，半生之清苦俱非。语云："看人只看后半截，"真名言也。

译 文

　　妓女晚年从良，从前的卖笑生涯就不再被人计较；贞妇晚年失节，半辈子的清苦便一笔勾销。俗话说"看人只看后半生"，此话确实有一定道理。

评 析

　　有个老木匠准备退休，老板答应了，但请他帮忙再建一座房子。老木匠虽然答应了，但大家都能看出来他的心思已经不在工作上了。用料不严格，做的活计也没有往日的水准。房子建好以后，老板把钥匙交给老木匠，说："这是我送给你的礼物。"老木匠愣住了。他这一生盖了无数好房子，最后却为自己建了这样一幢粗制滥造的房子。中国传统文化历来讲"善始善终"，开头不好，也可能在过程中得到修正，最后取得好的结局；但是有好的开头，却不能坚持到底，反而以残局收场，再好的开头又有什么意义呢？

无位公相　有爵乞人

原文

平民肯种德施惠，便是无位的公相；士夫徒贪权市宠，竟成有爵的乞人。

译文

一个普通百姓只要肯多积功德广施恩惠，就像是一位没有实际爵位的卿相受人景仰；反之一个达官贵人只是一味贪图权势，把官职权力作为一种买卖欺下瞒上，炙手可热，这种人行径卑鄙得如同一个带爵禄的乞丐一样。

评析

行善或作恶不在名位高低，在于人的品行；其区别在于有爵之人影响比平民大些而已。假如一个人热衷于功名利禄贪恋权位又没有品格，那他为了攀龙附凤获得权位就会阿谀谄媚，胡作非为，拉帮结派、招朋呼友、争权纳贿等无耻行径，也会接踵而至。这种精神上、人格上的乞丐在现实生活中却很多，也很可憎。

诈善君子　不及小人

原文

君子而诈善，无异小人之肆恶；君子而改节，不及小人之自新。

译文

伪装善良的正人君子，和恣意作恶的小人没什么区别；君子如果改变自己的操守志向还不如一个小人痛改前非重新做人。

评析

俗话说明枪易躲，暗箭难防。但生活中的暗箭却是防不胜防。许多道貌岸然的人貌似忠厚的君子，满口仁义道德，其实肚子里净是阴谋诡计，男盗女娼。有些自称"虔诚"信教的人，藉宗教名义，施小仁小惠，既不知道《圣经》耶稣，也不知道释迦牟尼。像这种伪君子，假教徒，理应受到社会唾弃。但在现实生活中，这些披着道德外衣的人往往还能得逞于一时，欺世盗名。由于披上了一层伪装，识别起来更难。

奢欲无度　自铄焚人

原文

生长富贵家中，嗜欲如猛火，权势似烈焰，若不带些清冷气味，其火焰不至焚人，心将自铄矣。

译文

生长在豪富权贵之家的人，不良嗜好的危害有如烈火，专权弄势的脾气有如凶焰；假如不及早清醒，用清淡的观念缓和一下强烈的欲望，那猛烈的欲火虽然不至粉身碎骨，终将会让心火自焚自毁。

评析

人的欲望是无止境的，有了财富还希望有权力，有了权力还希望满足其他想法。如果没有一个良好的道德水准，没有一定的理智，那么就容易胡作非为，任性胡来。从这个意义来说，欲念好比是烈火，理智好比是凉水；凉水可以控制烈火，理智可以控制欲念。一个生长在富贵之家的人，没有道德修养来缓和一下强烈的各种欲念，那他就会随心所欲为非作歹，声色犬马尽情欢乐，不但腐蚀人心危害社会，也必然会使自己走向"自烁"的毁灭之途。可见一个人的道德修养、思想境界很重要，尤其是有了一定物质基础的人，如果不注意培养自己高尚的情操，没有一个正确的人生观，那么他的各种欲望就会恶性膨胀，不仅会毁掉他的财富，也会使他自己的精神处于崩溃状态，而自毁其生。

持盈履满　君子兢兢

原　文

老来疾病，都是壮时招的；衰后罪孽，都是盛时造的。故持盈履满，君子尤兢兢焉。

译　文

年纪大时，体弱多病，都是年轻时不注意爱护身体所招来的病根儿；一个人事业失意以后还会有罪孽缠身，那都是得志时埋下的祸根儿。因此一个有高深修养的人，即使生活在幸福环境处在事业巅峰，尤其要兢兢业业，戒骄慎言，为今后打下好基础。

评　析

人总喜欢回忆过去，而很少实实在在地预测未来。人的一生变化无常，"得意无忘失意日，上台勿忘下台时，"所以一个人在春风得意时要多做好事多积阴德，免得失势以后留下罪孽官司缠身。世事变幻难测，所以，一个人不论出身多么高贵，地位多么荣耀，尤其在官场上，所谓多行善事正是为今后着想；就像是人的体格，青壮时不注意保养锻炼，老来多病又能怪谁呢？而一个有修养有道德的人，在顺境、在有势时，总是小心翼翼，居安思危，决不会像市井之徒那样抱今朝有酒今朝醉的态度。

君子所行　独从于道

原文

曲意而使人喜，不若直躬而使人忌；无善而致人誉，不若无恶而致人毁。

译文

一个人与其委屈自己的意愿去博取他人的欢心，实在不如以刚正不阿的言行而遭受小人的忌恨，使人能赞同其品行；一个人没有善行而接受他人的赞美，还不如没有恶行劣迹却遭受小人的诽谤。

评析

每个人待人做人的方式是不一样的，有的人喜欢曲意迎合，不明确表达意愿；有的人喜欢直言不讳，光明磊落。对小人来讲听到刚正不阿的言语当然忌恨；而曲意者，要么是图人喜欢，要么有所乞求。人人都爱听好听的话，小人和当权者尤其如此，而正派的人则很看不惯那种阿谀像。一个根本没有善行的人而受到赞誉，这种小人的行为只能欺骗无知者，有识之士听了就会反感，因为这是阿谀者常用的手法；一个根本没有恶行的人而遭受诽谤，这种诽谤虽然都是出于无知者的攻击，但却能博得有识之士的同情。因为一些自己不求上进而自甘堕落的人，在心理上很不平衡，他们看到正直善良的人就不顺眼，于是就造谣生事进行诋毁，妄想使自己不平衡的心理能得到某种补偿，这种人可悲而又可恨。

妍媸相对　洁污相仇

原文

有妍必有丑为之对，我不夸妍，谁能丑我？有洁必有污为之仇，我不好洁，谁能污我？

译 文

事物有美好就有丑陋来对比，假如我不自夸美好，又有谁会讽刺我丑陋呢？世上的东西有洁净就有肮脏，假如我不自好洁净，有谁能脏污我呢？

评 析

事物是相对的，从发展变化的观点看，相对的事物在一定条件下可以发生变化。美与丑，洁与污以及善恶、邪正、阴阳、长短等是相互转化并相互制约的，有善就有恶，有美就有丑。假如没有恶和丑可能就没有善与美，因为美丑善恶是比较衬托才看出来的。明白这样一种现象的内在变化条件，那么人对一些事物的看法就要用超然的态度，把事物看成一个相联系的整体而不要就事论事，对任何事情采取一种极端看法做法都是有害的。要在精神上能超越美丑洁污之上，对此无所偏好，人们也就难于有所毁誉。人固然会有许多癖好，一个有修养的人必须自省其所好的道德水准，看看和志向一致否。

富贵多炎凉　骨肉尤妒忌

原 文

炎凉之态，富贵更甚于贫贱；妒忌之心，骨肉尤狠于外人。此处若不当以冷肠，御以平气，鲜不日坐烦恼障中矣。

译 文

世态炎凉冷暖的变化，在富贵之家比贫穷人家显得更鲜明；嫉恨、猜忌的心理，骨肉至亲之间比陌生人显得更厉害。一个人处在这种场合假如不能用冷静态度来应付这种人情上的变化，用理智来压抑自己不平的情绪，那就很少有人不陷于如日坐愁城中的烦恼状态了。

人在没有得到一种东西以前便会以这种东西作为奋斗目标，而有了这种东西便有了利益之争。"共患难易，共富贵难"，富贵之家往往为了争权夺利而父子交兵或兄弟阋墙。汉武帝、武则天、唐太宗等无不为了权力而曾骨肉相残，二十四史中这样的事例随处可见。残暴的隋炀帝，已经被册立为太子，可是为了早日当皇帝竟谋杀亲父隋文帝而即位。人往往是有了钱还要更多些，有了权还要更大些；以至生活中终日钻营处处投机的小人，像苍蝇一样四处飞舞，个人的私欲总处于成比例的膨胀状态。如此现实，的确需要人们提高修养水平，用理智来战胜私欲物欲。否则亲情不在，富贵不保。

显恶祸小　阳善功小

原文

恶忌阴，善忌阳。故恶之显者祸浅，而隐者祸深；善之显者功小，而隐者功大。

译文

一个人做了坏事最担心的是容易被人发觉，做了好事最不宜的是自己宣扬出去。所以坏事如果能及早被发现那灾祸就会相对小些，如果不容易被人发现那灾祸就会更大；如果一个人做了好事而自己宣扬出去那功劳就会变小，只有在暗中默默行善才会功德圆满。

评析

人不能做坏事，做坏事而损人利己，会让人憎恶，有的事不论对他人或自己都会造成极大灾祸。一般来讲，做在明处的坏事人们看得见或许还可以预防弥补，做在暗处的坏事更讨厌，让人防不胜防，这种阴坏的危害更大。一个人从哪个方面讲都不应做坏事，而是应该抱着为善不求名的态度。行一点善而做好事不是为了宣扬吹捧，至于别人宣扬是为了推广这种精神，自己宣扬则失去了做好事的目的。这种好事在客观上是有益的，在主观上过分宣扬则表明是动机不纯；从做人角度看，等于伤害了受惠者自尊心，反而表现出一种沽名钓誉的卑鄙心理。帮助别人应是全身心投入，默默地奉献。

返己辟善　尤人浚恶

原文

反己者，触事皆成药石；尤人者，动念即是戈矛。一以辟众善之路，一以浚诸恶之源，相去霄壤矣。

译文

经常作自我反省的人，日常接触的事物，都成了修身戒恶的良药；经常怨天尤人的人，只要思想观念一动就像是戈矛一样总指向别人。可见自我反省是通往行善的途径，怨天尤人是走向奸邪罪恶的源泉，两者之间真是天壤之别。

评析

每个人看问题的方法不一样，站的角度不一样，得的结论自不相同；刺激相同，反应各不相同。所以一个人肯多作自我检讨，万事都可变成自己的借鉴，孔子说"见贤思齐，见不贤而内自省"。"内省"就是一种"反己"功夫。但是生活中的很多现象往往是相反的，遇到了种种矛盾往往埋怨对方，碰见了冲突，总是指责对方，什么事总是自己对，总是从自己的角度出发。这种人对物质利益显得自私，在人际交往上同样自私。因为不能自省，所以总觉得不平衡，总难进步。又如报纸经常报道犯罪事件，有的人反对绘声绘影报道得太详细，认为如此等于在教有犯罪倾向的人去模仿作案。奉公守法的君子看到，却引为一大镜鉴，而对不知自省的人来说，就只知埋怨。指责或者看热闹。

机里藏机　变外生变

原　文

鱼网之设，鸿则罹其中；螳螂之贪，雀又乘其后。机里藏机，变外生变，智巧何足恃哉。

译　文

本来是张网捕鱼，不料鸿雁竟碰上落在网中；贪婪的螳螂一心想吃眼前的蝉，不料后面却有一只黄雀想要吃它。可见天地间事太奥妙，玄机中还藏有玄机，变幻中又会发生另外的变幻，人的智慧计谋又有什么可恃的呢？

评　析

孔子主张"尽人事以听天命"。对于人来讲，不可知的东西太多了，许多事往往用尽心思仍一无所得。而在生活中，所谓"螳螂捕蝉，黄雀在后"的事太多了，"人为财死，鸟为食亡"的事更是俯拾皆是。任何事物都不是孤立存在的，往往一环套一环，牵一发而动全身。对于物欲的贪求，有时偏偏"有心栽花花不开，无心插柳柳成荫"。有的时候却是"机关算尽太聪明"，最终一无所得。当然"智巧何足恃"并不是说人应任凭大自然摆布，一定要探索自然，克服天敌，进而认识掌握事物的变化周期和发展规律。

清心寡欲　安贫乐道

原　文

交市人不如友山翁，谒朱门不如亲白屋；听街谈巷语，不如闻樵歌牧咏，谈今人失德过举，不如述古人嘉言懿行。

译文

交一个市井之人做朋友，不如交一个隐居山野的老人；巴结富贵豪门，不如亲近平民百姓；谈论街头巷尾的是非，不如多听一些樵夫的民谣和牧童的山歌；批评现代人的错误，不如多讲讲看看古圣先贤的格言善行。

评析

发思古之幽情，入自然之怀抱。是人生的一大乐趣。听渔翁樵夫歌，与世外高人交是雅士交人的一种追求。所谓修身养性，如果结交的是市井小人，所听的是追逐利益的俗事；如果整天奔走富贵豪门之家，听到的都是功名利禄的权势之争；假如经常谈论左邻右舍的是非，昨日今日的闲言，那么心难静，气不顺，神不宁，心则何安？人不能逃避世事，不承担社会责任，但为大事者必须要有超脱世俗的心境，才可能修身养德，才可能为一展大志不息奋斗。

意兴难久　情识难悟

原文

凭意兴作为者，随作则随止，岂是不退之轮？从情识解悟者，有悟则有迷，终非常明之灯。

译文

凭一时感情冲动和兴致去做事的人，等到热度和兴致一过事情也就跟着停顿下来，这哪里是能坚持长久奋发上进的做法呢？从情感出发去领悟真理的人，有时能领悟的地方也会有被感情所迷惑的地方，这种做法也不是一种永久光亮的灵智明灯。

评析

这是用佛理喻世事。不退之轮，就是佛经里所说的法轮，如来说法时，经常运用佛法摧毁众生的执迷邪恶，使众生恍然大悟之后转成正见，这种道理很像车轮压过的地方一切邪见都被摧毁。有时也叫"不退转轮"。"不退之轮"，是说进德修业的心永不停止。此处反过来看，人们做事很少从理性出发，往往凭借一时的兴致，难持之以恒。而理解事物缺乏一定之见，情之所致拆东墙补西墙，难以领悟人生真谛。

为奇不求异 求清不为激

原文

能脱俗便是奇，作意尚奇者，不为奇而为异；不合污便是清，绝俗求清者，不为清而为激。

译文

思想超越一般人又不沾世俗气的人就是奇人，可是那种刻意标新立异的人不是奇而是怪异；不同流合污就算是清高，可是为了表示自己清高而就和世人断绝来往，那不是清高而是偏激。

评析

当一种新的思潮涌现的时候，人们对不破不立的观点很欣赏，在行动上往往是有过之而无不及。在俗与雅，庸俗与清高的选择上，很多人赞赏清高儒雅的人。一个人如果能舍弃名利，当然值得景仰。可是假如为了提高知名度就标新立异故作怪论，这种人实际上是俗人伪装的怪人，是一种沽名钓誉的小人。处于污浊俗世而心却不受沾染的人，他的品德就像莲花出污泥而不染，会永远保持洁净。假如心存俗念却又矫揉造作跟世俗断绝，以标榜自己的清高，这是一种偏激狂妄的行为。清而奇是旁人的想法，对一个修养好的人来讲，保持清白高雅的境界是很自然而无须造作的事，李白诗云："清水出芙蓉，天然去雕饰"即此意。

好利者害浅　好名者害深

原文

好利者逸出于道义之外，其害显而浅；好名者窜入于道义之中，其害隐而深。

译文

一个好利的人，他的所作所为不择手段越出道义范围之外，逐利的祸害很明显，容易使人防范；一个好名的人，经常混迹仁义道德中沽名钓誉，他所做的坏事人们不易发觉，结果所造成的后患都非常深远。

评析

坏人坏事人人痛恨，因为坏人坏事显而易见，明显地违背公德，害人祸世。可怕的是欺名盗世之辈，沽名钓誉之流。尤其是那些身居要职的人，如果不是德才兼备，却是用名来装点自己，作为捞取政治资本的手段，那么这类人就可能在表面上大言不惭、悬壶济世，骨子里只为私利，一肚子男盗女娼，还可能利用手中权力祸害民众，贪污腐化，"好名者害隐而深"，这类人算是一种典型。

小人之心　宜切戒之

原文

受人之恩，虽深不报，怨则浅亦报之；闻人之恶，虽隐不疑，善则显亦疑之。此刻之极，薄之尤也，宜切戒之。

译文

受人的恩惠虽然很多很大也不设法报答，但是一旦有一点点怨恨就千方百计报复；听到人家的坏事即使很隐约也深信不疑，而对于人家的好事再显也不肯相信。这种人可以说刻薄冷酷到了极点，做人应该严加戒绝。

评析

传统文化中历来有"隐恶而扬善"的美德。孔子说："或曰：以德报怨何如？子曰：何以报德？以直报怨，以德报德。"做人要恩怨分明，更应有这样一个思想境界。达到这样一个境界，如果没有长久的磨练，宽厚的胸怀，良好的道德基础是不行的。在生活中，很多人好打听别人的隐事、坏事，所谓"好事不出门，恶事传千里。"有的人是出于一种好奇显能的恶习，有的人却是出于一种记恶心态，出于秋后算账的要求；有的人不仅知恩不能涌泉相报反而会反目成仇。如此种种人的行为，使人际间的关系，有时真如刀枪相见，远谈不上"和谐"二字了。所以隐恶扬善不仅是一种品德修养，一种交际方式，也是人际和谐的一个前提，这和做人不讲原则不一样。

鄙啬伤雅道　曲谨多机心

原文

俭，美德也，过则为悭吝，为鄙啬，反伤雅道；让，懿行也，过则为足恭，为曲谨，多出机心。

译文

节俭，是一种美德，但节俭过了头就是吝啬，会被人看不起，这样反而败坏了节俭的名声；谦让，是一种美德，但谦让过了头就会有谄媚之嫌，会使人觉得谨小慎微，这种做法多半出于投机之目的。

评析

"成由俭败由奢"，这是经无数历史事实证明了的真理。俭朴是"强本节用"的美德，也是成就事业的必备品德，没有人可以挥霍无度而财富还能保持得长久。但是俭朴与吝啬是有着本质区别的。俭朴是物尽其用的美德，吝啬却是私利贪婪的邪恶。好像葛朗台一样，虽然家有万贯，却连自己的女儿都憎恨他，这样的富有有什么意义？葛朗台死的时候，也不能把金币带进坟墓。谦逊也是一种美德，表示对他人的尊重。但一味的谄媚就让人不得不怀疑你的用心。谦逊所表达的是在双方平等基础上的尊敬，放下自己的尊严，没有克制的谄媚，只能表明有不可告人的目的，才把自己的尊严也当作了砝码。

吉于宽舒　败于多私

原文

仁人心地宽舒，便福厚而庆长，事事成个宽舒气象；鄙夫念头迫促，便禄薄而泽短，事事得个迫促规模。

译文

心地仁慈博爱的人，由于胸怀宽广舒坦，就能享受厚福而且长久，于是形成事事都有宽宏气度的样子；反之心胸狭窄的人，由于眼光短浅思维狭隘，所得到的利禄都是短暂的，落得只顾到眼前而临事紧迫的局面。

评析

庸人想事少，傻人不想事，所以俗语有"庸人厚福"和"傻人有傻福"的说法，念头少，伪装少，争得就少，心情舒畅，平日就少有忧虑烦恼。做人勿庸也不能傻，但不能像有些人聪明过了头，用尽心机，烦恼接踵。而那些污秽贪婪的小人，心地狡诈行为奸伪，凡事只讲利害不顾道义，只图成功不思后果，这种人的行为更不足取。仁人待人之所以宽厚，在于诚善，在于忘我，所以私欲少而烦恼少。我们生活中的待人之道确应有些肚量，少为私心杂念打主意，不强求硬取不属于我的东西，烦恼何来？"牢骚太盛防肠断"做人要充分修省自己才是。

得山林之乐　忘名利之情

　　羡山林之乐者，未必真得山林之趣；厌名利之谈者，未必尽忘名利之情。

　　经常畅谈山野林泉生活之乐的人，未必就真的领悟了山林的真正乐趣；高谈讨厌功名利禄的人，心中未必就不存名利思想。

　　世事有趣，得之者无言，言之者未得。就像是练功的人，会者不言会，一招半式的人往往喜欢招摇。学问深的人觉得学无止境，不言满足，半瓶醋的人却喜欢高谈阔论，俨然学者。有些人经常表示自己已经厌倦了世俗生活，可是真要他们脱离城市繁华，他们又恋恋不舍不肯丢下，这恰如曹操说鸡肋食之无味"欲罢不能耳"。很多人往往心口不一，言行不一，说到做不到，光说不练。其实一个真正淡泊名利的人，必然已经完全超越于名利好恶观念之上，所以在谈话中也就无所谓好恶了。因此有的人谈山林之乐，实际在是在附庸风雅，有的人谈淡泊名利实际是沽名钓誉。

知足常乐　善用则生

　　都来眼前事，知足者仙境，不知足者凡境；总出世上因，善用者生机，不善用者杀机。

　　对来到现实生活环境中的事物感到满足的人就会享受神仙一般的快乐，感到不满足的人就摆脱不了庸俗的困境，事物总是由因缘和合而生，假如能善于运用就处处充满生机，不善运用就处处充满危机。

评 析

人不可能也不会安于贫穷，精神食粮是不能填饱肚子的。可一个人不论拥有多少财富，假如不知满足，就永远生活在争权夺利中，那种奔波忙碌的情景跟为生活苦苦挣扎的穷人并无差别。要想真正享受人生乐趣，应当有知足常乐的思想。所以，老子说："知人者智，自知者明；胜人者力，自胜者强；知足者富，强行者志；不失其所者久，死而不亡者寿。"人的有限生命应该用到对人类有益的事业中去，在这样的事业中去发挥才智，展现能力，比起那些在功名富贵中拼杀的人来说，真不知要强过多少倍。

忧死虑病　幻消道长

原 文

色欲火炽，而一念及病时，便兴似寒灰；名利饴甘，而一想到死地，便味如嚼蜡。故人常忧死虑病，亦可消幻业而长道心。

译 文

色欲像烈火一样燃烧起来时，只要想一想生病的痛苦，烈火就会变得像一堆冷灰；功名利禄像蜂蜜一般甘美时，只要想一想死地的情景，名位财富就会像嚼蜡一般无味。所以一个人要经常思虑疾病和死亡，这样也可以消除些罪恶而增长一些进德修业之心。

评 析

人在病中，会感到人生之虚幻与可悲，到了死地大概只剩求生一念了。所以人平时做事应朝事物的对立面想想，而不是随心所欲，任意胡为。孔子说："君子有三戒：少之时，血气未定，戒之在色；及其壮也，血气方刚，戒之在斗；及其老也，血气既衰，戒之在得。"戒色可保寿，戒斗可免祸，戒得可全名。朱子说："圣人同于人者血气也，异于人者志气也，……君子养其志气，故不为血气所动，是以年弥高而德弥助也。"人生在世，宜控制自己的欲望而修些德性，做事勿为欲望迷失本性，终会有所作为的。

隐逸无荣辱　道义泯炎凉

原文

隐逸林中无荣辱，道义路上泯炎凉。

译文

一个退隐林泉之中与世隔绝的人，对于红尘俗世的一切是是非非完全忘怀而不存荣辱之别；一个讲求仁义道德而心存济世救民的人，对于世俗的贫贱富贵人情世故都看得很淡而无厚此薄彼之分。

评析

道家提倡出世，故隐者之所以无荣辱之感，原因在于他们已经完全摆脱了世俗的是非观念。世俗之人认为荣耀与耻辱的事，在他们看来不过有如镜花水月。儒家提倡入世，在道义路上就要恩怨分明，提倡"人我两忘，恩怨皆空"。孔子说："何以报德，以直报怨，以德报德。"因为儒家讲的是世间作为，所以凡事都权衡轻重，而且处处以中庸之道为准。两种世界观决定了对荣辱、恩怨的不同看法。但在传统思想中，两种观念往往融为一体，即既提倡出世不计恩怨，又提倡在入世中行道义不计荣辱，故无所谓炎凉。

贪得无厌　知足常乐

原　文

贪得者，分金恨不得玉，封公怨不受侯，权豪自甘乞丐；知足者，藜羹旨于膏粱，布袍暖于狐貂，编民不让王公。

译　文

贪得无厌的人，给他金银还怨恨没有得到珠宝，封他公爵还怨恨没封侯爵，这种人虽然身居豪富权贵之位却等于自甘沦为乞丐；自知满足的人，即使吃粗食野菜也比吃山珍海味还要香甜，穿粗布棉袍也比穿狐裘貂裘还要温暖，这种人虽然说身为平民，但实际上比王公还要高贵。

评　析

"得寸进尺，得陇望蜀"是对贪得无厌之辈的形象比喻。只有少数超凡绝俗的豁达之士，才能领悟知足常乐之理。其实适度的物质财富是必须的，追求功名以求实现抱负也是对的，关键看出发点何在。有一定社会地位是现实生活迫使个人接受的一种要求；追求物质丰富是刺激市场繁荣的动力，对个人而言，绝非因为安贫乐道就可以否定对物质欲望的追求。但是一个人为铜臭气包围，把自己变成积累财富的奴隶，或为财富不择手段，为权势投机钻营，把权势当成满足私欲的工具，那么，这种人就会永远贪得无厌，为正人君子所不齿。

逃名之趣　省事之闲

原　文

矜名不若逃名趣，练事何如省事闲。

译文

一个喜欢夸耀自己名声的人，倒不如避讳自己的名声显得更高明；一个潜心研究事物的人，倒不如什么也不做，来得更安闲。

评析

老庄提倡无为，所谓出世哲学；儒家主张进取，倡导入世哲学，二者构成中国古代士大夫的一种处世哲学；进则求取功名兼济天下，退则隐居山林修身养性。所谓"隐者高明，省事平安"，就老庄的无为思想是很对的，就儒家的进取思想来说似乎是相矛盾的。对世俗而言是"多一事不如少一事""多作多错，少作少错，不作不错"，对隐者而言本身是不求名，更无所谓虚名了。所以自古就有"君子盛德，容貌若愚"的说法，即人的才华不可外露，宜深明韬光养晦之道，才不会招致世俗小人的忌恨。所以，入世出世表面上矛盾，实际上又一致。一个愚钝之人本身无所谓隐，一个修省的人隐居不是在逃脱世俗，不过是在求得一种心理平静而已，故逃名省事以得安闲。

猛兽易伏　人心难降

原文

眼看西晋之荆榛，犹矜白刃；身属北邙之狐兔，尚惜黄金。语云："猛兽易伏，人心难降；谷壑易填，人心难满。"信哉！

译文

眼看着武功最盛的西晋，已变成了杂草茂盛的荒芜之地，可还有人在那里炫耀自己的武力；亲贵皇族，身体已属于北邙山陵墓间的狐鼠食物，还何必那样爱惜自己的财富呢？俗谚说："野兽虽然易制伏，可是人心却难以降服；沟壑虽然容易填平，人的欲望却难以满足。"经验之谈呀！

评析

人的生死有其自然规律，有人因此而珍惜生命，多做益事；有人却叹人生苦短微不足道，而及时行乐，欲壑难填，人心不满。历史有惊人的相似之处，从古至今历史的荣耀有人津津乐道，历史的教训却无人去真的吸取，以至"犹矜白"者代代都有，北邙枯骨者大有人在，人只管身前，顾不上以后。

无事道人　不了禅师

才就筏便思舍筏，方是无事道人；若骑驴又复觅驴，终为不了禅师。

刚跳上竹筏，就能想到过河后竹筏没用了，这才是懂得事理不为外物所牵累的道人；假如骑着驴又在另外找驴，那就变成既不能悟道也不能解脱的和尚了。

《传灯录》说："如不了解心即是佛，那真是骑驴而觅驴。"《涅槃经》也说："一切众生皆有佛性。"可见佛无须外求，就在自己心中，人之内心都有佛却不自知而向心外去求，这就等于已经骑在驴身上还要另外去找驴。以此喻世事人生也是有道理的，即人应善于发现自己的长处，发挥自己的潜能。做事的方法只是工具，最终的结果才是目的。

冷眼观英雄　冷情当得失

权贵龙骧，英雄虎战，以冷眼视之，如蚁聚膻，如蝇竞血；是非蜂起，得失猬兴，以冷情当之，如冶化金，如汤消雪。

达官显贵，表现出飞龙般的气概；英雄好汉，像猛虎般打斗决胜；这种种情形冷眼旁观，如同看到蚂蚁被膻腥味道引诱在一起，苍蝇为争食血腥聚集在一起，令人感到万分恶心。是非宛如群蜂飞起一般纷乱，得失宛如刺猬竖起的毛针一样密集；其实这种情景如果用冷静头脑来观察，就如同金属熔化注入了模型会自然冷却，雪花碰到沸汤会马上融化。

评 析

历史的巨册往往是在龙争虎斗、狼烟滚滚中翻去了一页又一页；而你争我夺的结果却往往是白骨蔽野，生灵涂炭。最终留下的是残恒断壁，荒冢堆堆。冷眼观之，先哲斥之为不义之战，诗人则叹为"古今多少事，都付笑谈中"。以此观人生世事，尔虞我诈，求富逐贵而又心机用尽的人何其凄凉也。人生苦短，岁月蹉跎，不能超脱于世就会被世俗所累。冷眼看世界是必要的，静心理世事是应当的。

尘情可破　圣境自臻

原 文

羁锁于物欲，觉吾生之可哀；夷犹于性真，觉吾生之可乐。知其可哀，则尘情立破；知其可乐，则圣境自臻。

译 文

终日被物欲困扰的人，总觉得自己的生命很悲哀；留恋于本性纯真的人，会发觉生命的真正可爱。明白受物欲困扰的悲哀之后，世俗的情怀可以立刻消除；明白留恋于真挚本性的欢乐，圣贤的崇高境界会自然到来。

评 析

老子说："人之大患在吾有身，及吾无身则吾有何患。"有吾身则烦恼接踵而来，就难以抗衡一切外物的困扰了。佛的经义在于消除所有的烦恼，因此，佛家才苦口婆心劝世人要在彻悟自己真性上多下功夫。所谓真性就是天理，人能去人欲存天理就能明心见性。人在自身修养中发现本性的过程是很艰难的，但达到彼岸便会感到一种修持的快乐，如果每个人都能不断反省自己，修养身心，人间就太平多而纷争少了。

前念不滞　后念不迎

原　文

今人专求无念，而终不可无。只是前念不滞，后念不迎，但将现在的随缘打发得去，自然渐渐入无。

译　文

如今的人一心想要做到心中没有杂念，却始终做不到。其实只要使以前的旧念头不存心中，对于未来的事情也不必去忧虑，而正确把握现实做好目前的事，自然就会使杂念慢慢消除。

评　析

做事抱什么态度才能无烦恼呢？某些人一旦生活不如意就怨天尤人，悔恨过去，不满现实，梦想将来。这种人的眼光总放在对以后的憧憬上，而把握不了眼前。其实过去的永远过去了，对未来固然需要策划以至憧憬，关键还是从眼前做起。随缘打发，把握机会，从头开始，才能使过去的辉煌依旧或者让过去的失败作为教训鞭策今后。满脑子都是沮丧、懊悔和不满的念头，心不静、气不宁、六神无主，待人做事没了主张，又何谈事业。

万钟如瓦缶　一发似车轮

原　文

心旷，则万钟如瓦缶，心隘，则一发似车轮。

译文

心胸阔达的人，即使是一万钟优厚俸禄也会看成像瓦罐那样没价值；心胸狭隘的人，即使是如发丝细小的利益也会看成像车轮那么大。

评析

一个心胸开阔的人能视黄金如粪土，会把万贯家财作为仗义行事的资本；一个心胸狭窄的人，会把鸡毛蒜皮的小事看作天那么大，在财产上也如守财奴那般可怜巴巴。心胸开阔的人必须具有豁达的人生观，以义作为取舍，仗义而疏财，但决不挥霍浪费。一个人的心胸是需要后天培养的，心胸豁达往往是成功事业的基础。

顺逆一视　欣戚两忘

原文

子生而母危，镪积而盗窥，何喜非忧也；贫可以节用，病可以保身，何忧非喜也。故达人当顺逆一视，而欣戚两忘。

译文

就母亲来说生孩子是一件很危险的事，积蓄金钱却又容易引起盗匪的窥探，可见值得高兴的事都附带有危险。贫穷可以使人勤俭，疾病可使人学会保养身体的方法，可见任何值得忧虑的事也都伴随着欢乐。所以一个心胸开阔的人，总能把福和祸一视同仁，也就自然忘掉高兴和悲伤了。

评析

事物是可以相互转化的。在一定条件下，福可以转为祸，忧可能转为喜。老子关于福祸的名言"祸兮福所依，福兮祸所伏"最有代表性。一个意志坚强的人在喜忧祸福中之所以不动心，是因为他明确地认识了这个道理。所以他在失败中总能寻找成功的因素，在成功时总能思虑危险的成份，在喜悦中总能注意探求不利因素。

清苦饶逸趣　鄙略具天真

原　文

山林之士，清苦而逸趣自饶；农野之人，鄙略而天真浑具。若一失身市井驵侩，不若转死沟壑神骨犹清。

译　文

隐居山野林泉的人，生活清贫，但是精神生活确为充实；种田耕作的人，学问知识虽然浅陋，但是却具有朴实纯真的天性。假如一旦回到都市，变成一个充满市侩气的奸商蒙受污名，倒不如死在荒郊野外，还能保持清白的名声及尸骨。

评　析

古代的义利观是重义而轻于利。所以，古人对中介经纪，对经商贸易的人是看不起的，以为他们奸滑而失去人的本性。此处不论其对错，但历史上确实涌现出了许多重义、重名、重节的忠臣义士。当国破家亡时，他们宁肯为国尽忠舍身以殉义，也不愿失节投降以求生，宁肯"杀身成仁，舍生取义"以全名节，也不愿卑躬屈节一味苟且偷生，这样的无私无畏的精神，成为我们民族的精神瑰宝。

不求非分之福　不贪无故之获

原　文

非分之福，无故之获，非造物之钓饵，即人世之机阱。此处着眼不高，鲜不堕彼术中矣。

译　文

不是自己所应得到的东西，却无缘无故地得到，如果不是上天为考验你而放下的诱饵，就是别人暗算你的陷阱。如遇到这种情况要特别注意，因为很少有人不落入此圈套中。

评析

古人说，"福兮祸所倚，祸兮福所伏。"若处理不好，福祸之间常常能互相转化，可以因祸得福，也可以因福生祸。而非分之福，无故之获，尤其值得警惕，因为事情不会无缘无故地发生，而无缘无故得来的好处，后面也许隐藏着对你不利的意图。范蠡辅佐勾践灭了吴国，留给大夫文种一封信，告诉他"鸟尽弓藏，兔死狗烹"的道理，自己跑到别国隐居去了。文种不信，依然留在朝里，后来勾践送来一把剑，让文种自杀，他才后悔没有听范蠡的话。智者有功尚且不居，何况既无功劳又无苦劳，凭空而来的好处，怎么能不警惕呢？避之唯恐不及，才是明智的态度。

当局者迷　旁观者清

原文

波浪兼天，舟中不知惧，而舟外者寒心；猖狂骂坐，席上不知警，而席外者咋舌。故君子虽在事中，心要超事外也。

译文

波浪滔天时，坐在船中的人并不知道害怕，而站在船外的人却吓得胆破心寒；公共场合有人放肆谩骂在座的人，同席的人并不知道警惕，反而会把站在席外的人吓得目瞪口呆。所以君子即使被某件事卷入漩涡中，但是心智却要抱着超然物外的态度。

评析

一个人做事就怕迷惑于事中却不自知，这样可能会把谬误当真理，把错误当正确。而要超然于事外，超脱于尘世，除了要有自身的高尚修养与较好素质，还要学会多听听别人的意见，多了解实际情况，所谓当局迷而旁观清，偏听信而兼听明。人处于事中不仅易迷且往往被其势所左右，变得激情磅礴，不能理智思考，冷静处之。故处事应身在局中而心在局外。

人生求减省　此生免桎梏

原　文

人生减省一分，便超脱了一分。如交游减便免纷扰；言语减便寡愆尤；思虑减则精神不耗；聪明减则混沌可完。彼不求日减而求日增者，真桎梏此生哉！

译　文

人生在世能减少一些麻烦，就多一分超脱世俗的乐趣。交际应酬减少，就能免除很多不必要的纠纷困扰，闲言乱语减少，就能避免很多错误和懊悔，思考忧虑减少，就能避免精神的消耗，聪明睿智减少，就可保持纯真本性。假如不设法慢慢减少以上这些不必要的麻烦，反而千方百计去增加这方面的活动，就等于是用枷锁把自己的手脚锁住一生。

评　析

《庄子》有一则关于"混沌"的寓言故事，大意是说有一个名叫混沌的人，本来既无眼睛也无耳朵，后来神给他穿通了耳目，按道理说他应该喜欢这个五光十色的花花世界，谁知他有了耳目之后却很快就死了。当然人生在世不可能不思，但一定要减繁增静才对。为人处世固然需要小心谨慎，凡事三思，小心撑得万年船，不过切忌思之极点，便会杞人忧天。另外可以从修身来理解，即世人有耳目有见闻之后就会产生很多欲念，有了欲念之后就会丧失纯真的本性。聪明固然是造物者的一大恩赐，但是聪明过度，反而会危害到本身的生存，所谓聪明反被聪明误。

劝喻篇

穷蹙时原初心　功成处观末路

原文

事穷势蹙之人，当原其初心；功成行满之士，要观其末路。

译文

对于事业失败陷入困境而心灰意冷的人，要思索而不是责难，回想他当初奋发的精神；对于事业成功感到万事如意的人，要观察他是否能长期坚持下去，考虑结局如何。

评析

人生在世谁也无法预料成功与失败，生活中成功的人固然有，失败的人也不少。可耀眼的花环总是戴在成功者的头上，失败者面临穷途末路。不以成败论英雄，对失败者来说，最要紧的是要静下心来，对大众而言，应当客观看待失败者，想想他创业之初是否居心善良？俗语所谓"好的开始就是成功的一半"，意思就是强调只要出发点正确就有可能创一番事业。一时的得失，并不能决定一个人一生的成败，"盖棺始能论定"。只要善于总结，失败可能是成功的前奏。同时一个功成名就的人，如果不珍惜自己的成就，却为贪小利而身败名裂，会让人觉得惋惜，或者他自身的成功就是建立在一种自私自利的基础上，那么他的成功很可能就是失败的开始。

富贵宜宽厚　聪明应敛藏

原　文

富贵家宜宽厚，而反忌刻，是富贵而贫贱其行矣！如何能享？聪明人宜敛藏，而反炫耀，是聪明而愚懵其病矣！如何不败？

译　文

一个富贵的家庭待人接物应该宽容仁厚，可是很多人反而刻薄担心别人超过自己，这种人虽然暂为富贵之家，可是他的行径已走向贫贱之路，这样又如何能行得通呢？一个聪明的人，本来应该谦虚有礼不露锋芒，可是很多人反而夸自己的本领高强，这种人表面看来好像很聪明，其实他的言行跟无知的人并没什么不同，他的事业到头来又怎能不受挫、不失败呢？

评　析

富足是做事的经济来源，聪明是做人的内在要求。但是，应明了富贵不足炫耀，才智不可仗恃，只有宽厚仁慈才可能成功。假如富贵而为人刻薄寡恩，就会陷入终日勾心斗角与人争利的苦海中，完全丧失生活乐趣，丧失周围的亲友，到头来落得孤立无援、空虚寂寞。人有才智而无正气，以此傲人愚人，正应了"聪明反被聪明误"的俗语。因此聪明人要有自知之明，可见我们为人应该虚怀若谷，仗义疏财，遇事不要锋芒太露，不要把富贵看得太重。

守浑留正气　淡泊遗清名

原　文

宁守浑噩而黜聪明，留些正气还天地；宁谢纷华而甘淡泊，遗个清名在乾坤。

译文

人宁可保持纯朴天真的本性而摒除后天的奸诈，乖巧保留一些刚正之气还给大自然；宁可抛弃世俗的荣华富贵而甘于淡泊、清虚恬静，留一个纯洁高尚的美名还给天地。

评析

古人认为只有天地之间才有正气，喻之于人，实际上就是保持本性，就是正气于胸，但社会的发展使人聪明而复杂，保持古人说的"本性"越来越难，而抹杀了这种正气，人们遇事就处处喜欢掩饰，结果使正气在堕落的人格中无法表现。但是否一定要回到浑浑噩噩不知掩饰的本性状态呢？原始人是这样，所以也就根本不懂什么叫浪夸、欺骗。可现代社会文明很难容下这种不大可能的善美的人生境界。因此我们不必回避现代社会的纷华，在纷华中保持几分淡泊；不必追求极端的淡泊，而忽视社会的进步。离开社会讲清名和本性是空洞无实的，追求奢侈名利才会使人堕落。

木石之念　云水之趣

原文

进德修道，要个木石的念头，若一有欣羡，便趋欲境；济世经邦，要段云水的趣味，若一有贪着，便坠危机。

译文

磨练心性提高道德修养，必须有木石一样坚定的意志，假如一羡慕外界的荣华富贵，那就会被物欲包围困惑。治理国家服务社会，必须有一种宛如行云流水一样的淡泊胸怀，假如一有贪恋名利的念头，就会陷入危机四伏的险地。

评析

　　古人修身养性讲究心定，不为外物所扰，排除一切杂念。这种寻求内心悟性的方式用之于经邦济世，从政当权，是有积极意义的。一个当权者可能权倾朝野，一个有钱人或许富可敌国，一个入仕者可能雄心万丈，但决难具备隐世者的淡泊趣味，及行脚僧人手持三宝云游天下，那种无忧无虑飘然出世的风貌，其恬淡超逸的清高志趣，绝对不是一个奔波于名利中的凡人所能望其项背的。但一个经邦济世的人也应具有这种胸襟，这样就可能看淡名利而保持清廉。如果一味贪恋荣华富贵功名利禄，就等于一个一心向上的人没有基础而终有一日会跌落无底深渊，不仅不能为国为民服务，恐怕连身家性命也难保全。权力能使人腐化，不断修省，时时保持一种高雅脱俗的心性而在名利声中保持清醒，才可能不去随波逐流，自觉抵制贪污腐化。

脚踏实地　心存长远

原文

　　图未就之功，不如保已成之业；悔既往之失，不如防将来之非。

译文

　　与其谋划没有把握完成的功业，不如维护已经完成的事业；与其懊悔以前的过失，不如好好预防未来可能发生的错误。

评析

　　人的一生可划成三个阶段，即过去，现在，未来。人应当抱着不懊悔或夸耀过去，要检讨或反省过去；不轻视或不满现实，要把握或迁就现实；不梦想或恐惧未来，要策划或努力未来的态度才行。古人有"前事不忘，后事之师"的明训，说明我们可以检讨过去来借鉴眼前策划未来，而最关键的是不要把精力放在对已经过去了的东西的纠缠上，像一个老人一样不停地回忆，而要把立足点放在眼下，从现在做起，这才是干事业应有的认识。

悬崖勒马　转祸为福

原文

念头起处，才觉向欲路上去，便挽从理路上来。一起便觉，一觉便转，此是转祸为福、起死回生的关头，切莫轻易放过。

译文

当你心中邪念刚一浮起时，你能发觉这种邪念有走向欲路的可能，你就应该立刻用理智把这种欲念拉回正路上来。坏的念头一起就立刻警觉，有所警觉就立刻设法挽救，这是到了转祸为福、起死回生的紧要关头，绝对不可以轻易放过这个机会。

评析

很多事往往在一念之间决定今后的人生道路，而一念不慎足以铸成千古恨事，因此先儒才有"穷理于事物始生之际，研机于心意初动之时"的名言。但一念的铸成并不在当时而是在平时的锻炼，就像一个人在情绪特别激动的时候，往往会做出不计后果的事，而能出现这种情绪的本身说明这个人在平时可能还没意识这件事是好是坏。可见一个人不能防邪念于未然，就可能出现"一失足成千古恨，再回头已百年身"的凄惨后果。私心杂念和道德伦理并存是很矛盾、很困难的，人必须拿出毅力与恒心控制私心杂念，并且当机立断地把这种欲念扭转到合乎道德的路上。这个扭转只能在平时注意磨练自己，那么临时引发的生死祸福的命运才可能操之在我。一念之间上可登天堂下可坠地狱。人不能总是到事后才悔恨自己，当生机在握时，当幸运在手时，决不可轻易放过。

快意丧德　取舍有度

原文

爽口之味，皆烂肠腐骨之药，五分便无殃；快心之事，悉败身丧德之媒，五分便无悔。

译文

可口的山珍海味，多吃便伤害肠胃，等于是毒药害人，控制住吃个半饱就不会伤害身体；称心如意的好事，其实有一些是引诱人们走向身败名裂的媒介，所以凡事不可只求心满意足，保持在差强人意的限度上就不至懊悔。

评析

什么事都要适可而止，但人往往经不住诱惑。很多人一遇到香甜可口的美味，就不顾一切的拼命多吃，结果把肠胃吃坏，受病痛之苦。聪明人必须注重养身之道，营养不良固然不行，吃得太多也绝非好事。欲罢不能说明不懂养身之道。养身如此，做人同样如此，所谓"病从口入，祸从口出"，一些看起来令人得意洋洋的事，或许正酝酿着走向失败的因素，人在春风得意时一定要保持清醒才是。

猛然转念　立地成佛

原文

当怒火欲水正腾沸处，明明知得，又明明犯着。知的是谁，犯的又是谁？此处能猛然转念，邪魔便为真君矣。

译文

当怒火上升欲念翻滚时，虽然他自己也明知这是不对的，可是他又眼睁睁犯着不加控制。知道这种道理的是谁呢？犯的又是谁呢？假如当此紧要关头能够突然改变观念，那么邪魔恶鬼也就会变成慈祥命运的主宰了。

评析

生活中，很多人喜欢给自己大书一个"忍"或"制怒"的座右铭，这说明人们都能意识到"怒火欲水"之害，但又很难一下子控制得了。要把人这种本能情感逐步理智化，是需要一个修省过程的。要逐步以自己的毅力把这种怒气和欲望控制住，才可能使一切邪魔都成为我的精神俘虏，使自己转而变得轻松愉快。"锄地须锄草，烦恼即菩提"，其实世间根本没有所谓魔鬼，自己内心的邪念才是魔鬼；世间也根本没有上帝，内心的一颗良知就是上帝。怒火欲水本是一念之间的事，修养好了，一念之间可以使自己变得高雅；杂念多了，便逐渐庸俗，以至养成许多恶习，烦恼就越发多了。

大行亦拘小节　君子禁于细微

原文

有一念而犯鬼神之禁，一言而伤天地之和，一事而酿子孙之祸者，最宜切戒。

译文

假如有一种念头触犯了鬼神的禁忌，有一句话破坏了人间祥和之气，或者做了一件事成为后代子孙祸根，所有这些行为都必须特别加以警惕加以警戒。

立身处世，小心谨慎，每做一事，要为自己着想，要为别人着想；要看眼前，也要为子孙后代考虑，多为自己的儿孙积阴德。如果为达目的不择手段，只图自己一时之欢，做伤天害理的事，赚不仁不义的钱，就等于给子孙酿祸，给自己的前程伏下败笔，到那时真是悔不当初，噬脐莫及了。古兵法中也有所谓"一言不慎身败名裂，一语不慎全军覆没"的箴言。人做事不可以胡作非为引来祸患，宜谨言慎行明辨善恶。尤其是新出世的年轻人，不要以为"嘴上没毛办事不牢"就可以原谅自己，不要觉得"初生牛犊不怕虎"，做事眼高手低，盛气凌人。有时过失成祸并非闯祸人的本意，而是由于经验不足，言行不慎，诚为可惜。

居官公廉　居家恕俭

原 文

居官有二语，曰："唯公则生明，唯谦则生威"；居家有二语，曰："唯恕则情平，唯俭则用足。"

译 文

做官有两条原则，只有公正无私才能判断明确，只有清白廉洁才能使人敬服；治家有两条原则，多替别人设想心情自然平和，只有生活节俭朴素家用自然充足。

评 析

公正廉明是古代做官的基本要求，对清官来讲，首先是不贪，然后是无私，不贪则廉，无私则公。这对现在而言仍有积极意义。不论为官或治家，必须以身作则，奉公守法，避免上行下效。持家同样如此。为人应心气平和，保持勤俭节约的传统美德，朱子治家格言："一粥一饭，当思来处不易；半丝半缕，恒念物力惟艰"。很多东西从道理上讲人们很清楚，但行动起来确实很难，人们如果能多克服些私欲就可以多存些公德。

立得风雨　看破危径

　　风斜雨急处，要立得脚定；花浓柳艳处，要著得眼高；路危径险处，要回得头早。

　　在风斜雨急的变化中，要把握住自己的脚步，站稳立场；处身艳丽色姿中，必须把眼光放得辽阔而把持住自己的情感，不致迷惑；路径危险的时候，要能收步猛回头，以免不能自拔。

　　所谓风斜雨急，花浓柳艳，路危径险，都是比喻，比喻人生之路会有各种艰难险阻出现。孔子说："危邦不入，乱邦不居；天下有道则见，无道则隐；邦有道贫且贱焉耻也，邦无道富且贵焉耻也。"其实即使是古代邦有道要富且贵就没有险隘？就能唾手可得吗？不论是有道无道之世，都应有操守，有追求，不怕难，不沉沦，不自颓，把得住自己的心性，遇事就不致沉陷于迷惑中。

伏久者飞必高　开先者谢必早

　　伏久者飞必高，开先者谢独早；知此，可以免蹭蹬之忧，可以消躁急之念。

译文

隐伏很久的鸟，飞起来会飞得很高；开得早的花，也必然凋谢得快。人只要能明白这个道理，就可以免除怀才不遇的忧虑，也可以消解急于求取功名利禄的念头。

评析

一个有事业心的人，必须学会等待时机，儒家典型的处世原则是"穷则独善其身，达则兼济天下。"要想成就一番事业，就不能因为自己眼下的处境地位不如意而丧志，不能因为时间的消磨而灰心。古往今来功成名就者，有少年英雄，也有大器晚成。不管怎样，急于露头角就难于成气候，急功近利不足成大事，急躁情绪持久便容易患得患失，容易失望悲观。只有守正而待时，善于抓住机会而又坚定志向。才有可能走向成功。

得趣不在多 会景不在远

原文

得趣不在多，盆池拳石间，烟霞俱足；会景不在远，蓬窗竹屋下，风月自赊。

译文

真正的生活乐趣不在多，只要有一个小小池塘和几块奇岩怪石，山川景色就已经齐全；领悟大自然景色不必远求，只要在竹屋茅窗下静坐，让清风拂面明月照人就足以享受。

评析

行万里路得山水真趣以壮心志，此为一乐事；而如陶渊明那样："开荒南野际，守拙归园田；方宅十余亩，草屋八九间；榆柳阴后檐，桃李罗堂前；暖暖远人村，依依墟里烟；狗吠深巷中，鸡鸣桑树颠；户庭无尘杂，虚室有余闲；久在樊笼里，复得归自然。""采菊东篱下，悠然见南山；此中最真意，欲辩已忘言。"又复何忧？乐贵真趣。心悟其中，不在多与远。不可如世俗一般图"到此一游"，图名气看热闹。其实情趣不高雅，心中尽是名利之念，就难以享受到生活的真正乐趣。

唤醒梦中梦　窥见身外身

原　文

听静夜之钟声，唤醒梦中之梦；观澄潭之月影，窥见身外之身。

译　文

夜阑人静听到远远传来钟声，可以惊醒人们虚妄中的梦幻；从清澈的潭水中观察明亮的月夜倒影，可以发现我们肉身以外的灵性。

评　析

李白在《春夜宴桃李园序》中有"夫天地者，万物之逆旅，光阴者，百代之过客，而浮生若梦为欢几何"的感叹。有的人，在人生苦短的感叹中今朝有酒今朝醉，春宵苦短日高起。有的人则有志在短短的人生之旅中做出一番事业。对于一个人来讲，静夜悟道，月夜观影，万籁俱寂中忽然传来悠扬的钟声，可能豁然顿悟。心静之中，许多苦思冥想的东西可能会一下子彻悟。灵感被触发，而看清本我。

天机清澈　胸次玲珑

原　文

鸟语虫声，总是传心之诀；花英草色，无非见道之文。学者要天机清澈，胸次玲珑，触物皆有会心处。

译 文

鸟的语言和虫的鸣声，是表达它们之间感情的方式；花的艳丽和草的青葱在其中还蕴藏着大自然的奥妙。所以，我们读书研究学问的人，必须灵智清明透澈，必须胸怀光明磊落，这样跟事物接触，就有豁然领悟的地方。

评 析

一个人心领神会大自然的千变万化，便会抛却人间的无穷烦恼，以至置身天地间而悟人生真谛。释迦牟尼看见星月的闪光而悟道，灵云和尚看见桃花的开放而悟道，香岩法师听见竹子的声音而悟道，所以禅宗才有"青青翠竹悉是真如，郁郁黄花莫非般若"的名句。由此观之，天地万物都有历历如绘的大道真理，可人为什么不能大彻大悟呢？人们心中被烦恼和妄想占据太多，所以才无法映射出真理与大道。修禅论道需要心如止水。在现实生活中读书做学问的人，不也需要观察天地万物，领悟人生真谛吗？此理是相同的，没有一定的灵性，没有一定的境界，就无法领略花草之妙，领悟山水之性。

但识琴中趣　何劳弦上音

原 文

人解读有字书，不解读无字书；知弹有弦琴，不知弹无弦琴。以迹用，不以神用，何以得琴书之趣？

译 文

人们懂得读有文字的书，却不懂得研究大自然这本无形的书；人们只知道弹奏有弦琴，却不知道欣赏大自然无弦琴的美妙琴音。只知道运用有形迹的事物，而不懂领悟无形的神韵，这种庸俗的人又如何能理解音乐和学问的真趣呢？

评 析

中国传统的书画、音乐、诗文很讲究神韵，这种神韵是人的体验而不是有形可读、可视、可听的。这一心路历程需要有一番参惮悟道的功夫。例如一些书法大师，不仅于有形之书有所得，看天上的万朵行云也能悟出书法的笔道神韵。艺术如此，读书的道理也是一样的。常言道"读万卷书，行万里路"，万卷书是指有文字的书，这无疑是求知问道的基础。万里路指无文字的书，从中能生灵智，大开悟性。因此禅宗主张"不立文字，以心传心"。日本人山田孝道写道："闲人自有清闲趣，静读乾坤无字书。"读有字书要得其精髓，读无字书如抚无弦琴，要融会贯通于大自然，全身心领悟大自然的神韵，才会享受大自然的乐趣，也才可能使有形书有弦琴达到一种出神入化的境界。

心斋坐忘　物我为一

原 文

心无物欲，即是秋空霁海；坐有琴书，便成石室丹丘。

译 文

内心没有物欲，他的胸怀就会像秋天的碧空和平静的大海那样开朗；闲居无事有琴书陪伴消遣，生活就像神仙一般逍遥自在。

评 析

人的一生不可能总是功德圆满，不可能老是高居庙堂，大概闲居家中、隐迹林泉的平常人生活要多一些。不管处在什么样的社会地位，在有一定物质条件作生活保障的情况下，就不应把物欲作为自己的追求。无物欲的贪念和情欲的侵扰，内心就能平静而开阔。孟子说："养心莫善于寡欲。其为人也寡欲，虽有不存焉者，寡矣；其为人也多欲，虽有存焉者，寡矣。"欲望最能蒙蔽人的本然心性，因此程子也说："一念之欲不能制，而祸流于滔天。"一个人假如能经常陶冶在琴棋书画中，自然能被高雅气氛所净化。其情景犹如仙人住在深山石洞。因而佛家才有"仙境不在远处，佛法只在心头"的名言。这种内心的愉悦绝非贪恋于物欲中的人所能体会，这种精神享受也正是有德之人所应有的情趣。

万古长空　一朝风月

原文

会得个中趣，五湖之烟月，尽入寸里；破得眼前机，千古之英雄，尽归掌握。

译文

不论何事，只要领悟了其中的乐趣，那么三江五湖的山川美景就融进了我的心田；看得破眼下机运事理，千古英雄豪杰由我尽情交往效法。

评析

山川美景任人游览，得其味者悟真趣。须具有高雅趣味的人才能领会其中真趣。骚人墨客游赏胜地，自不会如市井之辈，不然就是焚琴煮鹤，兴味索然了。在山川名胜之处，无数前贤的诗文留下了个人的兴叹和情怀的写照。一阕"大江东去"，一曲"黄河之水天上来"，万里山河尽收眼底，千古英雄，神游抒怀，如不能会个中真趣，看得破眼前玄机，是难有此锦章佳句的。

非上上智　无了了心

原文

山河大地，已属微尘，而况尘中之尘；血肉之躯，且归泡影，而况影外之影。非上上智，无了了心。

译文

就整个宇宙的无限空间来说，我们居住的地球只不过是一粒尘埃，可见地球上的生物和无边的宇宙一比，真是尘中之尘；就绵延无限的时间来说，我们的躯体犹如短暂的浪花泡沫，可见那些比生命更短暂的功名利禄，如果和万古不尽的时间来比，真像过眼烟云，镜花水月。一个没有高尚智慧的人，是无法彻悟这种道理的。

评析

对现实人生来讲，有形的东西可感可觉，如功名利禄，人们逐之如蝇。但从茫茫宇宙，从人一生的生死上来看，人何其渺小，功名利禄直如幻象般转眼而空。苏东坡在《前赤壁赋》中说："寄蜉蝣于天地，渺沧海之一粟，哀吾生之须臾，羡长江之无穷。……天地之间，物各有主，苟非吾之所有，虽一毫而莫取。惟江上之清风，与山间之明月，耳得之而为声，目遇之而成色，取之无禁，用之不竭。是造物者之无尽藏也，而吾与子之所共适。"以"大江东去，浪淘尽，千古风流人物"的博大气派而发人生宇宙之兴叹，胸怀何广，气度何宏，可称得上豁达之人，彻悟了人生。也正因为他有远大的抱负，厚实的修养，高尚的智慧，才使他能明山川之真趣，弃名利于身外。

自得之士　悠然自适

原文

嗜寂者，观白云幽石而通玄；趋荣者，见清歌妙舞而忘倦。唯自得之士，无喧寂，无荣枯，无往非自适之天。

译文

喜欢宁静的人，看到天上的白云和幽谷的奇石，也能领悟出极深奥的玄理；热衷权势的人，听到清歌。看到妙舞，就会忘掉一切疲劳。只有了悟人生之士，内心既无喧寂也无荣枯，凡事只求适合纯真天性而处于逍遥境界。

评析

出世的人追求的是一种悠然自得的雅趣，凡事都不受任何外物影响，没有喧嚣寂寞的分别，也没有荣华衰枯的差异，他们永远能悠然自适于天地之间。反之，如果受环境的改变而动心的人，那就不算是一个真正得道之人。这是一种理想的生活环境。当年老庄处于兵荒马乱的年代提出"无为""老死不相往来"等主张，是针对当时的环境而言的，以致成为中国文化人的一种精神追求。这种与世隔绝的生活方式作为理想是可以的，但当成现实生活就难行得通，而唐代竟有以隐居为终南捷径的典故。凡事走极端是不可取的。

孤云出岫　朗镜悬空

原文

孤云出岫，去留一无所系；朗镜悬空，静躁两不相干。

译文

一片浮云从群山中腾起，毫无牵挂自由自在飞向天际；皎洁的明月像一面镜子挂在天空，人间的宁静或喧嚣都与之毫无关联。

评析

生活在现代文明中的人们，不可能像孤云朗月一样无牵无挂，必须受人类自己创造的道德、法律、宗教等一切行为规范的约束限制。处在原始社会的人们，在精神上是公平和自由的，在生存上需要相互帮助，当生存问题得到解决，私有制一出现，社会就开始有了种种矛盾。一些制约、规范为适应人类社会生活而出现，又不断被人们扬弃其不适应的部分。例如不合理的政治制度，如暴政等。社会的发展，并没有使人们一无所系，了无牵挂，自由自在地生活，于是人们便寻求一种自我内心的平衡与调节，求得内心如流云，如朗月，使人世间的静躁与我无关，借以保持一份悠闲雅致。

浓处味常短　淡中趣独真

原　文

悠长之趣，不得于酿醴，而得于啜菽饮水；惆恨之怀，不生于枯寂，而生于品竹调丝。故知浓处味常短，淡中趣独真也。

译　文

能维持久远的趣味，并不是在美酒佳肴中得来，而是在粗茶淡饭中得到；悲伤失望的情怀，并非产生在穷愁潦倒中，而是产生于美妙声色的欢乐中。可见美食声色中获得的趣味常常显得很短，粗茶淡饭中获得的趣味才显得纯真。

评　析

贪得者虽富亦贫，知足者虽贫亦富。这话对也不对，有财富使物质生活过得好些总比贫穷好，但为财富丰厚而不择手段，贪得无厌，沦为财富的奴隶，就失去了人生的意义。所谓深处味短，淡中趣长，指的是精神上的追求。曾有这样一种社会现象，说是有人穷，穷得只剩下钱；有人富，富得除了书本一无所有。这是不正常的。追逐金钱达到痴迷状态随之而来的便是精神空虚，而精神富足的人固然在理念世界能够做到真趣盎然，但没有一定的物质基础是没有体力来体会乐趣的。因此，看待任何事物都要有辨证的态度。

处喧见寂　出有入无

原文

水流而石无声，得处喧见寂之趣；山高而云不碍，悟出有入无之机。

译文

江河水流不停，但是两岸的人却听不到流水的声音，这样反倒能发现闹中取静的真趣；山峰虽然很高，却不妨碍白云的浮动，这景观可使人悟出从有我进入无我的玄机。

评析

动中之静方见静。一个人的本性已定，就不会被爱憎和是非所动，就能保持一种静态。喧处可见寂趣，高山流云中可悟出进入无我之境的玄机，达到"动静合宜""出入无碍"境界。例如《庄子·大宗师》就对此种道理有所描述："鱼相造乎水，人相造乎道。相造乎水者，穿池而养给；相造乎道者，无事而生定。故曰：'鱼相忘乎江湖，人相忘乎道术。'"人生在世能达到这种高超境界，就是禅家所说"邪正俱不用，清净至无余"。

心无染着　仙都乐境

原文

山林是胜地，一营恋变成市朝；书画是雅事，一贪痴便成商贾。盖心无染著，欲境是仙都；心有系恋，乐境成苦海矣。

译文

山川秀丽的林泉本来都是名胜地方，可是一旦沾迷留恋，就会把胜景变成庸俗喧嚣的闹区；琴棋书画本来是骚人墨客的一种高雅趣味，可是一产生贪恋念头，就会把风雅变成俗不可耐的市侩。所以一个人只要心地纯洁，丝毫不被外物所感染，即使置身人欲横流之中，也能建立自己内心的仙境；反之一旦迷恋声色物欲，即使置身山间的乐境。也会使精神堕入痛苦深渊。

评析

雅俗苦乐并不是事物本身，不是人生而就如此，而是人对客观事物的一种感受。所以《维摩经》中才有"心静则佛土也静！"，意思是说俗雅完全出于心的反应。苦与乐、雅与俗都是相对的，在一定条件下可以转化。浸于琴棋书画本为雅事，一沾上金钱买卖，便雅气无存；浪迹山林江河本为乐事，可让俗世的苦恼始终占据脑海，乐又从何而来呢？心态的调整，道德的修养才是能否摆脱凡尘俗世的关键。

静躁稍分　昏明自异

原文

时当喧杂，则平日所记忆者，皆漫然忘去；境在清宁，则凤昔所遗忘者，又恍尔现前。可见静躁稍分，昏明顿异也。

译文

每当周围环境喧嚣杂乱使心情浮躁时，平日所记忆的事物，就会忘得一干二净；每当周围环境安静使心神平和时，以前所遗忘的事物又会忽然浮现在眼前。可见浮躁和宁静只要有一点点的区分，那么昏暗和明朗就会迥然不同。

评析

有句俗话叫"心静自然凉"，对于一个人的心态调整来讲同样适用。在嘈杂的环境中，人的情绪易受波动，脑子不太清明。这时就需要调节自己。心情平静，精神自然集中，精神集中思考自然周密。所以，人应当不以物喜，不以己悲，不可拂意则忧，顺意则喜，志得则扬，志阻则馁，七情交逞，此心何时安宁？不能控制自己的情绪，是无以成就事业的。

浓不胜淡　俗不如雅

　　衮冕行中，著一藜杖的山人，便增一段高风；渔樵路上，著一衮衣的朝士，转添许多俗气。故知浓不胜淡，俗不如雅也。

　　在冠盖云集的高官显贵之中，如果能出现一位手持藜杖身穿粗布衣裳的雅士，自然就会增加清高风采；在渔父樵夫中，假如加入一个朝服华丽的达官，反而增加很多俗气。所以荣华富贵不如淡泊宁静，红尘俗世不如山野清雅。

　　古有清流与朝官两立的传统，仿佛一为官便为俗，一入林便成清。从形式上来讲在朝在野是不一样的，但绝非在朝无雅士，山林无俗辈，这都不是绝对的，而在于人的品性修养如何。从形式而言，到什么山唱什么歌。山野之中，布衣之内，猛地来一位衮衣朝士，似有作威作福依势卖弄之嫌；而朝士中猛地站一位渔父樵夫确也显眼。清淡浓俗于此衬托无遗，但这仅是就形式而言，关键还要看其人之品性是高雅还是低俗。朝服是权力的象征，平民之服却是大众自然的。

久在樊笼里　复得返自然

　　竹篱下，忽闻犬吠鸡鸣，恍似云中世界；芸窗中，雅听蝉吟鸦噪，方知静里乾坤。

译文

当你正在竹篱笆外面欣赏林泉之胜，忽然传来一声鸡鸣狗叫，就宛如置身于一个虚无缥缈的快乐神话世界之中；当你正静坐在书房里面读书，忽然听到蝉鸣鸦啼，你就会体会到宁静中别有一番超凡脱俗的天地。

评析

这段话表明了文人雅士一种超凡脱俗的生活境界，从另一个角度来理解，却是一番参禅悟道的功夫。几声"犬吠鸡鸣"惊醒了静坐在书斋中的主人，这就是从"无我"境界进入"有我"境界的契机；然而"蝉吟鸦噪"影响不了静坐中的道人，这是从"有我"境界回到无我境界的玄机。因为就佛道那一教的思想而言，凡是正在参禅静坐中的人，他那种在宁静中所培养出的灵智，足可以和蝉鸦交谈作心灵感应。在有我到无我再到有我的反复过程中，静生悟道的人通过心灵的感应来体现本我。

不玩物丧志　常借境调心

原文

倘徉于山林泉石之间，而尘心渐息；夷犹于诗书图画之内，而俗气潜消。故君子虽不玩物丧志，亦常借境调心。

译文

人如果经常漫步山川林泉岩石之间，就能使凡念渐去；人如果能经常留连在诗词书画的雅境，就会使俗气消失。所以有才德修养的人，虽然不会沉迷于飞鹰走狗而丧失本来志向，但是也需要经常找个机会接近大自然来调剂身心。

评析

有才德有修养的人隐居林泉是为超凡养性，沉浸字画是为寄情抒怀，融汇自然则为调节身心怡悦情绪。有的人建别墅庭园，藏书画古玩，养珍禽异兽，表面看来风雅脱俗，回归自然，但贪念不消，本质不改，也只能算是附庸风雅。而沽名钓誉更俗不可耐。人是可以改变的，近朱者赤，近墨者黑，居住环境的雅俗，也确实能改变一个人的气质雅俗。一个坐拥书城的人，平日无意中就会读很多书，他的谈吐见解自然也就渐渐不凡。

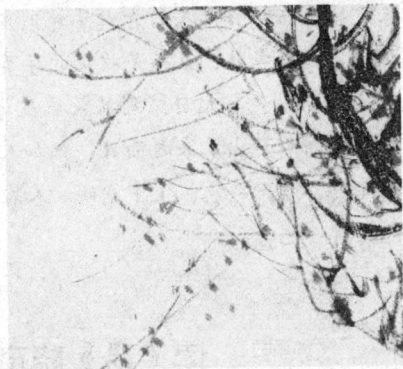

可见人不但要借山林泉石的幽雅环境来培养自己的气质，同时也要用书香气氛充实自己的内在素质才行。在一种高雅脱俗、充满书卷气的环境里，耳濡目染于其中的人，也自然会受到潜移默化的影响。

春日不若秋时　使人神骨俱清

原文

春日气象繁华，令人心神骀荡；不若秋日云白风清，兰芳桂馥，水天一色，上下空明，使人神骨俱清也。

译文

春天万象更新，大地百花齐放一片繁华一派生机，使人感到精神舒适畅快；但是却不如秋高气爽时的清风拂面，兰桂飘香，水连天，天连水，水天一色，天朗气清大地辽阔，使人感到精神爽朗，轻快异常。

评析

唐朝刘禹锡有名诗："自古逢秋悲寂寥，我言秋日胜春潮。晴空一鹤排云上，便引诗情到碧霄。"正好说明了这段文字表达的景象。因为秋天会给我们带来肃杀之气。作者于此并非比较春与秋孰美。天地万物有生必有死，有盛必有衰。不过人对景物的爱憎，也完全是基于心情和观念。

春天的清新就好比人的青少年时代，虽然具有青春活力，然而在某些方面却显得不成熟；秋天是收获的季节，也是万物走向衰亡的开始，万物至此得以成熟。大自然到秋天已度过了那雍容华贵、万紫千红的夏季，此时已渐渐显出本来之面目，犹如人到本性显现而达到净洁的境界，秋高气爽，水天一色，上下空明，人在此中神骨俱清。这也是作者喜秋的原因之一吧。

读《易》晓窗 谈经午案

原　文

读易晓窗，丹砂研松间之露；谈经午案，宝磬宣竹下之风。

译　文

清晨静坐窗前读《易经》，用松树滴下来的露水来研朱砂圈点书中精义；中午时分在书桌上诵读经书，让那清脆的声音随风扩散到竹林间。

评　析

早上读《易经》，松露研朱砂，断句圈点，思其中玄奥。中午时分，让磬声远播竹林。明初王冕自幼家贫，在为人放牧时就身骑牛背读《汉书》，这是贫寒士子的另一种情趣。古代的知识分子有自己的精神追求。赐金还乡政治失意的李白写下"自古隐士留其名""一生好入名山游""天生我才必有用"的名句。还有一种不属于"读易松间，谈经竹下"的文人，他们没有这份雅致，像无缘于名利场的柳永，却写下为时人不看重的长短句，在词坛留下串串回音；关汉卿更是把满腔的情怀寄于杂剧散曲。与那些终年积极于名利，整天奔走于尘俗之间，百忧烦其心，万事劳其形，精神自然颓废，身体也就日渐衰老的人相比，这些文人雅士显得充实，生命力总那么旺盛。作者在这里竭力营造一种完美的脱俗氛围，表达一种幽雅情趣。对一个精神上有所寄托的人来讲，有此环境更好，无此环境也一样潇洒。

不减天趣　悠然会心

原文

　　花居盆内，终乏生机；鸟落笼中，便减天趣；不若山间花鸟，错集成文，翱翔自若，自是悠然会心。

译文

　　花栽植在盆中便缺乏自然生机，鸟关进笼中便减少天然情趣；不如山间的野花那样显得艳丽自在，天空野鸟自由飞翔，让人看起来更加赏心悦目。

评析

　　中国的传统文化中，庭苑和盆景为人所称道，但与山林野趣，天地间飞翔的鸟儿相比，就丧失了大自然的生趣，任由世人摆布。世间万事万物，假如破坏了自然生机，就不会有天然妙趣。以此比之于人，盆中花、笼中鸟则喻意束缚了人的自由。历史上为自由而奋争以至献出生命的人成千上万。因此自由之珍贵就显得更加明显。人们一般都喜欢小孩子，一个重要的原因是孩子不作假、天真、自然且可爱。故李白高歌"一生好入名山游"，就是因为名山大川如画的美景更能显出自然之趣。

外物常新　我心自在

原文

　　古德云："竹影扫阶尘不动，月轮穿沼水无痕"吾儒云："水流任急境常静，花落虽频意自闲。"人常持此意，以应事接物，身心何等自在。

译文

　　古人说："竹影虽然在台阶上掠过，可是地上的尘土并不因此而飞动；

月亮的圆轮穿过池水映在水中，却没在水面上留下痕迹"。今人说："不论水流如何急湍，只要我能保持宁静的心情，就不会被水流声所惑；花瓣纷纷谢落，只要我的心经常保持悠闲，就不会受到落花的干扰。"一个人假如能抱这种处世态度来待人接物，不论是身体还是精神该有多么自由自在啊？

评 析

水中月，梦中花不足为依，虚幻的东西不应以之为动。在古人看来，情欲物欲到头来同样是一场空，故心境宜静，意念宜悠；心地常空，不为欲动，让身外之物自然而去，才能保持身心自然愉悦。

声自静里听 景从闲中观

原 文

林间松韵，石上泉声，静里听来，识天地自然鸣佩；草际烟光，水心云影，闲中观去，见乾坤最上文章。

译 文

山林松涛阵阵，一派自然音韵，飞瀑溅落岩石，声声击磐鸣玉。静心倾听，就能体会天地间所奏乐章的美妙。江边芦苇，飘荡出一种迷蒙的美感；天空彩云倒映水中，显得特别绚烂；闲情欣赏，就能发现造物者所创造的伟大篇章。

评 析

文人雅士与世俗凡夫之别首先在于对自然风光的理解，对湖光山色的情趣。有人说，俗人脑中充满物欲，雅士心中充满恬淡，这话比较绝对，所以山川林泉，在俗人眼中了无趣味，在雅士看来，到处充满了诗情画意，俗人如此，有文化情趣的人也未必领略得到自然的风光。有的人知道琴瑟笙管是乐器，却不知道松韵泉声是乐章；知道用笔墨写在纸上的文章，却不知道烟光云影到处都是造物者所作的文章。人贵自然，首先得学会观察自然，领悟其中妙趣并融会贯通，境界便豁然开朗，格调会自然高雅。

鱼相忘乎水　鸟不知有风

原　文

鱼得水游而相忘乎水，鸟乘风飞而不知有风，识此可以超物累，可以乐天机。

译　文

鱼有水才能悠哉悠哉的游，但是它们忘记自己置身于水，鸟借风力才能自由自在翱翔，但是它们却不知道自己置身风中。人如果能看清此中道理，就可以超然置身于物欲的诱惑之外，获得人生的乐趣。

评　析

处世而忘世，可以超物而乐天。世上很多事知道了反而忧郁烦愁，忘乎所以反而其乐融融。人因物质条件的保证而生存，人们以追求物欲的最大满足为幸福，人人都这么追求，烦恼便由此而生。人如果忘却这种物欲上的不满，放弃贪得无厌的追逐，而寻求精神自修之道，达到心理上的平衡与安然，就可以超然于物欲外，自会减少许多惊险处而增添一些开心的东西。人的生活只有超脱些才不致俗不可耐，才不致被物欲淹没。

偶会出佳境　天然见真机

原　文

意所偶会便成佳境，物出天然才见真机，若加一分调停布置，趣意便減矣。白氏云："意随无事适，风逐自然清。"有味哉！其言之也。

少
年
读
菜
根
谭

译 文

事情偶然遇上合乎己意就成了佳境，东西出于天然才能看出造物者的天工；假如加上一分人工的修饰，就大大减低了天然趣味。所以白居易的诗说："意念听任无为才能使身心舒畅，风要起于自然才能感到凉爽。"这两句诗真是值得玩味的至理名言。

评 析

物贵天然，人贵自然，但这绝不是说一块矿石不经开采提炼或琢磨就能成美玉、金属等有益于人类的物质。世间的万物却又最好是不要违反自然，一旦违反自然美也容易变成丑，好就可能转成坏。像邯郸学步，失却自然就成笑柄。任何事情有个度，对大自然能否变动要看是什么东西，处在什么条件下。现代文明发展的本身就是充分调动人的主观能动性去改造自然，战胜困难的结果，像沙漠，作为一种自然景观很壮阔，可不去改造它就会对人类生存形成威胁。所以真得天然的前提是不造作，但绝不是一点不可变动，做人也是同样的道理。

收放自如　善操身心

原 文

白氏云："不如放身心，冥然任天造。"晁氏云："不如收身心，凝然归寂定。"放者流为猖狂，收者入于枯寂。唯善操身心者，把柄在手，收放自如。

译 文

白居易的诗说："凡事不如都放心大胆去做，至于成败一切听凭天意。"晁补之的诗说："凡事不如小心谨慎去做，以期能达到坚定不移的境界。"主张放任身心容易使人流于狂放自大，主张约束身心容易使人流于枯槁死寂。只有善于操纵身心的人，才能掌握事物的规律，达到收放

150

自如的境界。

劝喻篇

评析

诗人的语言总是带有夸张性的。人的命运不可能完全听从天意，也不可能完全让自己把持得进入死寂。故白居易所说的"身心任天造"，类似宿命论的主张；而晁补之所说"身心任天造"，则带有浓厚的佛家口吻。放身心的如果能做到"磨顶放踵利天下而为之"的程度，那就实践墨子学派兼爱的救世主张；收身心的如果能做到"彻见自性体得真如"，也未尝不可以教化世人。然而最怕的是走向极端而失度。操持身心同样需要适度，不宜忘却操持的目的是什么，不应放任而无所谓于一切；不应小心而与世隔绝。操持定于适度，而达到能收放自如的自然状态，才能体会到其中的乐趣。

静者为之主　闲者识其真

原文

风花之潇洒，雪月之空清，唯静者为之主；水木之荣枯，竹石之消长，独闲者操其权。

译文

清风下花儿随风摇曳的洒脱，明月下积雪的空旷清宁，只有内心宁静的人才能享受这种怡人景色。树木的茂盛与枯荣，竹石的消失与生长，只有富于闲情逸致的人才能掌握其变化规律。

151

评析

是不是大自然的风光只有闲情逸致的人才会去欣赏呢？虽然大自然的山川草木和奇花异石，都是供人欣赏、调剂情绪、陶冶身心的，但把全部时光精力都消磨在风花雪月中，此生只好静，万事不关心，是不是太自私了呢？物欲强者迷于富贵功名，雅兴高者恋于山川美景，各有所求，情趣不一，感受自然不同。唐诗有"铁甲将军夜渡关，朝臣待漏五更寒。山寺日高僧未起，算来名利不如闲"，否定功名利禄，主张清静无为。但是置身大自然之中是为了陶冶性情，体察世上万物的变化是为了寻求其规律，只有以闲情，以心静才可以耐得寂寞，才能体会自然的情趣。只有沉浸于对万物变迁的细察，才会忘却人世喧嚣，抛却人际烦恼。

雨余观山色　夜静听钟声

原文

雨余观山色，景象便觉新妍；夜静听钟声，音响尤为清越。

译文

雨后观赏山川景色，就会觉得另有一番清新气象；夜静聆听庭院钟声，就会觉得音质特别清脆悠扬。

评析

大自然给人的美感不仅在视觉、听觉上，同样给人以享受。唐诗人张继《枫桥夜泊》中"月落乌啼霜满天，江枫渔火对愁眠。姑苏城外寒山寺，夜半钟声到客船"的意境，恐怕更多的是通过听觉来感受。很多东西在听觉视觉上的感受可能是一样的，但仁者见仁，智者见智，关键在于个人的性趣之雅俗，个人修养之高下；另外还要看当时的心境。人的生活当然以能品味自然山水之情趣为好，"雨后观山，静夜听钟"，足以去雅士之烦，怡隐者之情。

心旷意远　神清兴迈

原　文

登高使人心旷，临流使人意远；读书于雨雪之夜，使人神清；舒啸于丘阜之巅，使人兴迈。

译　文

登高会立刻使人感到心胸开阔；面对流水凝思会让人意境悠远。雨雪之夜读书，就会让人心旷神怡；假如爬上小山朗声而啸，就会使人感到意气豪迈。

评　析

人的生活情趣要靠自己去调节，去培养。孟子说："孔子登东山而小鲁，登泰山而小天下。"这是圣人登山的胸怀。范仲淹在《岳阳楼记》中把酒临风，心旷神怡，发出"先天下之忧而忧，后天下之乐而乐"的豪言，这是一代英杰的情趣。大自然的山山水水对每个人的情趣胸怀都有影响，而在青山绿水中，人的感情可以净化，胸怀可以拓展。处在"雪月读书，登高心旷"的意境中，人又有什么忧愁可言呢？

何地非真境　何物无真机

原　文

人心多从动处失真。若一念不生，澄然静坐，云兴而悠然共逝，雨滴而冷然俱清，鸟啼而欣然有会，花落而潇然自得。何地无真境，何物无真机。

译　文

人的心灵大半是从浮动处才失去纯真本性。假如任何杂念都不产生，只是自己静坐凝思，那一切念头都会随着天际白云消失，随着雨点的滴落心灵也会有被洗清的感觉，听到鸟语呢喃就像有一种喜悦的意念，看到花朵的飘落就会有一种开朗的心情。任何地方都有真正的妙境，任何事物都有真正的玄机。

评析

赏心悦目怡情养性的事物到处都是，关键就在于人能不能去发掘和领略。人心的真体，不论凡夫和圣人都是相同的，凡夫只因一念之差而丧失一真体。当一念不生之时，善恶邪正的尘埃都起不来，宛如池水一般澄清宁静。只要使心能保持如此澄清宁静，周围生活中的一切都足以引出无限佳趣。生活就这么怪，以凡人而言，强求的东西往往带来烦恼却还得不到。听其自然，心里不想耳中不听的东西有时送上门，送来了也不会喜得乐不可支，没有也依然平静如水，这样的生活总是令人愉快的。

少年读素书

宋立涛　主编

民主与建设出版社
·北京·

图书在版编目（CIP）数据

少年读素书 / 宋立涛主编 . -- 北京：民主与建设
出版社，2020.7

（少年读处事智慧；1）

ISBN 978-7-5139-3078-9

Ⅰ . ①少… Ⅱ . ①宋… Ⅲ . ①个人－修养－中国－古
代②《素书》－少年读物 Ⅳ . ① B825-49

中国版本图书馆 CIP 数据核字（2020）第 102784 号

少年读素书

SHAONIAN DU SUSHU

主　　编	宋立涛
责任编辑	刘树民
总 策 划	李建华
封面设计	黄　辉
出版发行	民主与建设出版社有限责任公司
电　　话	（010）59417747　59419778
社　　址	北京市海淀区西三环中路 10 号望海楼 E 座 7 层
邮　　编	100142
印　　刷	三河市燕春印务有限公司
版　　次	2020 年 8 月第 1 版
印　　次	2020 年 8 月第 1 次印刷
开　　本	850mm×1168mm　1/32
印　　张	5 印张
字　　数	102 千字
书　　号	ISBN 978-7-5139-3078-9
定　　价	198.00 元（全六册）

注：如有印、装质量问题，请与出版社联系。

《素书》相传为秦末黄石公作，它虽提出"道、德、仁、义、礼，五者一体"，但仍以道家的"本德宗道"为主，辅以儒家的仁、义、礼，是一部审视历史、增广智慧的道家著作。

黄石公（约前292年～前195年），秦汉时隐士，别称圯上老人、下邳神人，后被道教纳入神谱。《史记·留侯世家》称其避秦世之乱，隐居东海下邳。其时张良因谋刺秦始皇不果，亡匿下邳。于下邳桥上遇到黄石公。黄石公三试张良后，授与《太公兵法》，临别时有言："十三年后，在济北谷城山下，黄石公即我矣。"张良后来以黄石公所授兵书助汉高祖刘邦夺得天下，并于十三年后，在济北谷城下找到了黄石，取而葆祠之。后世流传有黄石公《素书》。

《素书》是黄石公人生观的具体表现。全书六章共讲了五个问题。一、阐明了自己的思想体系，即道、德、仁、义、礼五位一体，密不可分。二、阐明了用人原则。黄石公依据才学之不同，将人才分为俊、豪、杰三类。三、为别人做事时加强个人修养的意见。四、总结安邦治国的经验。五、阐述了自己的处世之道。

《素书》以道家思想为宗旨发挥道的作用及功能，同时以道、德、仁、义、礼为立身治国的根本、揆度宇宙万物自然运化的理数，以此认识事物，对应事物、处理事物的智能之作。

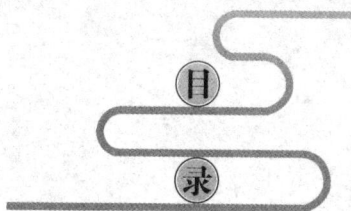

目录

原始章第一

题 解

　　一个人立身存命的根本是什么？黄石公的答案是：天道、德行、仁爱、正义和礼制。这五个方面既是为人处世的落脚点，更包含着立身成名的大道理。

原 文

　　夫道、德、仁、义、礼，五者一体也。

译 文

　　道、德、仁、义、礼这五种思想是浑然一体、缺一不可的。

解 读

　　黄石公是与鬼谷子齐名的谋略家，《素书》是一部权谋的经典著作，但本书开篇讲的却是似乎与谋略无关的仁义道德。这是因为在黄石公眼里，道、德、仁、义、礼是统摄一切权谋的纲领，是最高境界的

▲ 黄石公雕像

1

谋略。

现在一讲到道德、仁义、礼节、信用，有人常常嗤之以鼻：靠这些陈词滥调能成事吗？成功需要的是勇气、智谋和机会，看看那些功成名就的人，我们并没完全见到所谓"道、德、仁、义、礼"的力量。

这些人的看法反映了现代社会的一种浮躁心态：急于求成，为此不惜弃道德的约束于不顾。但显然这是一种浅见，是缺乏做人修养的表现，因为但凡这种人，不论曾经拥有多么耀眼的光环，也注定只是过眼云烟。

在我国传统思想中，道、德、仁、义、礼是一个互相依存、互相作用的体系，应该系统地去认识。老子说，失道而后德，失德而后仁，失仁而后义，失义而后礼，说的就是这个意思。

道、德、仁、义、礼是古人日常修养的五个具体标准，历史上许多在政治、军事、人文等领域卓有建树的人物，正是依靠对这五个方面的严格要求和自我修炼，而达到令人仰视的高度，从而彪炳史册。

原　文

道者，人之所蹈，使万物不知其所由。

译　文

天道是世间万物存在和发展所遵循的自然法则和运行规律。

解　读

我们以前会说"人定胜天"，认为只要努力没有办不到的事，可是事实证明，这是人类的一厢情愿。事实上，人类只能顺应自然，而不可能去战胜它、逆转它。

比如说我们可以将果树嫁接，但是我们不能让一头牛的角上长出苹果来；我们可以人工降雨，但是我们不能控制一场海啸的发生；我们可以提高粮食的产量，但是我们不可能让1亩地里长出1万斤粮食来。

也就是说，我们尽可以利用大自然的馈赠，可以用人类的聪明才智去创造一些东西，但是不可能完全违背大自然的规律，不能逆"道"而驰。否则就会自取灭亡。

什么是自然？老子所讲的自然就是"自然而然"，也就是没有"外力"影响的这个世界的本来面目。现在来理解，它既应包含所有"自然"的存在，也应包括"自然运行的规律"。可是，自然既然是至大无外的话，有什么能成为"外力"而使之"不自然"呢？

原 文

德者，人之所得，使万物各得其所欲。

译 文

德就是人们在社会生活中具有的品行操守，德促使人们依德而行，使一己的欲求得到满足，唯有"德"才能有所得。从宏观角度来讲，德就是让世间万事万物各得其所欲，各展其所能。

解 读

孔子说"德不孤，必有邻"，一个有道德的人绝不会孤单，肯定会有人与他在一起。一个人不可能把自己孤立起来，真正的有德之人生活在人群中间。

也就是说，一方面，有道德的人自己有修养和风范，自然会影响周围的人，吸引周围的人与之成为朋友。另一方面，有道德的人既已献身于道德学问，就会耐得住孤单和寂寞，即便暂时没有得到他人的理解，也会在道德学问中，在先贤的思想和人格中找到深交的朋友，这样，他也不会孤单。说到底，因为道德是跨越时间和空间的局限而发展的，所以，有道德的人也不会受时间和空间的限制，总会找到自己志同道合的朋友和事业伙伴。

而这些，不恰恰是成就伟业最急需的"本钱"吗？

原　文

仁者，人之所亲，有慈惠恻隐之心，以遂其生成。

译　文

仁是人所独具的仁慈、爱人的心理，仁使有志于天下的人互相亲近，人能关心同情人，各种善良的愿望和行动就会产生。

解　读

在《论语》一书中"仁"字出现了两百多次，但孔子并没有给"仁"下过一个明确的定义。韩愈说"仁"就是"博爱"。"仁"是一种内心的人生观、世界观，要求发自内心地爱自己、爱家人、爱乡里、爱国家乃至爱天下。但这种爱不是没有原则的滥爱，而是看到别人好，你要爱他，看到别人不好，你更要爱他，以此把他感化过来。

子曰："里仁为美。择不处仁，焉得知？"

里仁并不是说要住在仁人堆里，而是要怀着一颗仁心，以仁的标准来要求、磨炼自己。仁是一种生活态度，它能涤荡你心中的尘埃，还你一颗活泼纯净的心灵，让你活得潇洒，活得自如，活得理直气壮，活得无愧于心。

原　文

义者，人之所宜，赏善罚恶，以立功立世。

译　文

所谓义就是人们的行为要合乎事理，无论做什么都要合乎事宜。以此来奖赏善者，惩罚恶人，继而人心所归，建功立业自然水到渠成。

解　读

从另一个角度讲，义还是一套衡量人们的言行是否得"道"的标准，合乎这个标准，就一定会有一个好的结果，违背这个标准，无论是天道还是天理，都难容其立身处世。

不论是哪个朝代，哪个国家，人们对奉行仁义的人都充满了敬仰和爱戴。因此，在古代就出现了"仁义大侠""仁义之师"之类的称呼。老子对待这个问题是这样看的——"夫慈，以战则胜，以守则固。天将救之，以慈卫之"。后来，孟子对老子的这句话进行了进一步的解释——"爱仁者人人爱之，敬仁者人人敬之"。

汉朝著名的学者董仲舒也很支持老子的这一观点，在《仁义法》中，他讲道"仁之法在爱人，不在爱我；义之法在正我，而不在正人"，意思就是首先是要爱别人而不是爱自己，讲正义首先从自己做起而不是要求别人。

清朝学者吴敬梓讲"以义服人，何人不服"，就是指以仁义来服人，谁又会不服呢？

原文

礼者，人之所履，夙兴夜寐，以成人伦之序。

译文

礼，是规定社会行为的法则、规范仪式的总称。人人必须遵循礼的规范，夙兴夜寐，兢兢业业，按照君臣、父子、夫妻、兄弟等人伦关系所排列的顺序行事。

解读

礼，从大的方面来说就是社会各种制度，包括等级制度、宗法关系、礼法条规等，从小的方面来说就是个人行为准则、礼仪规范。在封建社会，这些条条框框是人们必须遵守的，其法律效率相当于今天的宪法。

以"礼"治国是儒家一直倡导的基本精神，而这种礼制恰恰很符合当时封建社会统治阶级的需求，所以很盛行。

那时的很多人都认为治国应以纲常礼义为先。因为纲常礼义是"性"与"命"，即所谓"以身之所接言，则有君臣父子，即有仁、敬、孝、慈。其必以仁、敬、孝、慈为则者，性也；其所以纲维乎五伦者，命也"。无论是"三纲"还是"五伦"，都是一种天性天命

的礼，谁也不能违背。并且强调，修身、齐家、治国、平天下，则
"一秉于礼"，"自内言之，舍礼无所谓道德；自外言之，舍礼无所
谓政事"。

原　文

夫欲为人之本，不可无一焉。

译　文

凡是想要有所成就的人，对于道、德、仁、义、礼这五种思想
体系，都是不可或缺的。

解　读

道、德、仁、义、礼作为一种内心道德修养的外在表现，既是
做人之德，又是做事之器。我们常可以在生活中见到那么一种人，
他们态度蛮横，行为霸道，恨不得将所有的好东西都据为己有，但
他们又真正得到了什么呢？而且有道、德、仁、义、礼这五种美好
品德的人，虽然他并未成心有意地去索取，但上天并不负于他，那
些理应属于他的，以及他所配得到的东西，都会尽其所用，伸手
可及。

朱熹《朱子语类》中有云："圣人之德无不备，非是只有此五
者。但是此五者，皆有从后谦退不自圣之意，故人皆亲信而乐告之
也。"说的正是这个道理。

原　文

贤人君子，明于盛衰之道，通乎成败之数，审乎治乱之势，达
乎去就之理。

译　文

　　那些有名的贤人君子之所以事业有成，很大程度上是因为他们都明白盛衰、成败的规律所在，掌握了这些规律很好地预见未来即将发生的事，从而给下一步的行动作出正确的决策，或者走，或者留，或者进，或者退，都可以从容应对。

解　读

　　这些事情看似容易，却不是一般人能做得到的。要做到这一点，不仅需要清醒的头脑、足够的学识和阅历，更需要平日里细心观察和思考，不断地总结前人的经验，不断地实践，最后才有可能达到"明于盛衰之道，通乎成败之数。审乎治乱之势，达乎去就之理"的境界。

原　文

　　故潜居抱道，以待其时。

译　文

　　在时机不成熟的时候，君子就隐居深藏，等待但不失其意志，他们相信，终有一天，自己的价值会被明主发现。

解　读

　　在我们身边，这样的人和事很多。如果你有抱负、有能力，但就是没有机会，这该怎么办？那就"潜居抱道"等待时机，尽管这个过程很寂寞、很孤单。很多人都羡慕那些成功者头上靓丽耀眼的光环，却很少有人能体会到成功之前的寂寞和无奈。

守得云开见月明，终得梅花扑鼻香。经历过一些挫折，真正的贤能之人终有出头之日。

原文

若时至而行，则能极人臣之位；得机而动，则能成绝代之功。如其不遇，没身而已。

译文

假如能充分把握时机，并且立即行动，那就能很容易获得人臣的高级职位；如果得到机会就立即振臂奋起，那就能够成就当代独一无二的丰功伟业；如果运气本来就不好，又不懂得主动把握机会，那就只能被无情淹没，终身无所作为。

解读

适当地把握时机，适时掌握主动权，就会变不利为有利，变被动为主动，这是为人处世立于不败之地的要旨。

做好一件事情，客观条件极其有限，但只要把握时机，因势利导，善于动脑，主观能力自然会发挥到极致。

原文

是以其道足高，而名重于后代。

译文

正是因为有些人道德的修养足够高尚，所以他们总是名垂千古、流芳百世。

老百姓的眼睛是雪亮的，不管你有多大的官职，也无论你在战场上杀了多少敌人，但凡你想要得到老百姓的口碑就必须有足够高尚的"道"的修养，而无"道"之人只有遭人唾弃的份。比如赵高、秦桧之辈，尽管位居宰相之位，一人之下万人之上，但身后留下了什么？不过是骂声一片而已。

通俗地讲，"道"的修养也算是成功的一项硬性指标。

事例

有一点自省的精神

孔子的学生曾子说："吾日三省吾身——为人谋而不忠乎？与朋友交而不信乎？传不习乎？"意思是："我每天多次自我反省：替别人办事是否尽心竭力了呢？同朋友往来是否诚实呢？老师传授我的学业是否复习了呢？"曾子学习勤奋，很快便有所成就。为养活父母，曾子曾经在莒地为官，而后他又收徒讲学。据《孟子》记载，他的弟子有七十多人，著名的军事家吴起就是他的学生。

我们在这里要探讨的不是曾子自省的内容：为人谋是否忠，与朋友交是否信，老师传授的知识是否已掌握，而是探讨其"一日三省吾身"的自省精神。追求外在成功也罢，精神为外物所累也罢，无论何时自省精神显得尤为难能可贵。

"一日三省吾身"，这句话所体现出来的自律精神，是每一个有志于做有"档次"的人，并成就一番事业者所必须学习的。做不到这一点，"道、德、仁、义、礼"也就无从谈起。

明代的张瀚在《松窗梦语》中有这样一段记录：

张瀚初任御史的时候，有一次，他去参见都台长官王廷相，王廷相就给张瀚讲了一则乘轿见闻。说他某一天乘轿进城办事时，不巧遇上了下雨。而其中有一个轿夫刚好穿了双新鞋，他开始时小心翼翼地循着干净的路面走，后来轿夫一不小心，踩进泥水坑里，此后他就再也不顾惜自己的鞋了。王廷相最后总结说："处世立身的道理，也是一样的

▲ 张　瀚

啊。只要你一不小心，犯了错误，那么以后你就再也不会有所顾忌了。所以，常常检点约束自己，是一个人必修的功课。"张瀚听了这些话，十分佩服王廷相的高论，终身不敢忘记。

这个历史故事告诉我们，人一旦"踩进泥水坑"，心里往往就放松了戒备。反正"鞋已经脏了"，一次是脏，两次也是脏，于是便有了惯性，从此便"不复顾惜"了。有些人，起先在工作中兢兢业业，廉洁奉公，偶然一不小心踩进"泥坑"，经不住酒绿灯红的诱惑，便从此放弃了自己的操守。这都是因为不能事先防范而造成的恶果。

不慎而始，而祸其终，这道理谁都明白，但要做到一直"不湿"，似乎也很难。一些人为达到不可告人的目的，会设置种种陷阱，包括利用"糖衣炮弹"来百般诱惑，让你"湿鞋"。

世界充满了诱惑，有时候，仅仅依靠人自身的意志作抵抗是不够的。由于"病毒"的无孔不入，所以必须经常性地给自己打"预防针"，并且应随着"病毒"的升级而更新换代。其实，大多数人缺少的也正是这一种自我省察和约束的精神。让自己做到这一点，为自己的做人做事打造好优良的"软装备"，就等于迈出了超越一般人的了不起的一步。

有德者一定会有所得

德行就是你用什么样的态度对待你身边的人，有德之人必有所得：大德得天下，小德得朋友。

战国时期，魏国的公子信陵君最爱招揽天下贤能之士。当时有一个年过七十却只做了个看守大梁东城门的小吏的隐士，叫作侯嬴，他家境贫寒，但颇有才华。信陵君很希望将他纳入自己的门下，于是亲自去拜访侯嬴，并馈赠于他极为贵重的礼物。但令信陵君万万没有想到的是，侯嬴竟然婉言谢绝了。

一天，公子府大摆筵席。当酒席摆好后，信陵君带着随从亲往东城门迎接侯嬴。侯嬴也不谦让，直接坐到信陵君的身边，企图用自己的傲慢无礼激怒信陵君。而信陵君却还亲自驾驶马车，态度丝毫也没有不恭敬。刚走出不远，侯嬴就对信陵君说："我有个朋友在屠宰场，您能送我去看他吗？"信陵君毫不犹豫地就将车赶到了屠宰场。

侯嬴见到自己的朋友朱亥后，故意把信陵君晾在一边，而自己却和朋友谈话。侯嬴一边谈话，一边注意观察信陵君的反应，他发现信陵君的脸色更加温和。因为信陵君的亲朋好友都在等着他回去开筵，他的随从都暗骂侯嬴不识抬举，市井之人也都好奇地观看着眼前所发生的一切，可信陵君自始至终都和颜悦色。

来到公子府，侯嬴被信陵君请到了上座。信陵君还向他介绍了在座的宗室、将相，并亲自向他敬酒。直到这时，侯嬴被信陵君礼贤下士的德行，完全打动和折服，并最终为帮助信陵君"窃符救赵"的成功行动立下了汗马功劳。

信陵君能够招揽到侯嬴，与他的品行修养有着直接的关系。

在现实生活人际交往中，一个人道德品质和修养的高下，是决定与他人相处得好与坏的重要因素。道德品质高尚，个人修养好，就容易赢得他人的信任与友谊；如果不注重个人道德品质修养，就难以处理好与他人的关系，交不到真心朋友。我们身边就不乏这样的人：有的人看自己一枝花，看别人豆腐渣，处处自我感觉良好，盛气凌人；还有的人一事当前往往从一己私利出发，见到好处就争抢，遇到问题就相互推诿，甚至给别人拆台。这些人在生活中之所以难有朋友，归根到底，就是在自身道德品质和个人修养方面出了问题。

仁者总能设身处地为别人着想

关于做人之"仁"，很重要的一点就是"为别人着想"。能够设身处地地为别人着想，许多事情都可以顺利地解决，这个世界就会拥有更多的关怀。生活中的很多误解和隔膜实际上都是由于人与人的生活状态存在差异，因而造成的思维角度和方式不同所引起的。一个人如果能够充满仁爱之心，言行充满人情味，不但能给他人带来温暖，也会令自己的人生顺风顺水。

东汉的袁安就是这样一个充满仁爱之心的人。有一次，鹅毛般的大雪下了整整一夜。第二天清晨，天放晴了，应该是扫雪的时候了。这时，洛阳的地方官下去视察，发现家家户户都出来扫雪。可是，走到袁安家门前时，看见雪地上连脚印都没有一个，官员们怀疑袁安是不是在家里冻死了，急忙命人将他门前的雪扫开走进屋子，看见袁安在家里直直地躺着。地方官问他为什么不出去，且还可向亲友家借点粮食，袁安说："这样的大雪天气，大家都没好日子过，我怎么好去打扰人家呢？"地方官认为他很贤德，就举荐他当了孝廉。

为自己谋取方便似乎是人们的天性，能够将别人放在自己心上来考虑的人，无疑是道德高尚的人。袁安因为怕妨碍别人就不出门扫雪，真可称得上是君子的行为，无怪地方官要把他举荐为孝廉。人在顺境中往往会沉浸在自己的快乐生活中而忽视他人的苦难和不幸，袁安却超脱于个人的情感之外，将关注的目光投向同样需要帮助的人，体现出他高于常人的境界。

北宋名臣张咏，官至吏部尚书。

一次，他办完公事回到后厅，见一名守卫正在熟睡。张咏就把他叫醒，和气地问他："你怎么了，是不是家里出了什么事啊？"果然，那人闷闷不乐地说："我母亲病了，哥哥外出很久了也没有音信。"

张咏派人调查，证实守卫说的是实话。

第二天，张咏派了一个仆人去帮助守卫照料他的母亲，帮他把事情安排好，守卫感激不尽。

事后张咏说："在我的后厅怎么敢有人睡觉呢？这人当时睡着了，一定是心里很愁闷，所以我才询问他。"

像张咏这么有人情味的领导，下属能不愿为他尽力做事吗？的确，在生活中，一个充满人情味和爱心的人，往往具有很强的亲和力。无论其地位高低，都会赢得别人发自内心的尊敬。这样的人，无论走到哪里，可以说都不会有过不去的路的。

人作为社会的一员，必然不能只为自己着想，否则，不但有道德上的污点，更是做人策略上的失败。一个人，尤其是作为领导者，一言一行都应该带有令人亲切的人情味，多为他人着想一些。这不但能问心无愧，同时也会给自己增加"人气"，让自己得到更多的尊敬和拥戴。

正直守义是为人间正义

历史上有名的"强项令"（硬脖子县令）董宣，在自己的岗位上，嫉恶如仇，不畏强权，为惩办凶顽，连皇帝都敢顶的精神，就是坚守道义立身立世的有力证明。

董宣字少平，东汉陈留郡（今河南开封东南陈留城）人。他勤奋好学，博通经史。光武帝建武初年，董宣做了几任县级官员，颇有政绩和清名，后又被提升为北海国相。

在他年近七十岁时，又被调任为洛阳令，洛阳是东汉的都城，京师的豪门贵族常常依仗权势，枉行不法。董宣任洛阳令，执法如山，蔑视权贵，对皇亲国戚的不法行为敢于惩办，皇帝的姐姐湖阳公主家有个恶奴，狗仗人势，青天白日在洛阳西市杀人，然后躲进公主府内。洛阳府衙的吏役们谁也不敢进公主府中捉人，杀人犯在公主的庇护下，竟逍遥法外。董宣决心要惩办凶犯，伸张正义。他不露声色地暗暗派人监视凶手的动向，寻找时机，缉捕凶手。那个凶奴在府中躲了几天，听听外面没有什么动静，以为没事了，就大着胆子坐上公主的车子，随公主一起到城外去游玩。董宣探知这一消息后，立即带人抄近路赶到公主车马必须经过的夏门亭。当公主的车马一到，董宣手持利刃，突然往路中一站，迎面拦住公主的车，湖阳公主大吃一惊，怒声喝道："你是什么人？为什么要拦住我的车马？"

董宣镇定地回答："禀公主，我是洛阳令董宣，特来缉拿在逃的杀人犯，请公主马上交出凶手！"

湖阳公主根本不把小小的洛阳令放在眼里，态度十分傲慢地责问："董宣你身为县令，不顾朝廷的法度，竟敢手执凶器，拦劫我的车马，该当何罪？谁是凶手？！"

董宣见湖阳公主以势压人，异常愤慨，强压怒火，义正辞严地说："公主，你家法不严，致使家奴无视法律，胆敢在闹市上无故杀人，本来就有一定的责任，现在又公开庇护杀人犯，更是错上加错！自古以来，王子犯法，与庶民同罪，何况你的家奴！请速速交出凶手！"

湖阳公主见董宣毫不相让，一点不讲情面，不由恼羞成怒，十分蛮横地说："就算我的家仆伤了人命，如果我不把他交出来，你敢怎么样？"

董宣听了，勃然大怒，喝令身后的差役，从公主的车上揪下那个杀人恶奴，就地正法，湖阳公主被这个场面惊得三魂出窍，立即调转车头，径奔皇宫，哭哭啼啼到皇帝那里去告状。

光武帝刘秀九岁就失去父母，从小靠姐姐拉扯着长大成人，所以他对湖阳公主感情特别深。他听说姐姐遭到董宣的"凌辱"，不由大怒，立即派人把董宣传来，不由分说，喝令近侍将他拉出去打死，董宣毫无惧色，从容地对刘秀说："请陛下允许我临死的时候说一句话。""你还有什么话说？"刘秀怒冲冲地喝道。"陛下以圣德而中兴汉室，现在却袒护姐姐纵奴杀人，今后还怎么治理天下，用不着别人动手，让我自己结果这条老命算了！"董宣说罢，就以头猛撞殿柱，顿时血流满面。刘秀听了董宣的话，有所醒悟，又见董宣如此刚烈，不由暗暗佩服，怒气渐消，马上命殿上的小太监拉住他。

为了照顾公主的面子，刘秀对董宣说："你要是现在给公主叩头赔罪，我马上释放你。"

"依法办事，何罪之有！"董宣坚决不答应。

刘秀见董宣如此固执，弄得自己也无法下台，不由心头怒火又起，喝令侍从把董宣推到公主面前，用手强按他的脑袋，逼着他叩头。不料董宣两手用力撑在地上，就是不低头。公主见了，窝了一肚子火，转过身来激刘秀说："文叔（刘秀的字）从前做平民百姓时，家里窝藏亡命，官府明明知道，也不敢登门过问。现在贵为天子，操生杀大权，难道连一个小小的县令也治服不了吗？"刘秀深深地被董宣的不屈精神所打动，笑着对湖阳公主说："正因为我现在身为天子，所以做事才不能胡来。"立即下令，释放了这位"强项令"。

从此以后，洛阳城权豪缩颈，恶霸敛手，京师肃然。

董宣并不是显官宿儒，也不是几朝元老，不过是个普通的郡县官员，光武帝为什么不杀他，甚至奈何不了他？老百姓又如此拥戴他？原因既明了又简单，在于他为官以节操和道义为本。正是这种"义"让他为人正气凛然，不畏权势，执法如山；正是这种"义"，威慑了刁顽恶徒，感动了平民百姓；也正是这种"义"，使他名垂青史，世代受到人们的敬佩和称颂。

日行千里的良马，其力固然可观，但与它的内在的品性相比，则不足论，千里马更可贵、更可赞的是它那识途、护主的高尚的道义。同样，"义"乃人生事业的基础，是个人才能的统帅与主心骨。离开道义的建树，事业就失去了稳固的根基，如艳丽一时不可长存的花朵；缺乏道义的约束和指导，无论你有多么卓越的才能，也不会有令人称颂、经天纬地的成就。

礼多人不怪

诸葛亮可谓是整部《三国演义》中最具亮点的人物，人们对他的评价颇高。陕西岐山县五丈原诸葛亮庙有一副赞扬诸葛亮的对联：义肝忠胆，六经以来二表；托孤寄后，三代而后一人。很显然，这是对诸葛亮历史功绩的夸赞。但人们对于诸葛亮的认识却更偏重于他的计谋和为人处世方面。也可以说，人们更欣赏他的为人及处世智慧。

虽然在很多时候诸葛亮的礼数并不是最周全的，甚至有的时候在刘备面前还有点越俎代庖的嫌疑，然而有一次，他的礼数可谓是恰到好处。

在联合抗曹取得了一定胜利的时候，蜀、吴两家却为了荆州闹了起来。然后诸葛亮定计"三气周瑜"，使周瑜气绝身亡。当时，东吴上下对诸葛亮可谓是恨之入骨，欲杀诸葛亮而后快，两家的盟友关系也面临着分裂的严峻考验。

令人意想不到的是，此时的诸葛亮却亲自到柴桑口为周瑜吊孝以尽礼仪。当然，诸葛亮也不是没有准备、只身前往，他也知道倘若自己有丝毫差错，必然会有去无回。因此他带上了威震长坂坡的赵子龙，以确保他到柴桑口之行的人身安全。

接着，诸葛亮才设祭物于灵前，亲自祭酒，跪在周瑜的灵位前，开始宣读祭文。祭文写得感人至深，诸葛亮在宣读完祭文之后，伏地大哭，泪如泉涌。他的表现令在场的东吴将士无不为之感动，甚至人们对于周瑜是否被诸葛亮气死的产生了质疑，哪里还有报仇的意思？

这次祭拜，不管是不是发自诸葛亮的真心暂且不说，但是诸葛亮的礼数到了，而且诸葛亮祭拜的目的也达到了——不但消除了东吴诸人对他的恨，也修补了蜀吴两国合作的裂痕，真可谓是一举两得。

"礼"自古就是受人推崇的道德，人们一直将"礼"看得很重。《礼记·冠义》上说："凡人之所以为人者，礼义也"；《礼记·曲礼》说："鹦鹉能言，不离于禽。猩猩能言，不离于兽。今人而无礼，虽能言，不亦禽兽之心乎？"

当然，封建社会的很多五花八门的礼数都是徒有其表，可以借鉴，但并不值得极力推崇。但是，我们国家毕竟是礼仪之邦，所谓"礼多人不怪"，平时做个知书达"礼"的人还是不无裨益的。

"礼"是出自对人的敬重，而通过内心的倾慕和外在的尊崇表达出来。若对人没有那种敬重之心，即使表面的功夫做得有多出色，那都是假的，并不可说是礼，只能说是虚礼；相反，只要对他人产生敬重的心，不论你有否向人行"礼"，这已是真真正正的礼了！所以说，礼可以有形，也可以无形，最重要的是人的内心。

在生活中，我们常常忽略了那些看似不起眼的"礼"，也正是由于忽略了它们，才使家庭矛盾升级、朋友关系紧张……从而导致一系列隐患的产生。

《左传·僖位公三十三年》上记载，春秋时一个叫冀芮的人在田里除草，他的妻子把午饭送到田头，恭恭敬敬地双手把饭捧给丈夫。丈夫庄重地接过来，毕恭毕敬地还礼后才用饭。妻子在丈夫用饭时，恭敬地侍立在一旁等着他吃完，收拾餐具辞别丈夫而去。这件事被当时晋国的一个大夫看见了，传为佳话。

《左传》上记载的这个故事，后来被人们作为"相敬如宾"这个成语的故事解释。在我们看来，夫妻间应该少些礼数，但是必要的礼数却能够增加彼此间的亲密度，使夫妻关系更加和谐。同样的道理，朋友、兄弟间倘若多一些礼数，也会减少那些没必要矛盾的产生；上下级间倘若多一些礼数，也能形成一种融洽的工作氛围，使工作能够顺利进行……

正道第二

一提到"韬略"，很多人马上就会想到，"出奇制胜"。是的"出奇制胜"是兵家津津乐道的战场秘笈，可是战场上的制胜韬略并不一定适用于为人处世。为了把对方消灭而不择手段地运用"奇"招，有时可能会出现在战争中。但如果做人也如此，那肯定不会有什么好下场，反观历史，这样的悲剧太多了。所以黄石公说"守正"才是做人的关键。

原 文

德足以怀远。

译 文

一个人的道德品质足以使远方的人心悦诚服，前来归顺。

解 读

"宽则得众，惠能使人"。"得民心者得天下，失民心者失天下。"这些古人留下来的治国安民的宝贵经验，同样适用于今天。一个优秀的领导者只有具备较高的道德水准和良好的群众基础，才能更好地推动工作开展。

原　文

信足以一异，义足以得众。

译　文

一个人的信义昭著足以影响别人对事物的认知，从而最终达成统一的意见，获得众人的支持。

解　读

东汉的许慎在他所著的《说文解字》中说，"诚，信也"，又说"信，诚也"。由此可见，"诚"和"信"，无论是单独使用还是相连使用，在古代都是同一个意思。诚实守信无论是在古代还是现代，都具有十分重要的意义。

▲ 许　慎

原　文

才足以鉴古，明足以照下，此人之俊也。

译　文

真正有才能有智慧的人都懂得用前人的经验指导自己做人处世，也唯有此才能让人心清眼明，洞察未来。所谓人中之"才俊"皆由此而来。

解　读

所谓"才俊"，所谓"聪明的人"，应包含两个标准，一个是智商，一个是学习的能力。智商是从娘胎里带来的，谁都无法刻意改变。但智商高的人并不一定就是聪明的人，真正的聪明要体现在做人办事上。那些学习能力强的人完全可以弥补智商的不足，从而在做人办事上更胜一筹。当然，学习，并不是让大家去学书本上的教条，最值得学习的是前人成败得失的经验。学习这些目的就是一个：少走弯路，少犯同样的错误。

原 文

行足以为仪表，智足以决嫌疑，信可以使守约，廉可以使分财，此人之豪也。

译 文

一个人行为端正，足以成为众人的表率，他的智慧超群足以决断令人疑惑的事理，他的信义可以使人恪守诺言，他廉洁的作风可以让他分理财务，这样的人可谓是人中之豪杰。

解 读

孔子曾经说过："言忠信，行笃敬，虽蛮貊之邦，行矣；言不忠信，行不笃敬，虽州里，行乎哉？"讲的是一个人说话有信用，行为很诚恳，他的言行就足以能够说明他的品行，这样的人哪怕在蒙昧辽远的地方也能顺利自由地行动；反之，如果做不到这些，即使在自己熟悉的家乡，也会处处难行其道。

原 文

守职而不废。

译 文

一个聪明的人都知道忠于自己的职责，专心做自己该做的事，不可分心，不可因为聪明就给自己找不必要的麻烦。

解　读

聪明，无疑是一件好事。但如果因此而觉得自己不一般，处处显得比别人聪明，甚至总是倚仗聪明不把别人放在眼里，不仅得不到好处，往往还会把自己置于十分危险的境地。

原　文

处义而不回，见嫌而不苟免。

译　文

即使有被人误解猜疑的风险，仍然义无反顾地尽到自己的职责，不推脱，不扯皮，埋头做自己该做的事情。

解　读

勇于负责永远是一种值得称道赞积极进取精神。一个人想要实现自己内心的梦想，下定决心改变自己的生活境况和人生境遇，首先要改变的是自己的思想和认识，要学会从勇于担当的角度入手，对自己所从事的事业保持清醒的认识，不管别人怎么看怎么想，仍然努力培养自己勇于负责的精神，因为这才是成就伟业的最佳方法。

原　文

见利而不苟得，此人之杰也。

译　文

见到有利可图也不忘乎所以把道义良心丢

在一边，能做到这一点，就可谓"人之杰"。

解读

对"义"和"利"的态度，是孔子区分君子和小人的标准。因此，他才说："君子懂得的是义，小人懂得的是利。"在孔子的眼里，道德高尚的人重义而轻利，见利忘义的人重利而忘义。前者受人尊敬，后者惹人生怨。

孔子这么说，并不是否定利益，只是反对以不正当的手段得到金钱和财富。他强调，如果财富可求的话，即使从事别人不愿从事的工作也去做，即不能唯利是图。

社会的进步，物质的丰富，离不开人们对物质享受的追求。所以，在今天，我们追求个人利益是合乎道德的。当然，这里的前提是不损害他人对利益追求的权利，即不损人利己。但是，从个人修养来说，淡漠的物质欲望仍是值得推崇的。一个脱离了庸俗趣味的人，一个有崇高理想和高雅志趣的人，对于物质享受都看得很淡。

事例

得民心是做好管理工作的前提

《六韬》中说："利天下者，天下启之。"的确，民心向背是关系到国之存亡、事之兴衰的决定性因素，不可不为领导者所重视。历史和现实的许多事例都表明，凡是成长和发展比较快的领导者，大都是既受上级信赖，又受下级拥戴而"政绩"又比较突出的人。

因而，作为一名领导者，应当注意协调这几者的关系，领悟其间相辅相成的作用，注意打好自己的群众基础。

"得民心"说得通俗一点儿，就是要有好人缘，与群众的关系密切，威望高，有号召力，群众愿意与之共事。民心不仅是领导者做好工作的群众基础，也是领导者求得事业进一步发展的保证。

群众基础好是领导者在事业上更进一步的前提条件之一。现在对干部实行群众考核评议，只有那些联系群众的干部，才会被群众推举。在上级组织提拔干部时，也往往要考察他们的群众基础如何。显而易见，凡是群众基础好的干部就比不得人心者占据更大的优势。

得人心并不难，能做到公正无私就已成功一半。

尽管管理者的工作方法各不相同，但必须树立公正无私的形象，才能大大有利于自己凝聚力的加强。

明智的管理者最在意的是名声，有好名声才有凝聚力，才能做到众望所归。因此，作为管理者，不能不领会公正无私的内涵。只有顾及下属对自己品质的评价，只有在下属面前树立一个公正无私的贤者形象，才能更好地立权树威，做到取信于"民"。

公正评价下属是优秀管理者公正无私的一个重要方面。为了客观评价下属，他们善于及时观察和做笔记。下属的表现只有通过长期的工作才能体现出来。只有长期注意记录他们的行为，才能对他们真正有所了解。在掌握这些资料之后，当你通过手头的记录去表扬某些工作干得好但又不被人注意的下属时，他会备感欣慰，从而促使他会努力地把工作做得更好；如果是批评某些下属干得不好，虽然他会在短时期内情绪低落，但很快就会了解你公正待人的做法，同时也会重新认识自己工作中的不足，变后进为先进。这样，下属才会逐渐消除对你的不满，对你的管理工作会更加满意。

深受下属欢迎的管理者还总是以大局为重，不计个人恩怨，充分地调动多数人的积极性，通过尽可能公正地使用人才来激发下属为单位效劳的积极心理。

用人上的不公正，会引起大家的不满，这是一个单位能否实现平稳发展的重要问题。如果待人失当、亲疏不一，则会在不知不觉中重用了某些不该得到重用的人，而冷落了一些单位的骨干力量，这样做的结果是严重打击了受到不公正待遇的下属的积极性和创造性，直接影响到单位的全局发展。因此，要想成为一名受下属欢迎并具有凝聚力的管理者，就应该对所有的下属一视同仁，这样，不仅积极因素可以得到充分调动，一些消极因素也会转化为积极因素。

管理者公正无私还表现在对下属的"论功行赏"上面。受下属欢迎的管理者，往往在论功行赏方面做得相当完美，能够充分地调动下属的积极性，形成人人争上游的局面，给单位带来无限的生机和活力。反之，如果论功行赏做得不好的话，不仅达不到激励下属的预期效果，反而会造成灾难性的后果。例如，优秀的下属在工作中做出了相当大的贡献，但他并没有得到相对应的奖赏，工薪、奖金都没有与贡献呈现正比例增长；而那些并没有做什么实际工作的人却得到了加薪、分红。任何正常的人都会非常自然地感觉到管理者对他的不公平，从而产生种种抵触心理。这种使中坚力量产生抵触情绪的局面一旦形成，单位的前途命运也就非常危险了。

另外，管理者在日常管理事务中要公私分明，切不可假公济私。

要了解一个人的品性很容易，只要看看他使用金钱的方式就可一目了然了。有些人乍见之下气度相当宏伟，可是一牵涉到钱，脑子里立刻盘算起来如何才能"报公账"。以管人的资格来说，这种人的品性及能力都显得够不上水准。

最被下属瞧不起的管理者是使用公家的钱挥霍无度而自己则一毛不拔的人。这种类型的管理者为数不少，而对单位更是有百害而无一利，严格说起来，他不但没有存在的价值，甚至会对公司造成危害。

所以，作为一个高明的管理者，在日常事务中一定要公私分明，切不可因贪图小便宜而使自己的形象受损失去民心。

诚实守信实为立足的法宝

诚信无价。虽然一时的坦诚可能会损失眼前的利益，但换来的却是比金钱更重要的信任，收获的是长远的利益。但有的人却不这样想，他们会为了眼前的利益，而失去了很好的发展机会。

从前有个商人，渡河时翻船了。他不会游水，差点儿淹死，而河面上有一捆枯草，他拼命抓住这捆草，大声地呼喊救命。

一个打鱼人听见喊声，急忙驾着小船来救他。商人看见渔人，连忙喊道："我是济阳县的大富翁，你快来救我的命吧。我有万贯家财，如果你救了我，我可以给你一千两银子。"

于是打鱼人就把他救了上来。当富翁带着渔人到家里取钱时，只给了渔人一百两银子。渔人说："你原来说给我一千两银子，现在却变成了一百两，这不是不讲信用吗？"商人听了，不但不兑现自己的诺言，反而勃然大怒说："你是一个打鱼的人，一天能赚几两银子？现在你不费力气就赚到了一百两银子，难道还不满足吗？哼！'信用'，它能值多少钱？"

渔人看出商人是在耍赖，心想再和他争辩也没有用，便转身走了。

半年后，这个商人从吕梁一带买了一批货物，顺水而下。中途不幸刮起了大风，船又翻了，商人在水中大喊救命。这时渔人正在岸边，不管商人怎么呼喊，他也不去救。岸上的人纷纷对渔人说："你怎么不去救他呢？"渔人说："我过去曾救过他。他是济阳的一个富翁，但说话不算数。还说'信用'不值钱。我倒不是计较几个酬金，但我一定要让他知道'信用'值多少钱。"当人们听了渔人的话后，都气愤地说："不讲信用的人，淹死活该。"

只见那个富翁在水面上翻了几番，便沉入水中，再也不见了。

济阳商人耍小聪明误了身家性命，落人耻笑。这就警告那些好算计的人，不要以为自己聪明、妙算，就算计别人。其实，这些小人因为用心太过，反倒算计了自己。只计较一时的小利而不惜毁掉信用的人，才是真正的愚蠢，因为他丢了信用，纵使有万贯家财，也不可能再挽回"信用"二字。

自古以来，诚实守信就是做人最基本的品德，"言出必行""一诺千金""诚实不欺"一直被公认为为人处世的基本准则。

西汉初年有一个叫季布的人，他为人正直，乐于助人，特别是非常讲信义。只要是他答应过的事，无论有多么困难，他一定要想方设法办到，所以在当时名声很好。

季布曾经是项羽的部将，他很会打仗，几次把刘邦打败，弄得刘邦很狼狈。后来项羽被围自杀，刘邦夺取天下，当上了皇帝。刘邦每想起败在季布手下的事，就十分生气。愤怒之下，刘邦下令缉拿季布。

幸好有个姓周的人得到了这个消息，秘密地将季布送到鲁地一户姓朱的人家。朱家是关东一霸，素以"仁侠"闻名。此人很欣赏季布的侠义行为，尽力将季布保护起来。不仅如此，还专程到洛阳去找汝阴侯夏侯婴，请他解救季布。

夏侯婴从小与刘邦很亲近，后来跟刘邦起兵，转战各地，为刘邦建立汉王朝立下了汗马功劳。他很同情季布的不幸处境，在刘邦面前为季布说情，终于使刘邦

▲季　布

赦免了季布，还封他为郎中。不久又任命他为河东太守。

当时，楚地有个名叫曹丘生的人，能言善辩，专爱结交权贵。季布和这个人是同乡，很瞧不起他，并在一些朋友面前表示过厌恶之意，偏偏曹丘生听说季布又做了大官，一心想巴结他，特地请求国戚窦长君写一封信给季布，介绍自己给季布认识。窦长君早就知道季布对他印象不好，劝他不要去见季布，免得惹出是非来，但曹丘生坚持要窦长君介绍。窦长君无奈，只好勉强写了一封推荐信，派人送到季布那里。

季布读了信后，很不高兴，准备等曹丘生来时，当面教训教训他。过了几天，曹丘生果然登门拜访。季布一见曹丘生，就面露厌恶之情。曹丘生对此毫不在乎，先恭恭敬敬地向季布施礼，然后慢条斯理地说："我们楚地有句俗语，叫作'得黄金百两，不如得季布一诺'。您是怎样得到这么高的声誉的呢？您和我都是楚人，如今我在各处宣扬您的好名声，这难道不好吗？您又何必不愿见我呢？"

季布觉得曹丘生说得很有道理，顿时不再讨厌他，并热情款待他，留他在府里住了几个月。曹丘生临走时，还送他许多礼物。曹丘生确实也照自己说过的那样去做，每到一地，就宣扬季布如何礼贤下士，如何仗义疏财。这样，季布的名声越来越大。后人用"一诺千金"来形容一个人很讲信用，说话算数。

诚实守信，在社会交往中有着十分重要的作用。一个人说话实实在在，说到做到，就会使人产生信任感，愿意同他交往、合作。相反，轻诺寡信，一而再地自食其言，必然要引起人们的猜疑和不满。只有彼此守信，友谊才会持久。因此老子的"信不足焉，有不信焉"智慧，仍然是现代人立足的法宝。

真诚正直的言行是一把金钥匙

真诚正直的言行是打开这个世界成功之门的一把金钥匙，你可能是一个一文不名的穷人，你可能一再地跌倒，至今仍然没有功成名就。这些并不重要，重要的是如果你能用自己的言行证明你是值得信赖的，就不会有人不尊重你。

众所周知，诚信自古以来被认为是"为人""处事"之本。一个人如果不讲信用，他就会受到人们的藐视；一个企业如果不讲诚信就会使企业蒙损，严重时可能影响到企业的生存和发展。国家亦是如此。

所谓诚信就是诚实、守信用、重承诺、负责任。每个人每天都要同不一样的人或单位打交道，达成协议或促进了解。如果每个人都不讲诚信的话，那么人与人之间无法正常交往乃至沟通，整个社会也将无法维持正常的秩序。言行要一致是做人立身之本。一个人只有"言必信，行必果"才能获得别人和社会的信任。

美国道格拉斯飞机制造公司为了卖一批喷气式客机给东方航空公司，创始人唐纳德·道格拉斯本人专程去拜访东方航空公司的总裁艾迪·雷肯巴克。

雷肯巴克告诉他说，道格拉斯公司生产的新型 DC-3 飞机和波音 707 飞机是两个竞争对手，但它们有一个共同的缺点，那就是喷气发动机的噪声太大。他说他愿意给道格拉斯公司一个机会，如能在减小噪声方面胜过波音公司，就可获得签订合同的希望。

这笔生意对道格拉斯而言相当重要，如果能同东方航空公司签署订购合约，他在生意场上能马上争得一席之地；反之，如果难以取得订单，或许就表明他将从此销声匿迹。

道格拉斯回去与他的工程师仔细研究商量后，认真地答复雷肯巴克说："老实说，我不能确保把噪声降低。"

雷肯巴克说："其实，我早就知道答案。我之所以这样做，目的就是想看看你对我是不是诚实。"

接着，雷肯巴克郑重告诉道格拉斯："你现在得到了 16500 万美元的订单。"

"老实说，我不能确保把噪声降低。"这轻描淡写的一句话，说出来需要多么大的勇气啊！但道格拉斯正是凭着宁肯在商场销声匿迹，也不背上欺世盗名的骂名，才赢得了别人的信赖和他生命中至关重要的订单，也是靠这一秘诀，才得以把自己的事业推向成功。试想，如果当初道格拉斯没有勇气承认他不能降低飞机引擎的噪声，而是欺骗了雷肯巴克，他人生的第一桶金，不就随着谎言被戳穿而泡汤了吗？

在当今社会，诚信是一切德性的基础和根本。诚信意识的丧失与道德丧失是相互联系的，有时它们也是互为因果的关系。当今社会，无论是商业欺骗行为，还是假冒伪劣商品的制造；也无论是官场腐败行为，还是学府作弊现象，都在强烈地提醒我们，诚信社会氛围营造的必要与急迫。

相信你在这个世界上获得的快乐也绝不比那些亿万富翁少。我们都讨厌虚伪，讨厌表里不一，讨厌惺惺作态。我们都希望与真诚的人为伍，但同时不要忘了，首先我们自己要做一个讲诚信的人。诚信是人类社会永远的共识，任何时候，诚信都是带给人愉悦和信任的天使。在平平淡淡的生活中，似乎很容易就能做到诚信待人，因为你不需要付出什么，更不用损害自己的利益，你只要用动听的语言就可以打动你的朋友。但是在考验面前，诚信与虚伪却是一目了然的。

真诚地做人，就算暂时吃一些亏，但日后必然能够带来丰硕的果实，你付出了桃李，必然要回报你琼浆。好人自有好报，真诚的人一生都会得到必然的尊重。不管你所从事的是何种职业，也不管你的职位高低；不管你的知识是丰富还是贫乏，也不管你是多么伟大或是多么渺小，只要你是一个真诚的人，你的人生就没有什么可后悔的。一个人只要真诚地为人处世，就会很容易博得他人的好感，并且能够与他人愉快地合作！

我们通常一出口，就"君子一言，驷马难追"，甚至大呼"人无信不立"。然而，诚信就像迷彩服一样，成为许多人用来伪装掩护的幌子。这些年来，我们见过太多的贼喊捉贼的骗子，口口声声诚信为本，实际上骗你没商量。一个人的诚信，来自个人的价值观、所在组织的规范程度，以及如法律、人文、风俗习惯等的社会环境。西方人视信用为自己的第二生命，并非他们的道德观念使然，而是他们的法律所形成的游戏规则的要求。否则，把诚信当作儿戏的人，最终都将没有好的下场。

不要显得比别人聪明

在历史上，以聪明人自居而招灾惹祸的例子不在少数。如曾帮刘邦打天下立下汗马功劳的韩信，官封淮阴侯，不久就落下了杀身之祸，原因就在于他自恃有才而锋芒毕露，再加上其功高震主，所以一抓住其"谋反"的借口，刘邦就迫不及待地把他给杀了。另外还有大家耳熟能详的杨修被曹操所杀的故事，都说明了这一点。

英国 19 世纪政治家查士德斐尔爵士曾经对他的儿子做过这样的教导："要比别人聪明，但不要告诉人家你比他更聪明。"

苏格拉底在雅典一再告诫他的门徒："你只知道一件事，那就是你一无所知。"孔老夫子也说："人不知，而不愠，不亦君子乎！"

这些话，有一个共同的意思，就是你即使真的很聪明，也不要太出风头，要藏而不露，大智若愚。也就是说，在做人处世中，不要卖弄自己的雕虫小技，不要显得比别人聪明。

世上有一种人很喜欢卖弄自己，他们掌握一点本事，就生怕别人不知道，无论在什么人面前都想露两手。这种人爱出风头，总想表现自己，对一切都满不在乎，头脑膨胀，忘乎所以。在做人处世中，这种人十个有九个要失败。

那么，在做人处世中应该如何做，才是不卖弄自己的聪明呢？不妨从以下三方面注意：

第一，要在生活枝节问题上学会随众，萧规曹随，跟着别人的步履前进。

这种随众附和的做人方法，至少有两大实际意义：其一，社会上的群居生活，需要大家互相合作。其二，在某些情况下，当你茫然不知所措时，你该怎么办？当然是仿效他人的行为与见解，从而发掘正确的应对办法。

第二，不要让人感觉你比他聪明。

如果别人有过错，无论你采取什么方式指出别人的错误：一个蔑视的眼神儿，一种不满的腔调，一个不耐烦的手势，都可能带来难堪的后果。美国哈维·罗宾森教授在《下决心的过程》一书中说过一段富有启发性的话："人，有时会很自然地改变自己的想法，但是如果有人说他错了，他就会恼火，更加固执己见。人，有时也会毫无根据地形成自己的想法，但是如果有人不同意他的想法，那反而会使他全心全意地去维护自己的想法。不是那些想法本身多么珍贵，而是他的自尊心受到威胁……"

第三，贵办法不贵主张。换一句话说，就是多一点具体措施，少一些高谈阔论。

庇如，上司和同事或者朋友，希望你帮助他办某件事，你可以拿出一套又一套的办法，第一套方案，第二套方案，总之，你千方百计把问题解决了，这比发表"高见"，不是有意思得多吗？不说空话，而又能干得成实事，你将给人一种沉稳的成熟者的形象。

在做人处世中，不要把别人都看成是一无所知的人。其实，我们周围的人，和你一样，都各有主张。但多数人都不喜欢采纳别人尤其是下属的主张，因为这往往会被认为有失身份，有损体面。如果我们把同事都看成是庸才，只有自己有真知灼见，于是在一个团体内多发主张，结果被采纳的百分比，恐怕是最低的，而且很可能是最先被淘汰出局的人。

"聪明"是相对的，是对某一具体的方面、具体的人而言的。你在这个人面前很聪明，而在另一个人面前很可能稍显逊色。所以，聪明还是不"聪明"并不足以成为做人的资本，根本不值得卖弄。

道义比挣钱更重要

许多人经商都以追求利益为最大目标，但真正的大商人却都信守"义、信、利"的经商哲学，将追求利润放在"义"与"信"之后，尤其不取违背良心之利。

如何看待义利关系，是见"利"忘"义"，还是"取予有义"，也是衡量商人们职业道德的标尺。我国古代商人刘淮在嘉湖一带购囤粮谷，一年大灾，有人劝他"乘时获得"，他却说，能让百姓度过灾荒，才是大利。于是，他将囤聚之粮减价售出，还设锅棚"以食饥民"，赢得了一方百姓的赞誉和信任，生意自然也日渐兴隆。

当前社会，在义利方面能给我们做出表率的，李嘉诚绝对算一个。

香港是一个自由竞争港，巧取豪夺而致富的人肯定是有的。所以李嘉诚认为，金钱的多寡并非衡量一个人价值的唯一标准。能像李嘉诚这样完完全全清清白白赚钱的，商界中堪为楷模。

李嘉诚在巴拿马国投资时，拥有集装箱码头、飞机场、旅馆、高尔夫球场以及大片土地，成为当地最大的海外投资商，巴拿马政府为表示感谢，拿出很多商人求之不得，一定可以赚大钱的赌场牌照，作为酬谢的礼物。面对送上门的钱财，他却婉言谢绝，对他们说：我对自己有个约束，并非所有赚钱的生意都做的。

巴拿马总理找到李嘉诚，说："你这么大的投资，我一定要给你，你有三家旅馆，随便你放在哪一家都可以。"盛情难却之下，李嘉诚做出妥协，决定不接受赌场牌照，但是在旅馆外面另外建独

立的房子，给第三者经营，并且由第三者直接跟政府洽谈条件。他的公司只赚取租金，李嘉诚对他说："旅馆的客人要去哪儿我不管，但我的旅馆里，绝对不开设赌场。"

有人说，一般的商家，只能算作精明，唯有李嘉诚一类的商界超人，才具备经商的大智慧。舍小取大，李嘉诚是其中最聪明的人。而大部分商人的目光只会停留在眼前利益，做生意不舍一分一厘，只求自己独吞利益。恰好是一时赚得小利，而失去了长远之大利。可谓是捡了芝麻，丢了西瓜。李嘉诚却正好相反，他舍弃了小利，而赢得了大利。

李嘉诚说过："如果一单生意只有自己赚，而对方一点不赚，这样的生意绝对不能干。"

李嘉诚认为，生意人应该利益均沾，这样才能保持久远的良好合作关系。如果光顾一己之利益，而无视对方的利益，只能是一锤子买卖，自己将生意做断做绝，以后再没有人找你做生意谈合作。

道理并不是深不可测，但为什么现实中能做到这点的寥寥无几？关键是在摆在眼前的现实利益面前，人们常把"道"放在次要的地位，能如李嘉诚于利中见义，自然可以脱颖而出。

求人之志第三

黑夜里一艘船航行在茫茫的大海上，如果没有灯塔的指引，它就不可能找到方向和停靠的港湾，甚至一不小心触到礁石，还有灭顶的危险。人生一世就犹如夜里行船，而我们的志向和目标就是指引我们顺利到达成功彼岸的灯塔。

原 文

绝嗜禁欲，所以除累。

译 文

禁绝无益的爱好，克制色欲的贪婪，这样可以让自己轻轻松松过一生。

解 读

红尘滚滚，熙熙攘攘。很多人整天奔波劳碌，以获取更多的金钱，再让自己沉浸在消费的快感中，填充自己物欲的沟壑。挣钱、消费构成了无限循环的生活链条。然而，很多时候，当我们拥有太多花钱买来的东西时，却忽略了不用花钱买的享受。大自然、我们的人生都充满矛盾：有些东西看似毫不起眼，却无比珍贵，有些享受如此简单，众人却不知领略或无暇顾及。很多人过于热衷于纸醉金迷的声色犬马之中，真正的生活却被抛掷到了脑后。这不能不说是一种遗憾或悲哀。

原文

抑非损恶，所以让过。

译文

面对诱惑时，抑制自己贪婪的念头，自然可以避免过失和灾祸。

解读

富贵，功名，利禄，各种各样令人眼花缭乱的诱惑无处不在。

人都喜欢富贵而厌恶贫贱。然而富贵的求取、贫贱的摆脱，都应该经由正道。君子所应走的正道是什么呢？是"仁"。这种说法可能要让一些人失笑，他们认为这是与现实相脱节的。

富与贵的诱惑，摆脱贫贱的要求，其力量实在太大了，是许多人想用毕生的努力达到的。许多人就是因为抵挡不住"诱惑"和"要求"而不择手段，走上犯罪的道路。

子曰："富与贵，是人之所欲也，不以其道得之，不处也。贫与贱，是人之所恶也，不以其道得之，不去也。君子去仁，恶乎成名？君子无终食之间违仁，造次必于是，颠沛必于是。"

从一定意义上讲，孔子在这里讲的不仅是一个金钱观、人生观的问题，更蕴含了当人面对眼前的诱惑时，该怎样进行选择这一现实命题。诱惑往往造成短视，因此，在许多时候，我们不应该认为吃亏就是傻；也不应该认为一时得了好处是走了大运，行得通，其实很可能因此而失去了得到更大好处的机会，甚至，你吃下的甜饽饽正是一个无法挣脱的圈套。

原文

贬酒阙色，所以无污。

译文

远离酒色，人生才能像莲花一样出淤泥而不染，洁身自好，平安一生。

解读

玩乐不上瘾，饮酒不贪杯，好色而不淫，是做人的一种境界。喝酒误事的事常有，但在酒桌上不贪杯者鲜见。贪色之徒多是碌碌无为之愚蠢之辈，忠奸不分，庸贤不辨，凡能讨自己欢心，奉送美色者就重用之，除此之外一切都不重要。这样的人江山难保，事业也不会长久。

原文

避嫌远疑，所以不误。

译文

只有清醒地认识到周围环境的险恶，谨慎行事，才能避免误身误事。

解读

世道艰难，仕途险恶。做人应该德行纯厚一点，但是不能做毫无防人之心的烂好人，善良也该有点分寸，把自己的仁义善良暴露在小人面前，就是在自取伤害。因此，记得提醒自己：生活是残酷的，害人之心不应有，防人之心不可无。

原　文

博学切问，所以广知；高行微言，所以修身。

译　文

博学而多问，这样的人知识将更加广博。身处高位仍然谦虚慎言，这样才可以更好地修身。

解　读

那些真正的学术大家几乎都保持这样的本色，尽管已经学富五车，但仍然谦虚好问。这是一种明智的学习方法，更是一种修养。

子曰："盖有不知而作之者，我无是也。多闻择其善者而从之，多见而识之，知之次也。"

"有这样一种人，可能他什么都不懂却在那里凭空创造，我却没有这样做过。多听，选择其中好的来学习；多看，然后记在心里，这是次一等的智慧。"

孔子认为，要想获取知识，就必须要多听多看。听人说话是一种学问，有一句话叫做"兼听则明，偏听则废"，如果只听某一方的意见，而忽视了与之对立的另一方，则很难得出正确的结论。要想明白事情的真正面貌，就必须两边的意见综合比较地听才行。

原　文

恭俭谦约，所以自守；深计远虑，所以不穷。

译 文

恭谨自持，勤俭节约，所以才能守身不辱；想得长远一点，深谋远虑，这样可以不至于困厄。

解 读

宋儒汪信民曾说："得常咬菜根，即做百事成。"节制而俭朴的生活能磨炼意志，锻炼吃苦耐劳、坚忍顽强的精神，使人们在通往理想的道路上，披荆斩棘，奋勇直前。如果在个人生活上，迷恋于吃喝玩乐，既消磨人的意志，又会分散工作精力，这样的人必将难成大器，甚至会在生活中迷失方向。清朝的吴敬梓，虽终生未有功名，但其穷而不堕志，乐观陶然地在别人的"怜悯"眼光中做自己喜欢的一切。应该说，他们的精神有某种相通之处。

原 文

亲仁友直，所以扶颠；近恕笃行，所以接人。

译 文

有仁慈、正直的朋友相伴左右，这样可以在逆境中得到帮助。接近那些正直忠诚的人，并原谅、宽恕他们的不敬和冒犯，这是待人处世之道。

解 读

所谓"近朱者赤近墨者黑"，判断一个人的人品，首先要看他有什么样的朋友，这是千古不变

的道理。

子曰："益者三友，损者三友。友直，友谅，友多闻，益矣。友便辟，友善柔，友便佞，损矣。"

这里孔子教了我们交朋友的标准。有三种朋友是有益的，当然这里的益不是利益，而是对辅助自身的仁德修养有益。分别是正直无邪的朋友，诚实守信的朋友，知识广博的朋友。这样的朋友，交多少个都不嫌多。另外有三种人，是不宜结交的，和他们相处久了，近墨者黑，会有损自身的品德修养，分别是谄媚逢迎的人，表面奉承而背后诽谤的人，善于花言巧语的人。孔子千年前的教诲到现在依然闪耀着智慧的光芒，值得我们时刻谨记于心。首先，我们要学会判断，什么是益友。然后还要学会克制自己的虚荣，因为这三种损友，都是善于说好听的话，惯常讨人喜欢的，而谁都喜欢被人奉承，喜欢听顺风话，所谓"良药苦口利于病，忠言逆耳利于行"，要做到"闻过则喜"，不是件简单的事情。

原文

任材使能，所以济物。

译文

任用人才的时候如果能做到量才适用，那就可以有大的成就。

解读

清代思想家魏源讲过这样一段话："不知人之短，不知人之长，不知人之长

▲ 魏源

中之短，不知人之短中之长，则不可以选人。"所以，作为人事管理者，在用人上，一定要深知人，并且要善选人。比如，对于遇事爱钻牛角尖者，你不妨安排他去考勤；对于脾气太犟、争强好胜者，你可以安排他去当攻坚突击队队长；对于办事婆婆妈妈、爱"蘑菇"者，你最好让他去抓劳保；对于能言善辩喜聊天者，你可以让他去搞公关接待。

在日常的人事管理当中，如果坚持了这一原则，将能使组织发挥出最高效能。

原　文

殚恶斥谗，所以止乱。

译　文

震慑阴险之徒，痛斥小人的谗言，这样的领导才能控制局势，避免混乱。

解　读

谗言始于小人，任谗言摆布者多无善终。无论在什么时代，小人都是制造混乱的罪魁祸首。

孔子说："世间惟女子与小人难养也，近之则逊，远之则怨。"世上什么人都有，当然小人也比比皆是。小人成事不足，败事有余。如果你这辈子叫小人盯上了，那么肯定就麻烦大了。小人没有什么事好做，因此他可以专心致志地琢磨你，并把这当作专业。

"小人"没有特别的样子，脸上也没写上"小人"二字，有些"小人"甚至还长得帅，有口才也有内才，一副"大将之才"的样子，根本让你想象不到。

原文

推古验今，所以不惑。

译文

用古人的经验指导今天的行为，这样才能明辨是非，远离灾祸。

解读

如果社会充满浮躁的气氛，那么身处其中的人们就很容易迷失自我，恣意妄为。他们目空一切，把先辈们留下的明训忘之脑后，以至于"前车倒了千千辆，后车到此还复然。"这样下去，人们永远都是糊里糊涂地生活，也永远没有进步的时候。

原文

先揆后度，所以应卒。

译文

在做事之前多一些谋划，这样才能处乱不惊，临危不乱。这就是高明的管理和做事之道。

解读

看高手下棋，绝对是一种享受。每一步都走得恰到好处，而且为下一步甚至是下几步如何去走都做好了铺垫。这不是随手拈来的棋路，他们在走每一步时都做到精确的算计，整个棋路的发展都在他们心中把握着，这样胜算的机会就大得多。

做事如下棋，一个有作为的人做出每一个行动之时都会有精准的预测。他们会预测到这个行动将会带来什么后果，以及如何利用这个后果再采取下一步的行动。拥有了这种能力，对你整个事业的发展将会起到至关重要的作用。

原 文

设变致权，所以解结。

译 文

管人做事要懂得随机应变，这样才能化解很多难解之事。不能因为手中有了权力或者因为自己能力比别人强，就顽固不化、一意孤行，这样是没有出路的。

解 读

作为道家先哲，老子在为人处世的屈伸方面有这么一个著名的观点——"曲则全，枉则直"。他认为能够经受得住委屈，才能够保护自己的利益；能够弯曲，才能有一展宏图的机会。

老子的这一观点，正是我们为人处世时须时刻牢记的人生大智慧。在人生的舞台上，我们会遇到许许多多的不公与压迫，倘如仅凭一时之气奋起反抗，往往解决不了事情，反而会造成更不利的局面。

大丈夫能屈能伸，没有胜算的时候，就不能去硬拼，只能隐忍，隐忍并不可耻，只要在这段时间内积蓄力量，待形势一变，必能稳操胜券。

原文

括囊顺会，所以无咎。

译文

心中有数，闭口不言，凡事能顺长时机，这样可以远怨无咎。

解读

管好自己的口舌就能避灾免祸，儒家智慧提倡"少言""慎言"，的确有一定的道理，很多时候都存在"祸从口出"的情况，因此把握好说话的时机、场合是很重要的。孔子认为，应该与人交谈沟通的时候却没有这样做，就失去了结交朋友的机会，可能与一个真正有益于自己的朋友失之交臂。还有一个经常犯错误的地方是，说话不看对象，把话对不该说的人说。聪明的人知道能够看出哪种人才是真正的人才、真正的朋友、真正的英雄，所以，他能做到既不失去结交朋友的机会，也不会对道不同的人浪费言辞，说错话。

原文

橛橛梗梗，所以立功；孜孜淑淑，所以保终。

译文

坚守自己的信念，不为外界所干扰，这样才能有所作为。孜孜以求，勤恳敬业，这样才能善始善终。

解读

在开放的社会与生活中，人人都有自己远大而宏伟的目标；但无论你所树立的是怎样的理想，信念坚定、不以物移，应该是必须坚持的原则。只有如此，才会使自己理想的实现，不会一直遥遥无期。

事例

享受生活但不要被生活所累

翻开诗仙李白的《襄阳歌》，有一句叫"清风朗月不用一钱买"。醒时的太白可能还想着建功立业，大展一番抱负，可酒后的太白肯定是最能体会人间极乐的，抛开一切，大自然的幽静和美丽给了他无限的享受。此时，他不再想着生不得志的抑郁和悲愤，只体悟着宇宙中取之不尽、用之不竭的如斯美景。

与此遥相呼应的是古希腊哲学家第欧根尼。一次，亚历山大大帝和哲学家邂逅，当时哲学家正躺着晒太阳。大帝说："朕即亚历山大。"哲人答道："我是狗崽子第欧根尼。"再问："我有什么可以为你效劳的？"答："请不要挡住我的太阳。"多么曼妙的回答。他该是和太白一样，也正在享受着不用一钱买的午后和煦的阳光。无怪乎亚历山大大帝当时叹道："我如果不是亚历山大，我便愿意我是第欧根尼。"

在古希腊，苏格拉底这个被雅典美少年崇拜的偶像，自己长得却像个丑陋的脚夫：秃顶，宽脸，扁阔的鼻子，整年光着脚，裹一条褴褛的长袍，在街头游说。走过市场，看了琳琅满目的货物，他吃惊地说："这里有多少东西是我用不着的！"是的，他用不着，因为他有智慧，而智慧是自足的。若问何为智慧，希腊哲人们往往反过来断定自足即智慧。

在他们看来，人生的智慧就在于自觉限制对于外物的需要，过一种简朴的生活，以便不为物役，保持精神的自由。人已被神遗弃，全能和不朽均成梦想，唯在自由这一点上尚可与神比攀。

苏格拉底说得简明扼要："一无所需最像神。"柏拉图理想中的哲学王既无恒产，又无妻室，全身心沉浸在哲理的探究中。亚里士多德则反复论证哲学思辨乃唯一的无所待之乐，因其自足性而成为人唯一可能过上的"神圣的生活"。

明末文人洪应明在他的《菜根谭》中对这种特身处世的行云流水般的意念，有一些精妙的表述或形容：

风来疏竹，风过而竹不留声；

雁度寒潭，雁度而潭不留影。

故君子事来而心始现，事去而心随空。

这段话的意思是：当轻风拂过竹林的时候，竹子会发出刷刷的声响，但轻风过后竹林便变得寂静无声；当鸿雁飞渡清寒的潭面时潭水中会倒映出鸿雁的英姿，但鸿雁过后潭面上便不再有任何鸿雁的影子。所以修养高深的君子只有在事情到来的时候才显露出他的本性，表白他的心迹，事情一过去，他的内心也就立即恢复了空灵平静。

一个人达到了如此的境界，就会自得其乐，不会因得失荣辱而耿

耿于怀。反之，就难以体验到工作与人生的乐趣；更严重者，则会执著于贪念，使人生面临着重重的危机。

不赚黑心钱不做一锤子买卖

每一个人都关心自己的利益，上了当不可能无所觉察，受了损失不可能无动于衷。正如美国前总统罗斯福所说："你能在某个时候欺骗某些人，但你不可能在所有时候欺骗所有人。"所以，损人利己的险恶之徒，迟早会自受其损，尤其是对于经商的人来说。

作为一个精明的人，被人称为"比猴子还要精"，你从不干"使自己吃亏的事情"，你总能把其他人"傻帽儿"般地骗得一愣一愣而不察觉。从小你就被认为是经商的料，"无商不奸，无奸不商"，经商似乎是你天才的职业，于是，长大后，你当了商人，准备大干一番事业，利用你精明的大脑，去大展你的宏图。但是，你失败了，你在商场上一再受挫。这是为什么？

其实原因很简单，只是因为你太过精明了，从而失去了别人对你的信任。你要记住诚实是成功的先决条件，因为别人并没有你想象得那么傻。在现代社会你一旦失去了信誉，那么你也就失去了一切成功的机会。

归根到底，这还是一个"德"的问题，一个成功的商人，必须具有良好的商业道德，必须以客户以消费者的利益为重。但还有一种"一锤子"买卖的做法，是想一脚上岸、一步到位，这个"商态"同样是不可取的。《庄子·列御寇》中有一个"纬萧得珠"的故事，说的正是第二种一锤子买卖的危害性。

古时候，在某地一条大河边，住着一户以经营草织品为生的商贩，他们每天把岸边人家用蒿草织成的草箱收购运到城里去卖，以此赚钱养家糊口，尽管做不大，但也能勉强维持一家老小的生计。有一天商贩的儿子纬萧在河里游泳，偶然从河底捞得一颗价值千金的龙珠。一家人十分高兴，纬萧对父亲说："你成年累月卖蒿箱，纵然是累断筋骨也只能是吃糠嚼菜，还不如到大河深处去捞龙珠，拿到市场去卖，必定发财！"但商贩不同意儿子的意见，并对儿子讲了一通道理。做生意如同做其他事一样，不能只见树木不见森林，只看到暂时的利益而忽略潜在的危险。一分生意三分险，对每一种生意，我们既要考虑到赚钱的结果，也要考虑到赔钱的下场，即使在眼前效果十分诱人的情况下。也必须从坏处打算，掂量一下该不该冒这个风险。倘若觉得某一笔生意赚钱的可能性很大，而且一旦赔了，损失最多只占资金的一部分，那么，这样的风险可以冒一冒；反之，一旦失败全盘皆输的风险，则绝对不可冒，况且你所得到的那颗龙珠，长在大河深渊黑龙的嘴里，你之所以能够得到它，是黑龙在沉睡的时候，不小心从嘴里吐出来的。一旦再下河去捞珠，遇见黑龙正愁不见偷珠的对象时，必然把你连骨头带肉吞到肚子里去，不仅捞不到珍珠，还会把性命赔进去。

当然，这仅是一则寓言。在商战中，从来就没有"搏到尽头"的可能，聪明的人总会客观分析事物，既能看到有利的一面，也会估计到不利的一面。商品社会市场经济永远充满变数，今天赚钱的东西，说不定明天就赔，今天热销的产品，说不定明天就会变成

"死货"。因此，赚钱就赚清清白白干干净净的钱，要走正道，要放眼长远，绝不损人利己，做那些愚蠢的一锤子买卖。

贪酒恋色者亡国

因贪恋酒色而亡国者，历史上不乏其人。

陈后主名叔宝，字元秀，是宣帝的嫡长子。太建元年，后主被立为皇太子。太建十四年正月甲寅，宣帝崩。三天后，太子在太极前殿即位。

当时的局面似乎比较稳定，后主便日益骄纵，不思外难，沉溺在酒色中，不理朝政。

▲ 陈后主

后隋文帝得知此事，以替天行道之名欲灭之。

三年春正月初一，朝会时，大雾弥漫。后主一直昏睡，该吃午饭时才起身。这一天，隋将贺若弼自广陵渡江，韩擒虎自横江渡江，利用清晨顺利地攻克了采石，进而攻下姑孰。这时贺若弼也攻下了京口，沿江戍守者望风而逃。贺若弼分兵切断通往曲阿的要道后，攻入曲阿城。采石戍主徐子建到京城告急。

很快，韩擒虎率兵自新林抵达石子冈，镇东大将军任忠投降，并引导韩擒虎由朱雀航到达宫城，自南掖门进入。城内的文武百官都逃出来了，只有尚书仆射袁宪、后阁舍人夏侯公韵侍奉在后主身边。

迫于无奈，后主在井中躲了起来。接着隋军士兵对着井口呼叫后主，后主不应。他们便要往里面扔石头，这才听到后主的叫声。当隋军士兵用绳子把后主拉出井后，才发现原来后主与张贵妃在一起。

三月，后主与王公百官由建邺出发，来到长安。被宽赦后，隋文帝给了他丰厚的赏赐，几次引见，在三品官员的行列。每次有后主参与的宴会，隋文帝怕后主伤心，令不奏吴地乐曲。后来，监守后主的官员报告道："叔宝说，既然没有官职，每次参与朝拜时，请求能有一品官的名号。"隋文帝说："叔宝全无心肝。"

监守官员又说："叔宝常沉醉，很少有醒的时候。"隋文帝让人限制他的饮酒，但接着又说："任其性，不然，何以度日。"不久，文帝又问监守官员叔宝的嗜好。回答说："嗜酒。""饮酒多少？"回答道："与子弟们一天能吃一石。"隋文帝大惊。

后主随从文帝往东方巡视时，登芒山，陪文帝饮酒，赋诗道："日月光天德，山川壮帝居。太平无以报，愿上东封书。"上表请文帝封禅，文帝答诏谦让不许。后来隋文帝来到仁寿宫，常陪同宴饮，到后主出去时，隋文帝看着他说道："此人败亡难道不是由于酒吗？有作诗功夫，何如思虑时事。当贺若弼渡江到京时，有人用密信向宫中告急，叔宝因为饮酒，便不拆阅。高颖进到宫中时，那封密信还在床下，未开封。这真可笑，这是天亡陈国，也是酒亡陈国。"

可见酒色这些东西，偶尔为之也未尝不可，但若像陈后主那样沉溺于其中，则轻者伤身，重者误事亡国，那才是名副其实的因小失大，得不偿失。

防人之心不可无

虽说人心向善，但由于环境使然，那"病入膏肓"的恶人在没有良心发现之前没有人知道他们的内心会有多么险恶。一般情况下，善良的人都是不设防的，在善良的人眼里，世间所有的人和事都应该是美好的。恶人有时恰恰会利用这一点，把善良人的本性当作他们手中的刀，为达到自己的目的去伤害善良的人。

东郭先生和狼的故事，广为人知。东郭先生对狼也讲仁义，结果险些送命。在生活中，如果行善不分对象，同样是错误的，会给自己带来很大的伤害。

现实生活中，因为缺少防人之心而受到伤害的事例也屡见不鲜。

工作勤恳，任劳任怨的张轻，进入目前的公司营销部后，一直努力工作，创造了不少佳绩。没想到，公司调来一位新经理，提出人事改革建议，而他的第一把火就烧到营销部头上，从部门主管到员工，全部换成新经理的嫡系部队，张轻被调到调研部做分析员。张轻怎么也想不通，无论工作态度还是业务能力，自己都没得说，以前曾共过事的现任副总还直说要提拔他做副手。可如今到底怎么了？自己究竟把谁得罪了？让他做梦也想不到的是，做出这个决定的正是他一直深信不疑的那位副总。

生活有美好的一面，也有严酷的一面。我们不能因为生活的严酷去否定生活的美好，我们也不能因为生活的美好而不去正视生活的严酷。

活在世界上，我们必须与各种各样的人打交道，一定会遇到许多风险。但是，如果缺乏对自己基本负责的态度，和对内外风险的防范之心，就可能造成生命财产、情感、事业等多方面的破坏。

如何保护自己，让自己的生命、事业等都得到必要保证，这就是基本的"生存智慧"。

"害人之心不可有，防人之心不可无"，就是我们的生存智慧之一。

这句中国人的"古训"，充分说明了对待他人的辩证关系：一方面，对待他人，不应该存有伤害之心；另一方面，当对他人没有足够了解时，需对他人有所防备，防备他人存有坑害自己的心。

战国时，楚王非常宠爱一位叫郑袖的美女。后来，楚王又得到一位新美女便喜新厌旧，把郑袖冷落到了一旁。郑袖是一个非常工于心计的女人，便暗暗筹划算计新美人。

郑袖先是想尽办法与新美人亲近。新美人对郑袖的热情没有任何怀疑，反倒心生感激。有一天，郑袖悄悄告诉美人：楚王心情不好时，如果看到女人掩鼻遮口的羞涩模样，就会开心。

新美人信以为真，每当楚王心情不好时，便做出掩鼻遮口的羞涩模样来。楚王觉得奇怪，郑袖乘机告诉楚王：新来的美人私下说，大王身上有臭气，见面时得掩着鼻子才行。

楚王一听，怒不可遏，便令人割掉美人的鼻子，赶出宫去。于是，郑袖又夺回了楚王的宠爱。

善良无论如何没有错，但是再善良的心也应该披上一件自卫的外衣。人生一世受伤是难免的，但无论如何不能让自己的善良成为他人手中的刀，反过来伤害了自己。

俭朴是一种高尚的品质

春秋时期鲁国大夫御孙说："俭，德之共也。"俭朴的生活，可以使人精神愉快，可以培养人的高尚品质。生活俭朴的人具有顽强的意志，能经受得住艰苦的磨炼，胸怀开阔。无心于考虑物质生活，更不会受钱财的诱惑。物质生活条件的好坏，对他们来说，没有丝毫的影响。因此，这种人住在简陋的茅屋中，也有清新的生活情趣。

司马光是北宋的宰相，历史学家，名重一时，可是，他却从来不摆阔。他给儿子司马康的信中说："许多人都以奢侈浪费为荣，我却认为节俭朴素才算美。尽管别人笑我顽固，我却不认为这是我的缺点。孔子说：'奢侈豪华容易骄傲，节俭朴素容易固陋。与其骄傲，宁可固陋。'他又说：'一个人因为俭约犯过失的事是很少见的。读书人有志于追求真理，却又以吃粗粮穿破衣为耻辱，这种人是不值得和他讲学问的。'可见，古人是以俭约为美德的。现在的人却

讥笑、指责朴素节约的人，这真是奇怪的事！"

司马光在信中批评了当时奢侈淫靡之风，并引述了几位以俭朴著称的人的故事。

宋仁宗时宰相张知白，当了宰相之后，其生活水平仍然像当年布衣时一样。有人说他："你收入不少，生活却这样俭朴，外面人说你是'公孙布被'呢！"公孙指汉武帝的宰相公孙弘，当时汲黯批评他："位在三公，俸禄甚多，然为布被，此诈也。"张知白听了这位好心人的话后说："以我的收入，全家锦衣玉食都可以做到。但是由俭入奢易，由奢入俭难。像我今天这样的收入，不可能永远维持。一旦收入不如今天了，家人又已过惯了奢侈生活，那怎么得了呢？无论我在不在职，生前死后，我们都保持这个标准，不受影响，不是很好吗？"

张知白确实是深谋远虑的，他看到了别人平时想不到、看不到的地方。

鲁国的大夫季孙行父，曾经在鲁宣公、鲁成公、鲁襄公在位时连续执政。然而，他的妻妾没有穿过绸衣服，他家里的马没有用粮食喂过。别人知道后，都说他是忠于公室的。

晋武帝时的太尉何曾，生活十分奢侈豪华，每天吃饭就要用一万钱，还说没有下筷子的地方。他的子孙也极其奢侈，结果都一个个破了家。到了晋怀帝的时候，"何氏灭亡无遗焉"。

司马光说，这样的事例是举不胜举的。他希望司马康不但自己要记住这些事例和道理，身体力行，而且要向子孙后代进行这样的教育。

是俭是奢，这不仅是一个人的自我修养或品德问题，更是一种对生活的态度问题，真正的智者总能宁俭不奢，不仅一生平安快乐，也能留下令人景仰的美名。纵观古今，那种追求奢华、生活糜烂的人，到头来总落得身败名裂，走向肉体和灵魂的双重深渊。

交朋友是一门大学问

要学会判断什么人是自己真正的朋友，是一门大学问。战国时的名相蔺相如在宦官缪贤的门下作舍人的时候，缪贤曾经有罪，暗地里打算逃往燕国。蔺相如问他："您怎么知道燕王一定会收留您呢？"缪贤回答说："我曾经跟随赵王与燕王会见于边境之上，燕王私下里握着我的手说，愿意和我深交。因此，我想逃往燕国。"蔺相如阻止他说："赵国强大，燕国弱小，而您当时又被赵王宠爱，所以燕王想同你深交。现在您是逃出赵国去往燕国。燕王害怕赵王，他必定不敢收留您，而且恐怕会把您捆绑起来送还赵国。您不如脱衣露体背着斧子去向赵王请罪。只有这样，才能幸免。"缪贤听从了蔺相如的计策，果然获得了赵王的赦免。

春秋时晋国的中行文子逃亡，经过一个县城。侍从说："这里有大人的老朋友，为什么不休息一下，等待后面的车子呢？"文子说："我爱好音乐，这个朋友就送我名琴；我喜爱美玉，这个朋友就送我玉环。这是个只会投合我来求取好处而不会规劝我改过的人。我怕他也会用以前对我的方法去向别人求取好处。"于是迅速离开。后来这个朋友果然扣下文子后面的两部车子献给他的新主子。

蔺相如能在燕王的殷勤中看出祸患，救了缪贤一命；中行文子在落难之时能够推断出"老友"的出卖，避免了被其落井下石的灾难，这让我们悟出一个道理：锦上添花的朋友未必是真朋友，当某位朋友对你，尤其是你正处高位时，刻意投其所好，那他多半是因你的地位而结交你，而不是看中你这个人本身。这类朋友很难在你危难之时施以援手。

东晋的大将军王敦，生前权势熏天，向他卖乖讨好的人遍地都是，其中王舒是最殷勤的一个，而有个叫王彬的太守，独独不买王敦的账，王敦对王彬很是不满，于是两人交恶。后来王敦死后遭到清算，他的家人王含想去投奔王舒。王含的儿子王应则劝他去投奔王彬。王含说："大将军平时同王彬的关系怎么样？你还想去归附他！"王应说："正是因为这样，所以才应当去投奔王彬。江州王彬面对着别人的强盛，能不趋炎附势，这不是一般人的见识所能比得上的；他看到别人衰败危急的时候，必定产生慈悲怜悯之心。荆州王舒，做事墨守成规，又怎能破格行事呢？"王含没听儿子的话，投奔了王舒。王舒终于把王含父子沉没到江中。而王彬当初听说王应要来投奔自己，便偷偷地准备了船只在江边等候。没有等到王含父子的到来，王彬深深地感到遗憾。

能够雪中送炭的朋友，才是真朋友。在危难时，曾被怀疑的朋友往往成为救星，十分"信赖"的朋友却往往背叛你。这是因为人在有权得志的时候，有些小人会看中你的权势而虚伪地拍马，他们不讲原则地百般迎合，而真正的朋友怕你吃亏，则会以诚来告诫你。

合适的就是最好的

在现实当中，关于什么是人才，存在一定误解，很多企业曾经在人力资源选拔上深陷在学历、能力经验、素质等硬性条件中不能自拔。从初中到高中、中专再到大专、本科，现在动不动就是研究生、博士了。当然，社会上人们学历的普遍提高，反映出教育的发展和全社会人口素质的提高。在社会大环境的影响下，很多企业管理者在选人时开始追求高学历，他们认为学历就等于能力，学历高能力就高。然而，有经验的管理者都知道，事实上并非如此。

其实，学历只能证明一个人过去受教育的程度，并不能说明他就学识渊博，也不能因此就认定他能力非凡。学历与能力之间不一定成正比，有学历不一定有能力，学历低也不一定能力低。也就是说，学历并不代表学识，能力才是最重要的。

有能力而无学历的智者，可以说不胜枚举，如美国著名发明家爱迪生、瑞典大科学家诺贝尔、俄国文学大师高尔基，还有当代集企业家、发明家于一身的 IT 界精英，世界第一首富比尔·盖茨也是大学没毕业，这些人都是没有高学历的人，但是他们举世公认的非凡成就，是无人能够匹敌的，我们能说他们没有能力吗？

相反，在现实生活中，许多拥有

高学历的人，他们却能力平平，一事无成，毫无建树。

很多企业家认为，招聘人才的目的不是用他的高学历、高素质、丰富经验来作为摆设和炫耀，而是希望他们的学历、素质、经验能够为企业所用，给企业带来价值。如果不能实现这个目标，那高学历、高素质、丰富经验与无用便是等同，因此，适合才是最重要的，适合岗位的需要才是最重要的。

让一个手无缚鸡之力的书生上马杀贼，则书生肯定不是好的人才，但是如果让书生写奏章，作诗赋，则立刻显示出他的专业优势，说不定倚马千言可待。

这样说来，一个人是不是人才，倒并不是由他自身决定的，而是由选择他的人决定的，看这个选择的人有没有能力将他放在合适的位置上。因此，我们也就不难理解为什么我们经常看见在一个企业不怎么突出的人，换个环境就脱胎换骨了。

很多事实都可以证明，学历只是表明了一个人的学习经历。多煲了几个时辰的未必都是靓汤，多读了几年书，未必人人都已修成屠龙正果，个个都是经天纬地之才。在很多单位，"高学历"并没有发挥大作用，更没有带来"高回报"。

学历只是选人的一个因素，并不是选拔人才的全部或者唯一手段。企业在选人时，绝不要戴着有色眼镜，只要他能拿出良好的可行性计划，只要他是有能力的人，无论什么学历都可以用。对那些没有为企业做贡献拿着张文凭就讲条件的人，英明的企业领导者的回答就是 NO！

本德宗道第四

世事如棋局般简单，又如棋局般复杂。所以无论做人还是成事，懂点权变和操控之术是不多余的，这一方面有助于我们更好地达到目标，另一方面也可以有效地避免灾祸缠身。诚如黄石公所言，在运用权变和操控之术的时候一定要遵循它的基本原则：本德宗道——以德为本，以道为宗。

原 文

夫志心笃行之术。长莫长于博谋。

译 文

在做人做事的过程中，最大的智慧莫过于对谋略的正确运用了。

解 读

所谓"先谋后事者昌，先事后谋着亡"，在事前就做好谋划，在做事的过程中又能恰如其分滴水不漏地运用，这就是高人。

原 文

安莫安于忍辱。

译文

要想做到平安无事，最好的办法莫过于忍辱负重了。

解读

但凡有人的地方，就会有矛盾。世界这么小，你不碰我，我还会碰你，关键是如何看待，如何处理。得饶人处且饶人，相逢一笑泯恩仇。一张笑脸，一句诚恳的道歉，就能化干戈为玉帛，冰释前嫌，何必为区区小事而斤斤计较、耿耿于怀呢？

没有爬不过去的山，也没有蹚不过去的河。忍一时的委屈，可以保全大家的宁静、和谐，并不损失什么，反而还会赢得一个更为宽阔的心灵空间。何乐而不为呢？

原文

先莫先于修德。

译文

无论做人做事，但凡想有所成就，首先应该做的是修养自己的德行，努力让自己成为一个道德高尚的人。

解读

成功的标准不止一个，成功的路也不止一条。但要到达成功的终点，就必须有良好的德行修养。古人说：有德有才是圣人，有德无才是君子，无德有才是小人，无德无才是愚人。那些无德有才之人走了狗屎运也有可能一不小心收获些小成就，但那是不可能长久的，最终，他们会因为自己作恶多端而付出代价。

佛家说"境由心生"，也就是说，一个人要想成功，首先要在心里做个"圣人"，要修炼圣人的德行，然后才能在社会上取得成就。

原文

乐莫乐于好善，神莫神于至诚。

译文

人生最大的快乐莫过于乐善好施，最明智的生活之道莫过于诚心待人。

解读

善良是人性光辉中最美丽、最暖人的一缕。没有善良、没有人与人之间真正发自肺腑的温暖与关爱，就不可能有精神上的富有。我们居住的星球，犹如一条漂泊于惊涛骇浪中的航船，团结对于全人类的生存是至关重要的，为了人类未来的航船不至于在惊涛骇浪中颠覆，使我们成为"地球之舟"合格的船员，我们应该成为勇敢的、坚定的人，更要有一颗善良的心。

《三字经》讲道："人之初，性本善。"由此可见，人生来都是善良的，只是由于后天环境的影响，有些人不得已而误入歧途，直至后来变得十分凶残。不管怎么说，我们应该做一个善良的人，真诚待人，与人为善，善终有善报。

原文

明莫明于体物。

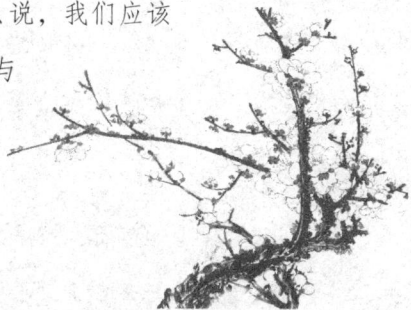

译 文

若说明智，莫过于明辨事物的是非，看透事物的本质。

解 读

如果被事物的表面所迷惑，就有可能把握不准是非，看不透祸福得失，以至于像没头苍蝇似的恣意妄为，那么结果肯定是自寻烦恼，自找苦吃。

老子有句话说得好：大成若缺，其用不弊。大盈若冲，其用无穷。意思是说：最完美的事物看起来好像总是残缺不全的，但它的地位和所起的作用永远不可忽视。最完美、最充盈的东西，看起来好像空洞无物不真实，但它的价值是不可限量、无穷无尽的。

老子的智慧就在这里，他总能以独到的眼光看到事物的本来面目。事物的价值取决于它的本质，如果我们的目光只停留于表面，必然会错过许多值得我们去拥有、去抓住的东西。

原 文

吉莫吉于知足，苦莫苦于多愿。

译 文

知足者可保一生平安，知足者幸福常伴左右。人世间的痛苦多半是由欲望太多而不知道及时地遏制引起的。

解 读

我们常说：知足者常乐。这不仅是一句谚语，也是一种值得所有人铭记在心的人生态度。只可惜很多人只是把这句话挂在嘴边而已，所谓"知足"总是被无情的物质主义浪潮所淹没。

原 文

悲莫悲于精散，病莫病于无常。

译 文

世间最令人悲伤和痛苦的事莫过于心烦意乱、精神涣散，最大的病患莫过于内心不平静而导致喜怒无常。

解 读

我们的痛苦烦恼似乎永远也没有尽头，一下成功，一下失败，时而悲伤，时而喜乐；在生活里我们东突西窜，愈陷愈深，找不到一条出路。而黄石公告诉我们，道就是道，不生不灭，欲望太多的人就无法看透迷茫的前途，而平心静气者，却能够灵敏活泼地勇往直前，这才合乎天地所具有的德性。

原 文

短莫短于苟得，幽莫幽于贪鄙。

译 文

人生最浅薄最无耻的事，莫过于通过见不得人的手段取得不义之功名利禄，最大的幽险莫过于贪得无厌、不知羞鄙。

解 读

贪图私利，是人的本性；避害趋利，是人的本能。这是无可厚非的。虽自私自利，避害趋利，但并不危害社会、危害他人，实不足为奇。为吃穿而奔波，为富裕而奋斗，为地位而努力，为改变环境而拼搏，只要手段正当，没有危害他人，有何不可？

可怕的是，世界上总有那么万分之一二的恶人、坏人、贪官、污吏，他们不是一般意义上的自私自利，唯利是图，而是横行乡里，鱼肉百姓，无恶不作，危害他人，危害社会。这样的人是可耻之人，他们的所作所为可耻之极。

原文

孤莫孤于自恃。

译文

自恃有才，就狂妄傲物，目空一切，这样的人最容易成为孤家寡人。

解读

世间的才子们最容易犯的一个错误就是恃才傲物。多喝了点墨水就以为可以王侯将相了，就以为天下无敌了，并且听不进别人的意见和善意的忠告，一意孤行。黄石公的意思是，这样的人不仅孤陋寡闻，到最后也只能以孤芳自赏、孤苦伶仃收场。

原文

危莫危于任疑。

译文

最危险的事莫过于任用人才的时候却存有疑心。

"用人不疑，疑人不用"，是古人留给后人的一句良言。然而话说回来，用人者又有多少完全不疑的呢？可以说，很少有人能真正放心地把事关自己前途的重要工作交与其他人去做。三国时的马谡因在攻打孟获之时向诸葛亮提出了"攻心"之策，从而赢得了诸葛亮的信任。但后来在派马谡镇守街亭之时，诸葛亮还是派了王平作为马谡的助手。王平名为助手，实为诸葛亮的眼线，他要随时将马谡的用兵情况向诸葛亮汇报。诸葛亮用人尚且如此小心谨慎，更何况不如他的后人呢？

原 文

败莫败于多私。

译 文

很多失败的事其根源就在于当事人的自私自利。

解 读

人的自私本性决定了人的行为，大多数人所作所为都必然是从自己的利益出发。但一部分人因权势或际遇而觉得自己可以无所顾忌地去追逐私利，进而走向骄奢，以致最终因私心无度而引火烧身；但有一些堪称君子的人，无论何时都能自律有度。他们不仅一生平安顺达，而且能够创建功业，留下美名。

事 例

谋略的运用重在不显山不露水

老子在其《道德经》中特别赞赏这样一类人："上德若谷，大白若辱，广德若不足，建德若偷"。即在平日里很少"显山露水"、抢风光，这类人表面上看上去很不显眼，然而他们却能在暗中默默地将事情完成，丝毫不张扬。能做到不显山不露水，并且最终达到自己的目的，这是对谋略家们最基本的要求。

做事太张扬，虽然能够显得自己高人一头，然而却能引来众多人的妒忌，让别人也更关注自己的一举一动（确切地说是更关注我们的失误），这样就会给日后自己的工作带来众多的压力和不便。

清朝皇帝雍正也曾这样认为："但不必露出行迹。稍有不密，更不若明而行之。"雍正不但是嘴上这么说，在他的执政生涯中也是如此做的。

在雍正皇帝之前，历代王朝都以宰相统辖六部，权力过重，使皇帝的权威受到了一定影响，如果一个君王有手腕驾驭全局，使宰相为我所用，这当然很好。但如果统领军队的宰相超权行事，时间一长便很容易与皇帝、大臣们产生隔膜和分歧，容易给国家添乱子、造麻烦。

▲ 雍 正

在雍正即位之初，虽然掌管着国家的最高权力，但凡军国大政，都需经过集体讨论，最后由皇帝宣布执行，不能随心所欲自行其是；权力受到了制约，皇位受到了挑战。雍正设置军机处，正是把自己推向了权力的金字塔顶端。简单地说，就是皇帝统治军机处，军机处又统治百官。

军机处还有一种职能，即充当最高统治者的秘书的角色，类似于情报局，有很强的保密性。军机处的由来，是在雍正七年(1729年)六月清政府平息准噶尔叛乱时产生的。雍正密授四位大臣统领有关军需事务，严守军报、军饷等军事机密，以致二年有余而不被外界熟知，保持了工作的高效运转和战斗的最终胜利。

雍正对军机处管理得特别严密。他对军政大臣的要求也极为严格，要求他们时刻同自己保持联系，并留在皇帝最近的地方，以便随时召入宫中应付突发事件。军机处也会像飘移的帐篷一样随皇帝的行止而不断改变。皇帝走到哪里，军机处就设在哪里，类似于我们现在的现场办公。雍正对工作、对百官的一些看法，以便察言观色，去伪存真地选用人才。在当今，雍正的这些创造，已经渗透到我们的日常工作当中，并产生了不可低估的社会价值。

雍正的第二大特点是对军机处的印信管理得非常严密。印信是机构的符号和象征，是出门办事的护身符和通行证。军机处的印信由礼部负责铸造，并将其藏于军机处以外的地方，派专人负责管理。当需用印信时，必须报告皇上给予批准，然后才能有军机大臣凭牌开启印信，在众人的监视下使用，以便起到相互制约的作用。

设立军机处起到了意想不到的效果，以前每办一件事情，或者有关的奏折，要经过各个部门的周转，最后才能够送达皇上。其中如扯皮、推诿、拖沓的官场陋习使办事效率极为低下，保密性能也差，皇上的口气无法贯穿始终。而自从设立军机处以来，启动军机大臣，摆脱了官僚机构的独断专行，使雍正的口谕可以畅通无阻地到达每一个职能机构，从而把国家大权牢牢地控制在自己手里。

设立军机处，将"生杀之权，操之自朕"的雍正推向了封建专制权力的顶峰。军机处由于在皇上的直接监视下开展工作，所以处处谨小慎微，自知自律，奉公守法，营造了一种清廉的官场形象。"军机处"的设置，保证了中央集权的顺利实施，维持了社会的相对稳定和统一，避免了社会的动乱和民族的分裂，推动了社会的繁荣和发展，具有一定的社会积极意义。

无论在雍正的正史和野史的记载中，雍正帝都是一个喜欢秘密行事的皇帝，然而这也正是他高明、智慧的一方面，故而在他死后的乾隆年间，才会出现康乾盛世的局面。

无论是做人还是处事，若想取得最大限度的成功，首先不要过分暴露自己的意图和能力。唯有这样，事情办起来才不会出现众多人为的障碍和束缚，办起事来就会出现事半功倍的效果；反之，我们将会受到许多意想不到环节的人为阻挠，事情办起来就会很难成功了。

小不忍则乱大谋

"小不忍则乱大谋"，这句话在民间极为流行，甚至成为一些人用以告诫自己的座右铭。的确，这句话包含有智慧的因素，有志向、有理想的人，不会斤斤计较个人得失，更不应在小事上纠缠不清，而应有广阔的胸襟，远大的抱负。只有如此，才能成就大事，从而达到自己的目标。

那么，到底要忍什么？

苏轼在《留侯论》中说："忍小忿而就大谋。"这是忍匹夫之勇，以免莽撞闯祸而败坏大事。

忍小利而图大业。这是"毋见小利。见小利，则大事不成。"

忍辱负重。勾践忍不得会稽之耻，怎能卧薪尝胆，兴越灭吴？韩信受不得胯下之辱，哪能做得了淮阴侯？

因此，在中国传统的观念里，忍耐也是一种美德。这一观点尽管与现代这种竞争社会不合拍，但是，很多学者已经发现，中国传统文化里有些东西并没有过时，相反，其中的学问博大精深，如果运用于现代人的生活，必将使人们受益匪浅。其中，忍耐就大有学问，忍耐包括很多种。当与人发生矛盾的时候，忍耐可以化干戈为玉帛，这种忍耐无疑是一种大智慧。

唐代著名高僧寒山问拾得和尚："今有人侮我，冷笑我，藐视我，毁我伤我，嫌我伤我，嫌我恨我，则奈何？"拾得和尚说："子但忍受之，依他，让他，敬他，避他，苦苦耐他，装聋作哑，漠然置他，冷眼观之，看他如何结局？"这种忍耐里透着的是智慧和勇气。

人生不可能总是风调雨顺，当遇到不如意、不痛快，甚至是灾难时，一个人的忍耐力往往就能发挥出奇制胜的作用。很多时候，因为小地方忍不住，而害了大事，这是得不偿失的。

三国时，诸葛亮在祁山攻打司马懿，可司马懿就是不出来应战。诸葛亮用尽了一切手段，极尽所能地侮辱司马懿，但司马懿对诸葛亮的侮辱总是置之不理。总之，司马懿就是不出来与诸葛亮交锋。等到诸葛亮的粮食吃完了，不得不退兵回蜀国，战争就这样结束了。诸葛亮六次出兵祁山，每次都是无功而返。司马懿之所以不战而胜，就是因为一个"忍"。

与别人发生误会时的忍耐，那只是一时的容忍，比较容易做到。难得的是在漫长时间里，忍受着各种各样的折磨，而只为完成心中的理想。这种忍耐力是难能可贵的，但也是做人最应该拥有的一种能力。

非洲一位总统问邓小平同志有什么好经验，他就说了两个字："忍耐"。忍一时风平浪静，退一步海阔天空。忍耐不是目的，是一种策略，但并不是每个人都能做到忍耐。人们常说，忍字头上一把刀。这把刀，让你痛，也会让你痛定思痛；这把刀，可以削平你的锐气，也可以雕琢出你的勇气。

有人说，忍耐就是一种妥协。其实，妥协不是简单地让步，而是在知己知彼的基础上达成一种共识。不管是生活，还是工作，妥协都不仅仅是为了"家和万事兴""安定团结"，而且隐藏着一种坚持，这种坚持实际上就是一种坚定的决心。

大庭广众之中，众目睽睽之下，如果互相谩骂攻击，不仅有伤风化，使你斯文扫地，还破坏了社会的文明形象。当然，有时要做到忍，也的确不易。虽然忍耐是让人痛苦的，但最后的结果却是甜蜜的。因此，遇事要冷静，要先考虑一下后果，本着息事宁人的态度去化解矛盾，我们就不至于为了一些鸡毛蒜皮的小事而纠缠不清，更不会使矛盾升级扩大。

人，贵在能屈能伸。伸，很容易，但屈就很难了，这需要有非凡的忍耐力才行。只要这个人真正有智慧，有才干，不管他忍耐多久，终究会有出头之日，而且他的忍耐力反而会更加富有魅力和内涵。人生很多时候都需要忍耐，忍耐误解，忍耐寂寞，忍耐贫穷，忍耐失败。持久的忍耐力体现着一个人能屈能伸的胸怀。人生总有

低谷，有巅峰。只有
那些在低谷中还能坦然处之
的人，才是真正有智慧的人。走过低
谷，前面就是海阔的天空。回过头来，那些在低
谷里忍耐的日子，那些在苦难中挣扎的日子，那些在寂寞里执著的
日子，都会显得弥足珍贵。

忍耐，这是一种宝贵的人生财富！

用恩惠换取恩惠

在现实生活中，每个人每天都面临着天堂或地狱的生活。当我
们懂得付出、帮助、爱、分享，我们就生活在天堂；若只为自己，
自私自利，损人利己，实质就等于生活在地狱里。地狱和天堂就在
自己的心里。帮助别人的时候，同时也是在帮助自己。

有一个人想看看地狱和天堂的差别。他先来到地狱，地狱的人
正在吃饭，但奇怪的是，一个个面黄肌瘦，饿得嗷嗷直叫。原来他
们使用的筷子有一米多长，虽然争先恐后夹着食物往各自嘴里送，
但因筷子比手长，谁也吃不着。

"地狱真悲惨啊！"这个人想。

然后，他又来到天堂。天堂的人也在吃饭，一个个红光满面，
充满欢声笑语。原来，天堂的人使用的也是一米多长的筷子，不同

之处在于——他们在互相喂对方！

天堂和地狱拥有同样的食物，相同的食具，相同的环境，但结果却大不相同！天堂与地狱的天壤之别，仅在于做人的"一念"之差；因心态不同，就造成了极不相同的结果。

1977年的《向导》杂志报道了一则故事：

有一个人遭遇暴风雪，迷失了方向。由于他的穿着装备无法抵御暴风雪，以致手脚开始僵硬。他知道自己时间不多了。

结果他遇到了一个和他遭遇相同的人，几乎冻死在路边。他立刻脱下湿手套，跪在那人身边，按摩他的手脚，那人渐渐地有了反应。最后两人合力找到了避难处。他救别人其实也救了自己。他原本手脚僵硬麻木，就是因为替对方按摩而缓了过来。

西晋时。廷尉顾荣应邀赴宴。席间上来一道烤肉，侍者在布菜时，直咽口水。顾荣心中不忍，就把自己的那一份让给了侍者。同桌的人笑他有点呆气，他却认为，整天看着烤肉吃不到，是很难受的，因而对自己的做法毫无悔意。

此后过了许多年，西晋发生了"八王之乱"。宗室汝南王司马亮、楚王司马玮、赵王司马伦、齐王司马冏、长沙王司马乂、成都王司马颖、河间王司马颙、东海王司马越八王为争权夺利而相互厮杀，国家一片混乱，民不聊生。这时远在边陲的匈奴首领刘渊发现了上天赐予的大好时机，派兵东下，灭掉了西晋。

这场灾难发生在永嘉年间(307～312年)，后来，"永嘉"一词就成了一个伤心的象征。永嘉年间的确令人心伤，异族的入侵，引起汉民族极大的恐慌，他们纷纷抛家舍业，扶老携幼地加入向南方逃亡的难民队伍。相比之下，长江以南的东南地区成了一片乐土。滔滔江水隔开了燃烧于江北广大土地上的战火，北方难民也纷纷奔南而去。

顾荣本是江南吴人，自然毫不犹豫地率领全家加入逃亡的难民之中。世道混乱，兵匪横行，逃亡的路上自是险象环生。但顾荣每每身处危急之时，总有人来舍命相救。渡过长江之后，顾荣找到救命恩人表示感谢。问起来历，原来这人就是当年那个接受烤肉的侍者。这令顾荣感慨不已。

爱默生曾说："此生最美妙的报偿就是，凡真心帮助他人的人，没有不帮助自己的。"这真是一句大实话。

现实生活中，有些人信奉"人不为己，天诛地灭"的信条。他们的自私本性暴露无遗，他们一味地希望能"人人为我"，却不愿去践行"我为人人"这个前提条件。结果呢，必然导致他们在社会中没有安全感和关爱感。其实，假如人人都能够心怀他人，互相信任，互相帮助，即使它的前提是功利性的，那么也会最终惠及自身的。因为处在一个好环境之中，远比处于一个恶劣环境中能得到更多的精神、物质上的双重实惠。

随遇而安天地宽

人应当能够承受物质生活对人的身心所产生的影响。现实中的"俗人"往往因穷困而潦倒，但聪明的智者，却能随遇而安或穷益志坚，不受任何影响地充分享受人生，并且能做出一番不平凡的事业来。

苏东坡对人生的旷达态度在历史上是出了名的。

宋神宗熙宁七年秋天，苏东坡由杭州通判调任密州知州。我国自古就有"上有天堂，下有苏杭"的说法，北宋时期杭州早已是繁华富足、交通便利的好地方。密州属古鲁地，交通、居处、环境都没法儿和杭州相比。

苏东坡说他刚到密州的时候，连年收成不好，到处都是盗贼，吃的东西十分欠缺，苏东坡及其家人还时常以枸杞、菊花等野菜作口粮。人们都认为苏东坡先生过得肯定不快活。

谁知苏东坡在这里过了一年后，长胖了，甚至过去的白头发有的也变黑了。这奥妙在哪里呢？苏东坡说："我很喜欢这里淳厚的民风，而这里的官员百姓也都乐于接受我的管理。于是我有闲情自己整理花园，清扫庭院，修整破漏的房屋；在我家园子的北面，有一个旧亭台，稍加修补后，我时常登高望远，放任自己的思绪，做无穷遐想。往南面眺望，是马耳山和常山，隐隐约约，若近若远，大概是有隐君子吧！向东看是卢山，这里是秦时的隐士卢敖得道成仙的地方；往西望是穆陵关，隐隐约约像城郭一样，师尚父、齐桓公这些古人好像都还存在；向北可俯瞰潍水河，想起淮阴侯韩信过去在这里的辉煌业绩，又想到他的悲惨命运，不免慨然叹息。这个亭台既高又安静，夏天凉爽，冬天暖和，一年四季，早早晚晚，我时常登临这个地方。自己摘园子里的蔬菜瓜果，捕池塘里的鱼儿，酿高粱酒，煮糙米饭吃，真是乐在其中。"

其实，一个人的思想，一旦升华到追求崇高理想上去，能够放宽心境，不为物累，心地无私、无欲，随时随地去享受人生，也就苦亦乐、穷亦乐、困亦乐、危亦乐了！这是没有身历过其境的人所难以理解的。真正有修养、高品位的人，他们活得快乐，但所乐也并非那种贫苦生活，而是一种不受物役的"知天""乐天"的精神境界。

欲望太多内心就难以平静

有一则寓言：

有位书生准备进京赶考，路过鱼塘时正巧渔夫钓了一条大鱼。便问渔夫是如何钓到大鱼的。渔夫得意地说，这当然需要一些技巧。"当我发现它时，我就决心要钓到它。但刚开始，因鱼饵太小，它根本不理我。于是，我就把鱼饵换成一只小乳猪，没想到这方法果然奏效，没一会儿，大鱼就上钩了。"

书生听后，感叹地说："鱼啊，鱼啊，塘里小鱼小虾这么多，让你一辈子都吃不完，你却挡不住诱惑，偏要去吃渔夫送上门的大饵，可说是因贪欲而死啊！"

欲望与生俱来。生命开始之时，欲望随之诞生。饿了要吃饭，冷了要穿衣，这是人的本能。仅从生命科学而言，人类绵延生息不绝，可以说欲望是生命的动力。生命停止，欲望则消失。同时，人的欲望的满足，又是生命消耗的过程。

从某种意义上讲，有效地节制欲望，是构建和升华生命，延伸和拓展生命长度的必由之路。

这就不得不让我们想起了性情淡泊、道法自然的庄子。

有一天，秋高气爽，太阳已爬在半空，庄子还长卧未醒。忽然，门外车马滚滚，喧嚣非凡，随后有人轻轻叩门。

原来是楚威王久仰庄周大名，欲将他招进宫中，辅佐自己完成雄霸天下的事业。

楚威王便派了几位大夫充当使者，抬着猪羊美酒，携带黄金千两，驾着驷马高车，郑重其事地来请庄周去楚国当卿相。

半个时辰过后，庄子才睡眼惺忪开门出来。

使者拱手作揖，说明来意，呈上礼单。

不料庄子连礼单瞟也不瞟一眼，仰天大笑，说了一套令众使者大跌眼镜的话：

"免了！千金是重利，卿相是尊位，请转告威王，感谢他的厚爱"。

"诸位难道没有看见过君王祭祀天地时充作牺牲的那头牛吗？想当初，它在田野里自由自在；一旦作为祭品被选入宫中，给予很好的照料，生活条件是好多了，可是这牛想不当祭品，还有可能吗？还来得及吗？"

"去朝廷做官，与这头牛有什么差别呢？天下的君主，在他势单力孤、天下未定时，往往招揽海内英才，礼贤下士。一旦夺得天下，便为所欲为，视民如草芥，视功臣为敌手，正所谓'飞鸟尽，良弓藏；狡兔死，走狗烹'。"

"你们说，去做官又有什么好结果？放着大自然的清风明月、荷色菊香不去观赏消受，偏偏费尽心机去争名夺利，岂不是太无聊了吗？"

使者见庄子对于世情功名的洞察如此深刻，也不好再说什么，只得怏怏告退。

其中一位使者还如临当头一棒，看破数十年做官迷梦，决定回朝后上奏威王告老还乡。

庄周仍然过着无忧无虑的生活。登山临水，笑傲烟霞，寻访故迹，契合自然，抒发感情，盘膝静坐，冥思苦想，在贫穷中享受人生的快乐和尊严。

老子说得好："见欲而止为德"。邪生于无禁，欲生于无度。清代陈伯崖写的对联中有这样一句"人到无求品自高"。笔者很赞成这一观点。这里说的"无求"，不是对学问的漫不经心和对事业的不求进取，而告诫人们要摆脱功名利禄的羁绊和低级趣味的困扰，去迎接新的、高尚的事业。

有所不求才能有所求，无求与自强是不可分割的。这正是这句对联所反映的辩证法思想。人生在世，不能离开名利等。但对这些身外之物，必须有一个清醒的认识，保持一定的警觉。一个人只有抛开私心杂念，砸掉套在脚上的镣铐，心地才能宽阔，步履才能轻松，才能卓有成效地干一番事业。

提倡"人到无求品自高"，不是让人们去过那种清贫的生活，而是为了清除社会上的腐败现象，以使那些追名逐利者保持政治上的清醒和思想道德上的纯洁。

内心的踏实来自于长久努力奋斗的沉淀。欲望是无止境的，人们为满足欲望想出了许多手段，赌博、诈骗、抢劫，还有出卖灵魂肉体。欲望满足的结果并非能心静。

无欲则静，多数人不能做到如出家高僧。在这样一个商品经济社会里，清心寡欲也变得很难。付出不图回报，但必有回报，尽管并非得如所付。尽心尽力地劳动也许不能暴富，总比出卖灵魂肉体来得踏实。

人在心理上追求个一定的平衡，欲望过少缺乏动力，欲望太多心烦意乱，你所要做的就是把握你的心，不要让多余的不着边际的欲心杂念扰乱你生命的脚步。

遵义第五

"义"不仅是一个人修养的内在体现，在黄石公看来更是一种做人做事的方法和准则。那么，怎样去做才算"义"呢？最基本的一点就是：在达到自己目的的同时，绝对不能给他人带来伤害，无论是精神上的，还是肉体上的。如果用了错误的方式去做事，违背了"义"的准则，那么结果就会使自己陷于被动的境地。

以明示下者暗。

在部下面前显示高明，一定会遭到愚弄。

"话到嘴边留半句，不可全抛一片心"，为人处世如此，对待下属也是如此，不要让他们过早地知道自己有多么强大，要懂得隐藏。

老子在《道德经》中说，"兵强则灭，木强则折"，其原因就是因为锋芒过露。他认为"强大处下"，而"柔弱处上"——为人处世应该善于隐匿自己的锋芒，才能让自己永远不居"下风"。

能成大事的人在做一件大事之前，都将真实的自己置身于暗处（将才能、智慧隐藏起来），为了观察明亮处其他人的行动，自己保持静默从而细心观察别人的动作。这样所有人的内外情形就都真实地展现在自己眼前，这件事自然能成。

原文

有过不知者蔽，迷而不返者惑。

译文

有过错而不能自知的人，一定会受到蒙蔽，走入迷途而不知返回正道的人，一定是神志惑乱。

解读

孔子在处理过失和改过的关系方面，强调改过，他把道德修养过程也看作是改过迁善的过程。孔子说："丘有幸，苟有过，人必知之。"他承认自己犯有过错，并认为过错被别人所了解，是自己的有幸。他反对有人对过错采取不承认的态度，"小人之过也必文"，文过饰非，把过错掩盖起来，这是不对的。他还说，"君子之过也，如日月之食焉。过也，人皆见之，更也，人皆仰之。"他认为君子的过错，好比日蚀和月蚀；他有过错，人人都看得见，他改正了，人人都仰望他尊敬他。孔子提出"过则勿惮改"的要求，还说："过而不改，是谓过矣，不善不能改，是吾忧也。"

要正确对待自己的过错，也要正确对待别人的过错，要容许别人犯错误，对别人过去的错误采取谅解的态度。孔子提出的"既往不咎"，就是对已经过去的事不要责备了，着重看现在的表现。

黄石公要人知过、改过的思想，涉及人犯错误的必然性以及人如何对待自己的错误和改正错误的问题，还涉及如何对待别人的批评和如何对待别人的错误的问题，这些思想与经验，对我们今天仍有启发意义。

原 文

以言取怨者祸。

译 文

出言不逊而招致怨恨，其给自己带来的祸害也是在所难免的。

解 读

语言是交流思想感情的工具，没有语言，也就没有人类的发展。人们在交往中，没有语言作桥梁，就无法沟通，也就一事无成。但是语言能成事，也能坏事，所以古人认为凡事少说为妙。不是不说话，而是该说的要说，不该说的不说，要考虑好了再说，否则一言有失，即酿大祸。忍言慎语，首先便是要戒伤人的恶语，荀子说："伤人之言，深于矛戟。"意思是说，伤害别人的语言，比用尖锐的长矛和战戟刺伤人的肉体还要厉害。戒伤人之恶言，是改善人际关系，与别人和睦相处的重要法则。

原 文

令与心乖者废，后令缪前者毁。

译 文

颁布法令不可随心所欲，号令不一，后令与前令自相矛盾，让下属无所适丛，这样下去，事业会荒废，已有的成就也会毁掉。

解 读

法，律也，范也，乃指人们社会活动的行为准则。峻法，即指法律的严厉，法律的威严。治国不能不讲法，人人遵纪守法是实现国泰民安的重要基础。

梁启超在总结历史的经验后指出："立法善者，中人之性可以贤，中人之才可以智。不善者反是，塞其耳目使之愚，缚其手足而驱之为不肖，故一旦有事，而无一人可以为用也。"也就是说，立法完善与否，直接影响官吏和百姓的素质，进而影响到国运的兴衰。

法是统一天下人行动的准绳，是维护

▲ 梁启超

社会公正和安定的工具，所以，一国之君在执法时，也应该是"我喜可抑，我怨可窒，我法不可离也。骨肉可刑，亲戚可灭，至法不可阙也。"意思是：个人的喜好，怨恨可以抑制、平息，而国家的大法不可背离。骨肉可以处罚，亲戚可以诛灭，国家大法不可损害。

原 文

怒而无威者犯。

只知道发怒，而不知道如何树立权威，一定会受到下属的侵犯。这种做法违反了管人用人最基本的法则。

解　读

领导与下属之间是一种权力差别的关系，权力是维系这种关系的基础。对于领导与下属来说，权力也是一个敏感的问题。权力就意味着权威，领导必需有这种权威，下属也得在这个权威笼罩下的空间中支配自己的各项活动。这就形成了一个矛盾，其焦点在领导与下属间移动，而支配权是在领导一方。所以，为了更有效地运用权力，对于权威的理解和树立是很关键的。

原　文

好众辱人者殃，戮辱所任者危。

译　文

喜欢当众责备侮辱他人的人早晚要遭殃，苛求责难委以重任的人更加危险。

解　读

用人之道最忌讳的是激起下属的怨恨，而有些不高明的领导者却偏偏喜欢在这个问题上和下属过不去，动不动就当众指责他们，有一点小过错就大做文章，这样的领导者迟早要遭殃的。

原　文

慢其所敬者凶。

译 文

聪明者绝不会怠慢身边的人，特别是自己有所敬仰的人，因为他们知道，这样做于己于人都没有什么好处。

解 读

逢庙烧香，见佛磕头，这是在古代很流行的处世准则。一方面，这是出于礼数，出于自己德行的修养；另一方面，因为你不知道哪片云彩会下雨，万一冒犯了深藏不露的人，那么你就等着后悔去吧。

原 文

貌合心离者孤，亲谗远忠者亡。

译 文

表面上对你恭恭敬敬，而私底下却对你怀恨在心，这些人对你来说是很危险的。如果你不明忠奸，亲近这些表里不一的小人，却远离甚至残害真正忠于你的人，那么，结果很有可能就是灭亡。

解 读

亲谗远忠带来的后果是不堪设想的，这样的教训也是举不胜举。可很多领导者仍然会犯这样的错误，多少小人仍然逍遥自在，多少有能力又忠心耿耿的仁人义士却不得好下场，这样的领导者是不会有善终的。

原 文

近色远贤者昏，女谒公行者乱。

译　文

贪恋女色而远离贤明之人，是极其愚昏的行为，让女人参与朝政更是祸乱的根源。

解　读

自古红颜多祸水，其祸并不在于女色本身，而在于当权者对女色的贪恋。贪念一起，则利令智昏，找不着北，遂即任由人摆布，结果江山难保，更要搭上身家性命。大道理谁都明白，关键就看当事者在面临诱惑时怎么做了。

原　文

私人以官者浮。

译　文

自私自利的浅浮之辈是不足以被委以重任的。

解　读

老子在《道德经》中这样说过："夫唯无知，是以不我知"，他认为凡事都不能为了私利私欲而去刻意追求，而应该遵循自然法则而为，否则即便我们去刻意求私，也必不能得到满意的结果。

原　文

凌下取胜者侵，名不胜实者耗。

译　文

靠欺负弱者取胜不会有好名声，名不副实、骄矜傲慢不过是自欺欺人罢了。

解　读

老子的"不自矜，故长"，就是告诫人们一定要戒除傲气，才能进步、成功。

傲气，一是盛气凌人，傲慢自负，自我感觉良好，也许某一方面高人一等，优人一招，先人一步，或者并无过人之处，只是虚张声势，故弄玄虚罢了。不管属于哪一种类型的都是过高地评价自己，蔑视别人，习惯仰面朝天，居高临下，盛气凌人，若问此人为何这般德性，是自负，自以为了不起，自高自大，盈气于内，形态于表，大有老子天下第一的气势，不可一世的表现用来傲视别人。因此，傲气会使人陷入困境，进而导致失败，这方面的教训简直太多，也太深刻了。

原　文

略己而责人者不治，自厚而薄人者弃废。

译　文

事情失败了只知道责备他人而不从自己身上找原因，这样的人厚己薄人，不得人心，是不足以担当重任的。

解　读

有了功劳全是自己的，有什么过失全是别人的错，这样的领导没有哪个下属会喜欢。长此以往，大家都离其而去，就算他有再大的本事，孤家寡人，孤军奋战，还能成就什么事业？

原　文

以过弃功者损。

译 文

曾经功勋卓著，因为一次小小的过失，就把所有的功业都抹去，从此弃之不用，这是在以小弃大，必导致人心不服，是用人的大忌。

解 读

尚贤用贤是我们优秀的民族传统。孔子的治国方略是"先有司，赦小过，举贤才。"

"赦小过"，就是宽容别人的小过失，以换取人心，体现胸襟，实施感恩。但对待小过不是视而不见，而是间接提醒却并不深究。部属犯了错，既要让其知道你能明察，又让他感激你不计较的恩德，不失为治病救人之举。

"赦小过"的主要作用就是在于调动一切积极因素，团结一切可以团结的力量。当然，这也包括那些曾经犯过错误但愿意改正的人。俗话说："金无足赤，人无完人。"如果你事事求全责备，就好像眼睛里揉沙子那样，紧抓住别人的缺点和错误不放，下属一定会认为你心胸狭窄。因此，做领导的一定要原谅部下的小过失。

原 文

群下外异者沦。

译 文

部下人心涣散，同床异梦，甚至勾心斗角、自相残杀，这样的局面不沦亡才怪。

解 读

成就一番伟业，其根基就在于大家同心同德，协力并进，这样

少年读素书

才能化零为整，爆发出强大的战斗力。如果在对手攻击之前，自己内部先出了问题，内讧四起，互不信任，这无疑是自杀的行为，最后还不是便宜了对手？

原文

既用不任者疏。

译文

名义上是任用贤才，但是把他们招来以后却不予重用，这样做的后果很有可能是众叛亲离。

解读

身为掌权者，在用人的问题上应该明白，对于那些良才贤士，要么不用，要用就要尽其所能，充分让他们施展才华。在决策的过程中，即使有些人的意见或建议和自己相冲突，也不能在不加考虑的情况下断然否定。给他们创造一个宽松的环境，让他们随时都能参与到决策管理中来，这才是用人的王道。

原文

行赏吝色者沮，多许少与者怨，既迎而拒者乖。

译文

行赏的时候吝啬钱财，必会招致下属的不满。许诺的多，兑现的少，必让人怨恨。表面上欢迎，私底下拒之千里，这样的人乖张不可信。

解读

为了激励下属的士气，慷慨许诺，可是一到论功行赏的时候，却出尔反尔、一毛不拔，对原先的许诺概不兑现，这样一来，手下的人必然感到沮丧。项羽失败的原因就在这里，他的将领屡建战功，可是他把刻好的印拿在手里转来转去，磨得棱角都没了，也舍不得给人；后来人才全伤心地跑到刘邦那里去了，自己落了个乌江自刎的下场。

老子说：夫轻诺必寡信，多易必多难。随便作出承诺的领导者，必然很难保持信用。把事情看得太容易的，往往会遇到很多困难。无论对任何一件事许诺的时候，都必须慎重地掂量：无论大的许诺、小的许诺、眼前的许诺、将来的许诺，都是这样。因为轻率地许诺，你就要面对失信的风险，而失信恰恰是御人之道最大忌讳。

原 文

薄施厚望者不报。

译 文

给予别人很少，却希望得到厚报的一定会大失所望。

解 读

老子曾说过一段话，大意是：施恩不要心里老想着让人报答，接受了别人的恩惠却要时时记在心上，这样才会少烦恼，少恩怨。许多人怨恨人情淡薄，好心不得好报，甚至做了好事反而成了冤家，原因就在于做了点好事，就天天盼望着人家报答，否则就怨恨不已，恶言恶语。他们不明白，施而不报是常情，薄施厚望则有失天理。

原 文

贵而忘贱者不久。

译 文

富贵了，有权了，就翻脸不认人，这样的人是不会长久的。

这是一种典型的小人得志心态。他们不明白，贵贱荣辱，是时运机遇造成的，并不是他们真得比别人高明多少。倘若因此而目空一切，骄奢淫逸，即便荣华富贵，也转眼成泡影。

解 读

人无论多么富有，他总有一个度，像有些"款爷"们，逞勇斗富，为富不仁，注定他们不会长久。须知有一句话叫作"三十年河东，三十年河西"，还有俗语说得好："多行不义必自毙"。

原 文

念旧而弃新功者凶。

译 文

对于别人的旧恶念念不忘，而忘记其所立新功的，这种做法很凶险。

解 读

汉高祖不计较与雍齿有私仇，仍然封他为什方侯；唐太宗不在意魏征曾是李建成的老师，仍然任命他为宰相，这都是成大事者的气量和风度。那种念念不忘谁瞪了自己一眼，谁骂过自己一句，非要以眼还眼、以牙还牙方解心头之恨的作法，是十足的小人行径。

原 文

用人不得正者殆，强用人者不畜，为人择官者乱。

译 文

一个领导者如果用人不当，在用人的过程中又不够灵活，这是很容易导致混乱和失败的。

解读

得人才者得天下，若要成事，人才固然重要，但前提是找对人用对人，如果用错了人又不能及时改正，那后果就很严重了。

有的领导任人不唯贤，不看能力，不看贡献，却喜欢用自己的喜好作为标准，只要长得标致，或者能说会道，就可以谋取给予高级的职位。这样的领导决不是合格的领导，不客气地说，就是典型的糊涂官。

原文

失其所强者弱。

译文

失去自己的优势，力量必然削弱。

解读

国家若要强盛，必须有众多贤臣良才的辅佐；家庭若要强盛，必须多出贤良孝义的子弟。至于一个人的强胜，则不外乎北宫黝、孟施舍、曾子三种情形。孟子能够集思广益，使自己慷慨自得，和曾子自我反省而屈伸有度是等同的，只有亲身实践由曾子、孟子的

经验和孔子告诉仲由强胜的道理，自身的强胜才可保持久长。此外斗智斗力的强胜，则有因为强胜而迅速兴旺，也有因强胜而彻底惨败。古时人如李斯、曹操、董卓、杨素之流，他们的智力都卓绝一世，而他们灾祸失败也超乎寻常，近代人如陆、何、肃、陈也都自知自家胆力超群，却都不能保持强势到最后。所以我们在自己弱的地方，需修正时，求得强胜就好；而在比别人强的地方，谋求更大的强胜就不好。个人如果专门在胜人之处逞强，那么是否真能强到底，都不能预料。即使终身强横乡里安稳度日，这也是有道德的君子们不屑提起的。

原　文

决策于不仁者险，阴计外泄者败。

译　文

伤天害理，决策不仁，已属危险之举；如果不小心再把秘密泄露出去，那就注定要失败了。

解　读

而不宣的事情才能称为秘密，它只能存在一个人或几个相互信任的小群体之内。因此，无论是我们自己的秘密抑或知道别人的秘密，都应该做到守口如瓶，否则不但会失去他人的信任，同样会吃到泄密的恶果。

原　文

厚敛薄施者凋。

译 文

只知道不择手段地敛财，榨取民脂民膏，对老百姓的苦难视而不见，这样下去朝纲政权迟早要凋败。

解 读

爱财似乎是很多人的天性，如果是老百姓，耍点小聪明，贪点小财，也无可厚非。但若站在领导者的位置上，若想成就一番事业，就不能太看重钱财了。钱财有其两面性，有了它固然可以荣华富贵，但也可以令你祸害缠身。在面对这些问题时，保持清醒的头脑还是必要的。

原 文

战士贫，游士富者衰。

译 文

如果奋勇杀敌的战士浴血捐躯，暴尸疆场，却一贫如洗，而游说四方的人靠一张嘴就披金带银，这肯定是一个极不正常的时代。

解 读

俗语道："金钱不是万能的，没有金钱是万万不能的。"人人都有一些与生俱来的需要，如生存、稳定的收入、被人接受、希望别人尊重自己、渴望成功等。无论在哪个领域，金钱是冲锋在第一线的人的最根本的需求之一。尽管他们人数众多，每个人都是那么普通，但这并不是忽略他们的理由。给他们应有的奖赏、合理的报酬，他们才能恪守本分，做出更大的贡献。

原文

货赂公行者昧。

译文

行贿受贿明目张胆、堂而皇之地进行，是政治黑暗、国家衰败的表现。

解读

在任何组织、团队里，腐败就像人的身体长了毒瘤，各种机能都会降低，这就会不可避免地威胁到管人者的管理效率。如果对待腐败分子手下留情，必定会给自己和组织带来很大伤害。对此，领导者必须动真格的，做到除恶必尽。

原文

闻善忽略，记过不忘者暴。所任不可信，所信不可任者浊。

译文

在用人管人的时候，对下属好的一面视而不见，对他们的不足和过失却斤斤计较，这样的领导很容易成为暴君。对任用的人没有基本的信任，对信任的人却又不加以利用，这样的领导很容易成为昏君。

解读

管人用人是一门需要宽容和信任的大学问。德才兼备的能人毕竟是少数，领导者不能只关注他们的缺点，如果这样，世界上真的就没有可用之人了。既然相信一个人的能力，就要义无反顾地任用，就要给他们足够的宽容和信任，这才是管理的真谛。

原　文

牧人以德者集，绳人以刑者散。

译　文

聚集人才、收拢人心靠的是德，一味地用武力和刑罚是解决不了问题的。

解　读

刑罚虽然是强制性的手段，但它是建立在道德基础上的。所以在实行法治的时候，千万不能忘记刑罚内含的宽恕原则。圣明的君王不得已而用刑罚，目的是为了辅助道德礼制的建设，并不单纯是为了惩治人。孔子说：居上位者自身有真正的道德，然后严格要求下属，下属犯了错误，自己就觉得很羞耻，会自觉约束自己；如居上位者自己不讲德行，全凭严刑峻法管理人，人们就会专找法律的漏洞，回避了惩罚反而认为很高明，内心毫无愧意。因此说，以德恕为归宿的法治会使全国上下日益团结；相反，只能上下离心，全民离德。

原　文

小功不赏，则大功不立；小怨不赦，则大怨必生。

译　文

再小的功劳也要给予奖赏，这样才有可能立大功；犯了小错切忌惩罚，能原谅的一定要原谅，否则就会有大错发生。

解读

关于奖赏和惩罚，已经说过很多次了，黄石公一再强调这些，足见其重要性。这一节所说的重点是奖赏。

舍得舍得，有舍才有得，小舍小得，大舍大得，不舍不得。一件东西，总是紧紧地抓在手里，不舍得放下，手里就没有多余的空间来接其他的东西。虽然人们都明白"凡事有舍才有得"的道理，可许多人一到真事就犯糊涂，在用人时斤斤计较，生怕自己损失点什么。要想有大成，就一定要彻底杜绝犹豫不决、患得患失的毛病，不要总盯着鼻子跟前的蝇头小利。为此，千万别忘了"舍不得孩子套不住狼"这句中国的老话。为了获大利，就不能计较在使用人才上的得失，因为真正笑到最后的人，往往就是拿到西瓜而不在乎丢掉一两粒芝麻的管理者。

原文

赏不服人，罚不甘心者叛。赏及无功，罚及无罪者酷。

译文

给有功者以奖赏，却导致很多人不服，惩罚有过失的人，却让他心有不甘，这都会导致下属离心叛德。奖赏那些无功之人，惩罚那些无罪之人，这都是昏庸的酷吏的做法。

解读

奖赏和惩罚是管人用人必用的手段，用好了事半功倍，如果用不好不但事倍功半，搞不好还会出乱子。问题是，怎样才能用好这一手段，让它发挥最大的效用呢？很简单，最基本的要求就是做到公正、分明。

原文

听谗而美，闻谏而仇者亡。

译文

听到无益的谗言，就感觉心里很舒服，看到那些上谏忠告的人就像看到仇人一样，这样的当权者除了灭亡没有第二条路可走。

解读

当领导的最容易犯的过失有三：一是好谗，二是好货，三是好色。英明的领导人可以避免珍宝美色的诱惑，但最难避免的是阿谀奉承。往往最初有所警觉，日久天长，慢慢就习惯了。最后听不到唱赞歌，甚至唱得不中听就开始生气了。到了对歌功颂德者重用，犯颜直谏者仇恨的地步，倘不知悛改，那就要走向灭亡了。

原文

能有其有者安，贪人之有者残。

译文

能珍惜自己有的，则心安理得，朝夕泰然；贪求别人所有的，始而寝食不安，继而不择手段，最后就要铤而走险。最终的结果轻则身心交瘁，众叛亲离；重则锒铛入狱，灾祸相追。

解读

所有的祸害和痛苦都是贪念从中作梗。

老子曾针对当时社会中某些人丧失自我于物欲、迷失本性于世俗的现象，阐述了修身养性的道理。他认为"圣人为腹不为目，故去彼取此"——圣人对生存的条件并不苛刻，他们没有过多的贪欲，只追逐内心的满足。

像老子这样对人与社会认识透彻的人，对于人生的态度是不会过于激进的。他们知道人事的微妙和社会的错综复杂，如履薄冰是他们真实的感觉，很少有放松的时刻。烦恼都是因事情而起，而好事也绝非那么的单纯。其实，人们眼中的美事儿有许多都是虚幻的，它们能让人逐步堕落，过分的追逐物欲只能给人们带来一时的快乐，而引发的祸患却是长久的。

事　例

隐藏实力以图一鸣惊人

古代就有许多人深知隐藏实力的处世做事之道。楚庄王的"不鸣则已，一鸣惊人"的举动，正是悟透了这一智慧而为的。

春秋战国时期，楚庄王即位伊始，便受到内外的瞩目，因为他的祖父、父亲两代国王都很有作为。楚国上下希望他能继承父亲、祖父遗志，开疆拓土，使楚国更加强盛；而邻近的小国则是战战兢兢，危不自安，甚至连中原的大国秦、晋也都密切注意楚国的动向。

然而出人意料的是，楚庄王即位后，根本不理国政，每日里不是在宫中听音乐，饮美酒，与妃姜们寻欢作乐，便是率领卫士于深山大泽打猎，一副标准的荒淫无度的国王形象。

楚国的大臣们自然不甘心楚国前两代国王奋斗的成果就此毁灭，纷纷入宫劝谏，楚庄王置之不理，我行我素。后来听得烦了，干脆在王宫外立一道牌子，上写：敢入谏者死。严令之下，楚国的大臣们大概觉得还是保命要紧，真的没人敢再劝谏了。

楚庄王日以继夜，荒淫不已，一连持续了三年。国王不理朝政，下面自然乱作一团：权臣们借机树党争权，谄谀小人们则逢迎拍马，捞取官职，贪官们更是浑水摸鱼，中饱私囊。楚国的政治一下子陷入了混乱无序的状态，而忠臣贤良只有扼腕叹息的份儿了。

楚国的大夫伍举实在忍不住了。他决定入宫进谏，不过他也不愿意拿自己的头往刀刃上撞，于是想出了一个巧妙的方法。

他入宫见到楚王时，楚庄王正左搂郑姬，右拥越女，一边喝着美酒，一边听乐师们奏乐。见到伍举，楚庄王问道："大夫是想喝美酒，还是要听音乐？"

伍举笑道："臣既不想喝酒，也不想听音乐，而是听人们说大王智慧过人，所以想请大王猜个谜语。"

楚庄王知道伍举是要借机进谏，但既然伍举没明说，自己也不点破。伍举便说道："在楚国的一座高山上，停落一只大鸟，它羽毛五彩缤纷，异常华丽，可是三年来它既不鸣叫，也不飞走，臣实在不明白其中的原因。"

楚庄王沉思片刻，说道："这不

▲ 楚庄王

是一只平凡的鸟，它三年不鸣，是在积蓄自己的力量；三年不飞，是等待看清方向。这只鸟不鸣则已，一鸣惊人；不飞则已，一飞冲天。你去吧，你的意思我都明白了。"

伍举听完楚庄王的解释后异常兴奋，他出宫后告诉自己的好友，同是楚国大夫的苏从，他说国王是很有头脑的人，他是在等待时机，而绝不是一个沉溺酒色的荒淫君主，看来楚国还是大有希望。

几个月过去了，楚庄王不但没有丝毫改变，反而更加荒淫无度，苏从感到受了骗，他全无顾忌，舍身直闯王宫，直言进谏："您身为国王，不理国政，只知道享受声色犬马之乐，却不知道乐在眼前，忧在不远，不久就会民众叛于内，故国攻于外，楚国离灭亡不远了。"

楚庄王勃然大怒，拔出长剑，指着苏从的鼻尖，厉声叱道："大夫不知道寡人的禁令吗？难道你不怕死吗？"

苏从凛然正色道："假如我的死能让君王悔悟，能让楚国富强，我的死就是值得的。"

楚庄王看了苏从半晌，忽然扔下长剑，双手抱住苏从，感慨道："我等的就是大夫这样忠于国家，不怕死的栋梁。"他挥手斥退歌男舞女，与苏从谈论起楚国的政务了。苏从这才惊异地发现：国王对国家上下了解的比自己还要多。

楚庄王随后发布一系列政令，把那些权臣政客、谄谀小人、贪官和不称职的官员该杀的杀，该罢职的罢职；把那些包括伍举、苏从在内的忠于国家、有才能、刚直不阿的人提拔上来。一番调整重组后，楚国的政治从贪浊混乱变得清明而富有活力。

楚庄王待国内基础巩固后，不仅继续开疆拓土，平定了周围附属小国的背叛，而且挺进中原，夺得了霸主地位，成为历史上著名的"春秋五霸"之一。

楚庄王即位时，楚国的情况表面上看来不错，但实际上却有隐忧——在当时，国内权臣夺利，小人充斥，群臣良莠不齐，忠奸难辨。他就故意收敛住自己的锋芒，将真实的自己隐匿起来，装扮成一个荒淫君主的形象，这样不仅解除了周围国家对自己的戒心，更消除了群臣的顾忌，让他们尽情施展自己的手段，露出自己的庐山真面目。在苦等三年，摸清了所有的情况后，猝然施展霹雳手段，将楚国政治振刷一新，这才是真正的人生智慧。

将自己藏起来，并非让我们一声不响默默无闻。而是让自己在这种不被关注的情况下，去发现那些隐藏在表面现象之中的本质问题，然后再实行具体的措施，达到"一鸣惊人"的效果。这就是一种"柔弱处上"的人生哲学。

犯错不要紧只要能改过

我们经常会犯一些低级错误，我们也常常因此失去很多宝贵的东西。但我们可以抽出时间总结过去，只是不要再追悔过去，因为眼前的路还是要走的。

陶渊明说："实迷途其未远，觉今是而昨非。"我们今天觉得昨天犯了错误，说明在错误的道路上走得还不算远，一切都还来得及。如果到快要进棺材时才发现自己错了，只能用自己的经历去警示后人了。如果有错而不去改正，就如孔子所说："过而不改，是谓过矣！"

每个人都会犯错误，人就是在犯错误和不断改正错误的过程中成长起来的。对错误的理解和认识不同，对待错误的态度也会不同，当然最后的结果也会大相径庭。普通人会犯错误，受人尊敬的君子也会犯错误，但千万不要用新的错误去掩盖旧的错误。

伴随人生的很多事情要有序地、平行运行，如：学习、工作、恋爱、结婚、养育子女、赡养老人、结交朋友、帮助亲友，还有为社会尽应尽的义务等。每一项事情在人生中都有一个合理的时间和空间，人有时候犯错误就是将这些问题弄错了顺序、用错了时间和空间。一般意义上的错误就是越位和错位，更大意义上的错误就是把事情的比例搞错了。有些重要的事情既不能错位也不能越位，如果你在应该学习的时间谈恋爱，你是越位；如果你在结婚以后再去谈情说爱，你一定是错位。例如在该学习时候去恋爱本是一般性的错误，如果你用90%的精力去学习，用10%去谈情说爱，还不至于妨碍你今后的发展，反过来用90%的精力去谈情说爱，用10%去学习，你肯定就犯了大错误。

世上没有不犯错误的人，工作中也会出现这样的缺点或那样的问题，这是在所难免的，毕竟"人非圣贤，孰能无过"，更何况即便是圣人也会有犯错误的时候。因此一个人有这样的不足或那样的错误，是正常的，这些并不可怕，可怕的是自己没有意识到，又没有人及时指出，犯错还不知道；可怕的是讳疾忌医，不认真解决问题，而是遮掩问题。事实上，人们往往最疏于防范的是"小恶"，一些错误言行在微小、萌芽状态时不易被人重视，结果从量变到质变，"问题不大"的错误使人越滑越远，"小洞不补，大洞吃苦"，致使积重难返，深陷泥潭而不能自拔。

下令不可随意执行一定严格

立法的好坏，执行的好坏，与当政者是有密切关系的。

如果有好的法律，但不能得到贯彻执行，那与无法也是一样的。法律的作用，不只是惩处那些已经犯罪的人，同时对未犯罪者也是一种预防和教育。严于执法是体现法律的正义和威严，而预防和教育则体现了法律的仁德。"有法必依，违法必究"说起来容易，做起来难。难在哪里？一是权与法的关系难以摆正，二是情与法的矛盾难以处理。这两个问题是实行法的两只拦路虎。只要狠心处理违法者，法律是不难得到贯彻执行的。

宋太宗时期，有个叫陈利用的人，依仗其是皇帝的红人，胡作非为，杀人害命。宰相赵普不顾皇帝的讲情、干预，硬是将陈利用处死。明朝开国皇帝朱元璋的女婿犯罪以后，被朱元璋赐死。从以上两例看出，在实行法治的过程中，尽责执法是绝不可含糊的。

商场如战场，管企业也如同治军。治军讲究为将者一言九鼎，让士兵感到军令如山，没有讨价还价的余地，这才是一个大将所应有的魄力。在企业中，管理者就是将军，一定要拿出将军的魄力去向员工传达自己的意识，做到下令不随便，令出要如山。

在企业管理中，需要注意的是，该命令时不可犹豫，而不该命令时也不能随便下令。作为一名领导，最忌讳的就是滥发命令。随意施令将会大大损害你的领导威信。这也是命令，那也是命令，不分青红皂白，不辨明暗是非，结果只会使你的属下感到反感，他们就会把你的命令看轻，甚至不屑一顾，不遵照执行，如此，你的威信就一落千丈。

现代的西方电影当中就时常出现随意滥发命令的老板形象。他们那些不假思索的粗鲁做法，给很多的人造成了一些不好的影响。有些管理者觉得那样很气派，所以就竞相模仿，结果可想而知，误入歧途。

有这样一种说法：领导权越大，地位越高的人，越是不会随意地发号施令。情况可能就是这样的，因为大领导们知道自己命令的重要性，是不可滥施的，而有些职权并不是很大的小领导们，好像是为了过足领导的瘾，到处乱发命令，指挥别人做这做那，要求别人遵照执行，在他所领导的小范围内出尽了风头。这样的领导是"兔子尾巴长不了"，不会得到下属的尊敬的。

作为一名管理者，如果习惯于随意滥下命令，那将会造成许多不好的后果，只会使用命令来领导别人的人，绝不会成为一名杰出的管理者。这种随便滥用命令的管理者将会失去下属的民心，得不到下属的支持和拥护，注定会失败。

当你下达命令之后，可能还会有些人故意不听号令，他们或许是性情乖戾的员工，或者是与你同期进企业的同事，也可能是比你年长的员工。这时，不管是什么人，你都必须毫不犹豫地拿他"开刀"，否则有令不行将是常有的事！

　　另外，在工作中也要注意，总有一些员工心怀叵测，在你下命令时故意装作不明不白。对付这些人，你必须始终抱着一个原则：令出如山，不可动摇！只有这样，你才能在下属当中建立起领导应有的绝对权威！

　　当然，在现实生活中，并非一切都很顺利，有些时候也会遇到阻碍而无法达到预期的工作目标。比如，没有按你的命令达到预期的营业额，经费超出预算，拿不到预约的原料，无法在约定期限内交货，无法回收成本等；或许你也可能听过员工的埋怨："这很难办呢！""请再多宽限几天。""我已经尽力了。"此类问题的处理基本原则是，你不可轻易地与员工妥协。虽然达成目标并非易事，然而若每次皆延迟进度，重新修正，最后任务的内容就变得含糊不清。此时你需要坚定地重复你的命令，并大声地激励对方："不要净说些丧气的话，努力去做看看！"

　　在这样鼓励与责备共存的话面前，大多数员工都会奉命行事，并在工作中发挥最大的潜力，让你的命令真正地得到贯彻实施。对于那些拒不从令的员工，你只能动用"军法"处置。记住，他们挑战的不仅仅是你的命令，更是你的权威。

少一些斥责多一些宽容

　　孔子说："凡事多责备自己而少责备别人，就可以避开怨恨了。"做人要宽容一点，要允许别人犯错误，宽容自会得回报。尤其是做领导的，如果能宽恕下属的一些小错误，下属往往会加倍努力，做得更好，并寻找机会证明自己的能力。

春秋时，楚庄王有一次和群臣宴饮，当时是晚上，大殿里点着灯，正当大家酒喝得酣畅之际，突然一阵风把灯烛吹灭了。这时，庄王身边的美姬"啊"地叫了一声，庄王问："怎么回事啊？"美姬对庄王说："大王，刚才有人非礼我。那人趁着烛灭，牵拉我的衣襟。我扯断了他帽子上的系缨，现在还拿着，赶快点灯，抓住这个断缨的人。"

庄王听了，说："是我赏赐大家喝酒，酒喝多了，有人难免会做些出格的事，没啥大不了的。"于是命令左右的人说："今天大家和我一起喝酒，如果不扯断系缨，说明他没有尽兴。"群臣一百多人马上都扯断了系缨而热情高昂地饮酒，尽欢而散。

过了三年，楚国与晋国打仗，有一位将军常常冲在前边，勇猛无敌。战斗胜利后，庄王感到惊奇，忍不住问他："我平时对你并没有特别的恩惠，你打仗时为何这样卖力呢？"他回答说："我就是那天夜里被扯断了系缨的人。"

还有一个故事。春秋时秦穆公的一匹良马被岐下三百多个乡下人偷着宰杀吃了。秦国的官吏捕捉到他们，打算严加惩处。秦穆公说："我不能因为一条牲畜就使三百多人受到伤害。听说吃了良马肉，如果不喝酒，对身体会有害。赏他们酒喝，然后全放了吧。"

后来，秦国和晋国在韩原交战。这三百多人闻讯后都奔赴战场帮助秦军。正巧穆公的战车陷入重围，形势十分险恶。这些乡下人便高举武器，争先恐后地冲上去与晋军死战，以报答穆公的食马之德。晋军的包围被冲散，穆公终于脱险。

汉代的丙吉任丞相时，他的一个驾车小吏喜欢饮酒，有一次他随丙吉外出，竟然醉得吐在丙吉的车上。丙吉属下的主吏报告说，应该把这种人撵走。丙吉听到这种意见后说："如果以喝醉酒的过失就把人撵出去，那么让这样的人到何处安身？暂且容忍他这一次的过失吧，毕竟只是把车上的垫子弄脏了而已。"

这个驾车小吏来自边疆，对边塞在紧急情况下的报警事务比较熟悉。他有一天外出，正好遇见驿站的骑兵手持红白两色的袋子飞驰而来，便知道是边郡报警的公文到了。到了城中，这个驾车小吏就尾随着驿站骑兵到公车署（汉代京都负责接待臣民上书、征召和边郡使者入朝的机构）打探详情，了解到敌虏入侵云中、代郡两地，急忙回来求见丙吉，向他报告了有关情况，并且说："恐怕敌虏所入侵地区的地方官员因年迈病弱，反应不灵，不能胜任军事行动了。建议您预先了解一下有关官吏的档案材料，以备皇上询问。"丙吉认为他讲得很有道理，就让管档案的官吏把有关材料详细报来。

不久，皇上下诏召见丞相和御史，询问敌虏入侵地区的主管官员的情况。丙吉一一做了回答。而御史大夫陡然之间不知详情，无法应对，因此受到皇上的斥责。丙吉显得非常忠于职守，时时详察边地军政情形，实际上这是得力于驾车小吏！

容忍他人的过失，对方会以自己的一技之长来感谢；而责备只会让人徒增怨恨。被宽容者往往把感恩之情压在心底，一旦有机会能让其发挥长处时，他必定会竭尽所能地报答。由此看来，那些刻意寻求他人过错、动辄对人大声责骂的人，岂不是太愚蠢了吗？

关于立身处世的道理，自古以来的圣贤都认为，要严以律己，宽以待人。严以律己，可以不断提高自己的修养水平；宽以待人，则不但可以赢得尊敬和友谊，还能尽量不得罪人，不为将来埋下隐患。凡事多为别人设身处地地想一想，从而不对犯了可原谅的错的人责备，既能使对方知错而改，又会对你心怀感激，欲以回报。这实在是一种为人处世的大智慧。

任用忠臣一定要坚定不移

忠臣往往被谗言所害，比如大家熟知的岳飞毁于秦桧之手，这是最高领导者的愚昧，也是其无法挽回的损失。在这里，我们不想说秦桧是多么无耻，因为已经说得太多了。我们只想告诫领导者们，多学习那些英明的当权者，在任用贤良之人时，一定要坚定不移，不要被谗言左右，不要再让悲剧重演。

战国时期，魏国国君魏文侯准备发兵攻打中山国（地在今河北唐县、定县一带）。有人向魏王推荐一位名叫乐羊的人，说他文武双全，领兵有方。可是也有人说乐羊的儿子乐舒正在中山国做大官，恐乐羊不肯下手。后来，魏文侯了解到乐羊曾拒绝儿子奉中山国君之命发出的邀请，并劝儿子"弃暗投明"。于是，魏文侯决定启用乐羊，让他带兵征伐中山国。乐羊率兵攻击中山国的都城，而后围而不攻。

几个月过去了，魏国的大臣们议论纷纷，可魏文侯充耳不闻，只是不断派人去慰问乐羊。又过了一个月，乐羊见时机成熟了便下令攻城，一举成功。乐羊带兵凯旋，魏王亲自为他接风洗尘。宴会之后，魏王送给乐羊一只箱子，让其带回家再打开。乐羊回家后打开箱子，见里面全是在攻打中山国期间一些大臣诽谤自己的奏章。乐羊十分感动，从此君臣之间更加相互信任了。

可以说，在魏文侯决定启用并授予乐羊兵权之后，在乐羊久围中山国都城而不攻、许多大臣煽风点火的情况下也曾经起过疑心。但是他却能够分析利害，用谨慎的思维判断并打消了心中的顾虑、一如既往地支持乐羊。因此带来了积极的结果——不仅收获了中山国，更重要的是收获了乐羊这样一位有才能之人的心。

▲ 魏文侯

当然，现代历史上也不乏这样的人，美国前总统尼克松就是其中一个。

尼克松没有当上总统之前曾经与洛克菲勒两次竞争共和党总统候选人，在提名的角逐中，基辛格都是全力支持洛克菲勒而公开反对尼克松的。但是当尼克松当选总统后，不计前嫌、任人唯贤，提名基辛格担任国家安全顾问这一要职，基辛格成为其得力助手。为打开中美关系的大门，基辛格作出了不可磨灭的贡献。也是尼克松这个名字，永远地留在了中国的历史记忆之中。

私心一定要加以约束

古语说："人不为己，天诛地灭。"一个人有私心是在所难免的。有的时候，你的私利或许不会妨碍他人，但在大多数情况下，对私利的无尽追逐会有害于他人，遭怨也就难免了。争取合适的私利是可以理解的，但一定要以"义"为准则，不仅要满足自己适度的生存要求，还要顾及他人的存在。对大多数人来说，完全抛弃私利是不大可能的，但是，完完全全、毫无顾忌、不择手段地追逐私利也是很不可取的。

世间之人，从古至今，从中到外，十之八九都存在一定程度的私心，只有十之一二除外，这除外的人，就成了伟人、巨人、善人，流芳百世，永垂不朽。那十之八九的人，就成为世间过客，一晃即过，成为速朽。

人的自私自利，是人的本性；人的避害趋利，是人的本能。这是无可厚非的。自私自利，避害趋利，并不危害社会，危害他人，甚或还有利于社会的进步和发展。为吃穿而奔波，为富裕而奋斗，为地位而努力，为改变环境而拼搏，为改变命运而卖命，只要手段正当，没有危害他人，有何不可？

可怕的是，世界之上，总有那么万分之一二的恶人、坏人、贪官、污吏，他们不是一般意义上的自私自利，唯利是图，而是横行乡里，鱼肉百姓，无恶不作，危害他人，危害社会。

追逐个人利益也是人类得以生存的主要基础之一。孔子并不反对这个观点，他的理想社会并不是由禁欲主义者组成。但是，孔子也敏锐地看出，如果每个人都以自己的一己私利为基点来行事，就会产生灾难性的恶果。正是在此意义上，孔子主张："依照私利而行的人，必定会多受埋怨和怨恨。"

人生来有向往幸福、追求富贵的权利，而为了自己的权力去侵犯他人的权力就变成了罪恶。人性中有一种恶就叫作贪婪，而这贪婪就是自私自利的源泉。

因为这种自私自利，他们把他人的一切踏在了脚下，作为通向利益的桥。迫害、谋杀、诬陷……为了这种目的，他们几乎在不择手段。

由此可见，虽然自私自利是人的原罪之一，应得到宽恕，但也必须加以约束。它是一种动物本能，和其他动物欲一样，如果走了极端，失了平衡，就会产生与造物目的相反的效果，反而给自身带来毁灭。载舟之水亦可覆舟。

一个"傲"字可毁掉一生英明

杨修为什么会招来杀身之祸？还不是他自恃才高、傲气太盛，他的傲气惹恼了曹操，日积月累，最终因"鸡肋"命丧黄泉。

"闯王"李自成率大军驰骋疆场，转战东西，其气势之浩大如排山倒海，不可遏止，可为什么最终也会惨遭失败呢？还不是因为傲气。"闯王"率大军进驻北京城后，张灯结彩，天天过年，结果傲气磨钝了起义军的锐气，使起义功败垂成，给后人留下了无尽的遗憾。

有傲气的人大都从个人着眼，一切从个人出发，张扬自己、无视他人，以一己之私傲视万物于脚下，这时的傲气就成为羁绊个人发展、破坏群体关系的一剂毒药，它所导致的是一种唯我独尊、目空一切、自高自大的自恋情结，同时相行而生的是一种排斥他人、拒绝合作、蔑视群体、崇尚个人的排他情结，从而形成一种自恋自娱的狭隘的个人空间。

与此同时，自傲也是令人失败的根源所在。《三国演义》中的《关云长大意失荆州》一节与其说是关羽大意还不如说是关羽的自傲更确切。

吕蒙正是抓住了关羽的这个"傲"，才故意称病让陆逊顶替位置迷惑关羽的。结果关羽果然中计，撤走了防守东吴一方的兵马、降低了对东吴兵马的预防，才使得吕蒙偷袭成功，丢掉了赖以保身的荆州，落了个败走麦城、兵败被杀的悲惨结局。

意大利哲学家阿奎那将"骄傲"列为人的七宗罪之首，而毛泽东同志也曾专门撰文强调中国共产党人需"戒骄戒躁"，都是从一定意义上说明骄傲的思想万万要不得。因此，我们也只有遵循老子"不自矜，故长"的智慧，摒除傲气，才能使自己进步，在人生的舞台上更加成功。

国画大师徐悲鸿先生有句名言："人不可有傲气，但不能无傲骨。"前半句很明确地告诫了我们：人不可恃才傲物、孤芳自赏——看自己一朵花，看别人豆腐渣，而应该尊重别人，不要认为别人都不如自己，那样根本无法提高自己，只能让自己在自傲自负中一天天堕落下去。

巧用"罪己术"可有效收揽人心

领导者主动承认错误、承担责任是明智而勇敢的表现，这样做不但能融洽人际关系、创造和谐氛围，而且能提高自己的威望、增进下属的信任。当然，只简单地被动认错还不够，最好能进行一定的自我批评，适时地采取一些"罪己"措施。

"罪己术"是古代帝王通过怪罪和责罚自己以取悦民众，从而达到缓和矛盾，凝聚人心的一种管人权谋术。它折射着我国古代政治文化传统的特点。

罪己的最常见的形式是"罪己诏"。《罪己诏》是古代帝王反省罪己的御用文书。论其起源，当从禹、汤开始。此后，周成王、秦穆公、汉武帝、唐德宗、宋徽宗、清世祖，都曾经颁发过罪己诏。罪己诏大多是在阶级矛盾异常尖锐、国家处在危难之时颁发的，目的是消除民怨、笼络民心，具有一定的欺骗性。但是，其中也在一定程度上包含着帝王对自身过错和失败的反省忏悔。因此，我们还是可以从中得到一点启示："禹、汤罪己，其兴也勃焉；桀、纣罪人，其亡也忽焉。"

像古代的一些帝王学习，向公众发布"罪己诏"的企业家也不在少数。

2006 年 6 月底，TCL 掌舵人李东生发表了《鹰的重生》一文。以鹰的自我蜕变作类比，阐述 TCL 集团要通过新一轮的创新浴火重生的决心。1997 年，沈阳飞龙总裁姜伟公开发表了《总裁的 20 大失误》，反思自己及企业管理层的错误，将认错进行得轰轰烈烈。

当然，罪己术的运用形式不仅仅只限于所谓的"罪己诏"，采取灵活一点的方式，可以起到同样的作用，既维护了纪律，又使得自己不受惩罚。

建安三年，曹操率兵东征。此时正是农历五月，麦子收割季节。由于连年战火，许多田地都荒芜了。曹操正行军时，随着一阵阵轻风，飘来了一股新麦的清香。原来，在队伍的前面出现了一大片黄澄澄的麦地。农夫们正在忙着收割。

一看到粮食，曹操顿时产生了一种特殊的感情。他想，老百姓们辛辛苦苦大半年，眼看果实到手，倘若这大片庄稼被我的人马一路踏过，多么可惜啊，自己的军队在老百姓心中也会留下不好的印象。战争时期，人心向背和粮草都十分重要！于是，曹操立刻传令："凡是踩踏麦田者，罪当斩首！"传令兵立即将曹操的命令传达三军。

全军上下，人人都小心翼翼起来，因为他们深知曹操的为人，不要因为踩踏一撮麦子而丢失了性命。所以，士兵们行走时，都离麦田远远的，骑兵们害怕马一时失蹄狂奔乱窜，也就纷纷下马，用手牵着马走。队伍在麦田边缓缓地向前移动着。

正在忙于收割的百姓们，对这支纪律严明、秋毫无犯的军队投去了感激的目光。不少人说道："老天保佑你打胜仗！老天保佑曹将军！"

曹操见到这种场面，内心里不亚于打了一个大胜仗那样高兴。他坐在马背上，被眼前的场面所陶醉，想不到一句号令，就赢来了老百姓对他这么高的赞誉。

事情往往就是这样凑巧，正当曹操得意忘形之时，"嗖"的一声，一只大野兔从麦田里窜了出来，穿过路面，跑到了另一块田里。曹操此时正坐在马背上得意，他的马匹被这么一惊，犹如脱了缰的野马，一下子窜进麦田几丈远，差点没把曹操给摔下马来。等到曹操回过神来勒紧缰绳时，一大片庄稼已被踩坏了。

面对眼前这一意外的突发事件，大家都惊呆了。曹操虽然久经沙场，但面对此景也一时无措。曹操感到事情很是棘手，于是，曹操大声地说："我定的军规，我自己违犯了，请主簿（秘书）给我定罪吧！"

曹操，反应真是敏捷，他明明知道自己是犯了死罪，但他却不说，而是让主簿去解这道难题，把球扔给了下属。这样，他就可以为自己的解脱找一个台阶。

主簿听了曹操的话后，心有灵犀一点通，便大声对曹操及大家说道："依照《春秋》之义，为

▲ 曹　操

尊得讳，法不加重。将军不必介意此等小事。"旁边的一些军士也跟着附和道："主簿说得对。"

曹操听了，心里当然十分舒服，但他还是一本正经地说："军令是我制定的，怎么能被我自己破坏呢？"接着，又像是自言自语地感叹道："唉，谁让我是主帅呢！我一死，也就没人带你们去打仗了，皇上那里也交不了差呀！"众人忙说："是呀，是呀，请将军以社稷为重啊！"

曹操见大家已经彻底地倒向他了，便说："这样吧，我割下自己的头发来代替我的头颅吧！"于是，拔剑割下一绺头发，交给传令兵告示三军。

这次事件，也是"权术之王"的一次精彩表演。曹操并不假借客观原因为自己开脱，而是用自己之发来严明军纪，以达到使民心归服的目的。这样的权谋术无论从主观意图看，还是从客观效果看，都是好的，也强化了曹操"言必信，行必果"且严于律己的主帅形象。曹操这样做，既维护了他制定的军令，同时又给老百姓及下属留下一个良好的印象，同时也保住了他的脑袋，可谓一石三鸟。

我们从曹操身上可以学到，领导要维护自己的形象就必须坚持原则，即做领导的首先要遵纪守法；如有意外情况发生则需在不破坏原则的前提下，灵活地去处理。

安礼第六

题 解

黄石公在本章所言之"礼",其意义已经超出了一般形式意义上的礼数,其本质足以上升到"理"的高度。所谓"理",就是一个人安身立命、成就伟业的做事手法,更是一个有纲领性质的指导方针。当你感觉世间艰难,处事不顺时,原因可能就在于你没有遵循这个"理"。

原 文

怨在不舍小过。

译 文

抓住下属微小的过失不放就容易招致他们的怨恨。

解 读

俗话说得好:人非圣贤,孰能无过? 如果当领导的对别人一点小小的过失就百般挑剔,一棒子打死,那么,下属就会觉得理不公,气不顺,怨恨不满的情绪也就会随之而产生。所以,不计较下属的小过,既是一个领导人应有的雅量,又会让人觉得你通情达理，富于人情味，凝聚力也就因此而产生。

患祸的出现，在于没有防患于未然并采取相应的对策。如果能在灾祸未成规模的时候就采取相应的措施加以疏导，化变故于无形，就可以达到"我无为而民自安"的祥和目的。恕小过，防未患，这是无为而治天下必须掌握的一个要则。

原　文

患在不预定谋。

译　文

不在事前做好谋划，在问题发生之前不做好防范的准备，这都是失败的根源。

解　读

在大家的心目中，能够做到未雨绸缪、防患于未然的人都是有大智慧的人。事实上，早在几千年前老子就发表过此言论，他说："其安易持；其未兆易谋；其脆易泮；其微易散。为之于未有，治之于未乱。"就是鼓励人们在没有发生危险之前，进行全面的谋划，提高对危险的预测能力，能够达到防患于未然、减少损失的目的。

原　文

福在积善，祸在积恶。

译　文

时刻记得积善的人一生幸福平安，平日里作恶多端，总有一天会遭到恶报，大难临头。

解 读

"善恶有报",在滚滚的历史洪流中积淀下来的这沉甸甸的四个字,似有一种神奇的力量,总能让善良的人最终都能与平安幸福相伴。没错,老天的眼睛是雪亮的,助人者天助。

原 文

饥在贱农,寒在惰织。

译 文

忍饥挨饿的人大多是因为鄙视农业劳动,在寒风中哆嗦的人大多是因为懒于养蚕织造。

解 读

一直以来,勤劳都是我们中华民族最令人称道的传统美德。我们的祖先在那个蛮荒年代用勤劳和汗水创造了辉煌灿烂的中华文明,从而跻身于世界四大文明古国之一。直到今天,与"中国人"这三个字联系最紧密的仍然是"勤劳"。

具体到一个人,勤劳更是他安身立命的最重要的品德之一。自古以来,没听说过哪个懒汉有过什么作为,受到人们讽刺的故事倒是不少。

原 文

安在得人,危在失士。

译 文

能安安稳稳地掌控天下,是因为身边有贤能之人辅佐;社稷朝不保夕是因为人才都流失了。

解读

人的力量是无穷的，人才是人中之杰，其力量更是无穷的，人才的重要性绝对不容忽视，谁忽视了人才，谁就掘掉了事业的根基。曾国藩深谙人才之重要性，他始终把人才作为事业成功的基石。曾国藩在事业发展过程中，还逐渐形成了一套系统的人才观点，从认识人才、察视人才，到吸纳人才、任用人才，从培养人才、选拔人才，到推荐人才、评价人才，他无不有先见之明、过人之举。后人评之有超凡的识人之眼实不为过，其选拔、任用人才的观点值得我们深思。

原文

富在迎来，贫在弃时。

译文

富有是因为勤劳节俭，贫穷是因为骄奢淫逸。

解读

要使国富民强，百姓知礼节晓荣辱，廪实为要，勤劳为本，商贸为道。明代人李晋德著有《商贾醒迷》一书，堪称"商典"，该书中有这样几段话：

商人如果不俭省节约，怜惜钱财，那就是辜负了自己披星戴月、跋山涉水的辛苦经营。作为一个商人，不辞艰难，不分昼夜，登山涉水，浪迹四海，所追求的一点点利润，都从惊心恐惧、辛勤劳作中得来的，如果对自己的钱财不俭省、爱护和怜惜，那么自己辛苦劳碌还有什么意义呢？

能够创造财富，又能够把持住家业，那么即使经受风雨、漂泊四海，又有何妨！

原 文

上无常操，下多疑心。

译 文

上位者反复无常，言行不一，部属必生猜疑之心，以求自保。

解 读

身为领导者要公正克己，不偏不向，不急不躁，只有这样才能让下属安心地做好自己的工作。如果掌握权力的人喜怒哀乐无常，按照自己的喜好做事而不顾下属的感受，进退举止没有一个人君的样子；或者管理者急功近利，目光短浅，频繁制定各种政策法规，而且各项政策互相抵触，那么，下属们就会无所适从，疑虑重重。一个国家、一个公司的混乱往往都由此而生。

原 文

轻上生罪，侮下无亲。近臣不重，远臣轻之。

译 文

轻慢上级难免会罪及自身，侮辱怠慢下级难免会众叛亲离。看不起身边的亲信大臣，留在身边却不重用，其他的臣子就会轻视叛逆。

解 读

上级对下级以礼相待，下级自然回报以忠诚，这是君臣相处之常道。如果做为下级对上级居功轻慢，那么上级即使软弱无能，也会忍无可忍，做下级的轻则削职，重则亡身。从另一个角度看，上级如果喜怒无常，欺凌侮辱下级，下级就不会亲近他，就成了真正的'孤家寡人'，政策法令就无法做到上下畅通。历史上许多弑君犯上事件，多数因此而发生。

原 文

自疑不信人，自信不疑人。

译 文

自己怀疑自己，则不会相信别人；自己相信自己，则不会怀疑别人。

解 读

黄石公的意思是说，是信还是疑，不可一概而论，要分具体情况。自疑疑人，是由于对局势不清，情况不明；自信信人，是由于全局在胸，机先在手。

原 文

枉士无正友。

译 文

对待别人狂妄而邪恶，这样的人不会有正直善良的朋友。

解 读

有句话说：你怎样对待别

人，别人就会怎样对你。这是处世交友的基本原则。只有真心对待别人，自己才会有真正的朋友。

原文

曲上无直下，危国无贤人，乱政无善人。

译文

上级不正，下级自然也没什么好德行，这样一来，国家走向穷途末路，政坛必然也跟着混乱不堪，最终的结果也就导致贤能和善良之人不复存在了。

解读

所谓"上有所好，下有所效"，居高位者品德不规，邪癖放浪，身边总要聚集一帮投其所好的奸佞小人或臭味相同的怪诞之徒。楚王好细腰，国中尽饿人；汉元帝庸弱无能，才导致弘恭、石显这两个奸宦专权误国；宋徽宗爱踢球，因重用高俅而客死他乡；此类事例，俯拾皆是。

原文

爱人深者求贤急，乐得贤者养人厚。

译文

爱惜人才的领导者都是求贤若渴，得到贤能之人后他们都会厚待之。

解读

古人将贤才称为"国之大宝"。真正有志于天下，心诚爱才的

127

当权者，不但求贤若渴，而且一旦得到治世之才，就不惜钱财，给予丰厚的待遇。因为凡是明主，都知道人才是事业的第一要务。

原文

国将霸者士皆归，邦将亡者贤先避。地薄者大物不产；水浅者大鱼不游；树秃者大禽不栖；林疏者大兽不居。

译文

国家昌盛的时候贤能之人都会回归，国家要灭亡的时候贤能之人最先逃避。贫瘠的土地不会丰收，浅水养不了大鱼，秃树不会吸引大鸟来搭窝，荒芜的树林也不会有大型的禽兽安居。

解读

国家四海升平国富民强，天下贤士自然会投奔而来；相反，在一个民不聊生、摇摇欲坠的国家，那些贤能之士最先避之而后吉。

一个国家要吸引贤能良才，首先要有一个好的大环境。这里用客观的自然现象做进一步说明，假如上自朝廷下至地方，不具备振兴国家的软环境，就必然不会吸引、凝聚大批人才，正像贫瘠的土地不产瑰伟的宝物，一洼浅水养不住大鱼，无枝之木大禽不依，疏落之林猛兽不栖一样。运筹帷幄的圣贤良才，自然不会流连于危乱之邦。

原文

山峭者崩，泽满者溢。

译文

山太高而又过于陡峭就很容易崩塌，河泽里的水太满了就容易溢出来。

山峭崩，泽满溢，是自然常理。黄石公以此来警戒为人做官切勿得意忘形，以免翘起尾巴不思进取。当人处在危难困苦之时，大多数人会警策奋发、励精图治；一旦如愿，便放逸骄横目中无人。因此古今英雄，善始者多，善终者少；创业者众，守成者鲜。这也许是人性常有的弱点吧。故而古人提出"聪明广智，守以愚；多闻博辩，守以俭；武力多勇，守以畏；富贵广大，守以狭；德施天下，守以让"，作为矫正人性这一弱点之方法，不可不用心体味。

原文

弃玉取石者盲，羊质虎皮者柔。

译文

玉石不分，丢弃了玉，把石头当作宝贝。识人不分贤愚，这样的领导者眼盲心也盲。那些庸才就像绵羊一样，即使披上虎皮也改变不了他的本质。

解读

孔子说："了解一个人，看他的所作所为，了解他的做事途径和方法，考察他的爱好。这样，这个人的品质还怎么能隐蔽得了呢？"

认清一个人，在很多时候都是一件极其困难的事，尤其是当对方心怀不轨而竭力伪装时。但最根本的原因，恐怕还在于自身的"失察"。

原文

衣不举领者倒。

译文

领子是衣服的关键部分，穿衣不把领子整理好，整个人的形象就会威严扫地。

解读

黄右公用衣领比喻最高的掌权者，"领袖"的称谓大概就来源于此。当然，领袖不是谁都可以当的，领袖就要有领袖的样子，就要负起领袖的责任。在其位，谋其政。既然坐到了这个位子上就要勤勉勤政，不可胡作非为，否则就没有好下场。

原文

走不视地者颠。

译文

走路的时候，眼不看地，而是仰面望天，没有不栽跟头的。

解读

处事做人不看上下左右的条件限制，自以为是，口出狂言，逞一时之能莽撞行事，这都是不成熟的表现，出差错、栽跟头都在所难免。

原文

柱弱者屋坏，辅弱者国倾。

译文

顶梁柱是整座屋子的中坚力量，柱子坏了，屋子也就难保了。明知它坏了，还要不自量力去扶，结果也是白忙活一场。

解读

黄石公在这里是以柱弱房倒来比喻国君和重臣如果起不到自己应有的作用，国家必将倾覆。君臣尽职则国民奋发图强，君臣不道，国民怎么可能有奋斗的榜样和动力呢？

原文

足寒伤心，人怨伤国。

译文

脚受了冻伤，就会直接伤到心脏，人民的怨气可以直接伤及国家的本体。

解读

脚受伤了看似无大碍，但是它和心脏却有着千丝万缕的联系，搞不好就是致命伤。人民的怨气看似无伤大体，但却隐藏着毁灭的力量。这都是必须值得重视的，如果视而不见，熟视无睹，那么千里之堤就会毁于蚁穴，整个国家也会因小小的怨气而毁于一旦。

原文

山将崩者，下先隳；国将衰者，民先弊。根枯枝朽，民困国残。

译文

高山将要崩塌的时候，下面的基石首先就会毁掉；一个国家走向衰败的时候，最基层的人民首先会陷入水深火热之中。树根枯死了，树枝自然也就会很快腐朽，人民陷入困境，国家也难以保全。

解读

民为国之本，人民安居乐业就是国家存在的基石。可惜很多人看不到这个层面，他们往往尊贵其头面，轻慢其手足，正如那些昏君尊贵其权势，轻漫其臣民一样。鉴于此，才有'得人心者得天下'的古训。

用山陵崩塌是因根基毁坏进一步来晓谕国家衰亡是因民生凋敝的道理一样，直观、明了。也如同根枯树死一样，广大民众如若困苦不堪，朝不保夕，国家这棵大树也必将枝枯叶残。秦、隋王朝之所以被推翻，只因筑长城、开运河榨尽了全国的民力、财力。鉴古知今，人民生活富裕，康乐安居，国家自然繁荣富强。

原文

与覆车同轨者倾，与亡国同事者灭。

译文

跟着将要翻倒的车行进，自己肯定也会翻车；与亡国的人共事，自己难免也会步其后尘。

解读

这些道理虽然浅显，可还是有人屡犯不改。汉武帝不记取秦始皇因求仙而死于途中的教训，几乎使国家遭殃，幸亏他在晚年有所悔悟；唐昭宗不以汉末宦官专权为鉴，同样导致了唐王朝的灭亡和"五代十国"的混乱局面。

原文

见已失者，慎将失：恶其迹者，预避之。

译文

知道已经发生过的不幸事故，发现类似情况有重演的可能，就应当慎重地防止它，将其消灭在萌芽状态；厌恶前人有过的劣迹，就应当尽力避免重蹈覆辙。

解读

最彻底的办法不是既要那样做，又不想犯前人的过失，这是不可能的；而应该根本就不起心动念，坚决不去做。

人的一生总要发生很多事情，没有人知道自己的将来会发生什么，如果自己不为自己想一下将来的事情，没有人会提醒你。一定要有居安思危的思想，才能防患于未然。

原文

畏危者安，畏亡者存。

译文

要时刻感觉到危险的存在，因此就小心谨慎，如履薄冰，这样做恰恰是最安全的。

解读

《易经》有云:"安而不忘危,存而不忘亡,治而不忘乱,是以身安而国家可保也。"这句话充分肯定了一个道理,那就是人在现实中,应当时时处处谨慎小心,因为在我们所看不见的暗处,极有可能潜伏着足以威胁我们利益乃至生存的危险。任何盲目大胆、轻率冒失的行为,都是应当尽力禁戒的。这个道理,古往今来的智者,都是参悟得极为透彻的。

原文

夫人之所行,有道则吉,无道则凶。吉者,百福所归;凶者,百祸所攻;非其神圣,自然所钟。

译文

一个人的行为只要合乎道义,就会吉祥喜庆,否则凶险莫测。有道德的人,无心求福,福报自来;多行不义的人,有心避祸,祸从天降。只要所作所为上合天道,下合人道,自然百福眷顾,吉祥长随。反之,百祸齐攻,百凶绕身。

解读

这里并没有神灵主宰,实为自然之理,因果之律。所以说,成败在谋,安危在道,祸福无门,唯人自招。只有居安思危,处逸思劳,心存善念,行远恶源,便见大道如砥,无往而不适。

中国有句古话,君子爱财,取之有道。具体来说,也就是要依靠自己的胆识、能力、智慧,依靠自己勤勉而诚实的劳动去心安理得地挣取,而不是存一份发横财的心思靠旁门左道地钻营去"诈"

取。有一句俗语，"马无夜草不肥，人无横财不富"，其实这既是一种很平庸的说法，也是一种实实在在的误解。真正做出大成就的成功的商人都知道，商事运作是最要讲信义、信誉、信用，最要讲诚实、敬业、勤勉的。一句话，就是要"有所为有所不为"。

原　文

务善策者，无恶事；无远虑者，有近忧。

译　文

时刻想着行善助人，此生必无厄运缠身。做事前深谋远虑，三思而行，以此处世必无忧患。

解　读

人生在世，立身为本，处世为用。立身要以仁德为根基，处事要以谋为手段。以仁德为出发点，同时又要善于运用权谋，有了机遇，可保成功；如若时运不至，亦可谋身自保，不至于有什么险恶的事发生。只图眼前利益，没有长远谋虑的人，就连眼前的忧患也无法避免。俗语云："人无远虑，必有近忧；但行好事，莫问前程。"说的也正是这个意思。

原　文

同志相得，同仁相忧。

译　文

志同而又道合的人，会互相促进并有所裨益，都有仁爱之心的人，会为对方分忧解难。

[解读]

两个人心中想着一样的东西，争执就会在所难免。世上的问题多起于争。文人争名，商人争利，勇士争功，艺人争能，强者争胜。争并不是坏事，能促使人向上，促进事业的发展。但争要合乎规矩，不能采取不正当的手段，干损人利己的事。

君子之学是为了进德修业，与人无争，与世也无争。孔子以当时射箭比赛的情形，说明君子立身处世的风度。

现代社会的人们，更应该讲求"君子风度"，合乎社会准则，否则，将难免会落得四面楚歌，被"请"出局。

[原文]

同恶相党，同爱相求。

[译文]

为非作歹，阴谋不轨的小人因为臭味相投，一般都会勾结在一起；有相同爱好的人，自然会互相访求。据说商纣王的奸臣恶党数以万计。

[解读]

晋惠帝爱财，身边的宦官全是一帮巧取豪夺的贪官污吏。秦武王好武，大力士任鄙、孟贲个个加官晋爵……但凡有所痴爱的人，惺惺相惜的人，性情一般来说都比较偏激怪诞，这种人往往会狼狈为奸，误入歧途而不返。

[原文]

同美相妒。

译文

两个美女在一起难免会产生嫉妒。

解读

像生气、高兴一样，嫉妒也是人人"必备"的心理情绪，差别只在于程度上的严重与否。不管怎样，嫉妒心理始终是一种不健康的心理，不管形式与内容怎么样，它的存在有害于正常的人际交往、健康的社会生活。然而在现实生活中，我们总是不知不觉地受到别人的嫉妒，或自己本身也在不知不觉的对别人产生嫉妒之心。被嫉妒的人常常是自己周围熟识的人。有时，明知道是嫉妒，是不应该的，却无法消除。

人们都说女人生来爱嫉妒，这话看似有些偏激，但这绝非空穴来风有意贬低女人，女人之间最容易因为各种事情而产生嫉妒。也许我们可以克制自己不去嫉妒别人，但却不能保证别人会不嫉妒我们。

原文

同智相谋。

译文

同样智谋卓绝的人，双方一定会先是一比高下，进而互相残杀。

解读

各朝各代，粉阵厮杀，智者火拼的悲剧实在是太多了，其结局大多都是两败俱伤，谁都捞不到什么实质性的好处。这样看来有智谋不一定是好事，在必要的时候保持内敛也是不错的选择。

原 文

同贵相害，同利相忌。

译 文

权势地位不相上下的人，很容易互相排挤，彼此倾轧，甚至不择手段地以死相拼。在艰难潦倒的时候，大家在一起还可以相安无事，扶持协作，但一旦发了财、得了势，就开始中伤诽谤，双方就变成了眼红心黑的对头冤家。

解 读

在生活中，有些人对那些跟自己一样出众或者比自己能力强的人所持的心态是忌妒，而对比自己水平差的人则加以鄙视和嘲笑。这种态度对他们本身有什么好处呢？根本就是有害无益。真正的聪明人，总是会向比自己强的人虚心学习，以使自己尽快达到对方的水平；而见了缺点很多的人，则会对照对方来反观自己，看看自身是否也有这些不良现象。有则改之，无则加勉，这才是能够切实提高自己的修养品位、不会走向相反方向的有效途径。

原 文

同声相应，同气相感，同类相依，同义相亲，同难相济。

译 文

有共同语言的自然会易于沟通，愿意彼此唱和。气韵之旋律相同的就会相互感应，发生共鸣。金、木、水、火、土五种自然元素和宫、商、角、征、羽五种韵律，融合在自然界的各种物质中，有相同属性的则相互感应。人情世故，治国经要，当然也背离不了这些自然规律。

解读

古人云"得道多助，失道寡助"，甚至是"多助之至，天下顺之；寡助之至，天下畔之"。有道德的人定会有天下，这是很简单的道理。社会上有道德的人多了，彼此之间就会多一些关心与尊重，社会自然也就和谐起来。那些为构造和谐社会做出卓越贡献的人，自然也就赢得了民心。

原文

同道相成。

译文

同道之人有共同语言和目标，只要大家心无恶念，就很容易在各个方面结为亲密的团体。

解读

处在困难中的人们，很容易和舟共济，互相援救，以期共渡难关。国与国之间或同僚之间如果体制相同或政见一致就会互相成全，结为同盟。但是屈从危难的局势结成的联盟不会长久，唯有基于志同道合的真诚团结则必定会成功。

原文

同艺相规，同巧相胜。

译　文

很多同行同业之人相互鄙视和攻击，永远不可能真心多在一起共事。

解　读

上古时代，后羿善射，逢蒙把他的技艺学到手后就杀了他；秦国的太医令李醯虽然没本事，却对扁鹊高明的医道非常嫉妒，在扁鹊巡诊到秦国时，他派人刺杀了扁鹊。自古文人相轻，武夫相讥，这都是因为才能和技艺不相上下就不能相容，且不说墨子用九种守城的方法挫败了鲁班（即公输子）的九种新式攻城武器的进攻，就连西晋时的王恺和石崇，为了炫耀自家的奇珍异宝，也曾发生过一场令人咋舌的斗富好戏。

原　文

释己而教人者逆，正己而化人者顺。

译　文

一面放纵自己的行为，一面却假惺惺地教导别人，这是不可行的，只有先把自己的位置摆正了，才能更好地教化别人。

解　读

宋人李邦献曾说过："轻财足以聚人，律己足以服人，量宽足以得人，身先足以率人。"也就是说，不看重财富，就可以团结更多的人；严格地规范自己的行为，就可以获得别人的信服；以宽阔的胸襟去接纳别人，就会得到人心；事事以身作则身先士卒，就可以率领众人去获得成功。领导只有首先做好自身的道德修养和道德教化，才能达到"以德服人"的效果。

安礼第六

原文

逆者难从，顺者易行；难从则乱，易行则理。如此，理身、理国、理家可也。

注释

做事如果违背事理，就会难以施行，并且做到最后会乱七八糟不可收拾。如果顺着"道"的规律行事就会有条不紊、万事亨通。明白了这些，无论是修身、持家还是治国都会得心应手无往而不胜。

解读

老子曾说：一个国家的法令越是苛暴烦杂，强盗奸贼也就越多。这就是因为逆天道而教导民众，就会出现天下大乱的局面。老子还说：作人主的清静无为，老百姓自然而然会走上文明的轨道。作人主的清心寡欲，老百姓自然而然会驯顺安分。这就是因顺天道而以德化人，国力、民风必将日益改观，天下大治，富强繁荣的局面迟早会出现。

天道、地道的生成发展和变化，其实是非常简单易知的。圣人推崇的人道也是一样。顺从太阳的晨起暮落，月亮的盈亏圆缺，才有昼夜四时的循环不已的规律；顺应宇宙阴阳反正的法则，万

141

物生死相替，自然界才会有永不止息的无限生机。这都是大自然的客观规律。

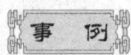

事　例

给予下属再来一次的机会

《菜根谭》上有这么一段话："宽人之恶者，化人之恶者也；激人之过者，甚人之过者也。"意思是说：宽恕别人的错误，就是帮助别人改正错误；用激烈的态度对待别人的错误，就是要让别人再错上加错。

没有人愿意犯错误，但是人非圣贤又孰能无过呢？面对着一个犯了错误的下属，你是愿意严加斥责，使他从此以后在工作中畏首畏尾呢？还是愿意通过帮助使他认识到错误并加以改正，从哪里跌倒再从哪里爬起来呢？

其实，下属犯了错误，最痛苦的是其自身，应该给其改正错误的机会。给予下属再来一次的机会，常会收到一石三鸟的用人效果：一能使其感激领导的宽厚仁慈；二能使其痛悔自己的过错；三能使其拼命工作，以便将功补过。而且，实践表明，有过错的人往往比有功劳的人会更容易接受困难的工作。重用有过错的人实际上就是对他的一种强大的激励，可以使其一跃而起，创造出令人"刮目"的成绩。

同时，对于有过错的人才而言，他们最需要的就是获得重新证明其价值和展示其才华的机会，尤其是当他们因过错而受到别人的歧视冷落时，这种愿望就更为迫切。管理者一旦提供这样的机会，他们就会迸发出超乎平常的热情和干劲儿，付出几倍，甚至几十倍的努力去弥补以前的过失。

在美国南北战争时期，有一个名叫罗斯韦尔麦金太尔的年轻人被征入骑兵营。由于战争进展不顺，兵源奇缺，在几乎没有接受任何训练的情况下，他就被匆忙地派往战场上。在战斗中，年轻的麦金太尔被残酷的战争场面吓坏了，那些血肉横飞的场景使他整天都担惊受怕，终于开小差逃跑了。但很快他就被抓了回来，军事法庭以临阵脱逃的罪名判他死刑。

当麦金太尔的母亲得知这个消息后，她向当时的总统林肯发出请求。她认为自己的儿子年纪轻轻，少不更事，他需要第二次机会来证明自己。然而部队的将军们力劝林肯总统严肃军纪，声称如果开了这个先例，必将削弱整个部队的战斗力。

在此情况下，林肯陷入两难的境地。经过一番深思熟虑后，他最终决定宽恕这名年轻人，并说了一句著名的话："我认为，把一个年轻人枪毙对他本人绝对没有好处。"为此他亲自写了一封信，要求将军们放麦金太尔一马："本信将确保罗斯韦尔·麦金太尔重返兵营，在服役完规定年限后，他将不受临阵脱逃的指控。"

如今，这封褪了色的林肯亲笔签名信，被一家著名的图书馆收藏展览。这封信的旁边还附带了一张纸条，上面写着："罗斯韦尔·麦金太尔牺牲于弗吉尼亚的一次激战中，此信是在他贴身口袋里发现的。"

一旦被给予第二次机会，麦金太尔就由怯懦的逃兵变成了无畏的勇士，并且战斗到自己生命的最后一刻。由此可见，宽恕的力量是何等的巨大。

世界上没有十全十美的人，没有谁能保证一辈子都不做错事。因此，对待有过错的人才要有宽容的胸襟，不要因为对他们的期望高而求全责备。

其实，你放手让优秀的人去做的事情都是比较重要的，相对而言也都是比较容易出现闪失的，因此，就应当以一颗平常心去对待有可能出现的过错。对于那些过错，应当对各种情况进行分析，在此基础上去理解和原谅他们。作为管理者，应认识到，优秀的人都会犯错，别的人，包括自己恐怕也难以避免。因此，就算是因为对方个人的原因，你也要采取一种宽容的态度，毕竟不能因为一次过错就否定整个人。

只有第二次机会才有可能弥补先前犯下的过失。如果我们能宽容一点，给他再来一次的机会，鼓励他，而不是打击他，那么也许你真的可以看到奇迹。

业精于勤荒于惰

从前，某地有一个懒到极点的人。因为这个人实在懒得什么事也不肯干，所以，最后拿到 3 个饭团，被赶出了家门。

"上哪儿去呢？"

懒汉不知去哪儿才好，没办法，就把装有饭团的包裹吊在脖子上，毫无目的地漫不经心地走着。可是走着走着，肚子就饿起来了。

"啊！肚子饿了，真想吃饭团儿啊，是要取出来吃，可太麻烦了！"

真是一个少见的懒汉，他为此忍着饥饿。

"怎么没人来呀，要是有人来的话，就请他帮忙解开包裹。"

他边走边想着，这时，从对面走来一个头戴斗笠、张着嘴巴的男人。

"嘿嘿，莫非他饿慌了，才把嘴张得这么大？"

他这么想着，等他走过来。

"喂，能不能替我解下吊在脖子上的包裹啊？里面还有3个团子呢，让一个给你怎么样？"

于是，那个男人回答说："你说什么呀，我的老弟，我正愁斗笠的绳子松了，而系起来又是那样的麻烦，所以才张开大嘴，好让下巴去绷紧那绳带啊！"

或许故事过于夸张，生活中并不存在如此懒惰的人，但是懒惰带来的恶果却是切切实实存在的。

懒惰的习惯让人一事无成，让人总是等待机遇而不是主动追求，有了行动也主动放弃；懒惰的习惯几乎令人厌倦所有的事，对任何的事情都不感兴趣，也没有任何动力；懒惰使人总是浑浑噩噩，不知道自己要干什么，庸庸碌碌度过自己的一生。

贫穷不是罪，但因懒惰而导致贫穷则是一种罪。懒惰让我们失去目标，失去热情，失去机会，即使是天赐良机摆在我们身边，我们也对它视而不见。这样的人，你说他对得起上苍给我们安排的美丽人生吗？

达·芬奇曾经说过："勤劳一日，可得一夜安眠；勤劳一生，可得幸福长眠。"如果一个人懒惰一天，那便是浪费了一天的光阴，可能浪费了一个绝佳的成功机会；如果一个人懒惰一生，那就是毁了自己的人生，让自己带着失败的烙印走向死亡。

每个人都有允许自己偷懒的时候，但是成功者与失败者的区别在于对待偷懒行为的方式不同。成功者在心里有一个目标，也有一条准则，准则督促着自己不要懒惰，要向目标不断迈进。而失败者则放纵自己懒惰，并任由懒惰成为一种习惯，仿佛在享受一种闲适，其实在虚度自己的人生。

或许有的人会说，自己天赋不错，比起其他人来说有懒惰的资本。别人忙一周的工作我只需要一天就通通搞定。但是如果你仅仅将标准放在那些天赋不如你的人身上，总有一天，他们也将超过你。

懒惰可以毁人，而相对的，勤劳却可以成全一个人。

唐朝大文学家韩愈说过一句经典的名言："业精于勤荒于嬉，行成于思毁于随。"后来有一个人把这句让多少人受益终生的经典发挥到了极致，他就是齐白石。

齐白石小的时候，家里生活很艰难。读了半年书，他只得辍学打柴放牛。他从小爱好绘画，但由于家境的贫苦，买不起纸墨，便用废账簿和习字纸练习绘画，常常到深夜。12岁后，因体弱无力耕田，改学雕花木工，为了寻求雕花新样，与绘画结下了不解之缘。有一年，他偶然得到一部残缺的乾隆年间翻刻的《芥子园画谱》，喜不自禁，反复临摹起来，逐步摸到了绘画的门径。

齐白石 27 岁那年正式从师。从此，他数十年如一日，几乎没有一天不画画。据记载，他一生只有三次间断过：第一次，是他 63 岁那年，生了一场大病，七天七夜昏迷不醒；第二次，是他 64 岁那年，他的母亲辞世，由于过分悲恸，几天不能画画；最后一次，是他 95 岁时，也因生病而辍笔。

▲ 齐白石

三次加起来也仅仅一个多月的时间。他一生作画四万余幅，吟诗千首；他自乐"三百石印富翁，"其实，他治印共计三千多万，被著名文学家林琴南誉为"北方第一名手"，与他的画齐名。

齐白石直到 60 岁前画虾还主要是靠摹古。62 岁时，齐白石认为自己对虾的领会还不够深入，需要长期细心观察和写生练习。于是就在画案上放一水碗，长年养着几只虾。他反复观察虾的形状、动态。然而，这个时期的功夫，依然还是侧重在追求外形。画出的虾外形很像，但精神不足，还不能表现出虾的透明质感。65 岁以后，齐白石画虾产生了一个飞跃，虾的头、胸、身躯都有了质感。在这以后他开始专攻虾的某些部位，画虾不仅追求形似，更追求神似。70 岁达到了形神兼备的程度，到了 80 岁，齐白石老人笔下的虾简直是炉火纯青了。但他仍是非常勤奋。

85 岁那年，他一天下午连续画了四张条幅，直到吃饭时，仍然要坚持再画一张。画完后题道："昨日大雨，心绪不宁，不曾作画。今朝制此补充之，不教一日闲过也。"

真是勤勉不倦。他早年曾刻"天道酬勤"印章以自勉。临终前又留下"精于勤"的手迹以勉人。他还有一块"痴思长绳系日"的印章，足见他一生是何等的勤奋。

1953 年，白石老人已是 93 岁高龄，一年中仍画下了 600 多幅画。

正因为他一日也不"闲过"，在绘画、篆刻方面做出了卓越的贡献，成为世界文化名人。他 90 寿辰时，国务院文化部授予他"中国人民杰出的艺术家"的光荣称号。

爱因斯坦说："在天才和勤奋之间，我毫不迟疑地选择勤奋，它是世界上一切成就的催生婆。"没错，一勤天下无难事，所有有作为的人都会告诉你，是勤奋成就了他们伟大的一生，所以千万别让懒惰毁了你，一时的偷懒能让人轻松，但要成了一种习惯，那你永远成不了气候。

人才是事业成败的关键

人才是事业成败的最关键因素。有贤者相助则败势亦可转危为安，弱势也可茁壮成长。当然事业也是成于贤才，损于庸才，败于小人。刘基作为朱明王朝开国元勋之一，也以善于谋略而深受朱元璋器重，被朱元璋比为汉代的张良，称之为"吾子房也"。

刘基元末曾经为官，目睹了当时社会政治的腐败。他把自己的政治主张、哲学思想用寓言杂论的方式表达出来，写成了一部奇特的著作叫《郁离子》，在这部政论著作中，用了二十多篇的文字专门讨论用人问题，既阐发了他一贯的用人思想，也明显地、巧妙地结合了当时的社会实际，尤其在用人问题上提出了诸多精辟的主张，因此，也可以说这是一部讨论用人与人才的名著。在这部著作中，刘基首先提出了去浮饰，求真才。言必称先王、三代，认为古人优于今人，慕虚名而不求实才，重古贤而轻今人是封建统治者常有的偏颇。刘基尖锐地批判这种陈腐观念。在著名的《良桐》篇中，他写道：有一位善于制琴的工匠叫工之侨，得到一块优质桐木，"砍而为琴，弦而鼓之，金声而玉应，自以为天下之美也"，将琴献给主管宫廷礼乐的官员太常。太常看了看摇头说，这不是古物。工之侨将琴带回，"谋诸漆工，作断纹焉。又谋诸篆工，作古字焉。匣而埋诸土，期年出之。"琴被挖出之后，"抱之以市，贵人过而见之，易之以百金；献诸朝，乐官传视，皆曰：'稀世之宝也'。工之侨闻之，叹曰：'悲哉世也，岂独一琴哉，莫不然也，而不早图之，其与亡也。'"

一把好琴，因新制"弗古"，被弃之不取，一旦弄假仿古，身价百倍。这不仅是一张琴，而是整个社会的偏见。工之侨因此兴叹，避世深山，实际是刘基的自喻。从反复古的意义上说，刘基的用人思想是有革新意义的。

刘基又以马喻人才。在《八骏》这篇文章中，叙述善于识马的造父死后，人们不能识马，仅以产地判别马的好坏。以冀产为优，非冀产为劣，在王宫群马之中，以冀产马为上乘，作为君王乘驾之马；以杂色马为中乘，作为战时用马，而以冀州以北的马为下乘，供公卿骑用。而江淮之马只算是散马，只服杂役。其养马者也依此划分等级。后来，强盗侵入宫中，紧急调马参战，内厩推辞说："我是君王外出乘的马，不应我去！"外厩说："你食多而用少，为什么先让我上阵？"结果互相推诿，许多马匹反被强盗劫走。此文以马喻人，指出对人的使用不能因地域、民族而区分高下、尊卑，只能是依据真实才能。与去浮饰、求真才相辅的是去假象、辨真伪。

人有善恶，才有真伪，历代有不少恶徒小人冒充贤才而招致祸患的。刘基举例说，战国时楚国春申君虽称门客三千，但良莠不辨。"门下无非狗偷鼠窃无赖之人。食之以玉食，荐之以珠履，将望之以国士之报……春申君不寤，卒为李园所杀，而门下之士无一能报者。"人的善恶与药草一样颇多假象，因而需透过表面鉴别。刘基以采药喻辨别人才：一位山中有经验的老丈介绍说：岷山之阴有一种药名叫"黄良"，此药"味如人胆，禀性酷烈，不能容物"，外表丑恶。然而，将黄良"煮而服之，推去百恶，破症解结，无秽不涤，烦疴毒热，一扫无迹"，分明是一种苦口性烈的高效良药；另外一种草"其状如葵，叶露滴人，流为疮质，刻骨绝筋，名曰断肠之草"，这种草，外形美好，实为恶毒。因而"无求美弗得，而为形似者所误"。

在现代社会，重视人才的观念也越来越深入人心。一个没有人才意识的领导者不是称职的领导者，想成就事业者，请从吸纳人才开始吧！

理财的关键是要懂得节俭

在现代社会企业中理财，首要的任务仍然该是节俭。没有一个成功的理财者说是靠"铺张浪费"而发家致富的。

节俭是一种可以养成的习惯，也可以说是使事业成功的因素。

"勿以善小而不为。"节俭也是一样，不论大小。

一旦事业开始，对天性节俭的人而言，其成功机会较才华相同者要多。而节俭的人，他知道只有减少开支和成本才有赚钱机会，而在今天高度竞争的市场里，即使在小方面去节俭，聚少成多，也是很可观的，甚至造成赚钱和赔钱的区别。

除此之外，对一个有节俭习惯的人而言，他似乎永远有一笔积蓄。以防不时之需。必要时可使他渡过难关，或使他有扩张和改进的机会，而不必去借钱。

聪明的人都知道，能做到"节俭再节俭"，对自己有很大的帮助，在生活中如果你能经常节俭，直到成为你的第二天性，你就会在事业上收到由这些为你带来的利益。

从节俭到奢侈很容易，从奢侈再到节俭却很艰难。吃饭穿衣，如果能想到来之不易，就不会轻易浪费。一桌酒席，可以置办好几天的粗茶淡饭，一匹纱绢，能做

好几件的衣服……有的时候要常想着没有的时候，不要等到没有的时候再想有的时候，如果这样，子子孙孙都能享受温饱了。

在过去的农业社会里，一个家族的兴起，往往是经过数代的努力积聚而来的，为了让后代子孙能体会先人创业的艰辛，善守其成，所以常在宗族的祠堂前写下祖宗的教诲，要后代子孙谨记于心。现在我们虽然已经很少看到这一类古老的祠堂，但是我们心中的祠堂又岂在少数？五千年的历史文化，无一不是先人艰辛缔造的，这历史的殿宇，文化的庙堂，便是整个民族的大祠堂。

切忌侮辱下属斥责要讲究方式

有效的御人离不开必要的批评，但不能粗暴，也切忌侮辱，一定要讲究方式。

对于外向型性格者，大可毫不客气地纠正其错误。因为，此种类型者在被斥责之后，通常不会留下后遗症。换言之，他们懂得如何将遭受斥责的不甘心理向外扩散，脑中余留下的只是教导的内容。甚至上司若对他们大发雷霆时，他们反而能提高接受的程度。

然而，对于内向性格的人则不可采取前述的方法。由于内向性格者在受到责骂时，情绪会变得非常紧张，且往往将不甘心理积沉于心底。如此一来，不但无法将痛苦往外扩散反而可能因此萎靡不振。对于这种类型的人，可融批评于表扬之中，即先表扬，后批评，在被批评者自尊心理的天平两边各加上相同的砝码，使他保持心理平衡，理智地接受批评。

　　身为上司者，如果能够只是指出对方的错误，而不是见了面就加以痛斥，相信下属将不至于产生诸如上面的想法，而觉得上司并不是在指责自己的为人，只是针对自己在工作中的过失罢了！于是便会虚心学习，努力谋求改进。愿意更进一步地接受上级的批评和指导，从而使上级的统御力大大地增强。

　　例如，商店某售货员在柜台内违反工作纪律与人闲聊，经理批评她的方法是，早晨上班见面时，先夸奖她穿戴得体，打扮漂亮，在她受到夸奖而心情愉快时，这才对她严肃地说，你今后在工作时间要多注意柜台纪律。显然，这种批评很容易为人接受。因为人受称赞后再听批评，心理不会不是滋味的。

　　有些领导喜欢"痛打落水狗"，下属越是认错，他咆哮得越是厉害。他心里是这样想的："我说的话，你不放在心上，出了事你倒来认错，不行，我不能放过你。"或者："我说你不对，你还不认错，现在认错也晚了！"

　　这样的谈话进行到后来会是什么结果呢？一种可能，是被骂之人垂头丧气，假若是女性，还可能嚎啕大哭而去。另一种可能，则是被骂之人忍无可忍，勃然大怒，重新"翻案"，大闹一场而去。

　　这时候，挨骂下属的心情基本上都是一样的，就是认为："我已经认了错，你还抓住我不放，实在太过分了。在这种领导手下，叫人怎么过得下去？"性格比较怯懦的人会因此而丧失信心，刚强的人则说不定会发起怒来。

　　显然，领导这样做是不明智的。

　　有的领导说："不是我得理不让人，这家伙一贯如此。做事的时候漫不经心，出了问题却嬉皮笑脸地认个错就想了事，我怎么能不管他？"

的确有这样的人。即使这样的人，在他认错之后再大加指责仍是不高明的。不论真认错假认错，认错本身总不是坏事，所以你先得把它肯定下来。然后顺着认错的思路继续下去：错在什么地方？为什么会犯这样的错误？错误造成了什么后果？怎样弥补由于这一错误而造成的损失？如何防止再犯类似错误？等等。只要这些问题、尤其是最后一个问题解决了，批评指责的目的也就达到了，管它是真认错还是假认错呢？

要知道，一千个犯错误的下属，就有一千条理由可以为自己所犯的错误作解释、辩护。下属有能力自我反省，在挨批评之前就认错，实在是已经很不错了。当下属说："我错了"，当领导的还不能原谅他，那实在不能说是个高明的领导。

此外，对领导批评之后即能认错道歉的下属也不用太责备，特别是一些极轻微的错，第一次犯错误和不小心犯错误等，只要稍微提醒他一下即可。

犯错误是第一阶段，认错是第二阶段，改错是第三阶段。不管是经过批评后认错，还是未经批评而主动认错，都说明他已到达第二阶段，当领导的只能努力帮助他迈向第三阶段。

少年读处事智慧

少年读小窗幽记

宋立涛　主编

民主与建设出版社
·北京·

图书在版编目（CIP）数据

少年读小窗幽记 / 宋立涛主编 . -- 北京：民主与
建设出版社，2020.7
（少年读处事智慧；2）
ISBN 978-7-5139-3078-9

Ⅰ . ①少… Ⅱ . ①宋… Ⅲ . ①人生哲学－中国－明代
－少年读物 Ⅳ . ① B825-49

中国版本图书馆 CIP 数据核字（2020）第 102786 号

少年读小窗幽记

SHAONIAN DU XIAOCHUANG YOUJI

主　　编	宋立涛	
责任编辑	刘树民	
总 策 划	李建华	
封面设计	黄　辉	
出版发行	民主与建设出版社有限责任公司	
电　　话	（010）59417747　59419778	
社　　址	北京市海淀区西三环中路 10 号望海楼 E 座 7 层	
邮　　编	100142	
印　　刷	三河市燕春印务有限公司	
版　　次	2020 年 8 月第 1 版	
印　　次	2020 年 8 月第 1 次印刷	
开　　本	850mm × 1168mm　1/32	
印　　张	5 印张	
字　　数	116 千字	
书　　号	ISBN 978-7-5139-3078-9	
定　　价	198.00 元（全六册）	

注：如有印、装质量问题，请与出版社联系。

　　《小窗幽记》是明末小品作家陈眉公所著，共 194 条人生处世的格言，涉及社会、人生诸多方面，立言精深，含蓄蕴藉。

　　《小窗幽记》始于"醒"，终于"情"，虽混迹尘中却高视物外。作者从"平常心"点破众生相、人世情，言人所不能言，道人所未经道，堪称一部修身养性、为人处世的经典宝训。人在生活中总要睁着一只眼，不能糊涂；人非无情物，如何潇洒，欲有一番作为，必须脱俗；人生何处无烦恼，超然空灵，才能享受那种文字家所拥有的品味和灵秀。人生的苦与乐、荣与辱有时是很微妙的，微妙到几乎没有什么差别。对人生的苦与乐各人有各人的理解，苦乐富贵，不嫉人有，也不笑人无。总之，书中无一不闪烁着智慧的火花。此次整理对原文配以译文、点评，译文采用意译直译相结合的形式，严谨与灵活兼顾；点评深入浅出，淡泊宁静，与原文珠联璧合，力求妙传其清韵，丰富其内涵，并给人以视觉之享受，精选古今之经典事例为佐，提炼对人生的智慧感悟，以飨读者，不求工整而求深刻，不为妍丽而为实用，希望本书能够成为读者朋友修养身心、颐养性灵的借鉴。当然，陈眉公毕竟是几百年前的文人雅士，其观点必有不合于时代者，相信读者的慧眼可以识别之。

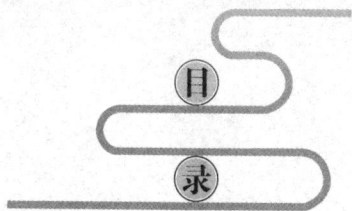

目 录

修身篇

浓艳中试淡泊　纷纭里勘镇定

原文

澹泊治守，须从浓艳场中来；镇定之操，还向纷纭境上勘过。

释文

是否有淡泊宁静的志向，一定要通过富贵奢华的场合才能检验得出来；是否有镇定如一的节操，还必须通过纷纷扰扰的环境验证。

评析

淡泊于名利的操守，镇静安宁的气节，需要立之以德，铭之于心，不但在贫贱之时能保持住自己的尊严，更要在富贵之时能经受住声色的考验。面对世间五光十色的声色之乐，尘世间纷繁浓艳的名利之诱，能够保持住自己的平常心，有一种不动摇的意念，才算是真正的淡泊。

所以孟子说：富贵不能淫，贫贱不能移，威武不能屈，是谓大丈夫。

天命难违　人事在我

天薄我福，吾厚吾德以迎之；天荣我行，吾逸吾心以补之；天厄我遇，事吾亨道以通之。

命运使我的福分浅薄，我便加强我的德行来面对它；命运使我的筋骨劳苦，我便放松我的心情来弥补它；命运使我的际遇困窘，我便加强我的道德修养使它通达。

人生虽不平等，但对于命运的追求却是平等的。虽然上天没有为自己提供良好的外部环境，但我却不会怨天尤人，一定要通过后天的努力去弥补，迎头赶上，自己拯救自己，才能走向成功。

如果命运不公平，使我受到困厄，那么我决不灰心丧气，要把坎坷当作锻炼自己心志的机会，通过"劳其筋骨，饿其体肤，苦其心志"来充实自己的心灵，担当起天下的重任。

有了敢于迎战厄运、挑战自己的决心和勇气，那还有什么事情不能做成呢？

易动客气　以德消之

人之嗜节，嗜文草，嗜游侠，如好酒然，易动客气，当以德消之。

释文

人们爱好声名节操，爱好文章辞藻，爱好行侠仗义，就像爱好美酒一样，容易冲动，应该用道德修养来抑制这种冲动。

评析

合适的爱好是人生之乐趣，如果爱好成癖，又容易一时兴起，那么就应该加强道德修养予以节制了。看重自己的名节，爱好华美的词章，甚至愿作游侠之士，本来都无可厚非，如果为了名节去拼命，为了几句文章辞藻而动怒，甚至借豪侠之气而触犯律条，那就如醉酒不知节制一样，是性格中的弱点，非予以约束不可了。

五更头检点　思想是什么

原文

要知自家是君子小人，只须五更头检点，思想的是什么便得。

释文

要想知道自己是一个有修养的正人君子，还是品德不正的小人，只要在五更天时自我反省一下，检查一下头脑中想的是什么，就可以作出明确的判断。

评析

反求诸己，三省吾身，是一个君子修身养性的好习惯。

深夜五更时，夜阑人静，万籁俱寂，经过一夜饱睡，此时思路已经清醒，一个勤奋的人经过一夜的睡眠，这时已经开始思索明天能为社会再做些什么，怎样去帮助他人；而一个品德卑劣的小人，也许正在盘算着如何去图一己私利，满足自己的贪欲，所以从此时所思所想正可以判断自己道德是高尚还是卑劣。

静不露机　云雷屯也

原文

寒山诗云：有人来骂我，分明了了知，虽然不应对，却是得便宜。此言宜深玩味。

释文

寒山子在诗中说："有人来辱骂我，我分明听得很清楚，虽然我不会去应对理睬，却是已经得了很大的好处。"这句话很值得我们认真地思考体会。

评析

寒山子是唐代贞观年间的高僧，好吟词偈，参禅顿悟，体会很

深，寒山子说：别人骂我，我心里很清楚，但却不去理睬他，这就是得了便宜，其道理与中国传统提倡的以君子之德对付小人之行，所谓"打不还手，骂不还口"有异曲同工之妙，在意境上却更深一层，不回敬别人的辱骂，首先是战胜自己，因为"生气是拿别人的错误来惩罚自己"；其次是战胜对手，任凭辱骂，不予理睬，对手则会自感无趣，自动罢休；其三，如果别人骂得有理，证明自己有错，岂不要感谢那位骂者。只怕这种便宜不是哪一个人都能享受到的。

养性即以立命　尽人自可回天

原　文

执拗者福轻，而圆融之人其禄必厚；操切者寿夭，宽厚之士其年必长。故君子不言命，养性即所以立命；亦不言天，尽人自可以回天。

释　文

性格固执的人福分微薄，而性格灵活通融的人福气大；急躁的人寿命很短，而宽容敦厚的人年寿很长。所以通达事理的君子不说命，而是通过修养性情安身立命；也不谈论天意，而是充分发挥人的能力以改变天意。

评　析

一个人的命运发展，往往与其性情有关，因为对待生活的性情不同，便会有不同的结局。固执己见、顽固不化的人，难以顺应潮流，故不可能得到大的福禄；而性格圆融、善于适应情势变化的人，却能够获得更多的成功，所以福禄更大。

从身心健康上说，急躁者内心的阴阳之气难以谐调，也容易引发各种疾病，所以容易早衰，而宽厚待人者心气平和，有利于延年益寿。

所以修养性情也就是安身立命，天意实际是人意，主要在于自己能否去适应，这样命运就掌握在自己的手中。

从实地着脚　从处处立基

原　文

立业建功，事事要从实地着脚；若少慕声闻，便成伪果。讲道修德，念念要从处处立基；若稍计功效，便落尘情。

释　文

开创事业建立功名，每一件事都要脚踏实地扎扎实实地做好；如果稍微有一点追求虚名的念头，就会造成华而不实的后果。探究事理修炼心性，每一念都要在立命之处打好根基；如果稍微有一点计较功利得失的思想，便落入俗套了。

评　析

建功立业，重在得到实际的效果，要从大处着眼，从小处着手，奠定良好的基础。目标可以定得远大，基础却要打得牢实，如果幻想平步青云，一步登天，那建成的只能是空中楼阁，就像墙上芦苇，头重脚轻根底浅，经不住风雨飘摇。如果所作所为只是为了求取名声，那么也不会修成正果，只能是一颗华而不实的伪果。

修身养性，每一念头都要从安身立命处着想，抛弃世俗的尘念才能达到修行的彼岸，如果稍微有功利之心作怪，那就偏离了修养德行的目标而落入俗套了。

拨开世上尘氛　消却心中鄙吝

原　文

拨开世上尘氛，胸中自无火炎冰兢；消却心中鄙吝，眼前时有月到风来。

释　文

能够将世界上凡俗纷扰的气氛搁置一边，那么心中就不会有像火烧一样的焦灼，也不会有如履薄冰般的胆战心惊；消除心中的卑鄙与吝啬，就可以感受到如同处在清风明月中的心境。

评　析

心不能放下，是因为被世俗的尘缘所纷扰，想得到的得不到，强烈的渴望使人心如同被火烧灼般难受，怕失去的又失去了，痛心的失落令人如同走在薄冰上一样恐惧不安。只有放弃了对名利的追求，胸中之火自然会熄灭，胸中之冰自然会消融。

胸怀开阔的人，自有清风明月在心中，"若无闲事挂心头，便是人间好时节"。而常有卑劣想法的人，被乌云遮住了双眼，心中蒙上了一层迷雾，难以体会到清风明月的美好意境，所以及时消除卑鄙之心，就能拨开乌云见日出。

一字不识　而多诗意

原文

　　人有一字不识，而多诗意；一偈不参，而多禅意；一勺不濡，而多酒意；一石不晓，而多画意。淡宕故也。

释文

　　有的人不认识一个字，却富有诗意；一句佛偈都不参悟，却很有禅意；一滴酒也不沾，却满怀酒趣；一块石头也不把玩，却满眼画意。这是因为他淡泊而无拘无束的缘故。

评析

　　不识字却充满诗情，不参禅却充满禅心，不喝酒却明了酒趣，不玩石却多有画意，功利之外仍能找到无拘无束的意境，那么这诗情、画意、禅心、酒趣在哪里呢？就藏在每个人的心中。

　　沉溺于功利之心，拘泥于某种形式，则尘心过于执著，即使满腹平平仄仄，也毫无诗意；即使在菩提树下，也毫无禅意。太多的理性、太多的用心，束缚人性真情的流露，所以恬淡畅适，无为而为，才会满怀意趣啊！

调性之法　谱情之法

原文

　　调性之法，急则佩韦，缓则佩弦。谱情之法，水则从舟，陆则从车。

释 文

　　调整性情的方法，性子急的人就在身上佩带柔和的熟皮，提醒自己不要过于急躁，性子慢的人就在身上佩带弓弦，提醒自己要积极行事。调适性情的方法，就像在水上要乘船，在陆地要乘车一样，适时适用。

评 析

　　人的个性是多种多样的，有人急躁而好动，有人温和而好静，各种性情都要以适于事体为准，过缓过急都不利于妥善地处理好各种关系。认识到自己的性情有不利的一面时，尤其要有自觉地调整意识。古人早就提醒："轻当矫之以重，浮当矫之以实，傲当矫之以谦，肆当矫之以俭，躁急当矫之以和缓，刚暴当矫之以温柔。"

　　磨炼性情关键是要适时适事，当断则断，当缓则缓，不能违背事物的常理。过急者要注意稳重，过缓者要加快速度。性情适时适事了，就是自己修养提高的一个重要标志。

清而不傲　严而不苟

原 文

　　简傲不可谓高，诌谀不可谓谦，刻薄不可谓严明，苟酷不可谓宽大。

释 文

　　轻忽傲慢不能看作高明，阿谀诌媚不能视作谦让，待人刻薄不能称之为严明，放任自流不能认为是心胸宽大。

评 析

真正美好的品行是建立在一定道德标准之上的，混淆道德标准来标榜自己品行高尚是自欺欺人的做法。有人以轻忽傲慢来表现自己很高明，有人以失去人格的阿谀奉承来表示自己的谦虚，有人以苛刻待人来表现自己的严明，更有人以放任自流来显示自己的虚怀若谷，这些都是偏离道德尺度的做法。

其实，真正的高明不在傲视他人而在平等待人，真正的谦虚不在花言巧语而在自我反省，真正的严明不在刻薄自私而在明察是非、公正无私，真正的宽大不在曲意媚俗而在与人为善。

透得名利关　透得生死关

原 文

透得名利关，方是小休歇；透得生死关，方是大休歇。

释 文

看得透名利这一关，只是小休息；看得透生死这一关，才是大休息。

评 析

世间芸芸众生，都在名利场中追逐，生命都在名利的争斗中消耗殆尽，能不为名利所困的又能有几人。名利是祸，万事都由名利而起；名利是灾，万恶也从名利始。能够看透名利的本质，虽算得上是觉悟者，但是只能算作小的休息歇止。

生与死也是人生的一大关，没有人不对生怀有向往，对死怀有恐惧，但是仔细想想，未生之前何来死的恐惧，死后与生前又有何区别，所以佛家认为万事皆空，生死轮回是天命所归，因此真正的大的休息歇止，是能参透生与死的界限，生死不惧，才是大的休息歇止。

身世浮名　余以梦蝶视之

原文

身世浮名余以梦蝶视之，断不受肉眼相看。

释文

人活在世上的虚名，我只以庄周梦蝶的眼光去看待，绝不用凡俗的眼光看待它。

评析

《庄子·齐物论》记载："昔者庄周梦为蝴蝶，栩栩然蝴蝶也，自喻适志与，不知周也。俄然觉，则蘧蘧然周也，不知周之梦为蝴蝶与？与蝴蝶梦为周与？周与蝴蝶，则必有分，此之谓物化。"庄周梦蝶是一则浪漫的寓言故事，揭示出一个道理：许多虚幻的东西也许是真实的，真实的东西也许是虚幻的。就像生命，从无到有，又从有到无，生命中的

情境，也许有刻骨铭心的爱恋，也许有痛哭流涕的伤心，但时过境迁之后，一切都像是昨日的一场梦，生命、经历如此，名与利、得与失无不如此。

简淡出豪杰　忠孝成神仙

原文

豪杰向简淡中求，神仙从忠孝上起。

释文

做豪杰志士应从简单平淡中着手，成神成仙要从忠孝做起。

评析

能够成为天下人瞩目的英雄豪杰，不是一蹴而就、一夕而成的，必定要经过一番艰难曲折的奋斗，从最平凡的小事着手，从最简朴的小处着眼，坚持不懈，那么平凡中就能孕育出伟大，简单平淡中也能造就出豪杰。

人们都想修行得道，成神成仙，殊不知神仙之道就是为普度众生。要救众生，首先要从自己最亲近的人做起，从对国家的基本义务做起。父母之恩尚不能报，何谈帮助他人；国家之义不能尽，何谈得道，所以孝顺父母、尽忠国家是成神成仙的最基本要求。

山泽未必有异士　异士未必在山泽

原文

山泽未必有异士，异士未必在山泽。

释文

山林中河流边不一定有奇异之人；奇异之人也不一定住在山林中河流边。

评析

奇特超凡之人，有深刻的智慧，能够洞察仙机，其修养深厚，总是含而不露，也许会在宁静清新的山林中修行得道，但更多的是就生活在芸芸众生之中，就生活在你身边。他为自己的生命反省，也为众人的生命反省，他的智慧不但解决自己的问题，也解决众人的问题，他是众人的精神领袖。

隐居山林并非心在山林，也许心在朝廷，这种假隐士要么自命清高，要么标新立异想吸引别人的注意罢了。所以说："山泽未必有异士。"

成名每在穷苦日　败事多因得志时

原文

成名每在穷苦日，败事多因得志时。

释文

一个人往往是在过穷苦日子的时候成名，而多在志得意满之时遭到失败。

评 析

　　这正印证了困苦使人奋进，骄傲使人失败的道理。人在穷苦之日，向往着美好的生活，此时没有优越的条件，没有外界的帮助，因此容易立志向上，常常以自己遭受的磨难来激励自己，故能够不断努力进取而走上成功之路。而成名之后，生活优裕了，名声大了，听到的奉承话多了，生活也失去了目标，就容易被胜利冲昏头脑，不知云里雾里，生出骄横之心。当初的艰苦奋斗精神没有了，精力和时间不再是用在创造而是用在消耗上，而人在这时也容易招致嫉妒，受到的攻击也更多，不好自为之当然就会走向失败。所以得意忘形之时，失败正等着你。

处世篇

好丑两得其平　贤愚共受其益

好丑心太明，则物不契；贤愚心太明，则人不亲。须是内精明，而外浑厚，使好丑两得其平，贤愚共受其益，才是生成的德量。

将美与丑分别得太清楚，那么就无法与事物相契合；将贤与愚分别得太明确，那么就无法与人相亲近。必须内心精明，而为人处世却要仁厚，使美丑两方都能平和，贤愚双方都能受到益处，这才是上天对人们的品德与气量的培育。

任何事物都不是绝对的，过于绝对反而背离事物的本来面目。美和丑是相对的概念，如果对于美与丑太过挑剔，那么就失去了准确鉴别事物的能力；如果太过于追求完美，那么世上也没有事物能使我们接受。

对事如此，与人相交也是如此。"金无足赤，人无完人"，"人非圣贤，孰能无过"，对人太过苛求，也就难以使人亲近，难以结交朋友。所以为人处世之道，应该是遵循传统哲学所倡导的外圆内方，内心对人对事精明而不含糊，外在处世却要大度宽容，朴实浑厚，大巧若拙，大智若愚，使贤明和愚笨的人都能得到益处，这才真正是上天培育出来的雅量。

有则改之　无则加勉

原文

居不必无恶邻，会不必无损友，惟在自持者两得之。

释文

居家不一定非要没有坏邻居的地方不可，聚会也不一定要避开不好的朋友，能够自我把握的人也能够从恶邻和坏朋友中汲取有益的东西。

评析

近朱者赤，近墨者黑。人们在住房时总是希望选择好的邻居，在与人交往时总是希望选择好的朋友，但是真正能够自我把握的人是不惧怕恶邻和损友的。即使生活在污浊的环境中，一样可以保持自己清白的本性，有外界不好的环境作比较，人才会做事更加小心谨慎，如果有一个坏邻居和品德不好的朋友，正可以考验自己的修为和定力，以自己的言行去感化对方。再说寸有所长，尺有所短，好和坏也不是绝对的，恶邻和损友毕竟不是敌人，他们身上也许会有一些闪光之处可以供你从中借鉴呢。

花繁柳密处　风狂雨急时

原文

花繁柳密处拨得开，才是手段；风狂雨急时立得定，方见脚跟。

释文

在花繁叶茂的美景下能拨开迷雾不受束缚，来去自如，才看出德行高尚；在狂风急雨、贫困潦倒的环境中能站稳脚跟，不被击倒，才是立场坚定的君子。

评析

顺境中能承受福分而急流勇退，能在富贵极顶时及时脱身，需要非凡的勇气和高远的识见。繁花似锦，柳密如织，然而好景能有几时，事物到了巅峰往往是走下坡路的开始，只有智慧者能够及时识破景中的幻象，来去自如，不受束缚。

在顺境中要的是洒脱的气概，在逆境中要的是坚定的意志，不如意事常八九，人生道路上的艰难曲折很多，在这个时候能够坚持做人的原则，保持正直的品性，不迷乱心智、步入歧途，也不气馁妥协，恐怕比在繁花柳密处抽身而去更见功夫。

无经世之事业　无出世之襟期

原文

宇宙内事，要担当，又要善摆脱。不担当，则无经世之事业；不摆脱，则无出世之襟期。

17

释 文

世间的事，既要能够承担重任，又要善于解脱羁绊。不能承担重任，就不能从事改造世界的事业；不善于解脱，就没有超出世间的襟怀。

评 析

人生在世，必须勇于承担起改造世界的责任。因为社会要发展，就需要人类不断地创造；个人要进步，就要建立起应有的功业。一个人如果能为人类谋福祉，为社会做出应有的贡献，就能实现自己的价值。

然而世间的事情总是充满磨难，面对漫漫前路上的种种难关，人不免会感到困惑，甚至消磨了斗志，这时就要有高远的志向，宽广的胸怀，站得高，看得远，进得去，出得来，善于解脱心中的烦忧，不改进取的初衷而永葆改造世界的心志。

无事如有事　有事如无事

原 文

无事如有事，时提防，可以弭意外之变；有事如无事，时镇定，可以销局中之危。

释 文

在平安无事时要如有事时一样，时时提防，才能消除意外发生的变故；在发生危机时要像无事时一样，时时保持镇定，才能消除发生的危险。

评 析

下棋看三步，做人眼光也必须长远。人在安定的时候，往往意识不到潜伏的危急，而在危急之时，又往往惊慌失措，不能镇定地消除祸患。所以应该按照"居安思危"的古训，在平安之中时时预防各种意外事件发生，做好应变的准备，一旦发生危急情况，也能应付自如，不致忙中出错，乱上添乱。所以凡事要未雨绸缪，防患于未然。

山林气味　廊庙经纶

原 文

居轩冕之中，要有山林的气味；处林泉之下，常怀廊庙的经纶。

释 文

置身仕宦显达之中，必须要有山间隐士那种清高的品格；闲居在野的居士和隐者，也应常怀治理国家的韬略。

评 析

在朝为官的人，不能过于自得，充满了仕宦的官僚气，失去了闲士的平常心；在野为民的人，不能两耳不闻窗外事，要常关心国家大事，讨论治国的文韬武略。

因为高官厚禄者，容易被荣华富贵迷失本心，而沾染上许多物念，一旦贪欲太重，则易丧失节操，失去真正的自我，所以权势在手还要保持自然的品性，以淡泊名利之思想，调节身心。

在野隐居的士人，也不是完全脱离尘世，尽管过着隐居生活，但心中仍然放不下对政局的关心，放不下对国家的命运的忧虑。实际上如果心中确实有文韬武略，也不妨奉献国家，为国分忧。

是技皆可成名　片技足立天下

原文

是技皆可成名天下，惟无技之人最苦；片技即足自立天下，唯多技之人最苦。

释文

只要有专门的本领就可以在世上建立声名，只有那没有什么技艺的人活得最痛苦；只要有一技之长便足以在天下自立，只是有多种技能的人生活得最辛劳。

评析

人之才能不在全能，而只要在某方面有一技之长就可自立于天下。如果事皆涉猎，结果一样都不精，那也难以取得成绩；如果专精一门为天下所独有的功夫，就自然具备了成名的基础，至于谋生就更不成问题了。所以，常言说荒年饿不死手艺人，就是这个道理。

然而，身怀技艺太多，不仅为学习技艺所花费的精力较旁人多，尔后求他帮忙的人也会很多，俗话说"能者多劳"，就是指的这种情况。

己情不可纵　人情不可拂

原文

己情不可纵，当用逆之法制之，其道在一忍字。人情不可拂，当用顺之法制之，其道在一恕字。

自己的欲念不可放纵，应当用抑制的办法制止，关键的方法就在一个"忍"字。他人所要求的事情不可拂逆，应当用顺应的办法控制，关键的方法就在一个"恕"字。

评析

对己之欲望要遏制，对人之要求不要违背。唐代张公艺老人全家百余人，九世同居，一时传为佳话。唐高宗颇多嘉勉，并亲自到张公艺家中探访，当高宗问及九世同居而少纠纷是什么原因时，张公艺用手在桌上写了一个大大的"忍"字作答，可见，忍可以消除很多人际关系中的麻烦。而待人则相反，要尽量宽容，对别人的要求，能满足的尽量给予满足，不能满足的，也要给予理解，即使是无理的要求，也要采取宽恕的态度，这样才是顺应了人之常情，能够愉快地与人相处。

随遇而安　清闲自有

原文

人言天不禁人富贵，而禁人清闲，人自不闲耳。若能随遇而安，不图将来，不追既往，不蔽目前，何不清闲之有？

释文

人们常说上天不会禁止人去追求和享受荣华富贵，但禁止人们过清闲的日子，这实际上也是人们自己不愿意清闲下来罢了。如果一个人在任何环境下都自得其乐，不为将来去愁心计划，不对过去的生活追悔不安，也不被眼前的名利所蒙蔽，这样哪能不清闲呢？

古语说:"天下熙熙,皆为利来;天下攘攘,皆为利往。"利当然是社会发展最有效的润滑剂,但就个人而言,怎样在保障自己生活质量的基础上,让自己的心灵和精神得到放松,可能是许多人忽视了的问题。很多人有了钱,又想更多的钱,有了房,又想要更大的房,如何有个止境呢?所以不被利所蒙蔽也确实是人们面临的现实问题。

了心自了事　逃世不逃名

原文

了心自了事,犹根罢而草不生;逃世不逃名,似膻存而蚋还集。

释文

能在心中将事情作了结才是真正将事情了结,就好像拔去根以后草不再生长一样;逃离了尘世却还有求名之心,就好像腥膻气味还存在,仍然会招来蚊蝇一样。

评析

世界上的事情都是由心而生,也由心而灭,事情之所以无法了结,其根本原因是因为心有牵挂。斩断牵挂之心,犹如斩草除根,即使是春风再吹也无法使其重生。

逃避尘世而隐居在山林之中,过着"采菊东篱下,悠然见南山"的生活,是试图放弃尘世中的纷争和烦忧,身远离尘世,心也要静下,才是真正的隐居,如果还念念不忘自己的名声如何,别人对自己评价如何,仍是俗根未净。

出世方能入世　入世方能出世

原文

必出世者，方能入世，不则世缘易堕。必入世者，方能出世，不则空趣难持。

释文

一定要有出世的胸怀，才能入世，否则，在尘世中便易受种种世俗影响而堕落。一定要有入世的准备，才能真正地出世，否则，就不容易真正保持空的境界。

评析

佛家认为出世、入世乃是修行所必需的。然而在出世、入世问题上长久以来有许多争议，许多人把出世法称"真谛"，把入世法称"俗谛"，真俗之分，把出世、入世分出了先后。实际上真正修行的人，都应该不放弃任何一件小事，将真谛、俗谛同存于心。因为出世的胸襟，便是一种看透世间真相的智慧，能够对世间的事不贪恋爱慕。正是有了这种出世的胸襟，在凡俗的世间你也能游刃有余地掌握生命的方向，而不会与世俗同流合污。

人生莫如闲　人生莫如清

原文

人生莫如闲，太闲反生恶业；人生莫如清，太清反类俗情。

释文

人生没有比闲适更好的，但是太闲适反而做出不善之事；人生没有比清高更好的，但是，太清高反而显得做作。

评析

　　闲适是一种难得的境界，坐在厅堂中，感受清风徐来是闲，当窗对月享受月色溶溶是闲，之所以为闲，是心无杂念，意在境中，能忘却生活的忙碌与名利的诱惑，心中自有一番闲适的天地。然而，如果功底不够深厚，心中追逐名利，万念难平，而外在的身体又无事可做，那么这种身闲心不闲的日子也许会生出种种邪念，为实现对名利的渴求也许会做下许多不善的事，正印证了太闲反生恶业的道理。

　　为人也是如此，清高固然可贵，但清高而至矫揉造作，令人生厌，这种清高还是少一些的好。

能脱俗便是奇　不合污便是清

原文

　　能脱俗便是奇，不合污便是清。处巧若拙，处明若晦，处动若静。

释文

　　能够超脱世俗便是不平凡；能够不同流合污便是清高。处理巧妙的事情，愈要以朴拙的方法处理；处于暴露之处能善于隐蔽；处于动荡的环境，要像处在平静的环境中一般。

评析

　　追求心灵的超凡脱俗，并不一定要做出惊天动地的奇特之事，只要能保持心灵的纯洁，不同流合污，能出淤泥而不染就行，不污就是洁。

在世俗之中还要注意讲究藏韬隐晦的策略，越是机巧之事，越要朴拙，不可自以为是，表现自己的小聪明，而落得聪明反被聪明误；越是在高处、明处，越要行事谨慎，不可招摇、炫耀，成为众矢之的；越是面对动荡的环境，越要镇定自若，随机处置，不可忙中出错，乱上加乱。

君子尽心利济　即此便是立命

原文

士君子尽心利济，使海内少他不得，则天亦自然少他不得，即此便是立命。

释文

一个有知识有修养的君子，尽自己的心意帮助他人，使世间需要他，那么，上天自然也需要他，这样便是确立了自己生命的意义和价值。

评析

生命的价值就在于奉献，整个社会是由每个生命组成的。一个人能尽心尽力地去服务社会，帮助他人，那么生命的价值就得到了实现。就个人而言，生命只是一段过程，在这有限的生命中，有人拼命享受，拒绝付出，这样的人说他活着，不如说他是枯萎的生命。而珍视自己生命的价值，对生命负责的人，会尽力去做有益的事，让生命之树枝繁叶茂。

25

混迹尘中　高视物外

原文

混迹尘中，高视物外；陶情杯酒，寄兴篇咏；藏名一时，尚友千古。

释文

立足于尘世中，眼光高远超出世间的物累，在酒杯中陶冶自己的情趣，在诗篇歌咏中寄托了自己的意趣；暂且隐匿自己的声名，还能够在精神上与古人为友。

评析

人只要在精神上能摆脱对物质的追求，其内心世界就可获得自由，不受尘世的束缚。以怀中醇酒陶冶自己的情怀，以吟诵诗篇寄托自己的志向，精神无比充实，如醇酒充溢天地之间。如能饮得，则是甘露美酒；如能咏得，则是无边的诗篇。天地万物，皆能寄我之情。

能为友者，固不在形迹；能显名者，也不在一时。一时名声，只是空扰人心；以形为友，总不知心。精神可以超越时空的界限，展开古人充满智慧的文章，就可以与古人神交，心神畅游，胜过眼前虚情假意的交往。名声虽然能显耀一时，未必能显耀千古。

难放怀放　则万境宽

原文

从极迷处识迷，则到处醒；将难放怀一放，则万境宽。

释文

在极为令人迷惑的地方能认识这种迷惑，那么在其他所有的地方都会有清醒的头脑；能把最难释怀的事情放在一边，那么心境永远会平静豁达。

评析

迷者，失去方向，迷惑之中应破迷，寻找走出迷宫的路。如果能在最迷惑处豁然开朗，必定会有"山重水复疑无路，柳暗花明又一村"的欣喜之感，那么其他难解之谜也会迎刃而解。即使再有迷惑，因为有解迷的经验，也能保持清醒的头脑，静心破迷而不慌乱。

心中放心不下，可从最难处入手，将种种名利之心置之一边，名利心全无，心境自然宽阔，还有什么可以牵挂我心呢？

寂而常惺　惺而常寂

原文

寂而常惺，寂寂之境不扰；惺而常寂，惺惺之念不驰。

释文

寂静时要保持清醒，但不要扰乱寂静的心境；在清醒时要保持寂静，但心念不要驰骋太远而收束不住。

评析

人生在世，有时要清醒，有时却要装糊涂。糊涂就是善于藏巧露拙，有大度有气量，不为小事所左右；清醒就是知道事情的轻重得失，把握得住事物发展的方向，该争取处要作百倍的努力，该放弃处可以淡泊于心。

清醒时要善于观察世事的变化，但不可太沉迷于世事，干扰寂静之心；清醒时还要善装糊涂，对无关紧要的小事不必耿耿于怀，可以一笔带过。

一失足成千古恨

原文

一失足成千古恨，再回头是百年身。

释文

一旦犯下错误就会造成终身的遗憾，发现后再回头来看已经时过境迁难以挽回了。

评析

人生有很多路要走，可是决定命运的往往只有一两步。走错了这一步，也许人生的命运就发生了改变，等到你发现却为时已晚，因为时间是不能倒流的。

人非圣贤，孰能无过？但要尽量减少过失，避免出现大的过错。生命虽短，岔路却多，一时失足不仅可带来肉体上的痛苦，还会造成心灵上的创伤。要随时注意自己的脚下，看清前进的方向，用心去量一量，以便走出一条虽曲折但前途很光明的路来。

空烦恼场　绝营求念

原文

烦恼场空，身住清凉世界；营求念绝，心归自在乾坤。

释文

将世界上一切烦恼看破，便是生活在清凉世界之中；钻营求取的念头断绝了，心就生活在自由自在的天地间。

清凉世界是佛家所说的去除身心烦恼的世界。自在乾坤是指自由自在的时空。

人们生活在这个世界上，如果不能看轻名利，整天被烦恼、困惑、忧愁所包围，那么就犹如生活在一个火热的牢笼中，一刻都不能安宁。

实际上烦恼都来自于自己心中无边的欲望，这欲望便是苦海，你看有人为了金钱，以身试法，困入囹圄，有人为了美女，抛妻别子，最后人财两空。如果少些欲望，多些安然，就会心情轻松自在，"安禅何必需山水，灭却心头火亦凉"。

求福速祸　安祸得福

原　文

过分求福，适以速祸；安分速祸，将自得福。

释　文

过分地追求福分，很容易促使祸事降临；安然面对突如其来的祸事，自然能转祸为福。

评　析

凡事都有一个度，求取福分是人类的普遍心理，然而求福太过，铤而走险，反而会加速祸事的降临，正如气球，如果吹得合适，就会飘升而起，如果吹得太胀，就会很快爆炸。这正是欲速则不达。

躲避灾祸也是人类的本性，然而灾祸降临时，不能采取逃避的方法，只有冷静面对，泰然处之，才能尽量将灾祸造成的损失减到最小，甚至化险为夷而因祸得福。

所以古人教我们："祸到休愁，要学会救；福来休喜，要学会受。"

看担当襟度　看涵养识见

　　大事难事看担当，逆境顺境看襟度；临喜临怒看涵养，群行群止看识见。

　　面对大事和难事的时候，可以看出一个人担当责任的能力；在处于逆境或顺境的时候，可以看出一个人的胸襟和气度；碰到喜怒之事的时候，可以看出一个人的涵养；在与人群相处的行为举止中，可以看出一个人对事物的见解和认识。

　　疾风知劲草，路遥知马力。观察一个人很难，但也不是完全没有尺度，可以从一个人应对不同情况的态度，观察其各种能力。有人面对需要担当起责任的大事或难以解决的事情时，总是采取推卸责任或逃避的态度，如此消极，此人岂能承担天下重任？所以勇于担当责任的人，总是在关键时刻挺身而出，肩负起重任。这样的人，由于有高深的修养和品性，无论是顺境或逆境，都有博大的胸怀和气度，显示出"任凭风吹浪打，胜似闲庭信步"的英雄气度。
这就是十分值得信赖的人。

　　一个人的情绪容易变化，也常常是影响事业成功的原因之一，
只有成为喜怒不形于色的人，才能正确地对事物作出判断，而且不
流于俗见，少一些从众心理，便更能在群体中显示出自己的远见
卓识。

真廉无名　大巧无术

原　文

　　真廉无名，立名者，所以为贪；大巧无术，用术者，所以
为拙。

释　文

　　真正的廉洁不是为了名声，那些求名的人，只是贪名而已；最
大的巧智是不使用任何权术，凡是运用种种权术的人，不免是笨
拙的。

评　析

　　廉是与贪相对的，廉洁应该是做人的本分，然而因为有贪心之
人，才使廉洁成为难能之事。
所以真正的廉洁应该出于自
律的要求而不是为了求取名
声，如果为了求名而廉洁，
虽然做到了不贪财，但却贪
名，仍然是贪。

巧本应是天性，为巧而巧，蓄意玩弄心术，往往偷鸡不成倒蚀一把米，弄巧成拙，为心计所害，这就是"机关算尽太聪明，反误了卿卿性命"。

周旋处见破绽　爱护处生指摘

原文

世人破绽处，多从周旋处见；指摘处，多从爱护处见；艰难处，多从贪恋处见。

释文

世人行为上的过失，多在与人交际应酬时出现；指责对方，多是从爱护的愿望出发而言；有难以处理之事，多在由于贪欲爱恋而难舍时出现。

评析

试图八面玲珑的人总难以面面俱到，在与各方应酬时总难以处处考虑周全，稍一疏忽，也许会露出破绽，要做到人人满意是很难的，能够做到大部分人满意就很不错了。

愿意指出别人的缺点，多是出于爱护对方的良好愿望否则就会任其错误发展下去，等到他自己认识时，已是大错铸成，难以改变了。所以听到别人提出批评的意见，要善于自我反省，虚心地接受。

贪恋的人，欲望太多，因而觉得艰难亦多，如果放弃了各种贪欲，那就会心清意平，哪里有什么艰难可言呢？

得山林之趣　忘名利之情

谭山林之乐者，未必真得山林之趣；厌名利之谭者，未必尽忘名利之情。

释　文

喜欢谈论隐居山林中的生活乐趣的人，不一定是真的领悟了隐居的乐趣；口头上说讨厌名利的人，未必真的将名利忘却。

评　析

有些事表面和事实往往相差很远，有些人口中说的和实际做的不一样。喜欢谈论山林隐居之乐的人，并非是真正领悟了其中的乐趣，只不过是借此附庸风雅，更有一些假隐士，借此机会来引起别人的重视，真正悟得山居乐趣的人已经隐居其中自得其乐去了。口口声声说将名利看得很淡，甚至做出厌恶名利的姿态，实际是内心无法摆脱掉名利的诱惑而做出自欺欺人的姿态，未忘名利之心，所以才时时挂在嘴边。

这些心口不一的人，实际上内心充满了矛盾，如果能够做到心中怎么想，口中怎么说，心口如一，那么不但自己活得轻松，与人交往也会很轻松。

谈空反被空迷　耽静多为静缚

原　文

谈空反被空迷，耽静多为静缚。

释 文

谈论空寂之道的人却反而受到空寂的迷惑；沉溺静境中的人却反而被静境束缚。

评 析

空是空寂之道，佛法说万法皆空，是让人们知道万事万物本无永恒的体性，一切终将消散，教人们不要执迷于万物之中，使身心不得自在，然而有人却谈空而又恋空，对空执着而不放弃，结果往往被空寂所迷惑。实际上是空的念头没有除去，仍是不空。

静是沉寂静境，教人以静不是要躲到安静的地方，远离尘世不想不听，那么这样又是被静所束缚，因为静而动弹不得，这种静也非真静，因为身想安静，心却忙碌，内心不静。如果能在尘世中保持一份静的心境，处闹市而心自静，那么才是真正做到了静而不受束缚。

良缘易合　知己难投

原 文

良缘易合，红叶亦可为媒；知己难投，白璧未能获主。

释 文

美好的姻缘容易成，红叶也可以成为媒人；知己难以投合时，即使白玉也难遇到赏识的人。

评 析

凡事随缘，缘定前生。如果无缘，纵然擦肩而过也不会相识，如果有缘，哪怕红叶也可做媒人。

红叶做媒：唐僖宗时宫女韩翠屏曾在红叶上题诗，红叶被流水冲到宫外，学士于祐捡到后，又在红叶上题诗流回宫中，韩翠屏复捡得此叶。后来宫中放出三千宫女，于祐娶了韩翠屏，说起红叶之事，都说："真是巧合。"

白璧：春秋时楚国人卞和曾得到荆山玉石，楚厉王、武王不识玉，认为被他欺骗，分别砍去他的左、右脚，卞和为玉不被人所识而抱着玉在荆山下哭泣，后楚文王过问此事，让人琢出美玉，称为和氏璧。

有道是有缘千里来相会，无缘对面不相识。高山流水，知音难求。因此，愿天下有情人都成眷属。

圣人了了不知了　若知了了便不了

佛只是个了仙，也是个了圣。人了了不知了，不知了了是了了；若知了了，便不了。

释　文

佛只是个善于了却俗尘的神仙，也是个善于了却烦恼的圣人。人们虽然聪明，却不知该了却一切烦恼，不知了却万事便是聪明；如果心中还有放下的念头，那便是还未完全了却。

评　析

很多人自以为聪明，却不知道整天被尘世的烦恼和欲望所束缚，放不下许多杂念。期盼着很多事情来临，来临了又生出更多的非分之想，得不到的东西不断地期盼，能得到的东西也是念念不忘，结果事情未到已烦恼丛生，事情已过心中仍放心不下，如此庸人自扰，岂不是无端地增添了心灵的压力与忧烦。

尘世的功名难以摆脱，有些人就躲入山野，希望借此与世隔绝，以为这样可过着无忧无虑的生活，殊不知，这是以为尘缘了了，其实未了，因为心中仍有欲念未放下。要做到真正的了了，只有连放下的念头也排除掉，生于世间而不着于世。

如释重负　如担枷锁

原　文

贫贱之人，一无所有，及临命终时，脱一厌字；富贵之人，无所不有，及临命终时，带一恋字。脱一厌字，如释重负；带一恋字，如担枷锁。

释　文

贫穷低贱的人，一无所有，到生命将终结时，因为对贫贱的厌倦而得到一种解脱感；富有高贵的人，无所不有，到生命将终结时，因对名利的牵挂而恋恋不舍。因厌而解脱的人，仿佛放下重担般轻松；因眷恋而不舍的人，如同戴上了枷锁般沉重。

评　析

人的生命历程，无论是贫穷还是富有，无论是曲折还是平坦，最后都要走向同一个结局——死亡。尽管人生来不平等，但在死亡这一点上却是平等的，没有人能够逃避得了。贫穷低贱的人，一生在贫困中挣扎，什么财富也没有，死时自然没有什么留恋，反而如释重负般

轻松。富贵位高的人，一生享不尽的荣华，用不尽的财富，死时自然恋恋不舍，岂不是死也死得不轻松吗？

量晴较雨　弄月嘲风

原文

种两顷附郭田，量晴较雨；寻几个知心友，弄月嘲风。

释文

耕种一两顷城郊的土地，预测天气的阴晴变化；寻觅几位知心的朋友，共同欣赏明月清风的景致，吟诗作赋。

评析

这里描绘出一幅文人自得其乐的闲逸图画，在城外找几块良田，种一畦佳禾，则衣食无忧。结交几个志趣相投的朋友，将其邀约到自己的田园里来，吟诗作赋，舞文弄墨，借明月抒发自己热爱生活的心志，借清风寄托自己积极进取的抱负，是一种乐趣，也是一种无奈。

将自己的归宿寄托于田园风光，虽不失闲逸浪漫，但实际上仍是不甘寂寞的写照。真正的追求，还是在赏风弄月之时，不断寻找进取的机会，以便再展宏图，恐怕这才是作者的真情所在。

达人撒手悬崖　俗子沉身苦海

原文

达人撒手悬崖，俗子沉身苦海。

释文

通达生命之道的人能够在悬崖边缘放手离去，凡夫俗子则沉溺在世间的苦海中无法自拔。

评析

悬崖与苦海都是危难急迫的境地，面对危境的不同态度正是达人与凡夫俗子的分界线。无事不找事，有事不怕事，临危不慌乱，正显出达人的本性。因为通达天命的人，胸襟宽阔，知道生命的短暂，懂得在生命的历程中有很多艰难曲折，需要以理智平和的心去对待，去驾驭生命之舟，这样才能临危不乱，达观地走完生命之路。而凡夫俗子是那些没有高远境界、浅尝辄止的人，整天沉溺在尘世的杂务中无法摆脱烦恼，不能在逆境中找到通往彻悟的道路，最后沉入自己心灵的苦海。

多躁难沉潜　多畏难卓越

原文

多躁者，必无沉潜之识；多畏者，必无卓越之见；多欲者，必无慷慨之节；多言者，必无笃实之心；多勇者，必无文学之雅。

释文

浮躁的人，必定对事物没有深刻的见识；胆怯的人，必定对事物没有卓越的见解；欲望太多的人，必定不能有正直激昂的气节；多话的人，必定没有扎实勤奋的作风；多勇力的人，必定缺少文学修养。

事物都是互相联系的，没有扎实的基础，建起的就会是空中楼阁。一个人如果浮躁气盛或者畏首畏尾，都会影响他对学问的深刻研究和对事物的正确判断，因此要想有卓越的见解是很难的。一个人如果欲望很多，言语轻率，那么就难以有正直激昂的气节，沉稳踏实的作风。而勇力过人的鲁莽之士，必然是内心修养不足所致，故难以体会到文人墨客的雅致。

贫不足羞　贱不足恶

原　文

贫不足羞，可羞是贫而无志；贱不足恶，可恶是贱而无能；老不足叹，可叹是老而虚生；死不足悲，可悲是死而无补。

释　文

贫穷并不是值得羞愧的事，值得羞愧的是贫穷却没有志气；地位卑贱并不令人厌恶，可厌恶的是卑贱而又无能；年老并不值得叹息，值得叹息的是年老时已虚度一生；死并不值得悲伤，可悲的是死时却对世人没有任何益处。

评　析

判断一个人是否值得尊敬，不是看其贫贱还是富贵，而主要是看其品德操行如何，贫不失志，贱而有能，那么也是可敬的。汉代人王章，家境贫困，地位也很低贱，生重病又没有衣被，就睡在牛草堆中，哭泣着与妻子道别，他的妻子怒斥他说："满朝廷的人谁能超过你的学问，不思进取，反而哭泣，有什么用！"后来王章立志振作而起，果然做了京兆尹。所以能通过立志和充实自己改变贫贱的命运也是值得尊敬的。

年老与死都是人生的必然历程，更不值得叹息。关键是要做对社会有益的事，在临死时，可以自豪地说：我这一生没有虚度，做出了一些有益于社会，有益于人民的事，那么还有什么值得叹息和悲哀的呢！

阮籍好美　而不动念

原文

阮籍邻家少妇，有美色，当垆沽酒，籍常诣饮，醉便卧其侧。隔帘闻坠钗声，而不动念者，此人不痴则慧，我幸在不痴不慧中。

释文

阮籍家隔壁有个少妇，十分美貌，以卖酒为业，阮籍常去饮酒，醉了便睡在她的身旁。隔着帘子听见玉钗落下的声音，而心中不起邪念的人，不是痴人便是慧者，幸而我是个不痴不慧的人。

评析

爱好美色藏于心中，能够做到坐怀不乱者往往是真君子。晋代阮籍，竹林七贤之一，才华横溢，性情豪放怪诞。据《世说新语》载，阮籍的邻居中有一位貌美的少妇，开着酒铺卖酒，阮籍常与王安丰等人前去少妇那里买酒喝，喝醉了就睡在少妇的旁边，少妇的丈夫开始怀疑他有什么邪念，仔细观察才发现他并没有什么恶意。这则故事正说明慧剑斩情丝，如果不是阮籍这种极慧之人，不要说听到钗玉落地的声音，哪怕只是睹其背影，都会生出邪念来。

喜传语者　不可与语

原文

喜传语者，不可与语；好议事者，不可图事。

释文

喜欢到处传话的人，不要与他讲重要的事情；喜欢议论事情的人，不要和他一起策划大事。

评析

有些人无所事事，整天东家长西家短地传话，议论与己无关的事，这样的人是靠不住的，最好不要将机密的事告诉他，否则一夜之间会传遍每一个角落，甚至会添油加醋，曲解本意。然而这样的人特别爱打听，对付这样的人有一个好方法，且看丘吉尔是如何处理的："二战"时，英国计划调动军队与纳粹作战，当时国会通过一项购买武器的预算方案，当表决通过后，丘吉尔首相走出会议室时被记者团团围住，有一名记者向丘吉尔询问此事，丘吉尔将记者叫到一边耳语说："你能保守这个秘密吗？"记者回答说："能。"丘吉尔说："我也能，先生。"丘吉尔轻松幽默地打发了这些"包打听"的职业记者。生活中的"长舌妇""包打听"就在你身边，你是防不胜防，所以最好的方法是三缄其口。

疑善信恶　满腔杀机

原文

闻人善，则疑之；闻人恶，则信之。此满腔杀机也。

释文

听说别人做了善事，却对此事抱怀疑态度；听到别人做了坏事，却相信此事。这是心中充满敌意和恶念的表现。

评析

郑板桥说："以人为可爱，而我亦可爱矣；以人为可恶，而我亦可恶矣。"如果一个人心中充满了善念，当听到别人有了好事时，无论是对方做了善事或有了进步，都会当作自己取得成绩一样感到由衷的高兴，而听说别人有了不好的事情，就会想也许会是传闻有误或对方有不得已的苦衷，即使是事实，也希望对方能及时觉悟并改正，这才是与人为善的正确态度。可是内心很卑鄙阴险的小人却不是这样，当听说别人有了好事时，或者怀疑其动机如何，或者充满嫉妒之心，蓄意贬低、诽谤对方，而当听说有人做了坏事时，则抱着唯恐天下不乱的心态，反而感到无比快意。此种阴暗心理实在要不得。

无位之公卿　有爵之乞丐

原文

平民种德施惠，是无位之公卿；仕夫贪财好货，乃有爵之乞丐。

释文

普通的百姓如果能广施恩德，那么就可以称作没有官位的公卿；做官的人如果贪图财利，就是有官位的乞丐。

42

人的贵贱高低，能否受人尊敬，不是看他表面的地位多高，官有多大，而是看其所作所为如何。

平民百姓，没有公卿的职位，却有美好善良的心灵，能够广布恩德于人，多行善事，那么他将比有职位的官员更受人尊敬。高高在上的官吏，如果贪图财利，只知利用手中权力将天下的财产据为己有，不断地把罪恶的手伸向国库，那么他地位再高，也像乞丐一样没有人格，也像禽兽一样没有人性。

识假不得真　卖巧不藏拙

原文

任他极有见识，看得假认不得真；随你极有聪明，卖得巧藏不得拙。

释文

无论他的见识有多么高深，却看得到假处看不到真处；随你多么聪明，却只能表现出巧妙之处，而掩藏不住其中的笨拙。

评析

世界上有许多真实和虚假的东西混杂，亦真亦假，任凭你有卓越的见识也难以分清。透过现象看本质，这是哲学格言，生活中的哲理也如此，正如歌中所唱："故事里的事说是就是不是也是，故事里的事说不是就不是是也不是。"

巧和拙是相对的，有些爱耍小聪明的人，常常以玩弄手段而自鸣得意，实际上看似聪明，却不知正好暴露了自己的浅薄和肤浅，而有些看似愚笨的人却是大智若愚，在浑厚中藏着机巧，这样的人才是真正聪明的人。

可爱人可怜　可恶人可惜

原　文

天下可爱的人，都是可怜人；天下可恶的人，都是可惜人。

释　文

天下值得去爱的人，往往都十分令人同情；而那些人人厌恶的人，往往都十分令人惋惜。

评　析

世上总是好人多，因为他们保留了人类天性中善良的一面，并且极力维护人类最美好的品德，由于他们不愿用种种卑劣的手段去实现自己的愿望，不愿同流合污去追逐不义，由此很容易受到伤害，所以境况有时很窘迫，即便如此，他们也心甘情愿。

而有些恶人，在世上为非作歹，恣意妄为，丧失了人心中美好的一面，虽然他们的恶行有时候能够得逞，但他们已经感受不到为善的快乐，就犹如感受不到和煦的阳光，嗅不到花朵的芬芳，听不到孩童的欢笑一样，这难道不让人为他可惜吗？

人我往来　快活世界

原　文

剖去胸中荆棘以便人我往来，是天下第一快活世界。

去除胸中容易伤己伤人的棘刺，以便和人们交往，是天下最快意的事了。

评析

荆棘多刺，做成篱笆尚可，留在胸中挡住交往之门，既会伤人，也可能伤己。俗话说"待人以诚"，直率地袒露自己的心胸，与人坦诚相见，有什么得意处不妨公开与人言，有什么不乐事，不妨直言提醒，这样打开了封闭自己心灵的枷锁，别人也会以诚心回报，人与人之间容易得到沟通与交流，友谊、欢笑就会常驻在心中，这是多么快意的事啊！

让利精于取利　逃名巧于邀名

原文

让利精于取利，逃名巧于邀名。

释文

让利于人比争取利益更精明，逃避名声比争夺名声更明智。

评析

在处理"利"与"义"的关系上，将哪一个摆在第一位的问题，历来是判断一个人处世态度的重要方面。传统观点强调君子取义不言利，实际上随着商品经济的发展，每个人都生活在物欲横流的环境中，完全不言利是不可能的，与其采取逃避的态度，不如正确地对待利，即"君子言利取之有道"。同时在利益关系上也不能斤斤计较，因为争小利有时既伤和气，更伤大利，所以明智的做法是宁可少一些利益，而不伤彼此的友谊。

至于名声，也应看得轻些，有时候刻意求名，反而不会有好的名声，相反，保持谦虚谨慎的态度，不重名声，甚至主动逃避名声反而更受人尊敬，所以"逃名巧于邀名"。

耳目宽则天地窄　争务短则日月长

原文

耳目宽则天地窄，争务短则日月长。

释文

耳目之欲太多，便会觉得天地间很狭隘；而少争名夺利，日子就会过得清闲而悠长。

评析

要想天地宽广，就要摒弃许多世俗的杂念，少去理会那些堵塞心胸的噪音、污染视觉的画面。因为许多事情，听了不如不听，见了不如不见，要有盲者、聋者的智慧，去听无声之声，去看无色之色，当我们闭上双眼，即看到心中无限的世界，当我们掩上双耳，即听到大自然无限的生机。

世事纷争很多，斤斤计较于此会觉得日月乏味，生活无聊，不如放弃无谓的争端，轻松地面对生活，那么自然就觉得日子过得清闲悠长，有滋有味了。

论世篇

众人皆沉醉　安得清凉散

醒食中山之酒，一醉千日，今之昏昏逐逐，无一日不醉。趋名者醉于朝，趋利者醉于野，豪者醉于声色车马。安得一服清凉散，人人解醒。

清醒的人饮了中山人狄希酿造的酒，可以一醉千日，今日世人昏昏沉沉，没有一日不处于沉醉状态中。好名的人迷醉于朝廷官位，好利的人迷醉于世间财富，豪富的人则迷醉于声色犬马。怎样才能获得一副警醒剂，使人人获得清醒呢？

据说中山人狄希能够酿造千日之酒，人们饮了此酒会醉千日不醒，可见此酒后劲了得，然而这种酒虽能醉人千日，其醉却有两点可取之处，一是真醉，是饮酒所得的情趣，二是虽酒劲很大，千日后也会醒来。

但是，世间之人沉醉于追名逐利纸醉金迷的生活中，是无酒而醉，难有醒时，所以陈继儒公在此发出感叹，从哪里弄来一副清凉药，让这些为名利、声色而醉的人醒来呢？答案就在本书中，陈公的《小窗幽记》就是一副让人清醒的良药，读了会使人击案叫绝，获益匪浅。

我辈书生　报国之忧

原文

料今天下皆妇人矣。封疆缩其地，而中庭之歌舞犹喧；战血枯其人，而满座貂蝉自若。我辈书生，既无诛乱讨贼之柄，而一片报国之忧，惟于寸楮尺字间见之，使天下之须眉面妇人者，亦耸然有起色。

释文

看当今天下的男儿都如同妇人一般。眼看着国土逐渐沦丧，然而厅堂中仍是歌舞喧嚣，战场上战士因血流尽而枯干了，而满朝的官员仿佛无事一般。我们这些读书人，既然没有平叛讨逆的权柄，而一片报效国家的赤诚，只能在寸纸尺字上表现，使天下那些身为男子却似妇人的人，能够触动而有所改进。

评析

这是书生忧国忧民的声音，面对国家破碎，山河丢失，手无尺寸之兵，身无御卒之权的书生，只能在洁白的纸上写下自己的愤慨，希望当权者能有所触动。是啊，前方战事正急，朝廷中却满堂歌舞，衣冠楚楚的官员们偎坐在舞女的身边，仿佛无事人一般，怎不让人愤恨。

朝廷软弱无能，被骂为徒长须眉的妇人，实际上这也连累妇人坏了名声。古代也有很多妇人在国家危难的时刻，挺身而出，勇救国难，为国捐躯，她们为天下的男子和女子做出了榜样。

人生待足何时足　未老得闲始是闲

原　文

人生待足何时足，未老得闲始是闲。

释　文

人活在世上，等待着得到满足，什么时候才能真正满足呢？在未衰老时能得到闲适的心境，这就是真正的清闲。

评　析

有人从年轻时，就总感觉到闷闷不乐，他自己也不知因何缘故，只到品行深厚了才知，当时只是为名所牵，为利所扰，不能自拔罢了，实际上富贵是没有止境的，登上了一级境界还有一级境界在前，只有适可而止，才能知足者常乐。

知足者心中没有尘情的牵挂，自然会意念平静，如果要想得到清闲的心境，及时放弃为物欲所驱使的生活就行，何必一定要等到年老时才能悟到这一点呢！

士大夫爱钱　书香化为铜臭

原　文

亲兄弟折箸，璧合翻作瓜分；士大夫爱钱，书香化为铜臭。

释 文

亲兄弟不和睦，就如同价值连城的一组美玉，分散开来便失去价值；读书人爱财，就使浓郁的书香味转变为铜臭气息。

评 析

箸，筷子。折箸，指兄弟不和。传说一老翁临死前，将几个儿子叫到面前，让儿子们试试是一根筷子容易折断还是一把筷子容易折断，儿子们从一把筷子很难折断中悟出只有兄弟们团结一心才有力量的道理，老翁才放心离世。璧，美玉。璧合，是两块玉合在一起，比喻有价值的东西。

俗语云："打仗亲兄弟，上阵父子兵。"亲兄弟之间有亲情、友情，如果能团结一致，其力量是无比巨大的，如果不和睦，如同将美玉打碎，令人痛心。

读书人深知做人的道理，淡泊名利，所以有言曰："天下第一人品，还是读书。"读书是至高至雅之乐，还要致用，学以致用，造福百姓，才不枉为读书人。读书人爱财也要取之有道，如果见钱眼开，就会使书香变为铜臭，成为市井之徒。

主持之局已定 生死之关先破

原 文

穷通之境未遭，主持之局已定，老病之势未催，生死之关先破。求之今人，谁堪语此？

释 文

在还未遭受贫穷或显达的境遇时，自我生命的方向已经确定；

在还未受到年老和疾病的折磨时，对生与死的认识预先看破。面对今天社会上的芸芸众生，可以和谁谈论这些问题呢？

评析

生命的存在不易，但是生命的结局却并不神秘，无论生命的道路如何走过，最终都要走向死亡，可是在有限的生命中能够把握自我生命方向的人并不多。

一般人总是要经过生命的波折，才能看透生命的真相，总是要在历尽坎坷之后，才知道应该怎么活下去。也许等到某人年届不惑时，虽有所悟，却已过了青春年少的最好时机。所以能够做一个先知先觉的人，从进入人生之路起，即树立自己人生的方向，在有限的生命历程中处处留下光彩与成功，充分实现生命的价值，才能在生死关口，毫不犹豫地说：我的生命没有虚度，我为自己生命的光彩而感到骄傲。

枝头秋叶　檐前野鸟

原文

枝头秋叶，将落犹然恋树；檐前野鸟，除死方得离笼。人之处世，可怜如此。

释文

树枝上的黄叶，在秋天将要落下时还依恋枝头不忍离去；屋檐下的野鸟，直到死去，才能脱离关锁它的牢笼。人活在世上，也像这秋叶与野鸟般可怜。

秋风中黄叶枯干，仍眷恋着枝条不舍，在风中摇曳欲坠；鸟儿被关在笼中，直到死去，才能返归自然。

人活在世上，最不能忘怀的总是名利，就如那败落的枯叶、不自由的鸟儿一样可怜可叹。叶黄而枯，那是自然的规律，而人是有自主性的动物，能够选择自己的生活方式，对于得与失、生与死、名与利，能做到拿得起，放得下，进得去，出得来，才会在纷纷扰扰的尘世中游刃有余。如果为名利所累，死抱着名利不放，或由他人主宰自己的命运，就真是可悲至极了。

心为形役　尘世马牛

原 文

心为形役，尘世马牛；身被名牵，樊笼鸡鹜。

释 文

如果心灵被外在的东西所驱使，那么这个人就像是活在人世间的牛马；如果人被名声所束缚，那就像关在笼中的鸡鸭一样没有自由。

评 析

心是人的主宰，人通过目、耳、鼻、眼、口及二便等九窍和色、香、味、触、意、事等各种感受认识世界，心为其总管，万事决断于心，这也是人与动物的不同之处。如果人的行为离开心的正确指导，只是不断地满足各种感官刺激的要求，那就是形体指挥思维，与动物没有什么差别了。

爱名声的人，如果被名声牵着鼻子走，一切为了名声而活，就完全失去了自由的心性，身心都不得自在，就如笼中鸟、缸中鱼一样失去了自由的心性。

百折不回之真心　万变不穷之妙用

原 文

士人有百折不回之真心，才有万变不穷之妙用。

释 文

一个人只有真正具备百折不挠的坚强意志，才能碰到任何变化都有应付自如的办法。

评 析

坚强的意志、百折不挠的精神是人们走向成功的重要素质。遇到困难就畏缩不前，甚至放弃，只能是一事无成，而如果有恒心、有毅力，碰到再大的困难都能迎头而上，找出解决问题的办法，那么就可以不变应万变，而臻于功成名就的佳境。唐代诗人李白小时候曾看见一位老媪在河边不停地磨一根铁棒，李白很奇怪，询问老媪这是为何，老媪说："我要将这根铁棒磨成一根针。"李白大为惊讶，说："这么粗的铁棒如何才能磨成一根针呢？"老媪说："我不停地磨下去，只要功夫深，铁棒自然磨成针。"李白因此受到启发，勤奋学习，终于成为流芳百世的大诗人。

觑破兴衰究竟　阅尽寂寞繁华

觑破兴衰究竟，人我得失冰消；阅尽寂寞繁华，豪杰心肠灰冷。

释　文

看破了人世间兴盛衰败的真相，那么对人对我的得失之心就像冰决一样消融；看尽了冷清寂寞和奢侈繁华，使要做天下英雄豪杰的心肠如死灰般冷却。

评　析

事物总在兴盛与衰败的交替中变化着，人间总是在寂寞与繁华的变化中发展着。如果在兴盛繁华时能考虑到衰败寂寞时的景象，那么又有什么可得意忘形的呢？如果在衰败寂寞时能看到兴盛繁华的前景，那么又何必心灰意冷呢？

站得高才能看得远，能够洞察透彻尘世的种种变化，少一些得失之心，就能以静制动，以不变应万变了。

古人瑕瑜不掩　今人真伪难知

原　文

古之人，如陈玉石于市肆，瑕瑜不掩；今之人，如货古玩于时贾，真伪难知。

释　文

古代的人，就好像将玉石陈列在市场店铺之中一样，优点与缺点都不加以掩饰；当今的人，就好像向商人购买的古玩，真假难辨。

俗语有"人心不古"，是说当今的人由于受利欲的影响，缺乏质朴与实在，拼命掩饰而使人看不清其本来面目，而远古的人却天性淳厚，不善做作，优点和缺点都暴露无遗。

实际上，在人心质朴与否上厚古薄今的原因，一方面是由于古代生产力落后，人们的经济不发达，留给人们的印象是古代民风很纯；另一方面也是对社会发展带来的各种行为价值观的变化无法适应，因此感叹今不如昔。

社会毕竟是不断向前发展的，今天的社会已经从物质文明到文化生活都比远古有突飞猛进的发展，良莠难分、真假难辨的不仅在于林林总总的商品，也包括各种各样的人或社会意识，既然如此，那就只好擦亮我们的慧眼了。

人常想病时　则尘心便减

人常想病时，则尘心便减；人常想死时，则道念自生。

人经常想到生病的痛苦，就会使凡俗的追求名利之心减少；人经常想到有死亡的那一天，那么追求生命永恒的念头便自然而生。

当人身强力壮时，会为了名利而孜孜以求，不知止息，可是生病后就会感到生命原来是如此的脆弱不堪，既然如此，那么何必去斤斤计较凡俗的得失而徒生无尽的苦恼呢？名利都是身外之物，生不带来，死不带去，过多的欲求又有何益？

人追求生命永恒的理念总是难以有所得，可是当想到死是人生的必然结果时，许多事情就会大彻大悟。古来许多有智慧的人，能看破生命这一层虚伪的表象，转而追求另一种更真实、不生不灭而永恒的生命。

无事而忧　对景不乐

原文

无事而忧，对景不乐，即自家亦不知是何缘故，这便是一座活地狱，更说什么铜床铁柱，剑树刀山也。

释文

没什么事却烦忧不已，面对美景也不快乐，就是自己也不知道这是什么缘故，这就像在活地狱中一样，更不必说什么地狱中的热铜床、烧铁柱，以及插满剑的树和插满刀的山了。

评析

地狱是佛教传说中人死后灵魂受折磨的地方，地狱中有火海、刀山，还有烧热的铜床、铁柱等刑具。

一个人整天忧愁不堪，满怀悲观，就像生活在活地狱中一样，心灵受到煎熬。有一个故事说，某老妇有两个儿子，一个染布，一个卖伞，当天晴时，老妇在家愁眉不展，担心他的儿子伞卖不出去，当天下雨时，老妇仍然唉声叹气，担心儿子没法染布。有人劝她说，天晴时，你的儿子就可以染布了，你应该为他高兴；天下雨时，你的儿子又可以卖伞了，你仍然应该为他高兴。无论天晴还是下雨，你都应该高兴才对呀！

可见只要善于排解，是能够逃出心中的活地狱的。

休便休去　了时无了

原　文

如今休去便休去，若觅了时了无时。

释　文

只要现在能够停止，一切便终止了；如果想要等到事情都了时，那么终究没有了尽的时候。

评　析

人总有无尽的欲求，事物也总在不断地发展，期盼着事物自动停止下来不现实，所以要及时选择恰当的时机，当机立断，当止则止。

停止与发展是相对的，想寻求到一个绝对终了的时候很难。所以凡事能够告一段落，就可以主动作罢，不必纠缠于一个彻底了结的时候，也许在等候中已经错过了很多停止的机会，也许在等候中你已经承受了很多的痛苦，再想停止已经晚矣。

得了时且了，乞丐似的永无满足的索求带给人的只是虚幻的满足，其实自我的本心已经很圆满了，只是你没有发现罢了。

比上不足　比下有余

原文

人只把不如我者较量，则自知足。

释文

人只要同境况不如自己的人比较一下，就自然会知足了。

评析

　　人的欲望总是难以满足，为此生出种种烦恼，如果能常回头看一看不如自己的人，那么一切不平之心也许就会安宁。有个故事说：如果你不慎摔了一跤，擦破了皮肉，你要想到幸亏没有摔断腿，如果摔断了一条腿，你要想到幸亏没有摔断双腿，如果摔断了双腿，你要想到幸亏没有摔瞎眼睛，如果摔瞎了眼睛，你要想到幸亏没有摔瞎双眼，即使瞎了双眼，你也要想到，幸亏这条命还在……这个故事告诉我们一个"退一步思维"的方法。古人说："要足何时足，知足便足。"看来满足、不满足的标准就掌握在自己手里。

打透生死关　参破名利场

原文

　　打透生死关，生来也罢，死来也罢；参破名利场，得了也好，失了也好。

释文

　　能够看透生与死的界限，那么活着也是如此，死了也是如此；

看破了名利争逐的虚妄，得到了也好，失去了也无所谓。

评析

　　看透生与死的界限，从佛家来说，就是对生与死的超越，体悟到不生不灭的本性。《楞严经》讲到观音菩萨当初为救众生，超越生与死的方法，便是引导众生进入一种空的境界，见到佛家所说的人不生不灭的本来面目，此时无生死可言，便是打通生死关节了。

　　至于名和利，更是身外之物，追逐名利也是人生的痛苦，如果连生死都能看透，生得自在，死得安然，哪里还会在乎名利的得与失呢？只是芸芸众生，能坦然面对生命的少，能舍弃名利的人更少，甚或有看重名利胜于生死的人，这样的人很难超越生死的痛苦。

皮囊速坏　佛性无边

原文

　　皮囊速坏，神识常存，杀万命以养皮囊，罪卒归于神识；佛性无边，经书有限，穷万卷以求佛性，得不属于经书。

释文

　　人的身体会很快朽坏，但是神识却永远存在，杀死各种动物的生命来供养身体，罪业终究收纳到神识中；人的悟性是无边无际的，而经书中的文字有限，用穷究万卷经书之法来获得了悟，悟性得来却不属于经书。

评析

　　皮囊，佛家指人的身体。神识，佛家指第八识"阿赖耶识"，又称"能藏识",它能将我们的身、口、意三业保存,使我们不停在六道轮回中,承受种种善恶报应。佛性,指人的觉悟之性。

佛家讲十二因缘,说我们世人最初由一念无明而在行为上造了各种不同的业,这些业藏在我们的神识中,使人们受染神识而投胎,然后产生了色、受、想、行、识五蕴,及眼、耳、鼻、舌、身、意六根。投胎之后,便对色声香味以及思想产生相对执着,从而具有苦乐之感受和自我之意识。又因为苦乐而产生爱欲和贪求。这些经验都收纳在神识中。研读佛经,就是要通过其中的文字,去认取超越生死缠缚、转识成智的方法。

隐逸林中无荣辱　道义路上无炎凉

原　文

隐逸林中无荣辱,道义路上无炎凉。

释　文

隐居山林的生活,避免了世间的荣华或耻辱;追求道义的路上,也没有人情的冷暖可言。

评　析

隐居山林的人,已经放弃了对世间荣华富贵的追求,去除了名利之心,他们看破了人生的争斗,不再关心自己在世间是什么样的名声,心中已不执着于名声时,名利荣辱便会远离他们,所以"心"是荣辱的关键,有心恋荣辱,荣辱处处在,有心舍荣辱,荣辱处处无。

至于追求道义的人,全身心地投入,不是不知世态炎凉、人情冷暖，而是根本不在乎世态如何、人情如何，因为义无反顾地追求道义，何来闲心再计较世态是炎还是凉呢？

闻谤勿怒　见誉勿喜

原　文

闻谤而怒者，谗之隙；见誉而喜者，佞之媒。

释　文

听到毁谤的言语就发怒的人，进谗言的人就有机可乘；听到赞美恭维的话就沾沾自喜的人，谄媚的人就乘机而入。

评　析

即使心胸比较开阔的人，其常情往往是：当正直的人向你进言时，你可以受到感动却难以有喜悦的心情；卑鄙的小人向你说虚假的奉承话，你可以一笑了之却不会发怒。这是人性中难以避免的弱点。

正如墙上什么地方有缝，风就会吹进来。如果只喜欢好话，听不进批评之言，别人自然会投其所好，进谗献媚之人就有机可乘了。

形骸非亲　大地亦幻

原　文

形骸非亲，何况形骸外之长物；大地亦幻，何况大地内之微尘。

释 文

连自己的身体四肢都不属于亲近之物，何况那些属于身体之外的声名财利呢；天地山川也只是一种幻影，更不用说生活在天地间如尘埃的芸芸众生。

评 析

人们往往摆脱不了物欲的束缚，心系身外之物不能自拔。贪得无厌的欲求，只会使人走向极端。身无长物，才能一身轻，不受束缚而怡然自得。人的生活离不开物质，但是，物质的需要也是有限的。按照佛家的说法，人的肉身也是幻而不实的东西，形骸身体都不是亲近之物，既然如此，何况人们生不带来，死不带走的身外之物呢？

身体形骸如此，大地也是沧海桑田，昔日山川变成了今天的大海，古代的大海也许是今天的高山，既然大地都如此变幻，无法把握，那么生活在大地上的芸芸众生，当然也犹如微尘一样，显得渺小，既然如此，那么何不眼界更开阔一些，何必去斤斤计较那些细枝末节呢？

宁为随世庸愚　勿为欺世豪杰

原 文

宁为随世之庸愚，勿为欺世之豪杰。

释 文

宁可做一个顺应世事的平庸愚笨的人，也不做一个欺骗世人的英雄豪杰。

"生当做人杰，死亦为鬼雄"，轰轰烈烈一场，流芳百世，是大丈夫气概。然而平凡和伟大没有绝对的分界线，能够成为杰出的人才，留下惊天动地的事业当然伟大，如果一辈子老老实实地做人，扎扎实实地做事，也很伟大，这是平凡中的伟大，而安于平凡正是大多数人的生活道路。相反如果心术不正，欺世盗名，纵有名声，也只能是枭雄盗寇之名，甚或是遗臭万年之名。

欲见圣人气象　必须胸中洁净

原　文

欲见圣人气象，须于自己胸中洁净时观之。

释　文

想要见到圣贤通达之人的胸怀气度，必须在自己内心洁净的时候才能观察到。

评　析

古人认为，"无欲之谓圣，寡欲之谓贤，多欲之谓凡，徇欲之谓狂。"圣人就是通达事理，学问、修养、气度超凡脱俗的人，能够立言、立德、立功而不朽。然而从本性上说，圣人与凡人是相同的，人皆可以成为尧舜。圣人之所以为圣人，就在于他心灵的纯净和一尘不染，凡人之所以是凡人，就在于他心中的杂念太多，而他自己还蒙昧不知。要想成为圣人，首先要了悟生死关，看透名利关，继而清除心中的杂质，让自己纯净的心灵重新显现，并帮助他人扫除心灵的垃圾。

三才之用　一灵其间

原　文

灵天下有一言之微，而千古如新；一字之义，而百世如见者，安可泯灭之？故风、雷、雨、露，天之灵；山、川、民、物，地之灵；语、言、文、字，人之灵。此三才之用，无非一灵以神其间，而又何可泯灭之？

释　文

天下有那么微小的一句话，而千百年之后读来仍有新意；有那么一个字的意义，在百世之后读它还如亲眼所见一般真实，怎么可以让这些字句消失呢？风、雷、雨、露，是天的灵气；山、川、民、物，是地的灵气；语、言、文、字，是人的灵气。天、地、人三才所呈现出来的种种现象，无非是"灵"使得它们神妙难尽，而又怎么能让这个灵性消失泯灭呢？

天、地、人，谓之三才，立天之道是阴与阳，立地之道是柔与刚，立人之道是仁与义。三才的具体表现，用语言文字表达出来，就分别是风、雷、雨、露、山、川、民、物、语、言、文、字等。三才之中，人是万物之灵，立于天地之间，与同样具有灵气的天地构成世界的整体，又如何能让这些灵气消失掉呢？

不作风波于世上　自无冰炭到胸中

不作风波于世上，自无冰炭到胸中。

不为世间的欲望兴风作浪，自然没有寒冷如冰或焦灼如火的感觉。

人生的波折，有许多是人为的兴风作浪。名誉、金钱、房子等，无一不让人垂涎欲滴，得到的自然心满意足，得不到的，则怨恨、谩骂，乃至心灰意冷，感叹世态炎凉。人生是大悲大喜相加，得意失意相随。其实，潜到生命的底层，便可以发现在大风大浪的生命表象下，生命的本身是宁静的，既无炭火炙心，也无寒冰刺骨，悠然闲适得犹如鱼在水中。

人情篇

无背后之毁　无久交之厌

原　文

使人有面前之誉，不若使人无背后之毁；使人有乍交之欢，不若使人无久处之厌。

释　文

让人当面夸赞自己，不如让别人不在背后批评诋毁自己；让人在初相交时就产生好感，不如让别人与自己长久相处而不产生厌烦情绪。

评　析

哪个人前不说人，哪个人后不被说。人的弱点是都喜欢听奉承话，要让人当面赞美自己并不是难事，而要别人不在背后议论自己却很困难，所以与其刻意去追求别人的奉承，还不如时时处处修养德行，严于律己，与人为善，这样不仅背后不会有人议论，相反还会有很多由衷的赞誉之声。

与人交往，初见面时都刻意修饰，举止得体，力求留下美好的第一印象，可是熟悉以后，就开始放松约束，将自己的种种缺点暴

66

露无遗，结果日久使人生厌，与其这样，还不如保持镇定从容的心态，既不过于奉承，也不刻意做作，做个一如既往的我，始终做一个正人君子。

生老病死　谁能透过

原　文

人不得道，生死老病四字关，谁能透过？独美人名将，老病之状，尤为可怜。

释　文

人如果不能大彻大悟，面对生、老、病、死这四个生命的关卡，又有谁能看得透？尤其是美人和知名将领，那种美人红颜消逝、名将年老力衰的悲惨景况，使人感到十分无奈和惋惜。

评　析

人生在世，不论生命之路怎样走，都会有一个共同的结局，即由衰老到死亡，至于病痛之苦，也是自然的法则，多难以避免。悟透了生命之道的人，明了生命的本来面目，就会克服生的痛苦、死的遗憾。

美好的东西消失，总会让人有无尽的感叹，然而事物的发展从兴盛到衰落既然无法避免，感叹又有什么用处呢？"万里长城今犹在，不见当年秦始皇"，倾国倾城的美人也会人老珠黄，百战百胜的名将也会是荒冢一堆，当年的得意更衬托了晚景的凄凉，也许还不如平凡的人，生无所得，死无所憾。

人胜我无害　我胜人非福

原文

人胜我无害，彼无蓄怨之心；我胜人非福，恐有不测之祸。

释文

他人胜过我并没有什么害处，这样他便不会在心中积下对我的妒恨；我胜过他人不见得是福气，也许会有难以预测的灾祸发生。

评析

枪打出头鸟，出头的椽子先烂。古人亦说："步步占先者，必有人以挤之。事事争胜者，必有人以挫之。"所以人们的处世哲学应是：既不愿落人后，亦不愿领人先，追求中庸之道。

生活中也确实是这样，如果一个人太冒尖，在各方面胜过别人，就容易遭到他人的嫉妒和攻击，而与世无争者反而不会树敌，容易遭人同情，所以说"人胜我无害，我胜人非福"。但是现代社会也是一个竞争的社会，如果大家都不争先，都去争"后"，那么社会如何发展进步呢？当然为了保存自己的实力，不致遭人暗算，也要收敛锋芒，做到："有真才者，不必矜才。有实学者，不必夸学。"

使人自反　使人自露

原文

良心在夜气清明之候，真情在箪食豆羹之间。故以我索人，不如使人自反；以我攻人，不如使人自露。

释文

善良正直的本心出现在深夜清凉宁静的环境下，真实的感情在简单的饮食中表露。所以与其我去不断向他人要求，不如让他人自我反省；与其去抨击他人，不如让他自行坦白暴露过错。

评 析

在合适的时候，真情就会表现出来。夜气清朗之时，正是万物收敛的时候，人的真心容易流露，在平淡的生活之中，也能反映出一个人真实的生活态度。所以以静待动是促人自悟的好方法。因为通过自己的行为不断去要求他人，不但自己疲劳，也许还令人生厌，倒不如让其通过自我反省，主动改变自己更有成效。同样，别人有弱点，也可以不直接攻击，令对方感到惭愧，而主动坦白暴露，这才是最好的办法。

穷交能长　利交必伤

原 文

彼无望德，此无示恩，穷交所以能长；望不胜奢，欲不胜餍，利交所以必伤。

释 文

朋友不会期求从我这里获得恩惠，我也不会向朋友表示给予恩惠，这是清贫的朋友能够长久相交的原因；期望有所获得而无止境，欲望又永远无法满足，这是靠利益结交的朋友必然会伤了和气的原因。

俗话说"君子之交淡如水",真正的朋友追求的是心灵上的互相理解和呼应,而不是物质利益的相互索求。穷朋友之间图的是双方相同的志趣与心肠,既不期望从对方那里得到什么物质利益,自己也不故意用利益向对方施舍恩惠,这样的友谊就能长久。而建立在利用关系上的所谓朋友,只是希望互相利用,维系他们关系的是物与物的交换,一旦这种物与物的交换关系不平均或减少,那么就失去了相交的动机,甚或伤了和气,反目成仇。朋友之间同艰难易,共富贵难,就是说的这个道理。

待人留余恩　御事留余智

原 文

待人而留有余不尽之恩,可以维系无厌之人心;御事而留有余不尽之智,可以提防不测之事变。

释 文

对待他人要保留一份永远不会断绝的恩惠,才可以维系永远不会满足的人心;处理事情要留有余地而不是竭尽智慧,才可以提防无法预测的突然变故。

评 析

君子之交淡如水,但对于一般的人际交往而言,却需要一些小恩小惠作为润滑剂,因为平常人的本性是好利,既然不是以义相交,自然要留一些恩惠来保持关系,因为人心是难以满足的,恩惠要留有余地,细水长流,才能维系无厌的人心。

处理事情要留有余地，智慧不可用尽，宁有不足，不要盈余，一旦遇到突发的事变，就有足够的精力和心智来应付了。

放以正敛　板以趣通

原　文

才人之行多放，当以正敛之；正人之行多板，当以趣通之。

释　文

有才华的人行为多洒脱不受约束，应当以正直来约束他；正直的人行为多过于刻板，应当以趣味使他融通一些。

评　析

有才气的人往往性格洒脱，不拘形迹，因此就应当以正直来约束他，让他既才华横溢又言行堪作表率，这样才是锦上添花，人格也更圆满，否则容易受人指责，为人忌恨。

正直的人比较坚持原则，在行为方式上也许会显得刻板不近人情，因此就要以幽默诙谐来规劝他，使他的心变得活泼些。这样既坚持原则，又与人为善，外圆而内方，平易近人。

矫情不如直节　坦然处之是真

原　文

市恩不如报德之为厚；要誉不如逃名之为适；矫情不如直节之为真。

释 文

施舍给别人恩惠，不如报答他人的恩德来得厚道；邀取名誉，不如回避名誉来得闲适；装腔作势自命清高，不如坦诚做人来得真实。

评 析

"市"者买卖也，故意施予别人恩惠，以求得对方的喜悦，这一定是一种有目的求取利益的行为，或者为了笼络人心，或者为了树立威望，其施舍是为了获取，虽然助了人，其出发点是为了助己，这样离真诚还有一段距离。而授人以恩，报之以德，则是传统的道德规范，这种以德报恩的行为是心存感谢，不求索取，"滴水之恩，当涌泉相报"，透露着人性中的真诚与善良。

节操正直的人决不愿违背良心去做沽名钓誉之事，而宁可逃避名声带来的麻烦，因为有了名声，也许生活就失去了本来的平静，而在光圈的环绕下必须时刻战战兢兢，这样曲意矫情而为岂不是失去了真诚平和的本性。

所以俗语说：勤勤恳恳做事，本本分分做人，平平淡淡才是真实的人生。

事穷原初心　功成观末路

原 文

澹泊之士，必为秾艳者所疑；检饰之人，必为放肆者所忌。事穷势蹙之人，当原其初心；功成行满之士，要观其末路。

释 文

清静澹泊名利的人，往往会受到豪华奢侈的人猜疑；谨慎而行为检点的人，必定被行为放荡不羁的人所忌恨。对一个到了穷途末路的人，应当探究他当初的心志怎么样；对一个功成名就的人，要看他最后有怎样的结局。

评析

人之心志不同，所以对于事物的看法也不一样。爱好秾艳奢华的人，对于别人的平淡宁静无法理解，所以不免产生猜疑之心，认为别人是故作清高；行为放荡不羁的人，常常忌恨那些行为检点的人，因为这些人不同流合污，使他们不自在。

人生之路，有时不但要看结果，还要看其动机，如果一个人有着正直之心，追求事业成功，即使他遇到挫折和失败，其当初的用心是良好的，必然还会有成功之时；对于一个成功者，还要观察他能否保持住自己的方向，坚持不懈地继续努力，能够笑到最后，才是笑得最好的人。

轻财律己　量宽身先

原文

轻财足以聚人，律己足以服人；量宽足以得人，身先足以率人。

释文

不看重钱财足以将众人聚集在自己身边，约束自己足以使人信服；度量大足以得到他人的帮助，凡事率先去做，足以成为典范。

评析

这里讲的是为人处世之道，尤其是对待人的态度。轻财重义，众人就会聚集在你的身边，如果重视财利，将利益全部捞入自己腰包，他人得不到一点好处，自然就离你而去。能够自我约束，严于律己，宽以待人，有宰相肚里能撑船的气量，就会使人信服，也容易得到他人的帮助。身先士卒，率先垂范，为众人作出表率，那么又何愁大家不与你齐心协力，将事情办成呢？

看明世事透　认得当下真

原文

真放肆不在饮酒高歌，假矜持偏于大庭卖弄。看明世事透，自然不重功名；认得当下真，是以常寻乐地。

释文

真正的不拘形迹不一定要饮酒狂歌，虚假的庄重却偏在大庭广众中故作姿态。能将世事看得明白透彻，自然不会过于重视功名；认识到什么是真实，就能常常寻到心性愉悦的天地。

评析

性情中人往往不拘于常礼，或者纵酒高歌，或者狂放不羁，但是真性情既不在于饮酒高歌，更不必故作姿态于大庭广众之中。唐代浪漫主义大诗人李白就是放荡不羁、不拘形迹之人，他曾经骑着毛驴经过华阴县，县令不认识李白，不准他骑驴过境，李白于是作诗云："曾使龙巾拭唾，御手调羹，贵妃捧砚，力士脱靴。想知县莫尊于天子，料此地莫大于皇都，天子殿前尚容吾走马，华容县里不许我骑驴。"知县大惊，向他谢罪。

议事者悉事理　任事者忘利害

原　文

议事者身在事外，宜悉利害之情；任事者身居事中，当忘利害之虑。

释　文

议论事情的人本身不直接参与其事，应该弄清事情的利害得失；办理事情的人本身就处在事情当中，应当放下对于利害得失的顾虑。

评　析

对事物有议论资格的人，一定要充分考虑事情的利害得失，从各方面加以论证。因为这些考虑也许会作为决策的参考，如果考虑稍有失误，轻者在执行过程中会遇到难以解决的障碍，重者也许会造成大的损失。如果是指挥一场战斗，那么指挥员就应该将战斗双方的实力对比、地形的利弊，以及战斗中可能会出现的影响战斗进行的意外情况都考虑清楚，才能作出决策。

而直接参与其事的人，就要放下有关利害得失的包袱，轻装上阵，将决策者的谋略贯彻到底，以打赢这场战斗为目标，如果执行战斗的人瞻前顾后，畏首畏尾，那怎么能协调一致去赢得这场战斗呢？

宁以风霜自挟　毋为鱼鸟亲人

原　文

苍蝇附骥，捷则捷矣，难辞处后之羞；茑萝依松，高则高矣，

人情篇

未免仰扳之耻。所以君子宁以风霜自挟，毋为鱼鸟亲人。

释 文

苍蝇依附在马的尾巴上，速度固然快极了，但却难以避免依附在马屁股后的羞耻；茑萝缠绕着松树生长，高倒是高了，却免不了攀附依赖的耻辱。因此，君子宁愿以风霜傲骨而自我勉励，也不愿像缸中鱼、笼中鸟一般亲附于人。

评 析

古书记载说：苍蝇这种小虫如果不停地飞舞，也飞不了数十米远，如果它依附在骏马的尾巴上，就可以跟随其到达千里之外；茑萝这种草本植物没有挺拔的枝干，如果它依附在松柏的枝条上，却可以攀援到很高的位置。

因此，自然界中各种生物之间，有着某种天然的生存关系，这对它们的生存发展来说是必需的，它们的生存方式有时也会给人一些启示。然而作为动物之灵长的人类，却更具思维和理性，宁可站着生，不愿坐着死，宁为鸡首，不为牛后，正是这种堪称高风亮节的东西鼓舞着人类奋进。

宁为真士夫　不为假道学

原 文

宁为真士夫，不为假道学；宁为兰摧玉折，不作萧敷艾荣。

释 文

宁可做一个真正的君子，也不做一个假道学先生；宁可做兰花美玉被摧折，也不做萧艾这样的野草而长得繁茂。

评 析

读书人注重学问，也必须重视道德，如果空读诗书，品德不足，那么不过是一个假道学先生罢了。

追求美好的德行，宁可做兰花芳草被摧折，也不做贱草茂盛生长。晋代诗人陶渊明曾做过彭泽县令，他为官清正廉洁，不骚扰百姓，日子过得悠闲自在，一天郡里派督邮来彭泽视察，其他官员都劝他重礼相迎，陶潜抛掉官印，气恼地说："我可不为五斗米折腰。"之后，他隐居终南山，过着淡泊的田园生活。

如今像陶渊明这样的清高之人不多了，但满口假话、满口"道德"，内心却充满邪念，只责怪他人而从不要求自己的"挂榜圣贤"还是很多的。

宁为薄幸狂夫　不作厚颜君子

原 文

吟诗劣于讲书，骂座恶于足恭。两而揆之，宁为薄幸狂夫，不作厚颜君子。

释 文

吟诗不如讲解书中的道理收获大，在座上破口大骂当然比恭敬待人要恶劣，但两相比较之下，宁愿做个轻薄的狂人，也不做个厚脸皮的君子。

评 析

轻薄之狂人，也许在旁人看来违反了礼教，但与那些过分谦恭、矫揉造作、满口假话的假道学相比，来得率真。大家都有这样的人生经验，一个整天大大咧咧毫无城府的人，豪爽仗义，热情待人，只要你了解他，原谅他过于率真可能造成的尴尬情况，你们便会成为好朋友。而那种不苟言笑举止得体的人，常常让人敬而远之，这种人表面上很正经，但骨子里如何却是难料，说不定正是个伪君子。

清风好伴　明月故人

原　文

幽堂昼深，清风忽来好伴；虚窗夜朗，明月不减故人。

释　文

幽静的厅堂，在白天显得特别深长，忽然吹过一阵清风，仿佛是良伴来到身边；推开虚掩的窗子，看到夜色清朗，月光普照，就像老朋友一样，情意一点都没有减少。

评　析

文人的雅趣，在于内心的情感丰富，情之所寄，顿觉天地皆有情，万物皆有意。人白天在幽静的厅堂中，如无良友做伴，是多么的寂寞难耐，所幸清风徐来，吹拂面颊，似有玉指拂面的快意；夜色之中，似有凄清之感，所幸月光如老友照在窗前，不减故人情

意，这是多么的给人安慰。

李白有诗："举杯邀明月，对影成三人。"明月作良伴，共饮这杯酒，是怎样的情怀和浪漫。

柔玉温香　可成白骨

原　文

荷钱榆荚，飞来都作青蚨；柔玉温香，观想可成白骨。

释　文

荷叶和榆荚，飞来都可成为金钱；柔美香艳的女子，在想象中也只是一堆白骨。

评　析

荷钱，荷叶初生时，形小如钱，称为荷钱。榆荚，榆树尚未长叶时，枝间先生榆荚，色白，形状似钱，称为榆钱。青蚨：钱的别名。青蚨原是《搜神记》中记载的一种虫子，据说捉住母虫，子虫就飞来，捉住子虫，母虫就飞来，将母虫和子虫的血涂在八十一文钱上，无论是先使用母钱或先使用子钱，都会自动飞回来。

柔玉温香，指美丽的女子。

爱金钱和美女是人之常情，为了得到这些人们甚至想出种种办法来。因此古代就有人幻想金钱能够用过再飞回来，又编出才子佳人缠绵的故事。

实际上，钱只是身外之物，能够不为钱所迷是一种真境界。我若不爱钱时，自可将荷叶榆荚当作钱，这是一种超凡脱俗的情趣。至于美女虽令人销魂，可终有人老珠黄的一天，死后原不过是白骨一堆，事先能看破，就可从贪婪的痴迷中解脱出来了。

世人白昼寐语　苟能寐中作白昼

原文

世人白昼寐语，苟能寐中作白昼语，可谓常惺惺矣。

释文

世上有人常在白天里说梦话，如果能在睡梦中讲清醒时该讲的话，就可以说是能常常保持清醒状态了。

评析

有些人一天讲了不少话，其中有不少废话、昏话、空话、客套话，这些话很少有实际意义，如果回顾一天所讲的话，也许都仿若梦中呓语。如果在梦中能够知道这些都是梦，而不为梦所迷，就像处在一个喧嚣的世界，而不迷失方向一样，那么也许这个人才是清醒的。

禅定有相当功夫的人，在梦中也清清楚楚，毫不颠倒，处在如梦的世间，而不被纷杂的事物所迷惑，这才是常清醒。可是能够达到这种境界的，又有几人呢？

事理篇

微福须会受　微祸须会救

天欲祸人，必先以微福骄之，要看他会受。天欲福人，必先以微祸儆之，要看他会救。

上天要降灾祸给一个人，一定会先给他些许福分滋长他的骄慢之心，要看他是否懂得承受。上天要降福给一个人，一定会先给他些许祸事来稍作惩戒，要看他是否会自救。

天道的变化总是祸福相依，祸事降临不必惊慌，要善于自救，得到福分不必得意，要善于承受。人生没有永久的福分，也没有永久的祸事，失意与得意总是交相而来的，有福时要居安思危，有祸时要摆脱厄运。

老子云："祸兮福之所倚，福兮祸之所伏。"又云："将欲歙之，必固张之；将欲弱之，必固强之；将欲废之，必固举之；将欲夺之，必固与之；是谓微明。"揭示出了天道变化的常理。

习忙销清福　得谤销清名

原文

清福上帝所吝，而习忙可以销福；清名上帝所忌，而得谤可以销名。

释文

上帝不会轻易给予人安逸清闲的福分，而习惯于忙碌可以消减这不吉的所谓福分；上帝不会轻易让人有清雅的名声，而受到他人的诽谤可以减少这种不吉的名声。

评析

清福是指清闲安逸的生活，人们有时希望能享清福，但实际上，清闲安逸不是人人都能消受的，也是为上帝所不允许的。清闲的环境，容易消磨人的意志，使人失去生命的活力，手足懒怠，脑力也会退化，失去追求，生命也就会走向尽头。君不见操劳一生的老人，是从来也闲不住自己的手脚的，一旦离开他们辛苦奋斗一生的地方，就会很快衰老而体力不济，出现令人悲哀的结局。所以在忙碌中，可以消除那种不应有的清福。

美好的名声，也不是人人都能承受的，得到名声又往往为名声所累，这也是司空见惯的事。名声太大，会招来祸害，上帝吝惜名声，不愿随便给予，倒是遭到谤毁未必不是一件好事，可以避免被人嫉妒，得以保全自己。

善念随吉神　恶念随厉鬼

原　文

一念之善，吉神随之；一念之恶，厉鬼随之。知此可以役使鬼神。

释　文

心中有一个善的念头，可以让降福的吉神随之而来；心中有一个恶的念头，就会使为祸的恶鬼随之而来。明白这一点便可以差使鬼神了。

评　析

佛家讲究善有善报，恶有恶报，善恶之分，全在于心头之念。心怀善念的人，其行为处事总是从善良的愿望出发，故如有神助般，事事能成功；心怀恶念的人，对世界充满恨意，处处行非分之想，结果总是害人害己，似有恶鬼附身一样。

了解了行善与行恶的道理，那么就不用担心厉鬼害人而总能使吉神附己，那还有什么鬼神不能驱使呢?

形骸为桎梏　情识是戈矛

原　文

云烟影里见真身，始悟形骸为桎梏；禽鸟声中闻自性，方知情识是戈矛。

释　文

在云影烟雾中显现出真正的自我，才明白肉身原来是拘束人的东西；在鸟鸣声中听见了自然的本性，才知道感情和识见原来是攻击人的戈矛。

评析

佛家认为色身是幻，就如梦幻、泡影一般，看到云影烟雾，悟见肉身也如云烟一般易逝，明了生命实在不应为肉身所缚，而应如云烟般不羁，自由自在，才能体会到生命的本意。

鸟儿的鸣声，本出于自然，所以使人悟到人的本性应该清纯，而不应该有种种爱憎之情，由于心性为尘世爱憎所牵，所以感情和识见成了保护自己、攻击他人的武器。

放得世俗心 方为圣贤人

原文

放得俗人心下，方可为丈夫；放得丈夫心下，方名为仙佛；放得仙佛心下，方名为得道。

释文

能够将世俗名利之心放下，才能成为真正的大丈夫；放得下大丈夫之心，才能称为仙佛；放得下成仙成佛之心，才能彻悟世间的真理。

评析

从世俗之人到大丈夫，从大丈夫到成仙佛，从成仙佛到得道，这是修炼心性的几个层次。

所谓大丈夫，就是富贵不能淫，威武不能屈者，他们渴望立大功成大业，干一番惊天动地的事业，成为千古之英雄。但佛家认为世事纷争，战火频繁往往是名利之心太重的人引起的，只有他们的英雄之心有所收敛，放下屠刀，立地成佛，百姓才会安宁。

更进一层说，虽然仙佛难成，但仙佛之心可及，只要心中平静，把世间的种种争名夺利视作过眼云烟，把世间功业视如梦幻，那么仙佛就在心中了。继续自己的修养，连成仙成佛的心也放下，那么就悟出了宇宙的真相，可以算是得道了。

刚不胜柔　偏岂及融

原　文

舌存，常见齿亡；刚强，终不胜柔弱。户朽，未闻枢蠹；偏执，岂及乎圆融。

释　文

当牙齿都掉光了时，舌头还存在；可见刚强终是胜不过柔弱。门已经朽坏时，却没有听说门轴被虫所蛀蚀；可见偏执岂能比得上圆融。

评　析

这是告诉人们柔弱胜刚强，圆融胜偏执的道理。其实老子早已经指出："天下莫柔弱于水，而攻坚者，莫之能胜，以其无以易之。弱之胜强，柔之胜刚。"柔，并非柔弱不堪，而是示柔以制其刚；弱，并非怯弱不振，而是示弱以制其强。所以说，柔是一种好品行，外示以弱，则人们愿意帮助，外示以刚强，则易成为人们怨恨的目标。

圆融胜偏执，也是同样的道理。圆融将真意藏在心中，伸展自如，而偏执则棱角毕露，容易碰伤棱角。出头的椽子先烂，古人的话往往很有道理。

伏久者 飞必高

原文

伏久者，飞必高；开先者，谢独早。

释文

藏伏很久的事物，一旦腾飞则必定飞得高远；太早开发的事物，往往也结束得很快。

评析

事物的本来准则就是蓄久必高飞，因为蕴藏深厚，就会积蓄充足的力量，爆发而出。故楚国曾有寓言说：有一凡鸟，呆在山上，三年不飞，三年不鸣，但一飞则冲天，一鸣则惊人。如果没有长久的潜伏蓄积，又何来高飞的力量呢？

事物是辩证的，先生者常先灭。因为事物是不断发展变化的，先开发的事物，随着环境的变化发展，必定失去存在的条件，后来者常居上，是自然的法则，如欲不落伍于时代，只有不断充实提高，才能适应社会发展的潮流。厚积薄发，大器晚成，往往能脱颖而出，取得令人羡慕的成绩。

以道窒欲 则心自清

原文

以理听言，则中有主；以道窒欲，则心自清。

以理智的态度来听取各方面的意见，那么心中就会有正确的主张；用道德规范来约束心中的欲望，那么心境就自然清明。

如果不用理智思考，而仅仅听信言辞，那么往往会判断失误，只有将听到的言语通过自己的思索来判断正误，才不会失去分辨是非的能力。有时候，人的言语受感情的影响较多，由于情绪的影响，言语会离客观事物很远，偏听偏信会使自己失去主张，只有全面分析判断，才能不乱主心骨。

人的欲望很多，如果任其发展就会离开合理的正道，因为不用大道来约束，就只能使欲魔恣意而行，于自身于社会都有百害而无一利。只有正确判断合理的欲求，得到合理的满足，才会保持心清脑明，做一个正人君子。

至音不合众听　至宝不同众好

至音不合众听，故伯牙绝弦；至宝不同众好，故卞和泣玉。

格调最高的音乐不合一般人的口味，所以伯牙便摔断了琴弦；最珍贵的宝物不能被一般人所发现，因此卞和为宝玉而哭泣。

曲高和寡，知音难觅。春秋时，伯牙善于弹琴，可是能听懂的人不多，只有钟子期善于聆听，伯牙意在高山，钟子期就说巍巍乎如高山，伯牙意在流水，钟子期就说潺潺如流水，钟子期死后，伯牙于是摔断了琴弦，再也不弹琴了。

卞和是战国时楚国人，他在荆山上得到一块璞玉，相继献给楚厉王、楚武王，厉王、武王不识玉，认为他欺君，分别砍去他的左、右脚，卞和为玉不被人所识而在荆山下痛哭，后文王让人琢磨出美玉，遂称为和氏璧。

伯牙绝弦、卞和泣玉也说明比音乐更珍贵的是知音，比和氏璧更珍贵的是理解和信任。

尘情终累理趣　理趣转为欲根

原文

昨日之非不可留，留之则根烬复萌，而尘情终累乎理趣。今日之是不可执，执之则渣滓未化，而理趣反转为欲根。

释文

过去的错误不可再留下一点，留下会像死灰复燃一样使错误再度萌生，从而因俗情而使理想趣味受到连累。今天认为正确的东西不可太执着，太执着就意味着未得到事物的精髓，反而使充满趣味的事理追求变成了欲望的根源。

评析

昨日之非，指过去的错误，陶潜有诗"实迷途其未远，觉今是而昨非"。

苦海无边，回头是岸，既然前事已非，何必再留些牵挂，有牵挂说明抛弃得不够彻底，还有复燃的可能，痛改前非才是上策。今天正确的事情，也不能过于执着，陷得太深，就会加重欲望，痴迷不舍，所以"舍不得夕阳，就会失去满天繁星"。

佛家说："过去事，丢掉一节是一节；现在事，了去一节是一节；未来事，省去一节是一节。"对任何事都不必太执着，太执着可能会走向事物的反面。

玄奇之疾　医以平易

原文

玄奇之疾，医以平易；英发之疾，医以深沉；阔大之疾，医以充实。

释文

卖弄炫耀的毛病，要用简易平实来纠正；好表现聪明才智的毛病，要用深厚沉着来纠正；言行迂阔、随意的毛病，要用充实来纠正。

评析

爱炫耀是出于一种浮夸取悦于众的心理，在生活中表现为不能脚踏实地做事情，而是靠夸夸其谈地胡吹，来满足自己的虚荣心，这种人应该用平淡朴实的作风来加以纠正，使之放弃虚荣之心。喜欢卖弄才智锋芒毕露的人，缺乏深厚沉着的功底，应该劝其收敛自己的锋芒，避免树大招风，受人嫉妒。爱不切实际说大话的人，内心不够充实，有浅薄肤浅之心，无真实卓然之见，应该充实其内涵，使其加强学问品行的修养。

人非圣贤，孰能无过。一个人性格或才智方面的表现往往也是辩证的，在这方面突出，在其他方面也许会存在一些缺点，如果能主动予以纠正，仍然会是一个出色的人。

自悟之了了　自得之休休

事理因人言而悟者，有悟还有迷，总不如自悟之了了；意兴从外境而得者，有得还有失，总不如自得之休休。

释　文

事物的道理经过他人的提醒才领悟，那么即使暂时明白了，但一定还会有迷惑的时候，总不如由自己领悟来得清楚明白；意趣和兴味由外界环境而产生，得到了也还会再失去，总不如自得于心那样真正地快乐。

评　析

由心外而来的悟总不如自内心而发的悟来得透彻明白。外界施之于己，只能指点迷津，能否于心中保持长久，还要靠自己消化，所以人常说求人不如求己，我心自明才是真正明白。人云"如人饮水，冷暖自知"就是说的这个道理。

由环境所得的兴趣，也许会由于环境的改变而全然消失，发自内心的快乐心境，才是真正的快乐。所以使自己心情愉快的方法，不是要借助于环境，而是从心中生出自得其乐的情怀，这样才真正领悟了快乐的真谛。

90

尘世之扳援　道人之魔障

原文

招客留宾，为欢可喜，未断尘世之扳援；浇花种树，嗜好虽清，亦是道人之魔障。

释文

招呼款待宾客，在一起欢聚十分可喜，却是无法了断尘情的牵挂；浇花种树，是十分清雅的嗜好，却也是修道人的魔障。

评析

交朋结友，给予十分热情的款待，在一起开怀畅饮，享受酒逢知己千杯少的乐趣，确实是难得的好事；可是纵情过后，留下的只是杯盘狼藉，烂醉如泥，如果宾客频繁往来，贪杯过度，就难免会成为一件难于应付的苦差，此时你是否会觉得清静才是你最终的追求呢？

浇花种树可谓闲情逸致，是十分高雅的嗜好，可是潜心修道，就必须对一切事物无牵无挂，如果情志过于执着，岂不是与万念皆空背道而驰了吗？所以即使是浇花种树也是求"道"的障碍。

有誉于前　不若无毁于后

原文

有誉于前，不若无毁于后；有乐于身，不若无忧于心。

释文

追求当面的赞美，不如避免背后的诽谤；追求身体上的快乐享受，不如追求无忧无虑的心境。

评 析

人总免不了有功利之心，希望能够为人所称道，得到各方面的赞誉，虚荣心得到满足，但是真正的赞誉能有多少呢？有的是真心的赞誉，有的是假意的敷衍，还有的是当面赞誉，背后诽谤，所以与其求取赞誉的名声还不如少让别人在背后议论自己的是非。

快乐是人所追求的，但追求一时感官的刺激，却不是真正的快乐，声色犬马也会使人惹官司，出人命，让人担惊受怕，不如心中没有恐惧、没有企求、平平静静、心安理得来得快乐。

无稽之言　是在不听听耳

原 文

会心之语，当以不解解之；无稽之言，是在不听听耳。

释 文

能够用心神领会的言语，应当不用言语点破而理解它；没有根据的话，不听也就是听了它。

评 析

语言能够表达的意境终究有限，有些语言，对于能够理解的人，自会心领神悟，对于不理解的人，即使道破天机也无法领悟，有时用语言点破反而失去了其中的意趣。所以古诗云"身无彩凤双飞翼，心有灵犀一点通"。

对于一些无稽之言，切不可为此听人心中生出烦恼，而是最多把它当作笑谈而已，左耳朵进右耳朵出。所以不听也就是听，听也就是不听。

可言了心　堪论出世

原文

完得心上之本来，方可言了心；尽得世间之常道，才堪论出世。

释文

完全认识到自己本来的面目，才算是明了心的本体；理解透世间不变的道理，才足以谈论出世之道。

评析

世间的万物是迷乱的，而心则是宁静的，只有认识到自己的本来面目，用心灵体会生命，明白自己在干什么，在想什么，才能拨去迷乱。佛家认为，一切众生的本性是佛，倘若能领悟到这一点，才可以超越虚妄的心识，了悟到自己不生不死的本来面目。

世间的常道就是"变"与"空"，无论多么伟大或渺小的事物都在变，最后成空，了解这个道理，才能超脱人世。出世并非要逃离尘世，而是要透悟"变"与"空"的常道。

破除烦恼　见澈性灵

原　文

破除烦恼，二更山寺木鱼声；见澈性灵，一点云堂优钵影。

释　文

要想破除心中的烦恼，只要聆听二更时山中寺庙的木鱼声即可；要想对人性和智慧得到透彻的领悟，只要看佛堂里的青莲花即可。

评　析

木鱼，寺庙中和尚敲击的法器，相传鱼的眼睛昼夜睁着，所以用木头刻成鱼的形状借以警醒人们。人的烦恼很多，只有夜深人静时，佛寺中传来的木鱼声可以警醒人们放弃心灵的纠葛，放弃迷失的自我，充实宽广慈悲的胸怀。

云堂，指僧人的禅房或佛堂。优钵影即指优钵罗，梵语，又译为乌钵罗、优钵刺，意译为青莲花。青莲花在佛家被喻为清净智慧，所以说，从青莲花中能够彻悟生命的真相，彻底洞见自己的本性。

泉下骷髅　梦中蝴蝶

原　文

无端妖冶，终成泉下骷髅；有分功名，自是梦中蝴蝶。

释　文

无论多么妖冶艳丽的美人，最终会成为黄土下埋着的一堆白骨；纵然是获得功业名分，也只是像梦蝶一样虚幻。

评析

梦中蝴蝶是指庄周梦蝶之事，意味着是虚幻一场。《庄子》载：庄生梦见自己变化为蝴蝶，栩栩如生在天空中飞舞，觉得这正是自己的志向，完全不觉得自己是庄周了，可是突然醒来之后，自己仍然躺在那里，所以庄周感叹，不知是自己化为蝴蝶，还是蝴蝶化为庄周了。

美色与功名，也只是过眼云烟。佳人再艳丽，终究会有美人迟暮的一天；功名再高，也如庄生梦蝶一样，只是虚幻一场。既然如此，为何人们对美女、名利仍然孜孜以求？是虚荣之心蒙蔽了人们的心灵。虚荣是心灵的樊篱，只有让心灵重现本性，才能认识到一切美女、功利都是可以抛弃的东西。

不白之衷　托之日月

原文

圣贤不白之衷，托之日月；天地不平之气，托之风雷。

释文

通达事理的圣贤之人所不曾表明的心意，已托付于日月昭示；天地之间因不公平而生的怒气，已托付给风雷显示。

评析

日月亘古不变，给人类带来光明；天地万古常新，使人类生生不息。圣贤之人通达天地之间的事理，他们的心境也有欢乐和哀愁，其间无法表达之处，只能寄托于日月，要人们弃黑暗而趋光明，使日月昭昭，永远运行不息，为人类带来无尽的幸福。

人间有不平之事，天地有不变之气，不平则鸣，人间为不平而掀起的除恶诛暴的革命，犹如天地之间的风雨雷电一样，轰轰烈烈，急风暴雨之后，就是晴朗的祥和之气，使天地人间共享太平。

烦恼之场　何种不有

原　文

烦恼之场，何种不有，以法眼照之，奚啻蝎蹈空花。

释　文

在世间这个烦恼场中，什么烦恼都有，用法眼来观察，只不过是像蝎子攀附在虚幻的花上。

评　析

法眼，佛家认为的五眼之一。佛家五眼是指肉眼、天眼、慧眼、法眼、佛眼，肉眼和天眼仅能见事物幻相；而慧眼和法眼能洞见实相，仅次于佛眼；佛眼即如来之眼，无事不知，无事不见。《诸经要集》曰："五眼精明，六通遥飙。"《无量寿经》曰："当眼观察，究竟诸道。"宋人严羽《沧浪诗话》曰："学者须从最上乘，具正法眼悟第一义。"

一切烦恼都像蝎子趴在虚幻的花上，蝎子对虚幻的花能有什么伤害呢？正如佛祖参悟到人有心才有烦恼，无心何来烦恼呢。

宽不白之事　化不从之人

事有急之不白者，宽之或自明，毋躁急以速其忿；人有操之不从者，纵之或自化，毋操切以益其顽。

有些事在情急之中不能辩白时，宽缓下来，事情或许会自然澄清，不要急躁而引起更大愤怒；人有刚愎不听劝告的时候，放纵他或许他会自然明白而改正，不要太急切反而会使他更为顽固。

"欲擒故纵，欲急故缓，欲强先弱，欲弱先强"，这也是一种行之有效的处事策略；而"欲速则不达"则是失败的教训。遇到紧急又无法辩白的事情时，不妨相信，随着时间的推移，自然会水落石出，真相大白，而急着想辩白清楚，又没有足够的证据使对方相信，也许会乱上添乱，疑上助疑。

有的人性情急躁，一时不能听从正确的劝阻，这时也不妨给他一点时间，让他有机会自己思索，自我认识，这样的效果也许比强行地劝阻好得多。

士隐岩穴　祸患焉至

鸟栖高枝，弹射难加；鱼潜深渊，网钓不及；士隐岩穴，祸患焉至。

释 文

　　鸟儿栖息在高高的枝条上，弹弓难以射到它；鱼潜在水深的地方，鱼网和鱼钩不能达到；有学问的人隐居在山岩里，祸害怎么能降临到他身上呢？

评 析

　　古代士人躲避祸患的方法就是归隐山林，逃避俗世的纷扰。或者采菊东篱下，悠然见南山，或者耕樵桃花源，不知有汉，无论魏晋。其实这也是人生经验的总结，因为在一个不提倡竞争的环境下，就会出现枪打出头鸟、出头的橡子先烂的现象，为了不招致弹丸加身，自然就要鸟栖高枝、鱼潜深渊。

　　然而现代社会则不提倡这种逃避生活的消极态度，既要尽量避免祸患降临，不招祸，不惹祸，更多地要倡导积极进取的生活态度，珍惜生命，创造人生价值。

俭为贤德　贫是美称

原 文

　　俭为贤德，不可着意求贤；贫是美称，只在难居其美。

释 文

　　俭朴是贤良美好的品德，但不可着意去求取这贤的名声；安贫往往为人所赞美，只是能安于贫穷的人很少。

评 析

　　节俭是美德，但为求取俭的名声而故意做出俭的姿态也大可不必。生活本来是多姿多彩的，奢侈不好，过于节俭而变得吝啬也失去了俭的本意。

安贫乐道，是传统的美德，可是能够安于贫困，以守道为乐却是很难的。《论语》载，颜回有贤德，一碗饭食，一瓢饮水，居住在简陋的房屋中，人们忍受不了这种贫困，可是颜回却不改变这种乐趣。颜回之所以不改变这种乐趣，是因为他潜心修道，抛弃了名利之心，但是有多少人能安于贫困不改初衷呢？

按现代观点，要勤劳致富，尽快脱贫，只是脱贫还要乐道，不要物质生活丰富了，而心灵却贫乏了。

情趣篇

胜事不可萦恋　雅事不可贪痴

原　文

山栖是胜事，稍一萦恋，则亦市朝；书画赏鉴是雅事，稍一贪痴，则亦商贾；诗酒是乐事，稍一曲人，则亦地狱；好客是豁达事，稍一为俗子所挠，则亦苦海。

释　文

居住在山林中是很快意的事，如果对山居生活有了贪恋，那也与俗世一样了；欣赏书画是高雅的行为，如果有了贪求和迷恋，就跟商人一样了；作诗和饮酒本来是很快乐的事情，如果有一点屈从他人的意志，那就如在地狱中一样难受；好客是宽容大度的好事，但是稍为那些粗俗的人搅扰，也就成了苦海。

评　析

事物都有合适的度，如果过了"度"，就会发生质的变化，也许就走向了事物的反面。

爱好丰富多彩的生活，享受生活中各种各样的乐趣，本是人生的雅事，山中观松海，吟诗作画，与客清谈，这都是大雅之趣，但如一味痴迷，失去当初本意，大雅则变大俗，大俗则变桎梏。

明霞可爱　流水堪听

原　文

明霞可爱，瞬眼而辄空；流水堪听，过耳而不恋。人能以明霞视美色，则业障自轻；人能以流水听弦歌，则性灵何害。

释　文

美丽的云霞十分可爱，往往转眼之间就无影无踪了；流水潺潺十分动听，但是听过也就不再留恋。人们如果以观赏云霞的眼光去看待美人姿色，那么贪恋美色的恶念自然会减轻。如果能以听流水的心情来听弦音歌唱，那么弦音歌声对我们的性灵又有什么损害呢？

评　析

美是人们所喜欢的东西，但欣赏美是有距离的，也是有分寸的。正如美丽的云霞纵然绚丽多姿，但往往转瞬即逝，流水的声音固然美妙动听，但却过而难留。所以美好的事物如果能存留在你的心中，保存在心中一隅，已是难得，不要有更深的占有之心。

实际上贪心不足也是很痛苦的，得不到的东西拼命去追求，必然会身心交瘁，疲惫不堪。

贪恋之心如作茧自缚，一旦除去，则身心俱得到净化，蔚蓝的天空，朵朵的白云，潺潺的流水，婉转的鸟鸣，哪一样不让人快意呢？

平生云水心　春花秋月语

初弹如珠后如缕，一声两声落花雨；诉尽平生云水心，尽是春花秋月语。

落花时节所下的雨，初落下时像珠玉弹击，之后像绵绵细线一样不断绝；似乎要将平生似水柔情全部倾诉，仔细谛听又都是春天百花齐放或秋天月朗星稀下的情话。

心中恋于情，则感受到外界处处是情。落花时节的雨声，像在倾诉着人们对良辰美景的眷恋，南唐后主李煜有词："春花秋月何时了，往事知多少？小楼昨夜又东风，故国不堪回首月明中。雕栏玉砌应犹在，只是朱颜改。问君能有几多愁，恰似一江春水向东流。"可见春花秋月能勾起人们多少的情思。

丝丝细雨，滴落在美丽的花瓣上，令人心碎，触景生情，不由得使人联想到自己曾经拥有的浪漫，细细品味，温馨仍在心头。

着履登山　乘桴浮海

着履登山，翠微中独逢老衲；乘桴浮海，雪浪里群傍闲鸥。才士不妨泛驾，辕下驹吾弗愿也；诤臣岂合模棱，殿上君虎无尤焉。

释 文

脚穿草鞋攀登高山，在青翠的山色中独自行走时遇见一老僧；坐着小船泛舟海上，雪白的浪花里有成群的海鸥飞翔。有才能的人不妨到处悠游，像车辕下之马驹那样的生活不是我所愿意的；直言敢谏的臣子怎能说一些模棱两可的话呢？面对殿上如老虎一般威风的君王你不要怨尤。

评 析

行千里路，读万卷书。到山川江海泛游，体会大自然最美好的情趣，是多么浪漫自在的心灵享受啊！独自行走在山间小道上，遇到高僧的指点，这是怎样富有意味的生活啊！乘船泛游海上，与飞翔的海鸥嬉戏，这是多么浪漫的情趣啊！所以宁可做一个潇洒自由的人，也不愿做朝廷的高官，去受那种车辕下马驹所受的束缚。

直言敢谏的人，从国家大利出发，不计较个人生死，虽说是伴君如伴虎，却敢当面直言君主的过失。既然生死都置之度外了，那么还需说话吞吞吐吐吗？

阮家无鬼论 刘氏北风图

原 文

魑魅满前，笑著阮家无鬼论；炎嚣阅世，愁披刘氏北风图。气夺山川，色结烟霞。

释 文

世上充满了阴险如鬼之徒，因此对阮瞻主张无鬼论觉得可笑；

看着这纷乱攘攘的人世，在心中充满忧愁时观览刘褒的《北风图》，直觉得它的气势盖过了山川，墨色凝结了烟霞的绚烂。

评析

这里是借阴间之"鬼"来谴责人间如鬼的阴险之徒，借《北风图》来反衬人间热衷于争名夺利的喧嚣。

魖、魅都是传说中鬼的名字。阮家指晋代人阮瞻，他曾提出无鬼论的主张，认为天下的人辩驳不过他。一天有位客人与他辩论有鬼，双方论战很艰难，情急中那位客人说："古今圣贤都认为鬼神存在，为什么唯独你说没有？我就是鬼。"于是倒在地，不一会就幻灭了，阮瞻大为惊恐，一年后就病死了。

刘氏指汉代刘褒，他曾画《北风图》一幅，其中意趣深远，笔墨精练，人们看了这幅图都觉得很凉爽。世人都在为名利奔走，犹如置身于热火沸汤中，可否去看看刘氏的《北风图》，试试心头的火是否会熄灭。

浮云转有常情　流水翻多浓旨

原文

观世态之极幻，则浮云转有常情；咀世味之昏空，则流水翻多浓旨。

释文

观察世间种种情态急剧变化，会感觉到天上浮云之变动反而比人情世态的剧变还更有常情可循；体味世间人情昏沉空洞，倒不如看潺潺的流水浪花旋转更能使人品味其中深厚的意趣。

评析

　　浮云飘在蓝天，似奔马，似群羊，似高山，似游丝，一切尽收眼底；清澈的泉水潺潺，叮叮咚咚，似吟似唱，一路而去。自然界的变化就是这样明明白白地展现在我们面前。

　　人世的变化却令你无法捉摸，沧海变成桑田，而何时桑田又成沧海？昔日王谢堂前燕，如今飞入寻常百姓家；叱咤风云的英雄豪杰，荣华富贵的帝王将相，倾国倾城的佳人美女如今在哪里？白云告诉我们"变"才是常情，"空"才是真旨。

　　世间情态变化莫测，天地万物何时始、何时灭已经琢磨不定，而大地的沧海桑田变化更奇妙若幻景，人间的朝代也更迭不定，人似乎无法把握世间情态，找不出世态变幻的规律。相反，近在眼前的浮云飘动在空中，却让人似乎可以找出其变化规律。

　　世间昏昧虚空，充斥于头脑中，反觉无趣，而流水浪花翻转似乎蕴含了无尽的旨趣，令人兴味颇浓。

眉上几分愁　心中多少乐

原文

　　眉上几分愁，且去观棋酌酒；心中多少乐，只来种竹浇花。

释文

　　眉间凝结几许愁容时，就暂且去观棋或品酒；心中的许多快乐，都可以在种竹浇花之间享受到。

评析

　　愁从何来，从对世态炎凉变化的感受中来，这时不如去找一剂消愁的良药。世事如棋局局新，观人下棋，可以从棋局的厮杀中感受你争我夺的变化，享受坐山观虎斗的乐趣。酒逢知己千杯少，在浅酌慢饮中，可以发现许多事因过分在意才烦恼缠身，不如无事一身轻，酒作知己度人生。

乐在何处，乐在懂得生活的情趣，找快乐不如体会快乐。种竹浇花，其中就有无限的闲情雅趣，只要细心品味，则其乐也融融。

好香用以熏德　好纸用以垂世

原　文

好香用以熏德，好纸用以垂世，好笔用以生花，好墨用以焕彩，好茶用以涤烦，好酒用以消忧。

释　文

好香用来熏陶自己的品德，好纸用来写传世不朽的文字，好笔用来写下美好的篇章，好墨用来描绘光彩夺目的图画，好茶用来涤除心灵的烦闷，好酒则用来化解心中的忧愁。

评　析

生活的艺术，就是要使任何事物都能有最美好的用途。古人用香草比喻美德，在修行时，一定要熏燃香草来提醒自己加强品德培育，而不朽的文字，也要记录在最好的纸上，以流传后世。推而广之，好笔，自然要写下文采飞扬的篇章，一块好墨，也要画出光彩夺目的绚丽图画。这样才能物尽其用，物有所值。

对于人们心灵的烦忧，也要以最好的香茗、最醇的美酒来涤除，这样才会使我们忘却忧愁，感到无比的清爽。

佳思忽来　书能下酒

佳思忽来，书能下酒；侠情一往，云可赠人。

好情绪来时，可以读书下酒；豪放情思出现时，可信手将白云作礼物赠送他人。

饮酒重在情趣，不一定非得佳肴、美酒不可；好书是心灵的美食，以书下酒，情趣甚浓。李白诗云："花间一壶酒，独酌无相亲。举杯邀明月，对影成三人。月既不解饮，影徒随我身。暂伴月将影，行乐须及春。"据说苏东坡曾以诗下酒，饮到酣处，急呼童子取诗来，将佳句读一遍，连酒一同饮下。

侠情无拘，赠人何须俗物，只要心意所到，江月、白云皆可信手拈来相赠。

独坐禅房　心静神清

独坐禅房，潇然无事，烹茶一壶，烧香一炷，看达摩面壁图。垂廉少顷，不觉心静神清，气柔息定。蒙蒙然如混沌境界，意者揖达摩与之乘槎而见麻姑也。

独自坐在禅房中，清静无事时，煮一壶茶，燃一炷香，观看达摩面壁图。将眼睛闭上一会儿，不知不觉心情平静，神智清新，气息柔和而稳定，仿佛回到了最初的混沌境界，就像拜见达摩祖师，和他一同乘着木筏渡水而见到了麻姑一般。

评析

达摩是禅宗的始祖，梁武帝时由天竺来到中国，曾在嵩山少林寺面壁而坐九年，将法衣传给了二祖慧可。麻姑，《神仙传》载，东海中有仙女名叫麻姑。据说麻姑能撒米成珠。

独坐禅房，把壶香茗，燃一炷香火，静静地观看达摩面壁图，不知不觉进入了一种新境界，这种新境界是什么，是了悟。静坐参禅，是佛家的功夫，静心思过，也是我们凡夫俗子应有的功夫。

净几明窗　名山胜景

原文

声色娱情，何若净几明窗，一生息顷；利荣驰念，何若名山胜景，一登临时。

释文

在声色娱乐中去求得心灵愉快，哪里比得上在洁净的书桌和明亮的窗前，陶醉在宁静中的快乐；为荣华富贵而思前想后，哪里比得上登高望远赏名山美景来得真实。

评析

荣华富贵只是过眼云烟，声色的刺激也是短暂而易于消失的，倒是在窗明几净的环境中，临窗而坐，摒除声色财利的烦恼，留一方宁静的天地在心，感受人生平和的喜悦，何乐而不为呢？

人们在为名利而奔忙，往往不知道自己真正追求的是什么。当你面对名山大川，在登临的刹那，才会顿悟：回归自然，返璞归真才是自己真正追求的目标。

若能行乐　即今快活

原文

若能行乐，即今便好快活。身上无病，心上无事，春鸟是笙歌，春花是粉黛。闲得一刻，即为一刻之乐，何必情欲，乃为乐耶。

释文

若能行乐，立刻就可以获得快乐。身体无病，心中也无事牵挂，春天的鸟鸣是动听的乐曲，春天的花朵是最美丽的装饰。有一刻空闲，就能享受一刻的欢乐，为什么一定要在情欲中寻求感官刺激，才是快乐呢？

评析

人生的快乐在赏心乐事，不一定要在感官刺激中去寻求。当身体健康没有病痛，心中舒坦没有忧虑时，会感觉到无比的轻松快乐，会把春天的鸟鸣当作婉转的笙歌，把春天的鲜花当作对大地的装点。

快乐并不需要寻找，快乐就在我们心中。外在感官的刺激是短暂的，甚或是冒险的，短暂的快乐后面也许是无穷无尽的麻烦，这些怎么能与心中的闲适、心安理得相比呢？

风流得意　鬼胜顽仙

原文

风流得意，则才鬼独胜顽仙；孽债为烦，则芳魂毒于虐祟。

释文

说到举止潇洒、风雅浪漫的情趣，那么有才气的鬼胜过冥顽不灵的仙人；说到感情孽债的烦恼，那么美丽女子的芳魂却比凶恶的神鬼还要厉害。

评析

风流得意，不在名而在实，如果名为神仙，实则木讷无半点风流气质，谈何潇洒，即使是冥冥中的鬼魂，假若具备风流意趣，也会有很多闲情逸致，故不在外表的名相，而在实际的内容。

至于感情，则是一段很折磨人的孽债，发之于心，无所依托，则由情生怨，由怨生恨，如魔如痴，外界无法帮助，内心不能解脱，必然会失魂落魄甚而致死，所以称为孽债，孽债不除，比恶鬼更毒。

闭门阅书　开门接客

原文

闭门阅佛书，开门接佳客，出门寻山水，此人生三乐。

释文

关起门来阅读佛经，开门迎接最好的客人，出门游赏山川景色，这是人生三大乐事。

评 析

人生乐趣很多，在于各人追求如何。佛经中充满生命的智慧，读后使人的杂念得到净化，灵魂得到升华，读之自然乐趣无穷；有好朋友来访，品茗谈禅，可享受思想共鸣的快意，自然会倒屣相迎；走遍天下寻找山水名胜，领略大自然的造化，体会其中无限的生机，其乐无穷。所以从与自己心灵相契合者中，就会得到"乐"的享受。

天地为衾枕　古今属蜉蝣

原 文

兴来醉倒落花前，天地即为衾枕；机息忘怀磐石上，古今尽属蜉蝣。

释 文

兴致来的时候，喝醉倒卧在落花前，天作被子地作枕头；在大石头上忘记了各种心机，古往今来都像蜉蝣一样短暂。

评 析

在大自然中，任我心自由自在地驰骋；在物我两忘的意境中，将天地万物置于空灵之中。这是何等快意、何等无拘无束的心境啊！

天作被衾地作枕，是多么豪放无拘的举动，万物都如落花一样，盛开过后就走向凋零，在短暂的时空中尽情享受这无尽的乐趣，人生无所取，又何必执迷而不醒悟呢？

蜉蝣是一种极小的生物，生命不过数小时之短，虽然朝生暮死，然而也是有生有灭，人生就如这蜉蝣小虫一样，有什么不能忘怀的呢？

意亦甚适　梦亦同趣

上高山，入深林，穷回溪，幽泉怪石，无远不到。到则拂草而坐，倾壶而醉；醉则更相枕藉以卧。意亦甚适，梦亦同趣。

登上高山，进入茂密的森林，走尽充满怪石的曲折小溪和幽深山泉，不论多远，都要走到。到了之后就坐在草地上，倒出壶中的酒，尽情地喝，喝至大醉；醉了以后，就互相以身体为枕头睡觉。心境是多么的愉快，连做梦的情趣都相同。

古语说：行千里路，读万卷书。实际上大自然也是一本无字的书，深入自然中，寄情山水，忘记凡俗的种种争斗与心机，看幽谷清泉、奇石怪草，或醉卧草地，或赋诗山间，其中有不尽的乐趣。如果有好友做伴，心意相通，佐以佳酿，那种喜悦的心情也许就如梦幻一般了。

云中世界　静里乾坤

茅帘外，忽闻犬吠鸡鸣，恍似云中世界；竹窗下，唯有蝉吟鹊噪，方知静里乾坤。

茅草编织的门帘外，忽然传来几声鸡鸣狗吠，让人仿佛生活在远离尘世的高远世界中；竹窗下的蝉鸣鹊唱，令人感觉到静中的天地如此之大。

评析

茅屋外、田野中鸡犬之声相闻，好似逃离尘世的世外桃源，人在喧嚣的尘世中生活久了，自然就有跳出界外，躲在高远之处的念头。然后意到心随，才能境随人意。内心感觉到了几分宁静，才能真正领悟到静的神韵。

静也非死寂，有衬托的静更显得静，如果在万籁俱寂中有几只虫儿的浅吟低唱，才更显得静中乾坤无限。正因为静，才能听到竹窗下蝉吟鹊噪，蝉吟鹊噪又反衬出静的意境。

梦中之梦　身外之身

原文

听静夜之钟声，唤醒梦中之梦；观澄潭之月影，窥见身外之身。

释文

聆听寂静的夜里传来的钟声，唤醒了生命中的虚无缥缈的世界；观看清澈潭水中的月影，仿佛窥见了超越肉体之外的自己。

评析

人生如一梦，何时是梦醒时分。从无边无际、无始无终的宇宙空间来看，人类生命的出现只是宇宙中极短的一瞬，文明只不过是其中一梦。生命在浩瀚的宇宙时空中如此渺小，芸芸众生也只是世界中的细微尘埃，当夜阑人静万籁俱寂时，夜空中传来悠扬的钟声，往往能使人顿悟，仿佛觉察到，生命中无论多大的喜怒哀乐，都不过是梦中之梦，何必执著不忍舍弃呢？

肉身的我之外，还有一个自在的我，当明月将自己的身影投映在清澈的潭水中时，似乎可以感觉到身外之真我的存在，使人想要去探索那生与死永恒的刹那。

但识琴中趣　何劳弦上音

原文

对棋不若观棋，观棋不若弹琴，弹琴不若听琴。古云：但识琴中趣，何劳弦上音。斯言信然。

释文

与人下棋不如观人下棋，观人下棋不如自己弹琴，自己弹琴不如听人弹琴。古语说："只要能体味琴中的趣味，何必一定要有弹琴的声音呢！"这句话说得很对。

评析

俗语说："当局者迷，旁观者清。"关键在于如何用心，与人下棋，固然有互相厮杀的乐趣，然而沉溺局中还不如观看别人下棋，旁观斗心斗志有兴味，可是观人下棋太过投入，难免抑制不住想指点迷津，破了观棋不语的规矩，所以还不如自己回去弹琴沉浸在旋律之中有趣，自我弹琴又不如用心听弹更能进入境界。

弹琴是用心来弹还是无心来弹呢？先哲以为，"无弦之音"才是琴中的真境界。

云霞青松做伴　稚子老翁闲谈

原文

　　累月独处，一室萧条，取云霞为侣伴，引青松为心知；或稚子老翁，闲中来过，浊酒一壶，蹲鸱一盂，相共开笑口，所谈浮生闲话，绝不及市朝。客去关门，了无报谢。如是毕余生足矣。

释文

　　在连续几个月的独居生活中，虽然满屋子萧条冷清，但常将浮云彩霞视作伴侣，将青松引为知己；有时候老翁带幼童过来拜访，这时以一壶浊酒、一盘大芋招待客人，谈着一些家常话，会心地开口大笑，绝不谈及市肆朝廷方面的俗事。客人离开便关门，不需要起身送客或言谢。能这样过一辈子我就很满足了。

评析

　　生活未必都要轰轰烈烈，其实平平淡淡才是真。"云霞青松作我伴，一壶浊酒清淡心"，这种意境不是也很宁静悠然，像清澈的溪流一样富于诗意吗？晋代陶潜似乎早已体会到其中的真意，其诗云："结庐在人境，而无车马喧。问君何能尔？心远地自偏。山气日夕佳，飞鸟相与还。采菊东篱下，悠然见南山。此中有真意，欲辨已忘言。"

　　生活本于平淡，归于平淡，而其中的热烈渴望或者痛心的失望其实是心灵的失落和迷茫。

听水声冷冷　天然之乐韵

原文

从江干溪畔箕踞，石上听水声，浩浩潺潺，粼粼冷冷，恰似一部天然之乐韵。疑有湘灵，在水中鼓瑟也。

释文

在江岸或小溪边的石上屈腿而坐，聆听着水声，时而潺潺流水声势浩大，时而浅吟低唱粼粼细波，时而却沉默寂静，恰似一部大自然的旋律。我不禁怀疑是否有湘水的女神在水中弹琴。

评析

这是一曲美妙的自然歌谣，充满了迷人的神韵。江边的巨涛，溪中的清流，与天宽云阔、远人近影合而为一，体现了自然的神韵。更富浪漫色彩的是，作者自己融入这美妙的景致中，幻想着那神奇的湘水女神在鼓瑟弹奏，为自己助兴，这如何不令人向往。大自然就是交响乐，也是小夜曲，只有内心宁静的人，才能听懂这部无声的旋律。

山之胜　妙于天成

原文

自古及今山之胜，多妙于天成，每坏于人造。

释文

从古到今的名山胜景，其绝妙之处大多在于天然生成，而破坏常常由于人工修造引起。

评析

人们自古以来都认为美景天成，天然去雕饰的本来面目比人造景观更有返璞归真的意趣。这是因为人类仰赖自然提供的万物而生存，自然有它自己的生命，人类没有理由去破坏它，去损坏自己的生存环境。同时自然也因其朴实而有天然的审美意趣，天然胜景若鬼斧神工，非人力所能及。

陈公在这里体现出对自然的热爱，同时也表现了对破坏自然的厌恶。人类在改造自然的同时，往往也容易对环境造成破坏，使山不再宁静，水不再清澈，更为恶劣的是作为万物之灵的人类常常有意污染自然环境，破坏天然景观，使天然胜景受到玷污，既无妙趣，又给人矫揉造作之感。

月榭凭栏　飞凌缥缈

原文

月榭凭栏，飞凌缥缈；云房启户，坐看氤氲。

释文

在月光下，倚靠在台榭的栏杆上，心思早已飞向那恍惚缥缈的虚无之境；在高山云间居住时打开门扉，坐看山间云烟弥漫的气势。

评析

天上明月普照，人凭栏而立，遥望着如烟笼雾罩的缥缈夜景，恍若梦境一般。古诗《春江花月夜》云："江畔何人初见月？江月何年初照人？人生代代无穷已，江月年年只相似。不知江月待何人，但见长江送流水。"是啊，大自然何时开始，江上谁最先见到这月光，这月光又在何时照见古人，在科学还不发达的古代，神秘的自然起始与人类起始问题一直萦绕在人类的心中，人们百思不得其解，因此生出无限遐思和种种推测，也创作出大量的吟咏诗文。

坐在山间，推门看山中烟云变幻，其间是否也蕴含了大自然的答案呢？

有会于心　不知尘埃

原文

鸟啼花落，欣然有会于心，遣小奴，挈罌樽，酤白酒，饮一梨花瓷盏，急取诗卷，快读一过以咽之，萧然不知其在尘埃间也。

释文

听到鸟儿鸣叫，见到花儿飘落，心中有所领悟而由衷欣喜，便教小僮带着酒瓮买回白酒，以梨花瓷盏饮下一杯酒，并马上取来诗卷，快读一遍以助酒兴，这时胸中清爽快意，仿佛离开了凡俗的人间。

评析

抛却名利之欲求，就能超然于尘世之上。有些人整天生活在苦闷中，一掷千金寻求感官刺激，却感叹找不到生活的乐趣，实际上生活靠自己安排，情调要自己创造，与其苦苦地去追寻，不如先体会眼前实在的快乐。试想，鸟语花香之下，以诗佐酒，是怎样的雅趣啊！

坐卧随心　一尘不淡

原　文

清闲无事，坐卧随心，虽粗衣淡饭，但觉一尘不淡。忧患缠身，繁扰奔忙，虽锦衣厚味，只觉万状苦愁。

释　文

清闲无事时，要坐要躺随自己的心意，即使穿粗布衣服吃清淡的饭菜，却没有觉得一丝平淡。那些忧愁烦恼而患得患失的人，整日都在繁忙中奔走劳顿，即使穿华贵的锦衣，吃美味佳肴，也觉得愁苦万状。

评　析

人的快乐有多种多样，关键在于自己的感受，物质的享受固然重要，但闲适无忧也应该是一种快乐。人如果能找到放松自己的方法，在闲情逸致中享受安宁平实的生活，虽然是粗茶淡饭，也不会觉得愁苦。如果整天为名利所累，万事扰心，不得安宁，即使物质生活上锦衣玉食，但精神压力不能排解，也只能愁苦万端。

所以佛家说，"安详何须山水，减去心头火亦凉"。

不拥有一切的人，才能享用一切，要有超凡脱俗的修养功夫，才能进入不享用而拥有的高超境界。

舞蝶游蜂　落花飞絮

原　文

舞蝶游蜂，忙中之闲，闲中之忙；落花飞絮，景中之情，情中

119

之景。

释文

款款飞舞的蝴蝶，盈盈飞舞的蜜蜂，它们在忙碌中有着闲情，在闲情中又显得十分忙碌。飘落的飞花，飞扬的柳絮，这景色蕴含着情意，这情意中又有着景致。

评析

事物的法则就是动中有静，静中有动，景中有情，情中有景。寓动静于一体是一种高超的境界，体会情景交融是无尽的乐趣。

蜂飞舞游戏，似忙而闲，闲中有忙，其妙处在于将为生活的忙碌与对生命闲情的追求合而为一，捕食采蜜似在不急不徐中，得来全不费功夫。人生之道也大体类似，在闲散无事时，要发奋图强，有应变之心，在忙碌的生活中也要有闲适的雅趣，追求生命的安宁。

杨柳飞絮，落花翻飞，则是如诗如画情景交融的写照，是从中体会出浪漫，还是从中体会出零落，就要看个人的心境如何了。

清风徐来　甘雨时降

原文

取凉于扇，不若清风之徐来；汲水于井，不若甘雨之时降。

释文

用扇子扇风求得凉爽，不如清风慢慢吹拂；在井中汲水，不如上天降下及时雨。

大自然给了我们许多，人们在发展自身的同时，也在改造世界，虽然古人早已提出过人定胜天，但实际上，面对大自然雄奇无比的威力，人有时显得渺小，无能为力，因为大自然的规律是无法抗拒的，所以改造自然还不如适应自然。

当我们用扇子扇取凉风时，是多么盼望大自然清风徐来，给人以清新凉意；当我们需要在井中汲水时，多么盼望上天能降下及时雨，如甘露洒向人间。毕竟自然的神奇与伟大，赐予了人类许多取之不尽、用之不竭的财富。

童子智少　少而愈完

原 文

童子智少，愈少而愈完；成人智多，愈多而愈散。

释 文

孩子们接受的知识很少，但他们知识越少天性却越完整；成年人接受的知识丰富，但是他们知识越多，思维却越分散杂乱。

评 析

少与多，这是事物的辩证法。孩童知识少，感情单纯，充满天真的情趣，智慧不受陈见的束缚，所以更能体现生命的向上与美好，有些孩童常常提出一些能令成人受到启发的问题，就是这个道理。而成人的知识丰富，智慧很多，所受的束缚也愈多，所以知识愈多，天性愈易迷乱。

老子说："为学日益，为道日损。"知识一旦累积得多了，便成为一种负担，人的自然天性便受到破坏，使得内心和外在不能统一。所以成人也不妨向儿童学习，感受一下其单纯向上的天性。

闲随老衲清谭　戏与骚人白战

原文

斜阳树下，闲随老衲清谭；深雪堂中，戏与骚人白战。

释文

斜阳夕照时，闲适地在树下和老僧清谈；大雪纷飞的时节，在厅堂内与诗人文士作诗取乐。

评析

生活的闲适与快乐在于自己寻找，自己感悟，有的人面对斜阳西照，发出"夕阳无限好，只是近黄昏"的感慨，有的人面对大雪纷飞，感到的只是无限的凄凉与冷清，然而热爱生活的人，会找到斜阳树下与老僧谈论佛理的闲适，会在大雪纷飞之中找到与文人墨客吟诗作赋的雅趣。闲适与快乐处处存在，关键看心如何去体悟。

名山乏侣　不解壁上芒鞋

原文

名山乏侣，不解壁上芒鞋；好景无诗，虚怀囊中锦字。

释文

如果在知名的山川胜地，没有合意的旅伴，那么宁可将草鞋挂在墙上，也绝不出游；面对美好景致，如果没有好诗助兴，即使怀中抱着锦囊，收藏有好文字，又有什么用呢？

评析

游风景胜地，一定要与相知者结伴同游。因为感情需要交流和共鸣，与好友同游，才能体会人生至乐，所以纵有闲情与闲心，纵有美景如画，如果难得知己，仍然是游兴索然。

对于美景，需要好的心情来感受它，而咏物抒怀、吟诗作赋往往最能表达内心的感受，锦囊佳句应该歌咏这造物主的鬼斧神工，所以面对好景而无诗，岂不是辜负了这好山好水，浪费了锦囊中的好字吗？

有美景，无佳侣伴游不行，有佳侣伴游，无好诗吟诵也不行，看来古人旅游不像现代人，只是到风景点摆着姿势照张相，表示到此一游而已，一定要寻知己吟好诗。

从多入少　从有入无

原　文

　　无事便思有闲杂念头否，有事便思有粗浮意气否；得意便思有骄矜辞色否，失意便思有怨望情怀否。时时检点，到得从多入少，从有入无，才是学问的真消息。

释　文

　　闲来无事的时候要反省自己是否有一些杂乱的念头，忙碌的时候要思考自己是否有浮躁粗俗的意气，得意的时候要考虑自己的言行举止是否骄慢，失意的时候要反省自己是否有怨恨不满的想法。能时时这样细查自己的身心，使不良的习气由多而少，由有到无，这才是学问修养的关键。

评　析

　　为人处事都要常常警醒自己是否考虑周全，要防止只顾一面而失去了另一面。居安要思危，胜利要防骄，失意要防怨。

　　人在无事时，容易产生很多浮杂的念头，而在忙碌时又容易浮躁欠思考，这种时候如果能冷静地控制自己的情绪，不骄不躁，不浮不虚，办事有条不紊，忙而不乱，就会将事情处理得更妥当，与人相处得更好一些。

在得意时，容易产生骄傲自满情绪，目中无人，这样往往容易遭人嫉妒，受到打击。俗语说"高处不胜寒"，正是此理。所以只有在得意时注意收敛，保持谦虚的本性才能立于不败之地。在失意时，人往往容易怨天尤人，甚至猜疑烦躁，这样往往会失去他人的同情，也使自己失去前进的信心，所以要注意多从自己这方面总结教训，使失败成为成功之母。

经常这样自我反省，就会减少自己的弱点，逐步走向完美。

声应气求之夫　风行水上之文

原　文

声应气求之夫，决不在于寻行数墨之士；风行水上之文，决不在于一句一字之奇。

释　文

意气互相呼应的好友，决不至于需要通过笔墨文章加以了解；如行云流水一样通畅美妙的好文章，决不在于一字或一句的奇特上。

评　析

交朋结友，重在意气相投，一个人的举手投足之间，互相都能理解，一个人的心意志向，互相都能支持，他们之间的默契，是不能用语言来形容的，也不必运用笔墨来表达这种心意相通的心情，可谓心有灵犀一点通。

好的文章，是有感而发，是内心灵感的爆发，文章妙在天成，而不在作成之后的刀砍斧削。力求文句佳美的文章，不免有矫揉造作之态，最多是文字游戏而已，难以表达深刻的思想内容，更难看到作者思想的火花。

闭门是深山　读书有净土

原文

闭门即是深山，读书随处净土。

释文

关起门就如同住在深山中一样；能够读书就觉得处处都是净土。

评析

关上门户，将尘俗挡在门外，犹如深居山林；将心门关上，把欲念放在心外，心里皆是净土。心在深山并不一定非要身在深山，只看我们如何处理自己的时空。真正得道之人，处处是深山，处处是乐土，何须关门关心。

至于读书明白人生至理，更可以净化灵魂，故文人不可离书。北宋诗人黄庭坚说："士大夫三日不读书，自觉语言无味，对镜亦面目可憎。"

出一言解救　是无量功德

原　文

　　士君子贫不能济物者，遇人痴迷处，出一言提醒之；遇人急难处，出一言解救之，亦是无量功德。

释　文

　　读书人贫穷，没有能力以物质接济他人，但遇到他人糊涂迷惑之时，能够用言语来点醒他；遇到他人有紧急的危难时，用言语来解救他，也是无边的功德。

评　析

　　济人之难，救人之急，是一种良好的美德，但助人不一定非得金钱不可，智慧的语言有时比物质的财富更为可贵，因为金钱可以帮助一个人暂渡难关，智慧却可以让一个人终身受益。俗语说"留下良田万顷，不如薄技在身"，即是这个道理。

　　读书人在物质上也许不富足，但精神上却很充实，有着比常人更多的智慧，他可以成为人们的航标灯，在他人困惑糊涂时指点迷津，在他人迷茫危急时解除其烦恼，这样也是无可比拟的善事和美德了。

以学问摄躁　以德性融偏

原　文

　　才智英敏者，宜以学问摄其躁；气节激昂者，当以德性融其偏。

才华和智慧敏捷出色的人，应该用学问来理顺浮躁之气；志向和气节激烈昂扬的人，应当加强品性道德的修养来消融他偏激的性情。

评 析

头脑反应敏捷的人，天资聪颖，易于决断却疏于思考，因此容易犯浮躁不实的毛病，往往志大才疏，因此要从做学问上下功夫，奠定扎实的基础，天分加上勤奋，才能成为真正的栋梁之才，否则会出现智者早夭的悲剧。

气性急迫高昂的人，嫉恶如仇，但也往往容易走极端，因此应该有意识地消磨一些个性，培养沉着稳重的品德，纠正偏激的毛病，这样才能得到社会更多的了解与接纳。

少言语以当贵　多著述以当富

原 文

少言语以当贵，多著述以当富，载清名以当车，咀英华以当肉。

释 文

把少说话作为贵，把多著书立说作为富有，把好的名声当作车，把品读好文章当作吃肉。

评 析

人以珠宝为贵，而我以沉默为贵。俗语云："沉默是金。"多言并不意味多才多智，相反，祸从口出，言多必失。在竞争激烈的社会中，重在干出实绩。如果一言能中的，字字珠玑，岂不是更有自尊，哪里需要不着边际地絮絮叨叨？将自己的学问不是停留在嘴上，而是著述在书中留传后世，成为人类文化的宝贵财富，那么精神上的富有才是真正的富有。

车马美食是物质享受的重要方面，但绝不是追求的目标。雁过留声，人过留名，把对一世清名的追求当作车，把读有益的文章当作膏粱，让心灵之车载上丰盛的精神食粮，岂不是更高尚的追求！所以古人说："安莫安于知足，危莫危于多言，贵莫贵于无求。"

足登玉堂　堪贮金屋

原　文

才子安心草舍者，足登玉堂；佳人适意蓬门者，堪贮金屋。

释　文

有才华的人，如果能安心居住在茅草搭成的屋子中，那么他一定能登入华屋高堂；美丽的女子能安心于贫穷之家，那么，就值得建造金屋给她居住。

评　析

世上有才之人很多，但有才又有德，才德双全的人却很难得。怀抱天下之才，却又能安于茅舍生活，潜心修身，视富贵为浮云，那么一旦能贡献于社会，登于玉堂之上为官，就不会为浮云遮望眼，必能以服务于天下大众为己任而有益于社会，造福于百姓。

美丽的女子往往自恃其美而疏于修德，易于投身富贵豪门而不愿下嫁贫贱之家，所以能嫁到门户低贱之家，看重将来的发展而不拘泥于当时的贫贱，是内心最为美丽的女子，其德行更胜过其外表的美，那么足以有资格让人为她造金屋而居。实际上贫贱之家出英才，富贵之家出逆子，敢嫁贫贱之家的女子也将更有可能住上金屋。

世间清福　读书之乐

原　文

人生有书可读，有暇得读，有资能读，又涵养之如不识字人，是谓善读书者。享世间清福，未有过于此也。

释　文

人的一生如果有书可读，又有闲暇的时间读书，又有资财读书，读了许多书又能使自己不被书中的文字所局限，保持了未读书人的单纯，就可说是善于读书的人了。所谓享受世上的清福，也没有比这种福气更大的了。

评　析

古人说，"古今世家无非积德，天下第一人品还是读书"，又说"为善最乐，读书最佳"，可见读书是人生乐趣的最高境界。读书自有无穷乐，但不是每个人都能享受如此乐趣。有的人奔忙于杂务之中，心中想读书却挤不出闲暇时间，美其名曰没有时间读书；有的想读书，却为生计操劳，无足够的金钱买书来读，更是望书兴叹；有的人即使有时间、有金钱来读书，可是被书中的文字所束缚，进入书中不能跳出，纵是读书也是书癌，将未读书时的几点情趣消磨殆尽，此种读书不如不读书。所以能有时间、有金钱读书，又不尽信书，博览群书却仍怀平常心，才是真正的读书乐趣，称其为世间之最大的清福确实不为过也。

贫士肯济人　闹场能笃学

原文

贫士肯济人，才是性天中惠泽；闹场能笃学，方为心地上工夫。

释文

贫穷的人肯帮助他人，才是天性中的仁惠与德泽；在喧闹的环境中能笃志学习，才是在静化心境上下了功夫。

评析

富有的人能够施舍给人是比较容易的事，而贫穷的人能够以财物助人是很不容易的。更有的人在物质上非常富有，心灵上却十分贫乏，毫无助人之心甚或有坑人之意，这就是为富不仁了。贫穷的人之所以乐于助人，是因为他有一颗善良的心，这就是人的本性中仁惠与德泽的真实流露。

学习需要幽静的环境，但能否静下来在心不在身，有的人身子坐下来了，却心猿意马，根本看不进书中的文字，而有的人在喧闹的环境中，能沉下心来笃志于学，他人皆醉唯我独醒，这是难能可贵的。

眼里无灰尘　胸中没渣滓

原文

眼里无点灰尘，方可读书千卷；胸中没些渣滓，才能处世一番。

释文

眼中没有一点灰尘遮挡，才可以读尽千卷书籍；胸怀中没有一些成见，才能处世圆融。

评析

读书人如果带着一己之见读书，就永远只能接受适合自己心意的道理，而不能接受与自己意见不同的道理，因为"灰尘"挡住了自己的眼睛，看到的东西已经变形。所以要读尽天下书，必须摒弃一己之见，以宽阔的胸怀对待书中的道理，莫叫"灰尘"遮望眼。

为人处世也是这样，胸中应该清除不满或怨恨的成见，坦坦荡荡，没有任何阴暗的心理，这样与人相处时，才能十分快乐，即使有不如意之事，也能及时化解，公正对待，这样就能圆融地与世人相处。

登山耐仄路　踏雪耐危桥

原文

读史要耐讹字，正如登山耐仄路，踏雪耐危桥，闲居耐俗汉，看花耐恶酒，此方得力。

释文

读史书要忍受得了错误的字，就像登山要忍耐山间的隘路，踏雪要忍耐危桥，闲暇生活中要忍耐俗人，看花时要忍耐劣酒一样，这样才能进入史书佳境中。

评 析

从对史书的要求来说，当然应该抛弃无错不成书的俗念，编印出一本完美的史书，这样读史的人就能纵情进入书中的境界，不致因为书中的错字或断简残篇而败人兴味，但是金无足赤，绝对的无讹是很难的，而且读书也要能沉得住气，发现讹误不妨批注在文字旁边，也是一种情趣，因此要在"耐"字上下功夫。

史书中发现了错讹还可以订正，生活中有些不如意的事却很难以人的意志为转移，登到山中险处，踏雪寻梅遇到危桥，遇到世俗之人，这些都不是人力所能改变的，试图改变反而会失去不少生活情趣，不妨也从"耐"字上做些文章。

胸中情趣　一笔写出

原 文

作诗能把眼前光景，胸中情趣，一笔写出，便是作手，不必说唐说宋。

释 文

写诗的人能够把眼前所看到的景致，胸中的意趣，一笔表达出来，便算是能作诗了，不必引经据典，说唐道宋。

评析

诗在于表达内心对客观世界的感受，不在于言之无物的呻吟。能够将眼前光景表达出来，直抒胸臆，就能作出好诗，否则，纵是引经据典，也未必能写出好诗。

王国维曾说："客观之诗人，不可不多阅世；阅世愈深，则材料愈丰富，愈变化，《水浒传》《红楼梦》之作者是也。主观之诗人，不必多阅世；阅世愈浅，则性情愈真，李后主是也。"故无论主客观诗人，都必须酣畅淋漓地书写出胸中情趣，才能留下千古绝唱。

仁者见仁　智者见智

原文

看书只要理路通透，不可拘泥旧说，更不可附会新说。

释文

读书重在理清书中的道理，不受旧有学说的束缚，也不可盲目信从新的学说。

评析

书是人类知识的载体，记载了人类文明发展的轨迹，读书贵在悟透书中所揭示的道理，举一反三，融会贯通，从而启发思维，增强理性。

但是任何学说，也只是具有相对性，随着时代变迁，客观环境的变化，以及人类认识的深化，旧的学说也呈现出局限性，所以哲人说"尽信书不如无书"，对书中记载的知识还要本着分析的态度，吸收正确的观点，摒弃不正确的观点，这样才既能进入书中，又能跳出书外。同时，又不能因盲目疑古，而轻易信从新的学说，尤其是不能人云亦云地附会新说，也许在某些学问方面，新说反不如旧说可靠。

读书的方法很多，古人曾这样总结："读书贵能疑，疑乃可以启信。读书在有渐，渐乃克底有成。"读书既要发现问题，又要思考问题，还要解决问题，这就是认知的过程。

人事稍疏 一意学问

原 文

夜者日之余，雨者月之余，冬者岁之余。当此三余，人事稍疏，正可一意问学。

释 文

夜晚是一天所剩下的时间，下雨天是一月所剩下的时间，冬天则是一年所剩下的时间，在这三种剩余的时间里，人事纷扰较少，正好能够专心一意地读书。

评 析

夜晚、雨天和冬日是人们容易休闲的时间，而这段时间对读书人而言正是黄金时间，此时人事纷扰较少，可以静心做学问，冬日之夜更长，充分利用更能发挥作用。关于古人珍惜时间的记载很多，班固的《汉书·食货志》载："冬，民既入；妇人同巷，相从夜织，女工一月得四十五日。"一月怎么能有四十五日呢？颜师古为此注释说："一月之中，又得夜半十五日，共四十五日。"这就很清楚了，原来古人除了计算白天一日外，还将每个夜晚的时间算作半日，一月就多了十五天，这是对时间十分科学合理地利用。古来一切有成就的人，都很严肃地对待自己的生命，当他活着一天，总要尽量多劳动、多工作、多学习，不肯虚度年华，不让时间白白浪费掉。

诗中有画　画中有诗

原文

　　画家之妙，皆在运笔之先；运思之际，一经点染，便减神机。长于笔者，文章即如言语；长于舌者，言语即成文章。昔人谓丹青乃无言之诗，诗句乃有言之画，余则欲丹青似诗，诗句尤言，方许各臻妙境。

释文

　　画家的精妙构思，都在下笔之前；构思的时候有一丝杂念，便使灵妙之处不能充分表现。善于写文章的人，他的文章便是最美妙的言语；善于讲话的人，所讲的话便是最美好的文章。古人说画是无声的诗，诗则是有声的画；我希望最好的画如同诗一般，能尽情地倾诉；最好的诗却如画一般，能无尽地展现意境。这样诗和画才各自达到了神妙的境界。

评析

　　画是形象艺术，诗是语言艺术，然而其意境相通，诗情画意融为一体。好的画，蕴含了画家无限深情，是情与景的有机结合，它表现出一种十分鲜明、可给人启示和想象的自然意象，同时又包含浓厚的、耐人寻味的意趣，虽然用的是线条和色调，可反映的是无言的诗情。而好的诗句通过语言艺术展示给人们的就是一幅画，其中有动静的交融，画面的起伏跌宕。如唐代诗人王维，既是山水诗大师，也是山水画高手，他的作品总是诗中有画，画中有诗，如"新晴原野旷，极目无氛垢。郭门临渡头，村树连溪口。……农月无闲人，倾家事南亩"，先随着目力所及，由远及近，再由近及远，有层次、有色彩、有高度，勾勒出一幅清幽秀丽、天然绝妙的图

画，再用最后两句添上动态的人物，使整个画面活跃起来了。

徒号书厨　终非名饮

有书癖而无剪裁，徒号书厨；惟名饮而少蕴藉，终非名饮。

有爱读书的癖好，却对书中的知识不加选择和取舍，这样的人读了书只不过像藏书的书橱罢了；只有善饮酒之名，却不懂饮酒中蕴含的意趣，终不能算是懂饮酒之人。

喜好读书是好习惯，然而喜读书还要善读书，善读书还要善用书。读书的目的在于选择对自己有用的知识并融会贯通运用于实际之中，如果毫无选择，不能根据实际应用，便是对书本知识毫无见解，空有满腹诗书却不能消化运用。正如大将不会领兵作战，只是空有十万甲兵一样，饱学之士不能运笔，只能被讥笑为两脚书橱了。

学会读有字之书是学问，学会读无字之书是大学问。如果说有字之书还只是一种经验，而无字之书就是一种智慧了。

饮酒之道，在于体会其中浓厚的意蕴内涵，意趣在酒外，如果不懂其中的情趣，只能谓之嗜酒之徒。

登台肖古人　为文现本心

原文

伶人代古人语，代古人笑，代古人愤，今文人为文似之。伶人登台肖古人，下台还伶人，今文人为文又似之，很令古人见今文人，当何如愤，何如笑，何如语。

释文

演戏的人代替古人讲话，代替古人笑，代替古人愤怒，就像现在文人写文章一样。演戏的人在戏台上很像古人，下了戏台还是演戏的人，现在的文人写文章又和这点很相似。假如让古人见到现在的文人，他们将如何愤怒，如何笑，如何讲话呢？

评析

当唱戏的在台上扮演戏中的角色时，他们惟妙惟肖的表演往往使人融入戏中，为戏中人愁，为戏中人喜，为戏中人悲，戏里戏外融为一体，但戏结束了，唱戏的仍然是唱戏的，观众仍然是观众，他们都有各自的身份和生活。但就生活这个舞台而言，台上的我也是生活中的真实，人生便是戏中之戏。

文人将自己的生命融入社会生活中，写下生活的篇章，反映火热的生活现实，文人也用文学作品表现古人的生活，思索历史演进的轨迹，探索社会发展的轨迹，所以常有人说他们是替古人担忧，为古人忧愁。其实他们并非一味模仿，而是在探索。

士不晓廉耻　衣冠狗彘

原　文

人不通古今，襟据马牛；士不晓廉耻，衣冠狗彘。

释　文

人不通晓古今变化的道理，那就像穿着长袍短衣的牛马一样；读书人如果鲜廉寡耻，那就是穿衣戴帽的猪狗。

评　析

人和动物的根本区别在于人会劳动，有知识，有廉耻之心。从古到今，人类代代相传，留下了许多做人的道理，这是一笔宝贵的精神财富，如果人不去学习这些做人的道理，整天无所用心，无所作为，只做一个酒囊饭袋，那就宛如行尸走肉，和那些牛马有什么区别呢？其区别恐怕只在于徒然穿上一身衣服而已。

至于读书人，更应该严格要求自己，应该知礼仪，懂廉耻，走正道，如果心术不正，违背做人的道理，出卖自己的人格，甚至利用自己拥有的知识去违法犯罪，那就是衣冠禽兽了。

兢兢业业心思　潇潇洒洒趣味

原　文

学者有假兢业的心思，又要有假潇洒的趣味。

求学的人既要有认真对待学业的心情，又要有潇洒自由的趣味。

评 析

学习需要有兢兢业业的态度和严谨的作风，这样才能学有所成，但是如果将学习看作是一种沉重的包袱，感到无尽的压力就没有必要了。读书既要爱读书，会读书，又不能读死书，变成书呆子，要有广博的知识，全面的才能，同时还要有多方面的生活情趣，如果饱读诗书却无一点应变能力，那只能是无用的"学究"了。

"假"非虚假，而是假借、凭借的意思。做学问就是要兢业与潇洒兼备，才能做得真学问。

至情篇

多情必至寡情　任性终不失性

原　文

情最难久，故多情人必至寡情；性自有常，故任性人终不失性。

释　文

保持长久的情爱是最难的，所以多情的人反而会显得缺少情意；天性按一定恒常的规律运行，即使是放纵性情而为的人也还是没有丢掉他的本性。

评　析

物极必反，万事一理，在感情和天性上都是如此，情至深则转化为无情，性至极则终不失本性。

情爱难以持久，是因为情到深处人孤独，多情者反被情所误，情至极而不得呼应，故显得寡情难抑，寂寞难耐。情至执着，必然为情所苦，因为孤独的心找不到归宿。所以真正的多情是能得到对方的回报，才显得有情有义，情深意浓。

因为天性是遵循一定的常理，所以十分任性而为的人，任性就是其天性，唯其任性才没有失去本性。

枕梦心亦去　梦醒心不归

原文

枕边梦去心亦去，醒后梦还心不还。

释文

心随着梦境到达情人身边，醒来之时心却留在情人那边不肯归来。

评析

思念太多，寝食难安。一入梦境，心即随梦而去，如果是思念情人，心也就到达情人身边，在梦中尽情享受重逢的乐趣，可是梦醒之后，心却留在梦中情人处，不能收回。痴情能致梦中情，却更难回到现实之中，魂牵梦绕，醒来仍是梦，这是多么痛苦的事啊！

出相思海　下离恨天

原文

慈悲筏济人出相思海，恩爱梯接人下离恨天。

释文

用慈悲作筏可以渡人驶出相思的苦海，用恩爱做梯子可以使人走出离恨的天地。

评析

佛家讲慈悲，劝芸芸众生放弃满腹的情欲，慈悲为怀，故说以慈悲筏可以济人出苦海。

相思之深广辽阔，可称为海，此海必未有涸时，其水全由情泪所成，味必极苦，凡俗之人，如何消受得起。爱极成恨，爱成泡影，梦幻破灭，如何能走出离恨之天，所以有情人只有在慈悲之下才能脱离苦海，在永远恩爱中才能走出离恨天。

当为情死　不为情怨

情语云：当为情死，不当为情怨。关乎情者，原可死而不可怨者也。虽然既云情矣，此身已为情有，又何忍死耶？然不死终不透彻耳。君平之柳，崔护之花，汉宫之流叶，蜀女之飘梧，令后世有情之人咨嗟想慕，托之语言，寄之歌咏。而奴无昆仑，客无黄衫，知己无押衙，同志无虞侯，则虽盟在海棠，终是陌路萧郎耳。

情语说：应当为情而死，不应当为情而生怨。关于感情的事，本来就是只可为对方死，却不应当生出怨心的。虽然对情这么看，身已在情中，又有什么不愿死的呢？如果不到死这一步，总不见情爱的深刻。韩君平的章台柳，崔护的人面桃花，宫廷御沟的红叶题诗，蜀女题诗梧叶飘飞，这些故事都让后世有情人叹息羡慕，用文字记载下来，或者写成诗歌吟咏。既然没有能劫得佳人的昆仑奴，又无身着黄衫的豪客，没有古押衙这样的知己，又无像虞侯一样志向相同的人，那么，即使是有海棠花下的誓约，终究不免成为陌路萧郎。

评 析

这是对于情的感慨，为情而死是千古绝唱，的确感人至深。没有经过生与死的考验，又如何领悟情意的深刻呢？

君平柳，指唐代诗人韩君平的爱妾柳氏，柳氏在战乱中被番将夺走，同府虞侯许俊为他将柳氏抢回。崔护之花说的是唐代诗人崔护曾在清明节那天到城外游玩，口渴而到一户人家要水喝，对那家的女子情意非常深浓，来年清明崔护再到此家时，见门户紧锁，于是在门上题诗："去年今日此门中，人面桃花相映红。人面不知何处去，桃花依旧笑春风。"汉宫之流叶指唐僖宗时宫女韩翠屏曾在红叶上题诗，红叶被流水冲到宫外，学士于祐捡到后，又在红叶上题诗流回宫中，韩翠屏复捡得此叶。后来宫中放出三千宫女，于祐娶了韩翠屏，说起红叶之事，不胜感慨。蜀女之飘梧指《梧桐叶》中记述西蜀人任继图与妻李云英分离，后来李云英题诗在梧桐叶上，被任继图捡得而团圆。奴无昆仑是说传奇《昆仑奴》中记载，有一昆仑奴为主人抢得所爱的女子一事。客无黄衫指传奇《霍小玉传》中有一穿黄衫的壮士将负心郎劫去见霍小玉一事。知己无押衙指《无双传》传奇记有古押衙帮助无双与王仙客成亲事。萧郎，指女子所爱的男子。

吴妖小玉飞作烟　越艳西施化为土

原 文

吴妖小玉飞作烟，越艳西施化为土。

吴官妖艳的美女小玉已经化作烟尘飘散了，越国美丽的西施也已成为黄土融入自然。

评 析

美丽的女子往往薄命，红颜也终有褪尽的一天。即使是像小玉那么美丽的女子，也只能化作烟尘而去，纵然是越国西施那样的绝代佳人，最终也化为尘土一堆。情爱如同烟尘一般，不及时抓住就悔之晚矣，逝去之后再去追悔则属徒劳无益。

吴妖小玉：传说吴王夫差的小女儿名叫紫玉，爱恋着韩重，想嫁给韩重却没有实现，气绝而死。死后韩重前往吊丧，紫玉现出人形，韩重想抱住她，结果小玉化作烟雾不见了。越艳西施：越国美女西施为天下绝色，一举一动都惹动人心，曾留下东施效颦的故事。当时越王勾践战败，范蠡将西施献给吴王夫差，乱其心志，吴王疏于朝政，后来被越国打败。

杨柳沾啼痕　三叠唱离恨

原 文

几条杨柳，沾来多少啼痕；三叠阳关，唱彻古今离恨。

释 文

送别折下的几条柳枝，沾染了多少离人的泪水；阳关三叠的乐曲，唱尽了古今分离时的情怀。

评 析

自古离别最是销魂，生离死别中饱含了多少哀怨。杨柳，自古以来是赠别之物，离别时折柳为赠，致以送别之情，《诗经》中有

"昔我往矣，杨柳依依；今我来矣，雨雪霏霏"。刘禹锡有《竹枝词》："杨柳青青江水平，闻郎江上踏歌声。东边日出西边雨，道是无晴却有晴。"

《阳关三叠》是乐曲名，阳关是古地名，在今甘肃西南，是古代出关的必经之地。唐代王维作《渭城曲》，后人为之谱乐，作为送别之曲，至阳关句，反复咏唱，称为阳关三叠。

三千弱水　十二巫山

原文

花柳深藏淑女居，何殊三千弱水；雨云不入襄王梦，空忆十二巫山。

释文

美丽贤淑的女子深居在花丛柳荫处，与蓬莱之外三千里的弱水一样难以渡过、抵达；布云行雨的神女，不入襄王的梦里，空想巫山十二峰又有什么用。

评析

落花虽有意，流水本无心。美丽的女子居住在令人羡慕的花柳丛中，就像那蓬莱远隔三千里，可望而不可及。巫山神女十二峰令人心生幻想，可是神女不入梦中又有什么办法呢？

三千弱水，传说古代蓬莱在海中，难以到达，有仙女泛海而来，一道士说："蓬莱弱水三千里，非飞仙女不可到。"雨云，指巫山云雨的典故。楚国宋玉作《高唐赋》，叙述了楚怀王于高唐梦见巫山神女自愿献身的故事，神女离去时赠言曰："妾在巫山之阳，高丘之阻，旦为行云，暮为行雨，朝朝暮暮，阳台之下。"据《神女赋·序》

载，楚襄王游云梦，其夜梦与神女相遇，其情状甚为壮丽。

豆蔻不消心上恨　丁香空结雨中愁

原文

豆蔻不消心上恨，丁香空结雨中愁。

释文

　　豆蔻年华的少女心中的幽恨难消，只为那丁香花在雨中忧愁地开着。

评析

　　豆蔻，植物名，可人花，花生长在叶间，常用来比喻妙龄少女。丁香，植物名，一名鸡舌香，花淡红，可作香料。

　　豆蔻年华的少女，本应是天真纯洁的，不应有愁有恨，然而却对空结在雨中的丁香花生起气来，这该是多么纯真的情窦初开，若是情人有知，应该多么珍惜呵护啊！李伯玉诗云："青鸟不传云外信，丁香空结雨中愁。"丁香为结，已是令人惆怅，更何况是"娉娉袅袅十三余，豆蔻梢头二月初"的诗一般的大好年华。

填平湘岸都栽竹　截住巫山不放云

原文

填平湘岸都栽竹，截住巫山不放云。

释文

　　把湘水的两岸都填平种满斑竹，把巫山的浮云截住不让飘走。

评析

这是对情真意切的留恋和歌颂。竹，指湘妃竹，借指忠贞的爱情。相传上古时舜娶了尧的两个女儿娥皇、女英为妻，舜南巡到苍梧死后，娥皇、女英痛哭而死，死后化作湘水之神，她们的眼泪就成了湘竹上的斑点，故湘竹又称斑竹。白居易有诗"杜鹃声似哭，湘竹斑如血"。

巫山之云，意指男女相恋。楚国宋玉作《高唐赋》，叙述了楚怀王于高唐梦见巫山神女自愿献身的故事，神女离去时赠言曰："妾在巫山之阳，高丘之阻，旦为行云，暮为行雨，朝朝暮暮，阳台之下。"

大胆的想象，痴情的想象，填平湘水，截住巫山，都是为了表达心中的幽幽恋情，但最终湘水难填，巫山云雨难留，只是心有千千结罢了。

惆怅旧欢如梦　觉来无处追寻

原文

黄叶无风自落，秋云不雨长阴。天若有情天亦老，摇摇幽恨难禁。惆怅旧欢如梦，觉来无处追寻。

释文

黄叶在无风时也会自然飘落，秋日虽不下雨却总弥漫着阴云。如果天有情，那么因情愁天也会衰老，飘摇在心中的怨恨真是难以承受啊！寂寞哀怨回想旧日的欢乐，仿佛在梦中一般，醒来后却无处追寻往日的欢乐。

评析

为情所苦，所以愁怨难解，秋风吹来，黄叶凋零，更添几分愁情。天本无情，所以天不会老，人为情愁，哪能不愁肠寸断？旧时的欢欣已如梦不在，梦醒时分追寻不到梦中的情景，内心更是无比地惆怅伤感。加上窗外的秋风送来阵阵凉意，飘落的黄叶陡增肃杀之气，而今已知原来的无限哀愁是为情困苦，徒伤心神。

宋人范仲淹有词可表达这种意境，词云："纷纷坠叶飘香砌，夜寂静，寒声碎。珠帘卷玉楼空，天淡银河垂地"，"愁肠已断无由醉。酒未到，先成泪，残灯明灭枕头欹，谙尽孤眠滋味"。

那忍重看娃鬓绿　终期一遇客衫黄

原文

那忍重看娃鬓绿，终期一遇客衫黄。

释文

怎么忍心在镜前反复地赏玩这美丽的容颜和秀美的乌发，只希望能遇到一位黄衫壮士。

评析

娃鬓绿，指美丽女子的秀美头发。娃，是吴地对美女的称谓。

衫黄，黄色的衣衫。唐代传奇《霍小玉传》中记载霍小玉痴情于李十郎，可是李十郎却是一负心汉。后来有黄衫壮士强抱李十郎至霍小玉的寓所，使小玉见上了负心人一面，小玉对李十郎说："我为女子，薄命如斯！君是丈夫，负心若此！韶颜稚齿，饮恨而终。""我死之后，必为厉鬼，使君妻妾，终日不安！"

古语有云："痴情女子负心汉。"女子痴情，终归薄命，所以总是盼望着能得到解脱，可是在女子地位低下的古代，即使有黄衫客能帮得了霍小玉，又有谁能救得了那么多的薄命女呢？

蝶憩香风　尚多芳梦

原　文

蝶憩香风，尚多芳梦；鸟沾红雨，不任娇啼。

释　文

蝴蝶沐浴在春暖日和的气息中，会有芬芳美好的梦境；当落花无情地飘洒在鸟的羽毛上时，娇愁哀婉的鸣叫声就凄惨无比了。

评　析

青春无限美好，在春光无限中享受着青春年少的芬芳之梦，充满对爱情的无限渴求，在融融暖意中享受造物主营造的柔情蜜意，是多么令人流连忘返啊！可是狂风疾雨不识这如梦的情趣，疯狂摧残盛放的花枝，致使落英缤纷，杜鹃为此泣血，其娇愁的啼声让人不忍心听下去。君不见林黛玉《葬花词》是何等地凄凉："尔今死去侬收葬，未卜侬身何日丧？侬今葬花人笑痴，他年葬侬知是谁？试看春残花渐落，便是红颜老死时。"

弄柳拈花　尽是销魂

原　文

弄绿绮之琴，焉得文君之听；濡彩毫之笔，难描京兆之眉；瞻云望月，无非凄怆之声；弄柳拈花，尽是销魂之处。

释 文

　　拨弄着名为绿绮的琴，怎样才能招引文君这样的女子来听；蘸湿了画眉的彩笔，难以描画像张敞所绘的眉线；举首遥望天山的云彩朗月，听到的无非是凄凉悲怆的声音；攀花摘柳，都是在让人丧魂落魄的地方。

评 析

　　这是对爱情难求的感叹。

　　绿绮是司马相如的琴名。司马相如，字长卿，西汉辞赋家，他作了很多赋，至今尚有《子虚》《上林》等名篇传世。其为文首尾温丽，但构思淹迟。控引天地，错综古今，忽然而起兴，几百日而后成。司马相如与临邛令王吉善到富人卓王孙家做客，当时卓王孙的女儿卓文君新寡在家，司马相如弹奏了一曲《凤求凰》招引文君，当天夜里，卓文君就和司马相如私奔而去，因为卓王孙不同意他们的婚事，司马相如夫妇俩就以卖酒谋生。

　　京兆之眉，汉代张敞任京兆尹，夫妻之间很恩爱，他曾在家中亲自为妻子画眉，可见张敞的情意。

无端饮却相思水　不信相思想煞人

原 文

无端饮却相思水，不信相思想煞人。

释 文

无缘无故地饮下了相思之水，不相信相思真会教人思念至死。

评 析

千里姻缘一线牵，缘本是天定，有缘无情，有情无缘，都很痛苦。

很多事是无法说清楚的，也许在无缘无故中，会心系某人，无缘无故认识他，无缘无故牵挂他，心中引起无尽的相思，却又无法摆脱，心不信缘，却落在缘中不能自拔。

缘而未了，想煞其人，真是"为伊消得人憔悴""衣带渐宽终不悔"。当初有缘饮相思水，陶醉其中一时，未知才饮一滴，便要纠缠一生，无端饮之，既无道理可言，也无结局可言，岂不令人愁肠寸断，哀怨无限。

恩爱吾之仇　富贵身之累

原　文

恩爱吾之仇也，富贵身之累也。

释　文

恩情爱意是我的仇敌；富贵荣华是身心的拖累。

评　析

负心汉薄情女演绎了多少人间悲剧，多情郎痴心女的绵绵愁思令人洒下一掬同情泪。人们渴望恩爱甜蜜的感情，然而世间的恩爱情意在哪里呢？不是被物欲的苦海所淹没，就是被世俗的杂念所冲淡，想追求真正的恩情爱意却得不到，反被爱欲的苦果所牵挂，不如看破恩爱的本性，抛弃爱恨情仇的牵累，去寻求心灵中一方清静无为的世界，获得心灵的自由。

荣华富贵是很多人倾慕的，但追求荣华富贵的过程是劳作、艰辛，或许还昧着良知，或许还出卖灵魂；而想永葆荣华富贵更是难上加难，君且看往日声势显赫的大家族今都何在。荣华富贵是身外之物，抛弃它，梦稳心安，一生还何求。

千古空闺之感　顿令薄幸惊魂

原文

幽情化而石立，怨风结而冢青；千古空闺之感，顿令薄幸惊魂。

释文

一腔深情化为伫立的望夫石，一缕哀怨的幽情凝成坟上草；千古以来独守空闺的寂寞情怀，顿时令负心的男子心惊魂动。

评析

石立，指痴情的女子盼望夫君归来，整天在路口遥望，最后化石头的故事。冢青，指昭君坟。汉代时湖北秭归人王昭君被选入宫，由于她自恃美貌过人，不愿向宫中画师韩延寿送礼，因此使皇帝不得见，后来选送昭君塞外和亲，元帝见到昭君后才觉后悔，因此将韩延寿杀掉了。据说昭君死后，早晚都有愁云怨雾覆盖在坟上。

对夫君一往情深，遥望夫归，最终变成了石头而立；怨恨皇帝不识佳颜而远嫁，死后坟上长满青草。痴情的女子为了心上人，倾尽心血，古来这样的故事感人至深，怎么不令薄情的男子羞愧难当，真正是痴情女子负心汉。

梦里不能张主　泉下安得分明

原文

眉睫线交，梦里便不能张主；眼光落地，泉下又安得分明。

释文

当人闭上双眼，进入梦乡时，就不能清醒地思考；眼光落到地下，于是想到在九泉之下怎么又能够彻悟呢？

白日里，人们为名利而奔波忙碌，或争强斗胜，或玩弄手腕，千方百计去实现自己的诸多主张，可是一到夜间，两眼闭上，进入梦乡，头脑再也不能思考，各种意念最多带入梦中去幻想，梦中的人忘记了清醒时的事，身不由己，也许自己的亲人在梦中也素不相识，白日的故事在梦中大相径庭。到底梦中是真实的我，还是清醒时是真实的我，难以说得明白。

梦中既然都难以控制自己的主张，死亡时，哪里又放得下心中的迷幻呢？所以佛家劝人一了百了，这样在面对死亡时就可以彻底释怀了。

先达后近　交友道也

原文

先淡后浓，先疏后亲，先达后近，交友道也。

释文

先淡薄而后浓厚，先疏远而后亲近，先接触而后相知，这是交朋友的方法。

评析

人都渴望感情的交流，渴望有亲密的朋友，可是交朋友不是一件容易的事，选择得当，则可受益匪浅，交友不得当，则祸害非轻，所以要掌握交友的正确方法。一般是先有初步的了解，对合乎心意的朋友再进一步接触，在接触中加深感情，心灵和志趣逐渐接近，最后走到一起而相知。如果刚开始交往，只看表面的现象，不做深入的了解，短时间内打得火热，随即就会降温，那么不互相抱怨才是怪事。

所以"先择而后交"就会交到好朋友，"先交而后择"只能是形成更多的仇隙。

少年读智囊

宋立涛　主编

民主与建设出版社
·北京·

图书在版编目（CIP）数据

少年读智囊 / 宋立涛主编 . -- 北京：民主与建设
出版社，2020.7

（少年读处事智慧；5）

ISBN 978-7-5139-3078-9

Ⅰ . ①少… Ⅱ . ①宋… Ⅲ . ①笔记小说 - 中国 - 明代
Ⅳ . ① I242.1

中国版本图书馆 CIP 数据核字（2020）第 102440 号

少年读智囊
SHAONIAN DU ZHINANG

主　　编	宋立涛	
责任编辑	刘树民	
总 策 划	李建华	
封面设计	黄　辉	
出版发行	民主与建设出版社有限责任公司	
电　　话	（010）59417747　59419778	
社　　址	北京市海淀区西三环中路 10 号望海楼 E 座 7 层	
邮　　编	100142	
印　　刷	三河市燕春印务有限公司	
版　　次	2020 年 8 月第 1 版	
印　　次	2020 年 8 月第 1 次印刷	
开　　本	850mm×1168mm　1/32	
印　　张	5 印张	
字　　数	130 千字	
书　　号	ISBN 978-7-5139-3078-9	
定　　价	198.00 元（全六册）	

注：如有印、装质量问题，请与出版社联系。

《智囊》初编成于明天启六年（1625），冯梦龙已届天命，还在各地以做馆塾先生过活，兼为书商编书，解无米之困。此时也是奸党魏忠贤在朝中掌权，提督特务机关东厂，大兴冤狱，红得发紫之际，是中国封建专制社会最黑暗的时期之一。冯梦龙编纂这部政治色彩极浓、并有许多篇章直斥阉党掌权之弊的类书，不能不令人对冯氏大智大勇的胆识敬佩。

后此书又经冯梦龙增补，重刊时改名《智囊补》，其他刊本也称《智囊全集》《增智囊补》《增广智囊补》等，内容上均同《智囊补》。共收上起先秦、下迄明代的历代智慧故事千余则，全书既有政治、军事、外交方面的大谋略，也有士卒、漂妇、仆奴、僧道、农夫、画工等小人物日常生活中的机智。这些故事汇成了中华民族古代智慧的海洋。书中涉及的典籍几乎涵盖了明代以前的全部正史和大量笔记、野史，使这部关于智慧和计谋的类书还具有重要的资料价值、校勘价值。书中一千多则故事，多数信而有证、查而有据，真实生动，对我们今天学习历史，增强民族自信心和自豪感，十分有益。应当特别提及的是书中专辑《闺智》一部，记叙了许多有才智、有勇谋、有远见卓识的女性，这在"女子无才便是德"的时代，具有鲜明的人民性。

当然，受作者生活的年代所限，《智囊》中的部分内容不可避免地存在不合理处，如对少数民族存在一些偏见等。但瑕不掩瑜，这些小问题不能掩盖它自身的价值。

目录

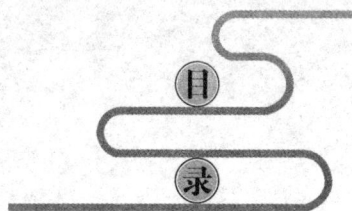

上智部　见大

原文

一操一纵，度①越意表。寻常所惊，豪杰所了②。集《见大》。

注释

①度：预料。②了：明白，懂得。

译文

一操一纵，往往在预料之外，这是平凡的人最害怕碰上的，而豪杰之士却最能把握分寸。

太公　孔子

原文

太公望①封于齐。齐有华士者，义不臣天子，不友诸侯，人称其贤。太公使人召之三，不至；命诛之。周公曰："此齐之高士，奈何诛之？"太公曰："夫不臣天子，不友诸侯，望犹得臣而友之乎？望不得臣而友之，是弃民也；召之三不至，是逆民也。而旌之以为教首，使一国效之，望谁与为君乎？"

少正卯与孔子同时③。孔子之门人三盈三虚。孔子为大司寇④，戮之于两观之下。子贡⑤进曰："夫少正卯，鲁之闻人。夫子诛之，得无

1

失乎？"孔子曰："人有恶者五，而盗窃不与焉：一曰心达而险，二曰行僻而坚，三曰言伪而辩，四曰记丑而博，五曰顺非而泽。此五者，有一于此，则不免于君子之诛，而少正卯兼之。此小人之桀雄也，不可以不诛也。"

齐所以无惰民，所以终不为弱国。韩非《五蠹》②之论本此。

〔梦龙评〕小人无过人之才，则不足以乱国。然使小人有才而肯受君子之驾驭，则又未尝无济于国，而君子亦必不概摈之矣。少正卯能煽惑孔门之弟子，直欲掩孔子而上之，可与同朝共事乎？孔子狠下手，不但为一时辩言乱政故，盖为后世以学术杀人者立防。华士虚名而无用，少正卯似大有用，而实不可用。壬人⑥金士，凡明主能诛之；闻人高士，非大圣人不知其当诛也。唐萧瑶好奉佛，太宗令出家。玄宗开元六年，河南⑦参军郑铣阳、丞郭仙舟投匦⑧献诗。敕曰："观其文理，乃崇道教，于时用不切事情，宜各从所好。罢官度为道士。"此等作用，亦与圣人暗合。如使佞佛者尽令出家，谄道者即为道士，则士大夫攻乎异端者息矣。

注释

①太公望：姓姜，名子牙，周文王时号太公望，武王时号师尚父，祖先曾封于吕，又名吕尚。②韩非：战国末期法家最著名的代表人物。《五蠹》：韩非最有代表性的著作，"五蠹"指五种蛀虫，指当时的学者、言谈者、带剑者、患御者、商工之民，这五种危害国家的人。③少正卯：少正氏，名卯，春秋时期鲁国人。孔子：名丘，字仲尼，鲁国陬邑人，春秋时期思想家和教育家，儒家学派创始人。④大司寇：春秋各国主管刑狱的官员，为六卿之一。⑤子贡：端木氏，名赐，春秋时期卫国人，孔子的学生，善于言辞。⑥壬（仁 rén）人：奸佞。金（千 qiān）士：小人。⑦河南：道名，治所在汴州（今河南省开封市），辖境在今山东、河南两省黄河故道以南，江苏、安徽两省黄河以北的地区。参军：古官名，古时军府、王国或郡州设置的参谋军务的

官员，位任颇重，为重要幕僚。⑧投匦（诡）：唐武则天时，始置匦使院，属中书省。设方函，四面分别涂以青丹白黑四色，列于朝堂。凡臣民有冤情和匡正补过、进献赋颂的，都可以把状分别投匦。

姜太公（即吕尚，姜姓，吕氏，名望，一说字子牙，周初曾官太师，也称师尚父，封于齐，有太公之称，俗称姜太公，亦作太公望）被分封到齐国，齐国有一个名叫华士的人，他认为一个高尚的人不应该臣服于天子、不结交诸侯，人们都称赞他是贤明的人。姜太公派人请他三次都不肯前来，就命人把他杀了。

周公（姓姬名旦，周武王之弟，辅佐成王为政）问说："他是齐国的一位高士，为何杀了他呢？"

姜太公说："不服从天子、不结交诸侯的人，我姜太公还能将他臣服、与之结交吗？凡是君王无法臣服、不与结交的人，就是上天要遗弃的人；召他三次而不来，就是叛逆的人。如果表扬他，使他成为全国民众效仿的对象，那要我这个当国君的何用？"

〔梦龙评〕齐国因此没有懒惰的人，始终没有沦落为弱小国家。韩非（战国时代韩国的公子，口吃不能言谈，善于著书，著有《韩非子》)《五蠹》的学说就是以此为本。

少正卯与孔子是同一时期人，孔子的学生曾受少正卯（春秋时鲁大夫）言论的诱惑，多次擅自离开学堂，使学堂由满座成为虚席。孔子做大司寇（掌管刑狱的官）的时候，就处少正卯以死刑，在宫门外杀了他。

子贡（姓端木名赐，孔子的学生）向孔子进言道："少正卯是鲁国的有名之士，老师您杀了他，不觉得有过失吗？"孔子说："人有五种罪恶，而盗窃尚未达到这五种程度。第一种是心思通达而为人阴险；第二种是行为怪僻而屡教不改；第三种是言辞虚伪而能动人心；第四种是记取非义，多而广博；第五种是顺应错误而认为理所当然。一般人如果有这五种罪恶之一，就应该被君子所杀；而少正卯同时具有这几种罪恶，正是小人中的奸雄，不可不杀。"

〔梦龙评〕小人如果没有过人的才能，就不足以乱国。如果有才能的小人愿受君子指挥，对国家不一定没有好处，而君子也不会一概都摒弃他们。少正卯能煽动迷惑孔子的弟子，想压过孔子的声誉，能和他同朝共事吗？孔子狠心下手，不只是为了阻止当时以口才便捷扰乱政局的状况，也为后世以学术杀人的现象树立相应的典范。

华士只是徒有虚名而不可用，少正卯好像很有用，实际上也不可用。空有口才而心术不正的小人，凡是贤明的君王都会杀他；名人或品德高尚的隐士，凡是贤明的君王也可能杀他；名人或品德高尚的隐士，只有大圣人才知道他该不该杀。

唐朝萧瑶喜好拜佛，太宗命令他出家。玄宗开元六年，河南参军（官名，参谋军务，唐兼郡官）郑铣、阳丞、郭仙舟献诗陈情，玄宗下诏："观察诗的意义，乃是在推崇道教，不切合时代的需求，当依其个人的喜好，免去官职做道士。"这种做法和圣人的行事正相吻合。假使嗜好佛、道的人都命令他们出家或做道士，那么士大夫以邪说异端攻击正道的事情就可以平息了。

光武帝

原 文

刘秀[1]为大司马时，舍中儿犯法，军市令祭遵格杀之。秀怒，命取遵。主簿[2]陈副谏曰："明公常欲众军整齐，遵奉法不避，是教令所行，奈何罪之？"秀悦，乃以为刺奸将军，谓诸将曰："当避祭遵。吾舍中儿犯法，尚杀之，必不私诸将也。"

罚必则令行，令行则主尊。世祖[3]所以能定四方之难也。

注释

①刘秀：即汉光武帝，东汉王朝的建立者，公元25—57年在位。大司马：古官名，西汉武帝设大司马，以冠将军之号，无印绶、官属。与丞相、御史大夫并为三公。②主簿：古官名，汉代中央及郡县官署场置此官，以典领文书，办理事务，为重要幕僚之一。③世祖：东汉光武帝死后的庙号。

▲ 光武帝

译文

光武帝刘秀曾在做大司马（管理军事的最高长官）的时候，官府中有一僮仆犯法，军市令（军中交易场所的主管）祭遵（颍川颍阳人，封颍阳侯，云台二十八将之一）下令把他杀了。刘秀很愤怒，命令部下收押祭遵。

当时，主簿（掌管官府文书账簿的官员）陈副劝说道："大人一向希望军中士兵行动整齐划一，纪律严明，现在祭遵依法办事，正是推广军令的表现啊！为什么还要怪罪他呢？"

刘秀听了很高兴，不仅赦免祭遵，而且提任他为刺奸将军，又对所有的将士们说："你们要多防备祭遵喔！我府中的僮仆犯法，都被他所杀，可见他是个公正无私的人。"

〔梦龙评〕赏罚分明，军令才容易推行；军令畅行无阻，主上自然受尊重。刘秀因此能平定四方的战乱。

胡世宁

原文

少保①胡世宁，仁和人。为左都御史，掌院事②。时当考察，执政

5

请禁私谒，公言："臣官以察为名，人非接其貌、听其言，无以察其心之邪正、才之短长。若屏绝士夫，徒按考语，则毁誉失真，而求激扬③之，难当矣。"上是其言，不禁。

公孙弘④曲学阿世，然犹能开东阁⑤以招贤人。今世密于防奸而疏于求贤，故临事遂有乏才之叹。

注释

①少保：太子少保，为辅导太子的官员。胡世宁：字永清，号静庵，明仁和（今浙江杭州）人。②左都御史：官名，明代都察院（即汉代的御史台）的主管官员，官位仅次于右都御史，负责监察纠劾事务，兼管审理重大案件和考核各级官吏。③激扬：激动振奋。④公孙弘：字季，西汉菑川人，汉武帝时曾任丞相，封平津侯。⑤东阁：《汉书·公孙弘传》注曰："阁者，小门也，东向开之，避当庭门而引宾客，以别于掾史属官也。"后因以称丞相招致款待宾客之场所。

译文

明孝宗时期，少保（官名，三孤之一，三孤是少师、少傅、少保）胡世宁（仁和人，字永清，历任南京刑部主事、兵部尚书），担任左都御史（都察院的首领，专门纠察百官，辨明冤案），负责掌管都核院的事务。当时正要考核执政的官员，有人请求孝宗下令禁止百官私自拜访都御史。

胡少保禀告孝宗说："为臣的职责是负责考察。如果要去了解一个人，而不去观察他的言谈举止，就没有办法知道他心地是否正直，才能是否出众；假如禁止会见官员，只按照别人的评语来作定论，那么毁誉就失去真实性，想要表扬提拔人才是很困难的。"

孝宗同意他的奏言，于是下令取消禁令。

〔梦龙评〕公孙弘（汉·薛人，武帝初年为博士，累官到丞相，封平津侯，开设"东阁"，聘请学者，自己薪俸的收入都发给宾客。个性外表宽厚，内在深沉，表面善良，内心险恶，曾杀忠臣主父偃，流放董仲舒）歪曲学术，又善于谄媚世人，然而还能开设东阁，招请贤人。

而今天对防范奸人做得很精密，但对招揽贤人却很疏忽，所以一旦发生事情，就有缺乏人才的感慨。

假 书

原文

秦桧①当国，有士人假其书，谒②扬州守。守觉其伪，交原书管押其回。桧见之，即假③以官资。或问其故，曰："有胆敢假桧书，此必非常人。若不以一官束之，则北走胡、南走越矣④。"

西夏⑤用兵时，有张、李二生，欲献策于韩、范二公⑥，耻于自媒，刻诗于碑，使人曳之而过，韩、范疑而不用。久之，乃走西夏，诡名张元、李昊⑦，到处题诗。元昊闻而怪之，招致与语，大悦，奉为谋主，大为边患。（边批：元昊识人。）奸桧此举，却胜韩、范远甚，所谓"下下人有上上智"。

有人赝⑧作韩魏公书，谒蔡君谟。君谟虽疑之，然士颇豪，与之三千，因回书，遣四兵送之，并致果物于魏公。客至京，谒公谢罪。公徐曰："君谟手段小，恐未足了公事。夏太尉在长安，可往见之。"即为发书。子弟疑谓包容已足，书可勿发。公曰："士能为我书，又能动君谟，其才器不凡矣。"至关中，夏竟官之。边批：手段果大。又东坡元赝间出帅钱塘⑨。视事之初，都商税务押到匿税人南剑州乡贡进士吴味道，以二巨卷，作公名衔，封至京师苏侍郎⑩宅。公呼讯其卷中何物。味道恐蹙⑪而前曰："味道今秋忝⑫冒乡荐，乡人集钱为赴省之赆⑬以百千，就置建阳纱得二百端。因计道路所经场务尽行抽税，则至都下不存其半。窃计当今负天下重名而爱奖士类，唯内翰与侍郎耳。纵有败露，必能情贷⑭，遂假先生名衔，缄封而来。不知先生已临镇此邦，罪实难逃。"公熟视，笑，呼掌笺吏⑮去其旧封，换题新衔，附至东京竹竿巷，并手书子由书一纸，付之，曰："先辈⑯这回将上天去也无妨。"明年味道及第，来谢。二事俱长人智量者。

注释

①秦桧：字会之，北宋末江宁（今江苏南京）人，南宋初大奸臣。②谒（页 yè）：拜见。③假：给予。④胡：古人对北方和西方少数民族的泛称。越：对南方少数民族的泛称。⑤西夏：古国名，宋人对党项族所建政权的称呼，辖今宁夏、陕西、甘肃、青海等地区。⑥干：求取。韩：韩琦，字稚珪，北宋相州安阳（今属河南省）人，仁宗时进士，宝元三年（公元 1040 年），出任陕西安抚使，与范仲淹共同防御西夏，时人称为"韩、范"。⑦元昊（浩 hào）：即李元昊，又名曩霄，西夏国主，公元 1032—1048 年在位。⑧赝（厌 yàn）：假的，伪造。⑨东坡：即苏轼，字子瞻，号东坡居士，北宋眉山（今属四川省）人，仁宗嘉祐进士，历任祠部员外郎、礼部尚书等。钱塘：今属浙江省杭州市，宋时与仁和县同为两浙路及临安府治所。⑩苏侍郎：即苏辙，字子由，苏东坡之弟，与兄同举进士，宋神宗时，累官翰林学士、门下侍郎，故称"苏侍郎"。⑪蹙（促 cù）：局促不安。⑫忝（舔 tiǎn）：辱，（引）愧。⑬赆（进 jìn）：进贡的财物。⑭情贷：情由，原谅。⑮掌笺吏：文书类的属官。⑯先辈：对应科举者的尊称。

译文

秦桧（宋高宗时宰相，杀害岳飞，残害忠良）当权时，有一个读书人伪造秦桧的书信，拿去拜见扬州太守（管理州郡的官吏）。太守发觉是封假信，即将它没收，把人押回。秦桧看见后，却给这个人一个做官的资格。

有人问秦桧是为什么，秦桧说："有胆量敢伪造我书信的人，一定不是个普通人。如果不用一个官吏的职位来约束他，一旦他投靠南方或北方的敌人，就可能形成祸害了。"

〔梦龙评〕西夏（宋时国名，姓拓跋氏）侵犯宋朝的时候，有姓张、李的二人，想写文章去求韩琦（安阳人，带兵很久，名重一时，甚得朝廷倚重）、范仲淹（吴县人，字希文，苦读成名，带兵守陕西，号令严明，西夏人不敢冒犯）提拔他们做官，但认为自荐是很可耻的事情，于是写诗刻在石碑上，请人拉过韩、范的府门，韩、范二人认为形迹可疑而不予以任用。过了一段时间后，这两名男子就跑到西夏去，诈名为张元、李昊，到处题诗。西夏国王李元昊听说此事，觉得很奇怪，就招他们来问话，谈罢非常高兴，任命他们为谋士，终使西夏成为北宋边境上的大害。上述秦桧的做法远胜过韩、范二人，可说是下下等人偶尔有上上等的智慧。

有人假造韩魏公（韩琦，封魏国公）的信去拜见蔡君谟，蔡君谟心中虽然有所怀疑，却见此人十分豪爽，并且送他三千钱，还写回信，派四个士卒送他，同时送礼物给魏公。此人到京城拜见魏公，当面认罪，魏公慢慢地说道："君谟处事的方法过于谨慎，恐怕没有办法完成你所要求的事情，夏太尉（指夏竦；太尉，官名，专管军事，相当武丞相）在长安，你可以前去拜望他。"说完立即为此人写一封信给夏太尉。家人认为对此人已经够宽容了，不必再为他写信。魏公说："这个读书人会模仿我的信，又能说动君谟，才器必定不凡。"此人一到关中，夏太尉果然给他官衔〔手段果大〕。

苏东坡（即苏轼，宋·眉山人，与父洵、弟辙合称三苏）在哲宗元祐年间，到钱塘（杭州）任职。上任不久，都商税务（掌管赋税的官吏）押捕一个逃税的人，是南剑州乡贡进士（由州县官选拔再推荐给京城的书生）吴味道，他冒用苏东坡的名衔密封两大卷轴要送到京师苏侍郎（东坡的弟弟子由，任职门下侍郎，是门下省的长官）府第。东坡问他卷轴里装的是什么物品，吴味道恐惧地说："我今年秋天荣幸地被推荐为乡贡进士，乡人聚集了十万钱作为赠别的礼物送我，我买了四百丈建阳薄丝，但想到沿路所有的税务官署都要抽税，那么到京城后就剩下不到一半了。所以我私下设想：当今天下最有名望且爱奖励读书人的，

只有先生您和苏侍郎而已，即使事迹败露，也必能宽谅；于是假借先生的名衔封起来，来到这里。却不知道先生已经先来到这个镇上，我的罪过再也逃避不了了。"苏东坡仔细一看，笑着呼唤管文书的家臣把旧封条除去，换题新的名衔，附上"送至东京（开封）竹竿巷"的字样，并亲手写一封给弟弟子由的信交给吴味道，说："前辈这回即使拿到天上去也无妨了。"第二年，吴味道考中进士，特地前来答谢。

这两件事都是促成有才智的人出头的惯例。

楚庄王　袁盎

原文

楚庄王宴群臣，命美人行酒。日暮，酒酣烛灭，有引美人衣者。美人援绝其冠缨①，趣火视之。王曰："奈何显妇人之节，而辱士乎！"命曰："今日与寡人饮，不绝缨者不欢。"群臣尽绝缨而火，极欢而罢。及围郑之役，有一臣常在前，五合五获首，却敌，卒得胜。询之，则夜绝缨者也。

盎②先尝为吴相时，盎有从史③私盎侍儿。盎知之，弗泄。有人以言恐从史，从史亡。盎亲追反之，竟以侍儿赐，遇之如故。景帝④时，盎既入为太常⑤，复使吴。吴王时谋反，欲杀盎，以五百人围之。盎未觉也。会从史适为守盎校尉司马⑥，乃置二百石醇醪，尽饮五百人醉卧，辄夜引盎起，曰："君可去矣，且日王且斩君。"盎曰："公何为者？"司马曰："故从史盗君侍儿者也。"于是盎惊脱去。

梁之葛周⑦、宋之种世衡，皆用此术克敌讨叛。若张说⑧免祸，可谓转圜之福。兀术⑨不杀小卒之妻，亦胡房中之杰然者也。葛周尝与所宠美姬同饮，有侍卒目视姬不辍，失答周问。既自觉，惧罪。周并不言。后与唐师战，失利，周呼此卒奋勇破敌，竟以美姬妻之。边批：怜才之至。胡酋苏慕恩⑩部落最强，种世衡尝夜与饮，出侍姬佐酒。既而世衡起入内，慕恩窃与姬戏。边批：三国演义貂蝉事套此。世衡遽出掩之，慕恩惭愧请罪。世衡笑曰："君欲之耶？"即以遗之。由是诸部有贰者，使慕恩讨之，无不克。张说有门下生盗其宠婢，欲置之法。此生呼曰："相公岂无缓急用人时耶？何惜一婢！"说奇其言，遂以赐而遣之。后杳不闻。及遭姚崇⑪之构，祸且不测。此生夜至，请以夜明帘献九公主⑫，为言于玄宗，得解。金兀术爱一小卒之妻，杀卒而夺之，宠以专房。一日昼寝，觉，忽见此妇持利刃欲向。惊起问之，曰："欲为夫报仇耳。"边批：此妇亦奇。术默然，麾使去。即日大享将士，召此妇出，谓曰："杀汝则无罪，留汝则不可。任汝于诸将中自择所从。"妇指一人，术即赐之。边批：将知感而妇不怨矣。

注释

①冠缨：古时官吏系在颔下的冠带。②盎（昂 àng 去声）：袁盎，字丝，西汉初安陵人，汉文帝时，历任齐相、吴相。③从史：随从的幕僚。④景帝：西汉景帝刘启，公元前156—前141年在位。⑤太常：古官名，为九卿之一，掌宗庙礼仪，兼常选试博士。⑥校尉司马：西汉指掌管特种部队的将领。⑦葛周：即葛从周，字通美，五代后梁郓（绢 juàn）城县（今属山东省）人，历任泰宁节度使、左金吾卫上将军。⑧张说：字道济，唐洛阳（今属河南省）人，历任太子校书、黄门侍郎、中书令等，封燕国公。⑨兀术（竹 zhú）：即完颜宗弼，女真人，金太祖第四子，善骑射，屡侵宋，官累太师都元帅。⑩苏慕恩：北宋初时西北羌族部落的酋长。⑪姚崇：本名元崇，改名元之，后又改名崇，唐陕州硖石人，历任武则天、唐睿宗、唐玄宗三朝的宰相。⑫九公主：唐玄宗的妹妹。

译文

楚庄王（春秋，五霸之一）宴请群臣，命令自己心爱的美人来斟酒、劝酒。酒宴一直进行到晚上，大家喝得酒兴正浓，蜡烛熄灭了。席中有一位臣子趁机拉扯美人的衣服，美人则扯断他的帽带，以便点火后能看个清楚。

庄王心想："怎么可以为了显示妇人的节操，而屈辱一个国士呢？"于是下令："今天和寡人喝酒的臣子，不拉断帽带的人表示不够尽兴。"

群臣于是都把自己的帽带拉断，然后再点上蜡烛，人欢席散。

后来在围攻郑国的战役中，有一位臣子总在敌前冲锋陷阵，五次交兵、五次斩死敌人首领，因而击退敌人获得胜利，庄王询问他的姓名，原来就是那天晚上被美人扯断帽带的臣子。

汉朝人袁盎担任吴王濞（汉朝王室分封的诸侯）的丞相时，有个侍从私通袁盎的侍女，袁盎知道这件事，并没有泄漏出去。有人恐吓侍从，侍从逃走，袁盎亲自把他追回来，竟然把侍女赐给他，待他像老朋友一样。

汉景帝时，袁盎担任太常（掌管宗庙礼仪的官吏），又出使吴国。吴王当时图谋造反，想杀死袁盎，派了五百个士兵包围袁盎的住处，袁盎没有发觉，此时当年的侍从正好担任防守袁盎的校尉司马，他准备了二百石的美酒给这五百个士兵喝，喝得个个醉倒。

到了半夜，他叫起袁盎，说："你赶快离开吧！天一亮吴王就要杀你了。"盎问道："你是什么人？"司马说："我就是以前私通您府上侍女的侍从。"于是袁盎很惊险地逃脱了。

〔梦龙评〕后梁的葛从周（后梁太祖时的大将军）、宋朝的种世衡（曾防守边塞数年，善待士卒，深得爱戴）都用这种方式，克服敌人、讨伐叛逆。至于张说（唐·洛阳人，累官中令令，封岳国公）避祸的事，可说都是托处事得宜之福；金兀术（金太祖第四子，姓完颜名宗弼，屡次侵宋，击败宋兵，曾与岳飞战于朱仙镇）不杀小卒的妻子，也算是胡人中的豪杰。

葛从周曾与宠爱的美女一起喝酒，有一个士兵不停地注视美女，以致忽略了葛从周的问话，稍后自觉有罪，但葛从周并没有责骂他。后来葛从周带兵与后唐军队作战失利，就命令这个士兵奋勇杀敌，果然获胜，最后把美女嫁给他〔怜才之至〕。

胡人部落以苏慕恩一族最为强大，种世衡有一夜和苏慕恩喝酒，召侍女出来帮忙倒酒、劝酒。席间种世衡起身走入内室，苏慕恩就偷偷地调戏侍女〔《三国演义》貂蝉套此事〕，种世衡立即走出来当场撞见，苏慕恩惭愧地请罪。种世衡笑着说："你很想要她吗？"就把侍女送给他。从此以后，各部落间有二心的，只要派苏慕恩出马，没有讨不平的。

张说有一个门生偷偷地带走了他一个宠爱的婢女，张说想用法律来处置他。门生大声说："先生难道没有紧急用人的时候吗？何必吝惜一个婢女！"张说觉得他的话很奇特，就把婢女送他，打发他走，此后就下落不明。后来张说遭姚崇（唐·陕州人，玄宗时拜相，封梁国公）的陷害，随时可能遇祸，这个门生忽然半夜临门，请张说用夜明帘进献给九公主，为他在玄宗面前说好话，才化解了这件祸害。

金兀术爱上一个士卒的妻子，就杀死士卒夺走他的妻子，作为自己的专宠。有一日睡醒时，忽然看见这个妇人拿着利刃对着自己，兀术慌忙起来问她，她说："我要为丈夫报仇〔此妇亦奇〕。"兀术沉默不语，挥手叫她退去，当天就宴请将士，并把这个妇人叫出来，说道："若要杀你，但你并没有罪；若要留你，也不可能。任你在诸位将士中选一个嫁给他吧！"于是把妇人赐给她所挑选的将士〔一来是感动部将，二来使这名妇人不再怀恨在心〕。

王　猛

原　文

猛督诸军十六万骑伐燕①。慕容评屯潞州②，猛进与相持，遣将军徐成觇③燕军。期④日中，及昏而反，猛怒，欲斩成。邓羌请曰："贼众我寡，诘朝⑤将战，且宜宥⑥之。"猛曰："若不斩成，军法不立。"羌固请曰："成，羌部将也，虽违期应斩，羌愿与成效战以赎罪。"猛又弗许。羌怒，还营，严鼓勒兵，将攻猛。猛谓羌义而有勇，边批：具眼。使语之曰："将军止，吾今赦之矣。"成既获免，羌自来谢。猛执羌手而笑曰："吾试将军耳。边批：不得不如此说。将军于郡将尚尔，况国家乎！"

违法请宥，私也；严鼓勒兵，悍也，且人将攻我，我因而赦之，不损威甚乎？然羌竟与成大破燕兵，以还报主帅，与其伸一将之威，所得孰多？夫所贵乎军法，又孰加于奋勇杀敌者乎？故曰：圆若用智，唯圜善转，智之所以灵妙而无穷也。

注释

①猛：即王猛，字军略，北海剧县人，十六国时前秦的大臣。燕：即北燕，十六国之一，公元407年，冯跋推翻了后燕慕容熙的统治，立高云为天王，都龙城（今辽宁朝阳），史称北燕。②潞（路 lù）州：古州名，治所在上党，今山西长治、武乡等地。③觇（产 chān 去声）：偷看，侦察。④期：约定。⑤诘（洁 jié）朝：次日早晨。⑥宥（右 yòu）：宽容，宽恕。

译文

魏晋南北朝时，王猛（北海人，字景略，前秦王符坚在位时任丞相）总督各路十六万骑兵进攻前燕，当时慕容评屯兵于潞洲。

王猛进军与慕容评相持时，派遣将军徐成前去窥探燕军的情况，约定中午回营，但徐成直到黄昏才回来。王猛很生气，要杀徐成。

邓羌求情道："敌众我寡，明早就要作战了，将军应该原谅他。"

王猛说："如果不杀徐成，军法的威严就不能树立。"

邓羌再三请求说："徐成是我的部将，虽然误时应该问斩，我愿意和徐成并肩作战以赎罪。"

王猛还是不肯。

邓羌很生气，回营后，击鼓整军，打算攻击王猛。

王猛认为邓羌义勇双全〔很有眼光〕，就派人告诉他："将军暂且停兵，我现在就赦免徐成。"

徐成被赦免后，邓羌亲自来向王猛道谢。

王猛握着他的手笑道："我只是想试试你罢了，将军对部将都这么重视，何况是国家呢〔不得不如此说〕？"

〔梦龙评〕违反法令而请求宽赦，是自私的表现；击鼓整军，却是强悍的行为。在有人要攻击我的时候，顺势赦人，难道不会损害威严吗？但是邓羌后来和徐成大败燕军，以回报主帅的恩惠，这和伸张将军的威严比起来，读者以为孰轻孰重？军法固然要重视，但又有什么比奋勇杀敌的人更可贵呢？

所以兵法上说："圆若用智，唯园善转。"才智如果运用得巧妙，效果是灵妙无穷的。

魏元忠

原文

唐高宗①幸东都时，关中饥馑②。上虑道路多草窃，命监察御史魏元忠③检校车驾前后。元忠受诏，即阅视赤县狱，得盗一人，神采语言异于众。边批：具眼。命释桎梏④，袭⑤冠带乘驿以从，与人共食宿。托以诘盗。其人笑而许之，比及东都，士马万数，不亡一钱。

因材任能，盗皆作使。俗儒以"鸡鸣狗盗⑥之雄"笑田文，不知尔时舍鸡鸣狗盗都用不着也。

注释

①唐高宗：唐太宗之子，名李治，公元650—683年在位。②饥馑（仅jǐn）：饥荒。③监察御史：古官名，掌管监察百官、巡视郡县、纠正刑狱，肃整朝仪事务，品秩低而权限广。魏元忠：本名真宰，唐

▲ 魏元忠

宋州宋城（今河南商丘南）人，官累殿中侍御史、检校左庶子等，后贬务川尉，卒谥贞。④桎梏（zhì gù）：拘禁犯人两脚的刑具。⑤袭：整理。⑥鸡鸣狗盗：据《史记·孟尝君列传》所载：战国时，齐国的孟尝君（即田文，齐国的贵族，门下有几千食客）在秦国被扣留，他的一个门客装狗夜入秦宫，偷出早已献给秦王的狐裘，转献给秦王的一个爱妾，使孟尝君得以释放；随后又靠另一个门客装鸡叫，骗开了函谷关的城门，使他们得以逃回齐国。后人就用"鸡鸣狗盗"比喻不足称道的卑下的技能。又，宋·王安石曾有"孟尝君特鸡鸣狗盗之雄耳"一语（《临川集·读孟尝君传》），故冯梦龙有此语。

译文

唐高宗驾临东都洛阳时，关中正闹饥荒。高宗担心路上会遭强盗，就命令监察御史（官名，掌管巡察州县狱论、军戎、祭祀、出纳等事）魏元忠（宋城人，为太学生，任殿中侍御史）检阅车驾前后。

魏元忠受命后，立即巡视赤县（唐朝京都所管的县）监狱，找到一名强盗犯，言语举止与别人不太一样〔有眼光〕。魏元忠命令狱卒打开他的手铐、脚镣，让他整理衣冠，乘车跟随在后面，并跟他一起生活起居。然后委托他去防备强盗，此人笑着答应了。高宗此次巡幸东都的过程中，随行兵马多达万余人，但竟不曾遗失一文钱。

〔梦龙评〕依人的才能去任用他，强盗都可以作为使者。一般学者用鸡鸣狗盗取笑田文（战国时齐人，号孟尝君，出任齐相，致天下贤士，门下食客常数千人）所用的食客，却不知道当时除了鸡鸣狗盗之徒，其他人都派不上用场。

明智部　知微

原文

　　圣无死地，贤无败局；缝祸①于渺，迎祥②于独；彼昏是③违，伏机④自触。集《知微》。

注释

　　①缝祸：弥缝祸患。②迎祥：接受吉祥。③是：这个，指"缝祸于渺，迎祥于独。"④伏机：埋伏的机关。

译文

　　圣人行事，绝不会身陷死地；贤者所为，也绝不会遭逢败局。因为他们总能未雨绸缪，从细微的征兆中预知祸害的先兆，得到圆满的结果。

箕　子

原文

　　纣①初立，始为象箸②。箕子③叹曰："彼为象箸，必不盛以土簋④，将作犀⑤玉之杯。玉杯象箸，必不羹藜藿⑥，衣短褐⑦，而舍于茅茨⑧之下，则锦衣九重，高台广室。称此以求，天下不足矣！远方珍怪之物，舆马宫室之渐，自此而始，故吾畏其卒也！"未几，造鹿台⑨，为琼室

17

玉门，狗马奇物充牣其中，酒池肉林，宫中九市，而百姓皆叛。

注释

①纣：即商纣王，商代的最后一位君主，由于荒淫无度，肆意专横，在牧野战中，而被周武王击败，自焚而死。②箸（住 zhù）：筷子。③箕（机 jī）子：商纣王同宗族伯叔，名胥余，封子爵，国于箕，故称箕子。纣王无道，箕子谏之不听，乃披发佯狂为奴。④土簋（鬼 guǐ）：古代盛食物的器具，圆口两耳。⑤犀（西 xī）：犀牛角，用来做器物的名贵材料。⑥藜藋（赫 hè）：长刺的野生植物，藿草。⑦短褐：粗布短衣。⑧茅茨（cí）：用茅草或芦苇盖的房子。⑨鹿台：殷纣王聚积财物的场所，建在商纣王别都朝歌内。

译文

纣王初立的时候，开始制造象牙筷子。

箕子（纣王的叔父）叹息说："他用象牙筷子吃饭，就一定不会再用陶碗盛装食物，将来还会用犀角美玉的杯子。有美玉杯、象牙筷，一定不会吃粗陋的食物，穿粗糙的衣服，也不会住在茅草房屋里。于是锦衣玉食、高台广室，为此而向天下寻求仍不能满足。对远方珍奇的物品与车马宫室的需索，就从此开始了。我担心他的结果会很惨。"

不久，纣王果然建筑鹿台，用美玉建宫室及门户，狗马奇珍充斥宫中，酒池肉林，并于宫中设立了九个市集，从此百姓全都背叛他了。

殷长者

原文

武王入殷，闻殷①有长者。武王往见之，而问殷之所以亡。殷长者对曰："王欲知之，则请以日中为期。"及期弗至，武王怪之。周公②曰："吾已知之矣。此君子也，义不非其主。若夫期而不当，言而不信，此殷之所以亡也。已以此告王矣。"

明智部 知微

注释

①殷：朝代名，商盘庚迁都殷，改商为殷。②周公：姓姬，名旦，周武王之弟，因采邑封建土地所制的一种形式在周，故称周公。

译文

周武王（周朝第一代王，文王的儿子，名发）入殷商以后，听说殷商有一位长者，便亲自去见他，问他殷商灭亡的原因。

殷商的长者回答说："大王想知道原因，请约定中午见面。"

到中午时分，长者却没有来。

武王觉得很奇怪。周公说："我已经知道原因了。此人是君子，君子之义

▲ 周武王

是不会批评自己君王的过失。像他这样爽约不到，言而无信，就是殷商灭亡的原因，他已经用这种方式告诉大王了。"

周公　太公

原文

太公封于齐，五月而报政。周公曰："何族同速也？"曰："吾简其君臣，礼从其俗。"伯禽①至鲁，三年而报政。周公曰："何迟也？"曰："变其俗，革其礼，丧三年而后除之。"周公曰："后世其北面事齐乎？夫政不简不易，民不能近；平易近民，民必归之。"周公问太公何以治齐，曰："尊贤而尚功。"周公曰："后世必有篡弑②之臣！"太公问周公何以治鲁，曰："尊贤而尚亲。"太公曰："后寝③弱矣！"

19

二公能断齐、鲁之敝于数百年之后，而不能预为之维；非不欲维也，治道可为者止此耳。虽帝王之法，固未不久而不敝者也，敝而更之，亦俟乎后之人而已，故孔子有"变齐、变鲁"之说。陆葵日曰："使夫子之志行，则姬、吕之言不验"。夫使孔子果行其志，亦不过变今之齐、鲁，为昔之齐、鲁，未必有加于二公也。二公之孙子，苟能日儆俱④于二公之言，又岂俟孔子出而始议变乎？

注释

①伯禽：周公之子。②篡弑：篡，非法夺取；弑，古代称子杀父，臣杀君。③寖：渐渐。④儆（井 jǐng）惧：警觉，畏惧。

译文

姜太公受封于齐地，五个月后就来报告政情。

周公说："怎么会这么快？"

太公说："我使君臣之仪一切从简，礼节都随从当地的风俗。"

伯禽（周公之子，受封于鲁）到了鲁地，三年后才回来报告政情。

周公说："为什么这么迟？"

伯禽说："我改变他们的风俗，革新他们的礼节，守丧三年后才能解除丧服。"

周公说："如此看来，后代各国必将臣服于齐啊！处理政事不能简易，人民就不能亲近他；平易近人，则人民一定归顺他。"

周公问太公："你如何治理齐国？"

太公说："尊敬贤者而崇尚功业。"

周公说："齐国后世一定会出现篡位弑君的臣子。"

太公反问周公："你如何治理鲁国？"

周公说："尊敬贤者而重视新族。"

太公说："鲁国以后一定日渐衰弱。"

〔梦龙评〕周公、太公能推断数百年后齐国与鲁国的弊病，却不能预先加以维护，并不是他们不想维护，而是治理政事所能做的，仅此

20

而已。帝王之法，本来就不可能传之永久，衰敝之后就会改朝换代。

所以听到孔子有改革齐国和鲁国的志愿时，陆葵日说："假使孔子的志愿实现了，那么周公、太公的话就没有灵验。但就算孔子的心志果真实现，也不过是改变当前的齐、鲁成为往昔的齐、鲁，未必能胜过周公、太公。周公、太公的子孙，如果时时刻刻都能警惕戒惧祖先的预言，又哪里需要等到孔子出现才开始议论改革的事呢？"

辛　有

原　文

平王①之东迁也，辛有适伊川②，见披发而祭于野者，曰："不及百年，此其戎③乎？其礼先亡矣！"及鲁僖公④二十二年，秦、晋迁陆浑之戎⑤于伊川。

犹秉周礼，仲孙⑥卜东鲁之兴基；其礼先亡，辛有料伊川之戎祸。

注　释

①平王：即周平王，西周幽王的太子。申侯联合犬戎攻杀周幽王后，他被齐、鲁等国诸侯拥立为君主，后东迁洛邑，史称东周。②辛有：东周的大臣。伊川：伊河所经之地，河南嵩县及伊川县境。③戎：我国古代西部少数民族戎人居住的地方。④鲁僖公：春秋时鲁国的君主。⑤陆浑之戎：戎人的一支，允姓，春秋时居住在陆浑。⑥仲孙：即仲孙湫（绞 jiǎo），春秋时齐国的大夫。

译　文

周平王（幽王的儿子，名宜臼，迁都到洛邑）东迁时，辛有（周大夫）到伊川，看见人民披头散发地在野外祭祀，说："不到百年，这里就会被戎人所占，因为这里传统的礼节已经丧失了。"

到鲁僖公（名申）二十二年，秦、晋果然将陆浑的戎人迁到了伊川。

〔梦龙评〕鲁国秉承周礼，因此仲孙湫（春秋齐国大夫，恒公问他可不可以伐鲁，他说不可以，因为鲁国还秉承周礼）预言鲁国的基业兴盛；伊川失去祖先的礼节，因此辛有意料其有戎狄的灾祸。

何 曾

原文

何曾[1]字颖考，常侍武帝[2]宴，退语诸子曰："主上创业垂统[3]，而吾每宴，乃未闻经国远图，唯说平生常事，后嗣其殆乎？及身而已，此子孙之忧也！汝等犹可获没。"指诸孙曰："此辈必及于乱！"及绥被诛于东海王越，嵩哭曰："吾祖其大圣乎！"嵩、绥皆邵子，曾之孙也。

注释

①何曾：曹魏时官至司徒，西晋初任丞相太傅等官。②武帝：即晋武帝司马炎，字安世，河内温县人，晋朝的建立者，公元265—290年在位。③垂统：指封建帝王把基业传给后代。

译文

晋朝人何曾字颖考，经常陪侍晋武帝饮宴。有一天，他退朝回家后对儿子们说："皇上开创大业，永垂不朽，但我每次陪他宴饮，从未听他谈起经略国家的宏大计划，唯有平生的日常琐事，恐怕他的子孙将很危险。事业止于本身而亡，是子孙可忧虑之处。你们还可以善终。"

又指着孙子们说："你们必定有灾祸临身。"

后来何绥被东海王司马越杀害，何嵩哭着说："我的祖父实在非常圣明啊！"何嵩、何绥都是何曾的孙子。

管 仲

原文

管仲①有疾，桓公②往问之，曰："仲父病矣，将何以教寡人？"管仲对曰："愿君之远易牙、竖刁、常之巫、卫公子启方③。"公曰："易牙烹其子以慊④寡人，犹尚可疑耶？"对曰："人之情非不爱其子也。其子之忍，又何有于君？"公又曰："竖刁自宫⑤以近寡人，犹尚可疑耶？"对曰："人之情不爱其身也。其身之忍，又何有于君？"公又曰："常之巫审于死生，能去苛病，犹尚可疑耶？"对曰："死生，命也，苛病，失也。君不任其命，守其本，而恃常之巫，彼将以上无不为也！"边批：造言惑众。公又曰："卫公子启方事寡人十五年矣，其父死而不敢归哭，犹尚可疑耶？"对曰："人之情非不爱其父也。其父之忍，又何有于君？"公曰："诺。"管仲死，尽逐之；食不甘，宫不治，苛病起，朝不肃。居三年，公曰："仲父不亦过乎！"于是皆复召而反。明年，公有病，常之巫从中出曰："公将以某日薨⑥。"边批：所谓无不为也。易牙、竖刁、常之巫相与作乱，塞宫门，筑高墙，不通人，公求饮不得。卫公子启方以书社⑦四十下卫，公闻乱，慨然叹，涕出，曰："嗟乎！圣人所见岂不远哉！"

昔吴起⑧杀妻求将，鲁人谮之；乐羊⑨伐中山，对使者食其子，文侯⑩赏其功而疑其心。夫能为不近人情之事者，其中正不可测也。天顺中，都指挥⑪马良有宠。良妻亡，上每慰问。适数日不出，上问及，左右以新娶对。上怫然⑫曰："此厮夫妇之道尚薄，而能事我耶？"杖而疏之。宣德中，金吾卫

指挥⑬傅广自宫，请效用内廷。上曰："此人已三品，更欲何为？自残希进，下法司问罪！"噫！此亦圣人之远见也！

注释

①管仲：名夷吾，字仲，谥敬，亦称敬仲。春秋时齐国人。②桓公：即齐桓公，姓姜，名小白，春秋时齐国君主。③易牙：春秋时齐国人，亦作狄牙，善调味，传说烹其子为羹以献桓公，甚见亲信，后桓公卒，易牙与竖刁专权，杀害群臣，立公子无亏，太子昭奔宋，齐国内乱。竖刁、常之巫、卫公子启方：均为齐桓公的近臣，后谋反。④慊（怯 qiè）：满足。⑤宫：古代阉割男性生殖器的刑罚。⑥薨（烘 hōng）：古代王侯之死，叫薨。⑦书社：古制二十五家立社，把社内人名登录簿册，称为"书社"。亦以指按社登记入册的人口及其土地。⑧吴起：战国时兵家，初任鲁将，继任魏将，屡建战功，后辅楚悼王变法，悼王死，被旧贵族杀害。⑨乐羊：战国时魏将，被魏文侯任为将军，攻克中山，封于灵寿。⑩文侯：即魏文侯，名斯，战国时魏国的君主。⑪都指挥：即都指挥使。⑫怫（扶 fú）然：愤怒的样子。⑬金吾卫指挥：官名，京城禁卫军的指挥官。

译文

管仲（春秋齐国，颍上人，名夷吾）生病，齐桓公去探望他说："仲父生病了，关于治国之道有什么可以教导寡人的？"

管仲回答说："希望君王疏远易牙、竖刁（都是桓公的侍臣）、常之巫、卫公子启方四人。"

桓公说："易牙为了给寡人美食而烹煮自己的儿子，还有可疑吗？"

管仲说："人之常情没有不爱惜孩子的，能狠得下心杀自己的儿子，对国君又有什么狠不下心的？"

桓公又问："竖刁阉割自己，以求亲近寡人，还有可疑的吗？"

管仲说："人之常情没有不爱惜身体的，能够忍得下心残害自己的身体，对国君又有什么狠不下心的？"

桓公又问："常之巫能卜知生死，能够为寡人除病，还有可疑吗？"

管仲说："生死是天命，生病是疏忽，一国之君不笃信天命，固守本分，而依靠常之巫，他将借此胡作非为〔造言惑众〕。"

桓公又问："卫公子启方侍候寡人十五年了，父亲去世都不敢回去奔丧，还有什么可疑的吗？"

管仲说："人之常情没有不敬爱自己父亲的，能狠得下心不奔父丧，对国君又有什么狠不下心的？"

桓公最后说："好，我答应你。"

管仲去世后，桓公就把这四个人全部逐出宫去。但是从此食不甘味，宫室不整，旧病又发作，上朝也毫无威严。

经过三年，桓公说："仲父的看法不是错了吗？"

于是把这四个人又召了回来。

第二年，桓公生病，常之巫出宫宣布说："桓公将于某日去世〔所谓胡作非为也〕。"易牙、竖刁、常之巫相继起而作乱，关闭宫门，建筑高墙，不准任何人进出，桓公要求的饮食都得不到。卫公子启方以四十个社归降卫国。

桓公听说四人作乱，感慨地流着泪说："唉！圣人的见识，又怎么会不远呢？"

〔梦龙评〕从前吴起（战国卫人）为了取得鲁国将领的地位去攻击齐国，而杀死妻子（齐国人），鲁国人都说他的坏话。乐羊（战国魏文侯的将领）讨伐中山（国名），中山国君烹煮乐羊的儿子，送来给乐羊，乐羊面对使者食其子，魏文侯奖赏他的功劳，却怀疑他的居心。能做出不近人情之事的人，其心不可测。

明英宗天顺年间，都指挥（管辖省内卫所）马良（临安人，字子善）深受宠爱，妻子去世，英宗每每慰问他。随后马良有数日未曾出现，英宗问及，左右的人说他刚娶妻。英宗很生气地说："这家伙把夫妻之情都看得这么淡薄，还能侍候我吗？"于是处以杖刑并疏远了他。

宣宗宣德年间，金吾卫指挥傅广阉割自己以效命内廷，宣宗说："此人官位已到三品，还想要做什么？自贱以求升官，交付有司判罪。"唉！这也是圣人的远见。

伐卫 伐莒

原文

齐桓公朝而与管仲谋伐卫①。退朝而入，卫姬望见君，下堂再拜，请卫君之罪。公问故，对曰："妾望君之入也，足高气强，有伐国之志也。见妾而色动，伐卫也。"明日君朝，揖管仲而进之。管仲曰："君舍卫乎？"公曰："仲父安识之？"管仲曰："君之揖朝也恭，而言也徐，见臣而有惭色。臣是以知之。"

齐桓公与管仲谋伐莒②，谋未发而闻于国。公怪之，以问管仲。仲曰："国必有圣人也！"桓公叹曰："嘻！日之役者，有执柘杵③而上视者，意其是耶？"乃令复役，无得相代。少焉，东郭垂④至。管仲曰："此必是也！"乃令傧者延而进之，分级而立。管仲曰："子言伐莒耶？"曰："然。"管仲曰："我不言伐莒，子何故曰伐莒。"对曰："君子善谋，小人善意。臣窃意之也。"管仲曰："我不言伐莒，子何以意之？"对曰："臣闻君子有三色：优然喜乐者，钟鼓之色；愀然⑤清静者，缞绖⑥之色；勃然充满者，兵革之色。日者臣望君之在台上也，勃然充满，此兵革之色。君呀而不吟，所言者伐莒也；君举臂而指，所当者莒也。臣窃意小诸侯之未服者唯莒，故言之。"

桓公一举一动，小臣妇女皆以窥之，殆⑦天

下之浅人与？是故管于亦以浅辅之。

注 释

①卫：古国名，始封之君为周武王弟康叔，建都朝歌。②莒（举jǔ）：西周分封的诸侯国之一，己姓，春秋时都莒。③柘（这 zhè）杵：用柘木制的杵。④东郭垂：春秋时齐国的处士。⑤愀（巧 qiǎo）然：形容神色变得严肃或不愉快。⑥缞绖（崔迭 cuī dié）：麻布制成的丧服、丧带，这里指有丧事难过的样子。⑦殆（代 dài）：大概，恐怕。

译 文

齐桓公上朝与管仲商讨伐卫的事，退朝回到后宫。卫姬一望见国君，立刻走下堂一再跪拜，替卫君请罪。

桓公问她什么缘故，她说："妾看见君王进来时，足高气强，有讨伐他国的心志。看见妾后，脸色改变，一定是要讨伐卫国。"

第二天桓公上朝，谦让地引进管仲。

管仲说："君王取消伐卫的计划了吗？"

桓公说："仲父是怎么知道的？"

管仲说："君王上朝时，态度谦让，语气缓慢，看见微臣时面露惭愧之色，微臣因此知道。"

齐桓公与管仲商讨伐莒，计划尚未发布却已举国皆知。

桓公觉得奇怪，就问管仲。

管仲说："国内必定有圣人。"

桓公叹息说："哎！白天工作的役夫中，有位拿着木杵而向上看的，想必就是此人。"

于是命令役夫再回来工作，而且不能找人顶替。

不久，东郭垂到来，管仲说："一定是这个人了。"

就命令傧者（辅助主人引导宾客的人）请他来晋见，分级站立。

管仲说："是你说我国要伐莒的吗？"

他回答："是的。"

管仲说："我没有说要伐莒，你为什么说我国要伐莒呢？"

他回答:"君子善于策谋,小人善于臆测,所以小民私自猜测。"

管仲说:"我不曾说要伐莒,你是怎么猜测到的?"

他回答:"小民听说君子有三种脸色:悠然喜乐,是享受音乐的脸色;忧愁清静,是有丧事的脸色;生气充沛,是将用兵的脸色。前些日子臣下望见君王站在台上,生气充沛,这就将用兵的脸色。君王叹息而不呻吟,所说的都与莒有关。君王所指的也是莒国的方位。小民猜测,尚未归顺的小诸侯唯有莒国,所以说这种话。"

〔梦龙评〕桓公的一举一动,连小民、妇女都能猜测得到,大概是相当浅薄的人,所以,管仲也就用浅薄的方式辅佐他。

臧孙子

原文

齐攻宋,宋使臧孙子南求救于荆[1]。荆王大悦,许救之甚欢。臧孙子忧而反,其御曰:"索救而得,子有忧色,何也?"臧孙子曰:"宋小而齐大,夫救小宋而患于大齐,此人之所以忧也。而荆王悦,必以坚我也。我坚而齐敝,荆之所利也。"臧孙子归,齐拔五城于宋,而荆救不至。

注释

①荆:古代楚国的别称,因其原建国于荆山(今湖北南漳西)一带,故名。

译文

齐国攻打宋国,宋派臧孙子往南方求救于楚。楚王非常高兴,并很爽快地答应出兵救宋。臧孙子回国时却是忧心忡忡。

他的车夫问道:"救兵已经有了,您还忧虑什么?"

臧孙子说:"宋国弱小而齐国强大,为了救宋而得罪强大的齐国,这是常人所忧虑的,而楚王却很高兴,一定是希望我方坚守;一旦我方坚守而消耗齐国的兵力,对楚国自然有利。"

臧孙子回国后，齐国攻占了宋国的五个城池，而楚国的救兵果然一直没来。

梅国桢

原文

少司马梅公衡湘〔名国桢，麻城人〕。总督三镇，虏酋忽以铁数镒来献，曰："此沙漠新产也。"公意必无此事，彼幸我弛铁禁耳，乃慰而遣之，即以其铁铸一剑，镌云："某年某月某王赠铁"。因檄告诸边："虏中已产铁矣，不必市釜①。"其后虏缺釜，来言旧例，公曰："汝国既有铁，可自冶也。"虏使哗言无有，公乃出剑示之。虏使叩头服罪，自是不敢欺公一言。

▲ 梅国桢

按公抚云中，值虏王款塞②，以静镇之，遇华人盗夷物者，置之法，夷人于赏额外求增一丝一粟，亦不得也。公一日大出猎，盛张旗帜，令诸将尽甲而从，校射大漠。县令以非时妨稼，心怪之而不敢言。后数日，获虏谍云：虏欲入犯，闻有备中止。令乃叹服。公之心计，非人所及。

注释

①釜（斧 fǔ）：古时的炊事用具，相当于现代的铁锅。②款塞：叩塞门，谓外族前来求通中国。

译文

明朝少司马梅国桢（麻城人，字克生）总督三镇，北虏首长忽然拿数十两铁来奉献，说："这是沙漠的新产品。"

　　梅国桢猜想一定没有这种事，只是他们希望能废除铁禁，于是慰劳并送他走，再用这些铁铸造一把剑，剑上刻着："某年某月某王赠铁。"并以公文告示边境，郡中已经产铁，不必卖釜给他们。

　　后来该地缺釜，重谈卖釜给他们的事。

　　梅国桢说："你们国家既然有铁，可以自己铸造啊！"

　　北房使者大喊没有，国桢拿出剑来给他看，使者才叩头服罪，从此不敢再欺骗梅国桢。

　　〔梦龙评〕梅国桢巡抚云南，正逢房王到边塞来表示服从，梅国桢表面按兵不动，实则伺机镇压，遇到华人盗取夷人财物，则依法处置。除赏给夷人的固定额度外，他们再多求一丝、一粟也不给。有一天，梅国桢带大队人马出猎，大张旗帜，命令诸将领武装跟随，于大漠比赛射箭。县令认为时令不符，妨害农耕，心觉奇怪却不敢讲。几天后，捉到胡房间谍说："本想入侵，听说公有防备而中止。"县令因而非常佩服。梅国桢的心计，实在不是常人所比得上的

察智部 得情

原文

口变缁素^①，权移马鹿^②；山鬼昼舞，愁魂夜哭；如得其情，片言折狱，唯参与由^③，吾是私淑^④。集《得情》。

注释

①缁（资zī）素：黑色和白色的布帛。缁，青色的。②马鹿：马与鹿，即指鹿为马，比喻故意颠倒黑白，混淆是非。③由：即冉有，字子由，春秋末鲁国人，孔子的学生。④私淑：古人对自己所敬仰而不得从学的长辈，常自谦称作"私淑弟子"。

译文

有口才的人，可以把黑的说成白的；有权势的人，敢指着鹿却说是马。但在有才智的人眼中，只要有只字片语就能察出实情。所以，辑有《得情》一卷。

唐御史

原文

李靖为岐刺史^①，或告其谋反，高祖命一御史案之。御史知其诬罔^②，边批：此御史恨失其名。请与告事者偕。行数驿，诈称失去原状，惊惧异常,鞭挞行典③,乃祈求告事者别疏一状。比验,与原状不同,即日还以闻。高祖大惊,告事者伏诛。

注释

①李靖:本名药师,京兆府三原人,唐初杰出的军事家。岐(其 qí)州:州名,治所在雍县(今陕西凤翔县),辖境相当于今陕西周至、宝鸡等地。②诬罔(网 wǎng):蒙蔽,诬欺。③行典:掌管行装的人。

译文

李靖担任岐州刺史时,有人诬告他谋反。

唐高祖李渊命令一位御史负责审判〔此御史恨失其名〕,御史知道李靖是被诬告的,就请求和原告同行。

▲ 李 靖

走过几个驿站后,御史假装原状不小心弄丢了,非常恐惧,鞭打随行的官吏,于是请求原告再另外写一张状子。然后拿来和原状验对,内容果然大不相同,当天就返回京师报告结果。

唐高祖大惊,而原告则因诬告被判死罪。

张楚金

原文

湖州佐史①江琛,取刺史裴光书,割取其字,合成文理,诈为与徐敬业反书,以告。差御史往推之,款云:"书是光书,语非光语"。前后三使并不能决。则天令张楚金②劾之,仍如前款。楚金忧懑③,仰卧西窗，日光穿透，因取反书向日视之，其书乃是补葺①而成。因唤州官俱集，索一瓮水，令琛取书投水中，字字解散。琛叩头伏罪。

①佐史：地方官的属吏。②张楚金：唐祁（其 qí）县（今属山西省）人，曾任秋官尚书，爵南阳侯。③忧懑（闷 mèn）：忧愁，愤懑。④补葺（弃 qì）：拼凑。

译 文

唐朝湖州佐使江琛，将刺史裴光的书信，割取信中的文字，组合成文，诈称裴光与徐敬业谋反，而向朝廷提出控诉。

武则天（唐高宗的皇后，名曌，高宗崩殂以后，称帝，国号周）派御史去审断，都回复说："信是裴光的笔迹，词句却不是裴光的文词。"

前后选派三个人都不能决断。

武则天命令张楚金再去调查，还是查不出实情。

张楚金非常忧虑，仰卧在西窗下，日光透过窗子照射进来，于是拿出那封书信对着阳光看，才看出信都是修剪缀补而成的。因而把州官一起请来，要一瓮水，命令江琛把信投入水中，信纸果然一字一字地散开，江琛才不得不叩头认罪。

崔思竞

原 文

崔思竞，则天朝或告其再从兄宣①谋反，付御史张行岌按②之。告者先诱藏宣妾，而云："妾将发其谋，宣乃杀之，投尸洛水"。行岌按，略③无状。则天怒，令重按，奏如初。则天怒曰："崔宣若实曾杀妾，反状自明矣。不获妾，如何自雪？"行岌惧，逼思竞访妾。思竞乃于中桥南北多置钱帛，募匿妾者。数日略无所闻，而其家每窃议事，则告者④辄知之。思竞揣家中有同谋者，乃佯谓宣妻曰："须绢三百匹，雇刺客杀告者"，而侵晨伏于台前，宣家有馆客，姓舒，婺州⑤人，为宣家服役，边批：便非端士。宣委之同于子弟。须臾见其人至台，赂阍人⑥以通于告者，告者遂称"崔家欲刺我"。思竞要馆客于天津桥，骂曰："无赖险獠⑦，崔家破家，必引汝同谋，何路自雪！汝幸能出崔家妾，我遗汝五百缣⑧，归乡足成百年之业；不然，亦杀汝必矣！"其人悔谢，乃引至告者之家，搜获其妾，宣乃得免。

　　一个馆客尚然，彼食客三千者何如哉！虽然，鸡鸣狗盗，因时效用则有之，皆非甘为服役者也，故相士以廉耻为重。

注释

　　①从兄：同曾祖父的哥哥。宣：崔宣，武则天的驸马。②按：审理。③略：考察，核实。④告者：古时为了查明案情，防止诬告或被告人加害原告，在某些重大案件中，将原告人也暂时监禁起来。⑤婺（务 wù）州：州名，治所在今浙江省金华市。⑥阍（昏 hūn）人：守门人。⑦险獠（老 lǎo）：阴险的无赖。獠，恶人，恶物。⑧遗：给予。缣（艰 jiān）：细绢。

译文

　　武则天时，有人诬告崔思竞的堂兄崔宣谋反，当时交付御史张行岌审判。原告预先引诱崔宣的姨太太，把她藏匿起来，反而诬陷说崔宣因为姨太太要举证他的阴谋而杀害她，尸体投入洛水。张行岌审判最终没有结果。

　　武则天很生气，命令他重新再审，回复审判结论依旧。

　　武则天大怒，说："崔宣如果真的杀死姨太太，谋反的实情自然明显，现在没有找到他的姨太太，怎么能使案情明朗呢？"

　　张行岌害怕，逼着崔思竞去找。崔思竞在中桥南北张贴告示，悬赏藏匿崔宣姨太太的人，好多天都没有结果，而崔宣家每天私下讨论的事，原告却往往知道。

崔思竞猜想家中一定有内奸，就假装对崔宣的妻子说："准备二百匹绢，我要去雇刺客杀原告。"

然后在清晨埋伏于门前高台。

崔宣家有个寄宿的客人，姓舒，婺州人，为崔宣家服役，崔宣待他如同子弟。不久，崔思竞看见这个人走到门前，贿赂看门的人去通报原告，崔思竞一路跟踪到原告家，听见原告说："崔家要刺杀我。"

崔思竞拉着舒姓客人来到天津桥，在桥上大骂说："无赖阴险的家伙，崔家要是被抄家，也一定拉你作同谋，你哪有办法洗清罪过。你最好交出崔家的姨太太，我可以送你五百匹缣，回乡去足够建立百年的事业，不然一定杀了你。"

舒姓客人后悔谢罪，就带领崔思竞去原告家，搜出崔宣的姨太太，崔宣因而无罪释放。

〔梦龙评〕一个寄宿的客人尚且如此，那些有三千食客的人怎么办呢？虽然鸡鸣狗盗，在适当的时机可能有用，但都不是甘心效命的人，所以鉴识别人才应以廉耻为重。

解思安狱

原文

定州流人①解庆宾兄弟坐事，俱徙扬州。弟思安背役亡归，庆宾惧后役追责，规绝名贯，乃认城外死尸，诈称其弟为人所杀。迎归殡葬，颇类思安，见者莫辨。又有女巫杨氏，自云见鬼，说思安被害之苦、饥渴之意。庆宾又诬疑同军兵苏显甫、李盖等所杀。经州讼之，二人不胜楚毒②，各诬服。狱将决，李崇③疑而停之，密遣二人非州内所识者，伪从外来，诣庆宾告曰："仆住北州，比有一人见过，寄宿。

夜中共语，疑其有异，便即诘问，乃云是流兵背役，姓解字思安。时欲送官，苦见求，及称'有兄庆宾，今住扬州相国城内，嫂姓徐，君脱矜愍①为往告报，见申委曲，家兄闻此，必相重报。今但见质，若往不获，送官何晚？'边批：说得沽似的是故相造。君欲见顾几何？当放令弟。若其不信，可现随看之。"庆宾怅然失色，求其少停。此人具以报崇，摄庆宾问之，引伏。因问盖等，乃云自诬。数日之间，思安亦为人缚送。崇召女巫视之，鞭笞一百。

注 释

①流人：因罪被放逐的人。②楚毒：即古时炮烙之刑，也泛指苦刑。③李崇：字继长，后魏顿丘（今河南浚县）人，孝文王时为梁州刺史，官终开府相州刺史。④矜愍（今 jīn 悯 mǐn）：同情，哀怜。

译 文

定州有两兄弟解庆宾、解思安，一同犯罪被判刑，流放到扬州。弟弟解思安中途逃亡，解庆宾怕被牵涉追究责任，就认城外的死尸，诈称是弟弟被人杀害，迎回安葬。死尸的模样也很像解思安，见到的人都无法分辨。

此外，哥哥解庆宾又说女巫杨氏亲眼见到解思安变成鬼，告诉她被害的痛苦，受饥渴的情形。解庆宾又假装怀疑同军的苏显甫、李盖是凶手，向州官提出控诉，苏、李两人因受不了毒打而屈招认罪。

案情将作判决时，李崇产生怀疑而不作判决，秘密派遣两个大家都不认识的人，假装从外地来，拜访解庆宾说：

"我们从北方来，当时有一个人，经过我们寄宿的地方，夜里一起谈话，我们看他神情有异，便质问他，他说是流放的逃兵，姓解名思安。当时我们想把他送到官府，他苦苦哀求，说他有个哥哥庆宾，现在住在扬州相国城内，嫂嫂姓徐，希望我们同情他，替他来向你报告，以洗清他的委屈。他说你听到后，一定会重重地报答我们。现在他自愿当人质，如果我们找不到你，再送官府不晚〔说得活灵活现〕。你要是照顾我们一些，就释放令弟。如果不信，可以跟我们去看他。"

解庆宾怅然失色，请求他们稍作停留。

两人就把实情报告李崇，带着解庆宾来盘问，解庆宾伏首认罪。又询问李盖等人，都说是受不了逼供而认罪。几天之后，解思安也被缚绑送到。李崇找女巫杨氏来，罚打她一百杖。

欧阳晔

原文

欧阳李代晔①治鄂州，民有争舟相殴至死者，狱久不决。晔自临其狱，出囚坐庭中，去其桎梏②而饮食。讫，悉劳而还之狱，独留一人于庭，留者色动惶顾。公曰："杀人者，汝也！"因不知所以。曰："吾观食者皆以右手持匕③，而汝独以左。今死者伤在右肋，此汝杀之明验也！"囚涕泣服罪。

注释

①欧阳晔（业 yè）：北宋卢陵（今江西吉水县）人，官至都官员外郎。②桎梏（至 zhì 固 gù）：脚镣和手铐，古时用来拘系罪犯的手脚的刑具。③匕：通匙。

译文

宋朝人欧阳晔（字日华）治理鄂州政事时，有州民为争船互殴被打死，案子悬了很久没有得到判决。欧阳晔亲自到监狱，把囚犯带出来，让他们坐在大厅中，除去他们的手铐与脚镣，让他们吃完食物，善加慰问后再送回监狱，只留其中一个人在大厅上，这个人显得很惶恐不安。

欧阳晔说:"杀人的是你。"

这个人不承认,欧阳晔说:"我观察饮食的人都使用右手,只有你是用左手,被杀的人伤在右边胸部,这就是你杀人的明证。"

这个人才哭着不得不认罪。

尹见心

原　文

民有利侄之富者,醉而拉杀①之于家。其长男与妻相恶,欲借奸名并除之,乃操刃入室,斩妇首,并取拉杀者之首以报官。时知县尹见心方于二十里外迎上官,闻报时夜已三鼓。见心从灯下视其首,一首皮肉上缩,一首不然,即诘之曰:"两人是一时杀否?"答曰:"然。"曰:"妇有子女乎?"曰:"有一女方数岁。"见心曰:"汝且寄狱,俟旦鞫之。"别发一票,速取某女来。女至,则携入衙,以果食之,好言细问,竟得其情。父子服罪。

注　释

①拉杀:即"弄死"。

译　文

有个人因贪图侄儿的财富,趁侄儿喝醉酒时将他拉进家中杀死。这个人的长子与媳妇不和,想假装自己的妻子与被杀死的表兄弟通奸,就趁机拿着刀子进入卧室,斩下妻子的首级,连同被父亲杀死的表兄弟的首级去报告官府。

当时的知县尹见心正在二十里外迎接上司,听到报告时已经半夜三更。

尹见心在灯下观察首级,一个皮肉已经上缩,一个没有。于是就问报案的长子说:"这两个人是同时被杀的吗?"

回答说:"是的。"

尹见心问:"你和你妻子有孩子吗?"

"有一个女儿,才几岁。"

尹见心说:"你暂时先留在监狱,等天亮以后再查办。"

尹见心立即派人将他的女儿带来。女孩来到后带入衙门,见心给她糖果吃,很和善而详细地问她,才了解到实情,于是父子都伏首认罪。

王 佐

原文

王佐①守平江,政声第一,尤长听讼②。小民告捕进士郑安国造酒。佐问之,郑曰:"非不知冒刑宪③,老母饮药,必酒之无灰者。"佐怜其孝,放去,复问:"酒藏床脚笈中,告者何以知之? 岂有出入而家者乎? 抑而奴婢有出入者乎?"以幼婢对。追至前得与民奸状,皆杖脊遣。闻者称快。

注释

①王佐:字汝学,明临高人,正统进士,历官邵武、临江二府同知。②听讼(宋 sòng):指审案。③刑宪:刑法;法令。

译文

王佐任平江太守时,在政坛上声望很高,尤其擅长审判诉讼案件。有一个百姓报告说捉到进士郑安国造酒。

王佐问郑安国,郑安国说:"并非我故意冒犯法令,只是老母吃药必须要清酒。"

王佐同情郑安国的孝心,就放他走,但是又问他:"酒藏在床脚的箱子里,告你的人怎么会知道,难道有人在你家出入? 还是有奴婢出入呢？"

郑安国回答说有小奴婢进去。

追究结果，查到小奴婢与原告狼狈为奸，于是将两人处以杖刑，听到的人无不称快。

殷云霁

正德中，殷云霁①，字近夫，知清江②。县民朱铠死于文庙西庑③中，莫知杀之者。忽得匿名书，曰："杀铠者某也。"某系素仇，众谓不诬。云霁曰："此嫁贼以缓治也。"问左右"与铠狎者谁？"对曰："胥④姚"。云霁乃集群胥于堂，曰："吾欲写书，各呈若字。"有姚明者，字类匿名书，诘之曰："尔何杀铠？"明大惊曰："铠将贩于苏，独吾候之，利其赀，故杀之耳。"

①殷云霁：明寿张人，正德中，官南京给事中。②清江：县名，现在的江西省樟树市。③西庑（五 wǔ）：正房对面和两侧的小屋子。④胥（须 xū）：古时官府中的小吏。

明武宗正德年间，殷云霁（寿张人，字近夫）任清江知县，县民朱铠死于文庙西边廊下，不知道凶手是谁，但是收到一封匿名信，说："杀死朱铠的是某人。"

某人和朱铠有旧仇，大家都觉得很可能是他。

殷云霁说："这是真凶嫁祸他人，想误导我们的调查。朱铠左邻右舍谁和他比较亲近？"

都回答说："姚姓属吏。"

殷云霁就将所有属吏聚集在公堂上说："我需要一个字写得好的人，将你们的字呈上。"

属吏之中，只有姚明的字最像匿名信的笔迹。殷云霁就问他："你为什么杀朱铠？"

姚明大惊，只好招认说："朱铠将要到苏州做生意，我因为贪图他的财物，所以杀他。"

周 纤

原文

周纤为召陵侯相。廷掾①惮纤严明，欲损其威，侵晨，取死人断手足，立寺门。纤闻辄往，至死人边，若与共语状，阴察视口眼有稻芒，乃密问守门人曰："夕谁载藁②入城者？"门者对："唯有廷掾耳。"乃收廷掾，拷问具服，后人莫敢欺者。

注释

①廷掾（院 yuàn）：古时朝廷官署的属员。②藁（稿 gǎo）：稻芒。

译文

周纤任召陵侯家相时，廷掾惧怕周纤严明，想一挫他的威严，就在清晨时将一个死人斩断手足，立在寺门前。

周纤知道后立即前往，走到死人身边，好像和死人讲话，暗地观察死人，结果在口眼处发现稻芒，就偷偷问守门人说："昨晚有谁载稻芒进城的？"

守门人说："只有廷掾。"

周纤于是收押廷掾拷问，廷掾只好认罪，从此再无人敢欺骗周纤。

高子业

少年读智囊

原文

高子业①初任代州守，有诸生②江榉与邻人争宅址，将哄，阴刃族人江孜等，匿二尸图诬邻人。邻人知，不敢哄，全畀③以宅，榉埋尸室中，数年，榉兄千户楫枉杀其妻，榉嗾④妻家讼楫，并诬楫杀孜事，楫拷死，无后，与弟槃重袭楫职。讼上监司台，付子业再鞫。业问榉以孜等尸所在，榉对曰："楫杀孜埋尸其室，不知所在。"曰："楫何事杀孜？"榉愕然，对曰："为榉争宅址。"曰："尔与同宅居乎？"对曰："异居。"曰："为尔争宅址，杀人埋尸己室，有斯理乎？"问吏曰："搜尸榉室否？"对曰："未也。"乃命搜榉室，掘地得二尸于榉居所，刃迹宛然，榉服罪。州人曰："十年冤狱，一旦得雪！"

州豪吴世杰诬族人吴世江奸盗，拷掠死二十余命。世江更数冬不死，子业覆狱牒，问曰："盗赃布裙一，谷数斛；世江有田若庐，富而行劫，何也？"世杰曰："贼饵色。"即呼奸妇问之曰："盗奸若何？"对曰："奸也。""何时？"曰："夜。"曰："夜奸何得识贼名？"对曰："世杰教我贼名。"世杰遂伏诬杀人罪。

注释

①高子业：即高叔嗣，明祥符人。嘉靖进士，历吏部主事，官累湖广按察使，卒。②诸生：明清两代称已入学的生员。③畀（币 bì）：给予；付与。④嗾（叟 sǒu）：怂恿、教唆人做坏事。

译文

高子业初任代州太守时，有个秀才江榉和邻人争夺住屋，几乎发生殴斗。江榉暗中杀死族人江孜等两人，把尸体藏匿起来，想诬害邻人，邻人知情，因而不敢和他殴斗，把住屋让给江榉，江榉就将尸体埋在房子里。

数年后，江楟的哥哥江楫误杀了妻子，江楟于是唆使江楫妻子的家人去告江楫，同时诬陷江楫杀死江孜等两人。

江楫被拷打而死，没有后代，就由弟弟江槃继承职位。讼案呈上专管刑狱的监司，就交给高子业再审查。

高子业问江楟，江孜等尸体藏在哪里？

江楟说："江楫杀死江孜后，把尸体埋在房子里，不知道确实的地点在什么地方。"

高子业问："江楫为什么要杀死江孜？"

江楟慌张地回答："为我和邻人争住屋。"

高子业问道："你和江楫住同一幢屋子吗？"

"不住一起。"

高子业说："他为你去争住屋，杀人后却把尸体埋在自己房子里，哪有这种道理呢？"

又问差役说："在江楟的房子搜查过尸体没有？"

差役回答："还没有。"

于是高子业命人搜查江楟的房子，果然在地下挖到两具尸体，刀刃砍伤的痕迹还很清楚，江楟这才认罪。

州人都说："十年的冤狱，现在才洗清。"

州中的大族吴世杰，诬害族人吴世江、吴世泽盗窃，逼供拷打，吴世江幸而经过数年不死。

高子业重新审查讼案的纪录，问吴世杰道："窃盗的赃物有布裙一条、谷物数斛，吴世江有房子和田地，家境富裕，为什么要去盗窃呢？"

吴世杰说："是要劫色。"

于是高子叶又叫奸妇来问道："窃贼如何对你？"

"强奸。"

"什么时候？"

"半夜。"

"半夜强奸，怎么会知道窃贼是谁？"

"是吴世杰教我窃贼的名字。"

吴世杰这才不得不承认诬告杀人罪。

程 戡

原文

程戡①知处州。民有积仇者。一日诸子谓其母曰："母老且病，恐不得更议，请以母死报仇！"乃杀其母，置仇人之门，而诉于官。仇者不能自明。戡疑之，僚属皆言无足疑。戡曰："杀人而自置于门，非可疑耶？"乃亲自劾治②，具得本谋。

注释

①程戡（刊 kān）：字胜之，宋阳翟（今河南禹州市）人，官累端明殿学士。处州：州名，辖境相当于今浙江丽水、龙泉等地区。②劾（核 hé）治：审决讼案。

译文

宋朝人程戡（阳翟人，字胜之）任处州太守时，有一个州民与人结仇，有一天，此人的几个儿子对他们的母亲说："母亲年老又生病，反正活不了多久，请用母亲的生命来报仇。"

于是杀死自己的母亲，放在仇人家门前，再向官府控告，仇人无法为自己脱罪。

程戡很怀疑，同僚们都说没有什么可怀疑的。

程戡说:"杀死人却将尸体放在自己家门前,难道不值得怀疑吗?"于是程戡亲自审问,把主谋全都查了出来。

张　举

原　文

张举①为句章令。有妻杀其夫,因放火烧舍,诈称夫死于火。其弟讼之。举乃取猪二口,一杀一活,积薪焚之,察死者口中无灰,活者口中有灰。因验夫口,果无灰,以此鞫②之,妻乃服罪。

注　释

①张举:三国时吴国人,时为句章县县令(治所在今浙江鄞县南)。②鞫:询问、审问。

译　文

张举任句章县县令时,遇到有一个妻子杀死丈夫,并放火烧掉房子,假装丈夫是被火烧死的,丈夫的弟弟提出控诉。

张举就用两只猪,一只死的,一只活的,将它们放在木柴堆中焚烧,观察后发现:死猪口中无灰,而活的口中有灰。

再检验该丈夫口中,发现无灰,因而讯问妻子,妻子便认罪。

陈　骐

原　文

陈骐为江西金宪①。初至,梦一虎带三矢,登其舟,觉而异之。会按问吉安女子谋杀亲夫事,有疑。初,女子许嫁庠生②,女富而夫贫,女家恒周给之。其夫感激,每告其友周彪。彪家亦富,闻其女美,欲求婚而无策。后贫士亲迎时，彪与偕行，谚谓之"伴郎"。途中贫士遇盗杀死，贫士父疑女家嫌其贫，使人故要于路，谋杀其子，意欲他适，不知乃彪所谋，欲得其女也。讼于官。问者按女有奸谋杀夫。骐呼其父问之，但云："女与人有奸"，而不得其主名；使稳婆③验其女，又处子。乃谓其父曰："汝子交与谁最密？"曰："周彪。"骐因思曰："虎带三矢而登舟，非周彪乎？况彪又伴其亲迎，梦为是矣！"越数日，伪移檄④吉安，取有学之士修郡志，而彪名在焉。既至，骐设馔以饮之，酒半，独召彪于后堂，屏左右，引手叹息，阳谓之曰："人言汝杀贫士而取其妻，吾怜汝有学，且此狱一成，不可复反，汝当吐实，吾救汝。"彪错愕战栗，跪而悉陈。骐录其词，潜令人捕同谋者，一讯而狱成，一郡惊以为神。

注释

①佥（签 qiān）宪：官名，指朝廷派驻各州府的高级官吏。②庠（祥 xiáng）生：明清称府、州、县学的生员为庠生。③稳婆：即接生婆。④移檄：古代同级衙门公文往来，称为"移檄"。

译文

陈骐任江西佥宪，初到任时，梦到一只老虎带着三支箭，登上船来，陈骐醒后觉得很奇怪。后来审问到一桩吉安女子谋杀亲夫的案件，很有可疑的地方。

原来起初女子许嫁给庠生时，因女家富有而夫家贫穷，女家常常接济夫家。丈夫心存感激，经常告诉朋友周彪。周彪家也很富有，早就听说这个女子很美，想求婚而没有办法。后来庠生迎亲时，周彪随行作伴郎。途中，庠生被强盗杀害。庠父怀疑女家嫌弃自家贫穷，故意派人在半路拦截，谋杀他的儿子，再将女子改嫁，一状告到官府去，却不知道其实是周彪的计谋，目的是想得到该女子。

诉讼到官府后，审问的官吏认为是女子设计谋害亲夫。陈骐叫女父来问，只说女子和别人有奸情，但却不知道对方姓名。

陈骐派女役吏检查女子身体，仍为处女。就对女父说："你女儿和谁来往最密切？"

答是周彪。

陈骐因而想到："老虎带三支箭登舟，不正是周彪吗？何况周彪又伴随庠生去迎亲，梦中的情形果然是真。"

经过几天后，陈骐假装送一份公文到吉安，说要选有学识的人士编修郡志，而周彪的姓名也在公文上。大家到齐后，陈骐就设宴款待他们。

酒喝到一半，陈骐把周彪单独请到后堂，屏退左右，握着周彪的手叹息，假装说："有人说你杀害庠生，想娶他的妻子，我同情你有学问，再说案子一定，就无法平反，你应当老实说，我才能救你。"

周彪惊惧地发抖，跪着陈述事情的经过。陈骐记录他的供词，暗中派人捕捉同谋的人。一次审问就定了案，全郡的人都觉得很神奇。

胆智部 威克

原　文

履虎不咥①，鞭龙得珠，岂曰溟涬②，厥③有奇谋。集《威克》。

注　释

①咥（迭 dié）：咬。②溟涬（名 míng 幸 xìng）：天地未形成之前，自然之气混混沌沌的样子，此处借指迷茫、愚蠢。③厥（决 jué）：乃。

译　文

踏住老虎的尾巴，它就不能再伤人；鞭打大龙的身躯，它就会吐出珍贵的宝珠。智者并不需要神仙相助，因为他懂得运用谋略。

侯　嬴

原　文

夷门监者侯嬴①，年七十余，好奇计。秦伐赵急，魏王使晋鄙②救赵，畏秦，戒勿战。平原君以书责信陵君③，信陵君欲约客赴秦军，与赵俱死。谋之侯生，生乃屏人语曰："嬴闻晋鄙兵符在王卧内，而如姬④最幸，力能窃之。昔如姬父为人所杀，公子使客斩其仇头进如姬。如姬欲为公子死无所辞，顾未有路耳⑤。公子诚一开口，如姬必许诺，则得虎符。夺晋鄙军，北救赵而西却秦，此五霸之功也！"公子从其计，请如姬。如姬果盗符与公子。公子行，侯生曰："将在外，主令有所不受。公子即合符，而晋鄙不授公子兵而复请之，事必危矣！臣客屠者朱亥可与俱，此人力士。晋鄙听，大善，不听，可使击之！"于是公子请朱亥，朱亥笑曰："臣乃市井鼓刀屠者，而公子亲数存之，所以不报谢者，以为小礼无所用。今公子有急，此乃臣效命之秋也！"遂与公子俱。公子至邺⑥，矫魏王令代晋鄙兵。晋鄙合符，果疑之，欲无听。朱亥袖四十斤铁椎椎杀晋鄙。（边批：既矫其令，必责以逗留之罪，非漫然为无名之谋。）公子遂将晋鄙兵进，大破秦军。

信陵邯郸之胜，决于椎晋鄙；项羽巨鹿之胜，决于斩宋义⑦。夫大将且以拥兵逗留被诛，三军有不股栗愿死者乎？不待战而力已破矣。儒者犹以擅杀议刑，是乌知扼要之策乎？

注释

①夷门：战国时魏国都城大梁城的东门，称为夷门。监者：管理城门开关的吏役。侯嬴（营 yíng）：战国时魏国的隐士。②晋鄙：战国时魏国的将军。③平原君：即赵胜，战国时赵武灵王的儿子，赵惠文王的弟弟，因其最早的封地在平原故称"平原君"。④如姬：魏安厘王最宠爱的妃子。⑤顾：但是。路：机会。⑥邺（叶 yè）：古都邑名，战国时魏文侯曾设都在此，故址在今河北省临漳县。⑦宋义：秦末时故楚令尹，后从项梁伐秦。项梁被秦军所破，楚怀王以义为上将军，诸别将皆属。北救赵，至安阳，义留不进，项羽即入其帐中斩之。

译文

战国时魏国有个夷门"守门员"叫侯生，已经七十多岁，仍然常替别人出奇计。

当时秦国出兵包围赵国，魏王派将军晋鄙率军救赵，但受到秦王威胁，于是魏王又派人阻止晋鄙。赵国平原君见救兵迟迟不到，就写信责备魏信陵君，信陵君无法说动魏王出兵，便决定自己邀集门人前去攻秦，表示决心与赵国共存亡。并把此事告诉侯生，与他共同谋划。

　　侯生支开旁人，悄悄地说："我听说晋鄙的兵符，放在魏王的寝宫里，如姬是魏王最宠爱的妃子，她一定有办法可以窃得兵符。以前她父亲曾遭人杀害，却一直没能找到凶手，后来公子派门客斩了那仇人的头，进献给如姬。如姬感激公子，想舍身相报，一直没有机会。现在只要公子开口，如姬一定会答应公子的请求，那么公子就能窃得兵符，夺得晋鄙的军队，北救赵、西抗秦，建立与五霸相同的功业！"

　　信陵君依侯生之计，如姬果然偷了晋鄙的兵符，交给信陵君。

　　当信陵君要出发时，侯生说："将在外，君令有所不受，所以即使你的兵符相合，晋鄙也可能不把兵权交给你；一旦再请示魏王，那事情就危险了。我有一个叫朱亥的朋友，是位屠夫出身的大力士，公子可以带他同行。晋鄙若肯交出兵权，那最好，如果不肯，便要朱亥击杀他。"

　　于是信陵君前去拜访朱亥。

　　朱亥知道事情的始末后笑着说："我只是个在市井挥刀卖肉的屠夫，公子却屡次登门拜访，以前我所以不曾答谢公子，是因为还没有找到适当的机会。现在公子有难，正是我朱某效命出力的大好时机。"

　　说完就跟信陵君一起出发了。

　　信陵君到达邺郡，就假传魏王的命令，来接替晋鄙指挥作战，晋鄙合了兵符，果然心生怀疑，不想交出兵权，正准备出言拒绝时，朱亥从袖中拿出一把四十斤重的大铁椎，一椎就把晋鄙当场打死。信陵君于是顺利接替了晋鄙的军队，大败秦军〔既然假借命令，必责以逗留之名，并非贸然为无名之诛〕。

　　〔梦龙评〕信陵君所以能完成救赵的使命，关键在于能当机立断，椎杀晋鄙；而项羽的巨鹿之胜，关键在毅然决定杀死宋义。大将拥重兵而逡巡不前，势将招来杀身之祸，三军将士的战志激昂，尚未交战，敌人就会闻风丧胆。有些儒者认为信陵君项羽，未免有些草菅人命，因而主张应该论以刑责，其实，这些儒者哪里懂得掌握先机的决策呢？

耿　纯

原文

东汉真定王杨谋反，光武使耿纯①持节收杨。纯既受命，若使州郡者至真定，止传舍。杨称疾不肯来，与纯书，欲令纯往。纯报曰："奉使见侯王牧守，不得先往，宜自强来！"时杨弟让、从兄绀细皆拥兵万余。杨自见兵强而纯意安静，即从官属诣传舍，兄弟将轻兵在门外。杨入，纯接以礼，因延请其兄弟。皆至，纯闭门悉诛之。勒②兵而出，真定震怖，无敢动者。

注释

①耿纯：字伯山，东汉初巨鹿宋子（今石家庄赵县）人，光武帝时任东郡太守，封东光侯。②勒：统帅；率领。

译文

东汉真定王刘杨起兵谋反，光武帝派耿纯持兵符招抚刘杨。

耿纯接受诏命后，就先派使者前往，自己随后启程。抵达真定后，刘杨称病，不肯前来拜见，只写了一封信给耿纯，希望耿纯能移驾到他的住所。

耿纯回复说："我是奉了钦命前来接见你，怎能先去你的住所，我看你还是抱病勉强来一趟吧！"

当时刘杨的兄弟们都各自拥兵万人，刘杨自认为兵多强壮，而耿纯又没有交战的意向，就带着兄弟部署来到传舍，刘杨的兄弟则率兵在官舍外等候。

刘杨入屋后，耿纯很客气地接待他，并邀请他的兄弟进屋，等他们都到齐后，耿纯下令封锁门窗通道，这才率兵而出，将他们全部斩杀。消息传出，真定人惊恐万分，没有人再敢妄动。

温 造

原文

宪宗时，戎羯乱华，诏下南梁①起甲士五千人，令赴阙下。将起，师人作叛，逐其帅，因团集拒命岁余。宪宗深以为患。京兆尹温造②请以单骑往。至其界，梁人见止一儒生，皆相贺无患。及至，但宣召救安存，一无所问。然梁师负过，出入者皆不舍器杖，温亦不诫之。他日球场中设乐，三军并赴。令于长廊下就食，坐宴前临阶南北两行，设长索二条，令军人各于向前索上挂其刀剑而食。酒至，鼓噪一声，两头齐力抨举③其索，则刀剑去地三丈余矣。军人大乱，无以施其勇，然后合户而斩之。南梁人自尔累世不复叛。

注释

①南梁：即南梁州，州名，今湖南省宝庆。②温造：字简舆，唐祁县人，官累山南西道节度使、御史大夫、礼部尚书等。③抨（怦 pēng）举：使举。

译文

唐宪宗时，戎羯异族祸乱中华，宪宗下诏由南梁征兵五千人入京。军队出发前，突发兵变，士兵们罢黜原来的元帅，并且集体抗命，时间长达一年多，面对这情况，宪宗感到十分棘手。

京兆尹温造请命只身前去招抚叛军。温造抵达边境后，南梁兵见他不过是名书生，大为宽心，甚至相互道贺。温造到达南梁的营地后，除了宣读皇帝的敕命，并没有多问其他的事。当时南梁兵往来出入，兵器都不离手，温造目睹这情形也不加禁止。

一天，温造在球场设宴取乐，三军并赴，就食于长廊下，入席前，面靠台阶的南北方向，各设置两根长索，下令士兵先将随身兵器挂在面前的绳索上再入座。等酒菜送来时，只听得唐兵一声大喝，绳索的两头用力抖动，刀剑纷纷弹出三丈多外，这时南梁兵慌了手脚，由于缺少兵器，根本无法招架，于是温造下令将南梁兵全部处斩。

自此以后，南梁人世代不敢再叛变。

哥舒翰　李光弼

原　文

唐哥舒翰为安西节度使，差都兵马使张擢上都奏事，逗留不返，纳贿交结杨国忠①。翰适入朝，擢惧，求国忠除擢御史大夫兼剑南西川节度使。敕下，就第谒翰。翰命部下捽②于庭，数其罪，杖杀之，然后奏闻。帝下诏褒奖，仍赐擢尸，更令翰决尸一百。边批：圣主。

太原节度王承业，军政不修。诏御史崔众交兵于河东。众侮易承业，或裹甲持枪突入承业厅事，玩谑之。李光弼闻之，素不平。至是交众兵于光弼。众以麾下来，光弼出迎，旌旗相接而不避。光弼怒其无礼，又不即交兵，令收系之。顷中使至，除众御史中丞，怀其敕，问众所在。光弼曰："众有罪，系之矣！"中使以敕示光弼，光弼曰："今只斩侍御史：若宣制命，即斩中丞；若拜宰相，亦斩宰相！"中使惧，遂寝之而还。翼日，以兵仗围众至碑堂下，斩之，威震三军，命其亲属吊之。

或问擢与众诚有罪，然已除西川节度使及御史中丞矣，其如王命何？盖军事尚速，当用兵之际而逗留不返、拥兵不交，皆死法也。二人之命除必皆夤缘③得之，而非出天子之意者，故二将得伸其权，而无人议其后耳。

注　释

①杨国忠：本名钊，唐蒲州永乐人，杨贵妃的堂兄，官累监察御史、侍御史右相等职，权倾中外。②捽（昨 zuó）：揪。③夤（寅 yín）

缘：攀附权贵，以求仕进。

译文

唐朝名将哥舒翰（唐突厥裔，封平西郡王，安禄山反，不幸遇害，谥武愍）出任安西节度使时，有一次差遣都兵马使张擢进京奏事，不料张擢竟逗留不归，并且贿赂杨国忠，两人相互勾结。

不久，哥舒翰有事要入朝奏报，张擢心虚害怕，竟要求杨国忠任命他为御史大夫兼剑南西川节度使。当正式任命的诏令下达后，张擢得意地去见哥舒翰，哥舒翰一见张擢来，就立刻下令拘捕，接着一一陈述他的罪状，然后再将他杖杀。

事后哥舒翰把处死张擢经过奏报朝廷，玄宗不但没有责怪他，甚至还下诏褒奖他处理得当〔圣主〕，最后更把张擢的尸首赐给他，让他亲手再鞭尸一百下。

太原节度使王承业治军散漫，因此当御史崔众奉诏到河东敦睦各军时，十分轻视王承业，甚至纵容自己的部下武装闯进王承业的府衙。

李光弼起初听说这件事，并不觉得奇怪，不料崔众的部众竟也闯进他的营帐，由于崔众是打着御史的旗号，所以李光弼只有出营迎接，然而崔众却连招呼都不打就调头离去。

李光弼很气愤，认为崔众仗恃诏命傲慢无礼，于是将他逮捕问罪。

这时，宦官来到河东，要任命崔众为御史中丞，手持敕书问李光弼，崔众的行踪。

李光弼答道："崔众犯法，我已经将他逮捕治罪了。"

宦官把敕书拿给李光弼看，李光弼说："如今只杀了一位侍御史，如按诏命，那就等于杀了一位御史中丞；如果他被任命为宰相，那就等于杀死一位宰相。"

宦官一听这话不敢再多言，只好带着敕书回京。

第二天，李光弼派兵包围崔众，把他杀死在碑堂下，从此，李光弼威震三军。事后，李光弼命崔众的亲属来祭吊。

〔梦龙评〕或许有人会问："张
擢和崔众确实有罪，但张擢已经被朝廷任
命为西川节度使，而崔众也被任命为御史中丞，
这时杀死他二人，算不算漠视朝廷诏命呢？"其实
用兵贵在神速，张擢有公务在身，竟然滞留京师不归，
这在法律上就已经犯了死罪。而崔众明知自己的使命
是联络各部感情，竟带兵到处耀武扬威，这也触犯了
违抗君命的死罪。再说这两人之所以会被任命为
高位，都是出于人情的请托和贿赂，而非天子
本意。

所以，哥舒翰和李光弼伸张正义，而
没有人敢在他们背后议论！

柴克宏

原文

后唐柴克宏[1]有将略。其奉命救常州也，枢密李征古忌之，给以
羸卒数千人，铠杖俱朽蠹者。将至常州，征古复以朱匡业代之，使召
克宏。宏曰："吾计日破贼，汝来召吾，必奸人也！"命斩之。使者曰：
"李枢密所命。"克宏曰："即李枢密来，吾亦斩之！"乃蒙船以幕，匿
甲士其中，袭破吴越营。

奸臣在内，若受代而还，安知不又以无功为罪案乎？破敌完城，
即忌口亦无所施矣。

注释

①柴克宏：五代吴国汝阳人，侍奉南唐王李璟，拜为抚州刺史、
奉化军节度使，卒谥威烈。

译文

后唐名将柴克宏有将相的谋略，奉命援救常州时，枢密使李徵古嫉妒他受后唐主的器重，因此只拨给他数千名老弱的残兵，所配备的武器也都腐朽不堪。

当柴克宏率军抵达常州后，李徵古又想用朱匡业来代替柴克宏的职务，派使者召柴克宏。

柴克宏对使者说："贼兵已在我掌握之中，破贼指日可待，现在你召我回京，一定是有奸人做祟。"

于是命人将使者处斩。

使者说："我是奉李枢密命令前来。"

柴克宏说："即使是李枢密亲自来，我也同样下令杀他。"

杀了使者后，柴克宏下令在船外罩上帐幕，命士兵藏匿其中，果然一举大败贼兵。

〔梦龙评〕朝有奸臣，若柴克宏果真受召返京，谁知会不会被安上无功的罪名呢？现在既败敌兵，又能保全城池，即使心存嫉妒，也找不到可议论的借口了。

杨 素

原文

杨素攻陈时，使军士三百人守营。军士惮北军之强，多愿守营。素闻之，即召所留三百人悉斩之。更令简①留，无愿留者。又对阵时，先令一二百人赴敌，或不能陷阵而还者，悉斩之。更令二三百人复进，退亦如之。将士股栗，有必死之心，以是战无不克。

素用法似过峻，然以御积惰之兵，非此不能作其气。夫使法严于上，而士知必死，虽置之散地，犹背水矣。

注释

①简：通"柬"，选择。

译文

隋朝的杨素攻打陈国时，打算留下三百名军士守营，当时隋兵对北军心存畏惧，纷纷要求留营守卫。

杨素得知士兵怕战的心理，就召来自愿留营的三百人，将他们全部处决，然后再下令征求留营者，再也没有人敢留营。

对阵作战时，杨素先派一二百名士兵赴敌交战，凡是不能尽力冲锋陷阵苟且生还者，一律处死，然后再派二三百人进攻，退败的同样处死。将士目睹杨素的治军之道，无不心存畏惧，人人抱必死之心，于是战无不胜。

〔梦龙评〕杨素用兵看似过于严苛，但统领怠惰成性的士兵，非用严法不能提起阵势，如果带兵者立法严峻，士兵也深知兵败难逃一死的道理，那么即使在平地作战，也只有背水一战了。

安禄山

原文

安禄山①将反前两三日，于宅集宴大将十余人，锡赉②绝厚。满厅施大图，图山川险易、攻取剽劫之势。每人付一图，令曰："有违者斩！"直至洛阳，指挥皆毕。诸将承命，不敢出声而去。于是行至洛阳，悉如其画。

此虏亦煞有过人处，用兵者可以为法。

注释

①安禄山：唐营州柳城，奚族人，玄宗时官至平卢、范阳、河东三镇节度使。②锡赉（机jī）：赏赐东西。

译文

安禄山谋反前两三天，在府中宴请大将十余人，并给每位将军丰厚的赏赐，在府宅大厅放置一幅巨大的地图，图中标示各地山川的险易及进攻路线，另外每人都有一幅同样小的地图。

安禄山对各将领说："在各位率军前往洛阳会师前，每个人都要照着图中的路线指示行军，违者一律处斩。"

告诫完后，所有的将领都战战兢兢地离去。当安禄山攻陷洛阳前，各军的部署完全照图中的指示。

▲ 安禄山

〔梦龙评〕其实安禄山也有过人之处，他带兵的方法可以作为典范。

吕公弼　张咏

原文

公弼①，夷简子，其治成都，治尚宽，人嫌其少威断。适有营卒犯法，当杖，抨不受，曰："宁以剑死！"公弼曰："杖者国法，剑者自请。"为杖而后斩之，军府肃然。

张咏在崇阳②，一吏自库中出，视其鬓旁下有一钱，诘之，乃库中钱也。咏命杖之，吏勃然曰："一钱何足道，乃杖我耶！尔能杖我，不能斩我也！"咏笔判云："一日一钱，千日千钱，绳锯木断，水滴石穿！"自仗剑下阶斩其首，申府自劾。崇阳人至今传之。

咏知益州时，尝有小吏忤咏，咏械其颈。吏恚曰："枷即易，胶即难！"咏曰："脱亦何难！"即就枷斩之。吏俱悚惧。

若无此等胆决，强横小人，何所不至。

贼有杀耕牛逃亡者，公许自首。拘其母，十日不出，释之；再拘其妻，一宿而来。公断曰："拘母十夜，留妻一宿，倚门之望何疏！结发之情何厚！"就市斩之。于是首身者继至，并遣归业。

袁了凡曰："宋世驭守令之宽，每以格外行事，法外杀人。故不肖者或纵其恶，而豪杰亦往往得借以行其志。今守令之权渐消，自笞十至杖百仅得专决，而徒一年以上，必申请待报，往返详驳，经旬累月。于是文案益繁，而狴犴③之淹系者亦多矣！"子犹曰：自雕虫取士，资格困人，原未尝搜豪杰而汰不肖，安得不轻其权乎？吾于是益思汉治之善也。

注释

①公弼：即吕公弼，字宝臣，北宋寿州人，官累枢密副使，卒谥惠穆。②崇阳：县名，今属湖北省。③狴犴（闭 bì 岸 àn）：原为传说中的兽名，古时牢狱门上得其形状，故又为牢狱的代称。

译文

宋朝人吕公弼是吕夷简的儿子，治理成都时，由于为政宽松，人们都讥讽不够威严果断。

正巧有一名小吏耍赖，说："我宁可被杀，也不愿挨打。"

吕公弼说："杖者国法，处死是你自愿。"

于是下令先打后斩〔太妙了〕，从此再也没有人敢批评吕公弼无能。

宋朝人张咏在崇阳为官时，有一次一名官员自府库中走出，张咏见他鬓发下夹带一枚钱币。经质问后，官员承认钱币取自府库。

张咏命人鞭打这名官员，官员生气地说："一枚钱币有什么了不起，竟然要鞭打我，谅你也只敢打我，总不能杀我吧！"

张咏提笔判道："一天取钱一枚，千日后就已取得千枚，长时间的累积，可谓绳锯不断，水滴石穿。"

写完，亲自提着剑走下台阶，斩下那名官员的头，然后再到府衙自我弹劾陈述罪状。崇阳百姓至今仍津津乐道地传颂此事。

张咏任益州知府时，曾有一名小吏冒犯张咏，张咏命人给他戴上刑具，小吏生气地叫道："你要我戴上刑具容易，但要我脱下就难了。"

张咏说："我看不出要你脱下有何难处。"

说完就砍下仍戴着枷锁的小吏脑袋，令其他官吏大惊。

〔梦龙评〕世上若少了这些有胆量、能果断办案的官员，强横小人更会无所不在了。

有贼误杀了耕牛后，畏罪逃逸。张咏答允贼人若出面自首就不再追究，但贼人却一直不肯投案。张咏拘留贼人的母亲十天，见贼人仍不出面，就下令释放他母亲，再拘留他的妻子，哪知仅仅一夜，贼人就出面投案。

张咏判道："拘留母亲十天不及妻子被捕一夜，母亲养育之恩，竟不如夫妻结发之情。"

于是在市集处斩贼人。其他被判死罪者听说此事，纷纷自首，张咏也履行诺言，命他们各自返乡为良民。

〔梦龙评〕袁了凡曾说："宋朝时官员有很大的权利，因此常能视当时具体状况不按律法行事。固然不肖的官员往往会仗权横行；然而廉正的官员却也往往能借权伸张正义。时至今日，官员权限日益削减，对于人犯只能判处十到一百的鞭打，至于一年以上的徒刑，就必须申报上级，公文的往返又得耗上数十天，甚至几个月，于是文书更加繁重，而狱中也就人满为患了。"

我认为：自从以八股开科取士后，用官的资格受到种种限制，但并没有因此选取英才而淘汰不肖者，所以怎么不日益削减官吏的权限呢？看到这种情形，我更加怀念汉朝盛世的时代了！

黄盖 况钟

段落

原文

　　黄盖①尝为石城长。石城吏特难检御，盖至，为置两掾，分主诸曹，教曰："令长不德，徒以武功得官，不谙文吏事。今寇未平，多军务，一切文书，悉付两掾，其为检摄诸曹，纠摘谬误，若有奸欺者，终不以鞭朴②相加！"教下，初皆怖惧恭职。久之，吏以盖不治文书，颇懈肆。盖微省之，得两掾不法各数事，乃悉召诸掾，出数事诘问之。两掾叩头谢。盖曰："吾业有敕：终不以鞭朴相加。不敢欺也！"竟杀之，诸掾自是股栗，一县肃清。

　　况钟，字伯律，南昌人，始由小吏擢为郎，以三杨特荐为苏州守。宣庙赐玺书，假便宜。初至郡，提控携文书上，不问当否，便判"可"。吏貌其无能，益滋弊窦。通判赵忱百方凌侮，公惟"唯唯"。既期月，一旦命左右具香烛，呼礼生来。僚属以下毕集。公言"有敕未宣，今日可宣之。"内有"僚属不法，径自拿问？"之语。于是诸吏皆惊。礼毕，公升堂，召府中胥，声言"某日一事，尔欺我，窃贿若干，然乎？某日亦如之，然乎？"群胥骇服。公曰："吾不耐多烦！"命裸之，俾隶有力者四人，舁一胥掷空中，立毙六人，陈尸于市。上下股栗，苏人革面。

　　盖武人，钟小吏，而其作用如此。此可以愧口给之文人、矜庄之大吏矣！王晋溪云："司衡③者，要识拔真才而用之。甲未必优于科，科未必皆优于贡，而甲与科、贡之外，又未必无奇才异能之士。必试之以事，而后可见。如黄福④以岁贡，杨士奇以儒士，胡俨⑤以举人，此皆表表名臣也。国初，冯坚⑥以典史而推都御史，王兴宗⑦以直厅而历布政使。唯为官择人，不为人择官，所以能尽一世人才之用耳。"

　　况守时，府治被火焚，文卷悉烬。遗火者，一吏也。火熄，况守出坐砾场上，呼吏痛杖一百，喝使归舍。亟自草奏，一力归罪己躬，更不以累吏也。初吏自知当死，况守叹曰："此固太守事也，小吏何足当哉！"奏上，罪止罚俸。公之周旋小吏如此，所以威行而无怨。使以今人处此，即自己之罪尚欲推之下人，况肯代人受过乎？公之品，于是不可及矣！

注 释

①黄盖：字公覆，三国零陵人，孙吴朝官至偏将军。石城：县名，今属江西省。②鞭朴：即鞭扑，用作刑具的鞭子和棍棒，亦指用鞭子或用棍棒抽打。③司衡：主管，主宰。④黄福：字如锡，明昌邑人，由太学生历金吾前卫经历，官累工部右侍郎、尚书，加少保等，卒谥忠宣。⑤胡俨：字若思，明南昌（今南昌市）人，洪武中以举人授华亭教谕，官累太子宾客兼国子祭酒等。⑥冯坚：明洪武时为南丰典史。尝上书言事，太祖称其知时务达事变，擢为左佥都御史。⑦王兴宗：明江宁人，太祖时初拜为金华知县。

译 文

黄盖早年时曾当过石城长，而石城的属吏是出了名的难以统领管束。黄盖到任后，就设置两处，统领各部门。

黄盖召集所有僚属说："我的德行浅薄，徒因战功而得官职，根本不懂公文及官场应对，如今贼寇尚未铲平，军务繁重，所以一切文书全交付两掾处理，并负责督导各部门，纠举僚属失误，若有人敢敷衍欺瞒，虽不致鞭打，但后果自负。"

命令宣布后，刚开始各僚属还能尽忠职守，时间久了，有些属吏认为黄盖看不懂公文，就开始怠惰放肆。黄盖略加注意后，发觉两处各有几件不法情事。于是召集所有僚属，举出不法情事，两处长吓得叩头认错。

黄盖说："我已有话在先，不打你们但后果自负，没想到你们还是敢欺瞒我。"

说完，下令斩首。从此僚属再也不敢为恶行不法事。

况钟字伯律，南昌人，最初由一名小吏擢升为郎官，最后由于杨士奇、杨溥、杨荣的推荐，当上苏州太守。

宣宗曾赐他玺书，准他可持玺书行事。况钟初到任上，每天带着玺书办公，不问事件对否，一律批示"可行"，属吏都认为他无能而瞧不起他，以致诸弊丛生。

当时的通判赵忱，更是对他百般嘲弄，但况钟依然点头频频称是。

况钟到任满一个月后，一日命左右准备香烛并召来礼官，命全体僚属集合，表示太守有事宣布。行记完毕后，况钟升堂，厉声质问一名属吏："某日发生某事，你背着我曾收受贿款若干，可有此事？某日也是如此，对吗？"群吏不由既怕又服。

况钟说："我这个人最没耐性。"

说完，命人剥下贪吏衣服，再命四名力士将一名贪吏抛举空中，处死六人，所有的尸首陈列市集，全州人为之大惊，从此洗心革面，不敢再做不法之事。

〔梦龙评〕武人出身的黄盖、小吏出身的况钟，他们的行事行为，足以使只知逞口舌之能的文人羞惭，使身居高位的大员警惕。

王晋溪曾说："在上位者要能辨识人才而任用，文科未必优于武科，只科举未必优于中贡举，而除科贡取士之外，也未必找不到其他的奇才异能之士。这必须要经由事实的验证才能得知。如黄福（明朝人，字如锡，号后乐翁，卒谥忠宣）是岁贡举人，杨士奇（明朝人，谥文贞）是大学士，胡俨（明朝人，字若思，号颐庵）是举人，他们都是明朝赫赫有名的大臣。明朝初年，冯坚以典史被举为都御史，王举宗以直隶厅属吏擢升为布政使，他们都是依官职来择取适当的人才，不是依人情来分派官职，所以才能人尽其才。

当况钟任太守时，府衙遭火焚毁，所有文卷付之一炬，纵火者是一名小吏。火被扑灭后，况钟坐在瓦砾中，命人痛打那名小吏一百鞭，然后喝令其回家去。小吏离去后，况钟就急忙拟表上奏，承担火灾的过失，对那名纵火的小吏却只字未提。当初那名小吏料想自己是必死无疑，况钟曾叹气地说："这本来就是太守该负的责任，一名小吏如何能承担呢？"奏表呈上后，皇帝只下令裁减俸禄。况公对待一名小吏尚且如此，所以虽然行事威严，但从未招致民怨。如果换成现在的人，即使是自己的过失，尚且还想推诿别人，更何况是替人受过呢？况公的人品非常能及。

术智部　委蛇

原文

道固委蛇[1]，大成若缺。如莲在泥，入垢出洁。先号后笑，吉生凶灭。集《委蛇》。

注释

①委蛇：同"逶迤"，曲折延伸。

译文

逶迤曲折的道路，圆满之中看起来也会有缺陷。就如同生长在污泥中的莲蓬，经过洗涤，方能显出本来面目。先是哭号，后是微笑，运用得法，才能趋吉避凶。

箕　子

原文

纣为长夜之饮而失日，问其左右，尽不知也。使问箕子，箕子谓其徒曰："为天下主，而一国皆失日，天下共危矣！一国皆不知，而我独知之，吾其危矣！"辞以醉而不知。

凡无道之世，名为天醉。夫天且醉矣，箕子何必独醒？观箕子之智，便觉屈原[1]之愚。

注　释

①屈原：名平，别号灵均，战国时楚国人，楚怀王时为三闾大夫。

译　文

殷纣王夜夜狂欢醉饮，以至于连当天是何日何时都忘了，于是问左右的侍臣，侍臣也都不知道，于是派使者去问箕子。

箕子对他的门人说："身为天下之主，竟然把日期都忘了，这是天下要发生祸乱的征兆。但是假如全国人都忘掉日期，却只有我一个人知道，那是我自己将有祸事发生的征兆。"

于是箕子装醉，推说自己也不知道今天是何月何日。

〔梦龙评〕君主无道长夜狂醉，这可称为"天醉"。连天都醉了，那么箕子又何必独醒呢？看到箕子装醉的智慧，就会为屈原"众人皆醉我独醒"的愚昧感到惋惜。

孔　融

原　文

荆州牧刘表不供职贡，多行僭伪①，遂乃郊祀天地，拟斥乘舆。诏书班下其事，孔融②上疏，以为"齐兵次楚，惟责包茅③。今王师未即行诛，且隐郊祀之事，以崇国体。若形之四方，非所以塞邪萌。"

凡僭叛不道之事，骤见则骇，习闻则安。力未及剪除而章其恶，以习民之耳目，且使民知大逆之通诛，朝廷何震之有？召陵④之役，管夷吾不声楚僭，而仅责楚贡，取其易于结局，度势不得不尔。孔明使人贺吴称帝⑤，非其欲也，势也。儒家"虽败犹荣"之说，误人不浅。

注　释

①僭（荐 jiàn）伪：虚假。②孔融：字文举，东汉末鲁国（今山东曲阜）人，"建安七子"之一。③齐兵次楚，惟责包茅：据《左

传·僖公四年》所载：鲁僖公四年（公元前656年）春，齐侯以诸侯之师伐楚，"楚子使与师言曰：'君处北海，寡人处南海，唯是风马牛不相及也。不虞君之涉吾地也，何故？'管仲对曰：'昔召康公命我先君大公曰：'五侯九伯，女实征之，以夹辅周室'。赐我先君履：东至于海，西至于河，南至于穆陵，北至于无棣。尔贡包茅不入，王祭不共；无以缩酒，寡人是征；昭王南征而不复，寡人是问。'"④召陵：古邑名，春秋时楚邑，在今河南省郾城东。⑤孔明使人贺吴称帝：据《三国志·吴主传第二》所载：黄龙元年（公元229年）四月初二，孙权在吴都武昌"南郊即皇帝位，……六月，蜀遣卫尉陈震庆权践位。"

译文

东汉献帝时，荆州牧刘表（字景升）不但不向朝廷纳税赋，并且举止越礼。

献帝想趁郊祭之机，下诏斥责刘表乘坐越级马车。孔融上书劝谏说："如今王师正如当年齐桓公兵伐楚国，只能责备不上贡的茅包一样，无力惩罚刘表。陛下郊祭时不能提到这件事，这样才能维护朝廷尊严；若轻易地张扬，反而更助长邪门歪道的气势。"

〔梦龙评〕像这种大逆不道的事，百姓初次听说，难免震惊害怕，但若听多了，也就能习惯了。如果朝廷的力量尚不足以除恶，就轻率地诏告天下，只会让百姓看到叛逆不受惩罚，在百姓面前表现出朝廷的无能。

春秋时期齐桓公在召陵伐楚，管仲就不以楚王僭尊号为名，只是责备楚王不纳贡赋，为的就是日后便于收场，衡量当时局势，不得不如此。三国时孔明派使臣向孙权祝贺称帝，并不是孔明真有贺喜之心，不过形势所迫，不得不通权达变的做法。儒家那种虽败犹荣的论调，真是害人不浅。

翟子威

原　文

　　清河胡常，与汝南翟方进①同经。常为先进②，名誉出方进下，而心害其能，议论不右方进。方进知之，伺常大都授时，谓总集诸生大讲。遣门下诸生至常所问大义疑难，因记其说。如此者久之，常知方进推己，意不自得，其后居士大夫间，未尝不称方进。

　　尊人以自尊，腐儒为所用而不知。

注　释

　　①翟方进：字子威，西汉汝南上蔡人，任相十年，后因成帝迫令自杀。②先进：先进仕者。

译　文

　　汉朝清河人胡常与汝南人翟方进同是经学博士。胡常虽然是前辈，名声却没有翟方进响亮，因而对翟方进十分嫉妒，经常发表议论抨击他。

　　翟方进知道胡常的心病后，每逢胡常召集学生讲学，翟方进就派自己门下的学生，到胡常的住处，向他请教经学疑义，并且做笔记。一段时间后，胡常才明白翟方进实际很推崇自己，心中十分得意。日后，胡常与士大夫交游闲谈时，也时常称赞翟方进有学问。

　　〔梦龙评〕敬人者人恒敬之。有些迂腐的儒士常受制于此一律还不自知。

魏 勃

原文

勃少时，尝欲见齐相曹参，家贫无以自通，乃尝常独早扫齐相舍人门，相舍怪，以为物而伺之，得勃。曰："愿见相君无因，故为子扫，欲以求见耳。"于是舍人见勃于参。

曹相国最坦易，不为崖岸①者，魏勃犹难于一见如此，况其他乎！吁！

注释

①崖岸：比喻清高，不随和。

译文

汉人魏勃年轻时想求见齐相曹参（与萧何同佐高祖刘邦起兵，封建成侯，卒谥懿），却因家境贫困，求见无门，于是就想出一个办法：早晚都到曹参侍从官的府邸门前洒扫。过了几天，侍从官发觉门前非常干净，就在一早躲在一旁窥伺，终于抓到了魏勃。

魏勃说："我没有别的用意，只因想求见相国，但是又找不到可以为我引见的人，故而每天早晚到先生府邸门口扫地。"

于是侍从官终于帮助魏勃完成心愿。

〔梦龙评〕历朝的相国中，曹参算是最平易近人、少有官架子的一位，魏勃想求见一面尚且这样困难，其他做官的就可想而知了。

叔孙通

原文

叔孙通①初以儒服见，汉王憎之。通即变服，服短衣楚制，王喜。

时从弟子百许，通无所言，独言诸故群盗壮士进。诸儒皆怨。通闻之曰："诸生宁能斗乎？且待我，毋遽^②！"

注释

①叔孙通：汉初薛县人，曾为秦博士，为项羽部属。②遽（巨jù）：着急，仓促。

译文

汉朝人叔孙通（初在秦为官，后降汉，汉初典章制度多由其制定）初次拜见汉王刘邦时，穿着儒服，汉王看了觉得非常讨厌，于是叔孙通下朝就更换衣裳，打扮成楚国人的样子，汉王看到后非常高兴。

当时叔孙通门下有一百多名弟子，他却不教这些弟子任何学问，只是讲旧时的强盗、游侠者之流怎样升官发财，弟子们听了都纷纷抱怨。

叔孙通就对弟子们说："你们都不想打仗吧？那就不要着急，且看我的。"

王 曾

原文

丁晋公执政，不许同列留身奏事，唯王文正^①一切委顺，未尝忤其意。一日，文正谓丁曰："曾无子，欲以弟之子为后，欲面求恩泽，又不敢留身。"丁曰："如公不妨！"文正因独对，进文字一卷，具道丁事。丁去数步，大悔之。不数日，丁遂有珠崖之行。

王曾独委顺丁谓，而卒以出谓。蔡京首奉行司马光，而竟以叛光。一则君子之苦心，一则小人之狡态。

注释

①王文正：即王曾，字孝先，北宋青州益都人，咸平进士，官累

吏部侍郎、参知政事、宰相，封沂国公。

译文

宋朝人丁谓（字谓之，封晋国公，仁宗时以欺罔罪贬崖州）当权时，不允许朝廷大臣在百官退朝后单独留下奏事，大臣中只有王文正（即王曾，字孝先，仁宗时官中书侍郎同中书门下平章事，卒谥文正）谨守规定，从不违背。

有一天上朝前，王曾对丁谓说："我没有儿子，想收养弟弟的儿子作为后嗣，我有意面奏皇上恩准，但又不敢单独留下奏禀。"

丁谓说："像这样的事，留下禀奏没有关系。"

于是王曾借呈文卷给仁宗时，就将丁谓这番行为告诉仁宗。

丁谓在退朝后，越想越觉得不对，不禁十分后悔，没几天，果然接获诏命，被贬往崖州。

〔梦龙评〕大臣中只有王曾对丁谓曲意顺从，最后终于伺机将丁谓贬至崖州；再看蔡京最初虽然对司马光尊崇万分，最后却背叛、陷害司马光。看起来手法相同，但是一个是君子，用心良苦，一个却是小人，心机狡诈。

周忱 唐顺之

原文

周文襄巡抚江南日，巨珰王振当权，虑其挠己也。时振初作居第，公预令人度其斋阁，使松江作剪绒毯，遗之，不失尺寸。边批：传奇移此事于赵文华名下，遂为千古笑端。振益喜。凡公上利便事，振悉从中赞之，江南至今赖焉。

秦桧构格天阁。有某官任江南，思出奇媚之。乃重赂工人，得其尺寸，作绒毯以进，铺之恰合。桧谓其詗①己内事，大怒，因寻事斥之。所献同而喜怒相反，何也？谓忠佞意殊，彼苍者阴使各食其极，此恐未然。大抵振暴而骄，其机浅，桧险而狡，其机深；振乐于招君子以沽名，桧严于防小人以虑祸，此所以异与？

世之訾②文襄者，不过以媚王振，及出粟千石旌其门，又为子纳马得官二事，皆非高明之举。愚谓此二事亦有深意。时四方灾伤荐告，司农患贫，而公复奏免江南苛税若干万，唯是劝输援纳为便宜之二策，公故以身先之。明示旌门之为荣，而纳官之不为辱，欲以风励百姓。此亦卜式③助边之遗意，未可轻议也。

倭蹂姑苏，戕婴儿为戏。唐公顺之④时家居，一见痛心，愤不惧生。时督师海上者赵文华，严分宜幸客也。公挺身往谒，与陈机略，且言非专任胡梅林不可。赵乃首荐起职方郎中，视师浙直，因任胡宗宪。宗宪亦厚馈严相以结其欢，故无掣肘之虞，始得展布，以除倭患。

焦弱侯⑤曰："应德顺之字。晚年为分宜所荐，至今以为诟病。尝观《易》之《否》，以"包承小人"为大人吉，甚且包畜不辞。洁一身而委大计于沟渎，固志天下者所不忍也。汉人有言，中世选士，务于清悫谨慎，此妇女之检柙，乡曲之常人耳。呜呼！世多隐情，惜己之人，殆难与道此也。正德时逆瑾鸱张，刘健、谢迁⑥皆逐去，而李东阳⑦独留，益务沉逊，时时调剂其间，缙绅之祸，往往恃以获免。人皆责东阳不去为非，不思孝宗大渐时，刘、谢、李同在榻前，承受顾命，亲以少主付之。使李公又随二人而去，则国事将至于不可言，宁不负先帝之托耶？则李义不可去，有万万不得已者。李晚年，有人谈及此，辄痛哭不能已。呜呼！大臣心事，不见谅于拘儒者多矣，岂独应德哉！

注 释

①诇（兄 xiòng 去声）：侦察、刺探。②訾（紫 zǐ）：毁谤，非议。③卜式：西汉河南人。武帝任为中郎。④唐公顺之：即唐顺之，字应德，明武进人，官至右金都御史。⑤焦弱侯：明江宁（今江苏南京市）

人，为诸生，有盛名，从学于耿定向，万历进士，为皇长子讲官，后因性憨疏直，贬抑时事，被劾而谪福宁州同知。⑥刘健：字希贤，明河南洛阳（今洛阳市）人，天顺进士，改庶吉士，授编修，官累礼部右侍郎、礼部尚书、太子太保、太子太师、吏部尚书、华盖殿大学士。谢迁：字于齐，明浙江余姚（今余姚市）人，成化进士，授翰林修撰，官累詹事太子少保、兵部尚书兼东阁大学士、礼部尚书、武英殿大学士。⑦李东阳：字宾之，明湖广茶陵（今属湖南省）人，天顺进士，改翰林庶吉士，授编修，官累礼部右侍郎兼侍读学士、太子少保、礼部尚书、户部尚书、太子太师、吏部尚书、华盖殿大学士，卒谥文正。

译 文

明朝人周忱任江南巡抚期间，正值宦官王振当权，周文襄怕王振乘机刁难，因此当王振兴建宅第时，周文襄事先令人暗中测量厅堂的大小宽窄，然后到松江按尺寸订做地毯送给王振作为贺礼。

由于尺寸大小丝毫不差，王振很高兴，以后凡是周文襄所呈报的公文，都在王振的赞同下顺利通过，江南的百姓到今天还蒙受这福泽！〔傅奇移此事于赵文华名下，遂为千古笑端〕

〔梦龙评〕秦桧修建格天阁时，有个任职于江南的官员，想别出心裁，好好巴结秦桧，就重金贿赂建筑工人，取得厅堂的尺寸，特别订做绒毯献给秦桧。由于绒毯的尺寸大小恰到好处，秦桧认为这名官员打探他府中隐私，非常生气，于是常借事刁难这名官员。

同样是呈献绒毯，结果却一怒一喜，这是什么原因呢？有人认为这是忠奸不同，所以各得其不同的报应。我却不这样认为，我认为王振虽然骄横、暴虐但心机并不深，秦桧则阴险狡诈心机很深；王振喜欢招抚君子获得名声，秦桧却怕遭谋刺，所以以小人之心严防众人，这才是结果不同的原因吧！

世人批评周文襄，认为他为讨好王振，捐米千石获朝廷颁旌旗表扬，及为子求官而献马，这两件事均非高明之举。我却认为周文裹捐米、献马都有他的用意。当时天下兵祸连连，各州府库空虚，周文襄上奏朝廷，请求免江南各州课税若干万，因而建议鼓励百姓"捐米""买官"，借以充实府库财源才是两全之策。所以周文襄率先捐米，昭示百姓能获朝廷表扬是件光荣之事，而献金求官也并非可耻，想借此鼓励百姓捐输，这不是和卜式（汉朝人，以牧羊致富，武帝征匈奴时卜式捐输家财助军）踊跃捐输劳军的作风一样吗？由此看来，后人不能轻易批评周文襄。

明朝时倭寇蹂躏姑苏城，倭贼以执戟刺杀婴儿为乐。唐顺之当时闲居在家，见倭贼的凶残非常痛心，不惜与倭贼同归于尽。

当时海上督军赵文华是丞相严嵩的宠客，唐顺之冒死求见，陈述制敌战略，终于说服赵文华保荐自己为职方郎中（官名，属兵部，掌天下地图舆籍），然后又启用名将胡宗宪，胡宗宪当时也曾厚礼奉迎严嵩，来讨严嵩欢心，所以才能从容计划放手讨贼，没有因为受到牵制而难以平贼的顾虑。

〔焦弱侯评〕唐顺之晚年因接受严嵩举荐，到现在仍遭到世人讥评。《易卦》上不是说过：有时君子要能容忍小人，甚至要曲意奉承，才能灾尽吉来。有志胸怀天下的志士，怎可为保自己一生的清誉，而置国家大计于不顾？汉朝时有人说："选拔士人一定要求清白谨慎。"这不过是妇人、村夫之见。世事本就复杂，爱惜自己的人，是很难去跟别人说论自己背后的难言之隐。

明朝正德年间，阉臣刘瑾专权凶暴，贤臣刘健（字希贤，谥文靖）、谢迁（字千乔，与刘健、李东

阳共同辅政，天下称贤相，武宗时请诛刘瑾，不为武宗接纳，于是辞官，卒谥文正）等人都纷纷辞官归隐，只有李东阳（字宾之，孝宗时受皇命辅武宗，卒谥文正）不但仍尽心在朝辅政，并且言行更加谨慎，时时调解各朝臣间的冲突，许多乡绅豪族也都赖李东阳暗中庇护才得以保全性命，现在世人都责备李东阳不能为保节而辞官，却不曾想到当年孝宗崩逝前，刘健、谢迁、李东阳三人在孝宗病榻前，接受先皇口托幼主，假如李东阳也和刘、谢二人一样辞官归隐，那么国事将败坏到更不可收拾的地步，这岂不是辜负先皇的重托吗？

由此看来，李东阳不辞官，实在有他万不得已的苦衷。李东阳晚年曾与友人谈到这件事，经常痛哭不止，唉！看来许多忠臣的苦心都不被迂儒所见谅，不止是唐顺之一人啊！

许　武

原　文

阳羡人许武[1]，尝举孝廉[2]，仕通显，而二弟晏、普未达。武欲令成名，一日谓二弟曰："礼有分异之义，请与弟析资，可乎？"于是括财产三分之，武自取肥田广宅、奴婢强者，而推其薄劣者与弟。时乡人尽称二弟克让，而鄙武贪；晏、普竟用是名显，并选举。久之，武乃会宗亲，告之曰："吾为兄不肖，盗声窃位，二弟年长，未沾荣禄，所以向求分财，自取大讥，为二弟地耳。今吾意已遂，其悉均前产。"遂出所赢，尽推二弟。

让财犹易，让名更难。

注　释

①许武：字季长，东汉阳羡人，曾举孝廉，官至长乐少府。②孝廉：古时指因品德端正而为朝廷所选用的人。

译 文

后汉阳羡人许武，被推举为孝廉后，官运亨通，但他的两个弟弟许晏和许普，却仍然默默无闻。

许武为了让两个弟弟早日成名，有一天，就对两个弟弟说："礼也有分异之义，所以我想与你们分家，你们看怎样？"

两个弟弟表示同意，许武于是将家产分成三份，把丰田、大宅都分在自己名下，并且挑选体力强健的奴婢收为己用，却将体弱多病的奴仆分给弟弟，两个弟弟都没有说什么。

正因为如此，当时乡里父老都称赞两个弟弟对兄长的礼让，而轻视许武的贪财。不久，许晏和许普果然盛名远播，并被乡人推举为孝廉，分派官职。

一段日子后，许武就召集宗亲族人，说："我曾为了让弟弟能有机会被选为孝廉，就要求分家并且多分家产，替弟弟们打响贤能的知名度，如今我的愿望都已达成，我希望能重新再分家产。"

于是许武把自己以前多取的部分还给两个弟弟。

〔梦龙评〕让财容易，让名难。

廉 范

原 文

廉范，字叔度①。永平初，陇西太守邓融辟范为功曹。会融为州所举案，范知事遭难解，欲以权相济，乃托病求去。融不达其意，大恨之。范乃东至洛阳，变姓名求代廷尉狱卒。未几，融果征下狱。范遂得卫侍左右，尽心护视。融怪其貌类范，而殊不意，乃谓曰："卿何似我故功曹？"范诃之曰："君困厄，瞀乱②耶！"后融释系出，病因，范随养视。及死，送丧至南阳，葬毕而去，终不言姓名。

一辟之感，屈身求济。士之于知己，甚矣哉！

注 释

①廉范：东汉京兆杜陵人，以义显名，官至太守。②瞀（冒 mào）乱：精神错乱。

译 文

后汉人廉范字叔度，北魏永平初年，陇西太守郑融曾经保举廉范为功曹（州郡属吏）。

不久，郑融受其他事牵连，遭人举发，廉范知道此事错综复杂，想尽力帮助他，于是托病离职，郑融不明白廉范心中的打算，对廉范的辞官表示很不谅解。

廉范往东走来到洛阳，改名换姓后，求得一个狱卒的差使。不久，郑融果然被捕下狱，廉范利用职务上的便利，尽心照顾郑融。

郑融虽曾因这狱卒长得像廉范而觉得奇怪，但从没想过狱卒就是廉范。有一天郑融对廉说："你怎么长得这么像我以前手下的一名属吏。"

廉范故作生气地大声说："你是坐牢坐得老眼昏花了吗？"

日后，郑融被释出狱，又遭病痛缠身，廉范随侧照顾，到郑融死后，廉范将遗体送回南阳安葬后才离去，但是一直到郑融死，廉范始终没有说出自己是谁。

〔梦龙评〕只因为感激郑融的保举之恩，廉范竟然改名换姓，委身狱卒尽心照顾，直到郑融去世。士人所报的知己之恩，真是无与伦比。

周 新

原 文

周新为浙江按察使，尝巡属县，微服触县官，取系狱中。与囚语，遂知一县疾苦。明往迓①，乃自狱出。县官惭惧，解绶②而去。由是诸郡县闻风股栗，莫不勤职。

注释

①迓（亚 yà）：迎接。②解绶（受 shòu）：解下印绶，指辞免官职。绶，一种丝质带子，古代常用来拴在印纽上。

译文

周新为浙江按察使时，常常巡视所属的州县，有一次他故意微服出巡，触怒当时县官，被捕入狱。

周新借着在狱中与同囚的罪犯闲聊的机会，了解县中百姓的疾苦。

第二天，官员们前往狱中迎接周新，县官这才知道周新的身份，县官自觉惭愧，于是解下绶带离职。从此其他各州县的官员全都能够尽忠职守，不敢有丝毫疏忽。

王　戎

原文

戎族弟敦①，有高名。戎恶之。边批：先见。每候戎，辄托疾不见。孙秀为琅琊郡吏②，求品于戎从弟衍。衍将不许，戎劝品之。边批：更先见。及秀得志，有夙怨者皆被诛，而戎、衍并获济焉。

借人虚名，输我实祸，此便知衍不及戎处。

注释

①戎：即王戎，字濬冲，西晋琅琊临沂（今属山东省）人，好清谈，为"竹林七贤"之一。官至尚书令、司徒。敦：即王敦，字处伸，晋武帝驸马，曾任扬州刺史。②孙秀：西晋惠帝时初为琅琊郡外史，以谄媚为赵王司马伦所迫。同伦逼惠帝禅位，为伦拜为侍中中书监，

多杀忠良，权振朝廷。琅琊郡：郡名，今山东半岛东南部。

译 文

晋朝时王戎（字濬冲）的族弟王敦（字处仲）虽然名气很大，王戎却很讨厌他〔有先见〕。每次王敦想求见王戎时，王戎就借口生病避不见面。孙秀（以谄媚赵王伦得宠，杀害忠良，后为齐王冏等所诛）为琅琊郡吏时，要求王戎的另一个弟弟王衍写一篇文章，王衍不想答应，但是王戎却劝王衍改变心意〔更有先见〕。

后来，孙秀飞黄腾达，凡是过去曾和孙秀有过摩擦的人都被诛杀，只有王戎、王衍兄弟平安无事。

〔梦龙评〕满足别人的虚荣，因而免除日后的杀身之祸。由这件事，就可以看出王衍不如王戎有远见。

阮 籍

原 文

魏、晋之际，天下多故，名士鲜有全者。阮籍①托志酣饮，绝不与世事。司马昭②初欲为子炎求昏③于籍。籍一醉六十日，昭不得言而止。钟会数访以时事，欲因其可否致之罪，竟以酣醉不答获免。

注 释

①阮籍：字嗣宗，三国时陈留尉氏人，为"竹林七贤"之一，与司马氏集团有矛盾。②司马昭：三国时河内温县人，司马懿之子。③昏：通"婚"。

译 文

魏、晋之时，天下纷扰多事，名士中很少有人能保全名节的。阮籍（三国魏人，字嗣宗，竹林七贤之一）坚持原则，整天喝得酩酊大醉，闭口不谈天下之势。

司马昭（三国魏人，司马懿次子，字子上）想为儿子司马炎（即晋武帝，字安世）求婚，与阮籍结为亲家，阮籍为逃避司马昭的纠缠，竟大醉六十天。

　　司马昭没有得到阮籍的答复，只好打消结亲的念头；当时司马昭的手下大将钟会曾数度拜访阮籍请教时事，想从阮籍的话中挑出毛病，加上罪名，但阮籍每次都醉得不能答话，也因此而保全一命。

郭崇韬　宋太祖

原文

　　郭崇韬[1]素廉，自从入洛，始受四方赂遗。故人、子弟或以为言，崇韬曰："吾位兼将相，禄赐巨万，岂少此耶？今藩镇诸侯多梁旧将，皆主上斩祛、射钩[2]之人，若一切拒之，能无疑骇？"明年，天子有事南郊，崇韬悉献所藏，以佐赏给。

　　南唐主以银五万两遗赵普，普以白宋主。主曰："此不可不受，但以书答谢，少赂其使者可也。"普辞，宋主曰："大国之体，不可自为削弱，当使之弗测。"及从善南唐主弟。来朝，常赐外密赍白金，如遗普之数。唐君臣皆震骇，服宋主之伟度。

▲ 宋太祖

　　赂遗无可受之理，然廉士始辞而终受，而明主亦或教其臣以受，全要看他既受后作用如何，便见英雄权略。三代以下将相，大抵皆权略之雄耳！

注释

　　①郭崇韬：字安时，五代时期州雁门人，官累至兵部尚书、枢密使。　②斩祛：斩断其袖，喻有宿怨者。

译　文

　　后唐的郭崇韬一向清廉正直，自从到洛阳任官后，才开始收受各方的赠礼和贿金，他的故旧或部属，因此批评他的行为。

　　郭崇韬说："我现在官至将相，每年俸禄赏赐千万，怎会把这些许贿金和礼品放在眼里？但是现在戍守各地的藩镇，多半是后梁归降的将领，他们都是陛下所倚重的将才，假如我坚辞不受，能保各藩镇心中不起疑惧吗？

　　第二年，皇帝在京师附近举行郊祭，郭崇韬把所收到的贿金及礼物，全部捐献出来。

　　南唐李后主派人送五万两白银给赵普（宋朝人，字则平，曾佐宋太祖定天下，）赵普将此事禀奏太祖赵匡胤。

　　宋太祖说："南唐主的赠金不可不接受，你可写一封信向南唐王表示感谢，另外再给那位使臣一些赏钱就行了。"

　　赵普拜辞出宫后，宋太祖自言自语地说："身为大国不可自贬身份，朕要让南唐觉得朕高深莫测。"

　　等南唐主的弟弟李从善进京晋见太祖时，太祖除了一般例行的赏赐外，另外暗中派人送给李从善白银，数目和南唐主送给赵普的一样。李从善把这件事报告南唐主后，南唐君臣无不震惊，并且佩服宋太祖的器量。

　　〔梦龙评〕本来贿金是没有任何理由可以收受的，但是一向清廉的郭崇韬到洛阳后，也不再坚持以往的原则，开始收受贿金；而身为一国之君的宋太祖，也授意大臣接受南唐主的赠金。这完全要看当事者收取贿金的心态与作用，借此也可看出是否有英雄人物的权谋智略。三代以后的大将，大多数都是权略中的佼佼者。

捷智部　灵变

原　文

一日百战，成败如丝。三年造车，覆于临时①，去凶即吉，匪夷所思②。集《灵变》。

注　释

①临时：一时。②匪夷所思：指根据常理无法想象得到的。

译　文

一日之内上百次会战，胜负之机往往在一线之间；花三年的时间造好一辆马车，往往因一刹那的疏忽而翻覆。能够洞见危机，趋吉避祸，不是常人所能做到的。

鲍叔牙

原　文

公子纠①走鲁，公子小白②奔莒。既而国杀无知③，未有君。公子纠与公子小白皆归，俱至，争先入④。管仲⑤扞弓射公子小白，中钩。鲍叔⑥御，公子小白僵⑦。管仲以为小白死，告公子纠曰："安之。公子小白已死矣！"鲍叔因疾驱先入，故公子小白得以为君。鲍叔之智，应射而令公子僵也。其智若镞矢也！

王守仁以疏救戴铣⑧，廷杖，谪龙场驿。守仁微服疾驱，过江，作"吊屈原文"见志，寻为投江绝命词，佯若已死者。词传至京师，时逆瑾怒犹未息，拟遣客间道往杀之，闻已死，乃止。智与鲍叔同。

注释

①公子纠：姓姜，名纠，春秋时齐僖公之子，齐襄公之弟。后被鲁杀于笙渎（今山东省菏泽县北）。②公子小白：即齐桓公，齐襄公之弟，名小白。襄公被杀后，从莒回国取得政权，公元前685—前643年在位。公子纠走鲁，公子小白奔莒：据《史记·齐太公世家》记载：当初，齐襄公与鲁桓公夫人通奸，又醉杀鲁桓公，并且滥杀无辜，奸淫妇女，欺侮大夫。他的几个弟弟恐怕祸及自身，次弟纠之母是鲁君之女，他在管仲、召忽的辅佐下，逃往鲁国；次弟小白之母是卫君之女，他在鲍叔的辅佐下，逃往莒国。③无知：即公孙无知，齐僖公的侄子，齐僖公同母弟弟夷仲年的儿子。既而国杀无知，未有君：据《史记·齐太公世家》记载："齐襄公十二年（公元前686年），公孙无知会同齐国大夫连称、管至父发动叛乱，弑杀了齐襄公，公孙无知自立为齐君。第二年春天，齐君无知到雍林（今山

东临淄市近郊）游玩时，被雍林人袭杀，并告诉齐国大夫，请他们另立新君。"④公子纠与公子小白皆归，俱至，争先入：据《史记·齐太公世家》记载：公子小白从小跟大夫高傒要好，故公子无知死后，高、国两家先暗中派人到莒国去请小白；鲁国国君也同时派兵送公子纠回来，而派遣管仲另外率兵在莒国通往齐国的大路

上拦截小白。⑤扞（汉 hàn）弓：张弓，拉弓。⑥鲍叔：即鲍叔牙，春秋时齐国的大夫，以智人著称。⑦僵：向后倒下。这里指公子小白向后倒装死。⑧戴铣：字宝之，明婺源（今属江西省）人，弘治进士，授兵科给事中，武宗时以奏留刘健、谢迁，嘉靖中追赠光禄少卿。⑨龙场：地名，在今贵州省安顺市以西，马毕河左岸。

译 文

春秋时齐内乱，公子纠（齐襄公无知弟，襄公杀无数，群弟恐祸，纠奔鲁，齐人杀无知，小白先回齐，立为国君，鲁人遂杀纠）走避鲁国，公子小白（齐桓公名，齐襄公弟，春秋五霸之首）投奔莒，不久齐人杀国君无知，为争取王位，公子纠与公子小白，都想抢先回到齐国。

半途两车相遇，鲍叔牙（春秋齐大夫，曾荐管仲于桓公，佐桓公成霸业）为公子小白驾车，管仲（名夷吾，初事公子纠，后事齐桓公为相，一匡天下，桓公尊为仲父）用箭射中公子小白腰带上的环扣。

管仲见小白僵卧在车上，以为小白已死，便对公子纠说："请公子安心，小白已经死了。"

这时鲍叔牙与公子小白却快马疾行回到齐国，所以小白才登上王位，成为齐君。

鲍叔牙能将计就计，要公子小白中箭后僵卧不动，才取得入齐的先机，这种应变的机智，像箭头般犀利。

〔梦龙评〕王守仁（学者称阳明先生，提倡致良知学说）为救戴铣（明弘治进士，因弹劾宦官获罪）上奏武宗而被贬至贵州龙场驿。王守仁穿着便服星夜赶往驿场，过长江时作了一篇《吊屈原文》表明心志，又写一首《投江绝句词》，让人误认他已投江自尽。本来宦官刘瑾（明朝人，自幼入内廷，甚得武宗宠信，陷害忠良，后因图谋不轨被杀）对王守仁怒气未消，打算派杀手半途截杀王守仁，在京师看了王守仁所写的词、文，以为王守仁已死，便打消此意，王守仁因而保全一命，王守仁和鲍叔牙都是有智慧的人。

管 仲

原文

齐桓公因鲍叔之荐，使人请管仲于鲁①。施伯②曰："是固将用之也！夷吾用于齐，则鲁危矣！不如杀而以尸授之！"边批：智士。鲁君欲杀仲。使人曰："寡君欲亲以为戮，如得尸，犹未得也！"边批：亦会话。乃束缚而槛③之，使役人载而送之齐。管子恐鲁之追而杀之也，欲速至齐，因谓役人曰："我为汝唱，汝为我和。"其所唱适宜走，役人不倦，而取道甚速。

吕不韦④曰："役人得其所欲，管子亦得其所欲。"陈明卿曰："使桓公亦得其所欲。"

注释

①齐桓公因鲍叔之荐，使人请管仲于鲁：据《史记·齐太公世家》记载：齐桓公元年（公元前685年），齐桓公派兵攻鲁，意欲杀管仲。鲍叔牙进言道："臣荣幸跟随主公，您终于如愿以偿了。现在您已经很尊贵了，臣等无法再提高主公您的地位了。您如果想治理齐国，那么，高傒与臣等就足矣；您如果想称霸天下，那么，非得管夷吾不可！夷吾在哪个国家，哪个国家就有威望。这是个不可失去的人才啊！"于是桓公从之，诈称要逮住管仲亲手杀掉才解恨，实欲用之。②施伯：春秋时鲁国的大夫，鲁惠公之孙，鲁庄公之叔。③槛：古指囚禁押解犯人的车子。这里作动词用，指囚禁解送。④吕不韦：战国末，秦庄襄王时，被任为相国，秦王政年幼继位，继任相国。被称为"仲父"。

▲ 齐桓公

译 文

　　齐桓公因为鲍叔牙的大力推荐，派人到鲁国要回管仲。施伯（春秋鲁大夫）对鲁庄公说："齐君派人要回管仲，一定是要重用管仲〔智士〕，如果管仲为齐效命，一定会威胁鲁国的安危，不如杀了管仲，把尸首交给齐君。"

　　鲁庄公准备杀掉管仲，但齐国的使者对庄公说："管仲曾经射伤我国的君王，我国君王想亲手杀死管仲〔会说话〕。如果只得到尸体，我国君王的心愿是不能满足的。"

　　于是，鲁庄公命人把管仲绑起来，以囚犯的槛车送往齐国。

　　路途上，管仲怕鲁君改变心意派人追杀，想尽快到达齐国，因此对车夫说："我唱歌给你听，你为我和拍子。"

　　一路上，管仲所唱的歌都是节拍轻快，适合马车快步疾行的曲子，马夫精神大振，愈走愈快，管仲也就平安地到达齐国。

　　〔梦龙评〕吕不韦（秦人，曾邀门客著《吕氏春秋》一书）说："管仲这一唱歌，不仅车夫得到好处（忘了驾车的辛劳），管仲自己也得到更大的好处（平安快速回到齐国）。"

　　陈明卿说："就连齐桓公也一并得到好处（顺利要回管仲来治理齐国而成为春秋时代第一位霸主）。"

延安老军校

原 文

　　宝元①元年，党项围延安七日②，邻于危者数矣。范侍御雍③为帅，忧形于色。有老军校④出，自言曰："某边人，遭围城者数次，边批：言之有据。其势有近于今日者。虏人不善攻，卒不能拔。今日万万无虞⑤！某可以保任。若有不可，某甘斩首！"范嘉其言壮人心，亦为之小安。事平，此校大蒙赏拔，言知兵。善料敌者，首称之。或谓之曰："汝敢肆妄言，万一不验，须伏法！"校曰："若未之思也！若城果陷，谁暇杀我耶？聊欲安众心耳！"

注释

①宝元：宋仁宗赵祯的年号，指公元 1038—1040 年。②党项：古族名，宋时生活在今甘肃、宁夏、陕北一带，建西夏政权。延安：府名，（今延安）。宋、金时为防御西夏的重地。③范侍御雍：范雍，字伯纯，宋时河南洛阳人，历官给事中、侍御史，累官礼部尚书。为治尚恕，好谋而少成，颇知人，喜荐士，卒谥忠神。④军校：官名，任辅助之职的军官。⑤无虞：不欺骗。

译文

宋仁宗宝元年党项人（西夏族）围攻延安城七日，几次出现破城的危险，当时范雍（礼部尚书）任统师，非常忧虑。

有个老校头自告奋勇去见范雍，说道："我长年住在这边境之地，以前也曾多次遭到敌人围攻〔言之有据〕，危急的情况也和今天差不多，但党项人不善攻城，最后还是被击退，所以请督帅您放一百万个心，就让我率兵抵御，如有任何闪失，我愿意接受军法死罪的制裁。"

范雍对老校头的胆识大加赞许，而老校头这番话也稳定军心不小。

党项人撤退后，老校头以研判战局发展和敌军虚实准确无比，首先获得晋升和赏赐。

有人对老校头说："你的胆子也太大了，万一敌兵不退，你的脑袋就没了。"

老校头笑着说："你没有认真想一想，假使敌兵真的破城，人人逃命不及，谁有空杀我，当日那番话，不过是安定人心罢了。"

吴 汉

原　文

吴汉亡命渔阳[1]，闻光武长者，欲归，乃说太守彭宠，使合二郡精锐附刘公击邯郸王郎。宠以为然。官属皆欲附王郎，宠不能夺。汉乃辞出，止外亭，念所以谲众，未知所出。望见道中有一人似儒生者，使人召之，为具食，问以所闻。生言："刘公所过，为郡县所归。邯郸举尊号者实非刘氏。"汉大喜，即诈为光武书移檄渔阳，边批：来得快。使生赍以诣宠，令具以所闻说之。汉随后入，宠遂决计焉。

注　释

①渔阳：古郡名，辖境相当今河北围场以南、天津市以北等地。

译　文

吴汉（宛人，有智谋，初贩马为业，后汉光武帝拜偏将军）逃至渔阳郡避祸，听说刘秀（后汉光武帝）是重贤之人，想去投奔他，于是去劝说渔阳太守彭宠集合两郡的兵力依附刘秀去攻击邯郸一带的王郎（喜占卜术，曾冒称汉成帝之后，后被光武帝打败），彭宠觉得有道理，但他的属下却大多主张归附王郎，彭宠拿不定主意，十分为难。

吴汉见此情形，只好退出来到府门外的亭台上，思考欺骗众人的方法，但一时无计可施。正在苦恼时，突然见到一位儒生打扮的人远远走来，立刻派人把儒生找来，准备了酒菜，向儒生打探路上所听到一般老百姓对刘秀、王郎的想法。儒生告诉吴汉，刘秀声望日隆，所经过的郡县都受到百姓的拥护，在邯郸假冒天子名讳的王郎，其实根本不是汉成帝之后的刘姓宗室。

吴汉听了非常高兴，立即伪造一封刘秀的书信〔来得好快〕，请儒生送交彭宠并要儒生对彭宠说明一路上所见所闻。等吴汉随后再见彭宠时，彭宠已经决定归顺刘秀了。

汉高祖

原文

楚、汉久相持未决。项羽谓汉王曰："天下汹汹①，徒以我两人，愿与王挑战决雌雄，毋徒罢天下父子为也！"汉王笑谢曰："吾宁斗智，不能斗力！"项王乃与汉王相与临广武间②而语。汉王数羽罪十，项王大怒，伏弩射中汉王。汉王伤胸，乃扪③足曰："虏中吾指！"汉王病创卧，张良强起行劳军，以安士卒，毋令楚乘胜于汉。汉王出行军，病甚，因驰入成皋。

▲ 汉高祖

小白不僵而僵，汉王伤而不伤，一时之计，俱造百世之业。

注释

①汹汹：水往上涌的样子，这里形容争战喧乱的样子。⑦广武间：即广武涧。广武，故址在今河南荥阳东北广武山上，有东、西二城，相距约二百步，中为广武涧。③扪（门 mén）：摸，按。

译文

楚汉两军对峙，久久没有决定性的胜负，项羽对刘邦说："如今天下所以纷扰不定，原因在于你我两人相持不下，不如干脆一点我们两人单挑，也省得天下人因为我们两人而送命。"

刘邦笑着拒绝说："我宁可和你斗智，不想和你斗力。"

后来项羽和刘邦在广武山隔军对话，刘邦举出项羽十条罪状，项羽大怒，暗中埋伏弓弩手射箭，正中刘邦前胸，刘邦却忍痛弯身摸脚说："唉呀！射中我的脚趾了。"

刘邦其实伤重得几乎下不了床，张良（曾求力士刺秦王，高祖起兵常为策划，封留侯）却要他强忍创伤起来巡视军队，以安定军心，不让项羽知道他伤重而乘机进攻。刘邦一离开军营，便因伤重不支，立即快马返回成皋。

〔梦龙评〕春秋时公子小白受管仲一箭，佯作僵死，刘邦受项羽一箭却佯作无事，这两人都因一时的应变，才成就日后百年的基业。

尔朱敞

原文

齐神武韩陵之捷①，尽诛尔朱氏。荣族子敞字乾罗，彦伯子。小随母养于宫中。及年十二，自窦②而走，至大街，见群儿戏，敞解所着绮罗金翠之服，易衣而遁。追骑寻至，便执绮衣儿，比究问，非是，会日暮，遂得免。

注释

①韩陵：指韩陵山，在河南安阳东，北魏高欢败尔朱氏于此。立定国寺旌功，温子升撰碑文。②窦（豆 dòu）：穴，洞。

译文

北齐神武帝高欢在韩陵之役中，几乎杀尽了尔朱氏一族，尔朱荣族中有一名子弟名敞，自小随母亲在宫中长大，这时才十二岁，在混乱中由宫墙边的小洞逃走，走到大街，看见一群小孩当街嬉戏，尔朱敞就和其中一名儿童交换衣服，然后混入人群中。

不久追兵来到大街，抓住那个穿着华丽的小孩，等到弄清楚那名孩子不是尔朱敞时，天色已黑，尔朱敞因此保全了一命。

韦孝宽

原文

尉迟迥先为相州总管①。诏韦孝宽代之，又以小司徒叱列长文为相州刺史，先令赴邺，孝宽续进。至朝歌，迥遣其大都督贺兰贵赍书候孝宽。孝宽留贵与语以察之，疑其有变，遂称疾徐行。又使人至相州求医药，密以伺之。既到汤阴②，逢长文奔还。孝宽密知其状，乃驰还，所经桥道，皆令毁撤，驿马悉拥以自随。又勒驿将曰："蜀公将至，可多备肴酒及刍粟以待之。"迥果遣仪同梁子康将数百骑追孝宽，驿司供设丰厚，所经之处皆辄停留，由是不及。

注释

①尉迟迥：字薄居罗，北周代州雁门（今山西代县）人，有大志，好施爱士，娶魏文帝女金明公主。孝文践祚，以迥有平蜀功，封蜀公，任相州总管，后举兵讨伐隋文帝，兵败而自杀。相州：州名，辖境相当今河北邢台、广宗以南，河南林州、清丰以北，山东武城、莘县以西的地区。总管：官名，古时指地方上高级军政长官。三国魏时始置都督诸州军事，北周时改为总管。周武帝以王溢为盖州总管，总管之名始于此。②汤阴：旧县名。今属河南省。

译文

北周人尉迟迥（因平蜀有功封蜀公）任相州都督时，文帝命韦孝宽（屡有战功，官至骠骑大将军）代理尉迟迥的职务，又命叱列长文为相州刺史，并要叱列长文早韦孝宽一步上任。

韦孝宽行至朝歌时，尉迟迥派手下的大都督贺兰贵送来一封问候信，韦孝宽因怀疑尉迟迥别有用心，想办法留住贺兰贵，不断用话刺探。

于是，韦孝宽称病慢行，并以请医生为名，派人到相州暗中监视尉迟迥的举动。

才到达汤阴，正好碰到叱列长文奔离相州，韦孝宽立即命军队回头，沿途所经的桥道都下令拆毁，各驿站的马匹也全数带走，临行还嘱咐各站驿丞："蜀公尉迟迥将到此地，你们赶紧准备酒菜及草料好迎接蜀公。"

不久，尉迟迥果然派大将军梁子康率数百骑追杀韦孝宽，然而沿途受到驿丞热忱款待，使军队耽搁不少时间，而让韦孝宽从容逃脱了。

宗典李穆　昙永

原文

晋元帝叔父东安王繇[1]，为成都王颖[2]所害，惧祸及，潜出奔。至河阳，为津吏所止。从者宗典后至，以马鞭拂之，谓曰："舍长，官禁贵人，而汝亦被拘耶？"因大笑。由是得释。

宇文泰与侯景战。泰马中流矢，惊逸，泰坠地。东魏兵及之，左右皆散，李穆下马，以策击泰背，骂之曰："笼冻[3]军士，尔曹主何在？"追者不疑是贵人，因舍而过。穆以马授泰，与之俱逸。

王廞[4]之败，沙门[5]昙永匿其幼子华，使提衣幞[6]自随。津逻疑之，昙永呵华曰："奴子何不速行！捶之数十，由是得免。

注释

①晋元帝：即司马睿，东晋的开国君主，公元317—322年在位。东安王繇：即司马繇，字思元。性刚毅，博学多才。以功拜右卫将军，进封东安王。②成都王颖：即司马颖，字章武，晋武帝司马炎之子，封成都王。③笼冻：年老不中用。④王廞：东晋琅琊临沂（今属山东

省）人，王导之孙，历司徒左长史，从王恭举兵，诛杀异己。不久，王恭罢兵府，廞亦去职，回众讨恭，后兵溃奔走，不知所在。⑤沙门：佛教专指依照戒律出家修道的人。⑥衣幞：衣裳包裹。

译文

晋元帝的叔父东安王司马繇被成都王司马颖所陷害，害怕祸事上身，潜逃出京，却在渡河时被渡口的官吏拦下，随行的宗典赶上来，用马鞭打司马繇，大笑说："舍长，国家下令禁止朝廷大官渡河，没想到你这样一个糟老头，也被当成贵人拦下来。"

士兵听了不疑有他，遂让东安王安然渡河脱险。

南北朝时期宇文泰（西魏人，子宇文觉篡魏为北周）与侯景（曾自立为汉帝）交战时，坐骑被流矢射中狂奔，宇文泰摔下马来，这时东魏士兵已逼近过来，而宇文泰的侍卫却已走散，不见一人。

李穆（隋文帝时官至太师）在旁，跳下马用鞭子抽打宇文泰，骂道："你这无能的败兵，你的主子在哪儿？为什么一个人躺在这儿？"

东魏兵没有起疑匆匆而过，李穆于是把自己的坐骑让给宇文泰，两人遂得逃过一劫。

晋朝时王廞（曾随王恭举兵）战败后，有个叫昙永的和尚收容了王廞的幼子王华，命王华提着包袱跟在自己身后，在渡口巡逻的士兵怀疑王华的身份，正待上前盘察。

昙永灵机一动，对着王华骂道："你这下贱小鬼还不赶快走。"

接着一阵拳打脚踢，就这样安然脱险。

王羲之

原文

王右军幼时，大将军甚爱之，恒置帐中眠。大将军尝先起，须臾，钱凤入，屏人论逆节事，都忘右军在帐中。右军觉，既闻所论，知无活理，乃剔吐污头面被褥，诈熟眠。敦论事半，方悟右军未起，相与大惊曰："不得不除之！"及开帐，乃见吐唾纵横，信其实熟眠，由是得全。

译文

晋朝人王羲之（元帝时为右将军，世称王右军。草书、隶书冠绝古今）幼年时，深得大将军王敦的宠爱，常要羲之陪着睡。

有一次王敦先起床，不久钱凤（与王敦密谋造反，事败被杀）进来，王敦命奴仆全数退下，两人商议谋反大计，一时忘了王羲之还睡在帐内。

▲ 王羲之

王羲之醒来，听见王、钱二人谈话的内容，知道难逃一死，为求活命，只好在脸上、被上沾满口水，假装一副熟睡的样子。

王、钱二人谈到一半，王敦突然想起王羲之还没起床，大惊道："事到如今，只好杀掉这个小鬼了！"

等掀开帐幕，看到王羲之满脸口水，以为他睡熟了，什么也没听到，王羲之因此保住一命。

吴郡卒

原文

苏峻①乱，诸庾逃散。庾冰时为吴郡②，单身奔亡。吏民皆去，唯郡卒独以小船载冰出钱塘口，以蘧蒢③覆之。时峻赏募觅冰属，所在搜括甚急。卒泊船市渚，因饮酒醉还，舞棹向船曰："何处觅吴郡？此中便是!"冰大惊怖,然不敢动。监司见船小装狭,谓卒狂醉,都不复疑。自送过浙江,寄山阴魏家,得免。后事平,冰欲报卒,问其所愿。卒曰:"出自厕下④,不愿名器⑤,少苦执鞭⑥,恒患不得快饮酒。使酒足余年,毕矣!无所复须。"冰为起大舍。市奴婢。使门内有百斛酒终其身。时谓此卒非唯有智,且亦达生。

注释

①苏峻:字子高,东晋长广挺县(今山东莱阳)人,曾任冠军将军、历阳内史,后调为大司农。咸和二年(公元327年),与祖约起兵,次年攻入建康(今江苏南京),专擅朝政。②庾冰:东晋颍川鄢陵(今河南鄢陵)人,曾任中书监、扬州刺史等。一生俭约,为时人所称。吴郡:郡名,辖境相当今江苏、上海长江以南,大茅山以东等地。③蘧(qú)蒢:用苇或竹编的粗席。④厕下:置身于下,指身份低微。⑤名器:指名利地位。后用以指高贵的地位和显赫的名声。⑥执鞭:为人驾驶车马,意谓给他人服役。

译文

苏峻以诛杀庾氏一族为名谋反,一时势如破竹,庾姓诸人四处逃散,当时,庾冰身为吴郡太守,也弃官只身逃亡,当时吴郡的官员百姓都各自逃命,只有一名小兵用船搭载庾冰逃出吴郡。

船到钱塘江口,小兵用粗席盖在庾冰身上,这时苏峻到处张贴告示,重金悬掌捉拿庾冰。小兵把船停在渡口后就进城买酒,喝得醉醺醺地回来,挥动着船桨指着船说:"你们不是要找吴郡的庾冰吗?他就在这船上。"

船上的庾冰听了大为惊慌,躲在粗席下连大气都不敢喘,苏峻手下见船舱狭窄,以为小兵酒后胡言,就不再理他。于是庾冰平安地过江,藏身在绍兴魏家。

苏峻乱事平定后,庾冰想要回报小兵,问他有什么心愿。

小兵说:"我出身微寒,对官禄爵位没野心也不敢奢求,我从小就因服侍人而不能痛快地喝酒，假使您能让我后半辈子都不愁没酒喝，我就再无所求。"

于是庾冰为小兵盖了一幢大房子，买了奴婢来侍候他，屋中随时保持上百斛的美酒，让小兵能一辈子不愁没酒喝。

一般人在谈论这件事时，都认为这名小兵不但机智，而且也是个知进退的人。

元伯颜

有告乃颜①反者，诏伯颜②窥觇之。乃多载衣裘，入其境，辄以与驿人。既至，乃颜为设宴，谋执之。伯颜觉，与其从者趋出，分三道逸去。驿人以得衣裘故，争献健马，遂得脱。

①乃颜：元宗室，世据辽东，至元中举兵反叛，世祖（忽必烈）亲征，乃颜被杀。②伯颜：巴邻氏，生长于西亚的伊儿汗国，因入朝奏事，被元世祖留用，任中书右丞相，领兵攻宋，浮恭帝而返，后长期在北方边地与叛王海都作战。

有人密告元世祖乃颜有意谋反，世祖命元伯颜暗中调查。元伯颜行前购置了许多皮裘，一进入乃颜的驻地，就分送给当地各驿站的人员。

乃颜见元伯颜到来，便以设宴款待为名，想伺机擒下元伯颜。元伯颜察觉乃颜的阴谋，连忙和随员奔出乃颜营地，朝三个不同方向逃离，各驿站的驿丞因先前曾得到元伯颜所赠的裘衣，都争相以快马相赠，元伯颜等人也就顺利脱险了。

刘 备

原 文

曹公素忌先主。公尝从容谓先主曰："今天下英雄，唯使君与操耳！本初之徒，不足数也！"先主方食，失匕箸①。适雷震，因谓公曰："圣人云：'迅雷风烈必变②'，良有以也，一震之威，乃至于此！"

相传曹公以酒后畏雷、闲时灌圃轻先主，卒免于难③。然则先主好结氂④，焉知非灌圃故智？

注 释

①匕箸（著 zhù）：筷子。②迅雷风烈必变：语出《论语·乡党》，说是孔子遇到疾雷暴风，一定要改容变色，表示对上天的敬畏。迅雷风烈，即迅雷烈风，这是为了错综成文的一种变例的修辞。③相传曹公……卒免于难：据胡冲《吴历》曰："曹公数遣亲近密觇诸将有宾客酒食者，辄因事害之。备时闭门，将人种芜菁，曹公使人窥门。即去，备谓张飞、关羽曰：'吾岂种菜者乎？曹公必有疑议，不可复留。'其夜开后栅，与飞等轻骑俱去，所得赐遗衣服，悉封留之，乃往小沛收拾兵众。"④结氂：用羽毛编织饰物。

译 文

曹操对刘备一向心存顾忌，曾有意对刘备说："放眼天下，能称得上英雄的只有你、我二人，至于袁绍，根本就挨不上边。"

刘备正在吃饭，吓得掉了一根筷子，刚巧天上打雷，刘备担心曹操起疑，就对曹操说："圣人说：'有巨雷暴风，必是天地有巨变的征兆。'这话实在有道理，难怪刚刚一打雷，连我都吓得掉筷子了。"

〔梦龙评〕相传曹操曾以酒后怕雷掉筷，闲时养花倚草，而以为刘备成不了大气才打消杀刘备的念头，然而刘备以喜欢编结羽饰出名，又怎知不是和养花倚草一样，都是避杀身之祸的手法呢？

语智部 辩才

原文

侨童①有辞，郑国赖焉；聊城一矢，名高鲁连②；排难解纷，辩哉仙仙③。百尔君子，毋易繇言④。集《辩才》。

注释

①侨童：即春秋时郑国大夫子产，名侨，以雄辩著称。②聊城一矢，名鲁仲连：据《史记·鲁仲连邹阳列传》记载：战国末年，齐将田单攻聊城（治今山东省聊城市西北）岁余，士卒多死而聊城不下，鲁仲连便修书一封，约（绑扎）之矢（箭）射入城中，向宋城的燕将反复陈述利害。燕将见书泣三日，犹豫不能自决，乃自杀。聊城乱，田单遂克聊城。③辩哉仙仙：形容善于言辞。④毋易：不要轻视。繇言：民间流传的评论时政的歌谣。繇，通"谣"。

译文

子产以口舌说服晋楚，使郑国免于战祸数十年；鲁仲连以一封绑在箭上的信，说服燕军退兵。历史上有无数危难，都在智者的辩才下消于无形。所以编撰了《辩才》一卷。

子 贡

原文

　　吴征会于诸侯。卫侯后至，吴人藩卫侯之舍。子贡说太宰嚭①曰："卫君之来，必谋于其众，其众或欲或否，是以缓来。其欲来者，子之党也；其不欲来者，子之仇也。若执卫侯，是堕党而崇仇也。"嚭说，乃舍卫君。

　　田常②欲作乱于齐，惮高、国、鲍、晏③，故移其兵，欲以伐鲁。孔子闻之，谓门弟子曰："夫鲁，坟墓所处，二三子何为莫出？"子路请出，孔子止之。子张、子石④请行，孔子弗许。子贡请，孔子许之。遂行至齐，说田常曰："君之伐鲁，过矣！夫鲁，难伐之国：其城薄以卑，其地狭以泄，其君愚而不仁，大臣伪而无用，其士民又恶甲兵之事，——此不可与战，君不如伐吴。夫吴城高以厚，地广以深，甲坚以新，士选以饱，重器精兵，尽在其中，又使明大夫守之——此易伐也。"田常忿然作色，曰："子之所难，人之所易；子之所易，人之所难。而以教常，何也？"边批：正是辩端。子贡曰："臣闻之：'忧在内者攻强⑤，忧在外者攻弱'。今君破鲁以广齐，战胜以骄主，破国以尊臣，而君之功不与⑥焉，则交日疏于王。是君上骄主心，下恣群臣，求以成大事，难矣。夫上骄则恣，臣骄则争，是君上与主有隙，下与大臣交争也。如此则君之立于齐，危矣！故曰不如伐吴。伐吴不胜，民人外死，大臣内空，是君上无强臣之敌，下无民人之过，孤主制齐者，唯君也！"田常曰："善！虽然，吾兵业已加鲁矣，去而之吴，大臣疑我，奈何？"子贡曰："君按兵无伐，臣请往使吴王，令之救鲁而伐齐，君因以兵迎之。"田常许之。使子贡南见吴王⑦，说曰："臣闻之：'王者⑧不绝世，霸者无强敌'；'千钧⑨之重，加铢而移'。今以万乘之齐，而私千乘之鲁，与吴争强，窃为王危之！且夫救鲁，显名也，伐齐，大利也，以扶泗上诸侯^⑩，诛暴齐而服强晋，利莫大焉。名存亡鲁，实困强齐，智者不疑也。"吴王曰："善！虽然，吾尝与越战，栖之会稽^⑪。越王苦身养士，有报我心。子待我伐越而听子。"子贡曰："越之劲不过鲁，强不过齐。王置齐而伐越，则齐已平鲁矣。且王方以存亡继绝为名，夫伐小越而畏强齐，非勇也。夫勇者不避难，仁者不穷约^⑫，智者不失时。今存越示诸侯以仁，救鲁伐齐，威加晋国，诸侯必相率而朝，吴霸业成矣！且^⑬王必恶越，臣请东见越王，令出兵以从，此实空越，名从诸侯以伐也。"吴王大悦，乃使子贡之越。越王除道郊迎，身御至舍^⑭，而问曰："此蛮夷^⑮之国，大夫何以惠然辱而临之？"子贡曰："今者吾说吴王以救鲁伐齐，其志欲之而畏越，曰：'待我伐越乃可'，如此破越必矣！且夫无报人之志而令人疑之，拙也；有报人之意使人知之，殆^⑯也；事未发而先闻，危也。三者举事之大患！"勾践顿首再拜，曰："孤尝不料力，乃与吴战，困于会稽。痛入于骨髓，日夜焦唇干舌，徒欲与吴王接踵^⑰而死，孤之愿也！"遂问子贡，子贡曰："吴王为人猛暴，群臣不堪；国家敝于数战，士卒弗忍，百姓怨上，大臣内变；子胥从速死^⑱，太宰嚭用事，顺君之过，以安其私，是残国之治也。今王诚发士卒佐之，以徼^⑲其志，重宝以悦其心，卑辞以尊其礼，其伐齐必也。彼战不胜，王之福矣。战胜，必以兵临晋。臣请北面晋君，令共攻之，弱吴必矣。其锐兵尽于齐，重甲困于晋，而王制其敝，此灭吴必矣。"越王大悦，许诺，送子贡金百镒、剑一、良矛二。子贡不受，遂行。报吴王曰："臣敬以大王之言告越王，越王大恐，曰：'孤不幸，少失先人^⑳，内不自量，抵罪于吴，军败身辱，栖于会稽，国为虚莽^㉑。赖大王之赐，使得奉俎豆而修祭祀^㉒，死不敢忘，何谋之敢虑！'"后五日，越使大夫种顿首言于吴王曰："东海役臣^㉓孤勾践使者臣种，敢修下吏问于左右^㉔：今窃闻大王将兴大义，诛强救弱，困暴齐而抚周室，请悉起境内士卒三千人，孤请自被坚执锐^㉕，以先受矢石，因越贱臣种奉先人藏器甲二十领、屈卢之矛、步光之剑㉖，以贺军吏。"吴王大悦，以告子贡曰："越王欲身从寡人伐齐，可乎？"子贡曰："不可，夫空人之国，悉人之众，又从其君，不义。君受其币，许其师，而辞其君。"吴王许诺，乃谢越王。于是吴王乃遂发九郡㉗兵伐齐。子贡因去之晋，谓晋君㉘曰："臣闻之：'虑不先定，不可以应卒㉙；兵不先辨，不可以胜敌。'今夫吴与齐将战，彼战而胜，越乱之必矣；与齐战而胜，必以其兵临晋！"晋君大恐，曰："为之奈何？"子贡曰："修兵休卒以待之。"晋君许诺。子贡去而之鲁。吴王果与齐人战于艾陵㉚，大破齐师，获七将军㉛之兵而不归，果以兵临晋，与晋人相遇黄池之上㉜。吴、晋争强，晋人击之，大败吴师。越王闻之，涉江袭吴，去城七里而军。吴王闻之，去晋而归，与越战于五湖㉝。三战不胜，城门不守。越遂围王宫，杀夫差而戮其相㉞。破吴三年，东向而霸㉟。故子贡一出，存鲁、乱齐、破吴、强晋而霸越，十年之中，五国各有变。

直是纵横之祖，全不似圣贤门风。

注释

①太宰嚭：即伯嚭，其祖父为晋国人，逃到楚国，曾任令尹，后被楚灵王所杀，伯嚭便逃到吴国，吴王先拜其为大夫，因善逢迎，深得吴王夫差的宠信。吴王夫差元年，任吴国太宰。吴亡后，降越为臣，有的被勾践所杀。太宰：官名，亦名"冢宰"，佐王治理国家，类似后代的丞相。②田常：即田成子，名恒，齐国大臣。齐简公四年田常弑简公，立平公，自任相国。③高、国、鲍、晏：为当时在齐国握有实权的卿大夫家族。④子张：姓颛（zhuān）孙，名石，字子张，春秋时陈国人，比孔子小48岁，他崇敬孔子，敏而好学，为儒学八派之一。子石：姓公孙，名龙，字子石，春秋时楚国人，比孔子小53岁。⑤忧在内者攻强：子贡认为田常"忧在内"，故有"吾闻君三封而三不成者，大臣有不听者也"之语。⑥与：在其中。⑦南：方位名词作状语。因吴国在齐国的南边，故云"南见吴王"。吴王，指阖闾的儿子夫差。⑧王者：指施行王道的人，下句"霸者"指施行霸道的人。战国时，儒

家称以行义治天下为王道，以武力结诸侯为霸道。⑨千钧：极言其重。钧，古代的重量单位，一钧是三十斤。铢：铢两，极言其轻。铢，古代的重量单位，为一两的二十四分之一。十六两为一斤。这句话是用比喻来暗示夫差，一旦齐国占领了鲁国，那么，吴国的优势就可能变成劣势了。⑩泗上：泗水的北面，这里暗指中原各国。⑪会稽：这里指会稽山，在今浙江省中部。公元前494年，吴王夫差在夫椒大败越兵，乘胜攻破了越都，越王勾践退守于会稽山，被迫屈服。⑫仁者不穷约：穷，困厄；约，缠缚。这句话是暗示吴王，应援救处于困境的鲁国。⑬且：语助词，用在句首，相当于"夫"。⑭除道郊迎：清除道路，到郊外迎接，以示敬重。身御至舍：亲自驾车，送到官舍。⑮蛮夷：古代对南方各族的泛称，有时也通指四方各族，含有轻贬的意思。⑯殆（代dài）：危险。⑰接踵（种zhǒng）：足踵相接，形容人多，接连不断。这里是"一道"的意思。踵，脚后跟。⑱子胥以谏死：姓伍，名员，字子胥，原为楚国人，后逃到吴国，任吴王阖闾的大夫。吴王夫差时，他劝其拒绝越国求和并停止伐齐，渐被疏远，后吴王赐剑，命他自杀。⑲徼（腰yāo）：通"邀"，投合，求取。⑳少：通"小"。先人：祖先，包括已死去的父亲。这里指死去的父亲。先，已经死去的。㉑虚莽：虚，通"墟"，废墟。莽，草丛。㉒奉：捧，进献。俎（祖zǔ）豆：俎、豆均是古代祭祀用的器物。这里是说，越王感激吴王，使越王还能到宗庙里去祭祀祖先。古代帝王、诸侯都有宗庙，宗庙完了，国家也就完了。㉓东海：因为越国地临东海，这里是以东海代指越国。役臣：供驱使的臣子。㉔修：写，这里指写信。问：询问。左右：指吴王左右的近臣。这句话是尊敬吴王的说法，意思是说，不敢直接询问吴王，而委托吴国下吏转达吴王左右的近臣。㉕被：通"披"。坚、锐：形容词用作名词。坚，指坚固的铠甲；锐，指锐利的武器。㉖领：衣领。引申为衣服的件数。屈卢：古代造矛的良匠名，后用作良戈的代称。步光之剑：古代的一种宝剑名。㉗郡：春秋至隋唐时期的地方行政区划名，春秋时

"郡"小"县"大。㉘晋君：指晋定公姬午，公元前 509—公元前 495 年在位。㉙卒：通"猝"，突然，仓猝。㉚吴王果与齐人战于艾陵：吴王夫差十二年（公元前 484 年），吴救鲁伐齐，在艾陵大败齐军。艾陵，古地名，在今山东省莱芜县东北，在今泰安市东南。㉛获七将军：按在艾陵之战中，吴军俘获了齐大将国书、副将高无丕等五人，而不是七人。冯梦龙引此文似有误。㉜与晋人相遇黄池之上：夫差十四年（公元前 482 年），夫差与晋定公争夺霸主的地位，在黄池大会诸侯，史称"黄池之会"，吴、晋在黄池并未交战。黄池，即黄亭，在今河南省封丘县西南。㉝五湖：泛指太湖流域所有的湖泊。㉞杀夫差而戮其相：据《史记·吴太伯世家》记载：吴王夫差二十三年（公元前 473 年），"越败吴，越王勾践欲迁吴王夫差于甬东（今浙江省舟山群岛），予百家居之。吴王……遂自到死。越王灭吴，诛太宰嚭"。相，即指太宰嚭。㉟破吴三年，东向而霸：据《史记·越王勾践世家》记载："勾践已平吴，乃以兵北渡淮（河），与齐、晋诸侯会于徐州（治今山东省滕州市南），致贡于周。周元王使人赐勾践胙，命为伯。勾践已去，渡淮南，以淮上地与楚，归吴所侵宋地与宋，与鲁泗东方百里。当是时，越兵横行于江、淮东，诸侯毕贺，号称霸王。"

译 文

吴王发帖邀请诸侯，卫侯到得最晚。太宰伯嚭（春秋楚人，吴王夫差败越，勾践派文种求和，越后灭吴，以嚭不忠诛杀）派吴兵包围卫侯所住的行馆。

子贡得知此事，就对伯嚭说："卫侯赴约前一定和众臣商议过，众臣中也一定有人赞成，有人反对，意见分歧，所以卫侯才到得晚。赞成卫侯前来的大臣中是您的朋友；持反对意见的就是您的敌人，今天您派兵包围卫侯行馆，这是背弃朋友、助长敌人声势的做法。"

伯嚭听了子贡这番话，就下令撤离包围卫侯行馆的士兵。

田常（春秋齐人，即田恒，汉避孝文帝讳改恒为常）有篡国之心，但顾忌高、国、鲍、晏等齐国的大臣，所以想利用他们的军队讨伐鲁国。

孔子正在鲁国，听说田常将率兵伐鲁，对门下弟子说："鲁国是我的故乡，现在情势危急，你们谁能想办法挽救鲁国呢？"

子张（姓颛孙，名师）、子石（即公孙龙）都自愿为说客，但孔子只答应子贡的请求。

子贡向孔子辞行后，便直接到齐国求见田常。

子贡对田常说："齐国出兵攻鲁，我以为是严重的错误，因为鲁国是个难以征服的国家。鲁国城墙低，城壁薄，国土狭小，君王懦弱，大臣愚昧，百姓又厌恶战争，所以我说难以征服；相国不如伐吴，吴国城墙高、城壁厚，国土辽阔，兵精甲利，战将如云，这才容易征讨。"

田常一听，大为生气，说："您说的困难，是一般人说的容易〔正是辩说的开端〕；您说的容易，却是一般人说的困难，为什么对我说这么荒谬的话呢？"

子贡说："我听说'国家内部有问题，要选择强国来攻击；相反的，国家外部有问题，则选择弱国来攻击。'打败鲁国，使得齐国疆域的扩张，这会让齐王骄傲，朝臣骄宠，功劳不在相国您个人身上，于是您在齐王心中的份量就减轻了，这完全是您出兵的不当，造成齐王高傲，大臣权重，您想要进一步成就什么大事，就困难了；更严重的是，会使您上与君王疏远，下与群臣争权，就连原有的地位

也会岌岌可危。所以我说不如出兵攻吴。伐吴不胜，齐国的兵力折损于战场，对您有威胁的大臣武将也消减一空。到时候，有能力掌握整个齐国的只有相国您一人了。"

田常脸色这才和缓下来，点头说道："先生的分析虽有理，但我军已经开到鲁国边境，如果忽然命令军队伐吴，大臣们会起疑心。先生看该怎么办呢？"

子贡说："相国先想办法拖住军队，我立即前往吴国，说服吴王为救鲁而伐齐，相国再出兵迎敌，这么一来，再聪明的大臣也不会怀疑相国的用心。"

田常一口答应。

子贡辞别田常后，立即连夜赶往吴国，对吴王夫差说："臣听说真正的王者不会灭绝别人的世族，真正的霸主没有可畏惧的敌人。千钧虽重，但是加一铢就可动摇，今天强齐伐弱鲁，摆明了和吴国争夺霸权，对王而言肯定是一大威胁，大王为何不伐齐以救鲁呢？救鲁能彰显大王救绝存亡的仁名，伐齐能得到大利，泗水一带的各个小国可因此划入吴国手中，既击破有争霸实力的强齐，又可让强大的晋国望风臣服，还有什么比这个对吴国更有利的呢？再说大王以救鲁为名出兵，其实是为了击破齐国，有这个名义和机会，各国诸侯再聪明也无法怀疑大王您出兵的正当性。"

吴王说："好计！但本王曾败越于会稽，多年来勾践卧薪尝胆发奋图强，一直想找机会报复，为除后患，你等本王伐越后再救鲁。"

子贡说："不可，越的实力好比鲁国，而吴和齐则是实力差不多的一级强国，等大王您击破越国，齐国也早已拿下鲁国了。再说大王是以存亡继绝的名义出兵伐齐，现在先讨伐小小的越国，会被看成吴国是惧怕齐国的强大，这不是大勇的表现。真正的勇者不怕困难，真正的仁者不怕一时的困顿，真正的智者不会错失良机。今天不灭越国，是对诸侯显示大王的仁德；为救鲁而伐齐，必能使晋国感受吴国国力的强大，其他诸侯也必会因吴国的强大而臣服，那么大王的霸业就来临了。如果大王实在放心不下，我愿为大王跑一趟越国，要越王出兵随大王伐齐，这样越国境内就无兵可用，大王也不用担心勾践会乘机谋反。"

吴王大悦。

子贡离开吴国后，立即前往越国。越王勾践听说子贡要来，立即令人清扫道路，并在三十里外亲迎子贡，奉为上宾。

越王说："越国地处偏僻，怎敢烦劳先生亲自前来？"

子贡说："我来之前，曾想说服吴王救鲁伐齐，但吴王想出兵却担心越国趁机攻击吴国，坚持要灭越才肯伐齐，如此，越国灭亡便在旦夕之间。我听说，一个人如果没有报仇之心，却表现得让人怀疑，这是愚笨的；如果真有雪耻之心却让人识破，这是失败的；还没有行动就让人预测到，这是危险的。这三点都是成就大事的兵家大忌。"

勾践赶忙跪下来向子贡求道："孤曾不自量力和吴战于会稽，当年战败的惨状痛入骨髓，孤日夜寝食难忘、苦心焦思，就算与吴王同归于尽也心甘情愿。"

子贡说："吴王为人暴躁，群臣早就难以忍受，再加上吴国因连年争战，军士疲敝，百姓更是怨声载道。太宰伯嚭一味讨好吴王，以满足自己私欲，这已是亡国的征兆，现在只要大王肯发兵随吴王伐齐，迎合吴王称霸的野心，以宝器赠予吴王，以卑词尊奉吴王，那么吴王一定出兵伐齐。若吴王伐齐失败，就是大王雪耻之日；若伐齐成功，吴王一定乘胜伐晋，我将去见晋君，请晋君伐吴，吴国以精锐部队伐齐后再战强晋，一定元气大伤，这时大王就能乘机攻吴，定能洗雪会稽之耻。"

越王再次道谢，并赠子贡黄金百镒、宝剑一把、良矛二支，子贡坚持不接受。

离开越国后，子贡又来到吴国，对吴王说："臣把大王的话转告勾践，勾践惶恐万分，说：'我勾践年少时不得父母教诲，自不量力，得罪于吴国，在会稽挑起战争，军队覆亡，身为囚房，国家更险些灭亡，只因吴王仁德的恩赐，才能保有祖先的宗庙和国家，对于吴王的恩德，至死不敢遗忘，怎么还有什么不当的报复之心呢？"

五天后，越王派大夫文种（春秋人，字会，辅勾践灭吴）至吴，文种跪拜吴王说："东海役臣勾践的使者文种，恳请准许贱臣勾践披甲带剑，率军随大王出征，为大王先锋率先杀敌，特派下臣文种奉上先人所收藏的盔甲二十副，屈卢之矛，步光之剑。"

吴王听了非常高兴，将勾践愿意随军出征的事告知子贡。子贡说："不可，王已让越国全部士兵随军出征，如果再答应越王的请求，就有些过份了，不如辞谢越王。"

吴王依子贡所言。

吴王出兵伐齐后，子贡又赶往晋国，对晋君说："臣听说'人无远虑，必有近忧'。今吴伐齐，若齐王获胜；勾践一定会乘机洗雪会稽之耻；若吴获胜，一定趁势加兵晋国。"

晋君大惊，问子贡："那怎么办才好？"

子贡说："你应该立刻召集军队，以逸待劳来应付强敌。"

子贡回到鲁国后，吴王与齐兵战于艾陵，大破齐军，生擒齐将七名，果然没有返吴的打算，想乘胜攻晋，与晋军相遇于黄池，晋人大败吴军。越王听说吴王惨败，立即出兵偷袭吴国，在离吴都七里的地方扎营。吴王听说勾践发兵攻吴，立即下令班师回朝，与越王战于五湖，三战皆败，于是勾践围吴王宫，杀夫差及伯嚭，终于洗雪会稽之耻，勾践在灭吴三年后，完成称霸诸侯的心愿。

子贡靠一张嘴，存鲁、乱齐、灭吴、强晋而霸越，十年之间五国的情势皆起了剧烈的变动。

〔梦龙评〕子贡穿梭游说五国君间，真可称得上是纵横家的开山祖师，完全没有一丝圣人仁义的门风。

鲁仲连

原文

秦围赵邯郸，诸侯莫敢先救。魏王使客将军辛垣衍间入邯郸[①]，欲与赵尊秦为帝。鲁仲连适在赵，闻之，见平原君胜[②]。胜为介绍，而见之于辛垣衍。鲁仲连见辛垣衍而无言。辛垣衍曰："吾视居此围城之中者，皆有求于平原君者也，今观先生之玉貌，非有求于平原君者，曷为[③]久居此围城之中而不去也？"鲁仲连曰："秦弃礼义、上首功[④]之国也。权使其士，虏使其民。彼肆然而为帝，则连有赴东海而死耳，不忍为之民也！所以见将军者，欲以助赵也。"辛垣衍曰："助之奈何？"鲁仲连曰："吾将使梁[⑤]及燕助之，齐、楚固助之矣。"辛垣衍曰："燕吾不知；若梁，则吾乃梁人也，先生恶能使梁助之耶？"鲁仲连曰："梁未睹秦称帝之害故也。使睹秦称帝之害，则必助赵矣。"辛垣衍曰："秦称帝之害奈何？"鲁仲连曰："昔齐威王[⑥]尝为仁义矣，率天下诸侯而朝周。周贫且微，诸侯莫朝，而齐独朝之。居岁余，周烈王[⑦]崩，诸侯皆到，齐后往，周怒，赴于齐曰：'天崩地坼[⑧]，天子下席[⑨]，东藩[⑩]之臣田婴齐后至，则斩之！'威王勃然怒曰：'叱嗟[⑪]！而[⑫]母婢也！'卒为天下笑。故生则朝周，死则叱之，诚不忍其求也。彼天子固然，其无足怪。"辛垣衍曰："先生独未见夫仆乎？十人而从一人者，宁力不胜、智不若耶？畏之也！"鲁仲连曰："梁之比于秦若仆耶？"〔边批：激之。〕辛垣衍曰："然。"鲁仲连曰："然则吾将使秦王烹醢[⑬]梁王！"〔边批：重激之。〕辛垣衍怏然不悦，曰："嘻！亦太甚矣！先生又恶能使秦王烹醢梁王？"鲁仲连曰："固也。待吾言之。昔者鬼侯、鄂侯、文王[⑭]，纣之三公也。鬼侯有子而好[⑮]，故入之于纣。纣以为恶，醢鬼侯。鄂侯争之急，辩之疾，并脯[⑯]鄂侯；文王闻而叹息，拘于羑里之库百日[⑰]，而欲令之死。曷为与人俱称帝王，卒就脯醢之地也[⑱]？齐闵王将之鲁[⑲]，夷维子执策而从[⑳]，谓鲁人曰：'子将何以待吾君？'鲁人曰：'吾将以十太牢[㉑]待子之君。'夷维子曰：'吾君，天子也。天子巡狩，诸侯避舍，纳管键，摄衽抱几，视膳于堂下，天子已食，退而听朝也㉒!"鲁人投其钥，不果纳㉓。将之薛㉔，假途于邹㉕。当是时，邹君死，闵王欲入吊。夷维子谓邹之孤曰："天子吊，主人必将倍殡柩，设北面于南方，然后天子南面吊也㉖。"邹之群臣曰："必若此，吾将伏剑而死!"故不敢入于邹。邹、鲁之臣，生则不能事养，死则不得饭含，〔边批：为齐强横故。〕然且欲行天子之礼于邹、鲁之臣，不果纳㉗。今秦万乘之国，梁亦万乘之国，交有称王之名，睹其一胜而胜，欲从而帝之，是使三晋㉘之大臣，未如邹、鲁之仆妾也!且秦无已而帝，则且变易诸侯之大臣，彼将夺其所谓不肖，而予其所谓贤，夺其所憎，而予其所爱，彼又将使其子女谗妾为诸侯妃姬，处梁之官，梁王安得晏然㉙而已乎？而将军又何以得故宠㉚乎？"于是辛垣衍起，再拜谢曰："吾乃今知先生为天下之士也!吾请去，不敢复言帝秦矣!"秦将闻之，为却军五十里。

苏轼曰："仲连辩过仪、秦，气凌髡㉛、衍，排难解纷，功成而逃赏，实战国一人而已!"穆文熙曰："仲连挫帝秦之说，而秦将为之却军，此《淮南》之所谓'庙战'也㉜!"

注释

①魏王：即魏安釐（xī）王姬圉（yǔ），魏昭王的儿子，信陵君无忌的异母兄，公元前276—公元前243年在位。客将军：别国人在魏国做将军称为客将军。辛垣衍：辛垣为其复姓。间（jiàn）入：趁围困疏隙时偷偷地潜入。②平原君胜：即赵胜，赵孝成王的叔父，赵武王的儿子，封平原君，为战国时著名的四公子之一，当时任赵相。③曷为：为什么。曷，疑问代词作宾语前置。④上：通"尚"，崇尚。首功：指武功。秦制：爵分二十级，作战时斩得敌人一个首级，就赐爵一级。⑤梁：即魏国，因魏后迁都大梁（今河南开封市），所以，魏国也称梁国。⑥齐威王：即田婴齐，田常之后，战国时齐国君主，公元前356—公元前320在位。⑦周烈王：姬喜，公元前375—公元前369年在位。⑧天崩地坼（chè）：比喻帝王死去。崩，古代称帝王死为"崩"。坼，裂。⑨天子：指继承周烈王的新君周显王姬扁。下

席：古时孝子居丧守孝时，要离开宫室，睡在草席上。⑩东藩：位于东方的藩国，指齐国。"藩"的本义是"篱笆"，引申为"屏蔽"的意思。古代封建诸侯，为的是屏藩王室，所以称诸侯为藩国。齐国在东方，故称"东藩"。⑪叱嗟（chì jiē）：怒叱声。⑫而：第二人称代词，你。⑬烹醢（hǎi）：古代的一种酷刑。烹，用沸汤煮。醢，剁成肉酱。⑭鬼侯、鄂侯、文王：三人都是纣王封的诸侯。鬼侯的封地在今河南省临漳县境；鄂侯的封地在今山西省中阳县境；文王即是周文王，他的封地在今陕西岐山北。⑮子：指女儿。在上古时代，"子"本是男女的通称。好：貌美，漂亮。⑯脯（斧 fǔ）：干肉。这里用作动词，做成肉干。⑰羑（yǒu）里：古地名，在今河南省汤阴县北。库：监牢。⑱曷为与人……脯醢之地也：意为，梁与秦本来都是称王的平等国家，现在梁国为什么要自居卑下而心甘情愿地受人宰割呢？人，指秦国。⑲齐闵王将之鲁：齐湣王十七年（公元前284年），燕将乐毅指挥燕、秦、赵、魏、韩五国的军队击破齐国，齐闵王逃到卫国时，因出言不逊而不被接纳，于是不得不离开卫国而前往鲁国。⑳夷维子：齐人，以邑为姓。夷维，地名，治所在今山东潍坊市。子，男子美称。策：马鞭。㉑太牢：古以牛、羊、猪各一称为"太牢"。十太牢，也就是十只牛羊猪，这是款待诸侯的礼节。㉒诸侯避舍：古代天子到诸侯国中巡狩时，诸侯要离开自己的正殿不居而让与天子。舍，指正房。纳管键：交纳钥匙。避舍、纳管键，是表示诸侯因天子在自己的国中，在此期间，自己不敢以一国之主自居。摄：持，提起。衽（任 rèn）：衣襟。抱：捧。几：矮或小的桌子。视膳：伺候别人吃饭。听朝：国君在朝堂里办公问事。㉓不果纳：不让进入。"果"表示事情和预料或期望相合，常与"不"连用表示否定。㉔薛：古国名，任姓，周初分封的诸侯国。地在今山东省滕州市南。㉕假途：借路经过。途，道路。邹：古国名，曹姓，地在今山东省邹城市一带。㉖天子吊……南面吊也：吊，哀悼死者，慰问丧家。倍殡柩（救 jiù）：把灵柩移到相反的方向。就是移向南面。古代以坐山向南为正位，诸侯死，灵柩放在北面。倘若天子来吊唁，就必须把灵柩掉过头来，让天子向南面吊唁。

倍，同"背"。殡，停丧。柩，已盛尸体的棺材。㉗邹、鲁之臣……不果纳：事养：侍奉，供养。饭（反 fǎn）含：古代把米放在死人口里叫"饭"，把玉放在死人口里叫"含"。这句意为：邹、鲁国势已非常微弱，国君生时，臣子们不能侍奉供养；国君死后，他们也不能行饭含之礼。然而，当齐国的夷维子叫他们向齐闵王行天子的礼节时，还是行不通的。㉘三晋：韩、魏、赵三国是由晋国分裂而成的诸侯国，故称这三国为三晋。㉙晏然：安然，太太平平。㉚故宠：旧日的尊荣地位，指魏王对辛垣衍原有的宠幸。㉛髡（昆 kūn）：淳于髡，赘婿出身，战国时齐国的学者。㉜《淮南》：即《淮南子》，亦称《淮南鸿烈》，西汉淮南王刘安及其门客苏非、李尚、伍被等著。

译文

秦兵围攻赵都邯郸，诸侯都不愿意带头出兵救赵。魏王派客将辛垣衍（复姓辛垣，《资治通鉴》作新垣衍）由小道进入邯郸城，想与赵王约好共同尊奉秦王为帝。

鲁仲连（战国齐人，好策划，为人正直，操守高）当时正好在赵国，听说魏国想游说赵王尊秦王为帝，就去见平原君（战国赵武灵王儿子，名胜，封于平原，故号平原君），平原君就介绍鲁仲连与辛垣衍两人见面。

鲁仲连见了辛垣衍，竟一言不发。辛垣衍说："我原以为凡是住在邯郸的人，都是为有求于平原君而来。但我仔细观察先生的举动，并不是有求于平原君，不知道先生为什么留在这围城内久住不走？"

鲁仲连说："秦国是个背信弃义、只知崇尚斩首的战功、用权术操纵士大夫、把百姓当奴隶般使唤的国家，秦王果真称帝，那我宁可投东海而死，因为我不愿作秦王的顺民。今天我来见将军，目的就是想对赵国有所帮助。"

辛垣衍说："请问先生要怎样帮赵

国呢？"

鲁仲连说："我准备再说服魏、燕两国援赵，而齐、楚两国已经答应了。"

辛垣衍说："燕国的动向我不太清楚；至于魏，我是魏国人，不知先生要如何让魏援赵？"

鲁仲连说："这是因为魏国还没有看见秦国称帝的害处，假使能明了其中的害处，魏王一定会发兵救赵。"

辛垣衍说："秦王称帝的害处在哪里呢？"

鲁仲连说："以前齐威王推行仁政，率天下诸侯朝拜周天子。当时的周朝既穷又弱，天下诸侯都不肯去朝贡，只有齐国肯称臣进贡。但过了一年多，周威烈王驾崩，诸侯都前去吊丧，可是齐国却最后到达。周朝大怒，派使臣警告齐王说：'天子驾崩，新即位的天子服丧，而东藩之臣齐国的田婴竟迟来奔丧，依法当处斩。'齐威王一听，生气地说：'呸！周王只不过是一个贱婢所生的奴才！'整个事件成了个大笑话。齐国在周天子生前去朝拜他，死后却如此咒骂他，实在是因为做不到周天子所要求的诸侯义务。真正的天子尚且如此，你以为把秦奉为天子不会发生类似的笑话吗？"

辛垣衍说："先生难道没有见过仆人吗？十个人服侍一个人，并不是因为他们力气和智慧不如主人，而是出于畏惧。"

鲁仲连说："那么魏国和秦国的关系，就如同主、仆吗？"

辛垣衍说："是的。"

鲁仲连说："好！我要叫秦王杀魏王，把魏王剁成肉酱！"

辛垣衍很不高兴，说："先生也未免太夸大了，你又怎能叫秦王杀魏王呢？"

鲁仲连说："我当然做得到，请将军听我解释，古时鬼侯（《史记》作九侯）、鄂侯、文王，是殷纣王的三公。鬼侯有个女儿长得很漂亮，于是献给了纣王，可是纣王却不喜欢她，结果纣王就把鬼侯杀了，剁成肉酱。鄂侯为这件事向纣王争谏，结果纣王又把鄂侯杀死，晒成肉干。文王听说这两件惨事以后，忍不住长叹一声，（结果竟被纣王囚禁

111

在羑里的仓库里，准备一百天后就杀他。）这不正是有拥护为帝王，结果反倒被杀死、晒成肉干、剁成肉酱的事吗？

"齐闵王要去鲁国时，夷维子负责驾车，他对鲁国人说：'你们准备如何接待我的国君呢？'鲁人说：'我们准备用十头牛款待你们国君。'夷维子说：'我们国君是天子，天子到各地巡行狩猎时，诸侯都要搬出王宫住在外面，交出国库的钥匙，并且撩起衣裳，端着桌几亲自在殿堂上侍候天子进餐，天子吃完，诸侯才能退下。'鲁人一听，就不让齐闵王入境，以致齐王只有改从邹国前往薛国。

"正巧碰到邹君逝世，齐闵王要去吊丧，夷维子对邹君手下说：'天子来吊丧，丧家必须把灵柩坐北朝南，然后请天子立于南方之位祭吊。'邹国的臣子说：'如果一定要我们这样做，我们宁可伏剑而死。'因此齐闵王君臣也不敢进入邹国。

邹、鲁两国的臣子，虽迫于齐国的淫威当君主在世时不得奉养，君主死了不得含殓，但要他们行朝拜天子的大礼，他们却宁死也不肯让齐闵王进入自己的国家。

"今天秦国是拥有万辆兵车的大国，魏也是这样的大国，两国互相称帝称王，但只是见秦国打了一场胜仗，就想尊秦王为帝，这时三晋的一干文武大臣，还远不如邹、鲁这两个小国的臣民气节高尚。再说秦王称帝之后，必定更换诸侯大臣，罢黜他所谓的不肖臣子，把官位赐给他心目中的贤臣子；削夺他所憎恨的人的官职，任命他所喜欢的人为官，同时也一定会要他的女儿做诸侯的妃子住在魏宫，魏王又怎能耳根消静，而将军又怎能常得荣宠呢？"

辛垣衍听完鲁仲连这番话，立刻起身拜谢说："我一直以为鲁先生只是个平凡人，现在我才明白先生是天下奇人。我现在就回魏国，再也不谈论尊秦王为帝的事。"

秦国将军听说这事后，立刻下令秦军后退五十里。

〔梦龙评〕苏轼说，鲁仲连的辩才超过张仪、苏秦，气势驾凌淳于髡（战国齐人，有辩才）、公孙衍，排除国境解救危难，达成使命却不居功邀赏，在战国谋士中才智操守无人可比。

穆文熙说，鲁仲连把不能尊秦为帝的理由说得淋漓尽致，使得秦将退军五十里，这就是《淮南子》所说的"庙战"了。

兵智部　不战

形逊声①，策绌力②；胜于庙堂③，不于疆场；胜于疆场，不于矢石，庶可方行天下而无敌。集《不战》。

①形逊声：指有形之兵不如有声（无形之兵）。形，谓实；声，谓虚。逊，差一些，次一点。②策绌（处 chù）力：用智胜过用力。绌，通"黜"，排除，胜过。③庙堂：古人称皇上接受群臣朝见、君臣议论政事的殿堂，此处借指朝廷。

有形的武力不如无形的影响力，策谋也远比蛮力更有用；能在庙堂上取胜，就不要赴战场对决；将帅能在战场上善谋慎断取胜，就不要让兵卒亲冒矢石。如此，才能行遍天下无敌手。因此集成《不战》。

荀罃　伍员

鲁襄①时，晋、楚争郑。襄公九年，晋悼公②帅诸侯之师围郑。郑人恐，乃行成。荀偃曰："遂围之，以待楚人之救也，而与不战。不然，无成。"边批：亦是。荀罃曰："许之盟而还师以敝楚③。吾三分四军④，与诸侯之锐，以逆⑤来者，于我未病⑥，楚不能矣。犹愈于战⑦，暴骨以逞⑧，不可以争⑨。大劳⑩未艾。君子劳心，伍员小人劳力，先王之制也。"乃许郑成，后三驾⑪郑，而楚卒道敝，不能争，晋终得郑。

吴阖闾⑫既立，问于伍员⑬曰："初而言伐楚，余知其可也，而恐其使余往也，又恶人⑭之有余之功也。今余将自有之矣，伐楚何如？"对曰："楚执政众而乖⑮，莫适任患⑯。若为三师以肆⑰焉，一师至，彼必皆出；彼出则归，彼归则出，楚必道敝。亟肆以罢之，多方以误之。既罢，而后以三军继之，必大克之。"阖闾从之，楚于是乎始病。

晋、吴敝楚，若出一辙。然吴能破楚，而晋不能者，终少柏举⑱之一战也。宋儒乃以城濮⑲之战咎晋文非王者之师，噫⑳！有此议论，所以养成南宋为不战之天下，而竟奄奄㉑以亡。悲夫！

按：吴璘制金，亦用此术。虏性忍耐坚久，令酷而下必死，每战非累日不决。于是选据形便，出锐卒，更迭挠之，与之为无穷，使不得休暇，以沮其坚忍之气，俟其少怠，出奇胜之。

注释

①鲁襄：即鲁襄公姬午，鲁成公之子，春秋时期鲁国的君主。②晋悼公：名姬周，晋襄公的曾孙，春秋时期晋国的国君。③敝楚：使楚人疲惫。敝，疲惫，衰败。④三分四军：把四个军（上、中、下、新四军）分为三部分，能轮番作战。⑤逆：此指迎战。⑥未病：没有困乏。病，困乏、疲乏。⑦于战：比决战。⑧逞：称心，快意。⑨争：争胜。林尧叟注曰："言争当以谋，不可以暴骨。"⑩大劳：大的疲劳。艾：停止，止息。⑪三驾：晋国三次兴师，即三次出兵。⑫阖（盒 hé）闾：名光，春秋时期吴国国君，公元前514—公元前496年在位。⑬伍员：即伍子胥，楚大夫伍奢之子，伍奢因直言被杀后，他逃到吴国。⑭恶人：恐怕别人。人，指吴王僚。⑮乖：分离，互相违背。⑯莫适任患：犹言没有谁敢承担责任。⑰肆（意 yì）：劳

苦意，指突然袭击后又撤退。⑱柏（伯bó）举：春秋时期楚地，旧址说法不一，大约在湖北省麻城市一带。⑲城濮：春秋时卫地，故址在今山东省鄄城西南临濮集，一说在今河南省开封县陈留附近。周襄王二十年，晋文公和齐、宋、秦等国联军，在此与楚军相峙。战争的开始阶段，楚军占优势。晋军等退却九十里，选择了楚军力量薄弱的左右两翼，予以沉重的打击，楚军大败。⑳噫（衣yī）：文言叹词。㉑奄奄：气息微弱貌。

译文

春秋鲁襄公时，晋楚争郑。襄公九年，晋悼公联合其他诸侯的军队围攻郑国，郑人恐惧之余，遣使求和。

这时，荀偃说："继续围攻郑国，等楚救郑时，就可迎战楚军，如果现在与郑议和，就得不到实际的利益。"

荀罃（晋大夫，卒谥武子）却说："不可以，应该与郑国结盟引兵而归，如此楚国就会出兵讨郑，我们等楚军疲惫不堪后，把我国军队分成三路，联合其他诸侯军队轮流迎战楚军。那么我军在未疲惫前，楚军早已疲累得不能作战了，远比现在就跟楚国交战要好得多。假如现在就跟楚国交战，必然伤亡惨重，所以应以不战为上策。所谓聪明的人以智慧取胜，愚笨的人以蛮力克敌，这正是先王克敌致胜之道。"

群臣都表示赞成，于是接受郑国的求和。后来晋国果然三度出兵讨郑，但是由于长途行军而精疲力竭，根本无法作战，最后晋国终于取得郑国。

吴王阖闾即位后，曾问伍员说："贤卿曾建议伐楚，寡人也有伐楚之心，但唯恐吴王僚派我伐楚，又不想他占有我的功劳。寡人想亲自率军伐楚，贤卿以为如何？"

伍员答："楚国政治纷乱，没有真正的执政者，假如大王动员三军，徒然劳民伤财，所以不如先发一军，诱楚出兵迎战。楚国出兵，大王退兵；楚国退兵，大王再出兵。楚军这样往来跋涉，必会疲于奔命，而想放弃交战的念头，等到彻底瓦解了楚人的斗志，然后大王再动员三军，一定能彻底摧毁楚国。"

阖闾欣然采纳伍员的建议，从此楚军就陷入疲于奔命的苦境。

〔梦龙评〕晋与吴削弱楚国实力，用的都是同一手法，但是吴能在柏举大破楚军，而晋却不能在城濮灭楚。宋儒在批评楚晋"城濮之战"时，竟然责难晋文公并非王者之师，不能伐楚。唉！正因宋儒这种思想，才使南宋出现不战而和的妥协论调，终于使南宋逐渐由衰而亡，真是可悲啊！

按：宋将吴璘对付金兵，也用这种方法。金兵的个性忍耐坚久，命令严酷，一旦令下，必誓死执行任务，因此每次决战，非得打上好几天，纠缠不清。吴璘于是选择有利地形，派出精锐兵卒，轮番骚扰，使金兵穷于应付，不得休息，来磨蚀他们坚忍的士气，等到金兵稍有惰怠的间隙，立刻以奇兵袭击，大胜而回。

高昭玄

原文

开皇①初，帝尝问高颎②以取陈之策。颎曰："江北地寒，田收差晚；江南土热，水田早熟。量彼收获之际，微征士马，声言掩集③。彼必屯兵御守，便可废其农时；及彼聚兵，我还解甲。再三若此，贼以为常，后更集兵，彼必不信。犹豫之顷，我忽济师，出其不意，破贼必矣。又江南土薄，舍多竹茅，所有储积，皆非地窖，密遣行人，因风纵火，待彼修立，更复烧之。不出数年，自可令彼财力俱困。"帝用其策，卒以敝陈④。

注释

①开皇：隋文帝杨坚的年号。②高颎（炯 jiǒng）：一名敏，字昭

玄，北周末，受杨坚罗致，为相府司录。杨广（隋炀帝）为元帅时，任元帅长史，主持军事。炀帝继位时，任太常卿。③掩集：乘人不备，突然袭击。④卒：终于。敝：败。

译文

隋文帝开皇初年，文帝曾问高颎（字昭玄）进攻陈国的策略。

高颎说："江北地寒早，收成晚；江南气温高，水田收成早，我们趁陈国人忙着收成的时候，悄悄地调少数兵马在边境集结，陈国必定会屯兵防守，如此一来就会影响陈国的收成；他们结集防备，我们就退兵，反复多次后，陈国士兵再看到我军集结，一定会习以为常，不再相信我军会真地进攻。就在陈国松懈之时，我军出其不意地发兵进攻，一定能破陈国。另外，江南土层薄，民舍多半是用竹茅搭建，而贮藏谷物的仓库也不习惯用地窖，我国可暗中派遣奸细，顺着风势纵火烧仓，等陈国人把谷仓整建好了，放火再烧。不出几年，陈国自然人力、财用都疲敝不堪。"

文帝用高颎的计策，终于使陈国走上民生凋敝、财用困难的窘境。

周德威

原文

晋王存勖大败梁兵，梁兵亦退。周德威[①]言于晋王曰："贼势甚盛，宜按兵以待其衰。"王曰："吾孤军远来，救人之急，三镇[②]乌合，利于速战。公乃欲按兵持重，何也？"德威曰："镇、定之兵，长于守城，短于野战。吾所恃者骑兵，利于平原旷野，可以驰突[③]。今压城垒门，骑无所展其足；且众寡不敌，使彼知吾虚实，则事危矣。"王不悦，退卧帐中。诸将莫敢言。德威往见张承业，曰："大王骤胜而轻敌，不量力而务速战。今去贼咫尺，所限者一水耳。彼若造桥以薄[④]我，我众立尽矣。不若退军高邑，诱贼离营，彼出则归，彼归则出，别以轻骑，掠其馈饷，不过逾月，破之必矣！"承业入，褰⑤帐抚王曰："此岂王安寝时邪？周德威老将知兵，言不可忽也！"王蹶然⑥而兴，曰："予方思之。"时梁王闭垒不出，有降者，诘之，曰："景仁⑦方多造浮桥。"王谓德威曰："果如公言！"

注释

①周德威：字镇远，小字阳五，后唐马邑人，勇而多智，能望尘以知敌数。②三镇：指当时的镇州（赵王王镕）、定州（义武节度使王处直），以及晋军自己三方。③驰突：策马驰骋冲击。④薄：侵入。⑤褰（牵 qiān）：揭起，掀起。⑥蹶（决 jué）然：迅速，立即。⑦景仁：即王景仁，后梁合肥人，少从杨行密赴淮南，为将骁勇刚悍，后归后梁太祖，官终淮南招讨使。

译文

五代十国时期，晋王李存勖大败梁兵后，梁暂时退兵。周德威（字镇远，勇略多智）知道晋王想乘胜追击，于是对晋王说："敌人气势盛，我军应该先按兵不动，等梁兵疲敝后再进攻。"

晋王说："我率军远征，急切救人，再说我军是仓促成军，利于速战，现在将军却建议按兵不动，这是为什么？"

周德威说："梁兵善于守城，不善于野地作战。我军仗恃的是骑兵，对骑兵而言，平原旷野是最有利的地形，可以驰骋突袭，但现在面对城门堡垒，骑兵根本无法施展。再说敌众我寡，假使让敌人摸清了我军的兵力，对我军实在大大不利。"

晋王听了周德威的解释仍不满意，就自己回帐休息，其他将军见晋王一脸的不高兴，也都不敢再多说什么。

周德威知道晋王尚未改变心意，就去见张承业（字继元，宦官）说：大王击败梁兵之后，有轻敌之心，不考虑自身的兵力，一心只想速战，现在敌我仅一水之隔，敌人若造浮桥偷袭我军，我军一定覆没。

不如退守高邑，再出兵引诱梁兵离营，梁兵离营我军就回高邑，梁兵回营，我军再出，另外派一支轻骑兵队专门抢夺梁军的粮饷，不出一个月，一定能破梁。"

张承业于是来到晋王的营帐，掀起帘帐说："这哪是您平日安寝的时间呢？周德威是老将，深懂用兵之道，他的话可不能忽视。"

晋王突然从床上跳起来大声说："我正在想这件事。"

这期间梁王虽在营垒中闭门不出，但后来晋兵侦讯一个投降的梁兵，他供说："梁王正命人建造多座浮桥，准备攻晋。"

晋王对德威说："果然不出将军所料。"

诸葛恪

原　文

诸葛恪有才名，吴主欲试以事，令守节度①。节度掌钱谷，文书繁猥②，非其好也。武侯闻之，遗陆逊书，陆公以白吴主，即转恪领兵。恪启吴主曰："丹阳山险，民多果劲③，虽前发兵，徒得外县平民而已，其余深远，莫能擒尽。恪请往为其守，三年可得甲士四万。"朝议皆以为，丹阳地势险阻，周旋数千里，山谷万重，其幽邃民人，未尝入城邑、对长吏，皆伏兵野逸，白首于林莽；逋亡宿恶④，咸共逃窜，铸山为甲兵；俗好武习战，高气尚力，其升山赴险，抵突丛林，若鱼之走渊，猿狖⑤之腾木也；时观间隙，出为寇盗。每致兵征伐，寻其窟藏，战则蜂至，败则鸟窜，自前世以来，不能驭而羁也。恪固言其必捷。吴主拜恪丹阳太守。恪至府，乃遗书四郡属城⑥长吏，令各保其疆界，明立部伍，其从化平民，悉令屯居，乃分内诸将罗兵幽阻⑦，但缮藩篱，不与交锋，候其谷熟，辄引兵芟刈⑧，使无遗种，旧谷既尽，新田不收，平民屯居，略无所得，于是山民饥穷，渐出降首。恪乃复救下曰："山民去恶从化，皆当抚慰，徙出外县，不得嫌疑，有所执拘。"长吏⑨胡伉获降民周遗。遗，旧恶民，困迫暂出，内图叛逆。伉执送于恪，恪以伉违教，遂斩以徇⑩，民闻伉坐戮，知官⑪唯欲出之而已，于是老幼相携而出，岁期，人数皆如本规。

注 释

①令守节度：守，摄，代理；节度，官名，掌管军粮。②繁猥（委 wěi）：繁杂。③果劲：果断而强劲。④逋（bū）亡：逃亡者，罪犯。宿恶：一贯作恶者。⑤狖（又 yòu）：猿的一种，尾长，黑色。⑥四郡：指与丹阳相邻的吴郡、会稽、新都、鄱阳四郡。属城：指丹阳属下的各县。⑦分内（纳 nà）：分配，交结。罗兵幽阻：布设士卒于深险要害地带。⑧芟刈（山 shān 易 yì）：割除。⑨长吏：本指地位较高的官员，这里指四百石至二百石的县级官吏。⑩徇（讯 xùn）：示众。⑪知官：即太守。此处指诸葛恪。

译 文

三国时代的诸葛恪（三国吴人，通晓军事）以有才干出名，孙权想试试他的才干，就委任他为节度使，掌管钱谷，但处理文书不是诸葛恪的专长，平日文书公文作业繁琐，令诸葛恪大有怀才不遇的感觉。

武侯（官名，掌巡房执捕）听说诸葛恪的烦恼，就上书陆逊（字伯言，善军略），禀告孙权，孙权立即改派诸葛恪领兵。

诸葛恪启奏孙权说："丹阳地方山势险阻，山民剽悍，以前虽也派兵征讨，但所平定的不过是丹阳县外围的平民而已，至于深居内地的山民，却丝毫奈何不了他们。"

诸葛恪于是请求任丹阳守令，并保证三年内可招抚四万山民。

朝中官员都认为，丹阳地势险阻，山川幽谷绵延数千里，山民从不进入县城与官兵正面为敌，只是在野外埋伏，等官兵出城追捕，他们又窜逃回山区。山民们以山为屏障，民风好战，崇尚勇力，攀山涉水就像鱼、猿一般敏捷，当官兵防备松懈时就下山抢掠。每次官兵围剿他们藏身的洞穴，若是官兵人少，他们就蜂拥围攻，若官兵人多，他们就四处窜逃，所以从前朝到现在，一直无法使山民真正地归顺。

诸葛恪却保证一定能平服丹阳。

孙权于是正式任命诸葛恪为丹阳太守，诸葛恪上任后立即下令，整编军伍，严密防守，对已归顺的山民，要他们集中耕作，集体生活，又命属下修建围篱，不可与山民冲突，等到稻谷快成熟时，就命士兵抢先收割，不留一粒谷粮，山民们在积粮吃尽又无粮可抢的情形下，只有下山投降一途。

诸葛恪又下令："凡山民自愿归化我朝者，都应妥善照顾，徙出外县的不可因怀疑他们的诚意，而随意扣押逮捕。"

之后，长吏胡伉抓了一个叫周遗的山民，周遗曾经是令官府头疼的人物，现在因缺粮而投降，但内心却仍然想伺机作乱，胡伉把周遗抓到诸葛恪的面前，以为立了一功，诸葛恪却以胡伉违反军令而下令将其斩首。

山民听说胡伉因触法而斩头，知道诸葛恪只希望他们能下山投降而已，于是扶老携幼纷纷出山，一年后，招降的人数正如诸葛恪所保证的。

杨 侃

原文

魏雍州刺史萧宝夤[1]反，攻冯翊[2]。尚书仆射长孙稚讨之。左丞杨侃[3]谓稚曰："昔魏武与韩遂、马超据潼关相拒。遂、超之才，非魏武

敌，然而胜负久不决者，扼其

险要故也。今贼守御已固，不如北取蒲坂④，渡河而西，入其腹心，置兵死地，则华州⑤之围不战自解，长安可坐取⑥也。"稚曰："子之计则善矣。然今薛修义⑦围河东，薛凤贤据安邑⑧，宗正珍孙守虞坂⑨，兵不得进，如何？"曰："珍孙行阵一夫⑩，因缘为将，可为人使，安能使人？河东治在蒲坂，西逼河漘⑪，封疆多在郡东。修义驱卒士民，西围郡城，其父母妻子，皆留旧村。一旦闻官军至，皆有内顾之心，势必望风自溃矣。"稚乃使其子子彦与侃帅骑兵，自恒农⑫北渡，据石锥壁。侃声言："停此以待步兵，且以望民情向背。而今送降名者，各自还村，俟台举三烽，即举烽相应。其无应烽者，乃贼党也，当进击屠之，以所获赏军士。"于是村民转相告语，虽实未降者，亦诈举烽。一宿之间，火光遍数百里。贼围城者不测，各自散归。修义亦逃还，与凤贤俱请降。稚克潼关，遂入河东，宝夤出奔。

注释

①萧宝夤（银 yín）：字智亮，后魏齐明帝第六子，封鄱阳王。正始初，破姜庆真，封梁郡开国公；神龟中，出为徐州刺史；勤于政治，吏民爱之。②冯翊（平 píng 易 yì）：古县名，今陕西大荔。③杨侃（砍 kǎn）：字士业，北魏弘农华阳人，性爱琴书，尤好计划，年三十一袭华阴伯，时任长孙稚的行台左丞（行台尚书省的正四品下官），后因密谋除尔朱荣，被尔朱天光诱而杀之。④蒲坂：古县名，治所在今山西省永济市西蒲州，地处黄河转弯处，有风陵渡隔河与潼关相对，为河东通往关中的要冲。⑤华（划 huá）州：古州名，今陕西省华县。⑥坐取：不动而获。⑦薛修义：与下文的薛凤贤同为北魏正平县（故址在今山西省新绛县西南）人，北魏孝明帝孝昌三年，他们聚众造反，割据盐地，围攻蒲坂，响应萧宝夤，后一齐降于北魏。⑧安邑：古县名，今山西省夏县西北。⑨宗正珍孙：北魏孝明帝时官安西将军光禄大夫，孝昌中为都督，讨伐"两薛"。虞坂：古地名，在

今山西平陆县东北七十里，俗名"青石槽"。南通茅津渡，东北通夏县王峪口，悉中条之冲途，旧时道狭而险，后经明人修治，方可通盐车。⑩行阵一夫：犹言"一介武夫"。⑪漘（唇 chún）：水边。⑫恒农：古县名。旧址在今河南省南阳市附近。

译 文

北魏雍州刺史萧宝夤（齐明帝第六子，字智亮）兴兵叛乱，攻打冯翊郡。

当尚书仆射长孙稚（字承业，孝文帝闻他六岁时袭继爵位，故赐名稚）前往征讨时，左丞杨侃（字士业）建议说："以前魏武帝曹操曾多次与据守潼关的韩遂（后汉金城人，被曹操所灭）、马超（字孟起，汉末将军）并战，韩遂、马超的才智比不上曹操，但曹操始终不能一举擒服他们，原因就是韩遂据守要塞的缘故。如今贼兵守备坚强，不如先由北方的蒲坂渡河而西，进攻敌人的腹地，若士兵们人人抱着置之死地而后生的意念，不仅可解华州之围，又可坐取长安。"

长孙稚说："你的策略很好，但现在薛修义（即薛循义，字公让）包围河东，薛凤贤据守安邑，而宗正珍孙则镇守虞坂，我军无法进兵，这该怎么办呢？"

杨侃说："宗正珍孙乃一介武夫，是凭个人关系而被任命为将军的。这种人只能受人驱使，怎能指挥部队呢？河东的中心在蒲坂，临近黄河岸，而重要的城市都集中在郡东，薛修义出兵包围西部，士兵的父母妻子都留在故乡，一旦他们知道官军来到郡东，一定会担心故乡的家人，士气会受到影响，结果就会像秋风扫落叶般不战而溃。"

于是长孙稚就派自己的儿子与杨侃一同率领骑兵，从恒农北渡黄河，据守石锥壁。

杨侃下令："军队先驻扎此地，在等步兵前来会合的期间，可先观察民心的向背。凡是自动前来投降的敌兵，一律遣返回乡，愿意投降的敌兵，可以在见到高台上燃起三把烽火时，也举烽火回应。如果见到烽火而不回应，就表示是敌党，那么我军就格杀勿论，所获得的战利品，都将作为将士的奖赏。"

村民得到消息后争相走告，虽没有明白表示要投降，但却都有举烽火表明自己非敌人的念头，因此一夜间火光照天，几百里内一片火海。

围城的叛党还不知道究竟发生什么事，手下的士兵就已各自溃散回乡，甚至连薛修义也逃回家，与薛凤贤一起请降。

长孙稚攻占潼关后，就乘胜进攻河东，叛将萧宝夤只好狼狈而逃。

高仁厚

原文

邛州牙将阡能叛[1]，侵扰蜀境。都招讨高仁厚[2]帅兵讨之。未发前一日，有鹜[3]面者到营中，逻者疑，执而讯之，果阡能之谍也。仁厚命释缚，问之，边批：善用间者，因敌间而用之。对曰："某村民，阡能囚其父母妻子于狱，云汝诇[4]事归，得实则免汝家，不然尽死，某非愿尔也。"仁厚曰："诚知汝如是，我何忍杀汝，今纵汝归，救汝父母妻子，但语阡能云：'高尚书来日发，所将止五百人，无多兵也。'然我活汝一家，汝当为我潜语寨中人，云：'仆射愍汝曹皆良人[5]，为贼所制，情非得已。尚书欲拯救湔洗[6]汝曹，尚书来，汝曹各投兵迎降，尚书当以'归顺'二字书汝背，遣汝还复旧业。所欲诛者，阡能、罗浑擎、句胡僧、罗夫子、韩求五人耳，必不使横及百姓也。'"谍曰："此皆百姓心上事，尚书尽知而赦之，其谁不舞跃[7]听命！"遂遣之。明日仁厚兵发，至双流[8]，把截使[9]白文现出迎。仁厚周视堑栅[10]，怒曰："阡能役夫，其众皆耕民耳。竭一府之兵，岁余不能擒，今观堑栅，重复牢密如此，宜其可以安眠饱食、养寇邀功也！"命引出斩之。监军力救，乃免。命悉平堑栅，留五百兵守之，余兵悉以自随。又召诸寨兵，相继皆集。阡能闻仁厚将至，遣浑瑊立五寨于双流之西，伏兵千人于野桥箐，以邀官军。仁厚诇知，遣人释戎服，入贼中告谕如昨所以语谍者。贼大喜呼噪，争弃甲来降。仁厚因抚谕，书其背，使归语寨中未降者。寨中余众争出，浑瑊狼狈逾堑走，其众执以诣仁厚，仁厚械送府，悉命焚五寨及其甲兵，唯留旗帜。明旦，仁厚谓降者曰："始欲即遣汝归，而前途诸寨百姓未知吾心，借汝曹为我前行，过穿口、新津寨下，示以背字，告谕之，比至延贡，可归矣。"乃取浑瑊旗倒系之，每五十为队，授以一旗，使前扬旗疾呼曰："罗浑瑊已生擒，送使府，大军且至，汝寨中速如我出降，立得为良人，无事矣！"至穿口，句胡僧置十一寨，寨中人争出降。胡僧大惊，拨剑遏之，众投瓦石击之，共擒以献仁厚，其从五千人皆降。明旦又焚寨，使降者又执旗先驱，到新津，韩求置十三寨，皆迎降，求自投深堑死。将士欲焚寨，仁厚止之，曰："降人皆未食，先运出资粮，然后焚之。"新降者竞炊爨[①]，与先降来告者共食之，语笑歌吹，终夜不绝。明日，仁厚候双流、穿口降者先归，使新津降者执旗前驱，且曰："入邛州境，亦可散归矣。"罗夫子置九寨于延贡，其众前夕望新津火光，已待降不眠矣。及新津人至，罗夫子脱身弃寨奔阡能。明日，罗夫子、阡能谋悉众决战，计未定，日向暮，延贡降者至，阡能走马巡塞，欲出兵，众皆不应，明旦大军将近，呼噪争出，执阡能、罗夫子，泣拜马首。出军凡六日，五贼皆平。

只用彼谍一人，而贼已争降矣；只用降卒数队，而二十四寨已望风迎款[⑫]矣。必欲俘馘为功者，何哉？

注 释

①邛（穷 qióng）州：古州名，今临邛。阡（千 qiān）能：唐安仁（今四川大邑东南）人，初为邛州牙将，中和二年（公元 882 年），由于工事违期，亡命起兵，众至万人，传檄各地，转战于邛、雅两州。西川节度使陈敬瑄遣军镇压，多次为起义军所败，又有罗浑瑊、句胡僧等人起兵响应，其势愈炽，有众数万。②都招讨：都招讨使，招讨

使，使职名，为战时权置军事长官，兵罢则停，其下有副使等。高仁厚：初事节度使陈敬瑄，因镇压农民起义有功，拜检校尚书左仆射，眉州刺史。故下文称"高尚书""仆射"等。③鬻（玉 yù）：卖。④诇（凶 xiòng 去声）：侦探。⑤愍（敏 mǐn）：哀怜，怜悯。汝曹：你们。⑥湔（煎 jiān）洗：清洗。⑦舞跃：欢喜跳跃。⑧双流：旧县名，今四川省双流县。⑨把截使：双流的地方长官。⑩堑（欠 qiàn）栅：壕沟和栅栏。⑪爨（窜 cuàn）：灶。⑫望风迎款：望风投诚。款，诚，恳切。⑬馘（国 guó）：古人战时割取所杀敌人的左耳，用来计功。

译文

唐朝时，镇守邛州的副将阡能反叛，侵扰四川县境，都招讨使高仁厚（僖宗时因讨韩秀升有功任剑南东川节度使）率军征讨。在发兵的前一天，营地中来了个卖面的小贩，巡逻的士兵觉得小贩形迹可疑，讯问之下，果真是阡能派来的间谍。

高仁厚命人为他松绑，并且问他为什么作间谍〔善用间者，因敌间而用之〕，他说："我本是个安分守己的小村民，阡能囚禁了我的父母妻小，威逼我当间谍，如果所探得的情报正确，就释放我的家人，否则杀我全家，我是被迫的。"

高仁厚说："我非常了解你的苦衷，你放心，我不会杀你的，现在我放你回去，让你能救你的家人，你回去对阡能说：'高元帅不久将发兵，但士兵人数不多，只有五百名左右。'我救你全家性命，你欠我一份人情。你回去后，暗中对营寨里的人说：'高元帅体恤你们都是善良百姓，只因被阡能胁迫，情非得已。元帅想解救你们的困境，等元帅发兵征讨阡能时，你们只要丢掉兵器投降元帅，元帅就会派人在你们的背上写上"归顺"二字，立刻遣送你们复归旧业。元帅想杀的，只是阡能、罗浑擎、句胡僧、罗夫子、韩求这五个人而已，并不想牵及无辜的百姓。'"

间谍说："回故乡是大伙儿的心愿，元帅能了解我们的苦衷，不追究我们的罪过，大伙儿怎会不欢欣雀跃地听元帅吩咐呢？"

于是高仁厚遣送间谍回阡能营地。

高仁厚翌日发兵，行军到双流（地名），把截使（检查站长官）白文现亲自迎接。高仁厚环顾军营四周的栅栏堑道，很生气地骂道："阡能不过是个鄙贱的莽夫，手下的士兵也多半是耕田的农人，今天你率领全府的兵士，一年多来却无法擒服阡能，看到你营地重重的栅栏，难道你认为这样就能睡得着、吃得下，坐视贼寇壮大，而仍可厚着脸皮向朝廷邀功吗？"

于是下令将白文现斩首，后经其他将领一再求情，高仁厚才收回成命。之后，高仁厚命人拆去所有栅栏，留五百士兵守卫，其余士兵都编入自己的部队。又召集其他营寨的部队，一同出发征讨阡能。

阡能听说高仁厚已发兵，就派遣罗浑擎在双流地区设立五个军寨，另在野桥菁埋伏千人迎战官军。

高仁厚得知阡能的计谋，就命人换上便服，偷偷混入敌营，暗中散布那天高仁厚曾对间谍所说的那番话。敌兵听说可以回家，高兴得大声欢呼，纷纷放下武器投降，高仁厚对投降者都致以亲切地慰问，命人在他们背上写字，好让他们再去招降旁人。

罗浑擎见大势已去，只好由城沟中逃走，却被众人擒住，押到高仁厚面前。高仁厚将他押送府署处置，然后下令："五军寨除旗帜留下外，其余一律焚毁。"

次日上午，高仁厚又对降兵说："本帅本想立刻遣送你们返乡，但前路军寨的士兵并不了解本帅的心意。本帅想请各位为先锋，等大军到穿口、新津两处营寨时，将各位背上的字让当地守军看到，等到达北边的延贡，各位就可以回家了。"

于是以五十人为一队，每队都发给罗浑擎的军旗一面，队前的掌旗官一面不断挥舞倒挂的军旗，一面大声叫道："罗浑擎已被活捉，现已押送督府定罪，官军不久就会攻占此地，你们还不如像我们一样，赶快投降，就可恢复良民的身份，平安无事。"

行至穿口，句胡僧在此设立了十一个军寨，寨中士兵争相投降，句胡僧大为震惊，拔剑想阻止众人投降，没想到众贼兵反以石块丢掷他，并且合力擒下他送交高仁厚，其余五千贼兵也全部投降。

第二天，高仁厚下令焚毁军寨，又命降兵举旗为先锋，来到新津，韩求在此所设置的十三个营寨全部投降，韩求也投沟自杀身亡。

军士本想毁寨，高仁厚阻止说："降兵还没有吃东西，先把寨中存粮运出后再焚寨。"

新降的贼兵，竟然自愿作饭与前来招降的降兵同桌共食，歌声笑语处处可闻，彻夜不绝。

高仁厚命在双流、穿口等军寨投降的贼兵先行返乡，而以新津的降兵掌旗为前导，对他们说："等进入邛州县境，你们也就可以各自回家了。"

罗夫子在延贡设置了九个军寨，在官军抵达延贡的前一晚，罗夫子寨中的贼兵，在看见新津降兵的营火时，就兴奋得整夜睡不着，准备投降了，等新津降兵到了之后，罗夫子只有弃寨投奔阡能。

罗夫子投奔阡能后，二人想尽全部兵力与高仁厚决一死战，然而计议一时未定。傍晚时，延贡降兵来到阡能营地前，阡能正骑在马上巡视军寨，见延贡降兵，想率兵攻击，哪知士兵全不听阡能指挥。第二天，官军到达营地时，众人把五花大绑的阡能、罗夫子押到高仁厚马前，一时间军士们欢声雷动。

高仁厚一共只花了六天的时间，就把阡能等五人全部歼灭。

〔梦龙评〕高仁厚只不过是利用一名间谍散布消息，就使得贼兵争相投降；只不过是利用了几队降兵，而二十四个贼寨就已伸长脖子等待高仁厚的到来，准备投降了。这样的战功，哪是只会以残酷手段对付敌人，以求功赏的人所能比的呢？

闺智部 贤哲

原 文

匪贤则愚，唯哲斯肖，嗟①彼迷阳②，假途闺教③。集《贤哲》。

注 释

①嗟（接）：文言叹词。②迷阳：诈狂，此处指迷途的男子。③闺教：本指妇女的教育，此处指男子从女那里得到教育。

译 文

人不论男女，都有智者、愚者之分，只要是睿智之人，便可引以为榜样。那些糊涂的男人，有时也不妨就教于闺中的妇人。集编为《贤哲》一节。

马皇后

原 文

高皇帝初造宝钞，屡不成，梦人告曰：“欲钞成，须取秀才心肝为之。”觉而思曰：“岂欲我杀士耶？”马皇后①启曰：“以妾观之，秀才们所作文章，即心肝也。”上悦，即上本监取进呈文字用之，钞遂成。

注 释

①马皇后：元末宿州人，马公女。母早卒，马公素善郭子兴，以

后托之。马公卒，子兴育如己女。子兴奇太祖，以女归焉。

译文

明太祖即位初期想发行纸币，但筹备过程中屡次遭遇阻难，有一天夜晚梦见有人告诉他说："此事若想成功，必须取秀才心肝。"

太祖醒后，想到梦中人的话，不由说道："难道是要我杀书生吗？"

一旁的马皇后提醒太祖说："依臣妾的想法，所谓心肝，就是秀才们所写的文章。"

▲ 马皇后

太祖听了大为赞赏，立即命负责接受奏章的地方征询学者的研究心得，终使纸币得以顺利发行。

赵威后

原文

齐王使使者问赵威后①。书未发，威后问使者曰："岁②亦无恙耶？民亦无恙耶？王亦无恙耶？"使者不悦，曰："臣奉使使威后，今不问王而先问岁问民，岂先贱而后尊贵者乎？"威后曰："不然。苟无岁，何有民？苟无民，何有君？有舍本而问末者耶？"乃进而问之曰："齐有处士钟离子③，无恙耶？是其为人也，有粮者亦食，无粮者亦食；有衣者亦衣，无衣者亦衣，是助王养其民者也。何以至今不业④也？叶阳子无恙乎？是其为人，哀鳏寡，恤⑤孤独，振困穷，补不足，是助王息其民者也，何以至今不业也？北宫之女婴儿子无恙耶？撤其环瑱⑥，至老不嫁，以养父母，是皆率民而出于孝情者也，胡为至今不朝也⑦？此二士不业，一女不朝，何以王齐国，子⑧万民乎？于陵子仲⑨尚存乎？是其为人也，上不臣于王，下不治其家，中不索交诸侯，此率民而出于无用者，何为至今不杀乎？"

注 释

①齐王：齐襄王之子，名建，公元前264—公元前221年在位。赵威后：即赵太后。②岁：年成，收成。③处士：有才能而隐居不出来做官的人。钟离子：人名，钟离是复姓。④业：起用，任用。⑤恤（絮xù）：同"恤"，救济，抚养。⑥填（天zhèn去声）：古人冠冕上垂在两侧用以塞耳的玉。⑦胡为：为何，为什么。不朝：古代妇女有封号才能上朝，所以，此处的"不朝"实际上是指不加封号。⑧子：爱，爱民如子。⑨于陵子仲：于陵为齐邑名，治今山东省长山县西南；子仲，齐国的隐士。

译 文

齐王派使者向赵威后请安。

书信尚未取出来，赵威后就问使者："齐国今年田地的收成如何？人民生活是否都好？大王的身体是否康健？"

使者很不高兴地说："我奉命前来向王后请安，王后不先问大王近况，却先问农地的收成和百姓的生活，把大王的事放在最后，这不是有些颠倒尊卑吗？"

赵威后说："话不是这么说的。假使田地收成不好，百姓就不能安居乐业，国家没有百姓，又怎会有君王呢？如果先问君王事，那才真是舍本逐末呢！"

接着赵威后又问："齐国有位叫钟离子的处士，他目前的生活还好吗？他这个人是不管他人有没有饭吃，都想办法给他们饭吃；不管他人有没有衣服穿，都想办法给他们衣服穿，这样一个辅佐大王养民的人，为什么到今天还不拔擢他呢？还有叶阳子这个人也好吗？他同情失去丈夫的女人和失去妻子的丈夫，抚恤失去父母的孤儿和失去子女的老人，常常帮助穷困的人，以弥补他们生活上的不足，这也是个辅佐大王安定百姓的人，为什么到现在也不拔擢他呢？还有，北宫的女婴儿子（人名）好吗？将珠花首饰搁在一旁，终生不嫁以侍奉父母，可说是一位贤慧的女子，可做为天下万民的表率，为什么到今天还没表彰她呢？如果朝廷不重视这二位贤臣和一位贤女，那齐王又如何能统治万民呢？于陵的子仲还活着吗？这个人上不能尽忠于王，下不能治理室家，中不能结交诸侯，只知道驱使百姓做些无益的事，为什么到今天还不把他杀了呢？"

李邦彦母

原 文

李太宰邦彦①父曾为银工。或以为诮，邦彦羞之，归告其母。母曰："宰相家出银工，乃可羞耳；银工家出宰相，此美事，何羞焉？"

狄武襄不肯祖梁公，我圣祖不肯祖文公，皆此义。

注 释

①李太宰邦彦：李邦彦，字士美，宋怀州。大观二年（公元1108年），上舍第一人及第。因善事内侍，累迁中书舍人、翰林学士承旨。宣和三年（公元1121年），拜尚书右丞，历左丞、少宰，人称"浪子宰相"。靖康元年（公元1126年），任太宰（即宰相）。

译 文

宋朝人李邦彦（字士美）的父亲曾是银矿场的采石工人，有人曾用李父的职业讥讽李邦彦，李邦彦觉得自己在人前无法抬头，回到家把这件事禀告母亲。

他母亲说："宰相家的人如果沦落为矿工，才是件不光彩的事；但矿工家中出了个当宰相的儿子，这是件非常光彩的事，有什么好丢脸不敢见人的呢？"

〔梦龙评〕宋朝的狄青、明朝的太祖羞于认祖归宗，也都是和李邦彦有同样的想法。

唐肃宗公主

原　文

肃宗宴于宫中，女优①弄假戏，有绿衣秉简为参军者。天宝末，番将阿布思②伏法，其妻配掖庭③，善为优，因隶乐工，遂令为参军之戏。公主④谏曰："禁中妓女不少，何须此人？使阿布思真逆人耶，其妻亦同刑人，不合近至尊之座；若果冤横，又岂忍使其妻与群优杂处，为笑谑之具哉！妾虽至愚，深以为不可。"上亦悯恻，遂罢戏而免阿恩之妻，由是咸重⑤公主。公主，即柳晟⑥母也。

注　释

①优：俳优、优伶，古代歌舞戏谑为业的艺人的总称。②阿布思：唐时铁勒同罗部首领，本臣于后突厥，天宝元年（公元742年）归唐，封奉信王，赐姓名为李献忠，官累方节度使副使。③掖庭：皇宫中的旁舍，宫嫔所居的地方。④公主：即肃宗三女和政公主，章敬太后所生，三岁后崩，养于韦妃，性敏惠，事妃有孝称，下嫁柳潭（隋朝上大将军柳敏五世孙）。⑤咸重：更加器重。⑥柳晟（胜shèng）：唐肃宗驸马柳潭之子，少以孝闻，唐德宗时官山南西道节度使。

译　文

唐肃宗在宫中欢宴群臣，宴中有女艺人表演助兴，其中有一个身穿绿袍手捧竹笏模仿的参军角色。

天宝末年，番将阿布思获罪被杀，他的妻子被发配宫廷充当艺人，肃宗命她反串表演参军。

公主劝阻说："宫中女乐已经够多了，不缺这名女子。再说，如果阿布思真是叛将，他的妻子也该视为受刑人，按法律不能接近皇上身边；如果阿布思是含冤横死，皇上又怎么忍心让他的妻子与其他艺人杂处，成为别人娱兴助乐的工具呢？臣妹虽然愚笨，但仍认为皇上要再次三思。"

肃宗听了，不由得同情起阿布思的妻子，于是下令取消演出，并赦免阿布思妻子的罪行，从此大家对公主更加敬重了。

这位公主，就是柳晟（柳敏六世孙）的母亲。

房景伯母

原文

房景伯①为清河太守。有民母讼子不孝，景伯母崔曰："民未知礼，何足深责？"召其母，与之对榻②共食，使其子侍立堂下，观景伯供食。未旬日，悔过求还。崔曰："此虽面惭，其心未也，且置之。"凡二旬余，其子叩头出血，母涕泣乞还，然后听之，卒以孝闻。

此即张翼德示马孟起以礼之智。

注释

①房景伯：字长军，后魏清河绎幕县人，少以孝闻，被举荐为齐州辅国长史，后清河盗起，被任命为清河太守，抚平之。②榻（踏 tā）：狭长而较窄的床。

译文

后魏人房景伯（字长军）为清河太守时，有位民妇呈递状纸控诉儿子不孝。

房景伯的母亲崔氏说："百姓们不知礼义，怎么忍心处罚呢？"

于是召来民妇母子，与民妇同榻共食，要民妇儿子在一旁观看房景伯平日是如何侍奉母亲。不到十天，民妇的儿子便表示悔过，要求请母亲一同回家。

崔氏说："这个孩子虽然面有惭愧的神色，但心中并没有真正的悔改，暂时再留他们一段时间。"

大约过了二十多天，民妇的儿子向房景伯不断磕头，甚至额头都磕出血来，民妇也哭着要求回家，这才同意。

后来，民妇的儿子果然成为一位远近闻名的孝子。

〔梦龙评〕这就是张飞提醒马超对刘备要以事君之礼的智慧。

柳氏婢

原文

唐仆射柳仲郢镇郧城①，有婢失意，于成都鬻之。刺史盖巨源，西川大将，累典②支郡，居苦竹溪。女侩③以婢导至，巨源赏其技巧。他日巨源窗窥通衢，有鬻绫罗者，召之就宅。于束缣④内选择，边幅舒卷，第其厚薄，酬酢⑤可否。时婢侍左，失声而仆，似中风。边批：诈。命扶之去，都无言语，但令还女侩家。翌日而瘳⑥，诘其所苦，青衣曰："某虽贱人，曾为仆射婢，死则死矣，安能事卖绫绢牙郎乎？"蜀都闻之，皆嗟叹。

此婢胸中志气殆不可测，愧杀王浚仲一辈人！

注释

①柳仲郢（影 yǐng）：字谕蒙，唐京兆华原人，元和进士。会昌中，累迁吏部郎中、京兆尹，宣宗朝，出为郑州刺史、河南尹，皆有政声。擢剑南东川节度使、山南西道节度使、东都留守、天平军节度

使，卒于任。郫（疵 cī）城：在今四川省境内。②典：主管，执掌。③侩（快 kuài）：古代的买卖介绍人。④缣（兼 jiān）：双织的细绢。⑤酬酢（作 zuò）：原意为应对、唱和，此处指讨价还价。⑥瘳（抽 chōu）：病愈。

译 文

唐朝刑部尚书柳仲郢出任郫城令时，在成都卖了一个和家人和不来的婢女。

刺史盖巨源是原西川大将军，屡次出任一方郡守，当时任在苦竹溪，一家佣工介绍所把这位婢女介绍给他，盖巨源非常赏识她。

一天，盖巨源从窗内往街上看，无意中看到一个卖绫罗绸缎的商贩，于是唤进宅里准备买一些。他首先将所有布匹都摊开来，然后薄薄厚厚、好好坏坏挑个没完。

当时这婢女也站在旁边，突然叫了一声便倒地不起〔好诈〕，好像中风一般不醒人事，于是盖巨源就叫人把她抬回原来那家介绍所。

第二天婢女病愈，人们问她究竟是怎么回事，她回答说："我虽是个出身卑贱的女婢，但毕竟还曾经服侍过尚书，我宁可死，也不愿给那种俗不可耐的人当婢女。"此事一时传遍整个成都城，大家都很钦佩这婢女的志节。

〔梦龙评〕这名婢女胸中的气节颇值得钦佩，王浚仲（王戎）那种人和她比起来可真要羞死了。

乐羊子妻

原 文

乐羊子尝于行路拾遗金一饼①，还以语妻②。妻曰："志士不饮盗泉，廉士不食嗟来③，况拾遗金乎？"羊子大惭，即捐④之野。

乐羊子游学，一年而归。妻问故，羊子曰："久客怀思耳。"妻乃引刀趋机而言曰："此织自一丝而累寸，寸而累丈，丈而累匹。今若断斯机，则前功尽捐矣。学废半途，何以异是⑤？"羊子感其言，还卒业，七年不返。

乐羊子游学，其妻勤作以养姑。尝有他舍鸡谬入园，姑杀而烹之。妻对鸡不餐而泣，姑怪问故，对曰："自伤居贫，不能备物，使食有他肉耳。"姑遂弃去不食。

返遗金，则妻为益友；卒业，则妻为严师；谕姑于道，成夫之德，则妻又为大贤孝妇。

注释

①饼：古时饼状物的计量单位。②妻：乐羊子妻。乐羊子，东汉河南郡人。后有盗欲犯之，而先劫其姑，乐羊子妻乃自杀。太守礼葬之，号曰"贞义"。③嗟（接 jiē）来：指"嗟来之食"，即指带有侮辱性的施舍。④捐：丢弃。⑤是：代词，指代断布的行为。

译文

乐羊子有次在路边捡到一锭金子，回家后很高兴的把这件事告诉妻子。

妻子说："有志节的人不喝名为'盗泉'的水，廉节的人不吃嗟来之食，更何况是捡来的金子呢？"

乐羊子听了大为惭愧，立即将金子放回路边。

乐羊子离家求学一年后突然返家。妻子问他为何提早回家，乐羊子说："久居异乡心中想家，所以就提前回来了。"

妻子就拿着剪刀走到织布机旁，对乐羊子说："这匹绢布是由一丝一线累成尺寸，再由尺寸累成丈，最后成匹。今天若是剪掉织布机上只织到一半的

布，那么前些日子所织的布，全都成没有用的废物了。现在你求学半途而废，和我将这匹布毁掉有何差别。"

乐羊子被妻子这番话所感动，于是发愤继续求学，七年不曾返家。

乐羊子离家求学期间，妻子辛勤持家，照顾婆婆。有一次，别人所饲养的鸡误闯入乐羊子家的园中，婆婆便抓来杀了做菜吃。到吃饭时，乐羊子妻一直对着那盘鸡肉流泪，不吃饭，婆婆感到奇怪，问她原因。

乐羊子妻说："我是难过家里太穷，不能有好菜吃，才使您吃了人家的鸡。"

婆婆听了大感惭愧，就把鸡肉丢弃不食。

〔梦龙评〕引志士气节劝丈夫不拾遗金，乐羊子妻可说是益友；断织布勉丈夫完成学业，可说是严师；用道理晓喻婆婆，保全丈夫的名声，又可说是贤德的孝妇了。

吴生妓

原　文

真定吴生有声于庠[1]，性不羁。悦某妓，而囊中实无余钱。妓怜其才，因询所长，曰："善樗蒲[2]。"妓乃馆生[3]他室中，所遇凡爱樗蒲者，辄[4]令生变姓名与之角，生多胜，因以供生灯火费。妓暇则就生宿，生暇则读书，后生成进士，欲娶妓，而妓适死，因为制服执丧，葬之以礼，每向人言，则流涕。

吴生从未出丑，此妓胜汧国夫人[5]多多矣。

注　释

①真定：古县名，今河北正定县。庠（祥 xiáng）：古代地方上的学校。②樗（初 chū）蒲：古代一种赌博的形式。③馆生：置吴生于

妓馆中。④辄（哲 zhé）：总是，常常。⑤汧（牵 qiān）国夫人：指唐人传奇《李娃传》中的妓女李娃。贵公子郑元和由于迷恋上了李娃，倾其所有，遂沦落为乞丐。李娃供养他读书，后来郑元和中第显要，李娃遂被封为汧国夫人。

译文

真定地方有个姓吴的书生，在学校中小有名声，性情豪迈不拘。他爱上一名妓女，但实在没有多余的钱可供他常去妓院。妓女怜惜吴生是个人才，就问他擅长什么。

吴生说："掷骰。"

于是妓女就在妓馆中另辟一室，凡是碰到喜欢掷骰的客人，就要吴生改名换姓与客人掷骰，吴生常赢，于是就有余钱充当生活费。

妓女有空就去陪吴生，吴生也尽量利用空闲时读书，后来吴生高中进士，想迎娶妓女，没想到妓女却在这时去逝。吴生为她服丧，并以礼厚葬她，后来每逢向人说起妓女的种种往事，必会流下泪来。

〔梦龙评〕吴生因为掷骰时改换了姓名，所以并没有因此而败坏名声，这妓女真是胜过汧国夫人多多呀！

陶侃母

原　文

陶侃母湛氏，豫章新淦①人。初侃父丹聘为妾，生侃。而陶氏贫贱，湛每纺绩赀给之，使交结胜己。侃少为浔阳县②吏，尝监鱼梁③，以一封鲊④遗母。湛还鲊，以书责侃曰："尔为吏，以官物遗我，非唯不能益我，乃以增吾忧矣。"鄱阳⑤范逵素知名，举孝廉，投侃宿。时冰雪积日，侃室如悬磬，而逵仆马甚多，湛语侃曰："汝但出外留客，吾自为计。"湛头发委地，下为二髲⑥，卖得数斛米；斫诸屋柱，悉割半为薪，剉⑦卧荐以为马草，遂具精馔，从者俱给。逵闻叹曰："非此母不生此子！"至洛阳，大为延誉，侃遂通显。

注释

①豫章新淦（干 gān）：古县名，即今江西新干县。②浔阳县：古县名，即今江西九江市。③梁：通"梁"。④鲊（眨 zhǎ）：经加工的鱼类食品。⑤鄱阳：古郡名，今江西鄱阳湖东岸、进贤以东及信江、乐安江流域（婺源县除外）。⑥髲（币 bì）：假发。⑦剉（错 cuò）："锉"的异体字。

译文

陶侃的母亲湛氏是豫章新淦人，早年被陶侃的父亲纳为妾，生下陶侃。陶家穷困，湛氏每日辛勤的纺织供给陶侃日常所需，要他结交才识高的朋友。

陶侃年轻时当过浔阳县衙小吏，负责鱼市交易。有一次他派人送给母亲一条腌鱼，湛氏退还腌鱼，并且写了封信责备陶侃说："你身为官史，假公济私把公家的鱼拿来送给我，非但不能让我高兴，反而更增加我的忧虑。"

鄱阳的范逵以孝闻名，被举为孝廉（汉时选举科目名，推举能孝顺父母、德行廉洁清正的人），有一次他投宿在陶侃家。正逢连日冰雪，陶侃家中空无一物，而范逵随行仆从，马匹甚多，湛氏对陶侃说："你只管出去留客，我自有打算。"

湛氏有一头长度及地的头发，可做西束假发，她一刀剪下头发，买得好几斗米回来；又将睡觉用的草垫一割为二，做为马匹的粮草，就这样准备了丰盛的馔食，使范逵主仆受到周全、热忱的招待。

事后范逵感叹的说："没有湛氏这样的母亲，生不出陶侃这样的儿子。"

范逵到洛阳后，对陶侃大加赞誉，极力推荐陶侃的才学，陶侃终于成为晋朝大臣。

少年读智囊

140

李畲母

原文

监察御史李畲①母，清素贞洁。畲请禄米送至宅，母遣量之，剩三石，问其故，令史曰："御史例不概②。"又问脚钱③几，又曰："御史例不还脚车钱。"母怒，令送所剩米及脚钱，以责畲，畲乃追仓官科罪，边批：既沿例亦不必科罪。诸御史皆有惭色。

注释

①李畲（奢 shē）：字玉田，唐高邑县人，初历泛水主簿，遇事锋锐，虽厮竖，一阅辄记姓名、居业，累官国子司业。②概：古代量米麦时刮平斗斛的器具。③脚钱：旧指付给搬运东西的人的工钱，或给为主人送礼的人的赏钱。

译文

唐朝监察御史李畲（字玉田）的母亲，是个清廉贞节的人。有一次李畲命人把自己的俸米送回家，李母命人量米，结果多出三石，问小吏原因，小吏说："按旧例御史所领的俸米，都会超过应领的数量。"

李母又问要给搬夫多少工钱？

小吏答："按旧例御史不用给工钱。"

李母听了大为生气，命把多领的俸米及工钱送还，并生气的责备李畲，于是李畲追究有关官员的失职罪〔既是沿例，其实不必科罪〕，让其他的御史非常惭愧。

王孙贾母

原文

　　齐湣王①失国，王孙贾②从王，失王之处。其母曰："汝朝出而晚来，则吾倚门而望；汝暮出而不还，则吾倚闾③而望。汝今事王，不知王处，汝尚何归？"贾乃入市呼曰："从我者左袒！"从者三百人，相与攻杀淖齿④，求王子奉之，卒复齐国⑤。

　　不杀淖齿，则乐毅之势不孤，而兴复难于措手，非但仇不共戴天已也。张伯起作《灌园记》传奇，只谱私欢，而于王孙母子忠义不录，大失轻重，余已为改正矣⑥。

注释

　　①齐湣（敏 mǐn）王：战国时齐国君主，公元前300—公元前284年在位。②王孙贾：王孙为复姓，名贾，时为齐国大夫。③闾（驴 lǘ）：里巷的大门。④淖齿：战国时楚将。⑤卒复齐国：此据《史记·田敬仲完世家》所说：齐湣王十七年（公元前284年），"燕、秦、楚、三晋合谋，各出锐师以伐，败我济西。王解而却。燕将乐毅遂入临淄，尽取齐之宝藏器。湣王出亡，之卫。卫君辟宫舍之，称臣而共具。湣王不逊，卫人侵之。湣王去，走邹、鲁，有骄色，邹、鲁君弗内（纳 nà），遂走莒。楚使淖齿将兵救齐，因相齐湣王。淖齿因杀湣王而与燕共分齐之侵地、卤（掳 lǔ）器。"⑥张伯起作《灌园记》传奇……余已为改正矣：张伯起，即张凤翼，伯起为其字，号灵墟，明长洲人，嘉靖举人，屡赴会试不中，晚年以卖字和诗文为生。所作传奇今知有九种，现存《红拂记》《窃符记》《灌园记》等六种，合称《阳春六集》，今存五种。

译文

　　战国时齐国淖齿叛乱，王孙贾追随齐湣王，结果把齐湣王丢失了，他的母亲说："每当你朝出晚归，我总是倚门盼望你回来；如果你晚出不归，我就站在巷口等你回来。你口口声声要事奉君王，如今连君王在哪里都不知道，你还回来干什么？"

王孙贾听了大感惭愧，就来到市街大声叫喊："淖齿叛乱，杀了君王，有谁愿意和我一起去杀淖齿的，请卷起衣袖，露出你的左臂来！"

经他大声一呼，立刻有三百人愿意跟随他一起去杀淖齿，并寻到湣王的儿子，拥立他为齐王，最后终于复兴齐国。

〔梦龙评〕王孙贾不率众人杀淖齿，燕国乐毅的用兵形势就不会显得薄弱，如此一来齐国不仅无法报杀君之仇，更谈不上复兴了。

张伯起著有《灌园记》传奇，但只记叙男女情爱，对于像王孙贾母子这般忠义的事迹却不予记载，失去著书立论的主要旨趣，幸好我已加以改正了。

杂智部　狡黠

英雄欺人，盗亦有道；智日以深，奸日以老。象物①为备，禹鼎在兹②；庶几③不若，莫或逢之。集《狡黠》。

①象物：古人指有象在天的神灵之物。②禹鼎：西周晚期的青铜器。传说禹曾铸造九鼎。兹：此，这里。③庶几（术机 shù jī）：差不多。因此集成《狡黠》卷。

英雄可能会欺人，盗匪亦可能会有道义；智慧越日益深沉，奸诈会日益老练。这些智慧应该像禹将神物秘恶物铸在鼎上一样，集中起来加上防备。如果自知不如，最好敬而远之。因此集成《狡黠》卷。

吕不韦

秦太子①妃曰华阳夫人，无子。夏姬生子异人，质于赵。秦数伐赵，赵不礼之，困不得意。阳翟大贾吕不韦适邯郸，见之曰："此奇货可居！"乃说之曰："太子爱华阳夫人而无子，子之兄弟二十余人，子居中，不甚见幸，不得争立。不韦请以千金为子西游，立子为嗣。"异

144

子曰："必如君策，秦国与子共之！"
不韦乃厚赍②西见夫人姊，而以献于夫
人，因誉异人贤孝，日夜泣思太子及
夫人。不韦因使其姊说曰："夫人爱而
无子，异人贤，自知中子不得为适③，
诚以此时拔之，是异人无国而有国，
夫人无子而有子也，则终身有宠于秦
矣。"夫人以为然，遂与太子约以为
嗣，使不韦还报异人。异人变服逃归，
更名楚。不韦娶邯郸姬绝美者与居，
知其有娠。异人见而请之，不韦佯怒，既而献之，期年④而生子政，嗣
楚立，是为始皇。

▲ 吕不韦

　　真西山⑤曰：秦自孝公以至昭王，国势益张。合五国百万之众，攻
之不克。而不韦以一女子，从容谈笑夺其国于衽席⑥间。不韦非大贾，
乃大盗也！

注　释

　　①太子：秦昭王次子，封安国君，后继位为孝文王。②赍（资
zī）：贿赂礼物。③适：归国（继位）。④期（机 jī）年：满一年。⑤真
西山：指南宋学者真德秀，字景元，建州浦城（今属福建省）人，学
者称西山先生。⑥衽（任 rèn）席：床席。

译　文

　　秦太子妃华阳夫人没有生儿子。而夏姬生了一个儿子，名异人，
异人在赵国做人质。因秦国屡次攻打赵国，赵国对他很不礼貌，因此
他在赵国处境窘困，十分不得意。

　　阳翟有位大商人吕不韦（本秦商人，用计立始皇为帝，自为相国，
曾命门客撰《吕氏春秋》）到邯郸，了解这情形后，说："这人是珍奇
异宝，有厚利可图！"

于是对异人进行游说："太子爱华阳夫人，但夫人没有儿子。你的兄弟有二十多位，你在兄弟中的排行居中，又不十分受宠，你是不可能承继为嗣的。我虽不富有，但愿意持黄金千斤为你西行，游说华阳夫人，请她说服太子立你为嫡嗣。"

异人说："如果你的计划能实现，我愿意和你共享秦国的富贵。"

于是吕不韦带着厚礼西入秦国，拜见华阳夫人的姊姊，请她将厚礼转献夫人，并极力称赞异人的贤能，宾客遍布天下，常日夜哭泣思念太子及夫人。

后来，吕不韦更经由华阳夫人姊姊的介绍，游说夫人说："夫人受宠爱，但没有儿子，现在异人贤能，可是他自知是排行中间的儿子，不可能立为嫡嗣。如果夫人能在此时提拔他，使异人由无国而成为有国，夫人由无子而成为有子，那么终身可受秦王尊宠了。"

夫人听了认为有理，就利用适当的时候向太子要求，与太子约定以异人为子嗣，请吕不韦回去向异人通报。

邯郸被围时，赵人想杀异人，异人脱逃回国，身穿楚国服装拜见华阳夫人，夫人说："我是楚国人，你也应该是。"

于是异人改名为楚。

吕不韦在邯郸和几位最美丽的女子同居，知道其中一位有身孕，便邀异人喝酒。异人见了邯郸美女，就请吕不韦将美女送给他。

吕不韦先故作生气，接着又慨然答应。一年后，邯郸女子生下儿子，取名为政，异人立他为嫡嗣，也就是日后的秦始皇。

〔真西山评〕秦国自孝公以至昭王，国势一天天扩张，其他五国集合百万的兵力，都无法攻克秦国。而吕不韦只用一名女子，在谈笑间就轻松的取得秦国。吕不韦不是位大商人，而是一位窃国大盗。

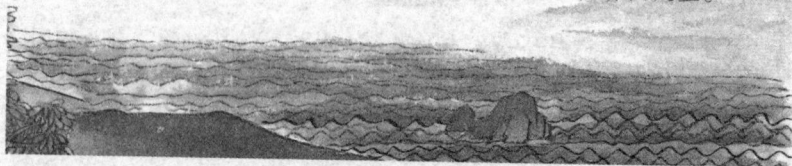

陈 乞

原文

齐陈乞①将立公子阳生，而难高、国，乃伪事之，每朝，必骖乘②焉。所从，必言诸大夫曰："彼皆偃蹇③，将弃子之命，其言曰：'高、国得君必逼我，盍去诸？'固将谋子，子早图之！图之莫如尽灭之，需事之下也。"及朝，则曰："彼虎狼也，见我在子之侧，杀我无日矣，请就之位。"又谓诸大夫曰："二子恃得君而欲谋二三子，曰'国之多难，贵宠之由，尽去之而后君定。'既成谋矣，盍④及其未作也先诸？作而后悔，亦无及也！"大夫从之。夏六月，陈乞及诸大夫以甲入于公宫。国夏闻之，与高张乘孺公，战败奔鲁。初，景公爱少子荼⑤，谋于陈乞，欲立之。陈乞曰："所乐乎为君者，废兴由我故也。君欲立荼，则臣请立之。"阳生谓陈乞曰："吾闻子盖将不立我也！"陈乞曰："夫千乘⑥之王，废正而立不正，必杀正者。吾不立子，所以生子也，走矣！"与之玉节⑦而走之。景公死，荼立，陈乞使人迎阳生置于家。除景公之丧，诸大夫皆在朝，陈乞曰："常之母有鱼菽之祭，愿诸大夫之化我也。"诸大夫皆曰："诺。"于是皆之陈乞之家。陈乞使力士举巨囊而至于中霤⑧，诸大夫见之皆色然而骇，开之，则闯然⑨公子阳生也！陈乞曰："此君也已。"诸大夫不得已，皆逡巡北面再拜稽首而君之⑩，自是往弑荼。

自陈氏厚施，已有代齐之势矣，所难者，高、国耳。高、国既除，诸大夫其如陈氏何哉！弑荼立阳生，旋弑阳生立壬⑪，此皆禅国中间过文也。六朝⑫之际，此伎俩最熟，陈乞其作俑者乎！

注释

①陈乞：春秋时齐国大夫。②骖乘（参 cān 胜 shèng）：乘车时居于车右，即陪乘。③偃蹇（掩 yǎn 检 jiǎn）：骄傲，傲慢。④盍（和 hé）：何不，为何不。⑤少子荼（图 tú）：即晏孺子，齐景公宠妾鬻

蚁所生。⑥千乘（胜 shèng）：诸侯国，小者称千乘，大者称万乘。⑦玉节：玉制的符节。节，信物。⑧中雷（六 liù）：房屋中央的取明处。⑨闻然：头露出来的样子。⑩逡巡（群 qún 寻 xún）：迟疑徘徊，欲行又止。稽（起 qǐ）首：古代的一种跪拜礼，叩头到地，为九拜中的最恭敬者。⑪壬（仁 rén）：即齐简公。⑫六朝：古人指三国时的吴、东晋，南朝的宋、齐、梁、陈，均以建康（吴名建业，今江苏南京）为首都，故合称六朝。

译 文

春秋齐人陈乞想拥立公子阳生为齐侯，但又怕高张、国夏两位权臣坏事，于是假装追随高张、国夏，每天上朝都陪侍在他们左右，而且常在车上说其他大夫的坏话："他们都是傲慢狂妄的家伙，日后一定不会听二位贤公的命令，比如我就听他们说过：'高、国二人一旦得到君王宠信，一定会欺压我们，为什么不早把他俩铲除呢？'可见这都人正在谋害二位贤公，二位应该早作防备。我所说的早作防备，最好的做法就是把他们都杀掉，再迟疑就是下策了。"

等上朝时，陈乞又对高、国二人说："他们全是虎狼一般的奸臣，见我在二公身旁，随时都想杀了我，请允许我回到自己的座位上坐吧！"

而另一方面，陈乞却又对诸大夫说："高、国二人就要大祸临头了，他们仗恃君王的宠信在算计各位，他们曾说：'现在齐国多灾多难，要想保住富贵，只有铲除诸大夫才能使君王听我们的。'现在他们一切计划妥当，诸位为什么不在他们采取行动前就先发制人，把这两人杀死呢？一旦他们先动手，到那时后悔就来不及了。"

大夫们都相信陈乞的话。

同年六月陈乞联合大夫们率军进攻齐君宫室，国夏首先得到消息，就立刻跟高张坐车去见齐孺公，结果双方交战，高、国二人战败，连袂逃往鲁国。

当初，齐景公疼爱小儿子荼，想立荼为太子，于是找陈乞商议。

陈乞说："只要君王喜欢的人，臣就赞成。今天君王想立荼为太子，臣就请立荼。"

阳生对陈乞说："我听说你已打消请立我为太子的建议。"

陈乞说："身为千乘之国的君王，废嫡长子而改立小儿子为太子，一定会诛杀嫡长子。我现在不请立你为太子，正是为保全你一命，现在你先离开齐国一阵吧！"送给玉节让他逃跑了。

齐景公死后，荼继立为国君，陈乞便派人接阳生到自己家中。

景公丧期满后，一天诸大夫都在朝上，陈乞对大夫们说："我家中另设有母亲的祭坛，希望各位同我一起回家祭拜。"

大夫们答应随陈乞到家。陈乞命一位大力士双手高举一只大箱放在大厅中，诸大夫目睹力士神力，都震惊得脸色大变，等打开箱门，赫然发现公子阳生在内。

陈乞大声说道："这位是齐国国君。"

诸大夫在无可选择的情况下，只好叩首称臣，而陈乞则率军弑杀了荼。

〔梦龙评〕从陈乞广交大夫的举动，就可看出陈乞有自立为王的野心，所担心的只有高张、国夏二人而已。高、国二人既已除去，其他那些大夫们，又如何能奈何得了陈乞呢？陈乞弑荼而立阳生为齐君，随即弑杀阳生而自立为齐君，这都不过是他篡位的一个过程罢了。南北朝时，这种迎君、弑君的伎俩层出不穷，陈乞是最先开此风气的。

徐　温

原文

初，张颢与徐温谋弑其节度使杨渥[1]。温曰："参用左右牙兵[2]，必

少年读智囊

不一，不若独用吾兵。"颢不可，温曰："然则独用公兵。"颢从之。后穷治^③逆党，皆左牙兵，由是人以温为实不知谋。

注释

①张颢（浩 hào）：五代吴国人，时任淮南左牙指挥使。徐温：字敦美，五代吴国人，少时贩盐从杨行密为盗，吴国建后，以功迁右牙指挥使。史书称其"奸诈多智，而善用将吏，不知书，使人读讼语决之，皆中情理"。杨渥（握 wò）：五代吴国的创建者杨行密之子。杨行密去世后，杨渥袭位，被任命为淮南节度使、东南诸道行营都统，兼侍中、弘农郡王。后被张颢、徐温合谋所杀。②参用：杂用，兼用。牙兵：即衙军，犹亲军及卫队。③穷治：彻底处理、治理。

译文

当初，张颢（五代人，字智伯）与徐温（五代人，字敦美）两人商议，企图谋刺节度使杨渥（五代人，杨行密长子，字承天）。

徐温说："如果我们同时率领左右牙兵（族兵）攻击，一定无法统一指挥，不如只用我的右牙兵。"

可是张颢不愿意，徐温就说："那么就用你的左牙兵好了。"张颢欣然同意，后来兵变失败，被捕的全是左牙兵，因此人们一直以为徐温根本没有参与这一阴谋。

荀伯玉

原文

或言萧道成有异相，宋主疑之，征为黄门侍郎^①。道成无计得留。荀伯玉教其遣骑入魏境。魏果遣游骑行境上。宋主闻而惧，乃使道成复本任。

150

注释

①黄门侍郎:官名,皇帝的侍从官。

译文

　　有人说萧道成(即南齐高帝,字绍伯)有天子的相貌,南朝宋帝听了心里不舒服,就将萧道成调入京城为黄门侍郎(官名,散骑官别称)。萧道成无可奈何,只有接受新职。

　　荀伯玉(南齐人,字弄璋)向萧道成献计,暗中派遣骑兵侵扰魏国边境。

　　魏国果然立即增兵边境。

　　宋帝听说萧道成刚一调走,边境形势就开始紧张,就撤消原命,要萧道成留任原职。

高 欢

原文

　　欢计图尔朱兆,阴收众心,乃诈为兆书,将以六镇人配契胡为部曲①,众遂愁怨。又伪为并州符,征兵讨步落稽②,发万人,将遣之,而故令孙腾、尉景伪请留五日,如此者再。欢亲送六郊,雪涕③执别,于是众皆号哭,声动地。欢乃喻之曰:"与尔俱失乡客,义同一家,不意乃尔④!今直向西,当死;后军期,又当死;配胡人,又当死。奈何!"众曰:"唯有反耳!"欢曰:"反是急计,须推一人为主。"众愿奉⑤欢。欢曰:"尔等皆乡里,难制,虽百万众,无法终灰灭。今须与前异,不得欺汉儿,不得犯军令,否者,吾不能取笑天下。"众皆顿首:"生死唯命。"于是明日遂椎牛享士⑥,攻邺,破之。

注释

①六镇：北魏在北方设置的沃野、怀朔、武川、抚冥、柔玄、怀荒等六个军镇。部曲：古代军队的编制单位。②步落稽：即"稽（鸡jī）胡"，古族名，又称"山胡"，源于南匈奴。③雪涕：擦眼泪。④乃尔：这样的（地步）。⑤奉：拥戴。⑥椎牛：杀牛。享士：享，通"飨"，犒赏士兵。

译文

北魏高欢想起兵讨伐尔朱兆，为收买人心，就假造一封尔朱兆的文书，说尔朱兆准备把六镇的人发配契胡为部属。于是众人恐惧不满的情绪油然而生。

高欢又假造并州的兵符，征调士兵一万人讨伐步落稽，而令部下孙腾、尉景假意请求延迟五天，前后一共两次。最后终于起程，高欢亲自送士兵到郊外，流着眼泪挥别，士兵们个个悲恸号哭，哭声震动原野。

高欢这才开口劝喻士兵说："我和诸位都是背井离乡客居异地的人，彼此的感情有如兄弟手足，没想到尔朱兆等人如此穷兵黩武，仍征调诸位征战！现在诸位西征，一定战死；延误启程的军期，按军法又该处死；发配为胡人部属，也是死，你们看该怎么办呢？"

士兵们纷纷说："只有造反一条路了！"

高欢说："造反是大事，大家应该推举一位领袖！"

于是众人一致推举高欢。

高欢说："你们都是我的乡亲，没有律法很难节制，以葛荣为例，他有上百万的兵力，但因没有军纪，最后还是遭到败亡。今天如果各位推举我为领袖，就必须接受和以前不同的做法，不可以欺侮汉人，不得违反军令，否则我不愿当各位的领袖，我不能让天下人讥笑我。"

士兵们都低头行礼说："生死唯命是听。"

高欢于是杀牛犒赏士兵，接着起兵攻破邺州。

潘 崇

原文

楚成王以商臣为太子①，既而又欲立公子职②。商臣闻之，未察也，告其傅潘崇③曰："若之何而察之？"潘崇曰："飨江芈④成王嬖。而勿敬也。"商臣从其策，江芈果怒，曰："呼⑤，役夫，宜⑥君王之欲废汝而立职也！"商臣曰："信矣！"

阳山君相卫，闻卫君之疑己也，用伪谤其所爱樛竖以知之⑦。术同此。

▲ 潘 崇

注释

①楚成王：春秋时楚文王之子，楚庄敖之弟，名熊恽（yùn）。商臣：楚成王之子，后逼其父自缢，而代立为王，是为楚穆王。②公子职：楚成王庶子，商臣的异母兄弟。③潘崇：楚国的大夫，商臣的老师。④江芈（米 mǐ）：楚成王之妹，商臣的姑母，嫁给江国，故称"江芈（楚姓）"。⑤呼：怒叱之声，即"呸"的意思。⑥宜：难怪，怪不得。⑦阳山君相卫……乃伪谤其所爱樛（纠 jiū）竖以知之：此事出于《韩非子·内储说上》，该文曰："倒言反事以尝所疑，则奸情得。故阳山谩赈竖……"（说与原意相反的话、做与原意相反的事来试探自己所怀疑的事，那么，奸邪的情况就能获知。因此，阳山君假装诽谤赈竖……）阳山君：蒲阪圆说阳山君疑为山阳君，魏人。

译文

春秋时，楚成王册立商臣为太子，后来又想改立公子职（商臣

庶弟)。

商臣得到传言后，就告诉他的老师潘崇（春秋楚人，曾诱商臣弑成王）说："要如何着手调查这事呢？"

潘崇回答说："请江芈（楚成王胞妹）吃饭，但是态度不要太恭敬。"

商臣照他老师的话去做，果然江芈大发脾气说："你这奴才，难怪你父王要废掉你，改立公子职！"

商臣说："现在我知道传言不假。"

〔梦龙评〕阳山君为卫国丞相时，也曾怀疑卫君对自己不满，于是毁谤卫君所宠爱的樛竖，以刺探卫君的心意。两者都是同一手法。

少年读世说新语

宋立涛　主编

民主与建设出版社
·北京·

图书在版编目（CIP）数据

少年读世说新语 / 宋立涛主编 . -- 北京：民主与
建设出版社，2020.7
（少年读处事智慧；6）
ISBN 978-7-5139-3078-9

Ⅰ . ①少… Ⅱ . ①宋… Ⅲ . ①笔记小说—中国—南朝
时代 Ⅳ . ① I242.1

中国版本图书馆 CIP 数据核字（2020）第 102438 号

少年读世说新语
SHAONIAN DU SHISHUO XINYU

主　　编	宋立涛
责任编辑	刘树民
总 策 划	李建华
封面设计	黄　辉
出版发行	民主与建设出版社有限责任公司
电　　话	（010）59417747　59419778
社　　址	北京市海淀区西三环中路 10 号望海楼 E 座 7 层
邮　　编	100142
印　　刷	三河市燕春印务有限公司
版　　次	2020 年 8 月第 1 版
印　　次	2020 年 8 月第 1 次印刷
开　　本	850mm×1168mm　1/32
印　　张	5 印张
字　　数	138 千字
书　　号	ISBN 978-7-5139-3078-9
定　　价	198.00 元（全六册）

注：如有印、装质量问题，请与出版社联系。

　　《世说新语》是南北朝时期（公元 420 年—公元 581 年）的一部记述东汉末年至东晋时豪门贵族和官僚士大夫的言谈轶事的书。刘宋宗室临川王刘义庆（403—444 年）撰写。

　　该书原名《世说》，后人为与刘向书相别，又名《世说新书》，大约宋代以后才改称今名。全书原八卷，刘孝标注本分为十卷，今传本皆作上、中、下三卷，分为德行、言语、政事、文学、方正、雅量等三十六门，全书共一千多则，记述自汉末到刘宋时名士贵族的逸闻轶事，主要为有关人物评论、清谈玄言和机智应对的故事。《隋书·经籍志》将它列入小说，称刘义庆"性简素"，"爱好文义"，"招聚文学之士，近远必至"。该书所记个别事实虽然不尽确切，但反映了门阀世族的思想风貌，保存了社会、政治、思想、文学、语言等方面史料，价值很高。

　　《世说新语》是研究魏晋风流的极好史料。其中关于魏晋名士的种种活动如清谈、品题，种种性格特征如栖逸、任诞、简傲，种种人生的追求，以及种种嗜好，都有生动的描写。综观全书，可以得到魏晋时期几代士人的群像。通过这些人物形象，可以进而了解那个时代上层社会的风尚。

目录

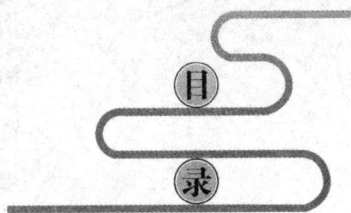

德行第一

陈仲举为豫章

原　文

陈仲举[1]言为士则，行为世范[2]，登车揽辔，有澄清天下[3]之志。为豫章太守，至，便问徐孺子所在，欲先看[4]之。主簿曰："群情欲府君先入廨[5]。"陈曰："武王式[6]商容之闾，席不暇暖。吾之礼贤，有何不可！"

注　释

①陈仲举：陈蕃，字仲举，东汉灵帝时任太傅，与大将军窦武谋杀宦官，事泄被杀。

②世范：世人的楷模。

③澄清天下：使天下太平，政治清明。

④看：看望，寻访。

⑤廨：官衙。

⑥式：同"轼"。

译　文

陈仲举的言谈是读书人的榜样，行为是世间的规范。他刚开始做官，便有革新政治的抱负。做豫章太守时，一到任，便打听徐孺子的住处，想先去拜访他。主簿禀告说："众人的意思希望您先去官署。"陈仲举说："周武王得到天下后，垫席尚未坐暖，就先去商容居住过的里巷表示敬意。我礼敬贤人，有什么不可以的呢！"

李元礼高自标持

原 文

李元礼①风格秀整，高自标持②，欲以天下名教③是非为己任。后进之士有升其堂者，皆以为登龙门。

注 释

①李元礼：李膺，东汉末清议领袖人物之一，以节操著称，太学生称他为"天下楷模"，后因谋诛宦官，下狱而死。

②标持：标榜。

③名教：儒家礼教。主张重名分，讲礼仪。

译 文

李元礼风度秀美严整，为人自尊自信，要把按名教标准来品评天下的得失是非作为自己的责任。后辈士人能够接受他接待的，都认为是登上了"龙门"。

难兄难弟

原 文

陈元方子长文，有英才。与季方子孝先各论其父功德，争之不能决。咨于太丘，太丘曰："元方难为兄，季方难为弟。"

译 文

陈元方的儿子长文，有卓越的才能，同陈季方的儿子孝先各自论说自己父亲的功业德行，争议相持不下，无法决断，去询问陈太丘。太丘说："论学识品行，元方季方各有所长，互为兄长，难以分出高下优劣啊。"

荀巨伯看友人疾

原文

荀巨伯①远看友人疾，值②胡贼攻郡，友人语巨伯曰："吾今死矣，子可去。"巨伯曰："远来相视，子令吾去，败③义以求生，岂荀巨伯所行邪！"贼既至，谓巨伯曰："大军至，一郡尽空，汝何男子，而敢独止④？"巨伯曰："友人有疾，不忍委⑤之，宁以我身代友人命。"贼相谓曰："我辈无义之人，而入有义之国。"遂班军⑥而还，一郡并获全。

注释

①荀巨伯：东汉桓帝时人。

②值：正当。胡贼：古代泛指西北少数民族的入侵者。

③败：败坏。

④止：停留。

⑤委：抛弃，丢开。

⑥班军：撤回军队。

译文

荀巨伯远道去探望患疾病的朋友，正好遇上外族敌寇攻打郡城。朋友对巨伯说："我马上就要死了，您还是离开吧！"巨伯说："我远道来看望您，您却要我离开，败坏道义以求生，难道是我荀巨伯干的事吗？"敌寇攻进城之后，对巨伯说："我大军一到，整个郡城的人都跑光了，你是什么人，竟敢一个人留下来？"巨伯说："朋友有病，不忍心丢下他，情愿用我自身来代替朋友的性命。"敌寇相互议论说："我们这些不讲道义的人，却侵入到这有道义的国度。"于是撤军而回，整个郡城因此都得到保全。

割席分坐

原　文

管宁[1]、华歆[2]共园中锄菜，见地有片金，管挥锄与瓦石不异，华捉[3]而掷去之。又尝同席读书，有乘轩冕过门者，宁读如故，歆废[4]书出看。宁割席分坐曰："子非吾友也！"

注　释

①管宁：字幼安，东汉末避居辽东三十年。还乡后屡辞征召不就。

②华歆：字子鱼，东汉时任尚书令。

③捉：捡拾。

④废：放下。

译　文

管宁和华歆一道在园中锄菜，看见地上有一块金子，管宁依旧挥动锄头，如同见到的是瓦石一样，华歆则捡起金子而后扔掉它。他们又曾经同坐在一张垫席上读书，有乘坐官车的显赫人物从门外经过，管宁读书依旧，华歆则丢开书本出去观看。管宁便割断垫席，分开座位，对华歆说："您不是我志趣相投的朋友。"

华、王优劣

原　文

华歆、王朗俱乘船避难，有一人欲依附，歆辄[1]难之。朗曰："幸[2]尚宽，何为不可？"后贼追至，王欲舍所携人。歆曰："本所以疑，正为此耳。既已纳其自托[3]，宁可以急相弃邪？"遂携拯如初。世以此定华、王之优劣。

①辄：就。

②幸：幸而，幸好。

③自托：托付给自己。

译 文

华歆和王朗一道乘船逃难，有一人想要搭船，华歆马上便回绝了他。王朗说："幸好船还宽敞，为什么不能让他搭乘呢？"后来强盗赶上来了，王朗想要丢下随带的那个人。华歆说："我起先之所以犹豫，正是估计到了这种情况。既然已经接受了他的请求，怎么可以因为情况急迫就把他扔下呢？"于是依旧像开始那样携带救助他。社会上便根据这件事来评定华歆、王朗的高下。

阮嗣宗至慎

原 文

晋文王①称阮嗣宗至慎，每与之言，言皆玄远②，未尝臧否人物。

注 释

①晋文王：司马昭，曾任魏大将军。专擅朝政。杀曹髦并立曹奂为帝。后灭蜀汉，称晋公，后为晋王。死后谥晋文帝。阮嗣宗：阮籍，"竹林七贤"之一。曾任步兵校尉，世称"阮步兵"。行为狂放不羁，旷达任性。

②玄远：玄妙高远。

译 文

晋文王称赞阮嗣宗为人极谨慎，每次同他谈论，说的话都高妙脱俗，从不评论当时人物的善恶、得失。

邓攸避难

原　文

邓攸①始避难，于道中弃己子，全弟子。既过江，取一妾，甚宠爱。历年后，讯②其所由，妾具说是北人遭乱，忆父母姓名，乃攸之甥也。攸素有德业，言行无玷③，闻之哀恨终身，遂不复畜④妾。

注　释

①邓攸：晋时人，官至吴郡太守。

②讯：追问，问讯。

③无玷：没有过失。

④畜：养。

译　文

邓攸当初逃难时，在半路上丢弃了自己的儿子，而保住了弟弟的儿子。逃过长江之后，娶了一妾，非常喜爱她。过了一些年，问她的经历，妾详细说起自己是北方人，遭遇世乱才来到南方，记起父母的姓名，竟然是邓攸的外甥女。邓攸在德行功业上一向有好名声，言行没有任何污点，听后一辈子悲伤悔恨，于是不再容纳收留他的爱妾。

庾公乘马有的卢

原　文

庾公乘马有的卢，或语令卖去，庾云："卖之必有买者，即复害其主，宁可不安己而移于他人哉？昔孙叔敖杀两头蛇以为后人，古之美谈。效之，不亦达乎？"

译　文

庾公的坐骑中有一匹的卢马，有人告诉庾公并要他把马卖掉。庾公说："卖掉它，必定有买它的人，那就又要危害它的新主人，怎么能够因为不利于自己而把祸患加给别人呢？过去孙叔敖杀死双头蛇，为的是怕后人见到它而遭灾难，这件事成了古代的美谈。我仿效他，不是很通达的吗？"

阮光禄焚车

原文

　　阮光禄在剡，曾有好车，借者无不皆给。有人葬母，意欲借而不敢言，阮后闻之，叹曰："吾有车，而使人不敢借，何以车为？"遂焚之。

译文

　　阮光禄在剡县时，曾有过一辆很好的车子，无论谁来向他借，没有不答应的。有个人要安葬母亲，心里想借车却不敢去说。阮光禄后来听说了这事，感慨地说："我有车子，却让人家不敢来借，还要这车子做什么呢？"于是把车子烧掉了。

王子敬首过

原文

　　王子敬病笃，道家上章，应首过。问子敬："由来有何异同得失？"子敬云："不觉有余事，唯忆与郗家离婚。"

译文

王子敬病重，按道教教规，在祈祷消灾时要病人自己说出所犯的错误，于是便问子敬历来有过什么过失。子敬说："没感到有其他什么错事，只想到同郗家离了婚。"

贫者士之常

原　文

殷仲堪①既为荆州，值水俭②，食常五碗盘，外无余肴，饭粒脱落盘席间，辄拾以啖③之。虽欲率物，亦缘其性真素④。每语子弟云："勿以我受任方州，云我豁⑤平昔时意，今吾处之不易。贫者，士之常，焉得登枝而损其本⑥！尔曹其存之。"

注　释

①殷仲堪：东晋人，官至荆州刺史。

②水俭：由于水灾而引起的歉年。

③啖：吃。

④真素：纯真，自然。

⑤豁：忘掉，抛弃。

⑥本：根本。

译　文

殷仲堪担任荆州刺史后，正好遇上旱灾，日常只吃五碗菜，此外没有其他菜肴。有时饭粒散落到盘席上，总要捡起来吃掉。这样做固然是想为人表率，但也是由于他本性纯朴。他还常对子弟们说："不要因为我担任了荆州的刺史，就认为我丢掉了平素的志向。如今我的抱负没有改变。安于清贫，是读书人的本分，怎能登上高枝就抛弃了根本呢？你们要记住这些话！"

身无长物

　　王恭①从会稽还，王大②看之。见其坐六尺簟③，因语恭："卿东来，故应有此物，可以一领及我。"恭无言。大去后，即举所坐者送之。既无余席，便坐荐④上。后大闻之，甚惊，曰："吾本谓卿多，故求耳。"对曰："丈人⑤不悉恭，恭作人无长物。"

　　①王恭：字孝伯，晋太原晋阳人，孝武帝王皇后兄，官至刺史。后与桓玄等人起兵，兵败被杀。

　　②王大：王忱，小名佛达，官至荆州刺史。不拘礼节，嗜酒。

　　③簟：竹席。

　　④荐：草垫子。

　　⑤丈人：尊称。

　　王恭从会稽回来，王大去看望他。见到座上有六尺长的竹席，便对王恭说："你从东边来，因此本当有这种东西，可以拿一条送给我。"王恭没有答话。王大走后，王恭立刻把自己坐的那条竹席送了过去。王恭自己已经没有其他竹席了，就坐在草垫上。后来王大听说了这件事，很吃惊，对王恭说："我本来认为你有很多，所以才向你索取的。"王恭回答说："您老人家不了解我，我做人从来不备多余的东西。"

焦饭遗母

　　吴郡陈遗，家至孝。母好食铛底焦饭。遗作郡主簿，恒装一囊，每煮食，辄贮录焦饭，归以遗母。后值孙恩贼出吴郡，袁府君即日便征。遗已聚敛得数斗焦饭，未展归家，遂带以从军。战于沪渎，败。军人溃散，逃走山泽，皆多饥死，遗独以焦饭得活。时人以为纯孝之报也。

译 文

吴郡人陈遗，在家十分孝顺。他母亲喜欢吃锅底的锅巴，陈遗任吴郡主簿时，总是带着一只口袋，每次烧饭时，都要把锅巴收藏起来，回家后送给母亲。后来遇上孙恩叛军流窜吴郡，袁太守当即率军征讨，这时陈遗已经积聚了几斗锅巴，来不及送回家，便带在身边跟随部队出征。双方在沪渎交战，官军失利，部队溃散，逃跑到山泽之中，很多人都饿死了，陈遗却凭借这些锅巴活了下来。当时的人认为这是他纯厚孝行获得的善报。

言语第二

眼中瞳子

徐孺子①年九岁，尝月下戏，人语之曰："若令月中无物，当极明邪？"徐曰："不然。譬如人眼中有瞳子，无此必不明。"

①徐孺子：徐稚，东汉人，家贫好学，当时高士。

徐孺子九岁时，有一次在月下玩耍，有人对他说："假如使月亮中没有那些黑的东西，该会十分明亮吧？"徐孺子说："不是这样的，就好比人的眼睛中有瞳仁，没有它，眼睛就一定不会明亮。"

小时了了

孔文举①年十岁，随父到洛。时李元礼②有盛名，为司隶校尉。诣门者，皆俊才清称及中表亲戚乃通。文举至门，谓吏曰："我是李府君亲。"既通，前坐。元礼问曰："君与仆③有何亲？"对曰："昔先君仲尼与君先人伯阳有师资之尊，是仆与君奕世为通好也。"元礼及宾客莫不奇之。太中大夫陈韪后至，人以其语语之，韪曰："小时了了，大未必佳。"文举曰：

11

"想君小时，必当了了。"踧大踧踖④。

注释

①孔文举：孔融，字文举，东汉人。著名文学家。

②李元礼：李膺，字元礼，东汉人。曾任司隶校尉，喜欢清议，与窦武等人谋诛宦官，被捕入狱而死。

③仆：谦称。

④踧踖：局促不安。

译文

孔文举十岁时，跟随父亲到了洛阳。当时李元礼有很高的名望，担任司隶校尉，登门拜访的人都要才智超群、有清高的名声或是中表亲戚，守门人才肯通报。孔文举来到门前，对守门人说："我是李府君的亲戚。"通报之后，进去入座。李元礼问道："你同我是什么亲戚啊？"回答说："从前我的祖先孔仲尼同您的祖先李伯阳曾经有过师友之谊，这就是说，我们两家世世代代是有友好往来的。"李元礼和宾客们听后无不感到惊奇。太中大夫陈韪后来也到了，有人把孔文举的话告诉了他。陈韪说："小时候聪明伶俐的人，长大后未必也很好。"孔文举说："想来您小的时候，一定是聪明伶俐的了。"陈韪大为狼狈。

覆巢无完卵

原文

孔融被收，中外①惶怖。时融儿大者九岁，小者八岁，二儿故琢钉戏②，了无遽容③。融谓使者曰："冀罪止于身，二儿可得全不？"儿徐进曰："大人岂见覆巢之下，复有完卵乎？"寻④亦收至。

注释

①中外：朝廷内外。

②琢钉戏：古代一种儿童游戏。

③遽容：神色惊慌。

④寻：不久。

译文

孔融被拘捕时，全家里里外外的人都很恐慌。当时孔融的儿子大的只有九岁，小的只有八岁，两人依旧在做琢钉的游戏，没有一点儿惊惧的面容。孔融对派来的人说："希望罪过只加在我本人身上，两个孩子不知能否保全性命？"孩子们从容地对父亲说："您难道见过捣翻了的鸟窝中还有完整的鸟蛋吗？"不久，也被拘捕了。

二钟答文帝问

原文

钟毓①、钟会少有令誉，年十三，魏文帝闻之，语其父钟繇曰："可令二子来！"于是敕见②。毓面有汗，帝曰："卿面何以汗？"毓对曰："战战惶惶，汗出如浆③。"复问会："卿何以不汗？"对曰："战战栗栗，汗不敢出。"

注释

①钟毓：字稚叔，官至车骑将军。钟会：官至司徒，因谋反被杀。二人年少皆有才学。令誉：美好的声誉。

②敕见：奉诏令进见。

③浆：水。

译文

钟毓、钟会小时候有美好的声誉，十三岁时，魏文帝听到了这事，便对他们的父亲钟繇说："让你的两个儿子来。"于是下令召见。钟毓惊恐得汗流满面，文帝说："你的脸上为什么出汗？"钟毓回答说："恐惧而惊慌，汗出如水浆。"又问钟会:"你的脸上为什么不出汗?"钟会回答说:"恐惧而战栗,汗也不敢出。"

二钟答父问

原文

钟毓兄弟小时,值父昼寝,因共偷服药酒。其父时觉,且托寐以观之。毓拜而后饮,会饮而不拜。既而问毓何以拜,毓曰:"酒以成礼,不敢不拜。"又问会何以不拜,会曰:"偷本非礼,所以不拜。"

译文

钟毓、钟会小时候,有一次正碰上父亲白天睡觉,趁机一道偷饮药酒。父亲当时醒来,姑且假装睡熟来观察他们的行动。钟毓先行礼而后才饮酒,钟会却只饮酒而不行礼。事过之后父亲问钟毓为什么要行礼,钟毓说:"酒是用来使礼仪完备的东西,所以饮酒时不敢不行礼。"又问钟会为什么不行礼,钟会说:"偷酒本来就不合于礼仪,所以饮酒时不敢行礼。"

邓艾答晋文王

原文

邓艾①口吃,语称"艾艾"。晋文王②戏之曰:"卿云'艾艾',定是几艾?"对曰:"'凤兮凤兮③',故是一凤。"

注释

①邓艾:字士载,三国时人。善于用兵,富于智谋。率军灭蜀,封邓侯,被诬谋反,遭受杀害。

②晋文王:司马昭。

③凤兮凤兮:语出《论语》:楚狂接舆而过孔子,曰:"凤兮凤兮,何

德之衰？"邓艾意说自己品德，又不失礼。

译文

邓艾说话口吃，自称名字时常常说成"艾艾……"晋文王同他开玩笑说："你说'艾艾……'，到底有几个'艾'呢？"邓艾回答说："凤啊，凤啊'，依然只有一只凤。"

陆机答王武子

原文

陆机诣王武子，武子前置数斛羊酪，指以示陆曰："卿江东何以敌此？"陆云："有千里莼羹，但未下盐豉耳！"

译文

陆机到王武子那里去，武子面前放着几斛羊酪，指给陆机看，并说："你们江东有什么能抵得上这个？"陆机说："有千里湖的莼菜羹，只是还没有加上盐豉呢！"

杨梅孔雀

原文

梁国①杨氏子九岁，甚聪惠。孔君平②诣其父，父不在，乃呼儿出。为设果，果有杨梅。孔指以示儿曰："此是君家果。"儿应声答曰："未闻孔雀是夫子家禽。"

注释

①梁国：郡名，在今河南商丘一带。

②孔君平：孔坦，字君平。为人刚直，有名声。

译 文

梁国一户杨姓人家的儿子九岁，很聪明。孔君平来看他父亲，父亲不在家，就喊儿子出来。给客人摆上了果子，果子中有杨梅。孔君平指着杨梅让他看，并说："这是您家的家果。"小儿随声回答说："没听说孔雀是您家的家禽。"

麈尾故在

原 文

庾法畅造庾太尉，握麈尾至佳。公曰："此至佳，那得在？"法畅曰："廉者不求，贪者不与，故得在耳。"

译 文

庾法畅到庾太尉那里去，拿着的麈尾十分漂亮。庾太尉问道："这东西太漂亮了，怎么还会留在身边？"法畅说："廉洁的人不会向我索取，贪婪的人我不会给他，所以还能在这里。"

桓公北征经金城

原 文

桓公①北征，经金城，见前为琅邪时种柳，皆已十围②，慨然曰："木犹如此，人何以堪③！"攀枝执条，泫然流泪。

注 释

①桓公：桓温，字元子，东晋人。官至荆州刺史、征西大将军、大司马。权倾朝廷，专擅朝政。

②围：两臂合抱为一围。

③堪：忍受。

译文

桓公北伐，经过金城，见到先前自己任琅邪太守时种下的柳树，都已有十围粗细了，感慨地说："树木尚且变化这样大，人怎能经得住岁月的流逝而不衰老呢？"握住树枝，伤心地流下泪来。

王、谢共登冶城

原文

王右军与谢太傅共登冶城，谢悠然远想，有高世之志。王谓谢曰："夏禹勤王，手足胼胝；文王旰食，日不暇给。今四郊多垒，宜人人自效；而虚谈废务，浮文妨要，恐非当今所宜。"谢答曰："秦任商鞅，二世而亡，岂清言致患邪？"

译文

王右军与谢太傅一道登上冶城。谢太傅闲静地凝神遐想，有超世脱俗的德行。王右军对他说："夏禹为国事辛劳，连手脚都长满了老茧；周文王忙得无法按时吃饭，每日里没有一点儿空闲的时间。如今整个国家都处于战乱之中，人人都应当仿效文王为国贡献力量；如果一味空谈而荒废政务，崇尚浮文而妨碍国事，恐怕不是现在该做的事吧。"谢太傅回答说："秦国任用商鞅，只传了两代就灭亡了，难道也是清谈导致的祸患吗？"

寒雪日内集

原文

谢太傅①寒雪日内集，与儿女讲论文义，俄而②雪骤，公欣然曰："白雪纷纷何所似?"兄子胡儿③曰:"撒盐空中差可拟。"兄女曰:"未若柳絮因风起。"公大笑乐。即公大兄无奕女④,左将军王凝之妻也。

注释

①谢太傅:谢安。

②俄而:不久。

③胡儿:谢朗,字长度,谢安哥哥的儿子。

④大兄无奕女:即谢安的大哥谢无奕之女谢道韫,东晋有名的才女,以聪明有才著称。

译文

谢太傅在一个大雪天里聚集家人,给子侄们讲论作文章的道理。不一会儿雪下大了,谢太傅兴致勃勃地问道:"这飘飘洒洒的白雪像什么东西呢?"侄子谢朗说:"把盐撒到空中大概可以比拟吧。"侄女道韫说:"还不如比作柳絮随风而起。"谢太傅大笑,十分高兴。道韫便是谢太傅长兄无奕的女儿,左将军王凝之的妻子。

欲者不多

原文

晋武帝每饷山涛恒少,谢太傅以问子弟,车骑答曰:"当由欲者不多,而使与者忘少。"

译文

晋武帝每次赐给山涛物品总是很少,谢太傅问子侄们如何看待这件事,车骑将军谢玄回答说:"这该是收受的人不想要得多,因而使赐给的人也不觉得所赐太少。"

山阴道上

原　文

王子敬云："从山阴道上行，山川自相映发，使人应接不暇。若秋冬之际，尤难为怀。"

译　文

王子敬说："在山阴的道路上走，山川景色交相辉映，使人目不暇接。假如到了秋冬之交的时节，就更加优美得令人难以忘怀啦。"

芝兰玉树

原　文

谢太傅问诸子侄："子弟亦何预人事，而正欲使其佳？"诸人莫有言者，车骑答曰："譬如芝兰玉树，欲使其生于阶庭耳。"

译　文

谢太傅问子侄们："后辈的事又同长辈有多少关系呢，而长辈却一心只想到要他们好？"大家都没有说话，车骑将军谢玄回答说："这就好像芝兰玉树，人人都希望它能生长在自家的庭院里呀。"

滓秽太清

原　文

司马太傅①斋中夜坐，于时天月明净，都无纤翳②，太傅叹以为佳。谢景重③在坐，答曰："意谓乃不如微云点缀。"太傅因戏谢曰："卿居心不净，乃复强欲滓秽太清邪！"

①司马太傅：司马道子，简文帝儿子，封为会稽王。

②纤翳：细微的遮蔽。

③谢景重：谢重，谢安侄子。

司马太傅夜间坐在书房中，这时天空净朗，月光明彻，连一丝阴云都没有，太傅连声赞叹好景色。谢景重在座，答话说："我认为还不如有一些云点缀一下。"太傅于是同他开玩笑说："你自己心里不清净，竟还想强行玷污天空吗？"

丞相初营建康

宣武①移镇南州，制街衢平直。人谓王东亭②曰："丞相初营建康，无所因承③，而制置纤曲，方此为劣。"东亭曰："此丞相乃所以为巧。江左地促④，不如中国。若使阡陌条畅，则一览而尽；故纡余委曲，若不可测。"

①宣武：桓温。见前注。

②王东亭：王珣，字元琳。王导的孙子。

③因承：凭借继承。

④促：狭小。

桓宣武移去镇守南州时，规划的街道很平直。有人对王东亭说："王丞相开始筹划建康城时，没有可供承袭的现成东西，街道就规划建造得纤回曲折，比起这里来就要差了。"王东亭说："这正是丞相安排巧妙的地方。江南一带地面狭窄，比不得中原地区。假如让街道平直畅达，那就一览无余了；所以修建得萦绕曲折，就像是深不可测一样。"

政事第三

陈元方答袁公

原　文

陈元方①年十一时，候袁公。袁公问曰："贤家君在太丘，远近称之，何所履行？"元方曰："老父在太丘，强者绥②之以德，弱者抚之以仁，恣其所安，久而益③敬。"袁公曰："孤往者尝为邺令，正行此事。不知卿家君法孤，孤法卿父？"元方曰："周公、孔子，异世而出，周旋④动静，万里如一。周公不师⑤孔子，孔子亦不师周公。"

注　释

①陈元方：见前注。

②绥：安抚。

③益：更加。

④周旋：谋划，筹划。

⑤师：师从，效仿。

译　文

陈元方十一岁时，去拜访袁公。袁公问道："你父亲在太丘时，远近的人们都称赞他，他做了些什么事啊？"元方回答说："老父在太丘时，性格刚强的人用德行去安定他们，性格软弱的人用仁慈去爱抚他们，让他们顺心地过着安乐的生活，时间越长，大家越是尊敬他。"袁公说："我过去做邺县县令时，正是这样做的。不知是你父亲效仿我呢，还是我效仿你父亲？"元方说："周公和孔子，是不同时代的人，虽然相隔很远，但是他们为官处世的做法却是一致的。周公没有效仿孔子，孔子也没有效仿周公。"

小吏盗池中鱼

原　文

王安期①为东海郡。小吏盗池中鱼，纲纪推②之。王曰："文王之囿，与众共之。池鱼复何足惜！"

注　释

①王安期：王隶，字安期。官至太守。

②推：追究。

译　文

王安期担任东海太守时，有一名小吏偷了池塘中的鱼，郡主簿要查究这件事。王安期说："周文王打猎的苑囿，与人们共同享用。池塘中鱼又有什么值得吝惜的呢！"

吏录犯夜人

原　文

王安期作东海郡，吏录一犯夜①人来。王问："何处来？"云："从师家受书还，不觉日晚。"王曰："鞭挞宁越②以立威名，恐非致理之本！"使人送令归家。

注 释

①犯夜：违犯夜行禁令。

②宁越：战国时人。以刻苦学习而闻名于世。

译 文

王安期担任东海太守时，有一次差役拘捕了一名触犯夜行禁令的人。王安期问道："从什么地方来？"那人说："从老师家里听完讲课回来，不觉天已经晚了。"王安期说："鞭打同宁越一样的读书人来树立声威，恐怕不是达到太平安定的根本办法。"于是便派差役送那人回家。

陆太尉咨事

原 文

陆太尉诣王丞相咨事，过后辄翻异，王公怪其如此。后以问陆，陆曰："公长民短，临时不知所言，既后觉其不可耳。"

译 文

陆太尉有事到王丞相那里去征询意见，过后又往往不按商定的办。王公对他这样做感到很奇怪，后来就问陆这件事。陆说："您的地位高，我的地位低，当时不知该说什么是好，可过后又觉得那样做并不妥当。"

丞相末年

原 文

丞相末年，略不复省事，正封箓诺之，自叹曰："人言我愦愦，后人当思此愦愦。"

译文

王丞相晚年时，通常已不再处理政务，只是在奏章文书上加批许可的字样。他自己感叹地说："别人说我糊涂，但后人一定会怀念我这样的糊涂。"

陶公性检厉

原文

陶公①性检厉，勤于事。作荆州时，敕②船官悉录锯木屑，不限多少。咸不解此意。后正会③，值积雪始晴，听事④前除雪后犹湿，于是悉用木屑覆之，都无所妨。官用竹，皆令录厚头，积之如山。后桓宣武⑤伐蜀，装船，悉以作钉。又云，尝发所在竹篙，有一官长连根取之，仍当足。乃超两阶⑥用之。

注释

①陶公：陶侃。检厉：自检严厉。

②敕：命令。

③正会：农历正月初一集会。

④听事：处理政事的听堂。

⑤桓宣武：桓温。见前注。

⑥两阶：两级。

译文

陶公生性严肃认真，办事勤勉。担任荆州刺史时，命令监造船只的官员将锯木屑无论多少都收集起来，大家都不理解他的用意。后来到了元旦集会时，正好遇上接连大雪之后天刚放晴，官府大堂前的台阶上仍然很潮湿，于是全用锯木屑覆盖在上面，走路时一点困难也没有。官府用毛竹时，他总是叫人把斫下的厚的一头收集起来，堆积得像山一样高。后来桓宣武讨伐西蜀时，要装备船只，便把这些竹头全都用来做成竹钉。又听说，他曾在自己管辖的地区征调竹篙，有一位官员把毛竹连根取来，用竹根代替竹篙上的铁足，他便把这位官员连升两级任用。

共看何骠骑

原文

王、刘与林公共看何骠骑，骠骑看文书，不顾之。王谓何曰："我今故与林公来相看，望卿摆拨常务，应对玄言，那得方低头看此邪？"何曰："我不看此，卿等何以得存？"诸人以为佳。

译文

王、刘同林公一道去看望骠骑将军何充，何骠骑正在翻阅公文，没有回头关照他们。王对何充说："我们今天特意同林公来看望你，希望你能丢开手头的事务，和我们共同谈谈精微的玄理，哪能在这时候埋头看这些东西呢？"何充说："我如果不看这些东西，你们这些人又怎么能够得到保全？"大家听了，都觉得他的话说得非常好。

文学第四

奴婢皆读书

郑玄家奴婢皆读书。尝使一婢，不称旨①，将挞之，方自陈说，玄怒，使人曳②著泥中。须臾，复有一婢来，问曰："胡为乎泥中？"答曰："薄言往塑，逢彼之怒。"

注　释

①称旨：符合心意。

②曳：拖到。

译　文

郑玄家中的奴婢都喜欢读诗书。有一次他使唤一名婢女，不合心意，准备鞭打她。婢女还要解释，郑玄发怒，派人把她拖到泥水中去。过了片刻，又有一名婢女过来，问道："为什么在泥水之中呢？"她回答说："我去向他陈诉，适逢他在发怒。"

服虔善《春秋》

原　文

服虔既善《春秋》，将为注，欲参考同异。闻崔烈集门生讲传，遂匿姓名，为烈门人赁作食。每当至讲时，辄窃听户壁间。既知不能逾己，稍共诸生叙其短长。烈闻，不测何人。然素闻虔名，意疑之。明蚤往，及未寤，便呼："子慎！子慎！"虔不觉惊应，遂相与友善。

译文

服虔精通《春秋》之后，要给它作注，想参考其他人相同或不相同的意见。听说崔烈聚集学生在讲解《春秋》传，便隐姓埋名，受雇替崔烈的学生做饭。每次到崔烈讲解时，总是在门外偷听。在了解到崔烈并不能超过自己之后，他才渐渐地同学生们谈论起崔烈讲解的长处与短处。崔烈听到这件事后，猜想不出他是什么人，然而平常就听说过服虔的声名，心里怀疑是他。第二天一早前去拜访，趁着服虔尚未醒来，便连声喊道："子慎！子慎！"服虔不觉惊醒答应，于是相互成了要好的朋友。

钟会撰《四本论》

原文

钟会①撰《四本论》始毕，甚②欲使嵇公一见，置怀中，既定，畏其难，怀不敢出，于户外遥掷，便回③急走。

注释

①钟会：见前注。

②甚：很。

③回：回转身。

译文

钟会撰写《四本论》刚完，很想让嵇公见到，便把它带在怀中。到了嵇公住处，又害怕他驳难，不敢从怀里拿出来；后来从窗户外远远地投进去，随即掉头快步跑开了。

卫玠问乐令梦

卫玠①总角时，问乐令②梦，乐云："是想"。卫曰："形神所不接而梦，岂是想邪？"乐云："因③也。未尝梦乘车入鼠穴，捣齑啖铁杵，皆无想无因故也。"卫思"因"经日不得，遂成病。乐闻，故命驾为剖析之，卫即小差④。乐叹曰："此儿胸中当必无膏肓⑤之疾。"

①卫玠：字叔宝，今山西夏县人。总角：古代人未成年时将头发梳成双髻，形状如角。

②乐令：乐广。

③因：缘由，根据。

④差：同"瘥"，病愈。

⑤膏肓：大病，不治之症。

卫玠还是孩童时，问乐令人为什么会做梦，乐令说："因为有所思。"卫玠说："灵魂离开了肉体而形成梦，难道是有所思的缘故吗？"乐令说："是说有所依据。没有谁做这样的梦：乘车进了老鼠洞、捣菜时吃下了铁棒槌，都是无所依据因而无所思的缘故。"于是卫玠整日思考什么叫作"依据"，想不出结果，最终生了病。乐令听说后，特意让人备车亲自去为卫玠分析解说，卫玠的病才稍有好转。乐令赞叹地说："这孩子心中以后一定不会积有大病。"

向、郭二《庄》

原　文

初，注《庄子》者数十家，莫能究其旨要。向秀于旧注外为解义，妙析奇致，大畅玄风，唯《秋水》、《至乐》二篇未竟，而秀卒。秀子幼，义遂零落，然犹有别本。郭象者，为人薄行，有俊才，见秀义不传于世，遂窃以为己注。乃自注《秋水》、《至乐》二篇，又易《马蹄》一篇，其余众篇，或定点文句而已。后秀义别本出，故今有向、郭二《庄》，其义一也。

译　文

当初，给《庄子》一书作注的有几十家，没有谁能深探它的要旨。向秀在旧注之外重新解析它的义理，说解精妙而有奇特的理趣，深刻地阐明了道家义理的幽微含义。只是《秋水》与《至乐》两篇尚未注解完向秀便死了。这时向秀的儿子还很小，注解因而散失了，但是还有其他的抄本。郭象这个人，品行轻薄，但才智出众。他看见向秀的注解没有在社会上流传，便抄袭来作为自己的注释。于是自己注释了《秋水》、《至乐》两篇，又改换了《马蹄》一篇，其余各篇只不过时而增删字句写成定本而已。后来向秀注解的其他抄本流传开来，所以现在有向秀、郭象两种《庄子》注，它们的意思却是一样的。

三语掾

原　文

阮宣子[1]有令闻。太尉王[2]夷甫见而问曰："老庄与圣教[3]同异？"对曰："将无同？"太尉善其言，辟[4]之为掾。世谓"三语掾"。卫玠嘲之曰："一言可辟，何假[5]于三！"宣子曰："苟是天下人望，亦可无言而辟，复何假一！"遂相与为友。

注　释

①阮宣子：阮修，字宣子。官至太子洗马。

②王夷甫：王衍。见前注。

③圣教：儒家学说。

④辟：征召。

⑤假：凭借。

译　文

　　阮宣子有美好的声誉，太尉王夷甫遇见他问道："老庄的义理和儒家圣人的教诲，有什么相同与不同的地方？"阮宣子回答说："恐怕差不多吧？"太尉很赞赏他的话，任命他为掾属。当时的人便把他叫作"三语掾"。卫玠嘲讽他说："只要一个字就能任官，何必借助三个字呢？"阮宣子说："如果是天下共同敬仰的人，不说话也能任官，又何必要借助一个字呢？"于是相互成了好朋友。

殷中军下都

原　文

　　殷中军为庾公长史，下都，王丞相为之集，桓公、王长史、王蓝田、谢镇西并在。丞相自起解帐带麈尾，语殷曰："身今日当与君共谈析理。"既共清言，遂达三更。丞相与殷共相往反，其余诸贤略无所关。既彼我相尽，丞相乃叹曰："向来语乃竟未知理源所归，至于辞喻不相负，正始之音，正当尔耳。"明旦，桓宣武语人曰："昨夜听殷、王清言，甚佳，仁祖亦不寂寞，我亦时复造心；顾看两王掾，辄翣如生母狗馨。"

译　文

　　殷中军任庾公长史时，来到京都，王丞相为他举行集会，桓公、王长史、王蓝田、谢镇西都在座。王丞相亲自起身解下挂在帐带上的麈尾，对殷说:"我今天要与您一道谈论、辨析玄理。"交谈开始之后,一直延续到三更时分。王丞相同殷中军反复辩难,其他各位插也插不进去。等到双方论点摆完之后,王丞相便感慨地说:"方才说了许多话,竟然还是没有弄清义理的根本到底在哪里。至于言词所要表达的意思同所用的譬喻贴切无间,正始年间的辩言析理,正该是这样啊。"第二天早晨,桓宣武对人说:"昨天夜里听殷中军、王丞相二人清谈,非常精妙,当时谢仁祖也不沉默,我也时有会心之处,回头看看两位姓王的掾属,却一直像是见不得人的母狗那样羞涩发愣。"

南方人学问

原文

褚季野语孙安国云:"北人学问渊综广博。"孙答曰:"南人学问清通简要。"支道林闻之,曰:"圣贤固所忘言,自中人以还,北人看书如显处视月,南人学问如牖中窥日。"

译文

褚季野对孙安国说:"北方人做学问深广渊博而能兼收并蓄。"孙安国回答说:"南方人做学问透彻通达而能简明扼要。"支道林听后说:"圣贤本来就是心中有数却想不到去表达的。就中等才质以下的人来看,北方人看书,有如在显豁之处看月亮,视野虽广,但很难周详;南方人做学问,有如在窗户里边看太阳,视野虽狭,但较易精细。"

麈尾脱落

原文

孙安国往殷中军许共论,往反精苦,客主无间。左右进食,冷而复暖者数四。彼我奋掷麈尾，悉脱落满餐饭中，宾主遂至莫忘食。殷乃语孙曰："卿莫作强口马，我当穿卿鼻！"孙曰："卿不见决鼻牛，人当穿卿颊！"

译文

孙安国到殷中军的住所共同谈论玄理，相互辩难竭尽心力，为客为主的两方均无漏误之处。侍者送上食物，摆冷后又重新热过连续有好几次。双方用力挥动麈尾，以致麈毛全都脱落到饭菜之中，宾主二人一直到日落时分也没有想起吃饭。殷中军便对孙安国说："你不要当执拗的烈马，我一定会穿透你的鼻子！"孙安国说："你难道没见过穿了鼻子的牛，我一定要穿透你的面颊！"

善人少恶人多

原文

殷中军①问："自然②无心于禀受，何以正③善人少，恶人多？"诸人莫有言者。刘尹答曰："譬如写水④着地，正自纵横流漫，略无正方圆者。"一时绝叹，以为名通⑤。

注释

①殷中军：殷浩。见前注。

②自然：大自然。

③正：正好。

④写水：泻水。

⑤名通：名言，名论。

译文

殷中军问道："大自然并没有存心让人接受各种不同的品性资质，但为什么恰恰是好人少，坏人多？"听众没有一个能解说的。刘尹回答说："这就好比把水倒在地上，只是四处流淌漫延，没有哪个恰好是规规矩矩形状的。"一时间大家都极为叹服，认为是至理名言。

官本是臭腐

原文

人有问殷中军："何以将得位而梦棺器①，将得财而梦矢秽②？"殷曰："官本是臭腐，所以将得而梦棺尸；财本是粪土，所以将得而梦秽污。"时人以为名通。

注释

①棺器：棺材。
②矢秽：粪便污秽。

译文

有人问殷中军："为什么将要得到官位时就会梦见棺材，将要得到钱财时就会梦见粪便？"殷中军说："官位本是腐臭的东西，所以将要得到时就会梦见棺材尸体；钱财本是粪土一样的东西，所以将要得到时就会梦见污浊肮脏。"当时的人都认为这是至理名言。

七步作诗

原文

文帝①尝令东阿王七步中作诗，不成者行大法②。应声便为诗曰："煮

豆持作羹，漉^③菽以为汁。其在釜^④下燃，豆在釜中泣；本自同根生，相煎
何太急！"帝深有惭色。

注 释

①文帝：魏文帝曹丕，字子桓。国号魏，建都洛阳。东阿王：曹植，
字子建。博学善诗，抑郁不得志。封陈王。

②大法：死刑。

③漉：过滤。

④釜：锅。

译 文

魏文帝曾经命令弟弟东阿王在走七步路的时间内作出一首诗，作不成
的话便要杀掉他。东阿王随声便作了一首诗："煮熟豆子做成羹，滤去豆
瓣留下汁。豆萁在锅下燃烧，豆子在锅中哭泣；本来就是同根生长，相互
煎熬为何这般紧急！"魏文帝听后十分惭愧。

潘文乐旨

原 文

乐令^①善于清言，而不长于手笔。将让^②河南尹，请潘岳为表^③。潘云：
"可作耳，要当^④得君意。"乐为述己所以为让，标位^⑤二百许语，潘直取错
综，便成名笔。时人咸云："若乐不假潘之文，潘不取乐之旨，则无以成
斯矣。"

注 释

①乐令：乐广。见前注。

②让：辞去官职。

③表：上奏皇帝的文书。

④当：合乎。

⑤标位：阐述，标榜。

译文

乐令善于清谈，却不擅长写文章。他想要辞去河南尹的职务，请潘岳代写一道奏章。潘岳说："可以代写，但总归要先知道您的意思。"乐令便对他讲了自己辞让的原因，写了二百来字的提纲。潘岳取过来径加综合安排，便成了一篇名文。当时的人都说："如果乐不借助潘的文才，潘不采用乐的意旨，就无法写成这样的好文章。"

孙子荆除妇服

原文

孙子荆除妇服，作诗以示王武子。王曰："未知文生于情，情生于文？览之凄然，增伉俪之重。"

译文

孙子荆为妻子服丧期满之后，写诗拿给王武子看。王武子说："真不知道这文采是由于感情深厚而激发出来的呢，还是这感情由于文采飞扬而呈现出来的？看了之后感到很凄凉，增加了夫妇之间的深情。"

有意无意之间

原文

庾子嵩①作《意赋》成。从子文康②见，问曰："若有意邪，非赋之所尽；若无意邪，复何所赋？"答曰："正在有意无意之间。"

注释

①庾子嵩：庾敳，官至吏部郎。

②文康：庾亮，著名文学家。

译文

　　庾子嵩写成《意赋》之后，侄儿文康见到了，问道："如果确有意向的话，不是用赋能表达得完善的！如果没有意向的话，又要写赋做什么呢？"庾子嵩回答说："恰恰是在有意无意之间。"

二改《扬都赋》

原　文

　　庾阐始作《扬都赋》，道温、庾云："温挺义之标，庾作民之望。方响则金声，比德则玉亮。"庾公闻赋成，求看，兼赠贶之。阐更改"望"为"俊"，以"亮"为"润"云。

译　文

　　庾仲初写《扬都赋》时，评价温庾时说："温，是天下慕（尚义）之人的标准；庾，是天下万民的楷模。其文采音蕴像金声那样铿锵；其德行好比美玉那样光洁明亮。"庾亮听说这篇赋之后，向庾仲初求看，庾仲初便将此赋赠送给他。后，庾仲初便将"庾作民之望"中"望"字改为"俊"字，将"比德则玉亮"的"亮"字改为"润"字。

张凭作母诔

原　文

　　谢太傅问主簿陆退："张凭何以作母诔，而不作父诔？"退答曰："故当是丈夫之德，表于事行；妇人之美，非诔不显。"

译文

谢太傅问主簿陆退说:"张凭为什么只给亡母作诔文,而没有给亡父作诔文呢?"陆退回答说:"这当然是因为男子的德行,表现在事业之中;而女子的美德,没有诔文就无法传扬开来。"

披锦简金

原文

孙兴公[1]云:"潘[2]文烂若披锦,无处不善;陆[3]文若排沙简金,往往见宝。"

注释

①孙兴公:孙绰。

②潘:潘岳。

③陆:陆机,字士衡,晋代著名文学家。官至太子洗马、著作郎。

译文

孙兴公说:"潘岳的诗文光彩灿烂有如铺开锦缎,没有一处不好;陆机的诗文有如沙里淘金,常常能从中见到珍宝。"

要作金石声

原文

孙兴公作《天台赋》成,以示范荣期,云:"卿试掷地,要作金石声。"范曰："恐子之金石，非宫商中声。"然每至佳句，辄云"应是我辈语"。

译文

孙兴公写成《天台赋》之后，拿给范荣期看，并说："你试着把它扔到地下，一定会发出金石般的铿锵之声！"范荣期说："恐怕您所说的金石声，并不是五音协和的声音。"但是每读到好的文句，也总是说："应当是我们这一流人物才说得出来的话。"

王东亭作白事

原文

王东亭到桓公吏，既伏阁下，桓令人窃取其白事，东亭即于阁下更作，无复向一字。

译文

王东亭到桓公那里去当属官时，伏于阁门之下等待宣召，桓公让人偷走了他身边的禀事文书。王东亭随即在官署里重新写好，与先前那篇没有一字相同。

方正第五

陈元方责父友

原　文

陈太丘①与友期行，期日中，过中不至，太丘舍去②，去后乃至。元方③时年七岁，门外戏。客问元方："尊君在不？"答曰："待君久不至，已去。"友人便怒，曰："非人哉！与人期行，相委④而去。"元方曰："君与家君期日中，日中不至，则是无信；对子骂父，则是无礼。"友人惭，下车引之，元方入门不顾。

注　释

①陈太丘：陈寔。期行：约定行期。

②舍去：独自而去。

③元方：陈纪。

④委：抛弃。

译　文

陈太丘与友人相约出行，约定在正午，正午过后客人还没有来，太丘便不顾他走了，走后客人才到。元方当时七岁，这时正在门外玩耍。客人问元方："你父亲在不在家？"元方回答说："等您许久您没来，已经走了。"朋友便很生气，说："真不是人啊！同人相约出行，却丢下人家自己走了。"元方说："您同我父亲约定在正午。正午时您没来，就是不讲信用；对着儿子骂父亲，就是没有礼貌。"那友人感到惭愧，下车来拉他。元方进门而去连头都不回。

辛佐治立军门

诸葛亮之次渭滨，关中震动。魏明帝深惧晋宣王战，乃遣辛毗为军司马。宣王既与亮对渭而陈，亮设诱谲万方，宣王果大忿，将欲应之以重兵。亮遣间谍觇之，还曰："有一老夫，毅然仗黄钺，当军门立，军不得出。"亮曰："此必辛佐治也。"

诸葛亮驻军渭水岸边时，关中地区极为震惊。魏明帝十分惧怕晋宣王出战，便派遣辛毗出任军司马。晋宣王已同诸葛亮隔着渭水排开了阵势，诸葛亮想尽办法设计引诱挑战，晋宣王果然十分气忿，想要用重兵来应战。诸葛亮又派侦探人员去窥察敌情，回来报告说："有一位老汉，坚定地拿着黄钺，面对营门站立着，部队无法出营。"诸葛亮说："这一定就是辛佐治。"

向雄诣刘淮

向雄为河内主簿，有公事不及雄，而太守刘淮横怒，遂与杖遣之。雄后为黄门郎，刘为侍中，初不交言。武帝闻之，敕雄复君臣之好。雄不得已，诣刘再拜曰："向受诏而来，而君臣之义绝，何如？"于是即去。武帝闻尚不和，乃怒问雄曰："我令卿复君臣之好，何以犹绝？"雄曰："古之君子，进人以礼，退人以礼。今之君子，进人若将加诸膝，退人若将坠诸渊。臣于刘河内不为戎首，亦已幸甚，安复为君臣之好？"武帝从之。

译文

　　向雄任河内郡主簿时，有一件公务并未牵涉到他，可是太守刘淮无端地发脾气，便杖责向雄并且把他赶走。后来向雄当上了黄门郎，刘淮当上了侍中，两人当初从不说一句话。晋武帝知道后，命令向雄去同刘淮恢复府主与臣属的情谊，向雄没有办法，只好去看刘淮，再拜后说："我受君王的诏命而来，但是我们府主与臣属之间的情义已经断绝了，有什么办法呢？"说完后便走了。晋武帝听说两人还是没有和解，便生气地责问向雄说："我命令你去恢复府主与臣属的情谊，为什么还不和好呢？"向雄说："古时的君子，任用人时合于礼制，辞退人时也合于礼制。而今天的君子，任用人时恨不能把他放在膝盖上爱抚，辞退人时又恨不得把他丢下深渊。我对刘河内来说，不去充作首先发难者，也已是值得庆幸的了，哪里再能有什么府主与臣属的情谊呢？"晋武帝只好听任他这么做。

陆士衡答卢志

原文

　　卢志于众坐问陆士衡："陆逊、陆抗是君何物？"答曰："如卿于卢毓、卢珽。"士龙失色，既出户，谓兄曰："何至如此？彼容不相知也。"士衡正色曰："我父、祖名播海内，宁有不知？鬼子敢尔！"议者疑二陆优劣，谢公以此定之。

译文

　　卢志在大庭广众之下问陆士衡："陆逊、陆抗是您的什么人？"士衡回答说："也就像你同卢毓、卢珽一样。"陆士龙惊慌得变了脸色。出门之后，对兄长说："为什么要这样说呢？他或许不了解我们的家世。"陆士衡严肃地说："我们父亲与祖父二人名扬天下，难道还有不知道的？鬼孙子竟敢如此！"当时评议二陆的人难分二人的优劣，谢公就根据这件事判定了他们的高下。

庾子嵩卿王太尉

原 文

王太尉①不与庾子嵩交，庾卿之不置。王曰："君不得为尔。"庾曰："卿自君我，我自卿卿；我自用我法，卿自用卿法。"

注 释

①王太尉：王衍。庾子嵩：庾敳。

译 文

王太尉不同庾子嵩交往，庾子嵩却毫不放弃地用"卿"来称呼他以表示亲近。王太尉说："您不可以这样称呼我。"庾子嵩说："你自可用'君'来称呼我，我自可用'卿'来称呼你，我自可用我的一套，你自可用你的一套。"

阮宣子伐社树

原 文

阮宣子伐社树，有人止之，宣子曰："社而为树，伐树则社亡；树而为社，伐树则社移矣。"

译 文

阮宣子砍伐社树，有人制止他。宣子说："如果土地神只是这一棵树的话，那么砍树之后连土地神这神灵也会死去；如果这一棵树算是土地神的话，那么砍树之后土地神就会搬家了。"

阮宣子论鬼神

原 文

阮宣子①论鬼神有无者。或以人死有鬼，宣子独以为无，曰："今见鬼者，云着生时衣服，若人死有鬼，衣服复有鬼邪？"

注 释

①阮宣子：阮修。

译 文

阮宣子同人讨论是否有鬼神的问题，有人认为人死之后有鬼，只有阮宣子认为没有，他说："现在那些自称见过鬼的人，都说鬼穿的是活着时的衣服，如果人死之后有鬼，难道衣服也会有鬼吗？"

王述转尚书令

原 文

王述转尚书令，事行便拜。文度曰："故应让杜、许。"蓝田云："汝谓我堪此不？"文度曰："何为不堪，但克让自是美事，恐不可阙。"蓝田慨然曰："既云堪，何为复让？人言汝胜我，定不如我。"

译 文

王蓝田升任尚书令，命令一下达，他立即去就职。文度说："本来还是该让一让杜、许二人。"蓝田说："你说我是否胜任这一职务？"文度说："当然胜任！不过谦让本是一桩美事，恐怕少不了要表示一下。"蓝田感慨地说："既然说是能够胜任，又为什么要谦让呢？别人说你胜过我，我看到底还是不如我。"

王蓝田责文度

原文

王文度为桓公长史时，桓为儿求王女，王许咨蓝田。既还，蓝田爱念文度，虽长大，犹抱着膝上。文度因言桓求己女婚。蓝田大怒，排文度下膝，曰："恶见，文度已复痴，畏桓温面，兵，那可嫁女与之！"文度还报云："下官家中先得婚处。"桓公曰："吾知矣，此尊府君不肯耳。"后桓女遂嫁文度儿。

译文

王文度任桓公长史时，桓公为自己儿子请求与文度女儿通婚，文度答应回去问一问蓝田。回家后，蓝田喜爱文度，虽然又高又大，还是抱他坐在自己膝头上。文度趁便说到桓公求婚的事。蓝田十分生气，把文度推下膝来，说："不想看到文度又发痴了，只顾忌桓温的情面，当兵的人家，哪能把女儿嫁给他们呢！"文度回复桓公说："我家中已经先有了婚约。"桓公说："我知道了，只是您父亲不肯罢了。"后来桓公便把女儿嫁给了文度的儿子。

雅量第六

顾雍丧子

原　文

豫章太守顾邵①，是雍②之子，邵在郡卒。雍盛集僚属自围棋，外启③信至，而无儿书，虽神气不变，而心了其故④，以爪掐掌，血流沾褥。宾客既散，方叹曰："已无延陵⑤之高，岂可有丧明之责⑥！"于是豁情散哀，颜色自若。

注　释

①顾邵：字孝则，三国时吴人。官至豫章太守。

②雍：顾雍，字元叹，三国时吴人。官至丞相。

③启：报告。

④故：缘故，原因。

⑤延陵：春秋时吴国的季札，受封于延陵。他儿子死后，丧葬合乎仪礼。

⑥丧明之责：春秋时孔子弟子子夏的儿子去世后，子夏哭得双目失明。曾子责备子夏这是一种罪过。

译　文

豫章太守顾邵，是顾雍的儿子，顾邵在太守任上死了。顾雍会集府里下属官员们下围棋时，门外报告说使者来了，却没有儿子的书信，顾雍虽然脸上神态没有变化，但是心里已经完全明白了是什么缘故，他用指甲使劲地掐着掌心，血流到了坐褥上。宾客们散去后，他才叹息说："我已经无法做到像延陵季子那样旷达了，难道还能像子夏哭瞎眼睛那样受到别人的指责吗？"于是排解了悲哀的心情，脸色也就坦然自若了。

嵇中散临刑东市

原文

嵇中散①临刑东市，神气不变，索琴弹之，奏《广陵散》②。曲终，曰："袁孝尼③尝请学此散，吾靳固不与，《广陵散》于今绝④矣！"太学生三千人上书，请以为师，不许。文王⑤亦寻悔焉。

注释

①嵇中散：嵇康。东市：刑场。

②《广陵散》：古琴曲。

③袁孝尼：袁准，字孝尼。为人忠信正直，淡于仕进。

④绝：灭绝。

⑤文王：司马昭。

译文

嵇中散在东市被杀时，神态不变，向人要过琴来弹奏，弹了一曲《广陵散》。曲子奏完，他说："袁孝尼曾经向我请求学习这支曲子，我没有舍得传授给他，《广陵散》从今以后绝迹了！"当时有很多太学生联名给朝廷写了奏章，请求能赦免他让他当老师，但没有得到准许。晋文王不久也后悔了。

诸小儿取李

原文

王戎①七岁，尝与诸小儿游。看道边李树多子折枝，诸儿竞走取之，唯②戎不动。人问之，答曰："树在道边而多子，此必苦李。"取之，信然③。

注释

①王戎：与阮籍、嵇康友善，竹林七贤之一。

②唯：只有。

③信然：确实这样。

译文

王戎七岁时，曾同小孩子们一道玩耍。看见路边的李子树上果实多得把树枝都压断了，孩子们都争着跑去摘李子，只有王戎没去。有人问他为什么不去，他回答说："树在路边却还有这么许多果实，一定是苦的李子。"摘下来一尝，果然是这样。

庾子嵩答太傅

原文

刘庆孙①在太傅府，于时人士多为所构②，唯庾子嵩纵心事外，无迹可间③。后以其性俭家富，说太傅令换千万，冀其有吝，于此可乘。太傅于众坐中问庾，庾时颓然已醉，帻④坠几上，以头就穿取。徐答云："下官家故可有两娑千万，随公所取。"于是乃服。后有人向庾道此，庾曰："可谓以小人之虑，度君子之心。"

注释

①刘庆孙：刘舆，字庆孙。曾官中书侍郎、颍川太守。后依附东海王司马越，为其谋划。太傅：司马越。封东海王，官至丞相。

②构：陷害。

③间：离间。

④帻：头巾。

译文

刘庆孙在司马太傅府任职时，当时的人士很多受到他的陷害，只有庾子嵩放任自适，不问政事，没有什么把柄可被抓住。后来由于庾子嵩生性节俭家内富有，刘庆孙便撺掇太傅向他借贷一千万钱，巴望他有所吝惜，那么就有机可乘了。太傅在大庭广众之下问庾子嵩，庾当时已经醉倒，帻巾掉在几案上，他用头凑上去戴起来，慢悠悠地回答说："我家中确实能有两三千万，随您取用。"刘庆孙这才服了他。后来有人向庾子嵩说到这件事，庾子嵩说："这真可说是以小人之心度君子之腹。"

料财蜡屐

原文

祖士少好财，阮遥集好屐，并恒自经营。同是一累，而未判其得失。人有诣祖，见料视财物，客至，屏当未尽，余两小簏，着背后，倾身障之，意未能平。或有诣阮，见自吹火蜡屐，因叹曰："未知一生当着几量屐！"神色闲畅。于是胜负始分。

译文

祖士少喜爱钱财，阮遥集喜爱木头鞋，都常常亲自料理。同样是一种牵累，因而人们无法分出他们的优劣。有人到祖士少那里去，看见他正在查点财物，客人来了，没来得及收拾完，剩下两只小竹箱放在背后，斜过身子来遮住它，心情不能恢复平静。有人到阮遥集那里去，看见他正在吹火给木屐涂蜡，随即感叹地说："不知这一辈子能穿几双木屐？"神态悠闲舒适。于是两人的高下才有了分晓。

坦腹东床

原文

郗太傅①在京口，遣门生与王丞相②书，求女婿。丞相语郗信："君往东厢，任意选之。"门生归白郗曰："王家诸郎亦皆可嘉，闻来觅婿，咸③自矜持，唯有一郎在东床上坦腹卧，如不闻。"郗公云："正④此好！"访之，乃是逸少⑤，因嫁女与焉。

注释

①郗太傅：郗鉴。

②王丞相：王导。

③咸：都。

④正：正是。

⑤逸少：王羲之，字逸少。王导侄子。

译文

郗太尉在京口时，派门客送给王丞相一封信，想在王家找一位女婿。王丞相对郗太尉的使者说："您到东厢房里去，任意挑选好了。"门客回去后，禀告郗太尉说："王家各位公子都值得赞美，听说来选女婿，各自做出一副庄重严肃的样子，只有一位公子在靠东边的床上裸出肚子躺着，好像没听见此事一样。"郗公说："就这一位好！"派人去查访，原来是逸少，于是便把女儿嫁给了他。

谢太傅盘桓东山

原文

谢太傅①盘桓东山时，与孙兴公②诸人泛海戏。风起浪涌，孙、王诸人色并遽③，便唱使还。太傅神情方王④，吟啸不言。舟人以公貌闲意说⑤，犹去不止。既风转急，浪猛，诸人皆喧动不坐。公徐云："如此将无⑥归？"众人即承响而回。于是审其量，足以镇安朝野。

注 释

①谢太傅：谢安。见前注。

②孙兴公：孙绰。见前注。

③遽：惊慌。

④王：旺盛。

⑤说：同"悦"，喜悦。

⑥将无：还是。

译 文

谢太傅在东山隐居时，同孙兴公等人在海上游乐。风起浪涌，孙、王等人神色惊惧，高喊着要回去。谢太傅却兴致正浓，仍然吟咏长啸不说一句话。船夫见他神态悠闲愉悦，依旧驾船前行。待到风势转急、浪头更猛之后，大家都喊叫惊扰坐不住了。谢公这才慢悠悠地说："既然如此，莫不是要回去吧？"大家随即应声而回。从这件事上，人们看清楚了他的度量，完全能够安定天下。

淮上信至

原 文

谢公与人围棋，俄而谢玄淮上信至，看书竟，默然无言，徐向局。客问淮上利害，答曰："小儿辈大破贼。"意色举止，不异于常。

译 文

谢公同客人下围棋，不一会儿谢玄从淝水前线派来的使者到了，谢公看完信，默不作声，慢慢地转向棋局。客人问到前线胜负的情况，他回答说："孩子们打败了敌军。"说话时的神态举动，与平常没有任何不同。

识鉴第七

乔玄谓曹公

原文

曹公①少时见乔玄，玄谓曰："天下方乱，群雄虎争，拨而理之②，非君乎？然君实是乱世之英雄，治世之奸贼。恨吾老矣，不见君富贵，当以子孙相累③。"

注释

①曹公：曹操。乔玄：字公祖，东汉末人。善于识人，性格耿直。

②拨而理之：整顿治理天下。

③累：拖累，照料。

译文

曹公年轻时去见乔玄，乔玄对他说："现在天下正动乱，各路英雄像虎一样争斗，能够拨乱反正治理好国家的，不就是您了吗？但您实在是动乱时代的英雄，太平盛世的奸贼。遗憾的是我已经老了，见不到您大富大贵了，我就把子孙拜托给您啦！"

潘阳仲谓王敦

原文

潘阳仲见王敦小时，谓曰："君蜂目已露，但豺声未振耳。必能食人，亦当为人所食。"

潘阳仲在王敦年少时见到了他，对他说："你的眼睛已如蜂目突露，只是说话尚未像豺声那样尖利而已。将来你一定能够吞噬他人，但也将被他人所吞噬。"

石勒使人读《汉书》

原 文

石勒①不知书，使人读《汉书》。闻郦食②其劝立六国后，刻印将授之，大惊曰："此法当失，云何得遂有天下！"至留侯③谏，乃曰："赖有此耳！"

注 释

①石勒：东晋后赵开创者，羯族人。

②郦食其：刘邦的谋士。曾劝刘邦封赏被秦国灭亡的六国国君的后代。

③留侯：张良。刘邦的得力助手。

译 文

石勒不识字，让人给他读《汉书》，听到郦食其劝刘邦立六国的后代为王，刻好印章将要颁下，十分吃惊，说："这个办法定要失败，可为什么最终又能得到天下呢？"当听到留侯劝止时，才说："正是靠了这次劝止啊！"

张季鹰在洛

原　文

张季鹰①辟齐王东曹掾，在洛，见秋风起，因思吴中菰菜羹、鲈鱼脍，曰："人生贵得适意尔，何能羁宦②数千里以要名爵？"遂命驾便归。俄而③齐王败，时人皆谓为见机。

注　释

①张季鹰：张翰，字季鹰，西晋时人。为人不拘礼节，淡泊功名。
②羁宦：受仕宦约束。
③俄而：不久。

译　文

张季鹰被任命为齐王的东曹掾属，在洛阳做官，见刮起了秋风，于是想到江南家乡的茭白菜、莼菜羹和鲈鱼脍，说："人一生最宝贵的就是能顺适自己的心意罢了，哪能以数千里之外做官来求取声名爵位呢？"随即命令驾好车马返回家乡。不久以后齐王被杀，当时的人都认为他有先见之明。

桓公将伐蜀

原　文

桓公将伐蜀，在事诸贤，咸以李势在蜀既久，承藉累叶，且形据上流，三峡未易可克。唯刘尹云："伊必能克蜀。观其蒲博，不必得则不为。"

译　文

桓公将要讨伐蜀地，参与谋事的各位贤士都认为李势占领蜀地已经很久，历代承袭有很多可以依恃的条件，并且在地形上又占据了上游，三峡地区也不容易通过。只有刘尹说："他一定能攻克蜀地。这从他'赌博'上就可以看出，不能确定得胜的事，他就一定不去做。"

郗超与谢玄不善

原　文

郗超与谢玄不善。苻坚将问晋鼎①，既已狼噬梁、岐，又虎视淮阴矣。于时朝议遣玄北讨，人间颇有异同之论。唯超曰："是必济事②。吾昔尝与共在桓宣武府，见使才皆尽，虽履屐之间，亦得其任。以此推之，容③必能立勋。"元功既举，时人咸④叹超之先觉，又重其以爱憎匿善。

注　释

①晋鼎：东晋政权。

②济事：成功。

③容：或许。

④咸：都。

译　文

郗超同谢玄不和睦。当时苻坚正想夺取晋王朝政权，已经像恶狼一样吞并了梁州、岐山一带地区，又虎视眈眈地企图侵占淮河以南广大领土。这时朝廷中商议派遣谢玄北上讨伐，人们对此颇有不同看法。只有郗超说："谢玄这个人去一定能成功。我过去曾经同他一道在桓宣武府中共事，发现他用人时能人尽其才，即使是一些琐细的小事，也能处理得恰如其分，从这些事推断，想来是一定能建立功勋的。"谢玄大功告成后，当时的人都赞叹郗超有先见之明，同时又钦佩他不因为个人的好恶而埋没别人的才能。

谢玄北征后

原文

韩康伯与谢玄亦无深好，玄北征后，巷议疑其不振。康伯曰："此人好名，必能战。"玄闻之，甚忿，常于众中厉色曰："丈夫提千兵入死地，以事君亲故发，不得复云为名！"

译文

韩康伯与谢玄并没有什么深厚的交情，谢玄北上征讨苻坚之后，街谈巷议都怀疑他不会有什么作为。康伯说："这个人很喜爱声名，一定能同敌人死战。"谢玄听到这些话后很气愤，常在大庭广众之中声色俱厉地说："大丈夫率领军队出生入死，是为了效忠君王才这么做的，不能再说什么为了声名！"

赏誉第八

裴清通、王简要

原 文

王浚冲、裴叔则二人总角诣钟士季，须臾去，后客问钟曰："向二童何如？"钟曰："裴楷清通，王戎简要。后二十年，此二贤当为吏部尚书，冀尔时天下无滞才。"

译 文

王浚冲、裴叔则二人小时候到钟士季那里去，过了片刻两人走了。随后门客问钟士季："您看刚才那两个小孩子怎么样？"钟士季说："裴楷清朗通达，王戎简练切要。二十年后，这两位贤人将要当上吏部尚书，希望那时候天下不会有漏选的人才。"

郭奕三叹羊叔子

原 文

羊公还洛，郭奕为野王令，羊至界，遣人要之，郭便自往。既见，叹曰："羊叔子何必减郭太业！"复往羊许，小悉还，又叹曰："羊叔子去人远矣！"羊既去，郭送之弥日，一举数百里，遂以出境免官。复叹曰："羊叔子何必减颜子！"

译 文

羊公回洛阳，当时郭奕正在野王当县令。羊公到了县界，郭奕派人先把他截住，随后自己又亲自赶到。见了面后，赞叹说："羊叔子哪能会比不上我郭太业呢！"随后到了羊公的住所，过了一会儿回来，又赞叹说："羊叔子超出他人很多啊！"羊公离去时，郭奕整日送他，一下便送出几百里路，于是以私离职守而遭免职，他还是赞叹羊公说："羊叔子哪能会比不上颜渊呢！"

卫伯玉奇乐广

原文

卫伯玉①为尚书令，见乐广与中朝名士谈议，奇之，曰："自昔诸人没已来，常恐微言②将绝，今乃复闻斯言于君矣！"命子弟造③之，曰："此人，人之水镜也，见之若披云雾睹青天。"

注释

①卫伯玉：卫瓘。

②微言：精微的玄言。

③造：拜访。

译文

卫伯玉担任尚书令时，看见乐广在同洛阳的名士们清谈，认为乐广很有奇才，对他说："自过去那些善于清言的人去世以来，我常常担心这些精妙的言论将要断绝，不想现在却又从您这里听到了这些话！"于是命令自己的子侄后辈去拜访乐广，并且说："这个人，对别人来说，就好像水和镜一样，见到他如同拨开云雾而见到了青天。"

陆机兄弟

原文

蔡司徒①在洛，见陆机兄弟住参佐廨②中，三间瓦屋，士龙住东头，士衡住西头。士龙为人文弱可爱，士衡长七尺余，声作钟声，言多慷慨。

注释

①蔡司徒：蔡谟。

②廨：官署。

译文

蔡司徒在洛阳时，看到陆机、陆云兄弟二人住在僚属的官署中，三间瓦房，士龙住在东边，士衡住在西边。士龙的为人，文雅纤弱很可爱；士衡则身高七尺有余，说话像钟声一样洪亮，言辞大多慷慨激昂。

皮里阳秋

原文

桓茂伦云："褚季野皮里阳秋。"谓其裁中也。

译文

桓茂伦说："褚季野肚里自有评论是非的章法。"这是说他只在内心有所裁定。

王蓝田言家讳

原文

王蓝田拜扬州，主簿请讳，教云："亡祖、先君，名播海内，远近所知；内讳不出于外，余无所讳。"

译文

王蓝田就任扬州刺史时，主簿向他请示家讳有些什么字，他回答说："我已去世的祖父与父亲，名扬天下，远近都知道；而妇人的名讳不传出家外。其余没有什么可避讳的。"

掇皮皆真

原文

谢公称蓝田:"掇皮皆真。"

译文

谢公称赞王蓝田:"去掉他的皮,显露出的就全部是纯真。"

桓温行经王敦墓

原文

桓温行经王敦墓边过,望之云:"可儿! 可儿!"

译文

桓温经过王敦的坟墓,望着坟墓说:"可意的人啊! 可意的人啊!"

处长亦胜人

原文

王仲祖称殷渊源:"非以长胜人,处长亦胜人。"

译文

王仲祖称赞殷渊源:"不但凭着他的长处超过别人,而且在正确对待自己的长处方面也超过别人。"

人可应无，己必无

原文

王长史道江道群："人可应有，乃不必有，人可应无，己必无。"

译文

王长史描述江道群："人应当有的品行，他不一定就有；人应当没有的品行，他却一定没有。"

才情过于所闻

原文

许玄度送母始出都，人问刘尹："玄度定称所闻不？"刘曰："才情过于所闻。"

译文

许玄度刚刚送母亲出了京都，便有人问刘尹："玄度的为人同他的声名究竟相称不相称？"刘尹回答说："他的才华超过声名。"

共游白石山

原文

孙兴公①为庾公参军，共游白石山，卫君长在坐。孙曰："此子神情都不关②山水，而能作文。"庾公曰："卫风韵虽不及卿诸人，倾倒处亦不近。"孙遂沐浴③此言。

注释

①孙兴公：孙绰。庾公：庾亮。

②关：关涉，品味。

③沐浴：回味，品味。

译文

孙兴公任庾公参军时，一道去白石山游赏，卫君长也在座。孙兴公对庾公说："这位先生的神情意态毫不关注山光水色，难道他也能写出好文章？"庾公说："他的风度韵致虽然比不上你们诸位，但是也有许多令人钦佩之处。"孙兴公于是经常玩味这句话。

王长史刘尹

原文

王长史云："刘尹知我，胜我自知。"

译文

王长史说："刘尹了解我，超过我了解自己。"

谢太傅道安北

原文

谢太傅道安北①："见之乃不使人厌，然出户去不复使人思。"

注释

①安北：王坦之。死后赠安北将军。

译 文

谢太傅评论安北将军王坦之："见到他并不使人生厌，但是他出门走后，又不再让人思念。"

许掾诣简文

原 文

许掾①尝诣简文，尔时风恬月朗，乃共作曲室②中语。襟情之咏，偏③是许之所长，辞寄清婉，有逾平日。简文虽契素，此遇尤相咨嗟，不觉造膝④，共叉手语，达于将旦⑤。既而曰："玄度才情，故未易多有许。"

注 释

①许掾：许询。诣：拜访。

②曲室：和室，密室。

③偏：却。

④造膝：促膝的样子。

⑤旦：天亮。

译 文

许掾曾经到简文帝那里去，这一夜风静月明，于是一道在幽室中贴心地谈话。抒发情怀抱负的诗文，许掾最为擅长，言词清丽婉约，超过了平日。简文帝虽然同他一贯相知很深，这次相见更为赞赏。不知不觉中移坐到他的膝头之前，拱手而语，一直谈到东方将亮。过后简文帝说："玄度的才情，还很少有这样表露呢！"

范豫章谓其甥

原 文

范豫章①谓王荆州："卿风流俊望，真后来之秀。"王曰："不有此舅，焉^②有此甥。"

注 释

①范豫章：范宁，字武子，东晋人。曾官豫章太守。王荆州：王忱。

②焉：怎么。

译 文

范豫章对王荆州说："你超逸英俊，声名不凡，真是后起之秀。"王荆州说："没有您这样的舅舅，哪有我这样的外甥。"

王大故自濯濯

原 文

王恭^①始与王建武甚有情，后遇袁悦之间^②，遂致疑隙，然每至兴会，故^③有相思时。恭尝行散至京口射堂^④，于时清露晨流，新桐初引^⑤。恭目之，曰："王大故自濯濯。"

注 释

①王恭：东晋人。曾官刺史。

②间：离间。

③故：仍然。

④射堂：讲武演习之处。

⑤引：生出，发芽。

译 文

王恭起初同王建武的感情很好，后来遭到袁悦的离间，才造成了猜疑隔阂，但是每逢高兴的时候，依旧相互思念。王恭曾在服用五石散后漫步到京口的射场去，当时早晨清澈的露珠晶亮欲滴，初生的桐枝探出新芽，王恭见此想起了王建武，评论他说："王大的为人真是清朗而又明净啊！"

孝伯常有新意

王恭有清辞简旨，能叙说而读书少，颇有重出。有人道孝伯常有新意，不觉为烦。

王恭有言词清脱意旨简约的特点，善于叙说，但读书较少，常有重复的言语。有人评论他："常有新的立意，因此也不觉得他言谈繁复。"

品藻第九

诸葛门三兄弟

原 文

诸葛瑾[①]弟亮，及从弟诞[②]，并有盛名，各在一国。于时以为蜀得其龙，吴得其虎，魏得其狗。诞在魏，与夏侯玄齐名[③]；瑾在吴，吴朝服其弘量。

注 释

①诸葛瑾：字子瑜，三国时人。诸葛亮之兄。汉末避乱江东，为孙权长史、司马，深得孙权信任。孙权称帝后被任命为大将军、左都护。

②亮：诸葛亮，字孔明，三国时人。任蜀汉刘备丞相。后受诏辅佐后主刘禅，封武乡侯。与司马懿作战时，病逝于五丈原中。诞：诸葛诞，字公休，三国时人。曾官曹魏扬州刺史、征东大将军等。后因反对司马氏专权擅政，兵败被杀。

③夏侯玄：字太初，三国时人。

译 文

诸葛瑾与弟弟诸葛亮以及堂弟诸葛诞，都有极高的声名，各自在一个国家任职。当时人们都认为蜀国得到了他们家的一条龙，吴国得到了他们家的一头虎，魏国得到了他们家的一只狗。诸葛诞在魏国，同夏侯玄的声名相当；诸葛瑾在吴国，吴国朝廷里都佩服他有宽大的胸怀。

王大将军四反

原　文

王大将军下，庾公问："闻卿有四友，何者是？"答曰："君家中郎、我家太尉、阿平、胡毋彦国。阿平故当最劣。"庾曰："似未肯劣。"庾又问："何者居其右？"王曰："自有人。"又问："何者是？"王曰："噫！其自有公论。"左右蹑公，公乃止。

译　文

王大将军来到京都，庾公问道："听说你有四位朋友，都是些什么人啊？"王回答说："您家的中郎、我家的太尉、阿平以及胡毋彦国。其中阿平该是最弱小的。"庾公说："好像也不会自甘居后。"又问道："谁又在他们之上呢？"王大将军回答说："自有其人。"庾公追问说："到底是谁呢？"王说："噫！这自有公论。"身边的人用脚踩庾公示意，庾公才没有再追问。

温太真失色

原　文

世论温太真是过江第二流之高者。时名辈共说人物第一将尽之间，温常失色。

译　文

世间评论温太真是渡江南下第二流人物中的佼佼者。当时名流们在一起评议人物，将要说完第一流的时候，温太真常常惊慌得变了脸色。

桓公与殷侯齐名

原 文

桓公少与殷侯①齐名，常有竞心。桓问殷："卿何如我？"殷云："我与我周旋久，宁作我。"

注 释

①殷侯：殷浩，字渊源。东晋人。

译 文

桓公年轻时同殷侯声名相当，但常有与之争高下的心意。桓公曾问殷侯："你同我相比，哪一个更强一些？"殷侯回答说："我同我打交道的时间长，宁可当我自己。"

会稽王语奇进

原 文

桓大司马①下都，问真长②曰："闻会稽王③语奇进，尔邪？"刘曰："极进，然故是第二流中人耳。"桓曰："第一流复是谁？"刘曰："正是我辈耳！"

注 释

①桓大司马：桓温。

②真长：刘惔。

③会稽王：司马昱，封为会稽王。后即位为皇帝。

译 文

桓大司马来到京都，问刘真长："听说会稽王的言谈进步快，是这样吗？"刘回答说："极有长进，但依然只是第二流中的人物而已！"桓又问道："第一流又是些什么人呢？"刘说："正是我们这一些人！"

殷侯既废

原文

殷侯既废，桓公语诸人曰："少时与渊源共骑竹马，我弃去，己辄取之，故当出我下。"

译文

殷侯被免官之后，桓公对大家说："小时候我同渊源一道骑竹马，我丢弃不要的，他总是捡去玩，他当然应该在我之下。"

王长史答苟子问

原文

刘尹至王长史许①清言，时苟子②年十三，倚床边听。既去，问父曰："刘尹语何如尊？"长史曰："韶音③令辞不如我，往辄④破的胜我。"

注释

①许：处所。

②苟子：王修。

③韶音：优美的音调。

④辄：就。

译文

刘尹到王长史住处清谈，当时苟子只有十三岁，靠在坐榻边听。刘尹走后，苟子问父亲："刘尹的言谈同您相比，哪一个更强？"王长史说："言词的美妙，他比不上我；但是说话总能切中要旨，却又超过我。"

不能复语卿

原文

有人问谢安石①、王坦之优劣于桓公。桓公停欲言，中悔②，曰："卿喜传人语，不能复语卿。"

注释

①谢安石：谢安。

②中悔：中间后悔。

译文

有人向桓公问到谢安石、王坦三二人的高下优劣。桓公沉吟了一下，正准备讲，半途又翻悔道："你喜欢传人的话，不能再对你说。"

汝兄自不如伊

原文

王僧恩轻林公，蓝田曰："勿学汝兄，汝兄自不如伊。"

译文

王僧恩看不起林公，蓝田说："不要学你的兄长，你兄长也比不上他。"

庾道季评曹李

原文

庾道季云："廉颇、蔺相如虽千载上死人，懔懔恒如有生气；曹蜍、李志虽见在，厌厌如九泉下人。人皆如此，使可结绳而治，但恐狐狸貒貉啖尽。"

译文

庾道季说："廉颇、蔺相如虽然是死了上千年的古人，但他们那严正的形象却永远保持着勃勃生气；曹蜍、李志虽然现在还活着，但却是奄奄一息有如黄泉下的死人。如果人人都像这样的话，便可回到结绳而治的时代，不过只怕我们这些人也都要被野兽吃尽了。"

共道"竹林"优劣

原文

谢遏诸人共道"竹林"优劣，谢公云："先辈初不臧贬'七贤'。"

译文

谢遏等人一道品评"竹林七贤"的高下优劣，谢公说："前辈们从来不对这七位贤人妄加评论。"

吉人之辞寡

原文

王黄门①兄弟三人俱诣谢公，子猷、子重多说俗事，子敬寒温②而已。既出，坐客问谢公："向三贤孰愈？"谢公曰："小者最胜。"客曰："何以知之？"谢公曰："吉人之辞寡，躁人之辞多③。推此知之。"

注释

①王黄门：王徽之。兄弟三人指王徽之、王操之、王献之。诣：拜访。

②寒温：寒暄。

③这两句出自《易经·系辞传》，意即吉人说话精炼而少，浮躁的人说话言辞杂多。

译文

　　王黄门兄弟三人一起到谢公那里去。子猷、子重大多说些凡庸的事情，子敬只是寒暄几句罢了。三人走后，席间的客人问谢公："先前三位贤人谁强一些？"谢公说："小的最高明。"客人又问道："怎么知道的呢？"谢公说："贤能的人话少，浮躁的人话多。由此可以推知。"

王子敬答谢公问

原文

　　谢公问王子敬："君书何如君家尊？"答曰："固当不同。"公曰："外人论殊不尔。"王曰："外人那得知！"

译文

　　谢公问王子敬："您的书法同您父亲相比，谁更好一些？"王回答说："本来就各有不同。"谢公说："外人的评论却不是这样。"王说："外人哪能了解呢！"

人固不可以无年

原文

　　王珣疾，临困，问王武冈曰："世论以我家领军比谁？"武冈曰："世以比王北中郎。"东亭转卧向壁，叹曰："人固不可以无年！"

译文

王珣生病，临危时问王武冈："世间的言论把我家领军比作什么人？"武冈回答说："把他比作王北中郎。"东亭转身面向内壁而睡，叹息说："一个人确实不能无寿啊！"

王桢之答桓玄问

原文

桓玄①为太傅，大会，朝臣毕集②，坐裁竟，问王桢之③曰："我何如卿第七叔④？"于时宾客为之咽气⑤。王徐徐答曰："亡叔是一时之标，公是千载之英。"一坐欢然。

注释

①桓玄：桓温之子。

②毕集：全部聚集。

③王桢之：字公干，王徽之之子。曾官侍中、主簿、御史中丞等。

④第七叔：指王献之。

⑤咽气：凝神屏气。

译文

桓玄担任太傅时，举行盛大集会，朝廷的大臣们全都聚集在一起。刚刚坐定，桓玄便问王桢之："我同你的七叔相比，哪一个更强一些？"当时宾客们都紧张得屏住了气息。王桢之慢悠悠地回答说："我去世的叔父是一时的典范，您是千载以来的英杰。"在座的人都非常欣喜。

规箴第十

乳母求救东方朔

原 文

汉武帝①乳母尝于外犯事，帝欲申宪②，乳母求救东方朔③。朔曰："此非唇舌所争，尔必望济者，将去时，但当屡顾④帝，慎勿言，此或可万一冀耳。"乳母既至，朔亦侍侧，因谓曰："汝痴耳！帝岂复忆汝乳哺时恩邪！"帝虽才雄心忍，亦深有情恋，乃凄然愍⑤之，即敕免罪。

注 释

①汉武帝：刘彻，西汉皇帝，在位时国力强盛。

②申宪：依法惩处。

③东方朔：西汉人。性格幽默诙谐，善语。

④顾：回头看。

⑤愍：怜悯。

译 文

汉武帝的乳母曾在宫外触犯禁令，武帝准备依法治她的罪，乳母去向东方朔求救。东方朔说："这不是凭口舌能够争辩的事。你一定想要得救的话，离去之时只管频频回头看皇上，千万不要说话，这样或许有一点点希望。"乳母来见武帝，东方朔也在旁边侍立，便乘机对她说："你真是发痴了！难道皇上还会想着你哺乳时的恩情吗？"汉武帝虽然才略过人，性格刚毅，但也很有依恋之情，见此十分感伤，随即下令免了她的罪。

京房与汉元帝

京房①与汉元帝共论，因问帝："幽②、厉之君何以亡？所任何人？"答曰："其任人不忠。"房曰："知不忠而任之，何邪？"曰："亡国之君各贤其臣，岂知不忠而任之？"房稽首③曰："将恐今之视古，亦犹后之视今也。"

①京房：字君明，西汉时人，曾官魏郡太守。汉元帝：刘奭，西汉皇帝。重儒术，多才艺。

②幽：周幽王，宠幸褒姒。后被杀于骊山。厉：周厉王。滥杀无辜，性情残暴。

③稽首：叩首。

京房同汉元帝一道谈论政事，趁便问元帝："周幽王、周厉王两位君主为什么会亡国呢？他们任用了一些什么人？"元帝回答说："他们任用的人不忠诚。"京房说："知道不忠诚却要任用他们，是什么原因呢？"元帝说："大凡亡国之君，各自都认为任用的臣下是贤能的，哪里会知道不忠诚却又任用他们呢？"京房叩头说："只怕我们今天看古人，也像是后代的人看我们今天一样啊。"

卫瓘佯醉讽武帝

晋武帝既不悟太子之愚，必有传后意，诸名臣亦多献直言。帝尝在陵云台上坐，卫瓘在侧，欲申其怀，因如醉，跪帝前，以手抚床曰："此坐可惜！"帝虽悟，因笑曰："公醉邪？"

译文

晋武帝一直不觉察太子的愚笨，一心想把帝位传给他，各位知名的大臣也都直言谏劝。武帝曾在陵云台上就座，卫瓘在他旁边，想要表达内心的想法，于是像喝醉酒似地跪在武帝面前，用手拍着龙床说："这个座位真可惜啊！"武帝虽然明白，但也只是笑了笑，说："您喝醉了吧？"

口未尝言"钱"字

原文

王夷甫雅尚玄远①，常嫉其妇贪浊，口未尝言"钱"字。妇欲试之，令婢以钱绕床，不得行。夷甫晨起，见钱阂②行，呼婢曰："举却阿堵③物！"

注释

①玄远：玄妙高远。

②阂：阻挡。

③阿堵：这，这个。后以"阿堵物"代钱。

译文

王夷甫十分崇尚超逸清远的境界，常常讨厌他妻子贪婪鄙浊，因此自己口中从来不说"钱"字。妻子想试探他，让侍女用一串串的钱把床绕起来，让他无法道路。王夷甫清晨起床，看到钱阻碍了道路，高喊侍女说："把这个东西拿走！"

王平子谏郭氏

原文

王平子年十四五，见王夷甫妻郭氏贪欲，令婢路上儋粪。平子谏之，并言不可。郭大怒，谓平子曰："昔夫人临终，以小郎嘱新妇，不以新妇嘱小郎。"急捉衣裾，将与杖。平子饶力，争得脱，蹻窗而走。

译文

王平子十四五岁时，看到王夷甫的妻子郭氏贪得无厌，让侍女在路上担粪。平子便规劝她，并且说不应该这样做。郭氏非常生气，对平子说："先前老夫人临终时，把你托付给了我，并没有把我托付给你！"一把抓住平子的衣襟，要用木棒打他。平子很有力气，挣扎着脱了身，跳过窗子逃走了。

陆迈止苏峻放火

原文

苏峻东征沈充，请吏部郎陆迈与俱。将至吴，密敕左右，令入阊门放火以示威。陆知其意，谓峻曰："吴治平未久，必将有乱；若为乱阶，请从我家始。"峻遂止。

译文

苏峻东进征讨沈充，请吏部郎陆迈一道前往。将到吴县时，苏峻秘密命令左右亲信，让他们进入阊门放火以显示威风。陆迈知道苏峻的用意，对他说："吴地太平无事不长时间，这样做肯定会发生祸乱；如果一定要制造祸乱的话，请从我家里开始。"苏峻这才停止放火。

莫倾人栋梁

原文

陆玩[1]拜司空，有人诣之，索美酒，得，便自起泻置梁柱间地，祝[2]曰："当今乏才，以尔为柱石之用，莫倾人栋梁。"玩笑曰："戢[3]卿良箴。"

注释

①陆玩：字士瑶，东晋吴郡人，江南世族的代表人物。曾官侍中、司空等。

②祝：祷告。

③戢：收藏。箴：箴言。

译文

陆玩就任司空，有人到他那里去，要了一杯美酒，拿到后便站起身来，把酒倒在梁柱旁边的地上，祝愿说："如今缺乏大才，让你担负了柱石的重任，不要倒坍了人家的栋梁。"陆玩笑着说："我一定把你美好的告诫牢记在心间。"

远公执经讽诵

原文

远公[1]在庐山中，虽老，讲论不辍[2]。弟子中或有堕者，远公曰："桑榆之光[3]，理无远照，但愿朝阳之晖，与时并明耳。"执经登坐，讽诵朗畅，词色甚苦[4]，高足之徒，皆肃然增敬。

注释

①远公：慧远。

②不辍：不停止。

③桑榆之光：黄昏时斜照在桑树、榆树上的日光。

④苦：诚恳。

译文

远公在庐山时，虽然年岁已高，但依然讲论佛经，不肯停歇。门徒中有人神情懈怠，远公便说："人老了，有如日暮时的阳光，按理已经无法照到远处；只希望你们年轻人有如早晨的太阳，随时光的推移而越发明亮。"说完又手拿经卷登上讲坛，背诵朗读，声音清亮流畅，言辞神色极为恳至，那些高才的门徒都不觉肃然起敬。

桓道恭谏桓南郡

原文

桓南郡好猎，每田狩，车骑甚盛，五六十里中，旌旗蔽隰，骋良马，驰击若飞，双甄所指，不避陵壑。或行陈不整，磨兔腾逸，参佐无不被系束。桓道恭，玄之族也，时为贼曹参军，颇敢直言。常自带绛绵绳著腰中，玄问："此何为？"答曰："公猎，好缚人士，会当被缚，手不能堪芒也。"玄自此小差。

译文

桓南郡爱好打猎，每次外出狩猎，车马随从很多，五六十里范围内，旌旗遍布原野，骏马驰骋，追击如飞，左右两翼队伍所到之处，不避山陵沟壑。倘或队伍行列不整齐，让獐子野兔逃跑了，僚属便要被捆绑起来。桓道恭，与桓玄是同族之人，当时任贼曹参军，敢于实话实说。常常自己带上绛色的丝绵绳系在腰间，桓玄问："带这个做什么？"他回答说："您打猎时喜欢捆绑人，我也总有被捆绑的时候，我的手受不了那绳子上的芒刺啊。"桓玄从此以后才稍稍有所收敛。

捷悟第十一

杨修令坏相国门

杨德祖[1]为魏武主簿，时作相国门，始构榱桷[2]，魏武自出看，使人题门作"活"字，便去。杨见，即令坏[3]之。既竟，曰："'门'中'活'，'阔'字，王正嫌门大也。"

①杨德祖：杨修，字德祖，东汉末弘农（今陕西华阴）人。才思敏捷，聪明好学。曾任曹操主簿，后遭忌被杀。

②榱桷：屋檐。

③坏：毁坏，拆掉。

杨德祖任魏武帝的主簿，当时正在修建相国府的大门，刚刚架上椽子时，魏武帝亲自出来察看，让人在门上题写了一个"活"字，随即走了。杨见到后，立即让人把门拆毁，拆完之后，说："'门'字中一个'活'，是'阔'字，魏王正是嫌门太大了。"

杨修啖酪

人饷[1]魏武一杯酪，魏武啖[2]少许，盖头上题"合"字以示众，众莫能解。次至杨修，修便啖，曰："公教人啖一口也，复何疑！"

①饷：馈赠。

②啖：吃。

译 文

有人送给魏武帝一杯乳酪，魏武帝吃了一点儿，在盖子上头写了一个"合"字拿给大家看，众人中没有谁能理解他的用意。依次轮到杨修，他接过来便吃，说："曹公教每人吃一口，还有什么好犹豫的呢？"

魏武帝过曹娥碑下

原 文

魏武尝过曹娥碑①下，杨修从。碑背上见题作"黄绢幼妇，外孙齑臼"八字，魏武谓修曰："解不？"答曰："解。"魏武曰："卿未可言，待我思之。"行三十里，魏武乃曰："吾已得。"令修别记所知。修曰："黄绢，色丝也，于字为'绝'；幼妇，少女也，于字为'妙'；外孙，女子也，于字为'好'；齑臼②，受辛也，于字为'辞'：所谓'绝妙好辞'也。"魏武亦记之，与修同，乃叹曰："我才不及卿，乃觉③三十里。"

注 释

①曹娥碑：曹娥，东汉浙江上虞人。其父溺江，曹娥为寻父投江而死。后人立碑以表彰曹娥孝道。

②齑臼：用来舂菜的工具。

③觉：同"较"，意为相差。

译 文

魏武帝曾经从曹娥碑下经过，杨修跟随着，碑的背面题写了"黄绢、幼妇、外孙、齑臼"八个字。魏武帝对杨修说："你懂不懂得它的含义？"

杨修回答说："懂得。"魏武帝说："你不要讲出来，让我想想看。"走了三十里路，魏武帝才说："我也已经懂得了。"于是让杨修另外记下他所理解的意思。杨修记道："黄绢，是有色之丝。在字当中是一个'绝'字；幼妇，是年少女子，在字当中是一个'妙'字；外孙，是女儿之子，在字当中是一个'好'字；齑臼，是受辛之器，在字当中是一个'辞（辤）'字：合起来就是'绝妙好辞'的意思呀。"魏武帝也记下了这八个字的含义，与杨修所记相同，于是他感叹地说："我的才思比不上你，竟然相差三十里。"

郗嘉宾更作笺

原　文

郗司空在北府，桓宣武恶其居兵权。郗于事机素暗，遣笺诣桓，方欲共奖王室，修复园陵。世子嘉宾出行，于道上闻信至，急取笺，视竟，寸寸毁裂，便回还更作笺，自陈老病，不堪人闲，欲乞闲地自养。宣武得笺大喜，即诏转公督五郡、会稽太守。

译　文

郗司空驻兵在京口，桓宣武很讨厌他掌握着军事实权。郗对于事情发展的迹象一贯不很清醒，写了一封书信给桓，其中说："正要共同辅佐朝廷，恢复晋室山河。"郗的儿子郗嘉宾适逢外出，在路上听说使者到了，赶忙取过书信来，看完后，一寸寸地把它撕毁，随即回去代父亲重新写了一封书信，陈述自己年老多病，不能担任重职，希望求得一块闲散之地养老。桓宣武收到书信后非常高兴，立即下令升任郗都督五郡军事，兼任会稽太守。

夙惠第十二

何氏之庐

原 文

何晏七岁,明惠若神,魏武
奇爱之,因晏在宫内,欲以为子。
晏乃画地令方,自处其中。人问其
故,答曰:"何氏之庐也。"魏武知
之,即遣还。

译 文

何晏七岁时,出奇的聪明,
魏武帝特别喜爱他,由于何晏住在
王宫中,所以想收他做自己的儿
子。何晏便在地上画了一块方格,
自己待在当中。有人问他为什么这
样做,他回答说:"这是何家的房屋。"魏武帝知道这件事后,随即把他打
发出了王宫。

晋明帝两答父问

原 文

晋明帝数岁,坐元帝膝上。有人从长安来,元帝问洛下消息,潸然流

涕。明帝问何以致泣，具以东渡意告之。因谓明帝："汝意谓长安何如日远？"答曰："日远。不闻人从日边来，居然可知。"元帝异之。明日，集群臣宴会，告以此意，更重问之。乃答曰："日近。"元帝失色，曰："尔何故异昨日之言邪？"答曰："举目见日，不见长安。"

译 文

晋明帝才只有几岁时，坐在元帝膝头上。有人从长安来，元帝问到洛阳的消息，不由得流下了眼泪。明帝问他为什么要哭，元帝便把自己东渡长江而来的意向全都告诉了他。接着问明帝："你认为长安同太阳相比，哪一个更远呢？"明帝回答说："太阳远。没听说有人从太阳那边来，这就显然可知。"元帝感到很惊异。第二天，元帝召集部属举行宴会，把明帝所说的意思告诉大家，然后又重新问明帝。明帝却回答说："太阳近。"元帝惊愕失色，说："你为什么同昨天说的话不同呢？"明帝回答说："抬头只能看见太阳，却看不见长安。"

豪爽第十三

王处仲击唾壶

原　文

王处仲每酒后，辄咏"老骥伏枥，志在千里。烈士暮年，壮心不已"。以如意打唾壶，壶口尽缺。

译　文

王处仲每次饮酒之后，总要吟咏"老了的骏马虽然伏在马厩之中，但是它的志向却还是日行千里；有志之士虽然到了晚年，但是他的雄心依旧没有止息。"一边吟咏，一边用如意击唾壶为节，将唾壶口全都敲坏了。

祖车骑传语阿黑

原　文

王大将军始欲下都，处分树置，先遣参军告朝廷，讽旨时贤。祖车骑尚未镇寿春，嗔目厉声语使人曰："卿语阿黑：何敢不逊！催摄面去，须臾不尔，我将三千兵槊脚令上！"王闻之而止。

译　文

王大将军起先想来京都，对朝中的政务人事重新作一番安排处置，他先派遣参军报告朝廷，同时又向当时的贤达名流透露了这个意思。祖车骑这时还没有去镇守寿春，他怒目高声地对使者说："你回去告诉阿黑，怎敢这样不恭顺！叫他赶快集合部队掉头回去，只要稍有迟疑不这样做，我马上就率领三千士兵用长矛戳他的脚要他回去。"王敦听到这话便停止了东进。

桓石虔救桓冲

桓石虔①，司空豁之长庶也，小字镇恶，年十七八，未被举，而童隶已呼为镇恶郎。尝住宣武斋头。从征枋头，车骑冲没陈②，左右莫能先救。宣武谓曰："汝叔落贼，汝知不？"石虔闻之，气甚奋③，命朱辟为副，策马于数万众中，莫有抗者，径致冲还，三军叹服。河朔后以其名断疟④。

①桓石虔：桓温的侄子。东晋人。曾官豫州刺史。

②没陈：陷于敌阵。陈，同"阵"。

③奋：奋发。

④断疟：禁断疟鬼。旧时认为疟疾因鬼而起，鬼怕勇士，呼其名可吓鬼。

桓石虔，是司空桓豁的庶长子，小名镇恶。十七八岁时，尚未被举荐为吏，但是家中的奴仆已经称呼他为"镇恶郎"了。他曾经在桓宣武的府上闲住，又跟随宣武北征后燕来到枋头。当时车骑将军桓冲陷入敌阵之中，左右将领没有一个人能抢先把他救出来。宣武对石虔说："你叔叔落入敌寇之手，你知道不知道？"石虔听说后，情绪十分激昂，当即命令朱辟担任副将，在数万敌军之中策马冲锋，敌军无人敢于抵抗，径直把桓冲救了回来，全军上下都十分赞赏佩服。黄河以北地区后来竟用他的名字来断绝疟疾。

容止第十四

床头捉刀人

原文

魏武①将见匈奴使，自以形陋，不足雄②远国，使崔季珪代，帝自捉刀立床头。既毕，令间谍问曰："魏王何如？"匈奴使答曰："魏王雅望③非常；然床头捉刀人，此乃英雄也。"魏武闻之，追杀此使。

注释

①魏武：曹操。

②雄：称雄、震慑。

③雅望：气度。

译文

魏武帝将接见匈奴的使者，自以为相貌丑陋，不足以震慑远方外族，便让崔季珪作为替身，他自己则握刀站立在坐榻旁边。接见完毕后，他派打探消息的人去问匈奴使者："魏王这个人怎么样？"匈奴使者回答说："魏王高雅的神态不同寻常，但是坐榻旁边握刀的人，这才是英雄啊。"魏武帝听后，派人赶去杀掉了这名使者。

何平叔面至白

原文

何平叔美姿仪，面至白。魏明帝疑其傅粉，正夏月，与热汤饼。既啖，大汗出，以朱衣自拭，色转皎然。

86

译文

何平叔姿态仪容十分美丽，面色极为白皙。魏明帝怀疑他脸上搽了粉，正当夏季时节，给他热汤饼吃。何平叔吃完之后，出了一脸大汗，他用大红色的衣服揩拭，脸色变得更加光亮。

嵇康风姿特秀

原文

嵇康身长七尺八寸，风姿特秀。见者叹曰："萧萧肃肃，爽朗清举。"或云："肃肃如松下风，高而徐引。"山公曰："嵇叔夜之为人也，岩岩若孤松之独立；其醉也，傀俄若玉山之将崩。"

译文

嵇康身高七尺八寸，风采异常秀美。见过他的人都赞叹说："风姿潇洒，清朗而挺拔。"还有的人说："潇洒得像是松树下的风，清高而又绵长。"山公说："嵇叔夜的为人，高峻得像是超群绝伦的孤松；他的醉态，又倾颓得像是玉山将要崩塌。"

潘岳出洛阳道

原文

潘岳妙有姿容，好神情①。少时挟弹出洛阳道，妇人遇者，莫不连手共萦②之。左太冲③绝丑，亦复效岳游邀，于是群妪齐共乱唾之，委顿而返。

注释

①神情：气质，风度。

②萦：萦绕，围绕。

③左太冲：左思。

译文

潘岳有美妙的姿态容貌，又十分精神。年轻时，夹着弹弓出入在洛阳的街头，妇女们遇见他，无不手拉手地围住他。左太冲容貌极为丑陋，也仿效潘岳在大街上游荡，于是成群的妇女一道向他吐口水，弄得他狼狈地跑回家去。

鹤在鸡群

原文

有人语王戎曰："嵇延祖①卓卓如野鹤之在鸡群。"答曰："君未见其父耳。"

注释

①嵇延祖：嵇绍。嵇康之子。

译文

有人对王戎说："嵇延祖出类拔萃的样子，好像野鹤立于鸡群之中。"王戎回答说："您还没有见过他的父亲呢！"

刘伶土木形骸

原文

刘伶①身长六尺，貌甚丑悴②，而悠悠忽忽，土木形骸。

88

注释

①刘伶：西晋人，字伯伦。达观洒脱，无视礼法。"竹林七贤"之一
②丑悴：丑陋憔悴弱。

译文

刘伶身高六尺，相貌很丑陋，面容憔悴，但是他放浪自适，把形体看作土木一样，不当一回事。

看杀卫玠

原文

卫玠从豫章至下都，人久闻其名，观者如堵墙。玠先有羸疾，体不堪劳，遂成病而死。时人谓看杀卫玠。

译文

卫玠从豫章来到建邺，人们很早就听说过他的声名，围观的人像墙壁一样密不透风。卫玠起先就疲弱有病，身体经受不住这样的劳累，于是病重而死。当时的人都说卫玠是被看杀的。

唯丘壑独存

原文

庾太尉①在武昌，秋夜气佳景清，使吏殷浩、王胡之之徒登南楼理咏②，音调始遒③，闻函道中有屐声甚厉，定是庾公。俄而④率左右十许人步来，诸贤欲起避之，公徐云："诸君少住，老子于此处兴复不浅。"因便据胡床⑤与诸人咏谑，竟坐甚得任乐⑥。后王逸少下，与丞相言及此事。丞相曰："元规尔时风范，不得不小颓。"右军答曰："唯丘壑⑦独存。"

注 释

①庾太尉：庾亮。

②理咏：吟咏诗歌。

③道：强健，有力。

④俄而：不久。

⑤胡床：一种轻便的坐具。

⑥竟坐：满座。

⑦丘壑：志趣。

译 文

庾太尉在武昌时，秋夜里天气美好，景色清新，像属殷浩、王胡之同门徒登上南楼清谈吟咏，正当调子转向强劲时，听到楼梯上传来很响的木屐声，一定是庾公来了。不一会儿，庾公带领着十多位侍从走上来，各位属员想起身避开。庾公慢悠悠地说："诸君稍留，我对这些东西也很有兴致！"于是便倚在胡床上同众人吟咏嬉笑，一直到散去都玩得很尽兴。后来王逸少到京都，对丞相王导说到这件事，丞相说："庾元规这时的风度不能不稍有衰颓吧。"王右军回答说："只是那心系山水的超然志向依然存于胸间。"

恨不见杜弘治

原 文

王右军见杜弘治①，叹曰："面如凝脂，眼如点漆，此神仙中人。"时人有称王长史形者，蔡公②曰："恨诸人不见杜弘治耳。"

注 释

①杜弘治：杜乂。

②蔡公：蔡谟，字道明，东晋人。曾官徐州刺史、光禄大夫。

译文

王右军见到杜弘治，赞叹说："面容洁白细腻得像是凝冻的油脂，眼睛乌黑明亮得像是点上了黑漆，这真是神仙中的人啊。"当时有人称赞王长史的形貌美丽，蔡公说："遗憾的是这些人没见过杜弘治啊。"

一异人在门

原文

王长史尝病，亲疏不通。林公来，守门人遽启之曰："一异人在门，不敢不启。"王笑曰："此必林公。"

译文

王长史有一次生病，来客无论亲疏近远都不让通报。林公来了，守门的人赶快向他禀告："有一位怪异的人在门外，不敢不禀告。"王长史笑着说："这一定是林公。"

北窗下弹琵琶

原文

或以方①谢仁祖，不乃重者，桓大司马曰："诸君莫轻道仁祖，企脚北窗下弹琵琶，故自有天际真人想。"

注释

①方：比拟，评价。

译文

有人用谢仁祖作比而不那么看重他，桓大司马说："各位不要轻蔑地说到谢仁祖，他在北窗下踮着脚弹琵琶，确实使人生起天上仙人的想法。"

王敬和叹王长史

原文

王长史为中书郎，往敬和①许。尔时积雪，长史从门外下车，步入尚书②，著公服，敬和遥望叹曰："此不复似世中人！"

注释

①敬和：王洽，字敬和。王导之子。

②尚书：尚书省的官署。

译文

王长史担任中书郎时，到王敬和那里去。这时地上堆满和积雪，长史从门外下车，走入尚书省大门。王敬和远远地望去，赞叹地说："这人真不像是尘世间的人！"

濯濯如春月柳

原文

有人叹王恭形茂者，云："濯濯如春月柳。"

译文

有人赞叹王恭的形体俊美，说："清朗而又明净，真像是春天里的柳枝。"

自新第十五

周处除三害

原 文

周处①年少时,凶强侠气,为乡里所患,又义兴水中有蛟,山中有邅迹虎②,并皆暴犯百姓,义兴人谓为"三横",而处尤剧。或说处杀虎斩蛟,实冀③三横唯余其一。处即刺杀虎,又入水击蛟,蛟或浮或没,行数十里,处与之俱,经三日三夜,乡里皆谓已死,更相④庆。竟杀蛟而出。闻里人相庆,始知为人情所患,有自改意。乃自吴寻二陆⑤,平原不在,正见清河,具以情告,并云欲自修改而年已蹉跎,终无所成。清河曰:"古人贵朝闻夕死⑥,况君前途尚可。且人患志之不立,亦何忧令名不彰邪?"处遂改励,终为忠臣孝子。

注 释

①周处:西晋人。少时行为不检点,受人责备,后知耻而学。曾官新平太守、御史中丞。

②邅迹虎:跛足虎。

③冀:希望。

④更相:交相,互相。

⑤二陆:即陆机和陆云。

⑥朝闻夕死:语出《论语·里仁》:"朝闻道,夕死可矣。"

译 文

周处年轻时,为人凶横任气,同乡的人都很惧怕他;另外义兴郡的河中有条蛟龙，山里有一头邅迹虎，一起都来危害百姓，义兴人称为三害，而周处的危害最大。有人劝说周处去杀虎斩蛟，其实是希望三害只剩下一害。周处随即去刺杀了老虎，又下河去斩蛟，那条蛟时浮时沉，游了数十里，周处始终同它一起搏斗，持续了三天三夜，同乡的人都认为他与蛟一道死了，相互庆贺。没想到他竟然杀死蛟而从河中冒了出来。周处听说大家相互庆贺，才知道自己被大家所厌恶，于是有了悔改的心意。他便到吴郡去寻找陆氏兄弟，陆平原不在，只见到了陆清河，周处便把事情的经过都告诉了他，同时说自己想改正过错，只是已经虚度了光阴，最终怕也不会有什么成就。陆清河说："古人很看重'朝闻夕死'，况且您的前途还很有希望。再说一个人只怕不能立定志向，又何必担忧美名得不到传扬呢？"周处便改过自勉，最终成了忠臣孝子。

企羡第十六

王右军有欣色

原文

王右军得①人以《兰亭集序》方《金谷诗序》，又以己敌石崇，甚有欣色。

注释

①得：知道。方：比作。

译文

王右军听说有人把他的《兰亭集序》比作《金谷诗序》，又把他同石崇匹敌，神色十分欣喜。

孟昶篱间窥王恭

原文

孟昶①未达时，家在京口。尝②见王恭乘高舆，被鹤氅裘。于时微雪，昶于篱间窥③之，叹曰："此真神仙中人！"

注释

①孟昶：东晋时人。官至吏部尚书。

②尝：曾经。

③窥：偷看。

译 文

孟昶尚未发迹时，家住在京口。他曾看见王恭乘坐着高大的轿子，身上披着鹤氅裘；当时天正下着小雪，孟昶从竹篱笆缝隙间窥视他，赞美说："这真是神仙中的人啊！"

伤逝第十七

魏文帝作驴鸣

原文

王仲宣①好驴鸣。既葬，文帝②临其丧，顾③语同游曰："王好驴鸣，可各作一声以送之。"赴客皆一作驴鸣。

注释

①王仲宣：王粲，字仲宣，汉末山阳高平（今山东邹城市）人。善诗赋，性洒脱。"建安七子"之一。

②文帝：魏文帝曹丕。

③顾：回头看。

译文

王仲宣爱听驴子叫，死后安葬完毕，魏文帝去吊丧时，回头对同行的人说："王爱听驴子叫，每人可以学叫一声来送别他。"于是去吊丧的客人都学了一声驴子叫。

山简省王戎

原文

王戎丧儿万子，山简往省①之，王悲不自胜。简曰："孩抱中物，何至于此！"王曰："圣人忘情，最下不及情。情之所钟②，正在我辈。"简服其言，更为之恸。

注释

①省：看望。

②钟：集中，聚集。

译文

王戎死了幼子万子，山简前去看望他，王戎悲哀得无法自制。山简说："只不过是抱在怀中的小东西，哪至于伤心成这样呢？"王戎说："最上等的圣人忘掉了情爱，最下等的众人谈不上什么情爱；最能集中集情爱的，正在我们这些人身上。"山简信从了他的话，越发为此感到悲痛。

张季鹰鼓琴

原文

顾彦先①平生好琴，及丧，家人常以琴置灵床上。张季鹰往哭之，不胜其恸，遂径②上床，鼓琴作数曲，竟，抚琴曰："顾彦先颇复赏此不？"因又大恸，遂不执③孝子手而出。

注释

①顾彦先：顾荣，字彦先。晋时人。与陆机、陆云同号为"三俊"。

②径：径直，直接。

③执：握。

译文

顾彦先平素爱好弹琴，死后，家里的人经常把琴放在他的灵座上。张季鹰去哭吊他时，忍受不住内心的悲痛，便径直坐到灵座上，弹完几支曲子之后，拍着琴说："顾彦先还能再稍稍欣赏一下这曲子么？"于是又大哭起来，不握一下孝子的手便走了。

埋玉树著土中

原文

庾文康亡，何扬州临葬，云："埋玉树著土中，使人情何能已已！"

译文

庾文康死时，何扬州去参加葬礼，说："真像是把玉树埋进了泥土之中，让人们惋惜的心情怎么能够休止呢！"

以麈尾枢中

原文

王长史病笃，寝卧灯下，转麈尾视之，叹曰："如此人，曾不得四十！"及亡，刘尹临殡，以犀柄麈尾枢中，因恸绝。

译文

王长史病重，躺在灯下，转动麈尾仔细端详，感叹地说："像我这样的人，竟然活不到四十岁！"死后，刘尹去参加他的殡礼，把犀牛角柄的麈尾放在他的棺材里，随即悲痛得昏倒过去。

王子猷奔丧

原文

王子猷①、子敬俱病笃，而子敬先亡。子猷问左右："何以都不闻消息？此已丧矣。"语时了不悲。便索舆来奔丧，都不哭。子敬②素好琴，便径入坐灵床上，取子敬琴弹，弦既不调，掷地云："子敬，子敬，人琴俱亡！"因恸绝良久。月余亦卒。

少年读世说新语

注释

①王子猷：王徽之，字子猷。曾官黄门侍郎。

②子敬：王献之。素：平常。

译文

王子猷、王子敬都病得很重，而子敬先死去。子猷问身边的人："为什么一点点子敬的消息也听不到？这说明他已经死了！"说这话时全然没有悲伤的神色。于是要了一辆车子赶去奔丧，连一声也没有哭。子敬平素爱好弹琴，子猷也就径直进去坐在灵座上，拿过子敬的琴来弹奏，琴音无法和谐，他把琴扔到地下说："子敬，子敬，人与琴一道死去啦！"随即悲痛得晕倒很长时间，过了一个多月也死去了。

栖逸第十八

嵇康与孙登游

原文

嵇康游于汲郡山中，遇道士孙登，遂与之游。康临去，登曰："君才则高矣，保身之道不足。"

译文

嵇康在汲郡山中漫游，遇见了隐士孙登，便同他交往游乐。嵇康临别时，孙登说："您的才能是很高了，只是保全自身的办法不够。"

嵇康告绝山公

原文

山公将去选曹，欲举嵇康，康与书告绝。

译文

山公将要离开选录官吏的衙门，想推荐嵇康接替，嵇康便写信同他绝交。

翟不与周语

原文

南阳翟道渊与汝南周子南少相友，共隐于寻阳。庾太尉说周以当世之

101

务，周遂仕。翟秉志弥固。其后周诣翟，翟不与语。

译文

南阳翟道渊与汝南周子南年轻时很友好，共同隐居在寻阳。庾太尉用当世的政务劝说周，周便出来当了官，翟道渊则固守自己的志向。后来周子南去看翟道渊，翟不与他说话。

康僧渊立精舍

原文

康僧渊①在豫章，去郭数十里立精舍②，旁连岭，带长川，芳林列于轩庭，清流激于堂宇。乃闲居研讲，希③心理味。庾公诸人多往看之，观其运用吐纳，风流转佳。加已处之怡然，亦有以自得，声名乃兴。后不堪④，遂出。

注释

①康僧渊：东晋时高僧。

②精舍：修行的房舍。

③希：专心。

④不堪：不能忍受。

译文

康僧渊在豫章时，离城数十里建造了一处精致的住所，屋旁连接着山岭，四周环绕着河流，庭院前花木成林，堂檐下清泉腾涌。他便在这里独自钻研讲习，静心体会，庾公等人常去看望。见他运用吐纳之术，仪表风度越来越美。加上他在这里安然自适，也有由此怡然自得之处，由此声名大振。后来他因为不能忍受外来的烦扰，便离开了那里。

郗超办百万资

原 文

郗超每闻欲高尚隐退者，辄为办百万资，并为造立居宇。在剡，为戴公起宅，甚精整。戴始往旧居，与所亲书曰："近至剡，如官舍。"郗为傅约亦办百万资，傅隐事差互，故不果遗。

译 文

郗超每次听到有行为高洁想要隐居的人，总是给他备齐百万钱财，并为他建造房舍。在剡县时曾为戴公盖了住宅，十分精致整齐。戴公刚去住时，在给亲近者的信中说："最近到了剡县，如同进了官府一样。"郗超为傅约也准备了百万钱财，傅去隐居之事一再拖延而未成，所以才没有赠送得成。

贤媛第十九

王明君出汉宫

原文

汉元帝宫人既多，乃令画工图①之，欲有呼者，辄②披图召之。其中常者，皆行货赂。王明君③姿容甚丽，志不苟④求，工遂毁为其状。后匈奴来和，求美女于汉帝，帝以明君充行。既召，见而惜之，但名字已去，不欲中改，于是遂行。

注释

①图：画。

②辄：就，往往。

③王明君：王嫱，字昭君。晋时人们避司马昭讳，改作"明君"。汉元帝的宫女，与匈奴和亲时嫁给匈奴单于。

④苟：苟且。

译文

汉元帝的宫女增多之后，便命令画工画下她们的形貌，想要呼唤谁时，就翻看画像来召见她们。宫女中相貌平常的人，都去向画工行贿赂。王昭君姿态容貌很俏丽，立志不向画工苟且求情，画工便故意把她画得很丑。后来匈奴来和亲，向汉朝皇帝求美女，元帝就以王昭君充数前往。召见之后，元帝见昭君艳丽绝色，舍不得她，但名字已经送出，又不能中途改变，昭君也就出发了。

班婕妤辩诬

原文

汉成帝幸①赵飞燕,飞燕谗班婕妤②祝诅,于是考问,辞曰:"妾闻死生有命,富贵在天。修善尚不蒙福,为邪欲以何望?若鬼神有知,不受邪佞之诉;若其无知,诉之何益?故不为也。"

注释

①幸:宠幸,宠爱。赵飞燕:原为歌伎,因体态轻盈善舞而被称为"飞燕",后入宫受到汉成帝宠幸,成帝死后尊之为皇后。

②班婕妤:西汉班彪之姑,先受成帝宠幸,后因赵飞燕而失宠。祝诅:祷告鬼神降灾于仇人。

译文

汉成帝宠幸赵飞燕,飞燕诬告班婕妤向鬼神诅咒成帝,因此拷问她。班婕妤的供辞说:"我听说死与生取决于命运,富与贵听从上天安排。行善尚且不能得到保佑,作恶又能指望得到什么呢?如果鬼神有灵性的话,就不会接受邪恶之人的诽谤;如果鬼神没有灵性的话,向它倾诉又有什么用处呢?所以我是不会这样做的。"

许允妇捉夫裾

原文

许允①妇是阮卫尉女,德如妹,奇丑。交礼②竟,允无复入理③,家人深以为忧。会允有客至,妇令婢视之,还答曰:"是桓郎。"桓郎者,桓范也。妇云:"无忧,桓必劝入。"桓果语许云:"阮家既嫁丑女与卿,故当有意,卿宜察之。"许便回入内,既见妇,即欲出。妇料其此出无复入理,便捉裾④停之。许因谓曰："妇有四德，卿有其几？"妇曰："新妇所乏唯容⑤尔。然士有百行，君有几？"许云："皆备。"妇曰："夫百行以德为首。君好色不好德，何谓皆备？"允有惭色，遂相敬重。

注 释

①许允：字士宗，三国时人。曾官侍中、尚书等。

②交礼：成婚时夫妻之间的礼节。

③入理：进入洞房时的礼节。

④捉裾：抓住衣服。

⑤容：容貌。

译 文

　　许允的妻子是阮卫尉的女儿，阮德如的妹妹，长得特别丑陋。婚礼结束后，许允已不再有进入洞房的可能，家中人深深为此忧虑。恰巧这时许允来了客人，妻子叫侍女去看看是谁，侍女回来禀告："是桓公子。"桓公子就是桓范。妻子说："不必担心了，桓公子一定会劝他进来的。"桓范果然对许允说："阮家既然把丑女儿嫁给你，肯定是有用意的，你应当细心体察。"许允便回到卧室，见到妻子后，马上又想出去。妻子料想他这次出去一定不可能再进来，就拉住他的衣襟要他停下。许允于是对她说："妇人应该有四德，你有其中几条呢？"妻子说："我所缺少的只是容貌。但是士人应该有各种各样的好品行，您又有几条呢？"许允说："我全都具备。"妻子说："各种好品行中以德行为首，您爱好女色而不爱好德行，怎么能说都具备呢？"许允面有惭愧之色，从此两人便相互敬重了。

许允妇教子免祸

原 文

　　许允为晋景王所诛，门生走入告其妇。妇正在机中，神色不变，曰："蚤知尔耳。"门人欲藏其儿，妇曰："无豫诸儿事。"后徙居墓所，景王遣钟会看之，若才流及父，当收。儿以咨母，母曰："汝等虽佳，才具不多，率胸怀与语，便无所忧；不须极哀，会止便止；又可少问朝事。"儿从之。会反，以状对，卒免。

译 文

许允被晋景王杀害，门客跑入内宅告诉许允的妻子。许允的妻子正在机上纺织，神色没有改变，说："早就知道会这样的。"门客想把许允的儿子藏匿起来，她说："不关孩子们的事情。"后来迁移到许允的墓地居住，晋景王派钟会去察看许允的儿子，如果才能传布赶得上他们父亲的话，便要逮捕。孩子们向母亲求教，母亲说："你们几个虽然都很好，但是才能并不高，只要袒开心胸同他谈话，就不会有什么可忧虑的事；也不要十分哀痛，该停便停；还应当少问朝中的事情。"孩子们照她的话办了。钟会回去后，把情况报告晋景王，许允的儿子终于避免了灾祸。

诸葛诞女答夫

原 文

王公渊①娶诸葛诞女，入室，言语始交，王谓妇曰："新妇神色卑下，殊不似公休②。"妇曰："大丈夫不能仿佛彦云③，而令妇人比踪英杰！"

注 释

①王公渊：王广，三国魏人。有才学，负盛名。曾官尚书。

②公休：诸葛诞。

③彦云：王广的父亲王凌，字彦云。

译 文

王公渊娶诸葛诞的女儿为妻，进入卧室，刚开始交谈，王便对妻子说："你的神情卑微而低下，很不像你的父亲公休！"妻子说："作为男子汉不能学您父亲彦云的样，却要求妇道人家去同英雄豪杰媲美！"

陶公母湛氏

原文

陶公少有大志，家酷贫，与母湛氏同居。同郡范逵素知名，举孝廉，投侃宿。于时冰雪积日，侃室如悬磬，而逵马仆甚多。侃母湛氏语侃曰："汝但出外留客，吾自为计。"湛头发委地，下为二髦，卖得数斛米。斫诸屋柱，悉割半为薪。剉诸荐以为马草。日夕，遂设精食，从者皆无所乏。逵既叹其才辩，又深愧其厚意。明旦去，侃追送不已，且百里许，逵曰："路已远，君宜还。"侃犹不返。逵曰："卿可去矣。至洛阳，当相为美谈。"侃乃返。逵及洛，遂称之于羊晫、顾荣诸人。大获美誉。

译文

陶公年轻时就有远大的志向。他家中极为贫困，同母亲湛氏住在一起。距他家不远的范逵一向很有声名，被选拔为孝廉，有一次他路过陶侃家投宿。当时连日冰雪，陶侃家一无所有，但范逵的马匹随从很多。陶母湛氏对陶侃说："你只管去把客人留下，我自当设法招待。"湛氏的头发长得拖到地上，剪下做成两段假发，卖去后买了几斛米，又砍下家中几根屋柱，全都劈开来当柴烧，还将坐卧用的草垫铡碎作为马料。到傍晚时分，便准备好了精美的食物，范逵的随从也都供应充分。范逵既赞叹陶侃的才干口才，又对他深厚的情意感到过意不去。第二天早晨离去时，陶侃追随相送不肯离去，送了将近一百里路。范逵说："送得很远了，您应该回去了。"陶侃仍然不肯返回。范逵说："你可以回去了。到洛阳之后，我一定替你美言扬名。"陶侃这才返回。范逵到洛阳后，向羊晫、顾荣等人极力赞扬陶侃，陶侃于是获得了极好的声名。

桓车骑著新衣

原文

桓车骑不好著新衣，浴后，妇故送新衣与。车骑大怒，催使持去。妇更持还，传语云："衣不经新，何由而故？"桓公大笑，著之。

译文

桓车骑不喜爱穿新衣服，洗过澡后，妻子特意送了新衣服给他换。车骑十分生气，催促着让人拿走。妻子又让人拿回来，并且告诉他："衣服不经过新的，又怎么会变成旧的呢？"桓公哈哈大笑，穿上了新衣服。

谢夫人大薄凝之

原文

王凝之谢夫人既往王氏，大薄凝之。既还谢家，意大不说。太傅慰释之曰："王郎，逸少之子，人身亦不恶，汝何以恨乃尔？"答曰："一门叔父，则有阿大、中郎；群从兄弟，则有封、胡、遏、末。不意天壤之中，乃有王郎！"

译文

王凝之夫人谢道韫嫁到王家之后，十分看不起凝之。回娘家来时，内心极不高兴。谢太傅宽慰她说："王公子是逸少的儿子，人品才能也不差，你为什么这样不满意呢？"道韫回答说："我们谢家伯父叔父之中，有阿大、中郎这样的人物；堂兄堂弟之中，又有封、胡、遏、末这样的人才，没想到天地之间，竟还有王公子这样的人！"

王夫人与顾家妇

原文

谢遏①绝重其姊。张玄常称其妹，欲以敌②之。有济尼者，并游张、谢二家，人问其优劣，答曰："王夫人神情散朗，故有林下风气；顾家妇清心玉映③，自是闺房之秀。"

注释

①谢遏：谢玄。

②敌：相比，抗衡。

③清心玉映：冰清玉洁，光彩照人。

译文

谢遏极为推重自己的姐姐；张玄常常称赞自己的妹妹，想以此来同他媲美。有一个法号济的尼姑对张、谢两家都有交往，有人问到她两位夫人的高下，回答说："王夫人神情潇洒开朗，确有竹林名士的风度；顾夫人心灵莹洁润泽，真是一位大家闺秀。"

眼耳关于神明

原文

王尚书惠尝看王右军夫人，问："眼耳未觉恶不？"答曰："发白齿落，属乎形骸；至于眼耳，关于神明，那可便与人隔？"

译文

尚书王惠曾去看望王右军夫人，问她："您眼睛耳朵没觉得不管用吧？"王夫人回答说："头发转白，牙齿脱落，这只是形体上的事；至于眼睛耳朵，却关系到人的精神，哪能因此而同人世隔绝呢？"

术解第二十

荀勖伏阮神识

原 文

荀勖①善解音声，时论谓之"暗解"。遂调律吕，正雅乐。每至正会②，殿庭作乐，自调宫商，无不谐韵。阮咸③妙赏，时谓"神解"。每公会作乐，而心谓之不调，既无一言直勖，意忌之，遂出阮为始平太守。后有一田父耕于野，得周时玉尺，便是天下正尺，荀试以校④己所治钟鼓金石丝竹，皆觉短一黍，于是伏阮神识。

注 释

①荀勖：字公曾，西晋时人。精通音律，博学多才。

②正会：农历春节朝廷的聚会。

③阮咸：字仲容，西晋时人。精通音律，不拘礼法。

④校：校核，校正。

译 文

荀勖善于体会音律，世间舆论认为他见多识广。于是他调整音高，校定用于各种隆重场合的正乐。每到元旦集会时，朝廷奏乐，他亲自协调五音，韵律无不和谐顺畅。阮咸的欣赏水平极为精妙，时人都

认为他的领悟能力出神入化。每次集会奏乐时，他心中都认为音律不够协调，从不讲一句肯定荀勖的话。荀勖心中忌恨他，因而把他调任始平太守。后来有一个老农在田野里耕地，得到了一根周代的玉尺，这便是天下的正尺。荀勖试着用它来校正自己定音的各种乐器，律管都要短一粒黍米那么长，于是他也叹服阮咸神妙的见识。

晋明帝问葬

原　文

晋明帝解占冢宅，闻郭璞为人葬，帝微服往看，因问主人："何以葬龙角？此法当灭族。"主人曰："郭云此葬龙耳，不出三年，当致天子。"帝问："为是出天子邪？"答曰："非出天子，能致天子问耳。"

译　文

晋明帝会给坟墓看风水，听说郭璞给一户人家安葬，他便装扮成普通百姓前去观看。看后问主人："为什么埋葬在龙角上？这种做法是要灭族的。"主人说："郭璞讲这是葬在龙耳上，不出三年，就能够招引来天子。"明帝问道："是家中出天子吗？"主人回答说："不是家中出天子，而是能够招引天子来询问这件事。"

郗愔常患腹内恶

原　文

郗愔信道甚精勤，常患腹内恶，诸医不可疗，闻于法开有名，往迎之。既来便脉，云："君侯所患，正是精进太过所致耳。"合一剂汤与之。一服即大下，去数段许纸，如拳大。剖看，乃先所服符也。

译文

郗愔信奉道教非常虔诚勤勉，经常感到肚子里不舒适，许多医生都无法治好，他听说于法开很有名气，便去接了来。于法开来后诊了脉说："您所患的病，正是修行过分造成的。"配了一剂汤药给他。刚服用了马上大泻，拉出了好几段纸团，有拳头那么大小。剖开来一看，竟是先前吞下去的符箓。

殷中军妙解经脉

原文

殷中军妙解经脉，中年都废。有常所给使，忽叩头流血。浩问其故，云："有死事，终不可说。"诘问良久，乃云："小人母年垂百岁，抱疾来久，若蒙官一脉，便有活理，讫就屠戮无恨。"浩感其至性，遂令舁来，为诊脉处方。始服一剂汤便愈。于是悉焚经方。

译文

殷中军精通医术，中年之后全都丢开不用了。他身边有一名经常使唤的仆役，突然跪下连连叩头，以致流血。殷浩问他缘故，说："有关生死的事，但终究不应当讲出来。"再三盘问他，才说："小人的母亲将近百岁了，得病已经很久，假如蒙您给她诊一次脉，就有救活的可能。治好病后，我就是被杀掉也不抱怨。"殷浩被他深厚的孝心所感动，便让抬来，给病人诊脉开了处方。刚刚服下一剂汤药病便痊愈。于是殷浩将其所著的医药方书全部焚毁了。

巧艺第二十一

钟会与荀济北

原 文

钟会是荀济北从舅，二
人情好不协。荀有宝剑，可直
百万，常在母钟夫人许。会善
书，学荀手迹，作书与母取
剑，仍窃去不还。荀勖知是
钟而无由得也，思所以报之。
后钟兄弟以千万起一宅，始
成，甚精丽，未得移住。荀
极善画，乃潜往画钟门堂作
太傅形象，衣冠状貌如平生。
二钟入门，便大感恸，宅遂
空废。

译 文

钟会是荀济北的堂舅，两
人感情不和。荀勖有一把宝
剑，大约值一百万钱，常常放在母亲钟夫人那里。钟会擅长书法，摹仿
荀勖的字迹，写信给他母亲要那把宝剑，于是骗取到手便不再归还。荀
勖知道这事是钟会干的，但却无法要回，就想办法报复他。后来钟氏兄
弟花一千万钱盖了一座住宅，刚刚建成，很精致漂亮，尚未搬过去住。

荀勖极擅长绘画，便偷偷地跑到新宅门堂上画了一幅钟太傅的肖像，衣冠容貌同活着时一样。钟氏兄弟进入大门，见后极度悲痛，这所住宅便一直荒废未用。

戴安道画行像

原文

戴安道中年画行像甚精妙。庚道季看之，语戴云："神明太俗，由卿世情未尽。"戴云："唯务光当免卿此语耳。"

译文

戴安道中年以后画遗像极为逼真。庚道季见到后，对他说："神情画得过于俗气，大概因为你世俗的情恋尚未除尽。"戴安道说："只有务光才能免去你的这番指责。"

谢幼舆在岩石里

原文

顾长康画谢幼舆在岩石里。人问其所以，顾曰："谢云：'一丘一壑，自谓过之。'此子宜置丘壑中。"

译文

顾长康画了一幅谢幼舆在岩石中的画像。有人问他为什么这样画，他回答说："谢曾经说过：'在深山幽谷中陶冶性情，我自认为超过庚亮。'所以应当把这位先生放在深山幽谷之中。"

顾长康不点目精

原 文

顾长康画人，或数年不点目精①。人问其故，顾曰："四体妍蚩②，本无关于妙处，传神写照，正在阿堵③中。"

注 释

①目精：眼睛。

②妍蚩：美丽丑恶。

③阿堵：这个。

译 文

顾长康画人像，有时好几年都不点上眼睛。有人问他是什么缘故，他说："四肢的美与丑，本来就不牵涉到精妙之处；画像要传神，正在这东西里面。"

宠礼第二十二

太阳与万物同晖

元帝①正会，引王丞相登御床，王公固②辞，中宗引之弥③苦。王公曰："使太阳与万物同晖，臣下何以瞻仰！"

①元帝：东晋元帝司马睿。

②固：固执，坚决。

③弥：更加。

晋元帝元旦集会，拉王丞相一道登宝座，王公坚决地推辞，元帝越发苦苦地拉他。王公说："如果太阳与万物一起发出光辉，那么做臣子的又怎能瞻仰呢？"

髯参军、短主簿

王恂、郗超并有奇才，为大司马所眷。拔恂为主簿，超为记室参军。超为人多髯，恂状短小，于时荆州为之语曰："髯参军，短主簿，能令公喜，能令公怒。"

译 文

　　王恂与郗超都有杰出的才能，受到大司马桓温的推重提拔。王恂担任了主簿，郗超担任了记室参军。郗超给人的形象是胡须浓密，王恂的形体矮小。当时荆州地方给他们编了歌词说："大胡子参军，矮个子主簿。能叫大司马欢喜，能叫大司马发怒。"

任诞第二十三

竹林七贤

　　陈留阮籍、谯国嵇康、河内山涛三人年皆相比①，康年少亚之。预此契②者，沛国刘伶、陈留阮咸、河内向秀、琅邪王戎。七人常集于竹林之下，肆意酣畅，故世谓"竹林七贤"。

注释

　　①相比：相仿，相近。

　　②契：默契，投合。

译文

　　陈留阮籍、谯国嵇康、河内山涛三人年龄相近，其中嵇康稍小一些。与他们一起的人还有：沛国刘伶、陈留阮咸、河内向秀、琅邪王戎。这七人常常在竹林之下集会，纵情畅饮，所以世人把他们称为"竹林七贤"。

阮籍丧母食酒肉

原文

　　阮籍遭母丧，在晋文王坐，进酒肉。司隶何曾亦在坐，曰："明公方以孝治天下，而阮籍以重丧显于公坐饮酒食肉，宜流之海外，以正风教。"文王曰："嗣宗毁顿如此，君不能共忧之，何谓？且有疾而饮酒食肉，固丧礼也。"籍饮啖不辍，神色自若。

译文

阮籍为母亲服丧期间，在晋文王席间饮酒吃肉。司隶何曾也在座，他对晋文王说："您正主张用孝道来治理天下，但是阮籍在重丧时公然在您席间饮酒吃肉，应当把他放逐到边地，以端正风尚教化。"晋文王说："阮嗣宗已经如此哀伤困顿了，您不能为他分忧，还这样讲为何呢？再说身体不适而饮酒吃肉，本来也是合乎丧礼的事。"阮籍并不停止吃喝，神色十分镇静。

阮籍嫂还家

原文

阮籍嫂尝还家，籍见与别。或讥之，籍曰："礼岂为我辈设也！"

译文

阮籍的嫂嫂有一次回娘家，阮籍见到后与她道别。有人讥讽他不守礼制，阮籍说："礼制难道是为我们这些人设立的吗？"

不如即时一杯酒

原文

张季鹰①纵任不拘，时人号为"江东步兵"。或谓之曰："卿乃可纵适一时，独不为身后名邪？"答曰："使我有身后名，不如即时②一杯酒。"

注释

①张季鹰：张翰。

②即时：现在。

译 文

张季鹰为人放任而不拘礼节，当时的人把他叫作"江东步兵"。有人对他说："你眼下一段时间可以尽情地追求舒适享乐，难道就不考虑百年后的声名吗？"他回答说："让我有死后的声名，还不如现在来一杯酒！"

孔群好饮酒

原 文

鸿胪卿孔群好饮酒，王丞相语云："卿何为恒饮酒？不见酒家覆瓿布，日月糜烂？"群曰："不尔，不见糟肉乃更堪久？"群尝书与亲旧："今年田得七百斛秫米，不了曲糵事。"

译 文

鸿胪卿孔群爱好饮酒，王丞相对他说："你为什么总是饮酒呢？没看见酒店里盖酒坛的布，时间一长就烂掉了吗？"孔群说："不是这样。您没看见用酒糟过的肉，更为经久不坏吗？"孔群曾经给亲朋故友写信说："今年收了七百斛高粱，不足以应付酿酒的事。"

王子猷令种竹

原 文

王子猷尝暂寄人空宅住，便令种竹。或问："暂住何烦尔？"王啸咏良久①，直指竹曰："何可一日无此君！"

注 释

①啸咏：长啸吟咏。

译文

王子猷曾经暂时寄住在别人的空宅子里,随即就让人种竹子。有人问他:"临时住在这里,何必这样麻烦呢?"王子猷歌咏了许久,指着竹子说:"哪能一天没有这位君子呢?"

王子猷夜往剡

原文

王子猷居山阴,夜大雪,眠觉①,开室命酌酒,四望皎然,因起彷徨②,咏左思《招隐诗》,忽忆戴安道。时戴在剡,即便夜乘小船就之③。经宿方至,造门④不前而返。人问其故,王曰:"吾本乘兴而行,兴尽而返,何必见戴!"

注释

①眠觉:睡觉醒来。

②彷徨:来回走动。

③就之:寻访他。

④造门:来到门口。

译文

王子猷住在山阴时,夜里下了大雪,醒来后,打开房门,叫人斟上酒,往四面望去,室外一片明亮,于是起身来回走动,吟咏着左思的《招隐诗》。忽然之间想起了戴安道,当时戴正在剡县,王子猷当即乘着小船连夜赶到他那里去。经过一整夜才到达,到了门前却不进去而又返回了山阴。有人问他为什么这样,他说:"我本是乘兴而去的,兴尽后回来,又为什么一定要见戴安道呢!"

温酒流涕

原文

桓南郡被召作太子洗马，船泊荻渚，王大服散后已小醉，往看桓。桓为设酒，不能冷饮，频语左右令"温酒来"。桓乃流涕呜咽。王便欲去，桓以手巾掩泪，因谓王曰："犯我家讳，何预卿事！"王叹曰："灵宝故自达！"

译文

桓南郡被任命为太子洗马后，乘船停泊在荻渚，王大服散后已有些醉意，去看望桓。桓为他准备了酒宴，王大不能饮冷酒，不停地催身边侍从"温酒来喝"，桓南郡便流泪哽咽起来。王大想离去，桓南郡用手巾抹泪，对王大解释道："触犯了我的家讳，同你又有什么关系呢！"事后王大赞叹他说："桓灵宝确实旷达！"

王孝伯谈名士

原文

王孝伯言："名士不必须奇才，但使常得无事，痛饮酒，熟读《离骚》，便可称名士。"

译文

王孝伯说："名士不一定非有杰出的才能不可，只要常常能无事，痛快地饮酒，熟读《离骚》，就能称为名士。"

123

简傲第二十四

钟士季寻嵇康

原文

钟士季精①有才理，先不识嵇康，钟要②于时贤俊之士，俱往寻康。康方大树下锻③，向子期为佐鼓排④。康扬槌不辍，旁若无人，移时不交一言。钟起去，康曰："何所闻而来？何所见而去？"钟曰："闻所闻而来，见所见而去。"

注释

①精：精明。

②要：邀请。

③锻：打铁。

④佐鼓排：帮助拉风箱。

译文

钟士季精明而有才思，起初不认识嵇康。钟邀请了当时的名流人物一起去探访嵇康。嵇康正在大树下打铁，向子期帮着拉风箱。嵇康不停地挥动铁槌，好像旁边根本没有外人一样，过了好一会儿都没有同他们讲话。钟士季起身准备离去，嵇康说："你听到了什么而来？见到

了什么而走？"钟回答说："听到了所听到的东西而来，见到了所见到的东西而走。"

王子猷署马曹

原 文

王子猷作桓车骑骑兵参军。桓问曰："卿何署①？"答曰："不知何署，时见牵马来，似是马曹。"桓又问："官有几马？"答曰："'不问马'，何由知其数？"又问："马比②死多少？"答曰："未知生，焉知死！"

注 释

①何署：在哪个公署就职。
②比：近日。

译 文

王子猷担任桓车骑的骑兵参军。桓问道："你在哪个部门？"回答说："不知在哪个部门，经常见到有人牵马来，好像是在马曹。"桓又问道："官府中一共有多少马匹？"回答说："'不问马'，哪能知道它的数目呢？"桓又问道："近来马匹死了多少？"王子猷回答说："未知生，焉知死？"

子敬兄弟见郗公

原 文

王子敬兄弟见郗公，蹑履问讯，甚修外生礼。及嘉宾死，皆箸高屐，仪容轻慢。命坐，皆云："有事不暇坐。"既去，郗公慨然曰："使嘉宾不死，鼠辈敢尔！"

译文

王子敬兄弟去见郗公时，穿着出客的鞋，恭敬地问候，很注意做外甥的礼节。等到嘉宾死后，则都穿着高高的木屐，神态轻视傲慢。郗公让他们坐，都说："有事情，没时间坐。"他们走后，郗公感慨地说："如果嘉宾不死的话，这些鬼东西们哪敢这样！"

王子敬游名园

原文

王子敬自会稽经吴，闻顾辟疆有名园，先不识主人，径往其家。值顾方集宾友酣燕，而王游历既毕，指麾好恶，旁若无人。顾勃然不堪曰："傲主人，非礼也；以贵骄人，非道也。失此二者，不足齿之伧耳。"便驱其左右出门。王独在舆上，回转顾望，左右移时不至，然后令送著门外，怡然不屑。

译文

王子敬从会稽回来经过吴县，听说顾辟疆家有一座名园，这之前他并不认识顾辟疆，但仍然直到他家里去。正碰上顾在宴席上请宾友开怀畅饮，而王各处游览完毕后，指点评论，好像旁边根本没有主人一样。顾难以忍受，十分生气地说："看不起主人，这是非礼的行为；依仗高位轻视他人，不是做人的道理。无视礼仪又不讲道理，只是一个不值一提的伧鬼而已！"于是就把王的随从赶出门外。王独自在轿子上转动，顾辟疆看到王身边的人过了好一会儿还没有来，这才让人把他送到门外，王的脸上依旧是一副不予理会的安适神态。

排调第二十五

荀鸣鹤与陆士龙

原文

荀鸣鹤[1]、陆士龙二人未相识，俱会张茂先[2]坐。张令共语，以其并有大才，可勿作常语。陆举手[3]曰："云间陆士龙。"荀答曰："日下荀鸣鹤。"陆曰："既开青云，睹白雉，何不张尔弓，布尔矢？"荀答曰："本谓云龙骙骙[4]，定是山鹿野麋，兽弱弩强，是以发迟。"张乃抚掌大笑。

注释

①荀鸣鹤：荀隐，字鸣鹤。晋时人，曾官太子舍人。陆士龙：陆云。

②张茂先：张华。

③举手：举手礼。

④骙骙：马强壮的样子。

译文

荀鸣鹤、陆士龙二人互不相识，一起在张茂先席间会了面。张让两人交谈，因为他们都有杰出的才能，要他们别说些平常的言谈。陆做举手礼说："我是云间的陆士龙。"荀回答说："我是日下的荀鸣鹤。"陆又说："乌云散开，白雉出现，为何不张开你的弓，搭上你的箭？"荀回答说："本认为是条强壮的云间龙，却原来只是山野间的麋鹿，兽弱而弓强，所以才迟迟发箭。"张茂先于是拍手大笑。

支道林买印山

原文

支道林因人就深公买印山，深公答曰："未闻巢、由买山而隐。"

译文

支道林通过他人向深公买印山，深公回复说："没听说过巢父、许由买山来隐居。"

张吴兴亏齿

原文

张吴兴①年八岁，亏齿，先达知其不常②，故戏之曰："君口中何为开狗窦？"张应声答曰："正使君辈从此中出入。"

注释

①张吴兴：张玄之，曾任吴兴太守。

②不常：不平常。

译文

张吴兴八岁时，门齿脱落，先辈知道他才能不凡，故意同他开玩笑说："你口中为什么开了一个狗洞？"张随声回答说："正是让您这一流人物从这当中出入。"

郝隆日中仰卧

原文

郝隆七月七日出日中仰卧，人问其故，答曰："我晒书。"

译文

郝隆七月七日这一天到太阳下面仰卧着，有人问他为什么这么做，他回答说："我晒书。"

谢公出仕

原文

谢公始有东山之志，后严命屡臻[1]，势不获已，始就桓公司马。于时人有饷[2]桓公药草，中有远志。公取以问谢："此药又名小草，何一物而有二称？"谢未即答。时郝隆在坐，应声答曰："此甚易解。处则为远志，出则为小草。"谢甚有愧色。桓公目谢而笑曰："郝参军此过乃不恶，亦极有会[3]。"

注释

①臻：到达。

②饷：赠送。

③会：意题。

译文

谢公起初抱有隐居山林的志向，后来朝廷征召的命令屡次下达，势难实现个人意愿，才到桓公属下任司马。当时有人赠送给桓公一些草药，其中有一种叫远志，桓公拿它问谢："这种药又叫作小草，为什么一种东西却有两个名称呢？"谢没有立即回答。这时郝隆也在座，随声回答说："这很容易解释。隐处山中时叫作远志，出了山就叫作小草。"谢很感惭愧。桓公看看谢笑着说："郝参军这一阐发确实不坏，也极有意味。"

阿翁以子戏父

原　文

张苍梧①是张凭之祖，尝语凭父曰："我不如汝。"凭父未解所以，苍梧曰："汝有佳儿。"凭时年数岁，敛手曰："阿翁！讵宜②以子戏父！"

注　释

①张苍梧：张镇，晋时人。曾官苍梧太守。

②讵宜：岂能。

译　文

张苍梧是张凭的祖父，曾经对张凭的父亲说："我比不上你。"张凭父亲不理解这样说的原因，张苍梧说："你有一个好儿子。"张凭当时只有几岁，拱手对祖父说："阿爷，哪能用儿子来戏弄父亲呢！"

桓豹奴似其舅

原　文

桓豹奴是王丹阳外生，形似其舅，桓甚讳之。宣武云："不恒相似，时似耳。恒似是形，时似是神。"桓逾不说。

译　文

桓豹奴是王丹阳的外甥，外形像他的舅舅，桓很忌讳这一点。桓宣武对他说："也不能说总是相似，只是偶尔相似罢了！总是相似的，只是外形；偶尔相似的，则是神情。"桓豹奴愈加不高兴。

簸扬洮汰

原文

王文度①、范荣期②俱为简文所要，范年大而位小，王年小而位大。将前，更相③推在前，既移久，王遂在范后。王因谓曰："簸之扬之，糠秕在前。"范曰："洮之汰之，沙砾在后。"

注释

①王文度：王坦之，字文度。

②范荣期：范启，字荣期。

③更相：互相。

译文

王文度、范荣期都受到简文帝的邀请，范年龄大而官位低，王年龄小而官位高。正要向前走的时候，两人相互推让，让来让去，王最终落在范的后面。王于是对范说："顺风播扬谷物，糠秕总是飘在前面。"范荣期说："用水淘汰杂质，沙砾总是落在后面。"

顾长康啖甘蔗

原文

顾长康啖甘蔗，先食尾。人问所以，云："渐至佳境。"

译文

顾长康吃甘蔗，先吃甘蔗梢。有人问他为什么，他说："渐渐地到达甘美境界。"

轻诋第二十六

王以扇拂尘

原 文

庾公①权重，足倾王公。庾在石头，王在冶城坐，大风扬尘，王以扇拂尘曰："元规尘污人。"

注 释

①庾公：庾亮，字元规。

译 文

庾公掌握着重权，足以颠覆王公。庾在石头城的时候，王在冶城坐镇，一次大风刮起尘土，王用扇子掸去灰尘说："庾元规的尘土玷污人！"

刘夫人答谢公问

原 文

孙长乐兄弟就谢公宿，言至款杂。刘夫人在壁后听之，具闻其语。谢公明日还，问昨客何似，刘对曰："亡兄门未有如此宾客。"谢深有愧色。

译 文

孙长乐兄弟到谢公家投宿，宾主交谈十分融洽而话题又极为驳杂。刘夫人在板壁之后，详细听到了他们的谈话。第二天，谢公返回，问昨天来的客人怎么样，刘夫人回答说："我已故兄长的家中从来没有这样的宾客。"谢公感到非常惭愧。

不作洛生咏

原 文

人问顾长康："何以不作洛生咏？"答曰："何至作老婢声！"

译 文

有人问顾长康："您为什么不摹仿洛阳书生吟咏呢？"他回答说："我哪至于去学老婢说话的腔调！"

支道林见诸王

原 文

支道林入东，见王子猷兄弟，还，人问："见诸王何如？"答曰："见一群白颈乌，但闻唤哑哑声。"

译 文

支道林到会稽去，见到了王子猷诸兄弟，回来后有人问："见了王氏兄弟怎么样？"支道林回答说："见到了一群白颈子乌鸦，只听见他们在哇啦哇啦地叫。"

假谲第二十七

望梅止渴

原 文

魏武行役，失汲道①，军皆渴，乃令曰："前有大梅林，饶②子，甘酸可以解渴。"士卒闻之，口皆出水，乘此得及前源。

注 释

①汲道：汲水的道路。

②饶：丰饶，多。

译 文

魏武帝行军时，错过了水源，军队全都口渴难忍，于是他传令说："前面有一片大梅林，梅子很多，又甜又酸，可以解渴。"士兵们听后，口中都流出涎水来，靠了这一招才走到前面有水源的地方。

魏武尝言心动

原 文

魏武常言："人欲危己①，己辄心动。"因语所亲小人曰："汝怀刃密②来我侧，我必说'心动'，执汝使行刑，汝但勿言其使③，无他，当厚相报。"执者信焉，不以为惧。遂斩之，此人至死不知也。左右以为实，谋逆者挫气矣。

注 释

①危己：危害自己。

②密：悄悄。

③使：指使。

译 文

魏武帝曾经说过："有人将要危害我时，我就立即心动。"为此他对一名亲随说："你怀中藏着刀偷偷来到我身边，我果真会喊心动。抓住你用刑时，你只要不说出是我让你干的，不会有其他什么祸事，我会好好报答你的。"被抓的人相信了这话，不把这当作可怕的事，于是就被杀掉了。这人一直到死也不知道怎么回事。魏武帝左右的人相信真是如此，想施行谋害的人都泄气了。

玉镜台聘婚

原 文

温公丧妇。从姑刘氏家值乱离散，唯有一女，甚有姿慧。姑以属公觅婚，公密有自婚意，答云："佳婿难得，但如峤比，云何？"姑云："丧败之余，乞粗存活，便足慰吾余年，何敢希汝比？"却后少日，公报姑云："已觅得婚处，门地粗可，婿身名宦尽不减峤。"因下玉镜台一枚。姑大喜。既婚，交礼，女以手披纱扇，抚掌大笑曰："我固疑是老奴，果如所卜。"玉镜台，是公为刘越石长史，北征刘聪所得。

译 文

温公死了妻子。堂姑母刘氏家中遭遇战乱，流离失散，身边只有一个女儿，长得很漂亮聪明。堂姑母嘱托温公给寻一门亲事。温公私下里有自己娶她的意思，回答说："好女婿不容易找到，只是像我这样的人，怎么样？"堂姑母说："丧乱之后侥幸存活的人，只求能马马虎虎地过得下去，就足以抚慰我的晚年了，哪敢希求像你一样的人呢？"事后没几天，温公告知堂姑母说："已经找到了人家，门第还可以，女婿的声名地位都不比我差。"于是送了一座玉镜台作为聘礼。堂姑母十分高兴。成婚时，行了交拜礼后，新娘用手掀开纱巾，拍手大笑说："我本来就疑心是你这个老东西，果然不出所料。"玉镜台，是温公任刘越石长史，北征刘聪时得到的。

黜免第二十八

黜免得猿子者

原文

桓公入蜀，至三峡中，部伍中有得猿子者，其母缘岸哀号，行百余里不去，遂跳上船，至便即绝。破视其腹中，肠皆寸寸断。公闻之怒，命黜其人。

译文

桓公率领部队进入蜀中，到达三峡地区，军队中有人捕获了一只小猿，母猿沿岸哀哭号叫，随行一百多里都不肯离去，最后跳上了船，一上船就立即死去。剖开母猿的肚子一看，肠子全都一寸一寸地断裂了。桓公听说后发怒，命令免去那捕猿人的职务。

咄咄怪事

原文

殷中军被废，在信安，终日恒书空作字。扬州吏民寻义逐之，窃视，唯作"咄咄怪事"四字而已。

译文

殷中军被罢免官职后，居住在信安，整天都对着空中写字。他在扬州任职时的一些部下和百姓思念他的恩义追随着他，偷偷地注视，见他只是

137

老槐扶疏

原文

桓玄[1]败后，殷仲文还为大司马咨议，意似二三，非复往日。大司马府听[2]前有一老槐，甚扶疏[3]。殷因月朔，与众在听，视槐良久，叹曰："槐树婆娑，无复生意！"

注释

①桓玄：桓温之子，谋反朝廷而被杀。

②听：同"厅"。

③扶疏：枝叶茂盛的样子。

译文

桓玄死后，殷仲文回到京都当上了大司马刘裕的咨议参军，商议事务时主意反复不定，再也不像往日那样了。大司马官府的厅堂前有一棵老槐树，枝叶繁茂分披。殷仲文每月初一集会时，同众人一起在厅堂上，他久久地注视槐树，感叹地说："老槐树枝叶倾伏，连一点生趣都没有啦！"

俭啬第二十九

王戎散筹算计

原文

司徒王戎既贵且富，区宅、僮牧、膏田、水碓之属，洛下无比。契疏鞅掌，每与夫人烛下散筹算计。

译文

司徒王戎地位显贵，家财富足，田庄、仆役、肥田、水碓之类，在洛阳无人可比。他亲自为券契账目而操劳忙碌，还常常同夫人一道在烛光下散开筹码反复算账。

王戎卖李

原文

王戎有好李，卖之，恐人得其种，恒钻其核。

译文

王戎家有良种李子，卖出去时，害怕别人得到好种，总是先把果核钻破。

庾太尉啖薤

原文

苏峻之乱，庾太尉南奔见陶公，陶公雅相赏重。陶性俭吝。及食，啖薤，庾因留白。陶问："用此何为？"庾云："故可种。"于是大叹庾非唯①风流，兼有治实。

注释

①非唯：不只。

译文

苏峻叛乱时，庾太尉向南逃窜去见陶公，陶公非常赏识器重他。陶公生性节俭惜物。开饭时吃薤头，庾随即留下薤头的根。陶公问他："要这东西做什么？"庾回答说："还可以再种。"于是陶公极口称赞他不仅有超俗的气度，同时也有务实的内美。

汰侈第三十

石崇要客燕集

原 文

石崇每要①客燕集，常令美人行酒；客饮酒不尽者，使黄门交斩美人。王丞相与大将军尝共诣②崇，丞相素不能饮，辄自勉强，至于沉醉。每至大将军，固不饮以观其变，已斩三人，颜色如故，尚不肯饮。丞相让③之，大将军曰："自杀伊家人，何预卿事？"

注 释

①要：邀请。

②诣：拜访。

③让：责备。

译 文

石崇每次请客宴会，常常命令美女斟酒，宾客中如有不肯喝干的，就让侍者们轮番去杀死美女。王丞相同大将军王敦曾经一道去石崇家赴宴，王丞相平素不能喝酒，自己总是勉强喝完，以至于喝得大醉。而每当给大将军敬酒时，却坚决不肯喝来观察形势的发展。一连杀掉了三名美女，大将军的脸色依然如故，还是不肯喝。王丞相责备他，大将军回答说："他杀他自己家里的人，同你又有什么相干呢？"

石崇与王恺争豪

　　石崇与王恺争豪，并穷绮丽以饰舆服。武帝，恺之甥也，每助恺。尝以一珊瑚树高二尺许赐恺，枝柯扶疏，世罕其比。恺以示崇；崇视讫，以铁如意击之，应手而碎。恺既惋惜，又以为疾己之宝，声色甚厉。崇曰："不足恨，今还卿。"乃命左右悉取珊瑚树，有三尺、四尺，条干绝世，光彩溢目者六七枚，如恺许比甚众。恺惘然自失。

　　石崇同王恺争豪斗富，都用最为华丽的东西来装点车马服饰。晋武帝是王恺的外甥，常常资助王恺。曾经把一枝二尺来长的珊瑚树赐给王恺。枝条繁茂，世间很少有这类珍品。王恺拿去给石崇看，石崇看过后，拿起铁如意便砸，珊瑚树马上碎了。王恺既很惋惜，又认为石崇是忌妒自己的宝物，声色很严厉。石崇说："不值得遗憾，现在我来还给你。"于是命令身边的人把家里的珊瑚树全部取出来，三四尺高、枝条繁茂绝伦而又光彩溢目的有六七枝，像王恺那一类的就更多了。王恺看后，怅惘得愣住了。

忿狷第三十一

王蓝田食鸡子

原　文

　　王蓝田性急。尝食鸡子，以箸筋刺之，不得，便大怒，举以掷地。鸡子于地圆转未止，仍下地以屐齿碾之，又不得，嗔甚，复于地取内口中，啮破即吐之。王右军闻而大笑曰："使安期有此性，犹当无一豪可论，况蓝田邪？"

译　文

　　王蓝田性情急躁。有一次吃鸡蛋，用筷子去戳蛋，没有戳中，马上大发脾气，抓起鸡蛋便往地下扔。鸡蛋在地上团团地转个不停，于是跳下地来用木屐齿去踩，又没有踩中，他愤怒已极，再从地上捡起鸡蛋塞进口中，咬破后立即把它吐掉。王右军听到这件事后大笑说："即使王安期有这种脾气的话，尚且没有丝毫可取之处，何况是王蓝田呢！"

王大劝王恭酒

原　文

　　王大①、王恭尝俱在何仆射②坐，恭时为丹阳尹，大始拜荆州。讫将乖③之际，大劝恭酒，恭不为饮，大逼强之转苦。便各以裙带绕手。恭府近千人，悉呼入斋；大左右虽少，亦命前，意便欲相杀。何仆射无计，因起排坐二人之间，方得分散。所谓势利之交，古人羞之。

注释

①王大：王忱。

②何仆射：何澄。

③乖：分别，分手。

译文

王大、王恭有一次同在何仆射的酒席上。王恭当时担任丹阳尹，王大则刚刚办完受任荆州刺史的手续。将要分别的时候，王大劝王恭喝酒，王恭不肯喝，王大强逼他，并且越来越固执。于是两人各自把衣带绕到手上准备动武。王恭府中有近千人，全都叫进何仆射的房舍里来，王大左右的人虽然少些，也命令他们往前，看来就要相互厮杀。何仆射无计可施，只好站起身来分开两人坐到他们中间，才把他们隔开劝走。这种由权势财利而产生的交情，古人也是看不起的。

桓南郡悉杀鹅

原文

桓南郡小儿时，与诸从兄弟各养鹅共斗。南郡鹅每不如，甚以为忿。乃夜往鹅栏间，取诸兄弟鹅悉杀之。既晓，家人咸以惊骇，云是变怪，以白车骑。车骑曰："无所致怪，当是南郡戏耳！"问，果如之。

译文

桓南郡小时候，同各位堂兄弟都养了鹅，以斗鹅为戏。南郡的鹅常常被斗败，他为此很恼怒。于是夜间到鹅栏中，把弟兄们养的鹅全都弄死。天亮之后，家中人都感到惊异，说是发生了灾变，并把这件事告诉桓车骑。车骑说："没有什么可招致灾变的，看来是南郡在玩恶作剧！"一问，果然是这样。

谗险第三十二

孝武帝不见王恂

原文

孝武甚亲敬王国宝、王雅,雅荐王恂于帝,帝欲见之。尝夜与国宝及雅相对,帝微有酒色,令唤恂。垂至,已闻卒传声。国宝自知才出恂下,恐倾夺其宠,因曰:"王恂当今名流,陛下不宜有酒色见之,自可别诏召也。"帝然其言,心以为忠,遂不见恂。

译文

晋孝武帝很亲近敬重王国宝、王雅二人,王雅向孝武帝推荐了王恂,孝武帝想召见他。有一次夜间同王国宝、王雅对坐喝酒,孝武帝已经有了点醉意,下令叫王恂来。恂就要来到时,已经听见了士卒传令的声音。王国宝知道自己的才能比不上王恂,害怕他排挤掉自己并夺去孝武帝对自己的宠信,于是说:"王恂是当今的名流,陛下不应在有醉意的时候见他,应当另外专门召见。"孝武帝认为王国宝的话很对,心中认为他忠诚,便没有召见王恂。

殷仲勘屏人

原文

王绪数谗殷荆州①于王国宝,殷甚患之,求术于王东亭②。曰:"卿但数诣王绪,往辄屏③人,因论它事。如此,则二王之好离矣。"殷从之。国宝见王绪，问曰："比与仲堪屏人何所道？"绪云："故是常往来，无它所论。"国宝谓绪于己有隐，果情好日疏，谗言以息。

注释

①殷荆州：殷仲堪。

②王东亭：王珣。

③屏：屏退。

译文

　　王绪屡屡向王国宝讲殷仲堪的坏话，殷很忧虑这件事，便去向王东亭请教办法。王说："你只管频繁地到王绪那里去，去后立即让左右的人走开，接着谈一些不相干的事情。这样，二王之间就会产生隔阂。"殷听从了他的话。王国宝见到王绪，问道："近来你同殷仲堪一道时常赶走人，说些什么东西呀？"王绪说："确实只是通常的交往，没有说什么。"王国宝认为王绪对自己有所隐瞒，果然感情越来越疏远，谗言因此也就平息了。

尤悔第三十三

欲闻华亭鹤唳

原文

陆平原河桥败，为卢志所谮，被诛。临刑叹曰："欲闻华亭鹤唳，可复得乎？"

译文

陆平原河桥兵败之后，受到卢志的谗害，被杀。临刑时叹息说："想听听华亭鹤鸣，还有可能吗？"

王丞相负周侯

原文

王大将军起事，丞相兄弟诣阙谢。周侯深忧诸王，始入，甚有忧色。丞相呼周侯曰："百口委卿！"周直过不应。既入，苦相存救。既释，周大说饮酒。及出，诸王故在门。周曰："今年杀诸贼奴，当取金印如斗大，系肘后。"大将军至石头，问丞相曰："周侯可为三公不？"丞相不答。又问："可为尚书令不？"又不应。因云："如此，唯当杀之耳！"复默然。逮周侯被害，丞相后知周侯救己，叹曰："我不杀周侯，周侯由我而死，幽冥中负此人！"

译文

王大将军起兵时，王丞相兄弟都到宫廷门外谢罪，周侯极为他们担忧，进入朝廷时，面色很是忧虑。王丞相喊周侯说："我把全家都托付给你了！"周径直走过去，没理睬他。入朝后，周侯苦苦保救他们。王丞相等人被免罪后，周十分高兴，喝了酒。等到出宫门时，王家兄弟还待在大门口。周说："今年杀死那些狗强盗，将要得到一颗斗大的金印，悬挂在手肘后面。"后来，大将军王敦攻进石头城，问王丞相："周侯能不能做三公？"丞相不回答。又问："能不能做尚书令？"又没有回答。于是便说："这样的话，只有杀掉他了！"王丞相还是没有作声。等到周侯被害，王丞相后来知道他曾救过自己，感慨地说："我虽然没有杀周侯，但周侯是因我而死的，黄泉之下我对不起这个人！"

晋明帝哀晋祚

原文

王导、温峤俱见明帝，帝问温前世所以得天下之由。温未答。顷，王曰："温峤年少未谙，臣为陛下陈之。"王乃具叙宣王创业之始，诛夷名族，宠树同己，及文王之末高贵乡公事。明帝闻之，覆面着床曰："若如公言，祚安得长！"

译文

王导、温峤一道见晋明帝，明帝问温峤前代国君之所以得天下的缘由。温还没有来得及回答，王便说："温峤年轻不熟悉旧事，我来给陛下陈述。"王导于是详细地叙述了晋宣王创立大业开始时，杀戮名门大族，培植亲信势力，以及晋文王末年杀掉高贵乡公的事情。晋明帝听后，掩面倒在榻上说："如果像您所说的这样，我们晋朝的命运又怎么能够长久呢？"

周子南出仕

原文

庚公欲起①周子南，子南执辞愈固。庚每诣周，庚从南门入，周从后门出。庚尝一往奄②至，周不及去，相对终日。庚从周索食，周出蔬食，庚亦强饭极欢，并语世故，约相推引，同佐世之任。既仕，至将军二千石，而不称意③。中宵④慨然曰："大丈夫乃为庚元规所卖！"一叹，遂发背而卒。

注释

①起：起用，任用。周子南：周邵，字子南。曾经过着隐居生活，后被庚亮起用，曾官太守。

②奄：突然。

③不称意：不愉快。

④中宵：半夜。

译文

庚公想让周子南出来任官，周子南执意推辞，并且越来越坚决。每次到周那里去，庚从南门进去，周便从后门走掉。有一次庚突然来到他家，周来不及脱身，便面对面地坐了一整天。庚向周要些食物吃，周拿出了粗茶淡饭，庚也勉强地吃下去，极尽欢乐，同时向周讲了许多世间的事务，并约定一定举荐他，共同担负辅佐朝廷的重任。周子南出来任职之后，只担任了二千石俸禄的将军，并不合心意。他在半夜里感慨地说："大丈夫竟然被庚元规出卖了！"一声叹息，背上的痈疽便发作而死。

纰漏第三十四

蔡司徒食彭蜞

原文

蔡司徒渡江，见彭蜞，大喜曰："蟹有八足，加以二螯。"令烹之。既食，吐下委顿，方知非蟹。后向谢仁祖说此事，谢曰："卿读《尔雅》不熟，几为《劝学》死！"

译文

蔡司徒渡江南下后，见到蟛蜞，非常高兴，说："螃蟹有八只脚，加上两只螯。"叫人把它煮熟。吃下去后，呕吐不止，十分狼狈困乏，这才知道并不是螃蟹。后来他向谢仁祖说到这件事，谢笑话他说："你没有读熟《尔雅》，差点因为《劝学篇》而死。"

任育长过江

原文

任育长年少时，甚有令名①。武帝崩，选百二十挽郎，一时之秀彦②，育长亦在其中。王安丰选女婿，从挽郎搜其胜者，且择取四人，任犹在其中。童少时，神明可爱，时人谓育长影亦好。自过江，便失志③。王丞相请先度时贤共至日头迎之，犹作畴日相待，一见便觉有异。坐席竟④，下饮，便问人云："此为茶为茗？"觉有异色⑤，乃自申明云："向问饮为热

150

冷耳。"尝行从棺邸下度，流涕悲哀。王丞相闻之曰："此是有情痴。"

注释

①令名：美好的名声。

②秀彦：出众的人才。

③失志：神志不清。

④竟：完毕。

⑤异色：怪异的神色。

译文

任育长年轻时，很有好名声。晋武帝死，挑选一百二十名挽郎，都是当时的杰出人才，育长也在其中。王安丰要选女婿，从挽郎中选择卓越的人物，姑且先选四人，任育长还在其中。他还是孩子时，灵秀可爱，当时的人都认为任育长连身影都非常漂亮。自从过江南下后，便失魂落魄。王丞相邀请先时渡江南下的名流到石头城去迎接他，依然像往日一样对待他，但一看便觉得有了变化。大家刚刚坐定，献上茶来，他就问人说："这是茶，还是茗？"觉得大家神色有异时，又赶快申明说："我刚刚只是问茶是热还是冷罢了。"他曾经经过棺材铺，也悲伤得流下泪来。王丞相听到这件事后说："这真是一个有情的痴人。"

惑溺第三十五

荀奉倩取冷熨妇

原 文

荀奉倩与妇至笃，冬月妇病热，乃出中庭自取冷，还以身熨之。妇亡，奉倩后少时亦卒，以是获讥于世。奉倩曰："妇人德不足称，当以色为主。"裴令闻之，曰："此乃是兴到之事，非盛德言，冀后人未昧此语。"

译 文

荀奉倩与妻子的感情极为深厚，冬天里妻子生病发烧，他便到庭院中冻冷自己，回来再用身体贴着妻子。妻子死后，奉倩不多时也就死去。为此他受到世间的讥讽。荀奉倩曾经说过："妇人的品德不值得称道，应当以容貌为主。"裴令听到后说："这样讲只能是一时兴之所至的事情，不是合于大德的话，希望后人不要让这话弄迷糊了。"

贾充以女妻韩寿

原 文

韩寿美姿容，贾充辟以为掾。充每聚会，贾女于青璅中看，见寿，说之，恒怀存想，发于吟咏。后婢往寿家，具述如此，并言女光丽。寿闻之心动，遂请婢潜修音问，及期往宿。寿蹻捷绝人，逾墙而入，家中莫知。

自是充觉女盛自拂拭，说畅有异于常。后会诸吏，闻寿有奇香之气，是外国所贡，一著人则历月不歇。充计武帝唯赐己及陈骞，余家无此香，疑寿与女通，而垣墙重密，门閤急峻，何由得尔？乃托言有盗，令人修墙。使反，曰："其余无异，唯东北角如有人迹，而墙高非人所逾。"充乃取女左右婢考问，即以状对。充秘之，以女妻寿。

译　文

　　韩寿身段容貌都很美好，贾充征召他当了属官。贾充每次宴请宾客，他女儿都从窗格眼中观看，见到韩寿，很喜欢他，心中常常想念，在吟咏诗歌时流露出这种感情。后来，她的使女跑到韩寿家中，详细讲了这些情况，同时说到小姐光艳美丽。韩寿听后动了爱慕之心，便请使女暗中传递音讯，并约好时间到那里去过宿。韩寿身手轻灵敏捷，超过常人，跳过围墙入内，贾充家中无人知道。从此以后，贾充觉察到女儿十分讲究装饰打扮，喜悦欢畅的神情非同以往。后来贾充召聚官员们集会，闻到韩寿身上有一种奇特的香气，这是外国进贡的香料，一沾到人身上，香气几个月都不消退。贾充寻思晋武帝只赐给了自己以及陈骞，其他人家没有这种香料，因而怀疑韩寿同女儿私通，但是家中围墙重叠严峻，大门小门把守严密，哪能有这样的事呢？于是他借口发现盗贼，派人修墙。派去的人回来说："没有其他异常的情况，只是东北角上好像有人的足迹。不过墙很高，不是人能跳过来的。"贾充便叫来女儿身边的使女拷打盘问，使女就把情况说了出来。贾充命令不准张扬出去，把女儿嫁给了韩寿。

仇隙第三十六

白首同所归

孙秀①既恨石崇不与绿珠，又憾潘岳昔遇之不以礼。后秀为中书令，岳省内②见之，因唤曰："孙令，忆畴昔周旋不？"秀曰："中心藏之，何日忘之！"岳于是始知必不免。后收石崇、欧阳坚石，同日收岳。石先送市，亦不相知。潘后至，石谓潘曰："安仁，卿亦复尔邪？"潘曰："可谓'白首同所归！'"潘《金谷集诗》云："投分寄石友，白首同所归。"乃成其谶③。

①孙秀：字俊忠。曾官中书令。后与司马伦一同被诛。

②省内：中书省内。

③谶：谶语，预兆吉凶的隐语。

孙秀既忌恨石崇不肯将绿珠给自己，又怨恨潘岳往昔对自己不以礼相待。后来孙秀担任了中书令，潘岳在官署中见到他，便叫他："孙令，还记得过去交往时的情形吗？"孙秀说："心中牢牢记着，怎么会忘掉呢！"潘岳由此才知道不能免祸了。后来逮捕了石崇和欧阳坚石，同一天也逮捕了潘岳。石崇先被送到刑场，还不知道潘岳也将遇害。潘岳随后也押来了，石崇对他说："安仁，你也是这样吗？"潘岳说："可称得上是'白头之后一同归去'。"潘岳的《金谷集诗》中曾经说："寄语志同道合的朋友，白头之后一同归去。"这两句话竟然成了他们的谶语。